长江中下游典型城市建成区水环境综合治理关键技术与实践

王 涛 闵红平 汪小东 李巧玲 主编

中国建筑工业出版社

图书在版编目（CIP）数据

长江中下游典型城市建成区水环境综合治理关键技术与实践 / 王涛等主编. —北京：中国建筑工业出版社，2022.11

ISBN 978-7-112-28163-3

Ⅰ. ①长… Ⅱ. ①王… Ⅲ. ①长江中下游－城市环境－水环境－环境综合整治－研究 Ⅳ. ①X321.2

中国版本图书馆 CIP 数据核字（2022）第 217598 号

本书基于长江中下游典型城市建成区水环境治理工程实践，对该区域的水环境现状与问题、水环境综合治理理论体系、水环境综合治理方案、水环境综合治理关键技术等内容进行详细论述，这对我国长江中下游典型城市建成区水环境综合治理工作的有序推进有非常重要的借鉴意义和实用价值。

本书可供环境工程、市政工程等领域的工程技术人员、科研人员和管理人员参考，也可供高等学校相关专业师生参阅。

责任编辑：曹丹丹　张　磊
责任校对：李辰馨

长江中下游典型城市建成区水环境综合治理关键技术与实践

王　涛　闵红平　汪小东　李巧玲　主编

*

中国建筑工业出版社出版、发行（北京海淀三里河路9号）

各地新华书店、建筑书店经销

北京科地亚盟排版公司制版

建工社（河北）印刷有限公司印刷

*

开本：787毫米×1092毫米　1/16　印张：26¼　字数：522千字

2023年6月第一版　2023年6月第一次印刷

定价：**128.00**元

ISBN 978-7-112-28163-3

（40630）

编 委 会

主　　编： 王　涛　闵红平　汪小东　李巧玲

副 主 编： 龚　杰　阮　超　刘　军　赵红兵　陈翠珍

编　　委： 张延军　邹　静　石稳民　李艳峰　吴志炎

李胡爽　周士虎　王宗平　邓德宇　杜礼珍

薛　强　邹　丹　梁亚楠　李雪飞　王　泰

侯伟涛　尹炳森　王　辉　祝振球　邓　帅

冯泽建　屈天晓　徐震飞　肖　阳　刘恒军

张碧波　孙　巍　万　睿　符　韵　蒋佳鑫

主编单位： 中建三局绿色产业投资有限公司

参编单位： 武汉市水务科学研究院

中国市政工程中南设计研究总院有限公司

武汉市政工程设计研究院有限责任公司

序

水是城市的血脉，城市傍水而建，依水而兴，也会因水而衰，自古以来城市开发建设和城市发展都离不开水。然而随着城市快速发展和城市人口的剧增，我国多数城市面临水环境污染、水生态破坏和水域空间萎缩等突出水环境问题，人民对美好生活的需要与水环境问题的矛盾不断凸显。

国家高度重视城市水环境的治理，党的十八大将生态文明纳入“五位一体”的总体布局，党的十九大进一步指出必须树立和践行“绿水青山就是金山银山”的理念，并明确了坚持节约资源和保护环境的基本国策。国家先后出台了《水污染防治行动计划》（简称“水十条”）、《关于推进海绵城市建设的指导意见》《关于印发城市黑臭水体整治工作指南》《关于全面推进河长制的意见》《城市黑臭水体治理攻坚战实施方案》等一系列文件，从国家层面对水环境治理提出具体要求，有力推动了城市水环境质量的提升。在当前水环境治理过程中，我们发现以城市中心密集建成区的水环境成因最为复杂，治理难度最大，水环境改善需求最为迫切。为更好地开展城市高密度建成区水环境治理，实现国家生态文明建设目标，十分有必要在总结典型城市建成区水环境工程治理经验的基础上，对城市水环境现状与问题、理论体系、治理方案、关键技术进行梳理，支持我国城市建成区水环境综合治理的有序、科学推进。

非常高兴地看到王涛等主编的《长江中下游典型城市建成区水环境综合治理关键技术与实践》。该书系统分析了长江中下游城市建成区水环境现状，面临的水污染、水安全、水生态、水管理等问题和挑战；梳理了长江中下游城市建成区水环境治理的基本原则、总体思路和治理重难点；对治理方案进行了耦合梳理；阐述了水环境治理关键技术及其案例应用等，这对于我国长江中下游典型城市建成区水环境治理工作的有序推进具有非常重大的意义和实用价值。

我非常乐意将此书推荐给水务环保、水利、市政领域的科研人员、工程管理人员、工程技术人员和高校师生，期待本书可以为参与水环境综合治理的相关管理人员、工程技术人员，以及科研人员提供支持，在我国水环境综合治理实践中发挥重要作用。

中国工程院院士

河海大学教授

2022年10月13日

前言

水环境是指围绕人群空间，可直接或间接影响人类生活和发展的水体。城市水环境由城市周边和内部的湖泊、河流及其他景观水体构成，是城市生态系统的重要组成部分，承担着提供水资源、发挥生态效应、承载城市生活等多种功能。它关系到城市的生存与发展，是影响城市可持续发展、城市居民身心健康和城市环境风貌的极其重要的因素。

长江作为中华民族的母亲河，不仅滋养了广袤的中国，更孕育了悠久璀璨的华夏文明。长江中下游流域，是我国七大流域中人口密度最高、经济最发达的地区。20 世纪 70 年代以来，随着我国长江中下游城市群高速建设、发展以及工业废水和生活污水的大量排放，长江中下游城市集群出现严重的河湖黑臭问题，已经严重影响到该区域城市社会经济发展以及居民的生活品质和健康，因此对长江中下游城市群水环境的综合治理迫在眉睫。

2015 年国务院发布了《水污染防治行动计划》(简称“水十条”)，其目的包括到 2020 年，地级及以上城市建成区黑臭水体均控制在 10% 以内；到 2030 年，城市建成区黑臭水体总体得到消除。为贯彻落实“水十条”，2018 年住房和城乡建设部会同生态环境部发布了《城市黑臭水体治理攻坚战实施方案》，该方案指出，到 2025 年，县级城市建成区黑臭水体消除比例达到 90%。党的十八大以来，鉴于长江流域在国家发展总体布局中的重要作用及“共抓大保护、不搞大开发”的新时代理念引导，长江中下游城市建成区水环境治理的现实意义和历史意义更加凸显，可以预见，在今后的一段时期内，城市建成区河流的污染控制和水环境修复将会持续进行。

中国建筑第三工程局有限公司积极履行社会责任，响应生态文明建设国家战略，以武汉为中心，辐射全国，投资、建设、运营了一系列水务环保工程，为改善当地水环境、提升当地人民幸福指数做出了突出贡献。同时，为了有助于相关城市科学制定城市河流污染控制与环境修复规划方案，选择适用技术和工艺，提高投资效率和修复效果，本书以长江中下游城市集群承建的大量实际工程案例为依托，对长江中下游典型城市建成区水环境现状与问题、长江中下游典型城市建成区水环境综合治理理论体系、治理方案、关键技术等内容进行详细论述，以期为相关领域的研究者和从业者提供一些支持。

本书相关成果研究得到了城市深层排水智慧深隧系统研究与应用（CSCEC-

2019-Z-14）、城市高密度建成区水环境综合治理技术集成研究与应用（CSCEC-2021-Z-2）、暗涵清淤机器人的研究与应用（CSCEC-2022-Z-30）等专项课题项目的共同资助，同时得到了武汉市水务局、武汉市水务科学研究院、中南市政设计研究院、武汉市政工程设计研究院、长江勘测规划设计研究院等单位的大力支持。

参与本书的写作人员除主编外还包括（排名不分先后）龚杰、阮超、刘军、赵红兵、陈翠珍、张延军、邹静、石稳民、李艳峰、吴志炎、李胡爽、周士虎、王宗平、邓德宇、杜礼珍、薛强、邹丹、梁亚楠、李雪飞、王泰、侯伟涛等。书中还引用了不少专家学者的研究成果，在此一并表示衷心感谢！

限于编著时间和编著者水平，书中不足和疏漏之处在所难免，敬请广大读者批评指正！

王 涛

中建三局绿色产业投资有限公司

党委书记 董事长

2022 年 10 月

目录

第1章

长江中下游典型城市建成区水环境现状与问题分析

1.1 长江中下游典型城市建成区水环境总体概述

1.1.1 自然与社会经济概况

1. 自然状况

1）水系构成

长江位于中国境内，干流自西而东横贯中国中部，流经青海、西藏、四川、云南、重庆、湖北、湖南、江西、安徽、江苏、上海11个省、自治区、直辖市，于崇明岛以东注入东海，全长约6300km。

上游：长江干流宜昌市以上为上游，长约4504km，流域面积约100万km^2；

中游：宜昌至湖口，长约955km，流域面积约68万km^2；

下游：湖口至出海口，长约938km，流域面积约12万km^2。

长江中下游流域水系发达，干流横贯万里，沿途有众多支流汇入。其中，流域面积超过8万km^2的支流有沅江、湘江、赣江和汉江4条；河流长度超过1000km的支流有汉江和沅江2条。

中国目前两大淡水湖泊鄱阳湖和洞庭湖均在长江中下游地区。鄱阳湖地处江西省北部，纳赣江、抚河、信江、鄱江、修水“五水”后注入长江，以松门山为界，分为南、北两部分，北面为入江水道，长约40km，宽3～5km，最窄处约2.8km；南面为主湖体，长约133km，最宽处约74km。洞庭湖位于湖南北部，南岸有湘江、资水、沅江、澧水“四水”经洞庭湖汇入长江，是长江中游重要的吞吐湖泊。湖盆周长约为803km，总容积约220亿m^3，其中天然湖泊容积约178亿m^3，河道容积约42亿m^3。

2）气候特征

长江中下游流域属于北亚热带季风气候，冬季温和，夏季高温。年平均温度为14～18℃，最冷月平均温度为0～5.5℃，绝对最低气温为−10～−20℃，最热月平均温度为 27～28℃，绝对最高温可达 38℃以上。无霜期为 210～270 天。

长江中下游流域年降水量为 1000～1500mm。降水量年内分布不均，多集中在 5～10 月，占年降水量的 70%～90%；降水量年际变化较大，从单站年降水量分析，最大年降水量与最小年降水量的比值为 1.5～5.0，大多为 3.5 左右。每年 6～7 月，当地受夏季风和北方冷空气影响形成梅雨，出现长时间的阴雨天气；梅雨季节过后，受西太平洋副热带高压影响形成伏旱。降雨地区分布不均匀，总趋势为由东南向西北递减，山区多于平原。该流域的主要暴雨高值区以赣东北为中心，包括湘北、皖南和鄂南地区，年平均降水量为 1800～2000mm。

各支流降水量如下：清江流域 1400mm，恩施和五峰是鄂西暴雨中心；汉江流域 700～1100mm；资水流域 1200～1800mm，六都寨附近和柘溪至桃江一带为暴雨区；沅江流域 1100～1800mm；澧水流域 1300～1800mm，五峰、鹤峰一带为暴雨区；赣江流域 1400～1800mm。

3）土壤及土地利用

（1）土壤类型

长江中下游流域地域辽阔，共有土壤资源 82 亿 hm^2，呈差异性分布。主要土壤类型为水稻土、潮土、红壤、黄壤、黄棕壤、黄褐土、紫色土等。土壤多为黄棕壤或黄褐土，南缘为红壤，平地大部为水稻土。

红壤生物富集作用十分旺盛，自然植被下的土壤有机质含量可达 70～80g/kg，但受土壤侵蚀、耕作方式影响较大。黄棕壤有机质含量也比较高，但经过耕垦明显下降。紫色土有机质含量普遍较低，通常林草地大于耕地。土壤有机质含量高，有利于形成良好结构，增强土壤颗粒的粘结力，提高蓄水保土能力。该地区的红壤、黄壤、黄棕壤与石灰土一般质地黏重，透水性差，地表径流量大，若植被消失、土壤结构被破坏，极易发生水土流失；而紫色土和粗骨土透水性虽好，但土层多浅薄，在失去植被保护和降雨强度较大的情况下，也容易发生强烈侵蚀。

（2）土地利用类型

长江中下游流域主要以林地为主，占土地面积的 51% 以上；其次为耕地，占土地面积的 35% 以上；草地、水域和建设用地所占比重相近，占土地面积 2%～6%；未利用地最少，不超过土地面积的 0.3%。

随着长江中下游区域城镇化水平的快速提高和社会经济的快速发展，局部土地利用类型发生了较大变化。2005—2015 年，区域耕地和林地的面积逐年减少，并且减少的大部分面积均转化为建设用地，耕地下降幅度最大，其次为林地。建设用地土地利用类型面积占比增长幅度最大。

除耕地与林地外，其余土地利用类型转移为建设用地的面积较少。其中，未利用土地转移为建设用地的面积最少，为 7.87km^2。草地减少的面积主要流向林地、建设用地和水域，较少转移为未利用土地。水域主要流向建设用地、草地、耕地和未利用土地，较少转化为林地面积最少。建设用地转移面积最多的土地利用类型为耕地，最少的则为未利用土地。

4）植被覆盖

长江中下游流域气候温润，四季分明，孕育了丰富多样的植被类型。自然植被具有明显的南北过渡性，北为常绿—落叶阔叶混交林，乔木层以落叶阔叶树种为主，混生少量耐寒性常绿乔木树种。落叶阔叶林主要成分有栎属、水青冈属、杨属等，混生常绿成分主要有青冈栎、青栲等。典型常绿阔叶林分布在南部，主要成分为壳斗科的栲属、石栎属、青冈栎属、樟科的樟属。针叶林分布在研究区域北部或海拔较高处，中部和东北部为高密度覆盖的农田植被。

长江中下游流域的森林主要分布在秦岭和大别山南麓，湘西、湘南、鄱阳湖水系的河源山地，以及皖南山区。流域森林覆盖率为 20%，森林总面积约 2000 万 hm^2，主要有杉木、水杉、冷杉、柏类、落叶松、白皮松、杜松、油松、黄山松、马尾松等针叶树种，桦、椴、杨、栎、栲、柳、樟、浦等阔叶树种，油茶、油桐、油橄榄、柑橘、茶叶等经济树种，以及楠竹、嵩竹等竹类。

当前，长江中下游流域森林平均蓄积量仅为 30m^3/hm^2 左右，应加强保护现有森林，严格控制采伐，大力营造人工林，迅速扩大水源林和护岸林面积。

5）生物资源

长江中下游流域湖沼地区（以鄱阳湖、洞庭湖为代表）有丰富的水生生物资源，是中国水生植物分布最广、产量最丰富的地区。同时，这里的淡水水生动物也居全国之冠，除有静水性的鳊、鲴、鲢、鲤、鲫之外，还有多种河口洄游性鱼类，包括鲚、鲥、香鱼、银鱼、鳗鲡、花鲈、松花鲈等。长江还拥有许多特有、珍稀鱼类和野生保护动物，如中华鲟、扬子鳄、白鳍豚等，是我国生物多样性最具典型性的一条河流。长江丰富的水生生物资源，多样的水域生态类型，在促进长江渔业乃至沿江地区经济社会发展、维系长江中下游流域生态平衡和生物多样性、保障国家生态安全方面发挥着重要作用。

6）水文与水资源

长江中下游流域水资源分区依据全国统一的水资源分区，以及独立完整的大河水系和干流某一河段在内的一系列河流集合区，划分为洞庭湖水系、汉江口下游、鄱阳湖水系、宜昌至湖口、湖口以下干流 5 个水资源二级区；统筹考虑水资源供需系统及行政区域，保持行政区域和流域分区的统分性、组合性和完整性，进一步划分为 24 个水资源三级区。长江中下游流域水资源分区情况如表 1.1–1 所示。

长江中下游流域水资源分区情况　表 1.1-1

水资源二级区	水资源三级区
洞庭湖水系	澧水、沅江浦市镇以上、沅江浦市镇以下、资水冷水江以上、资水冷水江以下、湘江衡阳以上、湘江衡阳以下、洞庭湖环湖区
汉江口下游	丹江口以下干流
鄱阳湖水系	修水、赣江栋背以上、赣江栋背至峡江、赣江峡江以下、抚河、信江、饶河、鄱阳湖环湖区
宜昌至湖口	清江、宜昌至武汉左岸、武汉至湖口左岸、城陵矶至湖口右岸
湖口以下干流	巢滁皖及沿江诸河、青弋江和水阳江及沿江诸河、通南及崇明岛诸河

长江中下游流域水资源丰富，根据《长江年鉴》（2020 卷），2019 年该流域的水资源量如表 1.1-2 所示。

长江中下游流域水资源分区水资源量　表 1.1-2

单位：亿 m^3

水资源二级区	降水总量	地表水资源量	地下水资源量	地下水资源与地表水资源不重复量	水资源总量
洞庭湖水系	3893.81	2499.21	563.84	8.69	2507.90
汉江口下游	1307.04	474.16	146.95	21.41	495.57
鄱阳湖水系	2785.83	1987.30	475.63	18.94	2006.24
宜昌至湖口	898.39	339.45	108.02	16.64	356.09
湖口以下干流	922.27	335.46	92.03	32.18	367.64

2. 社会经济状况

1）行政区划

长江中下游流域涉及广西、湖南、湖北、河南、江西、安徽、江苏、上海 8 个省（自治区、直辖市），共 55 个市（州）、407 个县（市、区），行政区划如表 1.1-3 所示。

长江中下游流域行政区划　表 1.1-3

省（自治区、直辖市）	地市（州）级	区县级
安徽省	9 个地市、45 个县（市、区）	
	芜湖市	镜湖区、弋江区、鸠江区、三山区、芜湖县、繁昌县、南陵县
	马鞍山市	金家庄区、花山区、雨山区、当涂县
	铜陵市	铜官山区、狮子山区、郊区、义安区
	安庆市	迎江区、大观区、宜秀区、怀宁县、枞阳县、潜山市、太湖县、宿松县、望江县、岳西县、桐城市

续表

省（自治区、直辖市）	地市（州）级	区县级
安徽省	黄山市	屯溪区、黄山区、祁门县
	滁州市	琅琊区、南谯区、来安县、全椒县
	巢湖市	含山县、和县
	池州市	贵池区、石台县、青阳县、东至县
	宣城市	宣州区、郎溪县、广德市、泾县、旌德县、宁国市
江西省	11 个地市、97 个县（市、区）	
	九江市	彭泽县、濂溪区、浔阳区、柴桑区、湖口县、瑞昌市、武宁县、修水县、永修县、德安县、星子县、庐山市
	萍乡市	湘东区、上栗县、安源区、莲花县、芦溪县
	南昌市	东湖区、西湖区、青云谱区、湾里区、青山湖区、南昌县、新建区、安义县、进贤县
	景德镇市	昌江区、珠山区、浮梁县、乐平市
	新余市	渝水区、分宜县
	鹰潭市	月湖区、余江区、贵溪市
	赣州市	章贡区、赣县、信丰县、大余县、上犹县、崇义县、安远县、龙南县、全南县、宁都县、于都县、兴国县、会昌县、石城县、瑞金市、南康区
	吉安市	吉州区、青原区、吉安县、吉水县、峡江县、新干县、永丰县、泰和县、遂川县、万安县、安福县、永新县、井冈山市
	宜春市	袁州区、奉新县、万载县、上高县、宜丰县、靖安县、铜鼓县、丰城市、樟树市、高安市
	抚州市	临川区、南城县、黎川县、南丰县、崇仁县、乐安县、宜黄县、金溪县、资溪县、东乡县、广昌县
	上饶市	信州区、广信区、广丰区、玉山县、铅山县、横峰县、弋阳县、余干县、鄱阳县、万年县、婺源县、德兴市
湖北省	12 个地市（州）、84 个县（市、区）	
	武汉市	江岸区、武昌区、青山区、洪山区、江夏区、黄陂区、新洲区、汉南区、硚口区、江汉区、汉阳区、东西湖区、蔡甸区
	黄石市	黄石港区、西塞山区、下陆区、铁山区、阳新县、大冶市
	宜昌市	长阳土家族自治县、五峰土家族自治县、宜都市、当阳市、枝江市、远安县
	鄂州市	梁子湖区、华容区、鄂城区
	孝感市	孝南区、孝昌县、大悟县、云梦县、安陆市、应城市、汉川市
	荆州市	沙市区、荆州区、监利县、江陵县、洪湖市、公安县、石首市、松滋市
	黄冈市	黄州区、团风县、红安县、罗田县、英山县、浠水县、蕲春县、黄梅县、麻城市、武穴市
	咸宁市	咸安区、嘉鱼县、通城县、崇阳县、通山县、赤壁市

续表

省（自治区、直辖市）	地市（州）级	区县级
湖北省	随州市	曾都区、广水市
	恩施土家族苗族自治州	恩施市、建始县、宣恩县、咸丰县、来凤县、鹤峰县
	襄阳市	襄城区、樊城区、襄州区、南漳县、谷城县、保康县、老河口市、枣阳市、宜城市
	荆门市	东宝区、掇刀区、京山市、钟祥市、沙洋县
	省直辖县级行政单位	仙桃市、天门市、潜江市
江苏省	5个地市、24个县（市、区）	
	南京市	玄武区、秦淮区、建邺区、鼓楼区、浦口区、栖霞区、雨花台区、江宁区、六合区、高淳区、溧水区
	南通市	崇川区、港闸区、启东市、通州区、海门市
	扬州市	仪征市、邗江区
	镇江市	扬中市、句容市、镇江市区
	泰州市	高港区、靖江市、泰兴市
上海市	19个区（县）	
	市辖区县	黄浦区、卢湾区、徐汇区、长宁区、静安区、普陀区、闸北区、虹口区、杨浦区、闵行区、宝山区、嘉定区、浦东新区、金山区、松江区、青浦区、奉贤区、崇明区、南汇区
河南省	2个地市、12个县（市、区）	
	南阳市	宛城区、卧龙区、南召县、方城县、镇平县、内乡县、社旗县、唐河县、新野县、邓州市、桐柏县
	驻马店市	泌阳县
广西壮族自治区	1个地市、4个县	
	桂林市	全州县、兴安县、灌阳县、资源县
湖南省	14个地市（州）、122个县（市、区）	
	长沙市	芙蓉区、天心区、岳麓区、开福区、雨花区、长沙县、望城区、宁乡市、浏阳市
	株洲市	荷塘区、芦淞区、石峰区、天元区、渌口区、攸县、茶陵县、炎陵县、醴陵市
	湘潭市	雨湖区、岳塘区、湘潭县、湘乡市、韶山市
	衡阳市	珠晖区、雁峰区、石鼓区、蒸湘区、南岳区、衡阳县、衡南县、衡山县、衡东县、祁东县、耒阳市、常宁市
	邵阳市	双清区、大祥区、北塔区、邵东市、新邵县、邵阳县、隆回县、洞口县、绥宁县、新宁县、城步苗族自治县、武冈市
	岳阳市	岳阳楼区、云溪区、君山区、岳阳县、华容县、湘阴县、平江县、汨罗市、临湘市

续表

省（自治区、直辖市）	地市（州）级	区县级
湖南省	常德市	武陵区、鼎城区、安乡县、汉寿县、澧县、临澧县、桃源县、石门县、津市市
	张家界市	永定区、武陵源区、慈利县、桑植县
	益阳市	资阳区、赫山区、南县、桃江县、安化县、沅江市
	郴州市	北湖区、苏仙区、桂阳县、宜章县、永兴县、嘉禾县、临武县、汝城县、桂东县、安仁县、资兴市
	永州市	零陵区、冷水滩区、祁阳县、东安县、双牌县、道县、江永县、宁远县、蓝山县、新田县、江华瑶族自治县
	怀化市	鹤城区、中方县、沅陵县、辰溪县、溆浦县、会同县、麻阳苗族自治县、新晃侗族自治县、芷江侗族自治县、靖州苗族侗族自治县、通道侗族自治县、洪江市
	娄底市	娄星区、双峰县、新化县、冷水江市、涟源市
	湘西土家族苗族自治州	吉首市、泸溪县、凤凰县、花垣县、保靖县、古丈县、永顺县、龙山县

2）人口状况

根据《2020年第七次全国人口普查》中的数据，2020年长江中下游流域涉及的各省总人口为4.895亿，占全国总人口的33.91%。2011—2020年该流域人口稳步增长，增长趋势如图1.1-1所示。

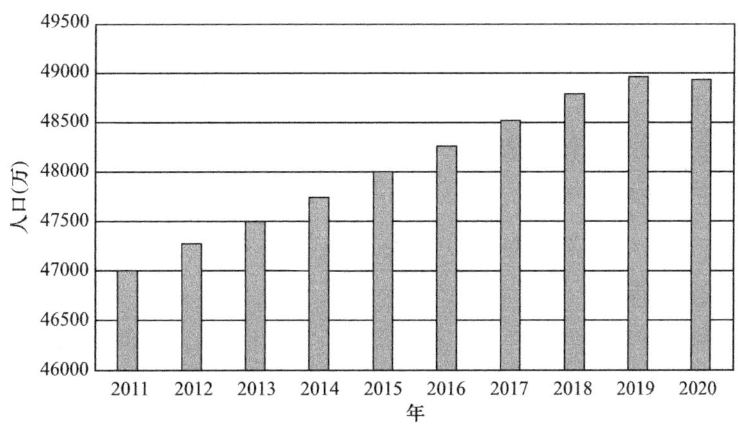

图1.1-1　2011—2020年长江中下游流域人口增长趋势图

3）经济状况

长江中下游流域属于经济较发达地区，以钢铁、机械、电力、纺织和化工等工业行业为主，是重要的工业基地。根据《长江年鉴》（2020卷），2019年长江经济带中游地区（包括湖北、湖南、江西3省）的面积约为56.46万km^2，占长江经济带总面积的

27.5%；下游地区（包括安徽、浙江、江苏、上海 4 个省（直辖市））的面积约为 35.05 万 km^2，占长江经济带总面积的 17.1%。《长江经济带发展规划纲要》确立长江经济带“一轴、两翼、三极、多点”的发展新格局。

“一轴”：以长江黄金水道为依托，推动经济由沿海溯江而上梯度发展；

“两翼”：沪瑞和沪蓉南北两大运输通道；

“三极”：长江三角洲城市群、长江中游城市群和成渝城市群；

“多点”：发挥三大城市群以外地级城市的支撑作用。

2019 年长江经济带的经济继续保持快速发展，地区生产总值上升至 45.8 万亿元，较上年增长 6.9%，高于同期全国平均增速 0.8 个百分点。其中，长江三角洲地区生产总值为 23.7 万亿元，较上年增长 6.4%。

4）航运状况

长江是我国航运最发达的水系，其中下游干线基本为Ⅲ级以上航道。中游宜昌至武汉通航里程 624km，可通航 1000～5000t 级船舶；武汉至湖口通航里程 276km，可通航 5000t 级船舶。下游湖口至南京通航里程 432km，可通航 5000～10000t 级船舶；南京至长江口通航里程 431.6km，可通航 30000～50000t 级船舶。

长江中游支流现有通航里程 25960km，汉江、湘江、沅江、赣江等支流的中下游可通航 500～1000t 级船舶，另外，洞庭湖区航道、江汉平原航道及鄱阳湖区航道通航条件均良好；长江下游支流现有通航里程 30050km，多为水网河渠，可通航 50～1000t 级船舶，虽然航道等级多数较低，但大多数河渠可相互沟通，为我国航运最发达的地区。

5）五大城市群

城市群在促进经济增长和推动城镇化过程中发挥着重要作用。目前，长江中下游流域形成了以长三角城市群、长株潭城市群、鄱阳湖城市圈、武汉城市圈、皖江城市带 5 大城市群为主的城市发展格局。

（1）长三角城市群

长江三角洲城市群（简称“长三角城市群”），位于长江入海之前的冲积平原，根据国务院批准的《长江三角洲城市群发展规划》，长三角城市群包括上海，江苏省的南京、无锡、常州、苏州、南通、盐城、扬州、镇江、泰州，浙江省的杭州、宁波、嘉兴、湖州、绍兴、金华、舟山、台州，安徽省的合肥、芜湖、马鞍山、铜陵、安庆、滁州、池州、宣城共计 26 市。公开资料显示，长三角城市群面积仅占全国总面积 2.3%，拥有 2.25 亿人口，贡献了全国 1/4 左右的 GDP，聚集了全国约 1/4 的“双一流”高校，年研发经费支出和有效发明专利数均占全国 1/3 左右。

长三角城市群是“一带一路”与长江经济带的重要交汇地带，在中国国家现代化建设大局和开放格局中具有举足轻重的战略地位，是中国参与国际竞争的重要平台、经济社会发展的重要引擎、长江经济带的引领者，是中国城镇化基础最好的地区之一。长三角城市群经济腹地广阔，拥有现代化江海港口群和机场群，高速公路网比较健全，公铁交通干线密度在全国处于领先地位，基本形成立体综合交通网络。

《长江三角洲城市群发展规划》指明，长三角城市群要建设面向全球、辐射亚太、引领全国的世界级城市群。建成最具经济活力的资源配置中心、具有全球影响力的科技创新高地、全球重要的现代服务业和先进制造业中心、亚太地区重要国际门户、全国新一轮改革开放排头兵以及美丽中国建设示范区。

（2）长株潭城市群

长株潭城市群位于中国湖南省中东部，为长江中游城市群重要组成部分，包括长沙、株洲、湘潭三市，是湖南省经济发展的核心增长极。长沙、株洲、湘潭三市沿湘江呈“品”字形分布，两两相距不足 40km，结构紧凑。

2007 年，长株潭城市群获批“全国资源节约型和环境友好型社会建设综合配套改革试验区”。长株潭城市群一体化是中部六省城市中全国城市群建设的先行者，被《南方周末》评价为“中国第一个自觉进行区域经济一体化实验的案例”。在行政区划与经济区域不协调之下，通过项目推动经济一体化，长株潭为其他城市群做了榜样，致力于打造成中部崛起的“引擎”之一。2019 年，长株潭地区生产总值为 16835.0 亿元，比上年增长 8.0%；

（3）鄱阳湖城市圈

鄱阳湖生态城市群空间范围以南昌为核心，昌九工业走廊为重点，以环湖设区市九江、景德镇、鹰潭为主要支点，环湖高速公路和铁路为轴线，辐射周围 50km 左右范围。鄱阳湖城市圈以县域为单位，大体包括南昌市 9 县区，九江市 10 县区，景德镇市 4 县区，鹰潭 3 县区，上饶市的鄱阳、余干、万年 3 县，抚州市的东乡县共 30 个县市区。这是环鄱阳湖生态城市群的基本区域。

鄱阳湖城市圈致力于打造世界重要城市圈，其优势明显：首先，在城市数量上，由“一条线”上的南昌、九江 2 个地级市，变为完整的“一个圈”上的南昌、九江、景德镇、上饶、鹰潭、抚州、宜春、新余 8 个地级市，占全省地级市的七成以上，人口占全省的 66.3%，城市的规模和人口的数量都具备“城市群”的要求和条件。在经济总量上，8 个城市的 GDP 占全省的 72.2%，财政收入占全省的 66.9%。如果把鄱阳湖比作月亮，那么 8 个城市就好比 8 座卫星城，形成“众星捧月”之势，就像一个巨大的绕月经济圈，对全省经济的辐射力和拉动力都将明显增强。鄱阳湖城市群作为辐射华中地区、华东地区重要的区域，正致力于建设成为世界著名都市圈。

（4）武汉城市圈

武汉城市圈，又称为“1+8”城市圈，是以中国中部的最大城市武汉为中心，由周边约 100km 半径范围内的黄石、鄂州、孝感、黄冈、咸宁、仙桃、天门、潜江 8 个城市构成的城市联合体，是湖北产业和生产要素最为密集、最具活力的地区，以占全省三分之一的国土面积、二分之一的人口，创造了全省三分之二的地区生产总值。

武汉城市圈不仅是湖北省经济发展的核心区域，也是中部崛起的重要战略支点，是武汉重返国家中心城市的重要举措。湖北省积极融入长江经济带发展，加快把武汉城市圈打造成长江中游城市群最重要的增长极，推动相邻城市联动发展。

2007 年 12 月 14 日，经报请国务院同意，国家发展改革委正式批准武汉城市圈为“全国资源节约型和环境友好型社会建设综合配套改革试验区”。

2015 年 7 月 22 日，经国务院批准，人民银行会同国家发展和改革委、科技部、财政部、知识产权局、中国银行业监督管理委员会、中国证券管理委员会、中国银行保险监督管理委员会、国家外汇管理局等部门印发《武汉城市圈科技金融改革创新专项方案》。这是国内首个区域科技金融改革创新专项方案，武汉城市圈成为国内首个科技金融改革创新试验区。

2016 年 12 月 14 日，国家发展改革委正式复函要求武汉加快建成以全国经济中心、高水平科技创新中心、商贸物流中心和国际交往中心四大功能为支撑的国家中心城市。

2021 年 12 月 2 日，武汉城市圈同城化发展座谈会召开，要求强化“九城就是一城”理念，全力打造“引领湖北、支撑中部、辐射全国、融入世界”的全国重要增长极。

（5）皖江城市带

皖江城市带承接产业转移示范区包括合肥、芜湖、马鞍山、铜陵、安庆、池州、巢湖、滁州、宣城 9 市，以及六安市的金安区和舒城县，共 59 个县（市、区）。由于该地区紧邻我国最具活力的长三角地区，主要城市都在长三角经济区的辐射半径内，因此，皖江城市带又被称为承接长三角产业转移的“桥头堡”。

2010 年 1 月，国务院近日正式批复《皖江城市带承接产业转移示范区规划》。作为首个获批的国家级承接产业转移示范区，皖江城市带承接产业转移示范区是国家实施区域协调发展战略的又一重大举措，对于探索中西部地区承接产业转移新途径和新模式、深入实施促进中部地区崛起战略具有重要意义。

皖江城市带承接产业转移示范区是安徽省重点打造的“一圈五区”的重要部分。自 2010 年示范区规划正式获国务院批复，至今已有 11 年。目前，皖江城市带的生产总值占全省的比重达到 65%，带动全省高质量发展的“主引擎”作用进一步显现。

1.1.2　流域水环境现状

1. 水质总体状况

1）水质评价概况

（1）水质评价指标

地表水水质评价指标如下：《地表水环境质量标准》GB 3838—2002 表 1 中除水温、粪大肠菌群以外的 22 项指标，分别是 pH、溶解氧、高锰酸盐指数、生化需氧量、氨氮、石油类、挥发酚、汞、铅、总氮（河流断面不考核）、总磷、化学需氧量、铜、锌、氟化物、硒、砷、镉、六价铬、氰化物、阴离子表面活性剂、硫化物。

饮用水源地水质评价指标如下：除《地表水环境质量标准》GB 3838—2002 表 1 中除水温、粪大肠菌群以外的 24 项指标外，增加《地表水环境质量标准》GB 3838—2002 表 2 的硫酸盐、氯化物、硝酸盐、铁、锰 5 项，共 29 项。

（2）湖泊营养状态评价指标

湖泊、水库营养状态评价指标如下：叶绿素 a（chla）、总磷（TP）、总氮（TN）、透明度（SD）和高锰酸盐指数（COD_{Mn}）以及富营养化指数。

（3）水质评价方法

研究人员按照单因子评价法，对长江中下游流域的断面和点位采用每月的人工监测值进行评价。

2）水环境质量总体状况

2019 年长江流域总体水质为优。其中，干流和主要支流水质均为优。监测的 509 个水质断面中，Ⅰ～Ⅲ水质断面占 91.7%，比 2018 年上升 4.2 个百分点；劣Ⅴ类占 0.6%，比 2018 年下降 1.2 个百分点。

2019 年长江干流总体水质为优，监测的 59 个断面水质均符合或优于Ⅲ标准。2019 年长江主要支流总体水质为优。监测的 450 个水质断面中，Ⅰ～Ⅲ水质断面占 90.7%，比 2018 年上升 4.9 个百分点；劣Ⅴ类占 0.7%，比 2018 年下降 1.3 个百分点。

根据《2020 年中国生态环境状况公报》，长江流域总体水质为优。其中，干流和主要支流水质均为优。在监测的 509 个水质断面中，历史性消除劣Ⅴ类断面。

2. 湖泊水质状况

长江中下游流域湖泊主要集中在湖北、湖南、江西三省境内，根据《长江年鉴》，2019 年流域内湖泊水质状况如表 1.1-4 所示。

长江中下游流域湖泊水质状况 表 1.1-4

省份	Ⅰ~Ⅲ类	Ⅳ类	Ⅴ类	劣Ⅴ类	综述
湖北	28.6%	38.1%	33.3%	无	总体水质为轻度污染，主要污染指标为总磷、化学需氧量和高锰酸钾指数。与 2018 年相比，Ⅲ类水域比例上升 9.5 个百分点，劣Ⅴ类水域比例下降 9.5 个百分点。其中汤逊湖、西凉湖、网湖、黄盖湖的水质有所好转，龙感湖的水质有所下降，其余湖泊水质保持稳定
湖南	38.1%	57.1%	4.8%	无	全省主要污染指标为总磷和化学需氧量。其中，洞庭湖湖体 11 个监测断面均为Ⅳ类水质，污染指标为总磷。水质总体为轻度污染，营养状态为中营养；洞庭湖内湖 8 个监测断面中，Ⅰ~Ⅲ类水质 6 个，Ⅳ类水质 1 个，Ⅴ类水质 1 个。主要污染指标为总磷和化学需氧量。根据综合营养状态指数评价，3 个断面为轻度富营养，5 个断面为中营养
江西	28.6%	—	—	无	其中，鄱阳湖监测点位水质Ⅲ类比例为 5.9%，Ⅳ类比例为 88.2%，Ⅴ类比例为 5.9%，优良比例为 5.9%。总体水质轻度污染，主要污染物为总磷，富营养化程度为中度

3. 长江口海域生态环境状况

长江口海域是我国九大海湾中水质状况污染最为严重的区域之一。近 15 年来，长江口严重污染海域主要集中在近岸，长江口北支到杭州湾南岸区域均为《海水水质标准》GB 3097—1997 中规定的劣Ⅳ类水质，而属于优良的Ⅰ类和Ⅱ类水质面积的占比不到 50%。

长江口海域生态环境状况整体较差，生态系统长期处于亚健康状态，虽然长江经济带大保护在长江干流上取得显著成效，但对入海口区域未见明显影响，其主要原因是，长江入海口区域水环境质量除了受长江来水影响，还与入海口自身的环境质量状况有关，且生态系统健康状况的总体向好相对于生态环境的治理过程往往存在滞后效应。

长江口海域生态系统主要存在以下问题：海洋工程和人类活动干扰强烈，海水污染严重，低氧区长期存在，生境破碎化严重；水生生物群落多样性下降，外来生物入侵，赤潮频发等。2006—2018 年，长江口海域生态系统处于亚健康状态，生态健康评价指数一直呈波动变化，范围为 52.8～71.3，均低于 90，其中 2016 年最低，2014 年最高。生态健康的评价主要包含五种指标，即沉积环境、水环境、栖息地、生物质量和生物群落。长江口海域水环境和沉积环境基本稳定，其中沉积环境较好，而水环境一直处于较差状态，这使得水生生物的栖息地环境受到威胁，由于水生生物对环境非常敏感，对水环境和栖息地的变化反应较强烈，长期处于恶劣的水质和栖息地环境下，生物质量整体较低，生物多样性水平较差，群落结构不稳定，生态系统处于亚健康状态。

1.1.3　流域建成区水环境现状

1. 建成区水环境现状

近年来，随着城市的快速发展以及城市居民数量的不断增多，城市建成区的水环境状况逐渐恶化。水环境治理中，高密度建成区的水体问题最突出，治理难度最大。主要表现在以下几点。

（1）系统复杂，问题成因多：污水直排，雨污水混 / 错接、合流制溢流污染、内源污染、面源污染、管网中有外来水。

（2）合流制分布广，分流制改造难度大：根据《中国城市建设统计年鉴 2020》，截至 2020 年，全国 672 个城市合流制长度达 10.11 万 km。

（3）河道空间狭窄，土地价值高，工程设施落地难：在城市发展过程中，河道空间逐渐被侵蚀，蓝绿空间偏少，土地寸土寸金，协调难度大，工程设施落地难。

2. 建成区水环境现状形成原因及影响因素

1）建设因素

进入 21 世纪以来，我国大多数城市的建设速度均显著加快，城市规模不断扩大，城市规划缺少系统性、科学性，导致城市建设挤占了原有的河道，河流的廊道功能显著减弱，水环境不断恶化。河流沿线楼宇污染物的排放同样增加了河流的自净压力，增加了水污染问题发生的风险。

2）基础设施因素

城市的基础设施建设水平，一定程度上决定着水环境的质量。相关调查显示，截至 2017 年，我国平均每市的城中村数量占市区的比例仍高达 37.5%。与市区相比，城中村存在排污设施欠完善、水务条件差的特点。城市总体规划与水务设施衔接不够，城市基础设施等硬件建设不配套，城市粗放型建设造成排水设施混乱，城中村、工业区、农贸市场等普遍存在雨污混流、错接乱排现象，大量污水及点、面源污染等混接入雨水管网，导致城市水污染问题进一步加重。排污设施为城市水环境治理需依赖的主要设施，该设施如存在分布不合理、设备欠完善的问题，污水的处理效果也将受到一定的影响。除上述因素外，河汊及河道暗渠化严重的问题，在我国部分城市中仍有所体现。

3）污染排放因素

污染物排放量过大，是城市水环境恶化的根本原因。随着城市地区的不断发展，工厂的数量不断增多。以印染、化工为代表的工厂均存在污染严重、污水排放量大的特点。如工厂所排放的污水未经处理，或处理效果未达标，城市河流的水资源质量将逐渐下降，会对城市居民的用水安全造成威胁。此外。居民生活用水、农贸市场污水、餐饮企业、汽配厂的污水同样为污染物的主要来源。以汽配厂为例：根据国家要求，洗车场需安装水质净化装置。但目前，大多数洗车场均未安装水质净化装置，洗车污水伴随着泥沙等废弃物通过人行道直接排入雨水管网，进而污染河道，因而有必要对其进行治理。

4）污水处理因素

通过对城市市区污水产生量的观察发现，污水处理规模远小于实际产生污水量，凸显出污水处理能力严重不足。雨污混流进入污水处理厂，会导致进水浓度达不到设计要求，造成污水处理厂低负荷运行，难以充分发挥其效益。如果污水处理厂长期处于上述状态，不仅容易拉低污水处理质量，且易对污水处理厂的经济及环境效益造成影响。为解决上述问题，关键是要增加污水处理厂的数量，减少污染物排放量，提高污水处理技术水平是关键。可见，为改善城市水环境，有必要提高城市的污水处理水平。

1.2 长江中下游典型城市建成区水环境现状特征

1.2.1 水污染状况

长江中下游城市群包括湖北省的武汉、黄石、鄂州、黄冈、仙桃、潜江、孝感、咸宁、天门、随州、荆门、荆州，河南省的信阳，江西省的南昌、九江，湖南省的岳阳，以及上海、南京、苏州。考虑到水系占比以及水资源特征等自然地理原因，结合城市规模及人口等因素，本书主要选取武汉、南昌、南京、九江和岳阳作为长江中下游典型城市代表，对其水污染状况进行研究。

1. 武汉市水污染状况

武汉市素有“百湖之市”的美称，根据2018年批复的《武汉市湖泊保护总体规划》，武汉市拥有面积大于0.05km^{2}的湖泊166个，湖泊水域蓝线控制面积为867.07km^2。武汉市最具特色的湖泊水系，不仅具有休闲娱乐、科研教育的社会价值，更具有调蓄洪涝、供应水源、气候调节等生态功能。然而，随着近几十年来城市化进程的快速推进，城市建成区湖泊水体污染严重，水质下降，蓝藻暴发，富营养化问题日益突出，水环境生态功能受到威胁。

根据历年《武汉市环境质量状况公报》统计，2003—2019年间，随着“一户一景”“清水入湖”“生态水网”“两江四岸”“四水共治”等一系列水环境治理工程相继实施，武汉市河/湖水环境呈现波动变化，水质恶化趋势有所遏制。从河流水质变化来看，河流Ⅱ类和Ⅲ类水质占比最大，呈波动增长趋势。

“十三五”期间，武汉市针对城市建成区水污染状况持续推进黑臭水体工程整治、城镇污水处理设施建设等项目，劣Ⅴ类水质比例在2012—2013年达到最大值（23.3%）后呈逐年减少趋势，直到2019年达到0；湖泊水质劣Ⅴ类比例呈显著减少趋势，但Ⅴ类及劣Ⅴ类水质比例变化不大；湖泊Ⅱ类和Ⅲ类水质比例有所上升，但自2012年以后，一直处于较低的水平；从湖泊营养状况变化来看，2003—2019年，富营养化的湖泊占比总体呈增长趋势，其中轻度富营养化的湖泊占比逐渐增大，2014年超过45%，2017—2018年甚至超过50%，中度富营养化的湖泊占比多年变化不大，但重度富营养化的湖泊占比呈波动减小的趋势。相较于2015年，2019年武汉市Ⅲ类及以上湖泊增加57.14%，劣Ⅴ类湖泊减少约18.92%；全市湖泊综合污染指数均值为0.8935，下降7.74%，水环境质量总体好转，多数湖泊营养状态呈现稳中向好趋势。总磷、氨氮、化学需氧量和高锰酸盐指数等主要超标污染物平均质量浓度在2015—2019年间均呈下降趋势，但2019年有47%的湖泊总磷浓度劣于Ⅳ类评价标准。2015—2019年武汉市城市建成区水环境综合污染指数下降，湖泊富营养化状态好转，但青山北湖、南湖等水体综合污染指数较高。要改善新城区水环境的水质，仍面临一定压力，东湖、西湖水系重度富营养化湖泊数量增多，后湖水系湖泊综合污染指数上升。

近年通过实施截污工程、植物生态修复等系列工程措施，城市建成区中心城区水环境水质提升总体取得一定的成效，但中心城区北湖水系、墨水湖－龙阳湖－南（北）太子湖水系、汤逊湖水系仍有待改善。城市地表径流、排口排污及底泥内源污染物释放是中心城区湖泊水环境较为突出的污染源。根据武汉市统计年鉴，到2017年底，约有61%的常住人口居住在武汉市中心城区，但污水处理设施尚不完善，雨污分流管网有待进一步健全，目前一方面生活生产污水通过排口排入水体，另一方面城市地表径流携带多种污染物输入水体。北湖水系内青山北湖位于武汉重要的化工区，工业污水漏排偷排现象有待改善。对于墨水湖－龙阳湖－南（北）太子湖水系，由于汉阳区的墨水湖、龙阳湖周边的化工区、生活区，工业废水、生活污水排放积累了较多的污染物，使得整体水质基础较差，对底泥内源污染的影响较大。汤逊湖水系内黄家湖等水体的水质不达标，南湖水质近年持续改善，但综合污染指数仍在较高水平。城市地表径流对黄家湖的氮磷营养物质贡献率均较高；南湖周边污水直排，雨季溢流问题突出，水系内的港渠、河流也存在污水排放的问题，进而影响水体水质。对于东西湖区东西湖水系、黄陂区武湖水系、后湖水系，由于农业生产、生活带来的面源污染、工业污水排放等严重影响水体水环境，其水质问题较为突出。武汉市农用地主要集中在新城区，农业生产活动多在新城区进行，新城区的农业面源污染风险较高。

2014年武汉市被列为第二批全国水生态文明城市建设试点市，城市建成区内湖泊水环境是武汉市水生态文明建设的重要部分。在“十三五”期间，武汉市湖泊水质治理总体取得了一定成效，但保持水质持续向好的趋势较难；在“十四五”期间，仍需进一步改善湖泊水环境，为2035年美丽中国目标的实现打下基础。

2. 南昌市水污染状况

南昌市位于江西中部偏北，赣江、抚河下游，濒临我国第一大淡水湖——鄱阳湖。南昌市所在区域水系发达，水网密集，水域总面积为2204.37km^2，占全市区域总面积的29.8%，在全国省会以上城市中名列第一。赣江、抚河、锦江、潦河等大江大河纵横境内，大大小小有军山湖、青岚湖、瑶湖、金溪湖等数百个湖泊。清丰山溪、抚河故支、雄溪河等内河与象湖、青山湖、艾溪湖、南塘湖、瑶湖等内湖位于昌南区域，昌北区域有赣江支流乌沙河、前湖、礼步湖、黄家湖、孔目湖、白水湖等。此外，玉带河水系、朝阳洲水系、幸福渠、城南护城河、总干渠、三干渠、四干渠、五干渠、六干渠等赣抚平原人工河渠位于昌南区域。

整体而言，南昌市水环境水质尚佳，但因城区内河、渠水流不畅，水体自净能力弱，河湖生态功能缺失，河道功能单一，水净化系统、水景观、旅游休憩等综合服务功能缺失，而存在季节性水质恶化现象。南昌市水环境污染主要来自工业废水和生活污水。部分企业废污水未能全部达标排放，2010年工业废水排放达标率为94.26%，城市居民生活污水排放量27685万t，污水处理率为80.83%，废污水的排放对水体造成污染，全市的污水处理力度有待加强。

南昌市城区管网收集率不高，城市河湖两侧及湖泊周边雨污直排现象严重，主要为居民的生活污水、养殖污水、初期雨水等，沿河有明显的建筑及生活垃圾。根据南昌市环境监测站监测资料显示，城区内河湖干渠水质劣Ⅳ类，主要超标项为COD、NH_3-N和TP，其中西湖、玉带河、乌沙河、幸福渠、龙潭渠等部分河段属于黑臭水体；前湖水的部分河、渠段也存在严重污染，水质现状接近黑臭水体标准；孔目湖、白水湖、前湖、梅湖、礼步湖、瑶湖、象湖、北湖的TN超标，处于中营养至重度富营养化状态；南塘湖、黄家湖和下庄湖为重度富营养状态。河 / 湖内污染物累积严重，已严重富集氮、磷等营养盐，且部分湖泊存在底泥重金属污染风险，随着外界条件变化，还存在内源二次污染风险。

赣江干流水质为Ⅱ类，其中赣江南支流量偏少，导致水体纳污能力减小，加之市内河湖水质超标水体大量外排，导致入河污染物增加，影响了赣江南支水质，2017年2月南昌市赣江流域国控滁槎断面水质为Ⅳ类。

在全国主体功能区划中，南昌市处于国家层面的优化开发区域 - 长江中游地区 - 江西鄱阳湖生态经济区，紧邻鄱阳湖国家自然保护区。在该区域中，赣江、抚河总体水质较好，基本能达到水功能区划要求，但其余支流、内河及湖泊湿地由于城镇化和人为干扰而污染物排放量较大，使水污染压力趋于增大，局部地区水质有恶化的趋势，内河水生态系统由于长期的河道开发而呈现水生态系统破碎化，区域水生态环境具有脆弱化的风险，不利于鄱阳湖生态经济区的生态良好发展。

3. 南京市水污染状况

南京市在江苏省西南部，位于长江中下游中部富庶地区，东与扬州、镇江、常州3市接壤，南、西、北三面与安徽毗邻，是江苏省的政治、经济、文化、交通中心。南京作为华东地区社会经济发展的核心城市之一，近年来随着城市规模扩大、经济的加速发展，各种工业废水和生活污水大量排放，致使水环境质量日益恶化，水环境生态安全压力增大，如2012年，全市共检测水环境断面279个，其中182个断面水质达到功能类别标准，达标率为65.2%，其中Ⅰ～Ⅲ类水体占所监测断面的51.3%，劣Ⅴ水体占所监测断面的16.5%，城市的发展已对水环境造成了一定的负面影响。南京市水环境现状主要体现在以下方面。

（1）2018年，全市年降水量1142.4mm。全市酸雨频率为15.3%，同比下降5.9%，降水pH均值为5.69，酸性弱于上年（5.26）；城区酸雨频率为15.3%，同比上升0.2%，降水pH均值为5.71，酸性弱于上年（5.61）；郊区酸雨频率为15.2%，同比下降16.1%，降水pH均值为5.67，酸性弱于上年（5.03）。

（2）城市主要集中式饮用水水源地水质优良，达标率为100%，且已完成全市县级以上集中式饮用水水源地17个自查问题和4个督查组交办问题的清理整治。江浦水源地、中山水库水源地、方便水库水源地和固城湖水源地保护区调整方案获省政府批复，浦口区完成三岔水库、水源地保护区划定工作，方案已获省政府批复。

（3）全市7条省控主要入江支流年均水质符合《地表水环境质量标准》（GB 3838—2002）Ⅱ～Ⅲ类、Ⅳ～Ⅴ类和劣Ⅴ类的比例分别为42.9%、28.6%和28.6%。与2017年相比，Ⅲ类及以上水质断面的比例上升14.3%，劣Ⅴ类断面的比例下降14.3%。

（4）长江南京段干流段水质总体状况为优，7个断面水质均达到Ⅱ类。

（5）在秦淮河干流9个断面中，达到Ⅳ～Ⅴ类的比例为77.8%，主要污染指标为氨氮和总磷；秦淮河主要支流16个断面中，Ⅰ～Ⅲ类水比例为33.3%，Ⅵ～Ⅴ类水比例为41.7%，主要污染指标为氨氮、生化需氧量和总磷。相较于上年，支流Ⅰ～Ⅲ类水比例上升8.3%，劣Ⅴ类水断面比例下降16.7%，水质状况有所好转；秦淮新河水质总体状况良好，3个断面全部达标，达到Ⅱ～Ⅳ类。

（6）滁河干流南京段的10个断面中，4个为Ⅲ类，6个为Ⅳ类。

（7）金川河总体水质状况仍为劣Ⅴ类，但氨氮、总磷等主要污染物浓度均大幅降低，水质状况逐渐好转。

（8）玄武湖、石臼湖水质现状均为Ⅳ类，主要污染物为总磷，其中玄武湖水质状况好转。固城湖水质为Ⅲ类。

（9）按综合营养状态指数评价市内5个主要湖泊，金牛湖、固城湖为中营养湖泊；玄武湖、石臼湖、莫愁湖为富营养化湖泊，为轻度富营养化水平。

近年来，南京市以改善生态环境质量为核心，出台《关于全面加强生态环境保护坚决打好污染防治攻坚战的实施意见》《南京市长江岸线保护办法》，以中央、省环保督察整改和“263”专项行动为抓手，全面打好污染防治攻坚战，实施水污染防治行动计划，以确保水质改善、饮用水源地保护、太湖水污染治理为重点，全面推进水污染防治，实施污染减排，解决突出环境问题，取得明显成效，水环境质量明显改善。2018年，全市环境质量持续改善，水环境质量显著提升，城市主要集中式饮用水源地水质持续保持优良。全市水环境质量明显改善，纳入《江苏省“十三五”水环境质量考核目标》的22个地表水断面水质全部达标，Ⅲ类及以上断面达18个，占81.8%，无丧失使用功能（劣Ⅴ类）断面。

4. 九江市水污染状况

九江市地处江西省北部，赣、鄂、皖三省交界处，滨临长江，背倚庐山；位于长江干流中游下段右岸，城市河流主要有十里河、龙开故道、港口河、忠字河等总长约60km的河道镶嵌在城区；城区湖泊众多，顺江而下依次分布有赤湖、赛城湖、八里湖、两湖（甘棠湖和南门湖）、白水湖和芳兰湖等，湖泊水面面积超过150km^2，湖泊资源国内罕见。九江市城市河湖的水环境不容乐观，除赛城湖水质稍好外，其他河湖水质均超过水质Ⅴ类标准，区域水环境治理需求强烈。

城市内湖中赛城湖水质总体为Ⅲ类，就空间分布而言，赛城湖西侧水质优于东侧；八里湖水质总体为Ⅳ类，自南向北水质逐渐变差；两湖与白水湖局部时段和区域存在黑臭情况，且各水质指标基本呈逐年恶化的趋势。根据月度变化情况，总体而言，汛期汇入湖泊的污染负荷较多，有机物污染较为严重。

主要城市河道沙河水系和两河流域中沙河水系上游水质为Ⅱ～Ⅲ类，有机物污染呈现季节性变化特点，非汛期水环境容量较小，水质较差；两河流域从上游到下游水质逐渐变差，在下游八里湖入口处水质最差，基本为劣Ⅴ类，存在黑臭情况；两河上游无明显水质污染，水体清澈且流速较快，底部沉积物较少，主要水质指标基本可达Ⅰ～Ⅱ类。

随着河流进入城区段，沿线溢流污水和面源污染接入，河水水质恶化，河道水质逐渐变为Ⅴ类，水体的主要污染物为氨氮和TN。新开河靠近赛城湖段，水质基本为Ⅲ～Ⅳ类；靠近八里湖段，水质为Ⅴ～劣Ⅴ类，主要原因是新开河汇入护城河、八里湖区和沿江西的污水。各河道均为丰水期水质较差，可能是由于降雨量集中，城市面源污染、合流制溢流，汇入较多的污染负荷，引起水质恶化。

八里湖、赛城湖的生活污染源、城市面源、农业面源和底泥内源都占有相当比例；沿江西的生活污染源、城市面源和工业污染源占有相当大的比例，尤其是工业源，相对其他区块来说比例较高。沿江西片区COD污染负荷中工业污染源、生活污染源和城市面源的占比分别为61%、18%和21%，其中，氨氮占比分别为73%、19%和7%；八里湖片区COD污染负荷中工业污染源、生活污染源和城市面源占比分别为10%、36%和37%；其中，氨氮占比分别为15%、54%和17%；赛城湖片区COD污染中生活污染源、底泥内源、农业养殖和城市面源分别占比14%、18%、38%和11%，其中，氨氮占比分别为23%、35%、13%和11%。

琵琶湖、白水湖、两湖和两河的生活污染源和城市面源占据了绝对比例，其中，污水处理厂尚未建设完成，大量生活污水未经处理直接排入受纳水体，导致生活污染源占主导。上述4个区块COD生活污染源占比分别达到61%、55%、57%和59%，氨氮生活污染源占比更是分别高达83%、73%、80%和82%，仅两河有2%的工业污染源，其他3个区块工业污染源占比几乎为0。

城西港区、赤湖工业园和芳兰的城市面源占据绝对大的比例，COD污染中的城市面源占比分别达到61%、76%和58%，氨氮污染中的城市面源占比分别为60%、59%和40%。

九江中心城区城市水环境状况的空间特征与城市人口和产业分布基本一致，区域水环境治理需求强烈。该城市通过实施城镇生活污水、城市面源、工业污染和河湖底泥内源等污染源全面治理工程，控制大部分城镇生活污染源进入区域内水体，同时，通过多种面源污染控制及强化净化措施形成污染物削减体系，对改善九江中心城区河湖水质和保护生态环境具有重要意义，也为在沿江城市深入推进长江大保护工作提供良好的借鉴。

5. 岳阳市水污染状况

岳阳市位于湖南东北部，素称“湘北门户”，是长江中游仅次于武汉的又一个“金十字架”。全市总面积15019km^2，其中水面面积占17.16%。城区水系主要依江傍湖呈带状组团分布，城区内主要有南湖、东风湖、吉家湖、芭蕉湖、松阳湖、白泥湖、濠河、王家河、北港河、羊角山河、黄梅港等众多内湖、内河。随着城市的快速发展，岳阳市的水生态受到较大的破坏。

多种污染源导致湖体水质恶化。其一是点源污染，城区的几个湖体都有污水直排现象，南湖、东风湖、吉家湖、芭蕉湖现状排污口数量较多，尤其是东风湖、吉家湖湖面面积小，却承接了周边大量的工业废水与生活污水。环东风湖集雨面积内，有各类大小作坊和工业企业，酒店、餐饮等第三产业，医院等。吉家湖周边城陵矶临港新区、巴陵公司等生产生活污水均经吉家湖排向外湖。其二是面源污染，各内湖环湖分布有大量菜地、水田等，还有环湖生猪养殖、养鱼投肥等，污染物在降水、灌溉以及养殖尾水排放过程中进入水体，形成农业面源污染。湖体周边存在大量工业用地、居住用地、道路等城市建设用地，经雨水冲刷后，携带大量有机物、重金属、油等污染物进入水体，造成严重的面源污染。

长江以及洞庭湖水质均为Ⅲ类，但洞庭湖部分水域局部水质较差，为Ⅳ类水质。不过，相较于长江中下游的其他湖泊，洞庭湖水体整体情况较好，水体内的浮游类动植物含量明显少于其他湖泊，属于中富营养型。

2015年南湖水质为Ⅳ类，污染程度为轻度污染，综合富营养化指数为55.9，为轻度富营养化状态，主要是由总磷及总氮所引起的水环境污染。岳阳市其他内湖除芭蕉湖与白泥湖等少部分河湖水质为较好的Ⅲ类以外，其他内湖内河均为Ⅳ类水质，且均为总磷和总氮超标所引起的水质污染。岳阳市中心城区内湖内河水质情况详见表1.2-1和表1.2-2。

中心城区内湖水质情况一览表　表1.2-1

名称	集雨面积（km^2）	现状水质	现状水体功能	超规项目
南湖	154.5	Ⅳ	防洪排涝、景观娱乐休闲、渔业养殖	TP、TN
东风湖	17.3	Ⅳ	污、废水集散	TP、TN
吉家湖	8.7	Ⅳ	接纳工业废水和固体废物	TP、TN
芭蕉湖	136	Ⅲ	工业取排水、防洪排涝、渔业养殖、农田灌溉	TP、TN
关门湖	4.9	Ⅲ	渔业养殖	COD
月形湖	3.39	Ⅲ	渔业养殖	COD
松杨湖	57.1	Ⅳ	渔业养殖、污、废水集散	TP、TN

中心城区内河水质情况一览表　表1.2-2

河流名称	集雨面积（km^2）	现状水质	现状水体功能	超规项目
王家河	6.8	Ⅳ	景观、娱乐休闲、渔业养殖	TP、TN
北港河	6.8	Ⅳ	防洪排涝、渔业养殖	TP
羊角山河	42.6	Ⅳ	防洪排涝、渔业养殖	TP、TN
黄梅港	11.2	Ⅲ	防洪排涝	TP

1.2.2 水安全状况

经过几代人的接续努力，长江流域防洪减灾体系基本建立，考虑三峡工程建成后对长江防洪的作用和影响，应加快长江综合防洪体系建设，使荆江地区防洪标准达到100年一遇，在遭遇类似1870年特大洪水时有对策和措施，两岸主要防洪大堤不溃决，避免发生毁灭性灾害；城陵矶以下河段能防御类似 1954 年的洪水；重要蓄滞洪区能适时按量使用；主要城市、洞庭湖区和鄱阳湖区重点圩垸、主要支流堤防基本达到规定的防洪标准。初步建成山洪灾害重点防治区，以监测、通信、预报、预警等非工程措施为主、与工程措施相结合的防灾减灾体系，水安全保障能力显著提升，为支撑经济社会可持续发展做出重要贡献。

1. 堤防工程

长江中下游干流堤防超过 3900km 干流堤防全线达标；洞庭湖区 11 个重点垸、鄱阳湖区 46 座重点圩堤围堤达标率分别约为 95.5%、98.7%；重要支流中汉江遥堤、赣抚大堤等重要堤防达标，其他主要支流堤防建设滞后，达标率偏低。

2. 防洪水库

中游汉江丹江口水库已按正常蓄水位加高 170m，具备运行条件；沅水五强溪、赣江万安水库虽已按扩大防洪库容规模完建，但因库区淹迁问题，目前仍维持初期规模运行。在近期规划兴建的水库中，除澧水宜冲桥水库因受库区淹没自然保护区、移民防护和枝柳铁路影响尚需进一步论证外，其他近期规划兴建水库均已完建。1998 年大水后，中央加大了病险水库除险加固的投资力度，长江流域内共完成了 99 座大型水库、930 座中型水库和 358 座小型水库的除险加固，基本完成近期规划要求。

3. 蓄滞洪区

长江中下游规划安排 42 处蓄滞洪区（原规划 40 处，后洪湖蓄滞洪区分成东、中、西 3 块），目前已完成围堤加固的蓄滞洪区 33 处，围堤加固正在实施的蓄滞洪区 1 处，围堤长度达标率约 83%；已建分洪闸的蓄滞洪区 5 处，在建分洪闸的蓄滞洪区 4 处。蓄滞洪区安全建设严重滞后，仅基本完成荆江分洪区、围堤湖垸、澧南垸、西官垸 4 处蓄滞洪区安全建设，正在开展钱粮湖、共双茶、大通湖东、康山等蓄滞洪区安全建设，如遇 1954 年型洪水，大多数蓄滞洪区无法实现适时适量分洪。

4. 河道整治

目前对直接危及重要堤防安全的崩岸段和部分河势变化剧烈的河段进行了治理，基本实现规划确定的近期治理目标。其中，长江中下游 14 个重点河段河势得以控制，岸线基本稳定；洞庭湖区与鄱阳湖区局部洪道实施了疏浚、清障等河道整治工程，减缓了洪水位抬高趋势。

5. 平垸行洪、退田还湖

1998 年以来，对长江中下游干流、洞庭湖区及鄱阳湖区部分洲滩民垸实施了平垸行洪、退田还湖，共平退圩垸 1442 处，恢复调蓄容积 178.34 亿 m^3，接近规划目标。未完成规划任务的圩垸内人口规模和经济发展规模迅速扩大，现状搬迁难度非常大，难以实施。目前长江中下游干流河道内仍有洲滩民垸 406 个、约 130 万人，洞庭湖、鄱阳湖区还有万亩以下圩垸133个、约59.77万人。

6. 城市防洪

列入近期规划的18个防洪城市（包括13个全国防洪重点城市，重庆、昆明、贵阳以及洞庭湖、鄱阳湖区地级市）城区干流堤防基本达标；部分城市（如安庆、荆州、重庆等）内湖或支流局部堤段未达标，其他防洪城市原规划城区基本达到相应近期规划防洪标准。

7. 除涝工程

经多年治理，长江中下游已初步形成“高低分排、先田后湖、自（排）提（排）、排蓄并重”的治涝体系，多数易涝区现状排涝能力达到5年一遇甚至10年一遇。但由于湖泊围垦降低区域调蓄洪水能力，再加上排涝设施建设滞后或建设标准低等影响，长江中下游部分重点区域排涝能力仍显不足。

1.2.3 水生态状况

长江流域水生态保护取得积极成效，总体上着力加强了重要饮用水水源地保护，基本形成水环境监测网络。着力加强长江干流主要支流控制断面生态水量评估，梯级水库联合生态调度试验取得良好成效，水土流失面积和强度逐年下降，生态环境步入良性循环。2018年长江流域总评价河长中，水质符合或优于Ⅲ类水河长占88.2%，水质总体上保持良好状态。2020年上半年，长江流域238个监测断面，最小下泄流量满足要求的占88%。全流域累计治理水土流失面积28.4万km^2，初步实现了流域水土流失面积由增到减的历史性转变。长江中下游流域承担着泄流、航运、水沙资源、岸线、开发利用及生态载体等多重功能，但其水生态也正面临多重威胁。

1. 水体及底泥污染

近40年以来，长江流域部分地区废弃污水的高排放量和低处理率，导致长江中下游水系水质恶化，最常见的就是湖泊和水库富营养化。富营养化湖泊数量从2008年的10个增加到2018年的61个，中度富营养化湖泊比例从2009年的31.3%增加至2018年的42.7%，形成以轻度富营养化湖泊为主体的格局。而湖库中重金属、持久性有机物污染物POPs和微塑料等有害污染物的富集也成为新的生态环境问题。综上所述，长江中下游污染问题严峻。

2. 江湖连通性减弱

历史资料显示，长江中下游通江湖泊数量超过100个。然而，自20世纪中叶起，人类的大量活动切断了湖泊与长江的天然联系，引起一系列江湖阻隔生态效应：①湖泊富营养化，阻隔湖泊的叶绿素浓度（Chl-a）、总氮（TN）和总磷（TP）均大于通江湖泊；②生物群落结构发生改变，无论是浮游植物，还是浮游动物和底栖动物等，其群落结构均已发生改变；③鱼类物种多样性下降，渔业资源缩减。江湖阻隔导致长江泛滥平原的湖泊中鱼类总种数减少 38.1%，四大家鱼的产卵量降低，江湖阻隔扰乱了自然水流体制，造成了诸多生态问题。

3. 生物资源下降

长江中下游水域作为世界上最大的淡水生态区之一，生长着多种多样的水生植物，拥有丰富的水生动物群落，是长江江豚、中华鲟等珍稀动物的栖息地和产卵场，也是四大家鱼、鳊、鳜等重要经济鱼类资源的重要产地，对其生物多样性的保护具有非常特殊的地位和作用。然而，随着生境破碎萎缩、资源不合理开发利用、水环境污染、外来物种入侵等问题的凸显，长江中下游地区生物的多样性面临威胁。

4. 景观格局变化巨大

长江中下游流域是生态系统丰富、生物极具多样性、湿地资源和风景资源等自然资源极为丰富的区域，也是我国最具经济发展活力的区域之一。该流域人口基数大，人口和产业高度密集，人类活动强度极为剧烈，人类活动的不断干扰使近些年长江中下游流域景观格局发生了深刻变化，并存在地域差异。在退耕还湿工程、退田还湖网络化建设等一系列保护措施和政策影响下，湿地面积总体增加，但由城镇化建设所导致的湿地萎缩依然严重。

1.2.4　水管理状况

城市水管理是随着人类活动和社会发展对城市水资源的开发利用而产生的，其主要内容是对城市水资源开发、利用、节约和保护的组织、协调、监督和调度等，包括运用行政、法律、经济、技术和教育等手段，组织开发利用水资源，防治水害，协调水资源的开发利用与社会经济发展之间的关系。

在我国现行的体制下，城市水管理涉及的管理部门众多，包括自然资源与规划、水利、住房和城乡建设、环保等部门，还涉及地方政府与上一级政府直属部门的协同管理。城市水环境问题的凸显与水管理的现状存在很大的关联，目前，在城市的水管理方面主要存在以下几方面的问题。

1. 涉水部门多，管理混乱，管理框架体系不够完善

在我国现行的管理体制中，涉水事项存在多头管理的现象，涉及江河及水资源的调配由水利部门管理，湖泊水库由水利部门或湖泊管理局之类的机构管理，水源地的保护及污水排放则由环境保护主管部门负责管理，供水管网及水费收取则由自来水公司或水务集团负责管理。各个部门之间以及地方政府与上一级政府直属部门的管理制

度、理念和方法各不相同，无法形成一个完整、系统的管理框架体系，涉及交叉管理的事项有可能会出现相互矛盾和抵触的现象，从而使得整体的管理效果较差。在实际运作过程中，各政府及部门之间这种横向割裂、信息不对等的现象也导致简单问题复杂化，沟通耗时长，决策效率低下等问题，这不利于智慧城市的构建。

2. 信息不流通，配套基础设施建设缺乏统一规划

涉水部门均有各自的管理职能，在各自的管理职能范围内，其所关注的信息点及建设内容也各有差异，各部门间的横向沟通相对偏弱，相互之间的信息流动性较差，如果仅依据自身掌握的信息以及管辖领域的需要开展配套基础设施的建设，未能从涉水事务全局的角度进行综合性、系统性的规划和建设，就会造成部分设施的综合利用率偏低甚至是重复建设。

3. 重建设，轻管理，缺乏系统性思维

以往的城市建设往往重视水系驳岸、泵站、闸门、箱涵、市政管网、自来水厂、污水处理厂等涉水设施的建设，但忽视了这些设施建成后的运营和维护工作，最终使得这些设施未能发挥其应有的作用，从而引发了水污染、城市内涝、水生态系统退化等问题。

4. 水管理方面的系统性法律、法规体系不完善

城市涉水事务的管理往往涉及多方面的内容和因素，需要完善而系统的法律、法规予以支持，尤其是结合地方特点的法律、法规。地方城市要结合国家的宏观立法，根据各自的实际情况，有针对性地制定配套的规范或实施细则，用于指导涉水事务的管理。这对于水系发达的城市尤为重要，可以从法律、法规层面保证涉水事务管理的整体性和系统性。

1.3 长江中下游典型城市建成区水环境问题分析

1.3.1 水污染问题分析

虽然目前长江中下游流域水质状况总体相对较好，但部分流域水环境形势不容乐观，外秦淮河、黄浦江、赣江等河流污染情况突出，湘江流域重金属污染问题凸显，鄱阳湖、洞庭湖生态安全水平下降。水污染问题主要体现在以下三个方面。

1. 污染源危害大、种类多

根据《长江经济带生态环境保护规划》，长江经济带是我国经济重心所在、活力所在，也是中华民族永续发展的重要支撑。历经多年开发建设，传统的经济发展方式仍未根本转变，生态环境状况形势严峻。流域整体性保护不足，生态系统破碎化，生态

系统服务功能呈退化趋势。近20年来，长江经济带生态系统格局变化剧烈，城镇面积增加39.03%，部分大型城市城镇面积显著增加。农田、森林、草地、河湖、湿地等生态系统面积减少。岸线开发存在乱占滥用、占而不用、多占少用、粗放利用等问题。中下游湖泊、湿地萎缩，洞庭湖、鄱阳湖面积减少，枯水期提前。污染物排放量大，风险隐患多，饮用水安全保障压力大。

长江经济带污染排放总量大、强度高，废水排放总量占全国的40%以上，单位面积化学需氧量、氨氮、二氧化硫、氮氧化物、挥发性有机物排放强度是全国平均水平的1.5～2.0倍。长江密布重化工企业，流域内30%的环境风险企业位于饮用水水源地周边5km范围内，各类危、重污染源生产储运集中区与主要饮用水水源交替配置。部分取水口、排污口布局不合理，12个地级及以上城市尚未建设饮用水应急水源，297个地级及以上城市集中式饮用水水源中，有20个水源水质达不到Ⅲ类标准，38个未完成一级保护区整治，水源保护区内仍有52个排污口，48.4%的水源环境风险防控与应急能力不足。长江流域每年接纳废水量占全国的三分之一，部分支流水质较差，湖库富营养化未得到有效控制。中下游湖泊、湿地功能退化，江湖关系紧张，洞庭湖、鄱阳湖枯水期延长。长江水生生物多样性指数持续下降，多种珍稀物种濒临灭绝。

危险化学品运输量持续攀升，航运交通事故引发环境污染风险增加。涉危险化学品码头和船舶数量多、分布广，仅重庆至安徽段危险化学品码头就接近300个。危险化学品生产和运输点多线长，部分船舶老旧、运输路线不合理、应急救援处置能力薄弱等问题突出。长江干线港口危险化学品年吞吐量已达1.7亿t，种类超过250种，运输量仍将以年均近10%的速度增长，发生危险化学品泄漏的风险持续加大。

2. 城镇环境基础设施建设较城镇化速度滞后

根据《长江年鉴（2021）》，2020年长江流域总体水质为优，其中干流和主要支流水质均为优。监测的510个断面中，Ⅰ类水质断面比例为96.7%，比2019年上升5个百分点，无劣Ⅴ类，比2019年下降0.6个百分点。2020年长江干流总体水质为优。监测的59个断面中，水质均符合或优于Ⅱ类标准。长江主要支流水环境状况2020年长江主要支流总体水质为优。监测的451个断面中，Ⅰ类水质断面比例为96.3%，比2019年上升5.6个百分点；无劣Ⅴ类水质断面，比2019年下降0.7个百分点。虽然长江流域总体水质较好，相对于干流，部分支流及流域内的湖泊仍存在Ⅳ类和Ⅴ类水域，主要污染指标有COD、总磷和氨氮。导致这一现象的主要原因是流域城镇化进程较快，长江下游省市城镇化水平达到67%，高出全国平均水平14.5%，而城镇环境基础设施建设相对滞后，城市内河、城乡接合部以及农村人口聚集区的河流沟渠水质普遍受到污染。流域造纸及纸制品业、纺织业、化学原料及化学制品制造业、农副食品加工业等重污染行业在长江中游广泛布局，产业结构调整难度大，结构性污染影响短时期内难以消除。由于流域污染治理欠账多且时间长，因此要使流域得到全方位的改善，难度很大。

3. 城市水环境管理机制体制不顺

我国虽然在“八五”“九五”期间就从国家层面上重视城市水环境管理和城市水环境综合整治工作，但缺乏系统性，“头痛医头，脚痛医脚”，有些城市只是当政绩工程在做，导致城市水环境治理仍然存在很多问题。当前，我国大部分城市水体周边脏、乱、差问题严重，城市滨水地带被大量占用，尤其是老城区和城乡接合部的水体，违章建筑物多，小型服务业多而杂乱，大量棚户区和单位无序分割占用，污水和垃圾直排入河，严重影响周边人民群众身体健康。分析其中的原因，这与我国现阶段的城市环境管理体制有关。我国城市河流管理涉及环保、发改、水利、住建、林业、交通等多部门。其中，环保主管部门负责城市河流水环境综合整治的统一监管；发改部门负责城市污水处理收费等宏观政策；水利部门负责水资源和排洪排涝等；住建部门负责供水与排水等基础设施的建设管理；对于涉及航道功能的水域，交通主管部门负责船舶污染防治。“多龙治水”导致城市河流管理大部分存在“水量和水质分离、水陆分离、上游与下游河段分离、建设和管理分离”等问题，现有的管理体制往往导致城市河流水环境治理责任不清、分工不明确，不能形成系统的整治效果。

1.3.2 水安全问题分析

进入新时代，随着经济社会高速发展，气候变化、人类活动等因素加剧，国情、社情、水情、工情均发生显著变化，水问题演化为老问题未解决、新问题越突出、新老水问题交织的局面。

近年来的防洪实践表明，长江流域防洪体系建设主要还存在以下问题。

（1）规划安排的蓄滞洪区分洪运用困难，蓄滞洪区安全建设严重滞后，42 处蓄滞洪区仅 4 处完成安全建设，很难实现“分得进、蓄得住、退得出”的要求。

（2）平垸行洪、退田还湖未按规划安排全部实施，且部分单退垸存在移民返迁的情况；未实施的洲滩民垸长期受洪水威胁，且堤防标准低、防洪设施简陋，经济条件和生存环境处于落后水平，人民生命和财产安全无法得到保障。

（3）部分长江重要支流堤防防洪能力偏低，部分支流亟待建设防洪水库，或挖掘已建水库的防洪潜力。

（4）因湖泊围垦降低区域调蓄洪水能力，再加上排涝设施建设滞后或建设标准低等影响，长江中下游部分重点区域频繁易涝成灾。

（5）部分防洪城市（如安庆、荆州、重庆等）局部堤段未达规划防洪标准，尚未形成防洪封闭圈；已达近期规划标准的部分城市，由于经济社会发展及城市发展需求，城市范围拓展，有待进一步提高局部开发区的防洪标准。

（6）需进一步完善防汛法规制度、组织指挥、应急管理、社会保障、科技支撑等防洪非工程体系，距实现流域防洪治理从注重灾后救助向注重灾前预防转变，从应对单一灾种向综合减灾转变，从减少灾害损失向减轻灾害风险转变，仍有较大差距。长江中下游洪水峰高量大与河湖蓄泄能力不足的矛盾依然突出，按长江中下游防御标准，如果再次发生类似1954年的大洪水，仍需大量分洪，但蓄滞洪区建设严重滞后，难以实现“分得进、蓄得住、退得出”的要求。上游控制性水库群建成后，长江中下游干流河道将长期面临清水下泄的局面，河道崩岸加剧，部分河段河势变化，威胁防洪安全。江湖关系变化影响河湖蓄泄能力。长江中下游干流部分河段堤防等级偏低，与新形势不相适应。江苏省境内长江干堤处于感潮河段，目前堤防按未考虑台风影响建设，标准亟待提高。长江上游干流部分河段和长江重要支流、湖泊堤防防洪能力偏低，部分支流亟待建设防洪水库或挖掘已建水库的防洪潜力。仍需加强中小河流治理、山洪灾害防治、病险水库除险加固工作。部分重点区域排涝能力较低。需进一步完善防汛法规制度、组织指挥、应急管理、社会保障、科技支撑等非工程体系。

2020年汛期，长江干流防汛相对坦然，彰显了1998年大水后长江干堤加固、平垸行洪、流域控制性水库大量建设的突出成效，但部分支流、湖泊暴露出防洪明显短板。各地累计上报4566处水工程险情，支流堤防、两湖重点垸堤防和一般圩垸出险较多，管涌和散浸险情占比较大。湖北、湖南、江西、安徽、江苏五省运用（溃决）861处洲滩民垸，其中136处圩垸主动运用，725处圩垸发生漫溢或决口，淹没耕地211.55万亩，影响人口60.12万人。

1.3.3 水生态问题分析

流域部分区域水污染、水生态受损、水土流失等问题依然突出。岷江、沱江、湘江等重要支流的水污染问题严重，上海、南京、武汉、重庆、攀枝花等主要城市江（河）段近岸水域存在污染带，滇池、巢湖、太湖仍处于中度富营养状态，流域部分集中式饮用水源地尚不能达到全年水质均合格的要求。潜在水污染风险源多，突发水污染风险隐患大。江湖的天然连通性降低、生境条件改变对水生生物的多样性、完整性构成威胁，湿地萎缩、重要湿地功能退化，部分天然产卵场消失、栖息地环境改变。流域内尚有超过30万km^2的水土流失面积和1亿多亩坡耕地未得到有效治理，部分生产建设项目造成人为水土流失问题依然较严重。局部江段岸线开发利用与水生态环境保护矛盾突出。

究其原因，主要是因为长江中下游区域经济活跃，同时自然条件复杂多样，人类开发活动干扰大，要面临水生态灾害威胁加大，水环境污染加重和生态退化加快等水生态问题日益凸显。主要原因如下。

（1）长江所流经区域的地质环境和水文环境复杂多变，长江中下游流域的水涝灾害频繁发生。另外，长江中下游流域部分城市因自然河流和洼地改造等原因面临着较大的防御暴雨内涝压力。

（2）长江流域废污水排放量较高，一些湖泊的富营养化程度较重，水功能区整体达标率较低。2015 年的《长江流域及西南诸河水资源公报》显示："长江流域 2015 年废污水排放总量 346.7 亿 t，较 2014 年同比增长 2.4%；长江流域 2015 年湖泊全年水质符合Ⅰ～Ⅱ标准的仅为 16.7%，轻度及中度富营养状态的湖泊数分别占比 40%、45%；长江流域 2015 年水功能区达标率为 70.9%。"

（3）长江中下游流域生态退化也日趋严重。主要表现为水土流失加剧、植被覆盖面积减少、珍稀动植物种类和数量缩减。比如三峡蓄水工程后，对长江干支流的鱼类资源进行实地调查，发现不同江段的渔获物个体小型化、低龄化的现象明显，更有白鳍豚、长江白鲟等长江特有物种宣告功能性灭绝。长江中下游流域面临的水生态问题亟待改善。

（4）在水文化、水景观方面，由于城市盲目扩张趋势有所加剧，山地灾害问题较突出，平原地区自然生态环境不同程度地遭到破坏，区域自然景观破坏较为严重。由于生产建设中的许多短期行为，造成土地、森林、能源、原材料等资源的浪费，对江、河、湖、渠等水体的污染越来越严重，破坏了人居环境发展所依托的自然和社会环境，不利于和谐社会的建设，人与自然关系趋于紧张。无序开发造成历史文化景观遭到不同程度的破坏一些历史文化名城重开发，轻保护，拆真古迹，建假古董，城镇景观趋同，也造成对历史文化遗产的破坏。

1.3.4 水管理问题分析

城市水管理问题涉及各部门的管理边界、职责及考核等多方面的内容，但在智慧城市建设的大背景下，城市水管理不再只涉及某个部门，而是一项系统性的工程，如水安全与水环境的优先级控制、厂网站河湖一体化调度、职能部门的联动等。虽然各行政主管部门和涉水企业都在关注相关的信息化建设工作，但总体而言仍处于起步探索阶段。水管理过程中涉及水量、水位、水质等监测参数，人员、机械、设备、构（建）筑物等资源配置，各主管部门和涉水企业的管理系统自成体系，各种数据收集、归纳及分析的标准不统一，信息流转通道不通畅。已建成的管理系统或多或少存在信息监测工作不完善、运转效率低下的问题，不能及时有效地对水环境问题做出分析和预警，从而导致水环境问题由小积大，最终演变为水环境问题事件。

1.3.5 小结

总体而言，城市建成区水环境受城市建设的影响，呈现出涉水空间逐步缩减、水生态系统功能持续减弱、水环境状况不断恶化的趋势，主要原因有以下几点。

（1）水污染：我国粗放型的城市建设和发展模式，导致城市污染源数量大、种类多，配套的收集和治污设施不完善，建设质量不高，雨污混流、错接的现象较为普遍，甚至有些污水直接排入水体；

（2）水安全：城市建设过程中大面积使用不透水铺装，致使大量雨水无法下渗至自然地面进而通过雨水管网进入城市水系，从而增加了城市防洪排涝的压力。同时，由于历史原因，原有防洪设计标准偏低，蓄滞洪区建设严重滞后，防汛法规制度、组织指挥、应急管理、社会保障、科技支撑等非工程体系有待进一步完善。

（3）水生态：在城市建设过程中，为了提升城市行洪排涝的能力，同时增加河道的视觉美观性，对河道采取裁弯取直和硬化河床及河岸的措施，切断了水体之间的联系，破坏了水体的生态系统，从而降低了水体的自净能力。有些区域甚至为了增加用地面积而直接将暗渠化，使自然河道遭受进一步的破坏。

（4）水管理：涉水管理部门多，管理混乱，横向沟通被人为割裂，管理框架体系不够完善，系统性思维不够深入，智慧监测能力不足。

（5）治理措施：在城市水环境治理过程中，通常会碰到以下几个问题。

治理措施系统性考虑不足：在制定水环境治理措施的过程中，受制于时间、资金或其他方面的原因，很多时候只是针对表面的问题采取措施，并未对问题进行系统深入的分析，未能找准产生问题的根本原因，从而导致治理效果后劲不足的现象时有发生。

用地空间不足：随着城市社会经济的发展，人员的聚集，导致用地规模也相应增加，使得城市可用空间显得较为紧张，进而使得水环境综合治理设施面临建设用地紧张选址难的问题，需要考虑拓展城市可用空间。

重建设轻运维：这是导致治理效果后劲不足的另外一个原因。在制定治理措施时，未考虑后续运维所必需的设施，或者对运维工作本身不够重视，导致治水设施未能得到很好的维护，从而使其处理效果大打折扣，最终影响了水环境的治理效果。

1.4 长江中下游典型城市建成区水环境治理概况

1.4.1 长江中下游流域水资源保护工作的起步

1. 筹备设立长江水源保护局

1975年11月21日，中共长办临时委员会呈报《关于建立长江水源保护局的报告》。1976年1月10日，国务院环境保护领导小组和水利电力部联合批准长办关于设立长江水源保护局的报告："同意设立机构与提出的任务。关于人员编制，由长办现有编制内自行调配，所需经费统一列入长办年度计划内。希即协同沿江各省、市迅速开展工作。"1月26日，中共长办临时委员会常委扩大会议决定成立长江水源保护局。它的成立为长江水资源保护提供了组织保障，正式启动了以水质监测为中心任务的水资源保护工作。

2. 启动长江水质监测工作

水质监测和水质分析是水资源保护的基础工作，其数据资料可以为水污染治理提供现实依据。从1972年起，长办对长江干流21个城市的江段，于每年枯水期和汛期各进行1次水质调查。1979年5月20日—5月25日，长江水源保护局在武汉召开长江水系水质监测工作和站网规划会议，交流了水质监测经验和试验研究成果，并对站网进行调整，扩增到210个站（比原规划增加了54个），通过了《长江水系水质监测暂行办法》。到1982年，长江流域水质监测站网体系基本形成，全流域建立水质监测站网178个，担负着监测水质、监视污染以及水源保护等任务。此后，长江流域江河湖库等不同水体的水质监测工作有序展开，为掌握长江水质状况和水质变化规律、做好水质预测预报和污染治理提供了可靠的数据资料。

1.4.2 长江中下游流域水污染的初步治理

1. 改革开放初期（1979—1989）长江生态环境的日益恶化

长江流域作为中国经济发展的重要区域，到1979年，每日排入长江的污水量占全国总污水量的41%。长江沿岸城镇的大量生活污水、工业废水未经净化处理而超标排放，对长江水质造成严重破坏。从渡口（今攀枝花市）到上海的3600km河区上，岸边严重污染带达1/7。流经城市江段的水质普遍受到工业废水和生活污水的污染，城市饮用水源地水质普遍降低；太湖、滇池等湖泊出现了富营养化。城市人口增长和乡镇企业缺乏必要的防污措施，致使长江两岸城市废水排放量与日俱增。

据1980年初的统计，全流域污染源有4万多个，其中重大污染源有490个工矿企业，主要集中在干流流经的四川、湖北、湖南、江西、安徽、江苏、上海等省市。其中，上海有102个重大污染源。污染源化工业最多，轻工业次之。到20世纪80年代后期，重庆、武汉、黄石、南京等长江沿岸的大中城市附近江段都形成了严重污染带。

2. 长江中下游水污染的重点治理

针对长江中下游水污染的情况，国家在改革开放初期财力物力非常有限的条件下，从重大污染源、重点江段和重点城市等方面对长江中下游水污染进行了治理。首先，重点治理重大污染源。其次，进行重点城市和重点江段的水污染治理。

20世纪80—90年代，国家对长江中下游地区的重点城市的水污染问题进行了重点治理，并取得初步成效。但随着国民经济的飞速发展和城市化的快速推进，长江中下游地区水环境保护形势依然严峻。

1.4.3　长江中下游流域水污染治理的全面展开

1. 长江水污染面临的新问题

长江水污染出现的新问题主要集中在四个方面：一是干流近岸水域污染未能得到有效遏制；二是支流污染严重，致使干流水质恶化；三是湖泊日趋富营养化，水生态系统遭到破坏；四是“白色污染”直接影响水资源的利用。

2.“健康长江”目标的制定与实施

为了全面展开长江中下游水污染治理，并实现“健康长江”的目标，长江流域水资源保护局及长江中下游各省市首先着力编制水资源保护规划，划定水功能区划，为实现以水功能区管理为核心的水资源保护工作奠定基础。该规划为长江流域片近期和远期开展水资源保护工作、进行统一管理和宏观决策提供了依据，自此长江流域片水资源保护和开发利用工作进入新的发展阶段。按照水利部的统一部署，湖北、湖南、江西、安徽、江苏和上海等长江中下游各省市开始编制水资源保护规划，并划定水功能分区，为实现以水功能区管理为核心的水资源保护工作奠定基础，推动了水污染治理工作的全面展开。“十一五”规划期间，长江中下游水质总体呈现好转的趋势。

1.4.4　“共抓大保护，不搞大开发”的新时代治江理念

1. 长江经济带的绿色发展理念

随着长江经济带战略地位不断上升，长江中下游在国家发展总体布局中的作用日益凸显。

在绿色发展理念的指导下，国家对长江经济带的生态环境问题愈发重视。2016 年 1 月 5 日，习近平总书记在重庆召开推动长江经济带发展座谈会时指出，推动长江经济带发展是国家一项重大区域发展战略，要从中华民族长远利益出发，坚持生态优先、绿色发展，共抓大保护，不搞大开发。所以，推动长江经济带发展，必须遵从这个战略使绿水青山产生巨大的生态效益、经济效益、社会效益。

2.“共抓大保护，不搞大开发”新时代治江理念的实施

在“共抓大保护，不搞大开发”新时代治江理念指导下，长江中下游水污染治理工作加紧推进。2016 年，湖南省完成 942 个项目（其中湘江流域共 654 个水污染防治项目，完成 628 个项目），重点区域整治取得明显进展。江西省开展“清河行动”，全面梳理、排查和整改各类河湖管理中存在的 374 个环保问题，对工矿企业及工业聚集区水污染情况进行专项整治，并对全省国控、省控和县界断面进行水质监测，对各市县“河长制”工作环保考核项目进行评分。安徽省完成污水配套管网 1661km，新增污水处理能力 56.65 万 t/ 日，处理能力和处理水量分别较 2015 年增长 6.2% 和 9.15%；90 家小型造纸、制革、印染、染料、炼焦、炼硫、炼砷、炼油、电镀、农药等“十小”企业全部取缔。江苏省制定省级水污染防治考核办法和年度水污染防治工作计划，在 104 个国家地表水考核断面全面建立“断面长制”，由市（县）党政领导担任“断面长”，助推河流治污责任工作的落实。上海市建成金山区兴塔、廊下，松江区新浜，青浦区朱家角、练塘，上海石化等 6 个污水处理厂提标改造项目，以及浦东新区临港、崇明区陈家镇、松江区、嘉定区、奉贤区的污泥处理工程等 17 个项目；完成 20 条段建成区黑臭水体整治，新增污水收集管网 80.4km。

随着水污染防治行动计划在各省市的扎实开展，长江中下游水环境保护工作有序推进，污染防治能力不断增强，生态环境质量得到改善。

3.“共抓大保护，不搞大开发”新时代治江理念的新阐释和新举措

2018 年 4 月 26 日，习近平总书记在武汉主持召开深入推动长江经济带发展座谈会，并发表重要讲话，对“共抓大保护，不搞大开发”和“生态优先、绿色发展”等治江理念做了更加明确的阐述。他指出：“共抓大保护和生态优先讲的是生态环境保护问题，是前提；不搞大开发和绿色发展讲的是经济发展问题，是结果；共抓大保护、不搞大开发侧重当前和策略方法；生态优先、绿色发展强调未来和方向路径，彼此是辩证统一的。”

2018 年底，生态环境部、国家发展和改革委印发《长江保护修复攻坚战行动计划》，在“指导思想”中强调以改善长江生态环境质量为核心，以长江干流、主要支流及重点湖库为突破口，统筹山水林田湖草系统治理，坚持污染防治和生态保护“两手发力”，推进水污染治理、水生态修复、水资源保护“三水共治”，突出工业、农业、

生活、航运污染“四源齐控”，深化和谐长江、健康长江、清洁长江、安全长江、优美长江“五江共建”，着力解决突出的生态环境问题，确保长江生态功能逐步恢复，环境质量持续改善。

2020 年 11 月 14 日，习近平总书记在南京主持召开全面推动长江经济带发展座谈会上再次强调，要推动长江经济带高质量发展，谱写生态优先绿色发展新篇章，使长江经济带成为我国生态优先绿色发展主战场。12 月 26 日，第十三届全国人民代表大会常务委员会第 24 次会议通过《中华人民共和国长江保护法》，再次重申：“长江流域经济社会发展，应当坚持生态优先、绿色发展，共抓大保护、不搞大开发。”该法作为新中国成立以来第一部流域性质的立法，开启了长江保护有法可依的新局面，为全面加强长江流域生态环境保护和修复提供了有力的法律保障。

长江中下游典型城市建成区水环境综合治理的理论体系

2.1 长江中下游典型城市建成区水环境治理的基本概念

城市建成区是相对于城市非建成区而言的，主要指城市行政区内实际已成片开发建设、市政公用设施和公共设施基本具备的区域。

水环境是城市环境的重要组成部分，是与人类活动和社会发展直接或间接相关的各类水体的总称。水环境可分为地表水环境和地下水环境两部分，地表水环境主要包括水库、湖泊、河流、海洋、冰川等，地下水环境包括泉水、浅层地下水、深层地下水、承压水等。

城市水环境问题是随着社会发展和城市建设的过程逐渐产生的，主要是指由于自然或人为的因素使水环境朝着不利于人类活动与社会发展的方向演变的现象。水环境治理就是要阻止这一现象的发生，并使水环境朝着有利的方向发展，具体可包括三方面的内容：(1)对已造成的污染，采取针对性的措施进行治理，使之消除，使水环境现状得到实质性的转变；(2)对即将产生的污染，采取预防性的措施使之得到合理处置后进入水环境，避免因其直接排放而加剧水环境的恶化；(3)在上述两项措施的基础之上，采取必要的措施对水环境进行改善，使之朝着人类活动和社会发展有利的方向演变。

2.2 长江中下游典型城市建成区水环境治理目标

城市水环境综合治理的目标旨在以水环境、水安全、水生态、水景观、水智慧"多水共治"理念为依托，完善区域内排水系统，坚持水岸同治，实现河湖上下游联动、水里岸上的全要素协同治理，构建区域全要素治理总图，实现区域"一条龙"系统治水机制，真正实现精细化治理，消除城市黑臭水体，提升水体水质指标，提高区域水安全保障能力、恢复河湖生态服务功能，打造“蓝绿交织、清新明亮、水城共融”的健康水系格局，使城市的水优势真正转变为发展优势，促进城市发展，提升居民幸福感。短期（至 2025 年）可参照目标如下：

水环境：城市生活污水集中收集率力争达到 70% 以上（据《“十四五”城镇污水处理及资源化利用发展规划》要求），基本消除城市黑臭水体，城市水体水质指标基本达到地表水Ⅴ类水质标准，力争主要水质指标达到地表水Ⅳ类标准。其中武汉市为 72% 以上（据《武汉长江高水平保护十大攻坚提升行动实施方案》），南京市为 70% 以上（据《南京市“十四五”水务发展规划》），南昌市为 70% 以上（据《南昌市生态环境保护“十四五”规划》），岳阳市岳阳楼区为 65% 以上（据《岳阳楼区生态环境保护“十四五”规划（2021—2025）》），武汉市及南京市水环境治理工作整体走在前列，目前现状相关指标已近目标值，其他城市需加大整治力度，确保目标可达。

水安全：城区主要水体满足 20～50 年一遇（24 小时降雨）降雨径流的行泄要求，暴雨不成灾，区域防洪排涝达到属地要求，建成高标准海绵城市系统。

水生态：构建良好的河湖水生态自然生物群落，恢复生态自净能力，使河湖成为城市的生态廊道、“生态绿心”，实现“有河有水、有草有鱼、人水和谐”的目标。

水景观：景观布局和谐一致，营造良好的景观效果，充分展现河湖的历史文化底蕴和未来的发展前景，构筑人与自然和谐相处的城市生态河湖。

水智慧：在区域治理的整体视角下，建设、整合覆盖全区域、全要素的集全面监测、实时预测预警、厂网河联动联调于一体的智能化调度管控体系，建立区域管理与调度系统，助力厂网河湖岸一体化管理，实现真正的“岸水共治”，整体服务于区域综合治理的水环境、水安全、水生态、水景观的核心治理目标。

注：实际目标最终以国家或地方下达目标为准。

2.3　长江中下游典型城市建成区水环境治理原则

城市水环境治理应坚持“因地制宜、综合措施、技术集成、统筹管理、长效运行”的基本原则。根据时间（不同治理修复阶段）、空间（异地、原位、旁位）和技术原理等角度进行分析，有针对性地选择治理技术，制定治理措施。根据不同的水文水质特征、治理目标和所处的阶段，综合采用不同技术，并进行组合与集成，实现对河湖水环境的治理以及对水质和环境的长效改善和保持。

水环境治理具体应遵循以下原则与要求。

（1）适应性：充分了解现状，“黑臭在水里、根源在岸上”，要充分调查研究河湖周边乃至整个汇水流域范围内地块、道路、管线、排口情况，充分收集基础资料，并做好水质水量检测工作，针对水体污染具体情况因地制宜地制定方案。需要根据水体污染程度、污染原因和治理阶段的不同，优先选择适用技术。

（2）系统性：整治前需对症下药，制定系统化方案，切忌“头疼医头，脚疼医脚”，造成工程零散，边界不清晰，上下游互相干扰，造成治理失效。在选择治理技术时，不能仅仅从单一方面或依靠单一技术实现水质的改善，而是需要综合、全面考虑各种不同技术的组合，实现水环境的治理。

（3）经济性：在选择治理技术时，应开展不同治理技术方案的综合比选，从中选择经济性可行的技术；充分利用和衔接已建、在建的排水管网收集系统和污水处理设施，做到社会效益和经济效益“双赢”。

（4）长效性：既要考虑技术方案实施后的短期效果，更应关注长期水质改善效果和水质稳定性。

（5）安全性：要考虑技术实施后对水安全、水环境和水生态的不利影响和二次污染。

2.4 长江中下游典型城市建成区水环境治理总体思路

2.4.1 总体技术路线

针对城市建成区水环境问题，可采用以下总体思路，如图 2.4-1 所示。

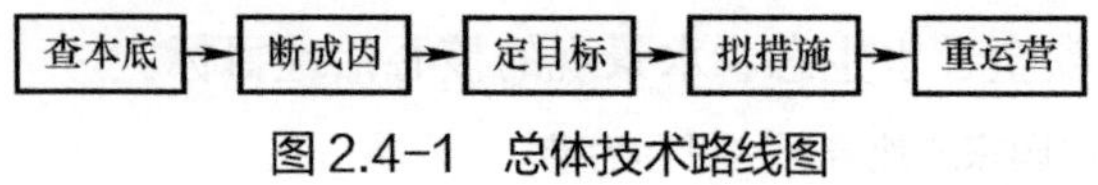

图 2.4-1 总体技术路线图

1. 查本底

从自然环境、污染源、水文特征、城市水功能等方面进行摸排调查（表 2.4-1）。

本底调查内容 表 2.4-1

类别	具体内容
自然环境	气候条件、地域特征、本土植被等
污染源	内源：底泥、水质 外源：点源 / 面源、雨水 / 污水管网、雨污混接 / 错接
水文特征	水量、水位
城市水功能	行洪、排涝、景观、生态、水源

2. 断成因

问题成因一览表如表 2.4−2 所示。

问题成因一览表　　表 2.4−2

类别	问题成因
水污染	点源污染、面源污染、雨污混接 / 错接、内源污染等
水安全	堤防不达标、行洪排涝能力不足、泵站提排能力不足等
水生态 / 景观	水生态功能缺失 / 不足、景观功能缺失等
水管理	缺乏系统性管理措施

3. 定目标

对于水环境治理，从时间发展的角度可分为近期目标和远期目标，从工程划分的角度可分为总体目标和子项目标，从社会学的角度可分为自然学目标和社会学目标。在确定治理目标时，要充分考虑城市水体的自然功能和社会功能，并结合建成区的实际情况（如建成区的布局、建成区的基础设施状况、地方政府的经济实力、公众的诉求等）。确定的目标要切合实际，应具备较强的可落地实施性及可持续性，切忌只注重短期效应，忽视长远效果。

4. 拟措施

应对措施一览表如表 2.4−3 所示。

应对措施一览表　　表 2.4−3

类别	具体内容
水安全保障措施	堤防整治、河道 / 水道拓宽
水污染防治措施	排口整治、雨污分流工程、海绵城市建设、清淤工程等
水生态修复措施	水生态系统构建工程、生境营造工程等
水景观提升措施	景观环境塑造、滨水文化及产业导入等
水管理改善措施	智慧水务工程等

5. 重运营

水环境问题的产生是一个由量变到质变的过程，在以往的水环境治理过程中，“重建设，轻运营”的现象较为普遍。近些年，这一理念的危害逐渐被大家所认识，逐渐推行“源厂网河湖一体化”工程建设理念，实现水环境治理项目的建管合一，从而实现水环境治理项目的整体性和系统性，以更好地保证工程建设的效果以及功能的实现。

在这样的理念和体系的架构下，监控平台和监测手段就显得尤为重要。通过合理地布置监测点、搭建监测平台，利用大数据分析系统实时掌握水环境变化状况，及时发现问题，追本溯源，从而有力地保证项目实施的效果。

2.4.2 水污染问题治理思路

城市水环境治理是一项复杂的系统工程。从历史来看，受地理水文特点、城市沿革、治理过程影响；从系统来看，需要厂网河湖岸一体、上下游、干支流、跨区域、跨流域统筹；从联系来看，受气象条件、污染成因、经济形势、流域属性、治理手段、外部冲击负荷等相互作用的影响。因此，城市水污染问题也应该以系统治理的思路进行解决，主要可通过以下步骤进行具体实施。

1. 城市河湖水环境特征识别

城市污染河湖水环境特征主要是河湖水质、水生态状况和污染物排放特征。首先要开展河湖水文、水质、生态的全面调查，识别城市河湖的水生态环境特征，鉴别城市河湖水体的重点污染物；同时需要识别出各种类型的污染物排放和处理现状，确定重点污染源及其排放特征，有针对性地确定修复目标。对于污染源及其类型的准确识别和排放状况的分析是解决城市河湖水环境问题的关键。通常应对影响城市水环境质量的污染源按照点源和非点源进行分类，并重点关注由于人为原因已产生或未来规划要增加的污染源及其负荷。污染源的调查包括河道排污口调查、生活污水污染调查、工业废水污染调查、固体废物污染调查、大气干湿污染沉降调查、地表径流污染调查、航运污染调查和底泥污染调查等。

此外，不少城市由于各类排水口、排水管道与检查井的建设和维护不当，导致大量地下水等外来水通过排水口、管道和检查井的各种结构性缺陷进入埋设在地下水位以下的排水管道中，造成污水处理厂进水浓度偏低，导致城市排水系统不能充分发挥应有的排水和纳污功能。对于埋设在地下水位以上的排水管道，因其缺陷，还会导致污水外渗，这也是造成管道周边地下水及土壤污染、道路路面塌陷的原因之一。

本底调查工作的核心是通过扎实的工作，精准摸排，定位城镇排水管网中的病灶，诊断流域水环境核心问题，为污水处理厂提质增效、流域水环境综合治理提供准确翔实的基础数据，为后期流域规划指明方向，保证规划设计有据可依、治理措施对症下药。本底调查工作的要求是流域“全覆盖、全扫描、全诊断”。全覆盖是指调查范围流域全覆盖，包括陆域范围（排水管网）和水域范围（水体环境）；全扫描是指调查内容对流域本底情况全扫描，包括水体的水文水质情况全扫描，以及排水管网的基础数据全扫描；全诊断是指现状问题全诊断，为城市水环境开展综合性、系统性的治理工作打好基础。

2. 外源污染控制与治理

入河湖外源污染的控制与治理是河湖水环境修复之本，包括污染物的源头减排，集中污水处理，沿河湖截污工程，分散入河湖污水的处理，以及城市降雨径流污染的控制等。外源污染包括点源污染和面源污染，根据污染来源可分为生活污染、农业污染、工业污染、初雨污染等。入河湖外源污染的控制与治理的核心就是尽可能多地将污染物削减于进入水体之前，尽可能多地减少入河湖污染源。入河湖截污工程是城市河湖治理修复工程中的重要组成部分，主要包括污水的收集技术以及截污设施等。对于那些由于各种原因还无法纳入集中污水处理厂进行处理的分散入河污水，也需要结合其分散的特点采取适当的技术进行就近处理，或就近回用，或出水返回河道，补给城市河流的生态需水。外源污染控制线路图如图 2.4-2 所示。

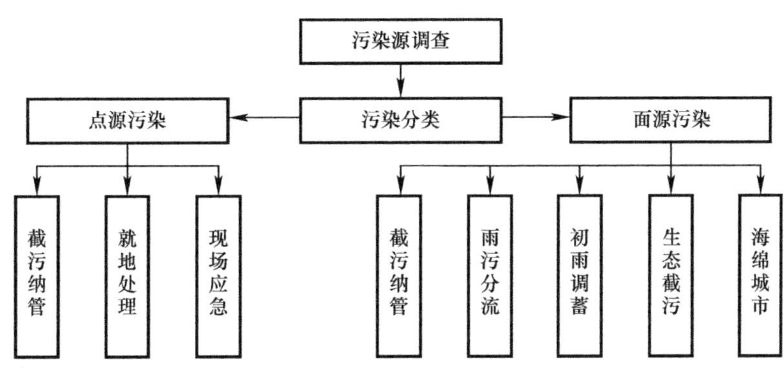

图 2.4-2　外源污染控制线路图

3. 城市河流水质修复与改善

在城市河湖外源污染控制与治理的基础上，就需要开展城市河湖的水质修复和改善。河湖水质修复与改善技术总体上按照空间位置分类可分为异地处理（主要是外源污染物的控制与治理，上面已经论述）、旁位处理和原位净化。河湖原位净化即指在河湖本身进行水质修复技术，主要包括内源污染治理、河湖水系结构优化与水动力调控、曝气复氧技术、生物膜技术、生态浮床、微生物强化技术等。旁位处理是指利用河湖旁边的空间采用不同的水质净化技术改善河湖水质，所用的技术主要包括人工强化快滤技术、化学絮凝技术、旁位生物膜技术以及自然处理法（稳定塘、人工湿地和土地处理）等。河湖的原位净化和旁位处理技术是河湖治理与修复的重要途径，是城市重污染河流治理和修复的必要措施。

具体治理路线见图 2.4-3。

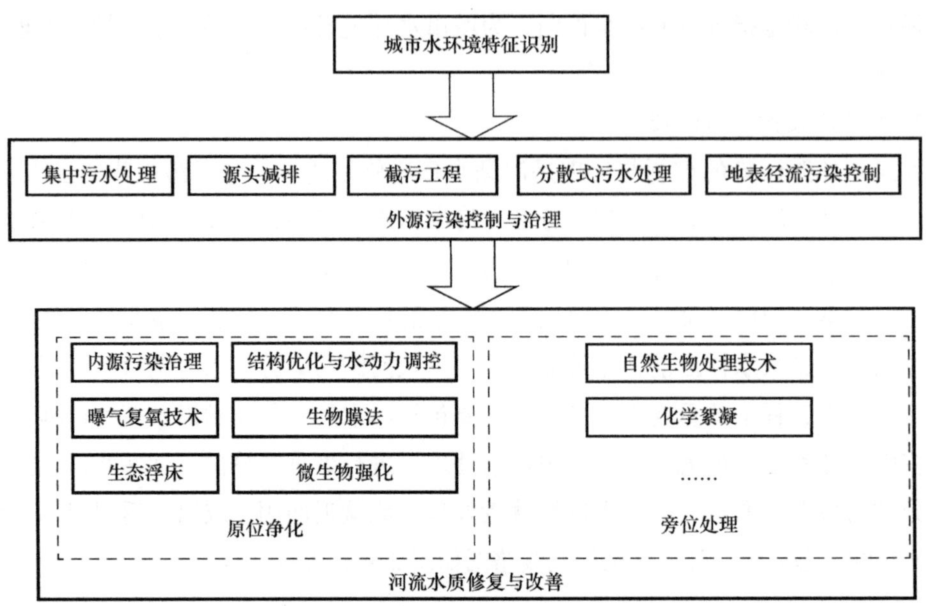

图 2.4-3 水污染问题治理技术路线

2.4.3 水安全问治理思路

当前，我国社会经济进入高质量发展的新阶段，人民群众对水安全以及防洪保安全、优质水资源、健康水生态、宜居水环境、先进水文化的要求更加迫切。长江经济带发展、长三角区域一体化发展、成渝地区双城经济圈等国家战略的逐步实施，长江大保护工作的不断深入，也对长江流域水安全保障提出了新的要求。

我国应以流域为单元，构建主要由水库、河道及堤防、分蓄洪工程组成的现代化水安全防洪工程体系。

1. 提高河道泄洪能力

（1）堤防提质升级。对长江干流、汉江、青弋江、水阳江、洞庭湖、鄱阳湖等不达标堤防进行达标建设，对长江中下游干堤 4～5 级堤防和新纳入城市防洪保护圈的堤防进行提质升级，对于下游感潮河段堤防，考虑风暴潮增水影响进行加高建设。在满足防洪功能的前提下，提升堤防品质，拓展堤防景观、生态、交通等功能。

（2）河道系统治理。结合长江上游控制性水库群建成后江湖关系变化及河道演变趋势，加强中下游干流河道的崩岸治理与河势控制。开展洞庭湖四口水系综合整治，对行洪不畅的河道进行疏挖、清障、扩卡，对中小河流实施综合治理，增加河道行洪能力。

2. 增强洪水调蓄能力

（1）新建防洪水库。在识别、协调水库工程与生态保护红线的符合性、管控要求的基础上，继续推进清江姚家坪、资水金塘冲等规划安排的防洪控制性水库建设，增加流域水库防洪库容。

（2）挖掘已建水库防洪潜力。着力解决五强溪、万安等已建水库的防洪库容运用制约问题，促进水库达效运行；对于处在河流上游、移民较少的水库，统筹水资源利用需求，研究加高扩容的可能性。

（3）加强病险水库系统治理。继续对未进行过除险加固的小型水库和近年出险的水库实施除险加固，消除防洪隐患。构建“水库安全鉴定除险加固—后评估”的全过程管理体系，完善水库大坝除险加固机制。

3. 确保分蓄洪功能

应加强蓄滞洪区的布局调整与建设。加快推进蓄滞洪区工程建设和安全建设，近期重点开展城陵矶附近分蓄 100 亿 m^3，超额洪量的蓄滞洪区建设，抓紧推进杜家台、康山、民主垸、城西垸等重要蓄滞洪区安全区建设，逐步实施武湖、涨渡湖、华阳河等一般蓄滞洪区安全设施建设，研究论证西凉湖蓄滞洪区建闸、荆江分洪区安全区扩大的必要性和方案。结合生态优先、绿色发展等理念，以及区内经济社会发展现状和相关发展规划安排，分类型分区域探索蓄滞洪区安全建设新模式。

2.4.4　水生态问题治理思路

针对长江中下游流域水生态问题，为长江水生态环境的修复保护提出以下治理思路。

（1）将长江流域看作一个生态系统整体来进行水生态修复和保护，并建立全流域的水生态修复和保护框架；

（2）努力恢复江湖关系，不仅包括江湖连通性的恢复，还应加强江湖生态系统之间的整体性和系统性的修复；

（3）结合十年禁渔政策，实施长江渔业资源保护计划，通过布设人工产卵巢、修复鱼类产卵场、生态调度等措施恢复长江渔业资源；

（4）加强对河岸、边滩的生态修复，以满足沿岸生态对防侵蚀、减污染、提供栖息地等综合能力的需求，从而减轻陆地污染对长江水生态健康的压力；

（5）针对长江流域上中下游经济发展程度与生态保护力度不对等、生态资产配置不合理等问题，建立对应有效的生态补偿机制，以此达到全流域生态环境的共同修复和保护。

2.4.5　水管理问题治理思路

随着我国城市化水平进一步提高，预计到 2030—2040 年，我国城市人口将达到

16亿～17亿，城市水环境污染、水资源短缺等问题将进一步加剧。长江中下游地区是我国重要的粮、油、棉生产基地和工业基地，水环境恶化、水生态系统退化、水质型缺水现象普遍。2021年11月印发的《中共中央 国务院关于深入打好污染防治攻坚战的意见》指出："持续打好长江保护修复攻坚战。推动长江全流域按单元精细化分区管控。扎实推进城镇污水处理。"因此，长江中下游城市水环境管理需要拓展完善，建立科学规范的城市水环境管理体系。针对城市水环境管理存在的"多龙治水""重厂轻网""重建设轻运营"等问题，在健全体制机制、充分发挥河长制和湖长制作用、补短板强弱项、推进城镇污水管网提质增效的基础上，应该加强智慧水务建设，建立健全基于现代感知技术和大数据技术的水环境监测网络，构建智慧高效的水环境管理信息化体系，以优化城市运行资源配置、提升政府职能、完善公共服务。

智慧水务建设应从政府管理和技术实施两个方面开展。

1. 政府管理

在智慧水务建设方面，政府管理职能主要是统筹协调，应急联动，即成立综合指挥中心，综合分析水文、水环境、水资源等方面的数据以及附属设施运行状况，整体调度各个部门涉水事务的运作以及涉水设施的运行，打破部门间的操作壁垒，鼓励社会大众和市场主体参与智慧水务的建设，政府及其他参与主体发挥各自的优势，共同助力城市水管理，依托于智慧水务平台，实现优势互补，降低涉水事务整体运作的时间成本和经济成本。

2. 技术实施

技术实施层面应从"物联感知一张网、基础设施全统筹、智慧应用提效率、体制机制促转型"的信息化规划重点出发，在感知层、传输层、服务层、支撑层的基础上，构建全面互联、安全可靠的IT基础设施，全要素物联感知体系，数字赋能智慧能力中心，业务协同共享智慧应用，数字化转型保障体系及管理制度，建立智慧水务业务应用版块，打造智慧应用场景。同时，考虑系统的可扩展性，实现涉水事务管理业务范围的覆盖、功能的扩展、政府效能的提升。

2.5 长江中下游典型城市建成区水环境治理重难点

城市建成区水环境治理指导思想为"黑臭在水里，根源在岸上，关键在排口，核心在管网，焦点在观念"。生态建设已然成为当前城市建设的重点之一，随着社会经济的发展和城市建设的深入，我国水环境建设亦从单纯的污水治理逐渐转变为系统的综合治理，从末端治理向源头治理延伸。但由于历史的原因，仍有部分问题是当下水环境治理的痛点，也是水环境治理的重难点。

1. 本底不清

在当下水环境治理中，仍然存在“头疼医头，脚痛医脚”的做法，各个部门普遍仅考虑职责范围内存在的问题，与其他涉水管理部门的横向沟通不够紧密，使得设施效能未能充分发挥甚至出现矛盾冲突，这与系统化思维不足有很大关联。近些年国家推行的海绵城市、水环境综合整治类项目均是系统化思维的应用，从整体水环境治理的大趋势来看，系统化思维和理念是大势所趋。

2. 清污不分

污染的本底涉及污染来源、污染收集、污染处理、泵闸调度、水文水系等方面。由于历史原因，建成区普遍存在临河建房、明沟暗渠化、管网覆盖面不足、雨污混接、雨污合流、管道破损、处理设施能力不足、垃圾倾倒等现象，这些现象均会影响水体的生态系统，造成水体污染，并且一旦水体的底泥被污染，水体还会受到底泥的二次污染及内源污染。

2020 年 7 月 28 日，国家发展改革委、住房和城乡建设部联合印发的《城镇生活污水处理设施补短板强弱项实施方案》指出：我国污水收集管网短板较为突出，毛细血管缺失，管网老旧破损和混接错接广泛存在，南方地区雨污溢流污染较为普遍，污水收集率和污染物消减效能不高，这种现象并非单一原因、特定时间造成的。另外，我国城市涉水体制和权属复杂，涉及中央和地方两个层面的多个职能和权属部门。管理单位各自为政，缺乏相互配合。

因此，水体污染的成因复杂多样，并且不同区域、不同季节的成因也不尽相同，且相互之间有一定的关联，本底不清，也容易导致最终的整治方案针对性不足，治理效果也无法达到预期。

3. 雨污分流改造

根据《中国城市建设统计年鉴》，2020 年我国合流制管道为 101134km，占总排水管道长度的 12.60%。合流制管道主要集中在老城区，雨污分流改造难度大。在雨污分流改造完成前，合流制区域存在合流制管网旱季直排、合流制管道雨天溢流等问题。

雨水管道和污水管道混接问题不仅打乱了排水的秩序，增加了管理的难度，也对城市水体造成污染。我国各地都存在混接错接现象，如 2018 年上海市对 1.3×10^4km 的雨水、污水管道进行了检测，发现混接点达 1.3 万余个，商户与单位混接占比超过 70%。混接问题的治理以管理、工程改造为主，管理手段实施可通过监管与法律途径解决，但工程改造涉及排查难、改造难和改造工期长等问题，尤其是老旧小区的混接改造会影响居民日常生活，同时施工时间与施工过程受限，所以工期更长。

管道脱节、破损甚至与河道相通造成大量的外来水进入管道，在雨天时入渗量更大，对污水处理厂造成冲击。《城市黑臭水体整治——排水口、管道及检查井治理技术指南（试行）》规定：经过结构性缺陷修复的污水管道和合流制管道，地下水入渗量占比不应大于20%，或地下水渗入量不大于70m³/（km·d）。但实际情况超过了规定值，从我国部分地区调查结果来看，管道入渗量为污水量的42%～66%，这也会导致排水管网的高水位运行，甚至出现下游井口水位远高于管网高程的现象，到下游地区出现“井喷”的异象。在水系发达和地下高水位较高的长江中下游地区，应更加重视这种现象。

4. 调蓄设施不足

我国合流制截流倍数偏低，虽然规范标准中规定截流倍数为2～5（2014年前为1～5），但受资金限制，实际工程达不到规定值。大部分场次的降雨将使合流制管网下游的污水处理厂处理水量增加1倍，同时，在雨天溢流管发生溢流的情况下，截流管内的合流污水为满流压力流，截流井的实际截流量大于设计截流量，这就造成了雨天时污水处理厂的流量增加2倍以上，对污水处理厂造成水量冲击，超过了污水处理厂的负荷。为了保证污水处理厂的安全，一旦截流的雨水量过多，必须采取安全措施让雨水超越、溢流，从而使大部分截流污水得不到处理就直接排放。

调蓄设施可以缓解合流制截流与初期雨水截流导致的在线流量的压力，将初期雨水和部分溢流污水收集到调蓄设施，等到旱季时再将其逐渐送入污水处理厂。

我国调蓄设施建设起步较晚，《城镇雨水调蓄工程技术规范》GB 51174—2017于2017年7月1日才正式实施。目前上海、昆明、天津、广州和武汉等地已有调蓄池的应用，长江中下游城市调蓄设施不足。

长江中下游典型城市建成区水环境综合治理方案

针对长江中下游流域面临的突出水问题，应结合典型城市建成区特点，按照流域统筹、系统治理及水环境、水安全、水生态、水资源、水文化五位一体的工作方针，以全面推进治水提质为核心，统筹外源控制、内源治理、活水补水、生态修复、防洪排涝、水文化水景观构建、智慧管理等多重目标，打造长江中下游典型城市建成区水环境综合治理典范。

应依据长江中下游典型城市建成区水环境本底现状、成因和治理目标，制定长江中下游典型城市建成区水环境综合治理总体方案，一般包括流域外源控制方案，内源治理方案，基于水质提升的生态修复方案，面向水动力改善的活水补水方案，防洪除涝整治方案，流域水景观与水文化建设方案，智慧流域平台建设与管理方案。具体可归纳为一条主线、四道防线、三大亮点、多水共济、四向发力、三方联动、两岸靓景、智慧管理（图3-1）。

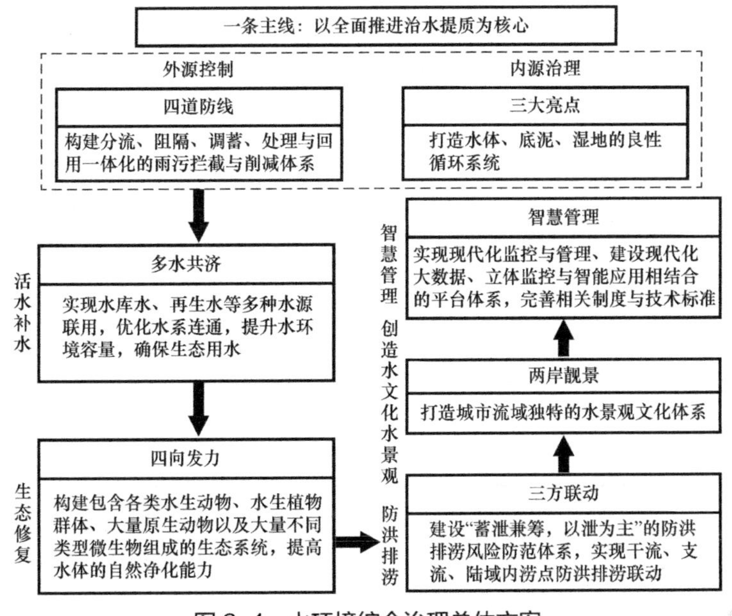

图3-1 水环境综合治理总体方案

3.1 外源控制方案

3.1.1 排水管网提质增效

“黑臭在水里，根源在岸上，关键在排口，核心在管网”。各类排水口、排水管道与检查井的建设和维护不当，导致大量地下水等外来水会通过排水口、管道和检查井的各种结构性缺陷进入埋设在地下水位以下的排水管道中，加之雨污混接和污水直排，削弱了“控源截污”措施应有的作用，成为制约黑臭水体整治工作的瓶颈。埋设在地下水位以上的排水管道，因其缺陷，还会导致污水外渗，这也是造成管道周边地下水及土壤污染、道路路面塌陷的原因之一。

因此，亟须通过排水口改造、排水管道建设和完善、排水管道及检查井各类缺陷修复、雨污混接改造、排水设施管理强化等一整套措施，实现消除旱天污水直排、削减雨天溢流，提升污水处理效益、减少污水外渗，降低系统运行水位、恢复截流倍数等多重目标。

1. 排水管涵清淤

由管道、暗涵、明渠组成的城市排水管道系统，是现代化城市不可缺少的重要基础设施。它肩负着收集、输送城市雨水、污水的重任，是对城市经济发展具有全局性、先导性影响的基础产业，是城市水污染防治和城市排涝、防洪的骨干，是衡量现代化城市水平的重要标志。城市管网系统犹如人体的血管系统一样，错综复杂，不能堵、不能破，否则就要出大问题。如果管道出现破裂、堵塞，就会影响城市的排水畅通，并可能会造成严重事故。

长江中下游城区位于长江一级阶地，地势平坦、管网流速普遍偏低，尤其是合流制片区，旱季时流速更低，很容易造成淤积。对其每年进行例行的清淤维护，保持其输送能力非常必要，不但可以有效防止内涝发生，还可对污水处理厂的提质增效起到非常积极的作用。

目前城市管网清淤方式较多，主要包括人工联合机械疏通、水力疏通、真空吸泥车疏通和特制清淤船疏通。各管涵清淤方法的比较如表 3.1-1 所示。

管涵清淤方法比选表　　表 3.1-1

序号	方案	优点	缺点	备注
1	人工疏通	施工简单、直观、彻底	费用较高、易造成环境污染	
2	机械绞车疏通	效率较高，适用于各类条件	仍需下井工作，对箱涵结构造成一定的影响	适用于小型管道

续表

序号	方案	优点	缺点	备注
3	水力疏通	可减少人为下井作业危险	硬质条件下的淤泥效果较差；淤泥量较大，运送难度增加	
4	真空吸泥车疏通	方便快捷，对环境影响较小	成本较高，产率较低，污泥的含水率较高	适用于日常维护
5	特制清淤船疏通	适应范围广，可就地污泥减量化处置，效率较高	对箱涵高度有要求，成本较高	适用于大型明渠
6	复合疏通	具有较好的适用性，灵活		

2. 雨污水管网的结构性缺陷修复

在对管涵清淤时，一般还需对主干管涵采取降水止水、全面地 CCTV（闭路电视成像）管网探查，准确查明主干管涵的结构性缺陷问题，在降水清淤后及时开展缺陷修复工作，以避免后期因再进行管道修复而产生重复清淤降水等工程量。具体工艺流程如下：降水 / 止水→清淤探查→管涵修复→探查验收。排水管网典型的结构性缺陷分为 10 种，包括破裂、变形、腐蚀、错口、起伏、脱节、接口材料脱落、支管暗接、异物穿入、渗漏，缺陷的修复可分为非开挖修复和开挖修复两种。

针对排水管网的结构性缺陷，非开挖修复技术很多，随着科学技术的进一步发展，目前主要的非开挖修复技术可分为土体注浆法、嵌补法、套环法、局部内衬、现场固化内衬、螺旋管内衬、短管及管片内衬、牵引内衬、涂层法和裂管法等；按照修复目的可分为防渗漏型、防腐蚀型和加强结构型三类；按修复范围可分为辅助修复、局部修复和整体修复三类，如表 3.1-2 所示。

排水管道非开挖技术分类表　　表 3.1-2

修复技术	辅助修复	地基加固处理
	局部修复	嵌补法
		套环法
		局部内衬
	整体修复	现场固化内衬
		螺旋管内衬
		短管及管片内衬
		牵引内衬
		涂层法

开挖修复则采用直接开槽方式，将现状缺陷管挖出，替换为新管道，或在管道破损处从管涵外部进行注浆形成隔水帷幕，但对路面和交通有一定影响。

开挖修复和非开挖修复均有一定的适用性，非开挖修复技术一般需要先对破损管段进行止水清表等，宜在无水条件下进行，施工质量比较有保障；开挖修复虽然对周边环境影响较大，施工作业面要求较高，但技术门槛相对较低，修复质量有保障，且开挖修复既可以在开挖后进入管涵进行维修，也可在管涵外壁破损处直接采取注浆隔水等措施进行修复，具备一定的带水作业条件。具体见表 3.1-3。

非开挖和开挖修复适用性分析表　　表 3.1-3

项目	非开挖修复	开挖修复
对城市交通和市民安全影响	较小，仅在检查井口处施工，大多不破坏路面，工期较短	须办理交通疏导和占道手续，会破坏现状路面，施工时间较长
施工条件	须封堵导流，局部检查井处占道，进行交通疏解。施工时间一般为 2～3 天一处	须封堵导流和交通疏解，采用支护等措施进行开挖，破坏路面后需恢复路面并养护，会对现有路面的表观造成一定影响。路面恢复需进行养护，施工时间一般为 21～28 天一处
一般性结构缺陷修复	适合，经济性较好	可行，换管费用相对较高
严重结构缺陷（如部分 4 级或以上结构缺陷、塌陷等）	不适合，非开挖难以解决该类问题	可行
系统标高问题（如严重起伏）	不适合，非开挖难以解决该类问题	可行
工程投资	适中	较高

3. 生态排口改造

传统排口治理是通过对混接严重的排口予以封堵，将污水接入污水处理系统，经过污水处理厂处理达标排放。对于雨水直排排口，主要是对初期雨水采取截污调蓄措施，结合“海绵城市”建设和其他措施，消减初期雨水污染负荷，定期实施清通维护管理，减少沉积物进入水体。在沿河道无管位的情况下，混接污水截流管道可敷设在河床下，但是要采取严格的防河水入渗措施。对排水口进行改造时，应采取防水体倒灌措施。

生态排口治理主要是通过植物的根系来达到净化水体的效果。植物的根系，一方面可以吸收和吸附水中的含氮、磷物质；另一方面可以分泌大量的酶来促进水中有机物的分解；再者，根系可与微生物形成相互协同效应，共同降解水中的营养盐类。除了根系的作用，植物会在水面占据一定的面积，从而可以减弱藻类的光合作用，遏制藻类生长，从而延缓水质的恶化。

为了实现河道的水质控制目标，保证河道出水水质得到提升，提升河道环境容量，对排口的溢流污染进行控制，排口进行生态化改造是最有效的手段，对整个河道的水质提升和景观构造都有重要作用。

生态排口工艺形式主要有生态挡墙排口、生态浮岛排口、人工湿地排口、生态塘排口等，如表 3.1-4 所示。

各类生态排口工艺形式　表 3.1-4

生态排口类型	污水治理原理	技术特点	适用性
生态挡墙排口	在原材料的选用上，用的是低碱水泥，而且在产品压制成型过程中添加了木质醋酸纤维，可与水泥的碱性相中和，可使墙体周边环境趋于中性，有利于水生动植物的存活；其次，生态挡土墙在施工时无须砂浆构砌，直接用挡土块干垒而成，墙体后有一碎石排水层，这保证了整个墙体排水的通畅性，使水能透过墙体与土壤进行自由交换，通过水体不断地循环交流，使水体达到自身净化的目的	生态挡墙墙体是透水结构，可以促进水土交换，让河水实现自我净化的功能；因挡土块是工厂预制成型，里面可添加各种色彩的颜料来满足周边景观环境的需要；当挡土墙施工完成后，可在其植生孔中植入滨水景观植物，形成一条绿色生态景观长廊，美化城市环境	生态挡墙不仅能大范围应用在交通、水利上，而且能够应用在市政道路、城建广场、公园、房地产小区等各种领域，成为景观的点缀，为景观的构造增添一道亮色。 但是，在河道中排口处设置生态挡墙，会对有行洪要求的河道产生一定影响
生态浮岛排口	生态浮岛排口主要是通过浮岛植物的根系吸收氮、磷物质、分解有机物、降解营养盐、抑制藻类生长来达到净化水体的效果。通常与曝气增氧措施协同，通过曝气设备增加水体中的溶解氧，为微生物繁殖提供足够的氧气	生态浮岛可以削减水体包括 COD、氨氮、总磷等污染物，为生物（鸟类、鱼类）创造生息空间，具有水质净化、创造生境、改善景观等作用	广泛应用于各类河湖生态排口治理
人工湿地排口	人工湿地是由人工建造和控制运行的与沼泽地类似的地面，将污水、污泥有控制地投配到经人工建造的湿地上，污水与污泥在沿一定方向流动的过程中，主要利用土壤、人工介质、植物、微生物的物理、化学、生物三重协同作用，对污水、污泥进行处理的一种技术	人工湿地是一个综合的生态系统，它应用生态系统中物种共生、物质循环再生原理，结构与功能协调原则，在促进废水中污染物质良性循环的前提下，充分发挥资源的生产潜力，防止环境的再污染，获得污水处理与资源化的最佳效益	人工湿地处理系统具有缓冲容量大、处理效果好、工艺简单、投资省、运行费用低等特点，非常适合中、小城镇的污水处理
生态塘排口	生态塘型排口主要由水生植物以及曝气系统构成。利用生态塘的原有生态结构，结合人工强化手段，如人工增氧、放置微生物载体、投放水生动物、栽植水生植物、施用高效微生物菌剂对污水中的有机物、N、P 等污染物进行高效降解、吸附、吸收处理，在达到净化污水的同时，可以大幅度改善村镇水乡景观效果	充分利用荒废的池塘，融入生物降解自然法则，可大大节省投资成本，生态效应显著，提升环境景观。运行成本低，维护工作量小，适应性好	适用于生活污水量大、污染源复杂多样、污染物浓度较高的地区，需具备一定容量的空闲地和低洼蓄水池

3.1.2 分流制地区雨、污混错接整治

排水系统的混错接问题是城市排水管网的常见现象。城市内小区地块的排水管道，在接入市政主干管道前往往已经存在雨污混流的现象。污水管道错接雨水管道，将导致旱季污水直排进入河道，影响水体水质，严重时将造成水体污染。而雨水管道错接污水管道将导致分流区雨水排入污水管道，进入污水处理厂，增大污水处理厂的处理负荷，影响进水水质，冲击污水处理厂的运行。

1. 排水体制的分类

排水体制一般分为合流制和分流制两种类型。

1）合流制排水体制

合流制排水系统是将生活污水、工业废水和雨水径流汇集在一个管渠内予以输送、处理和排放。按照其产生的次序及对污水处理的程度不同，合流制排水系统可分为直排式合流制、截流处理式合流制。

直排式合流制是指污水与雨水径流不经任何处理直接排入附近水体的合流制。国内外老的合流制排水系统均属于此类（图 3.1–1）。

由于污水对环境造成的污染越来越严重，必须对污水进行适当的处理才能够减轻工业污水和雨水径流对水环境造成的污染，为此产生了截流式合流制。截流式合流制是在直排式合流制的基础上，修建沿河截流干管，在适当的位置设置溢流井，并在截流主干管（渠）的末端修建污水处理厂。该系统可以保证晴天的污水全部进入污水处理厂，雨季时，通过截流设施，截流式合流制排水系统可以汇集部分雨水（尤其是污染重的初期雨水径流）至污水处理厂，当雨污混合水量超过截流干管输水能力时，其超出部分通过溢流井泄入水体。这种体制可对带有较多悬浮物的初期雨水和污水进行处理，对保护水体是有利的（图 3.1–2）。

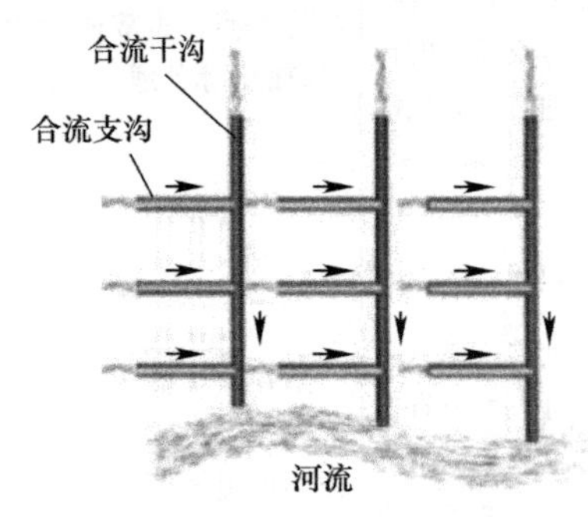

图 3.1–1　直排式合流制

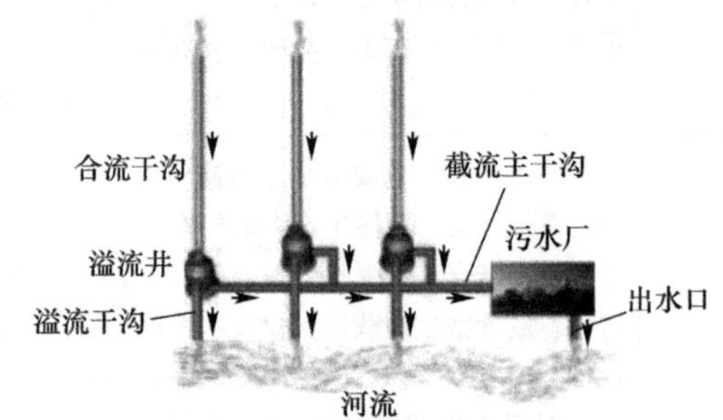

图 3.1–2　截流处理式合流制

2）分流制排水体制

当生活污水、工业废水和雨水用两个或两个以上排水管渠排放时，称为分流制排

水系统。其中，排放生活污水、工业废水的系统称为污水排水系统；排放雨水的系统称为雨水排水系统。根据排放雨水方式的不同，分流制排水体制又分为完全分流制、截流式分流制和不完全分流制。

完全分流制排水系统分设污水和雨水两个管渠系统，前者汇集生活污水、工业废水，送至处理厂，经处理后排放或加以利用。后者通过各种排水设施汇集城市内的雨水和部分工业废水（较洁净），就近排入水体（图 3.1−3）。

近年来，国内外对雨水径流的水质调查发现，雨水径流特别是初降雨水径流对水的污染相当严重，因此提出对雨水径流也要严格控制的截流式分流制排水系统。截流式分流制既有污水排水系统，又有雨水排水系统，与完全分流制的不同之处是它具有把初期雨水引入污水管道的特殊设施，称为雨水截流井或跳跃井。在小雨时，雨水经初期雨水截流干管与污水一起进入污水处理厂处理；大雨时，雨水跳跃截流干管经雨水出流干管排入水体。截流式分流制的关键是初期雨水截流井。截流式分流制可以较好地保护水体不受污染，由于仅接纳污水和初期雨水，截流管的断面小于截流式合流制，进入截流管内的流量和水质相对稳定，也减少污水泵站和污水处理厂的运行管理费用。但此种排水体制投资较大，且后期运行管理维护较为复杂，维护不到位则发挥不出应有的作用，目前此种排水体制在国内尚未被大范围采用（图 3.1−4）。

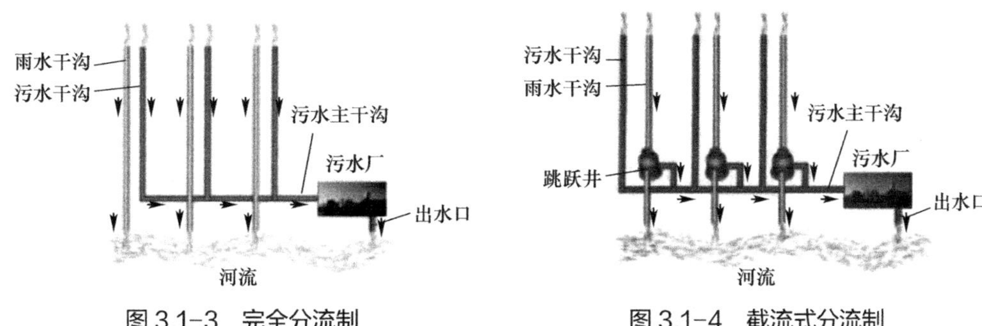

图 3.1−3 完全分流制　　图 3.1−4 截流式分流制

不完全分流制只建污水排水系统，未建雨水排水系统，雨水沿着地面、道路边沟和明渠泄入水体，或者在原有渠道排水能力不足之处修建部分雨水管道，待地块进一步发展或有资金时，再修建雨水排水系统。该排水体制投资省，主要用于有合适的地形和比较健全的明渠水系的地方，以便顺利排泄雨水。目前还有很多地区在使用，不过它没有完整的雨水管道，在雨季容易造成径流污染和洪涝灾害，所以最终还得改造为完全分流制。对于常年少雨、气候干燥的地区，可采用这种体制，而对于地势平坦、多雨易造成积水地区，不宜采用不完全分流制（图 3.1−5）。

在一个地块中，有时采用的是复合制排水系统，即采用多种分流制相结合的排水体制。复合制排水系统一般是在由合流制的城市需要雨污分流时出现的。

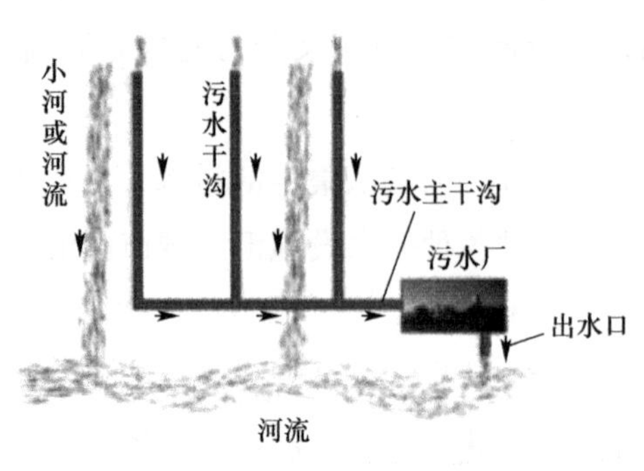

图 3.1-5　不完全分流制

2. 排水方案确定原则

排水方案的确定考虑的因素很多，主要应遵循以下几个原则：

（1）尊重现状，改造现有的排水体制。

（2）新建路段应严格采用雨、污分流制。

（3）应尽量使污水重力自流排放。

（4）污水排放应采用暗管排放。

3. 雨、污水管道混错接改造方案

片区雨、污水管道混错接主要分为五种类型，各类型及相应改造方案如下。

（1）市政雨水管道接入市政污水管道：对于市政雨水管道接入市政污水管道的节点，应封堵所接入的雨水管道，并新增管道将雨水管改接入雨水排水系统，所封堵的雨水管道应填实处理。

（2）市政污水管道接入市政雨水管道：对于市政污水管道接入市政雨水管道的节点，应封堵所接入的污水管道，并新增管道将污水管改接入污水排水系统，所封堵的污水管道应填实处理。

（3）单一排水户污水管道接入市政雨水管道：对于单一排水户污水管道接入市政雨水管道的节点，应封堵所接入的污水管道，并新增管道，将污水管改接入污水排水系统，所封堵的污水管道应填实处理。

（4）地块雨水管道接入市政污水管道：对于地块雨水管道接入市政污水管道的节点，应封堵所接入的雨水管道，并新增管道将雨水管改接入雨水排水系统，所封堵的雨水管道应填实处理。

（5）地块（小区）污水管道接入市政雨水管道：对于地块（小区）污水管道接入市政雨水管道的节点，应封堵所接入的污水管道，并新增管道将污水管改接入污水排水系统，所封堵的污水管道应填实处理。

3.1.3　合流制溢流污染控制

在降雨（或融雪）期，由于大量雨水流入排水系统，当合流制排水系统内的流量超过截污流量时，超过排水系统负荷的雨污混合污水便会直接排入受纳水体，这被称为合流制管道溢流（Combined Sewer Overflows，CSO）。合流制管道溢流不仅会严重影响水生生物的生长繁殖，造成水体富营养化，污染收纳水体，尤其对自净能力弱、环境容量较小的城市内河，将对其水生态环境产生致命破坏，直接将其变为黑臭水体。

对城市居民的健康产生不利影响，制约城市的可持续发展。

从工程实施的角度看，对于合流制密集建设区域，建设密度大，合流制改为分流制的排水体制难度非常大，短期内，合流制溢流污染控制主要通过调蓄池和截污箱涵的方式进行控制，远期再结合海绵城市建设进一步提高水体质量。

1. CSO 调蓄及强化处理设施

CSO 调蓄池是以控制合流制溢流污染为主要功能的蓄水池，主要设施包括进水设施、溢流设施、冲洗设施、放空设施、通风除臭设施等。

CSO 强化处理设施的主要功能在于水质净化，使其达到能够排入其他水体或再次使用的水质标准，主要包括预处理设施（格栅 / 沉砂池）和一级强化处理设施（絮凝 / 沉淀 / 过滤 / 消毒 / 除臭 / 污泥处置）。CSO 调蓄及强化处理系统工作原理如图 3.1–6 所示。

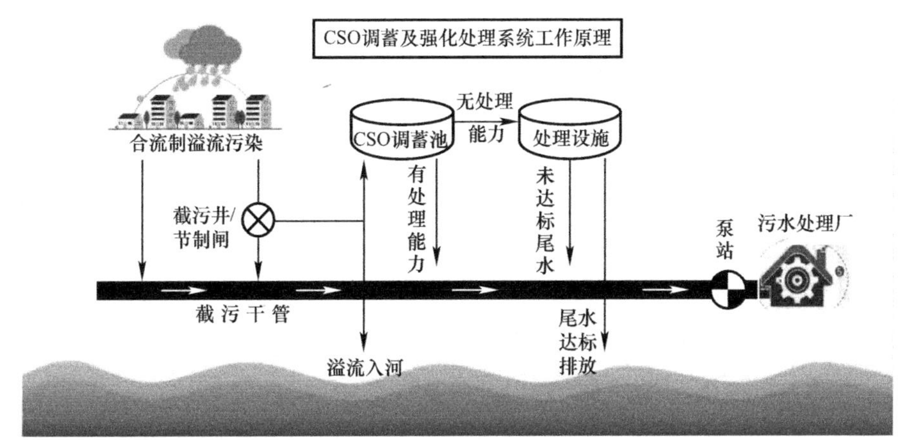

图 3.1–6　CSO 调蓄及强化处理系统工作原理

2. CSO 污水处理工艺方案

1）预处理工艺方案

预处理作为 CSO 强化处理的第一个处理单元，对于保证后续处理设施的稳定运行具有重要作用。预处理一般包括细格栅、沉砂池两部分。格栅用于截留水中较小的漂浮物，悬浮杂物，降低后续处理设施出现堵塞、设备磨损的概率。沉砂池用于去除水中 0.2mm 以上无机砂粒，去除浮渣和部分油脂，以保证后续流程的正常进行。

2）CSO 污水处理工艺方案

近年来，污水强化一级处理技术引起了国内外水质处理界的关注，强化一级处理可以在较少提高基建和运行成本的条件下，显著地提高污染物的去除。对于低浓度的污水，经过强化一级处理工艺，可以实现直接达标排放。强化一级处理在基建投资、运行维护费用、占地面积、电耗及人力等方面均远低于传统的二级生化处理工艺，而且运行管理简单方便、处理稳定、见效快、环境效益好，它不仅能在短时间内以较少投资和较低运行费用使污水得到有效治理，同时可以减缓区域性水环境污染加剧的趋势。因此，它对于缓解当前我国亟待解决的水环境污染问题、实现经济和环境的可持续发展战略具有重要的现实意义。

强化一级处理工艺分为化学絮凝强化一级处理工艺、生物絮凝强化一级处理工艺、化学生物联合絮凝强化一级处理工艺。

（1）化学絮凝强化一级处理工艺

化学絮凝强化一级处理工艺是在传统的污水一级处理基础上，通过投加一定量的化学絮凝剂，以提高悬浮物和胶体态污染物质的去除率，具体技术就是将适量的化学絮凝剂投入污水中，经过充分混合、反应，使污水中呈微小悬浮态的颗粒和胶体态颗粒互相产生凝聚作用，成为较大颗粒，生成易于沉淀的絮凝体，经沉淀加以去除，水体污染物颗粒一般都是带负电荷的，电荷间的静电斥力是颗粒物在水中稳定存在的主要因素，因此需要正确选择高效能的带有较高的正电荷的絮凝剂，使水体颗粒物脱稳，发挥高效的絮凝作用。

化学絮凝强化一级处理与絮凝剂的发展密切相关，絮凝剂的种类和投加量是该工艺的关键参数。近年来，新型、高效、廉价的絮凝剂不断出现，有机高分子絮凝剂种类也逐渐增多，当作为助凝剂与无机絮凝剂复配使用时，不仅可以提高处理效果，还可以降低投药量，减少水质处理成本。随着絮凝剂技术的发展，化学絮凝强化一级处理技术的研究已经有了很大的进展，并且广泛应用于国内外水质处理中。

（2）生物絮凝强化一级处理工艺

生物絮凝强化一级处理工艺的机理是在原污水中引入颗粒直径较大的活性污泥絮体，絮体可通过接触凝聚，吸附水中的溶解性物质和悬浮固体，不仅具有一般大颗粒对悬浮固体的强化沉淀效果，还具有生物絮凝吸附作用。其实质就是直接利用微生物细胞及其代谢产物作为吸附剂，通过对污染物的物理吸附、吸收、吸附架桥及沉淀物网捕等絮凝作用，把污水中较小的颗粒物质转化为生物絮体的组成部分，并通过絮体沉降作用将其快速去除。

生物絮凝强化一级处理工艺实质上是吸收了两种现有改进型活性污泥法处理工艺的特点，即吸附再生法和改良曝气工艺，是综合改良曝气工艺的部分处理能力及吸附再生法的一定再生能力而设计的一种新型水质处理系统。它可用作有效的强化水质处理，也可提高现有生物处理的性能，即缓解超负荷或扩大现有的活性污泥处理工艺。

（3）化学生物联合絮凝强化一级处理工艺

化学生物联合絮凝强化一级处理工艺是将化学絮凝强化一级处理和生物絮凝强化一级处理相结合的一种工艺。与化学强化一级处理工艺比较，该工艺增加了污泥回流和曝气，回流的污泥增加了絮凝反应池的污泥浓度，曝气恢复了污泥的活性，吸附有机物并加速污泥沉降，提高了有机物的去除率，并可大大减少絮凝剂的用量。与生物絮凝法比较，由于投加了少量的絮凝剂，提高了污泥的沉降性能，沉淀时间减少，沉淀效果好，出水水质也得到进一步的提高。

3.1.4 基于海绵城市的地表径流污染控制

海绵城市是指城市能够像海绵一样，在适应环境变化和应对自然灾害等方面具有良好的“弹性”，下雨时，吸水、蓄水、渗水、净水；需要时，将蓄存的水“释放”，并加以利用。

海绵城市建设是适应城市快速发展，从源头削减城市径流污染负荷、保护和改善城市生态环境的有效措施，是城市可持续发展的重要手段。海绵城市建设应遵循生态优先等原则，将自然途径与人工措施相结合，在确保城市排水防涝安全的前提下，最大限度地实现雨水在城市区域的积存、渗透和净化，促进雨水资源的利用和生态环境保护。在海绵城市的建设过程中，应统筹自然降水、地表水和地下水的系统性，协调给水、排水等水循环利用各环节，充分考虑功能与景观布局，营造良好景观，争取民众对于海绵城市建设的支持。

一些常见的海绵城市技术措施列举如下。

1. 雨水花园

雨水花园是采用低于路面的小面积洼地，种植当地原生植物，并培以腐土及护根覆盖物等，成为园林景观的一部分，雨天则可成为滞留雨水的浅水洼。雨水花园一般建设在停车场或居民区附近，通过入水口导引不透水面产生的降雨径流进入洼地，由土壤、微生物、植物等一系列生物、物理、化学过程实现雨洪滞留和水质处理，视实地情况，还可铺设底层导水设施和暗沟等。该系统的每一个部分——入水口的生态草沟预处理过滤带、洼地、植物、土壤、暗渠、溢流出水口等都可起到去除污染物、减弱雨水径流的作用。总体设计结构依据当地土壤类型、环境状况和土地利用方式而定。雨水花园示意图如图 3.1–7 所示。

2. 下沉式绿地

下沉式绿地主要指低于周边铺砌地面或道路在 200mm 以内，且具有调蓄和净化径流雨水的绿地，广泛应用于城市建筑与小区、道路、绿地与广场内，典型下沉式绿地结构示意图如图 3.1–8 所示。下沉式绿地适用区域广，其建设费用和维护费用均较低，但大面积使用时，易受地形等条件的影响，实际调蓄容积较小。

3. 透水铺装

透水铺装可有效降低不透水面积，增加雨水渗透，同时对径流水质具有一定的处

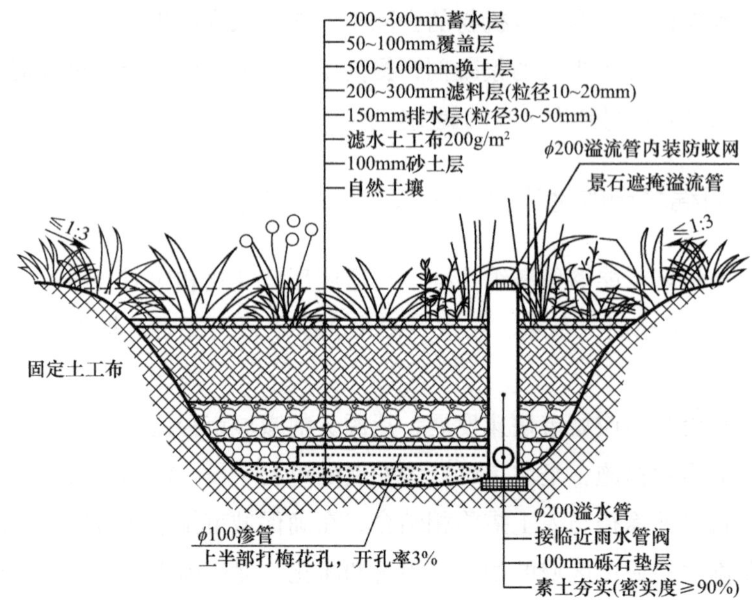

图 3.1-7　雨水花园示意图

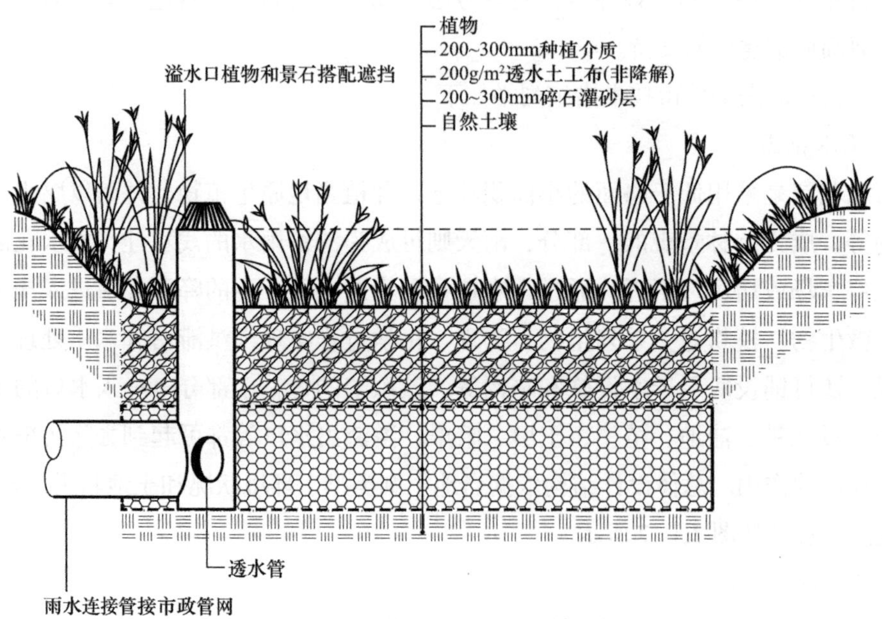

图 3.1-8　下沉式绿地结构示意图

理效果。目前有各种产品可替代传统沥青、水泥铺设路面，比如水泥孔砖或网格砖、塑料网格砖、透水沥青、透水水泥等。不同类型的透水砖和不同的铺设方法可产生不同的雨水滞留率和污染物去除率，包括对总石油类等污染物的生物降解。透水路面遇到的一些问题主要有路面的堵塞、冬季性能表现、下垫面土壤及地下水的污染等。透水路面最适合在交通流量较低的停车场、便道等区域使用。透水铺装示意图如图 3.1-9 所示。

4. 生态草沟

生态草沟是一种狭长的生态滞留设施，与雨水花园类似，但功能不同于雨水花园，主要不是进行雨水贮存，而是代替雨水口和雨水管网进行道路雨水的收集和输送，对来自于停车场、自行车道、街道及其他不透水性表面的径流进行过滤和入渗。与传统的明沟的区别是其表面铺设有植被。生态草沟适用于多种地形条件，在设计和铺设上具有很大的灵活性，而且其造价相对较低。一般的开放草地渠道系统适用于面积较小且坡度较缓的排泄区域、居民区的街道或者高速公路，在作为输送渠道的同时，可以增加对地下水的补给、过滤污染物、减缓水流速度，相对于传统的混凝土渠道而言，减少了不透水面积的比例。生态草沟示意图如图 3.1-10 所示。

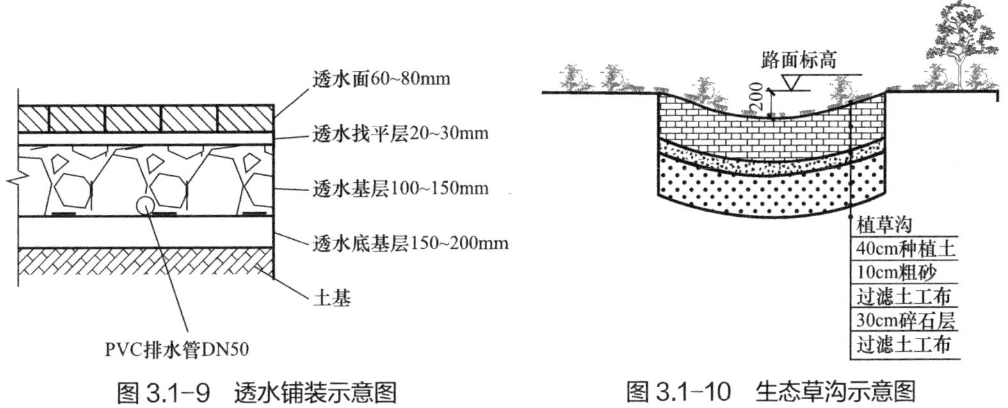

图 3.1-9 透水铺装示意图

图 3.1-10 生态草沟示意图

5. 旋流分离器

旋流分离器可以安装在雨水管网的旁侧进行离线处理，也可以在线安装在雨水观察井内。它利用水力涡流和重力沉降作用，可以高效、持续地分离地表雨水中的颗粒物、油脂和悬浮物。旋流分离器具有独特的内部流态修正结构，可保证对小雨和暴雨径流进行同样的高效处理。旋流分离器具有处理流量范围广、水头损失小、结构紧凑等特点，是一种用于解决雨水径流中悬浮物和颗粒物污染的经济可行的方法。

当降雨来临时，受污染的雨水径流流入预制混凝土井中，通过导向管，雨水由切向方向进入涡流室的一侧，从而使流速得到提高，并产生旋流。涡流室中的圆柱体隔板和其内部的竖井使雨水产生了外部（红线）和内部（蓝线）的两种旋流过程，这就最大化了雨水中的污染物在旋流分离器中的停留时间。油脂、垃圾和其他悬浮污染物在外部的旋流过程中，由于其具有较大的浮力，这类垃圾会漂浮在圆柱体隔板外侧的表层水上。而一些质量较大的颗粒型污染物在涡流拖拽和重力的作用下沉入井下部的沉淀区。旋流分离器示意图如图 3.1-11 所示。

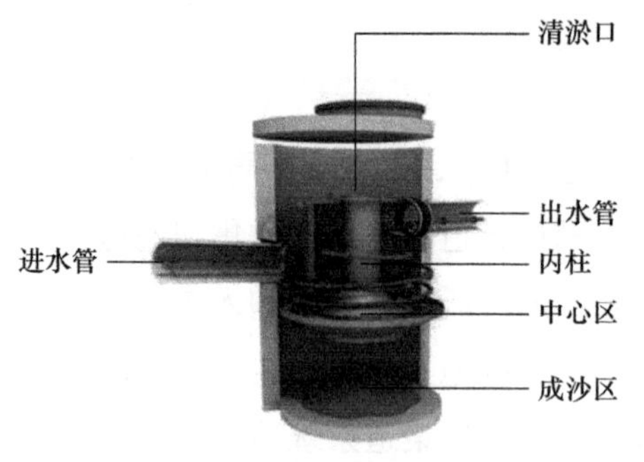

图 3.1-11 旋流分离器示意图

6. 雨水井过滤器

雨水井过滤器可安装悬挂于道路两侧的雨水收集口内。装置内填充具有吸附性填料，如活性炭、珍珠岩、沸石和表面镀有金属氧化物的人工填料。雨水中较小颗粒物可被填料截流下来，可溶性金属可在流经过滤器的过程中被吸附到填料表面。该过滤器对重金属、油污、TSS 都有良好的去除效果。过滤器中间设置有溢流口，可保证在暴雨发生时超过设计过滤量的雨水通过溢流口流入雨水井。雨水井过滤器示意图如图 3.1-12 所示。

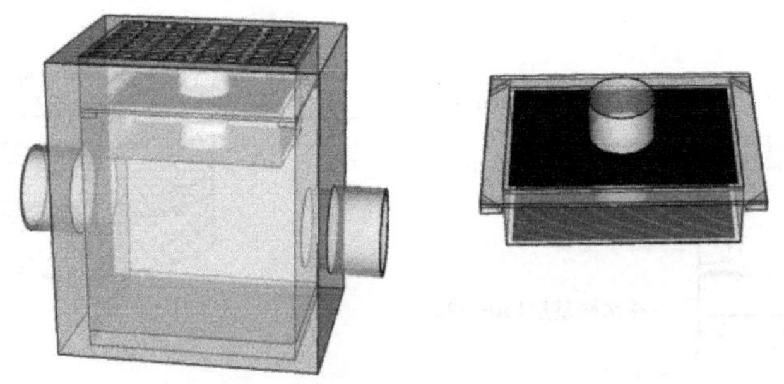

图 3.1-12 雨水井过滤器示意图

3.1.5 全地下污水处理厂

1. 地下式污水处理厂形式

污水处理车间整体布置于地面以下空间内的污水处理厂称为全地下式污水处理厂，其厂房的下部、上部结构位于室外地面以下，主要形式如图 3.1-13 所示。

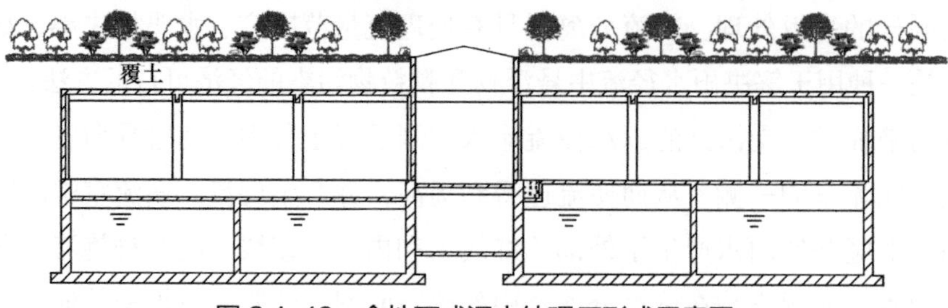

图 3.1-13 全地下式污水处理厂形式示意图

污水处理车间部分布置于地面以下空间内的污水处理厂称为半地下式污水处理厂，其厂房的下部结构位于室外地面以下，相应的上部结构为室内式或半敞露式的厂房。配合周边环境不同的需求，半地下式通常采用三种形式，见图 3.1-14。

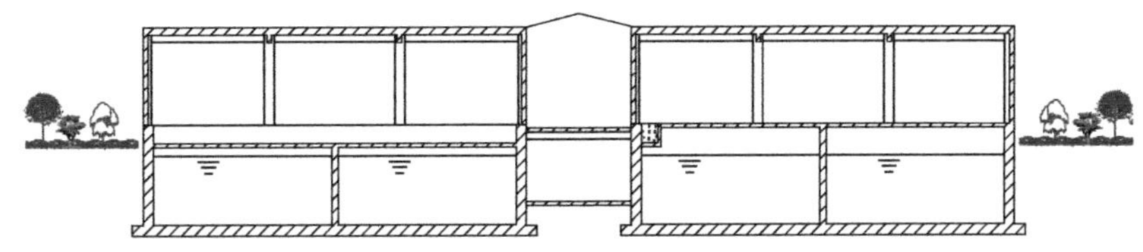

(a) 半地下式污水处理厂形式(一)示意图

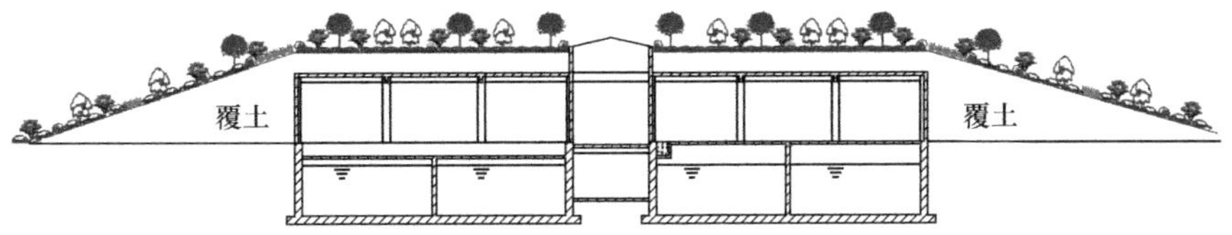

(b) 半地下式污水处理厂形式(二)示意图

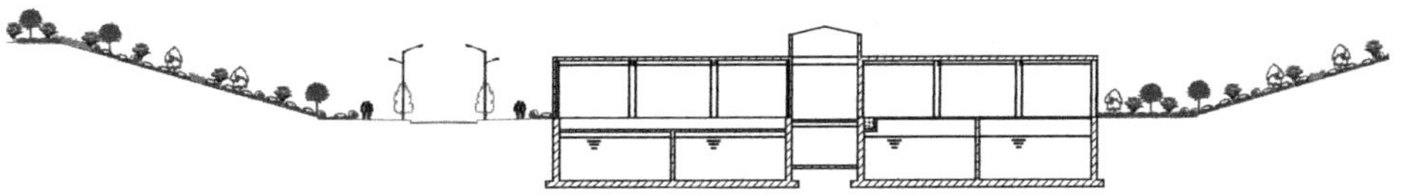

(c) 半地下式污水处理厂形式(三)示意图

图 3.1-14　半地下式污水处理厂形式示意图

地下式污水处理厂不同于常规的地上式污水处理厂，具有一些鲜明的特点，通常应用在对用地、出水水质、环境影响等要求较高的地方。地下式污水处理厂还具有良好的密闭性与稳定的温度环境，有较强的防灾减灾优越性；另外，地下式污水处理厂对设备性能、质量的要求较高，施工难度较大且复杂；对采光、通风、除臭、消防、防洪（涝）、防潮等的要求也较高，因此地下式污水处理厂往往一次性投资较高，但使用寿命长。半地下式与全地下式污水处理厂的特点如表 3.1-5 所示。

半地下式与全地下式污水处理厂的特点　　表 3.1-5

项目	全地下式	半地下式
优势	1. 上部土地再利用用途较多，使用价值高； 2. 景观效果好； 3. 对周边环境（噪声、臭气及交通）影响小	1. 土建工程量较小，施工难度较小，总投资较小； 2. 运行成本较低； 3. 对周边环境（噪声、臭气）影响小； 4. 维护、检修条件较好； 5. 对操作、管理人员健康影响较小
劣势	1. 土建工程量较大，施工难度较大，导致总投资较大； 2. 运行成本高； 3. 维护、检修条件较差； 4. 对操作、管理人员健康影响较大	1. 上部土地再利用用途较少，使用价值不如全地下式； 2. 景观效果不如地下式

2. 污水处理方案

污水处理工艺的选择直接关系到处理后出水的水质指标能否稳定可靠地达到处理要求，运行管理是否方便，建设费用和运行费用是否节省，以及占地和能耗指标是否优化。因此，污水处理工艺方案的选择是污水处理厂成功与否的关键。

污水处理工艺的选择应根据设计进水水质、处理程度要求、用地面积和工程规模、建设形式等多因素进行综合考虑，各种工艺都有其适用条件，应视工程的具体条件而定。

选择合适的污水处理工艺，不仅可以降低工程投资，而且有利于污水处理厂的运行管理以及减少污水处理厂的常年运行费用，保证出厂水水质。

1）污水处理总体工艺流程

一级处理主要通过格栅、沉淀池等处理单元，去除污水中较大的悬浮物及泥沙等颗粒沉积物，起到保护后续设备、防止管道堵塞的作用。二级处理为主体核心工艺，其主要作用是去除水体中的有机物质、氮、磷及部分悬浮物等污染物质。污水二级生物处理工艺按照构筑物的组成形式、运行性能以及运行操作方式的不同，可以分为活性污泥工艺、生物膜工艺及膜生物反应器三大类。污水深度处理工艺的目的是进一步去除经二级处理后剩余的污染物质，工艺的选择取决于二级处理出水的水质和所需达到的水质标准。污水处理总体工艺路线和污水处理程度与处理方法分别如图 3.1−15 和表 3.1−6 所示。

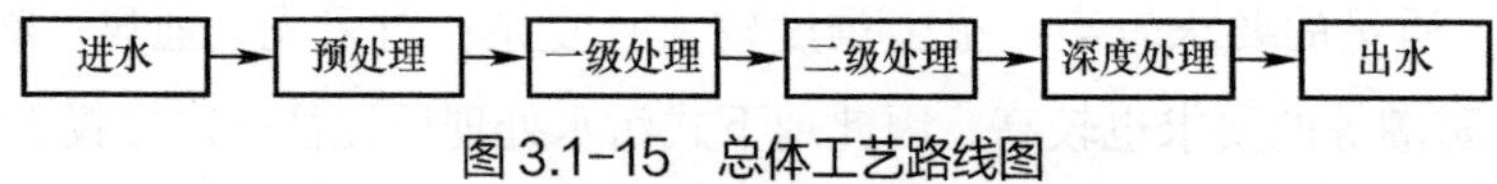

图 3.1−15　总体工艺路线图

污水处理程度与处理方法　　表 3.1−6

处理级别	处理方法	主要去除对象
一级处理（包括强化一级处理）	沉淀法	主要去除悬浮物
二级处理	生物膜法	主要去除有机污染物，包括氮、磷
	活性污泥法	
	膜生物反应器	
深度处理	絮凝沉淀法、活性炭法、臭氧氧化法、离子交换法等物理化学方法与生物脱氮、脱磷法	主要去除二级处理不能完全去除的污水中的污染物

2）二级处理工艺

（1）活性污泥法

应用于城市污水处理厂的活性污泥处理工艺主要有三个系列，即氧化沟系列、

A/A/O 系列和序批式反应器（SBR）系列。

① 氧化沟工艺系列

氧化沟是活性污泥处理工艺的一种变形工艺，其曝气池为封闭的沟渠，废水和活性污泥的混合液在其中不断循环流动，因此氧化沟又名"连续循环曝气法"。经过几十年的使用、研究、开发和改进，氧化沟系统在池型结构、运行方式、曝气装置、处理规模、适用范围等方面都得到了长足的发展。目前在国内外应用较多的氧化沟有卡鲁塞尔氧化沟和奥贝尔氧化沟。

该工艺流程简单，管理十分方便，脱氮效果较好，并可除磷，耐冲击负荷能力强，但由于是分建式，占地较大。

② A/A/O 工艺系列

a. 常规 A/A/O 工艺

传统意义上的 A/A/O 工艺即厌氧—缺氧—好氧活性污泥法，即通过厌氧和好氧、缺氧和好氧交替变化的环境完成除磷脱氮反应。该工艺于 20 世纪 70 年代由美国专家在 A/O 除磷工艺的基础上开发而来，是目前国内外应用最为广泛的除磷脱氮工艺。其流程框图见图 3.1-16。

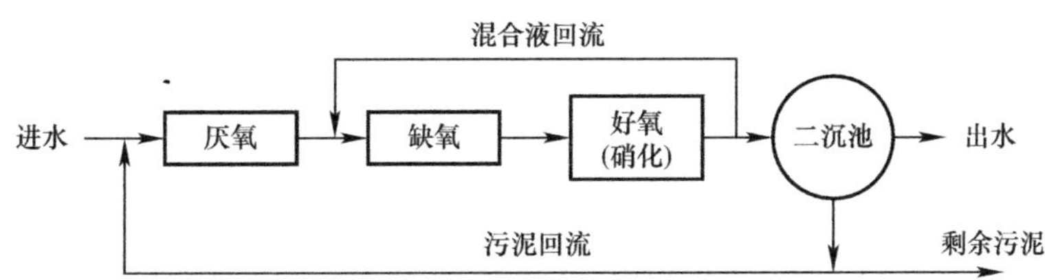

图 3.1-16　常规 A/A/O 工艺流程图

在这个工艺中，厌氧池用于生物除磷，缺氧池用于生物脱氮，原污水中的碳源物质先进入厌氧池，聚磷菌优先利用污水中的易生物降解物质成为优势菌种，为除磷创造了条件，污水然后进入缺氧池，反硝化菌利用其他可能利用的碳源将回流到缺氧池的硝态氮还原成氮气，达到脱氮的目的。

该工艺的特点是厌氧、缺氧和好氧三段功能明确，可根据进水条件和出水要求，人为地创造和控制三段的时空比例和运转条件，只要碳源充足，便可根据需要，达到比较高的除磷和脱氮效果。目前，该工艺在国内外应用非常广泛，但常规 A/A/O 工艺也存在以下缺点：

（a）脱氮和除磷对外部环境条件的要求是相互矛盾的，脱氮要求有机负荷较低，污泥龄较长，而除磷要求有机负荷较高，污泥龄较短，往往很难权衡；

（b）由于厌氧区居前，回流污泥中的硝酸盐对厌氧区产生不利影响；

（c）由于缺氧区位于系统中部，反硝化在碳源分配上居于不利地位，因而影响了系统的脱氮效果；

（d）常规的 A/A/O 工艺进水点及内外回流点均已固定，运行调节不灵活，在进水碳源不足的情况下，由于反硝化细菌和聚磷菌之间存在对优质碳源的竞争，除磷和脱氮效果均会下降。

为克服传统 A/A/O 工艺存在的上述缺点，目前已演化出多种改良处理 A/A/O 工艺，例如 A-A/A/O 工艺、多点进水倒置 A/A/O 工艺、UCT 工艺、MUCT 工艺等。

b. A-A/A/O 工艺

该工艺是在常规 A/A/O 工艺前增加一个前置的回流污泥反硝化段，通常情况下，全部回流污泥和 10%～30%（根据实际情况进行调节）的进水量进入前置反硝化段中，在这里利用部分进水中的有机物作碳源去除回流污泥中的硝酸盐氮，从而为后续厌氧池聚磷菌的释磷创造良好的环境，达到在系统反硝化程度不高的情况下，维持较好的生物除磷效果。该工艺流程见图 3.1-17。

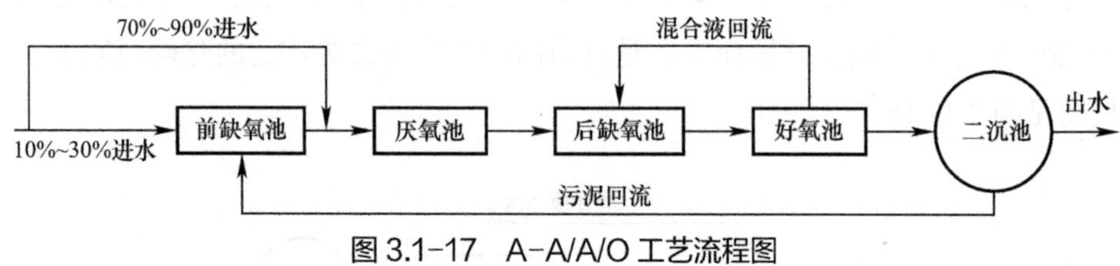

图 3.1-17 A-A/A/O 工艺流程图

c. 多点进水倒置 A/A/O 工艺

为避免传统 A/A/O 工艺回流硝酸盐对厌氧池放磷的影响，通过吸收改良 A/A/O 工艺的优点，将缺氧池置于厌氧池前面，来自二沉池的回流污泥和 30%～50% 的进水，50%～150% 的混合液回流均进入缺氧段，停留时间为 1～3h。回流污泥和混合液在缺氧池内进行反硝化，去除硝态氧，再进入厌氧段，保证了厌氧池的厌氧状态，强化除磷效果。该工艺流程见图 3.1-18。

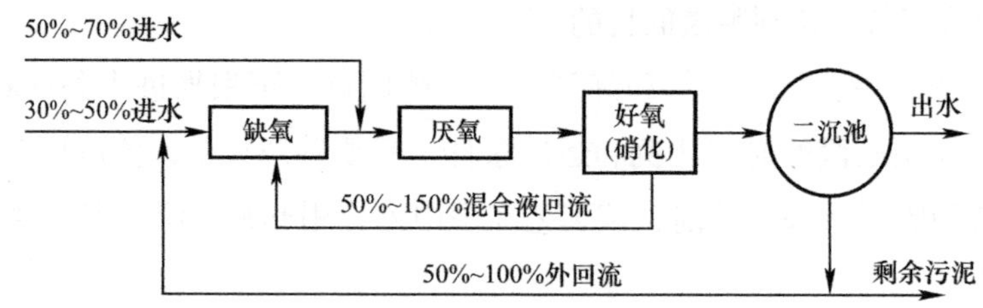

图 3.1-18 多点进水倒置 A/A/O 工艺流程图

由于污泥回流至缺氧段，缺氧段污泥浓度较好氧段高出 50%。单位池容的反硝化速率明显提高，反硝化作用能够得到有效保证。多点进水倒置 A/A/O 工艺在碳源不是十分充足的情况下，除磷效果会受到前端缺氧池出水中硝态氮的干扰，在碳源不足的情况下，除磷效果更会受到严重影响。但是，由于该工艺缺氧段在前，可以始终优先利用优质碳源，且该部分碳源比例可以调节，因此脱氮效果可以得到很好的保障。

d. 多级 A/O 工艺

多级 A/O 工艺由厌氧区、前置缺氧区、好氧区Ⅰ、后置缺氧区、好氧区Ⅱ组成，工艺流程如图 3.1−19 所示。污泥在厌氧区进行释磷反应后进入前置缺氧区，利用污水中碳源对内回流中的硝基氮进行反硝化，然后进入好氧区Ⅰ进行有机物降解、硝化和磷的吸收，好氧区Ⅰ出水进入后置缺氧区，利用好氧区出水中吸附于除磷菌中的碳为反硝化提供碳源。后段的好氧区Ⅱ主要用于强化整个系统的硝化效果，以去除后置反硝化剩余的有机物和保证氨氮的完全硝化，并吹除氮气，以保证污泥在二沉池中的沉淀效果。

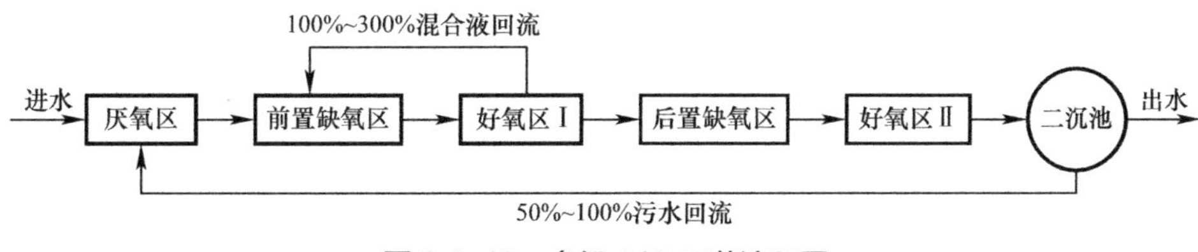

图 3.1−19　多级 A/O 工艺流程图

该工艺具有以下特点：

第一，提高脱氮效率，降低外加碳源。本工艺优化之处是继续保留了 A/O 工艺所有废水进入厌氧池的理念，从而充分利用了碳源，并保留了 A/O 的基本特色——“一碳二用”理念，“一碳”吸附于除磷菌中，从而实现了碳源（PHB）降解，这是采用硝酸盐中的氧源来完成的，这一碳源同时完成磷的吸附和硝酸盐的反硝化。为使有限的反应体积及有限的碳源得到充分有效的利用，近年来，国外研发了一种优化传统 A/O 的工艺——Oxic/Anoxic（即后置反硝化）理念，简称 O/A 理念，其基本思想方法是移动碳源而非如传统 A/O 系统移动 NO_3^- 的方式，即采用后置反硝化有效地利用好氧区出水中吸附于除碳菌中的碳作为反硝化的补充碳源，解决了低碳高氨氮污水碳源不足的问题。

第二，抗进水水质变化。本工艺增加后置反硝化流程，并设置前好氧区Ⅱ、后置缺氧区对前段好氧区的出水进行反硝化，无须内回流，前置缺氧区内回流比低于常规 A/O 工艺，反应池实际水力停留时间和容积利用率得到提高，确保缺氧区的反硝化速率，从而保证缺氧区的反硝化效果。

③ SBR 工艺系列

SBR 属于一种活性污泥法，其反应机制及去除污染物的机理与传统的活性污泥法基本相同，只是运行操作方式有很大区别。它是以时间顺序来分割流程各单元，整个过程对于单个操作单元而言是间歇进行的。典型 SBR 集曝气、沉淀于一池，不须设置二沉池及污泥回流设备。在该系统中，反应池在一定时间间隔内充满污水，以间歇处理的方式运行，处理后混合液进行沉淀，借助专用的排水设备排除上清液，沉淀的生物污泥则留于池内，用于再次与污水混合处理污水，这样依次反复运行，构成了序批式处理工艺。典型的 SBR 系统分为进水、反应、沉淀、排水与闲置五个阶段运行。为适应实际工程的需要，SBR 技术逐渐衍生了各种新的形式。目前应用较多的改良工艺有 ICEAS、UNITANK、DAT-IAT、CAST（CASS）等。

SBR 系列工艺最大的特点是处理构筑物少，节约构筑物面积和连接的管道，进水时间长短、水量多少均可调节，因此对水量水质的变化具有较强的适应性。但该工艺缺点是反应池的进水、曝气、排水过程变化频繁，不能采用人工管理，因此对污水处理厂设备仪表的要求较高，并要求管理人员有一定的技术水平，且容积利用率不高，会造成一定程度的浪费。大规模污水处理厂很少采用该工艺。

（2）生物膜法

应用于城市污水处理厂的生物膜法工艺主要是曝气生物滤池工艺（BAF）和移动床生物膜（MBBR）工艺。

① 曝气生物滤池（BAF）工艺

曝气生物滤池（BAF）是 20 世纪 80 年代末在欧美发展起来的一种新型污水处理技术，凭借良好的工作性能，其在污水处理领域受到了广泛重视。在国外，BAF 的建设已初具规模，而观其国内的发展方兴未艾。根据使用滤料的不同，BAF 主要有两种形式：滤料密度大于水的 BIOFOR 和滤料密度小于水的 BIOSTYR，它们分别由得力满公司和威利雅公司研发推广。该工艺的流程见图 3.1-20。

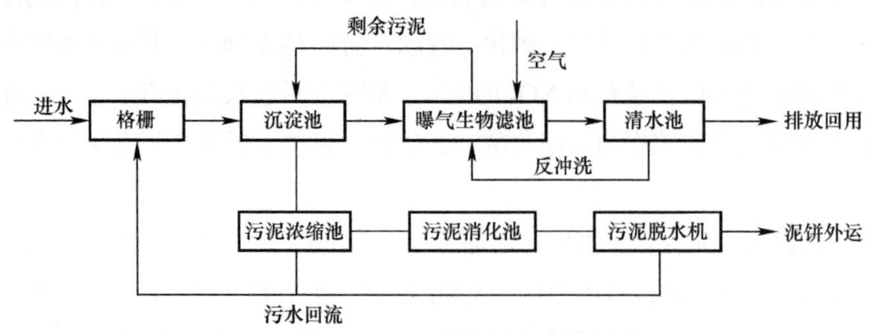

图 3.1-20　曝气生物滤池工艺流程

BAF 工艺属于生物膜法，生物膜法的主要特点是微生物附着在介质“滤料”表面，形成生物膜，污水同生物膜接触后，溶解的有机污染物被微生物吸附转化为 H_2O、

CO_2、NH_3 和微生物细胞物质，污水得到净化。工艺采用鼓风曝气系统为污水充氧，随着工艺的运行，溶解的有机污染物转化成生物膜，生物膜经反冲洗脱落下来，从系统中去除。

BAF 反应池是一种高负荷滤池。微生物附着于完全浸没在水中的球形颗粒滤料上。由于 BAF 过滤能有效地截留水中的悬浮物，经 BAF 生物滤池处理过的水，不再需要进行专门沉淀处理，可减少污水处理设施的占地和投资。但是 BAF 生物滤池对进水性质有较高要求，进水的悬浮物一般要小于 60mg/L，故要增加前处理设施，有时还需要投加化学药剂，这使得在去除悬浮物的同时，往往将部分有机物带入到污泥当中，造成污泥性质不稳定，增加了污泥处理的难度。

目前，曝气生物滤池被广泛地应用在城市污水处理、食品加工废水、酿造和造纸等高浓度废水处理和中水处理行业中，具有占地面积小、基建投资低；出水水质好，出水 SS（固体悬浮物浓度）一般不超过 10mg/L；氧利用效率高、抗冲击负荷能力强，受气候、水量和水质变化影响小；方便改扩建等优点。但同时由于工艺本身特点，自动化程度高，管理难度大，且生物除磷的效果差，主要靠化学除磷，对于进水总氮较高的水质，由于需要外加碳源因此运行成本较高。

② 活性污泥 - 生物膜复合工艺（HYBAS）

复合式工艺（HYBAS）工艺是一种生物膜与活性污泥的复合（集成）工艺。复合式生物处理系统的研究在国外已应用了 20 多年，该工艺将生物膜工艺与活性污泥工艺有机地融合于同一池中，它兼有 A2/O 活性污泥工艺和流动床生物膜（MBBR）工艺两者的优点，将两者有机地结合在同一工艺池中，具有污泥龄长、池容小、占地省、出水水质好和运行稳定的特点。其典型方式是向活性污泥曝气池中投加悬浮型填料作为附着生长微生物的载体。由于填料的加入，使污水处理的机理和效能都大为改变。在这种系统中，微生物生存的基础环境由原来的气、液两相转变为气、液、固三相，这种转变为微生物创造了更丰富的存在形式，形成了更复杂的复合式生态系统。载体表面的生物膜与液相中的悬浮污泥共同发挥作用，各自发挥自己的降解优势。大量吸附生长在生物填料上的生物膜使曝气池中的活性生物量大大增加，在提高系统抗冲击负荷能力的同时，使系统具有脱氮除磷的能力。其工艺流程见图 3.1-21。

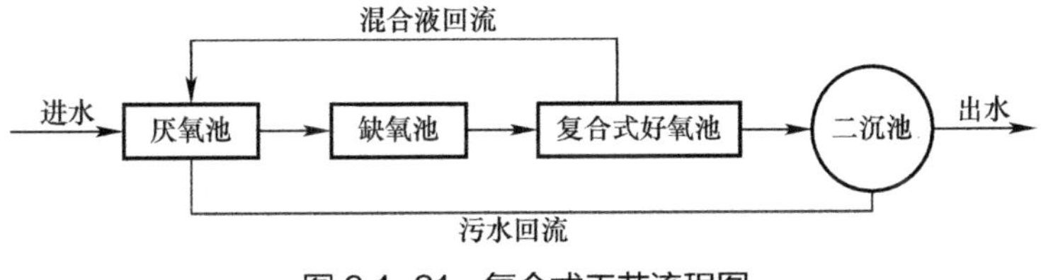

图 3.1-21　复合式工艺流程图

活性污泥－生物膜复合工艺综合了两者的优点，特别适合脱氮。在相同污泥负荷下，该工艺紧凑省地，虽然效率较高，但该工艺移动填料价格相对昂贵。国内大型污水处理厂应用实例相对较少，运行、管理经验相对较少。

（3）膜生物反应器（MBR）

膜生物反应器（MBR）是最新发展起来的新型污水处理工艺，根据膜组件的加工方式不同，可以分为管式膜、帘式膜和板式膜等。

膜生物反应器（MBR）是近年来才开始广泛应用的新型污水处理工艺，它将膜过滤和生物反应器有机地结合在一起，发挥了单独的生物反应器或单独的膜过滤不能发挥的功能，对难降解有机污染物和悬浮物有显著的处理效果。MBR 工艺是在生物反应器中安装膜组件，通过膜过滤把混合液中的水和活性污泥分离，可以得到质量很高的过滤水，而活性污泥仍留在生物反应器中继续发挥生物降解的作用。MBR 的最大特点就是可以将生物反应器中的水力停留时间和污泥龄完全分离，在低停留时间的情况下保证很高的污泥龄，这为有机污染物、氮污染物的降解创造了有利条件。

MBR 工艺占地面积小、处理效果非常好、污泥性质稳定，是《2007 国家鼓励发展的环境保护技术目录》当中针对一级 A 出水唯一的推荐技术。

膜生物反应器具有以下特点：

① 反应器中生物污泥浓度可高出常规活性污泥的 2～5 倍，即可达 6～15g/L，使污水中可降解的污染物最大限度地氧化，硝化也可进行完全，因此出水水质非常好，耐冲击负荷强。

② 膜的截留作用可使出水几乎没有悬浮物和大肠杆菌等病原微生物并可截留部分病毒。

③ 高污泥浓度和长的泥龄使降解速度慢的难降解有机物也可得到降解。

④ 因为没有二沉池的沉淀分离问题，所以不用担心污泥膨胀、上浮等麻烦。

⑤ 膜生物反应器又可取代三级处理的若干处理单元，所以在占地上具有优势。

⑥ 工艺流程简洁，单一的反应器取代众多处理设施，便于自动化 PLC 控制。

（4）污水二级生物处理工艺比较

上述每种处理工艺各有特点，在国内外均有很多工程案例，从处理效果来看，以上工艺系列均可满足处理要求，但每种工艺均有侧重，在基建投资、运行成本、占地、运行管理等方面存在一定的差异。具体到本工程项目，污水处理工艺的选择应充分考虑技术的可行性、经济的合理性、处理重点的针对性、对污水水质水量的适应性、运行的稳定性等多种因素。

各处理工艺系列的特点比较详见表 3.1−7。

各处理工艺系列特点比较表　　表 3.1-7

项目	多级 A/O	氧化沟	SBR	BAF	HYBAS	MBR
氮处理效果	好	较好	较好	最好	好	好
磷处理效果	好	好	好	一般	好	一般
运行可靠性	好	好	好	好	好	好
工艺可控性	好	一般	一般	较好	较好	较好
忍受冲击负荷能力	较好	最好	好	较好	好	好
操作管理	方便	方便	复杂	最复杂	较好	复杂
设备数量	一般	较少	较少	较多	较多	较多
构筑物占地	较小	较大	较小	小	较小	最小
基建投资	一般	较大	一般	一般	一般	最小
运行费用	一般	较高	较高	一般	较高	最高
对自控要求	一般	较低	高	高	一般	高
工程实例	最多	多	较多	一般	一般	少
规模适用性	大、中、小型	中、小型	中、小型	大、中、小型	大、中、小型	中、小型
综合评价	好	较好	较好	较好	好	好

3）深度处理工艺

污水深度处理工艺的目的是进一步去除经二级处理后剩余的污染物质，工艺的选择取决于二级处理出水的水质和所需达到的水质标准。

二级处理出水中污染物质为有机物和无机物的混合体，有机物包括细菌、病菌、藻类及原始生物等。不论是有机物还是无机物，根据它们存在于污水中的颗粒的大小，又可分为悬浮物（>1μm）、胶体（1μm～1nm）和溶解物（<1nm），一般来说，可以通过混凝沉淀等常规工艺去除悬浮物和胶体粒子。溶解性杂质必须通过活性炭法、臭氧氧化法等非常规手段才能去除。若二级处理选择 MBR 工艺，则后续需要设置去除 COD、色度及大肠菌群的措施。若二级处理选择 A/O 工艺，则深度处理去除的重点是形成 SS、TP 的颗粒状和胶体状杂质及 COD、色度、大肠菌群等。深度处理段去除污染物及处理技术见表 3.1-8。

深度处理段去除污染物及处理技术汇总表　　表 3.1-8

去除对象		有关指标	采用的主要处理技术
有机物	悬浮状态	SS、VSS	过滤、混凝沉淀
	溶解状态	BOD_5、CODcr、TOC、TOD	混凝沉淀、活性炭吸附、臭氧氧化
植物性营养盐类	磷	PO_4-P、TP	加药混凝沉淀、生物除磷
微生物		细菌、病毒	臭氧氧化、消毒（氯气、次氯酸钠、紫外线）

（1）对颗粒物和胶体状杂质的去除工艺选择

对于除去SS以及TP的颗粒状和胶体状杂质，已有较多的工程案例，依据近年来国内外再生水处理技术的发展和应用情况，目前应用较广泛的工艺途径如下：

① 二级出水－直接过滤－消毒流程；

② 二级出水－微絮凝过滤－消毒流程；

③ 二级出水－絮凝－沉淀或澄清－过滤－消毒流程。

直接过滤、微絮凝过滤、混凝沉淀过滤均能适用于城市污水深度处理。直接过滤工艺简单，过滤周期长，运行费用低，适用于夏季二级出水水质较好时的深度处理，但总体去除效率不如微絮凝过滤及混凝沉淀过滤工艺，尤其是冬季出水不能稳定达标。由于混凝沉淀过滤增加了沉淀池或澄清池，可以去除二级处理出水大部分污染物，特别是对于需辅以化学除磷的工艺，可减轻滤池的负担，延长过滤周期，即使冬天进水水质稍差，滤池也能够正常运行。因此，增加沉淀池对保障滤池出水和延长滤池冲洗周期是有好处的。但是混凝沉淀（澄清）过滤法流程较长，工程所需投资较多。单就过滤而言，微絮凝过滤工艺的过滤效率为三者之首，能做到全年提供合格的处理水，但当进水的SS较高时，滤池水头损失增长较快，反冲洗周期较短。

（2）对难降解COD和色度的去除工艺选择

对于难降解COD、色度等的去除，有生化处理和物理化学、电化学法等的处理方法。生化处理的方式主要有尽量延长生化反应时间、增加厌氧处理工艺、进行生物驯化投加优势菌种等措施；物理化学的方法主要有加药沉淀法、高级氧化法、吸附法、膜过滤等。电化学法有电解法（氧化或还原）、电气浮法、电凝聚法和电渗析法等。电化学法在某些特定的工业废水处理中有较为广泛应用。

3. 消毒方案

生活污水、医院污水、牲畜养殖、生物制品和食品、制药等部门排出的废水通常含有大量细菌，其中一些可能属于病原菌。每人每天估计大约排泄2×10^9个大肠杆菌。生活污水中含大肠杆菌可达10万个/mL～100万个/mL，粪便链球菌可达1000个/mL～100000个/mL，此外还含有各种致病菌。经水传播的疾病主要是肠道传染病，如伤寒、痢疾、霍乱以及马鼻疽、钩端螺旋体病、肠炎等。此外，由肠道病毒引起的传染病如肝炎等和结核病也能随水传播。未经消毒而任意排放这类废水，可能会导致严重的卫生问题。

消毒系指通过消毒剂或其他消毒手段，杀灭水中致病微生物的处理过程。消毒与灭菌是两种不同的处理工艺，在消毒过程中并不是所有的微生物均被破坏，它仅要求杀灭致病微生物，而灭菌则要求杀灭全部微生物。

在废水处理过程中，由于水中的致病微生物大多数粘附在悬浮颗粒上，因此如混凝、沉淀和过滤一类的过程也可去除相当部分的致病微生物。例如，采用明矾混凝可除去95%～99%的柯萨基（Coxsachie）病毒，而 $FeCl_3$ 的去除率为92%～94%。另外，其他处理过程中所加入的化学药剂，如苛性碱、酸、氯、臭氧等，也对致病微生物有杀灭作用。因此，对废水施加消毒，必须结合整个处理过程，确定其必要性、适应性和处理程度。

消毒方法大体上可分为两类：物理方法和化学方法。物理方法主要有加热、冷冻、辐照、紫外线和微波消毒等方法。化学方法是利用各种化学药剂进行消毒，常用的化学消毒剂有多种氧化剂（氯、臭氧、溴、碘、高锰酸钾等）、某些重金属离子（银、铜等）及阳离子型表面活性剂等。

其中，氯价格便宜，消毒可靠又有成熟经验，是应用最广的消毒剂。但人们发现采用加氯消毒也可以引起一些不良的副作用，如废水中含酚一类有机物质时，有可能形成致癌化合物如氯代酚或氯仿等，水中病毒对氯化消毒也有较大的抗性，因此，目前还展开了对其他废水消毒手段的研究，如二氧化氯消毒、紫外线消毒等。

上述四种消毒方法的比较见表3.1-9。

几种常用的消毒方法的比较　表3.1-9

项目		液氯	二氧化氯	次氯酸钠	紫外线照射
使用剂量（mg/L）		10	2～5	5～10	—
接触时间		10～30	10～20	10～30	短
效率	对细菌	有效	有效	有效	有效
	对病毒	部分有效	部分有效	部分有效	部分有效
	对芽孢	无效	无效	无效	无效
优点		便宜、成熟、有后续消毒作用	杀菌效果好、无气味、有定型产品	杀菌效果好，无防爆要求	快速、无须化学药剂
缺点		对某些病毒芽孢无效、残毒、有臭味，占地面积大	维修管理要求较高	管理要求较高	无后续作用，对浊度要求高
用途		各种规模工程	中水及小规模工程	各种规模工程	中水及各种规模工程

4. 除臭系统方案

1）城市污水处理厂臭气特点

城市污水处理厂中的臭气主要来源于污水和污泥处理构（建）筑物，其主要成分见表3.1-10。

主要臭气成分表　表3.1-10

化合物	典型分子式	特性
胺类	$CH_3NH_2(CH_3)_3N$	鱼腥味

续表

化合物	典型分子式	特性
氨	NH_3	氨味
二胺	$NH_2(CH_2)_4NH_2NH_2(CH_2)_5NH_2$	腐肉味
硫化氢	H_2S	臭鸡蛋味
硫醇	$CH_3SHCH_3SSCH_3$	烂洋葱味
粪臭素	$C_8H_5NHCH_3$	粪便味

臭气的主要特点如下。

① 在经过粗格栅间进水泵房、细格栅沉砂池、生物池、污泥脱水机房等处理构筑物时，由于机械扰动或水流湍动，大量臭气从污水中逸出；污泥储泥池及污泥堆棚等容易产生大量的无机硫化物、有机硫化物和氨等恶臭气体。

② 污水中漂浮物容易产生臭气，如污水中含菜叶、树枝杂草、动物尸体，当它们腐烂时，易产生各种各样的臭气。

③ 污水所散发的臭气与所接纳的工业污水的数量和种类有关。不同种类的工业污水所含的臭气物质不同，工业污水所占比例越大，臭气物质的强度越大。

④ 臭气物质还与气温、水温及空气扩散条件有关。气温、水温升高，气态物质的溶解度降低，臭气容易逸出；空气流通慢，不利于臭气物质的扩散，容易形成局部较高浓度的臭气。

2）污水处理厂脱臭的必要性

随着城市的发展，建设用地日趋紧张，城市污水处理厂往往与居住区或办公区连成一片，污水处理厂在生产过程中将不可避免地产生一些有害臭气，如硫化氢、氨气、甲硫醇类等，臭气的扩散将对周边环境产生一定程度的不良影响，使人产生不愉快的感觉，并有害于人体健康，尤其容易诱发一些呼吸道疾病。

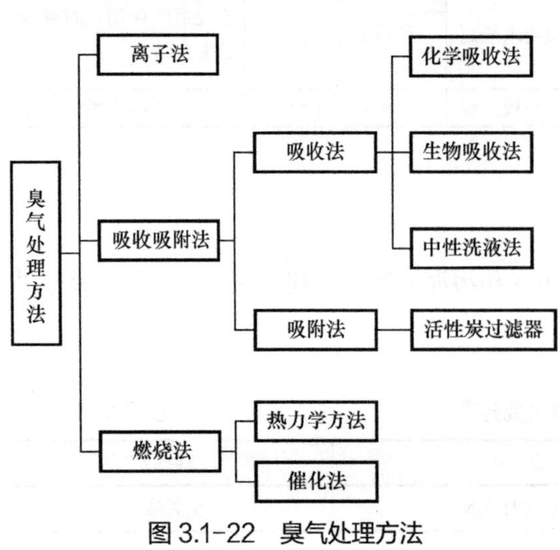

图 3.1-22　臭气处理方法

3）臭气处理方法

同污水处理一样，污水处理厂臭味的处理方法有很多种。除臭方法经历了一个发展过程，从最初采用的水洗法，逐步发展到效果较好的微生物脱臭法。主要除臭方法有离子法、化学吸收法、生物吸收法、中性洗液法、燃烧法等，如图 3.1-22 所示。各除臭方式原理、优缺点及适用范围比较见表 3.1-11。

除臭方式比较表　　表 3.1-11

除臭方式	除臭原理	优点	缺点	使用臭气源
燃烧法	将臭气与氧气（12% 以上）混合，在臭气成分的燃点以上（约 800℃）使之燃烧，臭气成分氧化分解达到除臭目的	①不受臭气成分的限制。 ②分解彻底，高效。 ③抗冲击负荷能力强	①投资高。 ②运行费用（燃料费）高。 ③氮氧化物排放量较高，存在二次污染问题	适用于高浓度臭气。有燃烧炉的地方优先
生物吸收（过滤）法	通过开发可以固定微生物的载体填料以及装置的集约化，利用硫磺氧化细菌和硝化细菌等好氧性微生物的代谢机能作用将硫化物和氨等臭气物质氧化分解进行除臭的方法	①运行管理容易，能保持稳定的处理效果，运行管理费用低。 ②运行管理上的安全性高。 ③运行管理费用低廉	①长时间停运后需要再驯养。 ②温度不宜太高	适用于高、中、低浓度的臭气
化学吸收（洗涤）法	采用酸 / 碱 / 氧化剂以不可逆转的化学反应来对恶臭物质进行去除。通常使用复数的药液分阶段地进行反应。易溶于水的臭气成分可直接溶于水，也有水洗涤法的称谓	①去除效率高、效果稳定。 ②设备占地面积较小。 ③抗冲击负荷能力强	①建设投资较高。 ②运行费用（药剂费）较高。 ③存在二次污染隐患（废液）。 ④机械电气设备繁杂，故障率高。 ⑤存在药品（酸碱溶液）安全隐患	适用于任何浓度臭气
中性洗液法	利用臭气中的某些物质能溶于水的特性，使臭气中的氨气、硫化氢等气体和水接触、溶解，达到脱臭的目的	①设备简单、投资省。 ②运行操作相对简单	①产生二次污染，需对洗涤液进行处理。 ②净化效率低，应与其他技术联合使用	适用于有水溶性、低浓度的臭气
离子除臭法	通过离子发生装置发射出高能正、负离子，它与空气中的有机挥发气体分子接触，分解臭气中的恶臭物质	①适合去除低浓度臭气。 ②设备占地面积小。 ③运行操作相对简单	①不适合高浓度臭气。 ②对氨的分解能力较低	适用不宜收集、低浓度的地方
活性炭吸附法	通过活性炭的吸附能力，将臭气分子吸附，从而达到去除臭味的目的	①设备简单、投资省。 ②适合去除低浓度臭气。 ③抗冲击负荷能力强	①不适合高浓度臭气。 ②需要定期更换或再生活性炭，运行成本较高	适应于任何浓度臭气，但建议作为保障系统

5. 污泥处理方案

污泥处理工艺是污水处理厂运行工艺中的重要组成部分，污水处理产生的污泥由于含有大量的有机污染物，易于腐化变臭，如不进行妥善地处理、处置，将对环境产生不良影响，造成二次污染，所以必须采用适当的工艺进行处理后，使之达到稳定化、减量化、无害化与资源化的要求。

稳定化：减少污泥中的有机物，避免产生二次污染问题；

减量化：降低污泥含水率，减少污泥体积，并减少污泥处置费用；

无害化：减少污泥中的有害物质，杀灭病虫卵，达到卫生化的要求；

资源化：利于污泥中的可用物质，化害为利。

1）污泥处理方案

通常，城市污水处理厂完善的污泥处理工艺流程如图 3.1-23 所示。

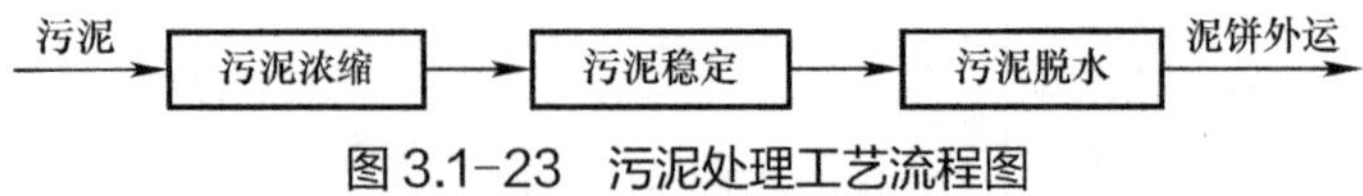

图 3.1-23　污泥处理工艺流程图

国内许多已建成的污水处理厂，采用生物脱氮除磷工艺，产生的污泥未经消化直接脱水，效果也很好，这样就省去消化池等的基建投资和占地，使污泥处理系统简化，并且没有沼气产生，也使运行安全度增加。

2）污泥处置方案

污泥处置方法有土地利用（如农用、园林、土壤改良等）、卫生填埋、焚烧、排海、制造建筑材料等综合利用途径。排海处置由于巨大的环境风险，美国联邦政府颁布法律，从 1988 年起禁止污泥排海；欧盟也颁布条例，从 1998 年起禁止污泥排海。目前常用的污泥最终处置途径主要为卫生填埋、土地利用、焚烧。

（1）污泥的卫生填埋

污泥的卫生填埋一般在城市垃圾填埋场与城市垃圾一起填埋，通过工程手段和环保措施，使污泥得到消纳，并通过自然生物过程逐步达到稳定化、无害化的污泥处置方式，污泥填埋操作相对简单，污泥处置费用较低，适应性强。但污泥和垃圾填埋场侵占土地，对周边环境影响严重，如果防渗不好，还会造成潜在的土壤和地下水污染，因此填埋技术日益受到限制。

（2）污泥土地利用

污泥土地利用（如农用、园林绿化、森林等）也是污泥处置的主要途径，污泥中含有一定的肥效，一方面可以提供作物生长所需的营养元素，另一方面可以作为土壤结构的改良剂。污泥农用的主要问题表现在以下几点。

① 污泥中可能含有病原菌和重金属等有毒有害物质。污泥中的重金属含量依废水的性质不同而不同，有害的金属或元素有镉、钴、钼、汞、镍、铅以及锌等，它们会影响植物生长，并进入食物链，因此可能会给作物生长及人类健康带来不利影响。

② 由于单位面积的土地应用污泥的允许量相对较低，故污泥农用需要的农用土地面积较大；而且因气候的影响，以及要与作物播种及收获期相协调，致使污泥的运输

及利用计划复杂，在农田分散且相距较远的情况下，污泥的运输费用亦将显著增加。

③ 污泥的肥效无法与化肥竞争，施肥量和运输量都比化肥大得多，因此在农村并不受欢迎。

因此，污泥农用尽管是一种比较经济、符合生态要求的技术，但在实践中仍有较大的局限性。

（3）污泥焚烧

污泥焚烧技术自20世纪90年代后在国外得到迅速应用，通过污泥焚烧可以破坏全部有机质，杀死一切病原体，并最大限度地减少污泥体积。由于焚烧的残渣主要是无机灰烬，其最终处置相对容易；同时，污泥的焚烧也可以通过利用废热来发电等方法，从而达到污泥的利用、无害化以及资源化的目的。焚烧处置的问题是系统投资大，焚烧运行费用昂贵，有机物燃烧可能会产生二噁英等剧毒物质，对燃烧产生的废气处理要求严格。污泥焚烧处置仅适用于大型污水处理厂或城市集中式垃圾、污泥焚烧系统。

3.2 内源治理方案

3.2.1 环保疏浚

1. *河道淤积危害*

根据现场调查和实地测量，工程范围内的河道均存在不同程度的淤积，淤积厚度为30～50cm不等。河道出现严重的淤积情况，首先会影响河道的泄洪能力，淤积日益严重，不及时地进行清理维护，淤泥会侵占河道的过洪断面，抬高河道水位，对河道现有的防洪体系形成威胁。

同时，严重的淤积问题会对河道的生态功能起一定的破坏作用，这是因为人为因素造成的淤积现象会改变河道原有的冲淤平衡，使河流受到污染，形成的污泥更会对环境产生巨大的负面影响。

此外，河道淤积底泥受外源污染后必然产生污泥。未经恰当清淤及处置的污泥存在于环境中，直接会给水体和大气带来二次污染，不但会降低污水处理系统的有效处理能力，而且会对生态环境和人类的活动构成严重威胁。另外，浮泥夹杂着建筑垃圾及生活垃圾混入河道，在对水体生态系统造成破坏的同时，会严重影响河道水景观及居民的生活品质。

2. *河道清淤的目的*

流域水环境的综合治理需要做到内外兼治，截污工程解决外源污染问题，清淤工程解决内源污染问题。通过河道清淤，一方面，可以扩大河道的行洪断面，保障河道的行洪安全；另一方面，对受到污染的底泥进行清除，消除内源污染源，可以有效改善河道水质，保障河道水生态景观，最大限度地发挥河道的经济效益和生态效益，是河道水环境综合治理中的必要举措。

3. 清淤方式

河道清淤工程，主要为清除河道底泥中污染物和解决河道淤积问题。现在的清淤工程具有系统化施工的特点，在清淤之前，应该进行初步的底泥调查。通过测量，明确河道底床的形状特征；通过底泥采样分析，明确底泥中污染物的特点和是否超过环境质量标准。在前期工作的基础上，根据淤积的数量、范围、底泥的性质和周围的条件确定包含清淤、运输、淤泥处置和尾水处理等主要工程环节的工艺方案，因地制宜地选择清淤技术和施工装备，妥善处理处置清淤产生的淤泥，并防止二次污染的发生。最常用的中小河道清淤技术可分为排干清淤、水下清淤和环保清淤，如图 3.2-1 所示。

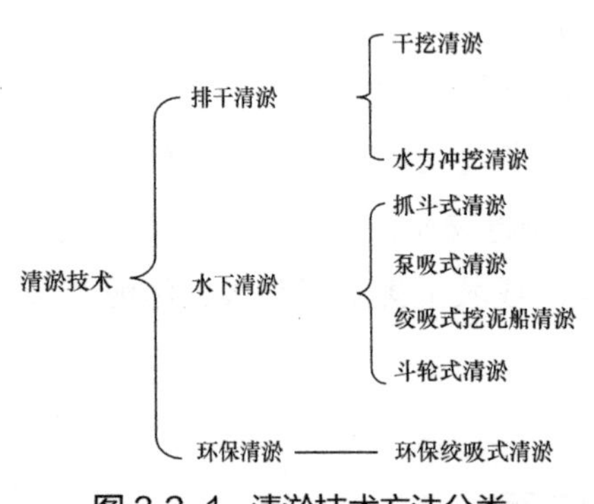

图 3.2-1 清淤技术方法分类

1）排干清淤

排干清淤指可通过在河道施工段构筑临时围堰，将河道水排干后进行干挖或者水力冲挖的清淤方法。排干后，又可分为干挖清淤和水力冲挖清淤两种工艺。

（1）干挖清淤

工作原理：作业区水排干后，大多数情况下都是采用挖掘机进行开挖，挖出的淤泥直接由渣土车外运，或者放置于岸上的临时堆放点。倘若河塘有一定宽度时，施工区域和储泥堆放点之间出现距离，需要通过中转设备将淤泥转运到岸上的储存堆放点。一般采用挤压式泥浆泵，也就是混凝土输送泵将流塑性淤泥进行输送，输送距离可以达到 200～300m，利用皮带机进行短距离的输送也有工程实例，如图 3.2-2（a）所示。

技术特点：其优点是清淤彻底，易于保证质量，而且对设备和技术的要求不高；产生的淤泥含水率低，易于后续处理。其缺点是，由于要排干河道中的流水，增加了临时围堰施工的成本；同时，很多河道只能在非汛期进行施工，工期受到一定限制，施工过程易受天气影响，并容易对河道边坡和生态系统造成一定影响。

（2）水力冲挖清淤

工作原理：采用水力冲挖机组的高压水枪冲刷底泥，将底泥扰动成泥浆，流动的泥浆汇集到事先设置好的低洼区，由泥泵吸取、管道输送，将泥浆输送至岸上的堆场或集浆池内。水力冲挖具有机具简单、输送方便、施工成本低的优点，但是这种方法形成的泥浆浓度低，为后续处理增加了难度，施工环境也比较恶劣。水力冲挖清淤如图 3.2-2（b）所示。

(a) 干挖清淤

(b) 水力冲挖清淤

图 3.2-2　干挖清淤和水力冲挖清淤

技术特点：一般而言，水力冲挖清淤具有施工状况直观、易于保证质量的优点，也容易应对清淤对象中含有大型、复杂垃圾的情况。其缺点与干挖清淤相同。

2）水下清淤

水下清淤一般指将清淤机具装备在船上，由清淤船作为施工平台，在水面上操作清淤设备开挖淤泥，并通过管道输送系统输送到岸上堆场中。根据所用清淤装备，将水下清淤技术细分如下。

（1）抓斗式清淤

作业原理：利用抓斗式挖泥船开挖河底淤泥，通过抓斗式挖泥船前臂抓斗伸入河底，利用油压驱动抓斗插入底泥，并闭斗抓取水下淤泥，之后提升回旋并开启抓斗，将淤泥直接卸入靠泊在挖泥船舷旁的驳泥船中，循环进行开挖、回旋、卸泥作业。清出的淤泥通过驳泥船运输至淤泥堆场，从驳泥船卸泥仍然需要使用岸边抓斗，将驳船上的淤泥移至岸上的淤泥堆场中。抓斗挖泥船和抓斗分别如图 3.2-3（a）、（b）所示。

技术特点：抓斗式挖泥船灵活机动，不会受到河道内垃圾、石块等障碍物的影响，适合开挖较硬土方或夹带较多杂质垃圾的土方；且施工工艺简单，容易组织设备，工程投资较低，施工过程不受天气影响。抓斗式清淤适用于开挖泥层厚度大、施工区域内障碍物多的中、小型河道，多用于扩大河道行洪断面的清淤工程。但抓斗式挖泥船对极软弱的底泥敏感度差，开挖中容易产生“掏挖河床下部较硬的地层土方，从而泄漏大量表层底泥，尤其是浮泥”的情况；容易造成表层浮泥经搅动后又重新回到水体之中的情况。根据工程经验，抓斗式清淤的淤泥清除率只能达到 30% 左右，加上抓斗式清淤易产生浮泥遗漏、强烈扰动底泥，在以水质改善为目标的清淤工程中，往往无法达到预定目的。

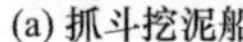

(a) 抓斗挖泥船

(b) 抓斗

图 3.2-3　抓斗挖泥船和抓斗

（2）泵吸式清淤

作业原理：泵吸式清淤也称为射吸式清淤，它将水力冲挖的水枪和吸泥泵同时装在一个圆筒状罩子里，由水枪射水将底泥搅成泥浆，通过另一侧的泥浆泵将泥浆吸出，再经管道送至岸上的堆场，整套机具都装备在船只上，一边移动，一边清除淤泥。而另一种泵吸法是利用压缩空气为动力吸排淤泥，将圆筒状下端有开口的泵筒在重力作用下沉入水底，陷入底泥后，在泵筒内施加负压，软泥在水的静压和泵筒的真空负压下被吸入泵筒。然后通过压缩空气将筒内淤泥压入排泥管，淤泥经过排泥阀、输泥管而输送至运泥船上或岸上的堆场中。泵吸挖泥船和吸泥泵分别如图 3.2-4（a）、（b）所示。

(a) 泵吸挖泥船

(b) 吸泥泵

图 3.2-4　泵吸挖泥船和吸泥泵

技术特点：选择泵吸船施工可获得 60% 以上高浓度泥浆，并可采取管路运输方式，另外，由于泵吸船采用只吸不绞的挖泥方式，所以对施工区域的扰动也较小。由于作业时不造成水体扰动，没有二次污染，适用于污染底泥的清淤。但一般情况下容易将大量河水吸出，会增加后续处理泥浆的工作量。同时，我国河道内垃圾成分复杂、大小不一，容易造成吸泥口堵塞的情况。泵吸式清淤的装备相对简单，但一般不具备自行移动能力，可以配备中小型的船只和设备，且施工平整度差、输送距离短，适合进入小型河道施工。

（3）绞吸式挖泥船清淤

工作原理：普通绞吸式清淤主要由绞吸式挖泥船完成。绞吸式挖泥船由浮体、铰刀、上吸管泵、下吸管泵、动力等组成。它利用装在船前的桥梁前缘铰刀的旋转运动，将河床底泥进行切割和搅动，并进行泥水混合，形成泥浆，通过船上离心泵产生的真空，使泥浆沿着吸泥管进入泥泵吸入端，经全封闭管道输送（排距超出挖泥船额定排距后，中途串接接力泵船加压输送）至堆场中。普通绞吸式挖泥船及铰刀分别如图 3.2-5（a）、（b）所示。

(a) 绞吸式挖泥船

(b) 铰刀

图 3.2-5　绞吸式挖泥船和铰刀

施工方法：绞吸式挖泥船由拖轮拖带至施工区，利用 GPS 精确定位在施工区挖槽起点，在完成与排泥管线的接卡等展布工作后，根据 GPS 定位系统显示设定的铰刀位置定深、下放铰刀桥梁，进行开挖，被铰刀破碎的泥土通过挖泥船的大功率离心式泥泵和排泥管线输送至指定的纳泥区。绞吸船排泥管可分为水下排泥管和水上排泥管，分别如图 3.2-6（a）、（b）所示。

(a) 绞吸船水下排泥管

(b) 绞吸船水上排泥管

图 3.2-6　绞吸船水下排泥管和水上排泥管

技术特点：绞吸式挖泥船清淤是一个挖、运、吹一体化施工的过程，采用全封闭管道输泥，不会产生泥浆散落或泄漏；在清淤过程中，不会对河道通航产生影响，施工不受天气影响，同时采用GPS和回声探测仪进行施工控制，可提高施工精度。绞吸式挖泥船清淤由于采用螺旋切片铰刀进行开放式开挖，容易造成底泥中污染物的扩散，同时会出现较为严重的回淤现象。根据已有工程的经验，底泥清除率一般在70%左右。另外，绞吸船施工形成的泥浆体积浓度偏低，为20%～30%，导致泥浆体积增加，会增大淤泥堆场占地面积。当输送距离较远，超过船上泥浆泵额定排送距离时，必须加装接力泵，这会进一步增加工程费用。绞吸式挖泥船清淤适用于泥层厚度大的中大型河道清淤。

（4）斗轮式清淤

工作原理：利用装在斗轮式挖泥船上的专用斗轮挖掘机开挖水下淤泥，开挖后的淤泥通过挖泥船上的大功率泥泵吸入输泥管道，经全封闭管道输送至指定卸泥区。斗轮式挖泥船及斗轮分别如图3.2-7（a）、（b）所示。

(a) 斗轮式挖泥船

(b) 斗轮

图3.2-7　斗轮式挖泥船及斗轮

技术特点：斗轮式清淤一般比较适合开挖泥层厚、工程量大的中大型河道、湖泊和水库，是工程中常用的清淤方法。该方法在清淤过程中不会对河道通航产生影响，施工不受天气影响，且施工精度较高。但斗轮式清淤在清淤工程中会使大量污染物扩散，逃淤、回淤情况严重，淤泥清除率为50%左右，清淤不够彻底，容易造成大面积水体污染。

3）环保绞吸式清淤

工作原理：环保绞吸式清淤是目前最常用的环保清淤方式，适用于工程量较大的大、中、小型河道、湖泊和水库，多用于河道、湖泊和水库的环保清淤工程。环保绞吸式清淤是利用环保绞吸式清淤船进行清淤。环保绞吸式清淤船配备专用的环保铰刀头，在清淤过程中，利用环保铰刀头实施封闭式低扰动清淤，开挖后的淤泥通过挖泥船上的大功率泥泵吸入输泥管道，经全封闭管道输送至指定卸泥区。环保式清淤船和专用环保刀头分别如图 3.2-8（a）、（b）所示。

技术特点：环保绞吸式清淤船配备专用的环保铰刀头具有防止污染淤泥泄漏和扩散的功能，可以疏浚薄的污染底泥，而且对底泥扰动小，可以避免污染淤泥的扩散和逃淤现象，底泥清除率可达到 95% 以上；清淤浓度高，清淤泥浆质量分数达 70% 以上，一次可挖泥厚度为 20～110cm。同时，环保绞吸式挖泥船具有高精度定位技术和现场监控系统，通过模拟动画，可直观地观察清淤设备的挖掘轨迹；高程控制通过挖深指示仪和回声测深仪，精确定位铰刀深度，挖掘精度高。环保绞吸式清淤船及专用环保刀头如图 3.2-8 所示。

不同清淤施工方式性能比较如表 3.2-1 所示。

(a) 环保绞吸式清淤船

(b) 专用环保刀头

图 3.2-8 环保式清淤船及专用环保刀头

不同清淤施工方式性能比较　　表 3.2-1

序号	比较项目	干挖清淤	吸泥罐车	水力冲挖	水陆两用挖掘机	挖斗船清淤	泵吸船清淤	环保绞吸式清淤船
1	对中小型河道适应性	较强	较强	较强	强	弱	弱	弱
2	适用的土质	泥、沙、砂石	泥、沙	泥、沙	泥、沙、砂石	泥、沙、砂石	泥、沙	泥、沙、砂石
3	挖泥深度	一般	浅	浅	一般	深	一般	一般
4	挖泥精度	一般	一般	一般	一般	低	低	高
5	底泥含水率	低	高	高	一般	一般	高	高
6	后续运输方式	车辆	自运输	管道或车辆	泥驳或车辆	泥驳或车辆	管道	管道
7	清淤效率	较低	较低	较低	一般	高	高	高

3.2.2 原位底泥修复

河道的内源污染主要体现在底泥向水体污染物质的释放。考虑到河道底泥中积聚的污染物较多，即便在进行清淤后，仍然存在清淤不彻底（或污染物下渗严重）、泥水界面富氧条件差、原生病毒或害虫滋生、土质通透性差等情况，不仅会进一步释放污染物，并且会给水生动植物的生长繁殖带来困难。因此，进行底质改良是完成水质提升与建立水生态系统的先决条件。

针对城市黑臭底泥与泥水界面存在的普遍问题，可以通过物理化学、生物化学的手段有效地消除内源污染、杀灭原生病毒，破坏水体底部原有的氧环境和 pH 环境，快速增加水体中溶解氧含量，降低有毒有害物质对水体的释放，提高水体活力，快速消除黑臭，并提高水体的透明度，为水生植物系统构建奠定良好的底质基础。

1. 底泥原位覆盖技术方案

1）技术方案原理

底泥原位覆盖和污染控释技术又称封闭、掩蔽或帽封技术，主要是通过在污染底泥上放置一层或多层覆盖物，使污染底泥与水体隔离，防止底泥污染物向水体迁移，采用的覆盖物主要有未被污染的底泥、清洁砂子、砾石、钙基膨润土、灰渣、人工沸石、水泥，还可以采用方解石、粉煤灰、活性炭、土工织物或一些复杂的人造地基材料等。底泥覆盖可以起到以下 4 个方面的功能：①通过覆盖层，将污染底泥与上层水体物理性隔开；②覆盖作用可稳固污染底泥，防止其再悬浮或迁移；③通过覆盖物中有机颗粒的吸附作用，有效削减污染底泥中污染物进入上层水体；④改良表层沉积物的生境。

底泥原位覆盖技术可与底泥疏浚技术联用，将表层污染沉积物进行有效疏浚后，在残留底泥表面铺设覆盖材料，以防疏浚后沉积物的重新悬浮和残留污染物的释放。

2）技术方案关键

覆盖层是该项技术的关键，覆盖层的形式可以是单层覆盖，也可以是多层覆盖，但在通常情况下，会通过添加一些要素来增强该技术功能的发挥，如在覆盖层上添加保护层或加固层（以防止覆盖材料上浮或水力侵蚀等）以及生物扰动层（放置生物扰动加快污染物的扩散）。根据所使用覆盖材料的不同，可以将原位覆盖技术分为被动覆盖技术和主动覆盖技术，被动覆盖技术主要是使用被动覆盖材料，如砂子、黏土、碎石等处理有机物和重金属污染的底泥；主动覆盖技术主要是利用化学性主动覆盖材料，如焦炭和活性炭等隔离处理底泥中营养盐等污染物，也有一些企业生产具有特定功能的主动覆盖材料。

底泥原位覆盖的施工方式主要有表层机械倾倒、移动驳船表层撒布、水力喷射表层覆盖、驳船水下覆盖、隔离单元覆盖。该技术的主要流程见图 3.2-9。

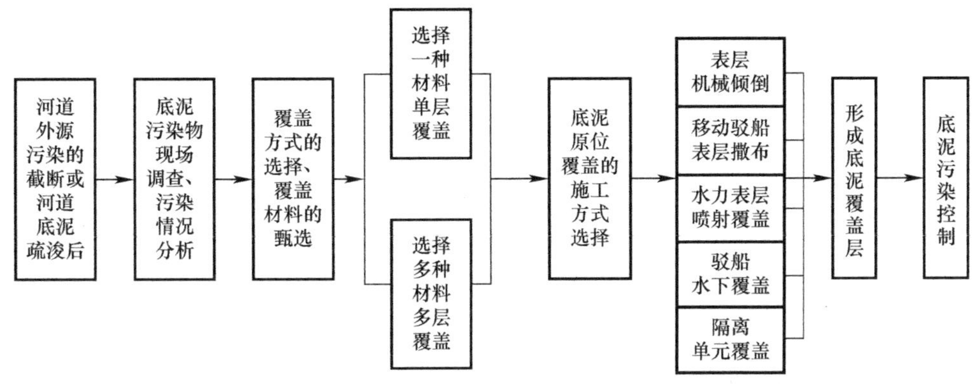

图 3.2-9　底泥覆盖技术流程

3）优点与局限性

覆盖技术相比别的控制技术，花费低，对环境潜在的危害小，适用于清理多种污染类型的底泥，便于施工，应用范围较广。但覆盖技术也存在明显的局限性，一方面，由于投加覆盖材料会增加水体中底质的体积，减少水体的有效容积，因而在浅水或水深有一定要求的水域，不宜采用原位覆盖技术。另一方面，在水体流动较快的水域覆盖后，覆盖材料会被水流侵蚀，也会改变水流速度、水力水压等条件，如果对这些水力条件有要求的区域，则不能实行覆盖技术。在实践中，可以将底泥覆盖与疏浚工程相结合，先疏浚，后覆盖。

2. 底泥化学修复技术

1）技术原理

原位化学修复技术是向受污染的水体中投放一种或多种化学制剂，通过化学反应消除底泥中的污染物或改变原有污染物的性状，为后续微生物降解作用提供有利条件。化学修复的本质就是利用化学制剂和底泥中的离子发生化学反应，使其转变为无毒无害的化学形态。用于修复污染底泥的化学方法主要有氧化还原法、湿式氧化法、化学脱氯法、化学浸提法、聚合、络合、水解和调节 pH 等。其中，氧化还原法适用于修复复合污染底泥，其原理是在氧化还原药剂的作用下，使有机污染物发生电子转移，进而实现污染物的分离或无害化；化学脱氯法是用于修复多氯污染物污染底泥的常用方法；化学浸提法对重金属污染底泥的修复非常有效。目前应用最多的化学修复药剂有氯化铁、铝盐、CaO、CaO_2、$Ca(NO_3)_2$ 和 $NaNO_3$ 等。

2）优点和局限性

化学修复方法见效快，目前应用较为广泛。不过由于化学修复需要花费大量的化学药剂，难以把控制剂用量，一些化学制剂本身对水体生态环境有影响，同时化学反应可能受 pH、温度、氧化还原状态、底栖生物等的影响。例如，运用原位钝化技术处理底泥时，作为钝化剂的铝盐、铁盐、钙盐应用环境各有不同；同时，风浪、底栖生物的扰动会使钝化层失效，使底泥中的污染物重新释放出来，影响可钝化处理的效果。

3. 底泥的原位生态修复

1）技术原理

污染底泥的原位生物修复分为原位工程修复和原位自然修复。原位工程修复是指通过加入微生物生长所需要的营养来提高生物活性，或添加培养的具有特殊亲和性的微生物来加快底泥环境的修复；原位自然修复是指利用底泥环境中原有微生物，在自然条件下创造适宜条件来进行污染底泥的生物修复。

自然河流中有大量的植物和微生物，它们都有降解污染有机物的作用，植物还可以向水里补充氧气，有利于防止污染。河流底泥的原位生物修复包括微生物修复（狭义上）和水生生物修复两大部分，两者可以互相配合，达到要求的治理效果。有研究表明，运用水生植物和微生物共同共组成的生态系统能有效地去除多环芳烃的污染。高等水生植物可提供微生物生长所需的碳源和能源，根系周围好氧菌数量多，使得水溶性差的芳香烃，如菲、蒽以及三氯乙烯在根系旁能被迅速降解。根周围存在的渗出液，能提高降解微生物的活性。种植的水生植物的根茎能控制底泥中营养物的释放，而在生长后期又能较方便地去除或带走部分营养物。

2）优点和局限性

原位生物修复技术具有以下优点：

（1）原位生物修复技术在所有修复技术中成本较低；

（2）环境影响小，原位修复只是一个自然过程的强化，不破坏原有底泥的物理、化学、生物性质，其最终产物是 CO_2、水和脂肪酸等，不会造成二次污染或导致污染的转移，可以达到将污染物永久去除的目的；

（3）最大限度地降低污染物浓度，原位生物修复技术可以将污染物的残留浓度降低至很低，如经处理后，BTX（苯、甲苯和二甲苯）总浓度可降至低于检测限；

（4）修复形式多样；

（5）应用广泛，可修复各种不同种类的污染物，如石油、农药、除草剂、塑料等，无论小面积还是大面积污染均可应用。

当然，原位生物修复技术有其自身的局限性，主要表现在以下几点：

（1）由于原位生物修复是一个强化的自然过程，修复速度较慢，所以它是一个长期的过程，不能达到立竿见影的效果；

（2）微生物不能降解所有进入环境的污染物，污染物的难降解性、不溶解性以及与底泥腐殖质结合在一起，常常使生物修复不能进行；

（3）特定的微生物只能降解特定类型的化合物质，状态稍有变化的化合物就可能不会被同一微生物酶所破坏，河流水质变化带有一定的随机性，对所选取修复的生物种类提出了很高的要求；

（4）原位修复受各种环境因素的影响较大，这是因为微生物活性会受到温度、溶解氧、pH 等环境条件的影响；

（5）有些情况下，生物修复不能将污染物全部去除，当污染物浓度太低，不足以维持降解细菌群落时，残余的污染物就会留在底泥中；

（6）采用水生植物方法时，必须及时收割，以避免植物枯萎后产生腐败分解，重新污染水体。

4. 底泥的联合修复

采用联合修复技术，可以发挥各项修复技术的长处，达到更高效彻底的修复效果。由于生物修复通常具有明显的成本优势，对生态环境的影响较其他方法小。因此，在综合治理中，应以生物修复方法为主，与其他方法进行配合，各种方法之间分步骤实施或同时使用。

1）植物－微生物联合修复

植物－微生物共生体系是消除底泥中污染物的有效方法，高等植物根区环境中具有明显的厌氧、缺氧和好氧微生物降解功能区。在共生系统中，高等植物不仅能够为微生物提供碳源和能源，根周围的渗出液还能够提高微生物的降解活性。高等植物作为原位微生物修复的“固定化载体”，投入底泥修复系统中的大量微生物制剂，如微生物体、输氧剂、替代电子受体和营养物等，都能够附着在植物体上，进而对微生物修复底泥起到强化作用。在实际应用中，基于上述修复原理还采取了生物反应器、生物通风法等方法，也取得了不错的效果。

2）化学－生物联合修复

在生物修复中，由于底泥中有机物的水溶性低，而生物反应主要在液相中进行，因此底泥中有机物的低利用性影响了生物修复效率。在化学修复中，淋洗和电动修复可增加污染物质的溶解，使污染物分布均匀，从而促进生物的吸收。如淋洗法，加入淋洗液（表面活性剂等）可将污染物洗脱出来后，再进行生物修复。

而电动修复可使添加的细菌、营养物质等在底泥中分布均匀，使微生物能有效接触污染物质，这些化学方法可以说是生物修复的增强技术。另外，还有臭氧－生物修复，先将底泥进行臭氧化处理，减少其中的难降解有毒有害物质，为后续的生物修复提供有利条件。

3.3 水生态系统修复方案

水生态系统是以水体、沉积物和水生态系统中的生物群落为基础，从初级生产者到消费者再到分解者，充分利用食物链原理和种群间相生相克关系，实现生态系统的物质循环和能量流动的。这类复杂的联系通过系统的自组织运行就能维持生态系统的功能和稳态。构建健康的生物群落结构，对维持水生态系统平衡、使水体水质持续保持在清水稳态发挥着重要作用。水体稳态转换示意图如图 3.3−1 所示。

(a) 沉水植物占优势的清水状态(草型清水稳态)　　(b) 浮游藻类占优势的浊水状态(藻型浊水稳态)

图 3.3−1　水体稳态转换示意图

自然界中，完整的水生态系统至少包含一定规模的各类水生动物、水生植物群体、大量原生动物以及大量不同类型的微生物四大部分。水生态系统修复技术的本质就是对植物、动物以及微生物本身调节环境的能力进行充分地应用，在污染水域有计划地种植和培养各种不同类型的水生植物和微生物、投放水生动物，让它们有效降解水环境中的污染物，达到修复水资源污染的目的。在国际上，这种修复技术得到极为广泛的应用。构建健康的水体生态系统以及提高水体的自然净化能力是生态修复最重要的目标。在开展河道治理工作时，第一，要有效地控制污染源；第二，要应用这种修复技术修复河道中损坏的生态环境，并且从根本上对被破坏以及被污染的河道环境进行治理，达到修复生态环境的目标。

3.3.1　滨岸湿地

初雨的面源污染和合流制污水溢流也是造成水质污染的主要原因。初期雨水具有较高的污染负荷，其本身夹杂着地面的残留污染物，其污染物指标远高于典型城市生活污水的浓度。但由于暴雨具有降雨历时短、瞬时流量大以及时间和空间分布不均的特点，而初期雨水的收集和处理系统能力却是恒定的，极容易出现初期雨水溢流排放造成的污染问题，因此需要设置初期雨水治理措施，初雨在进入河道前需要经过净化，故可在沿河道两边设置滨岸湿地。

滨岸湿地指用人工筑成水池或沟槽，底面铺设防渗漏隔水层，充填一定深度的填料层，种植水生植物，利用基质、植物、微生物的物理、化学、生物三重协同作用使污水得到净化。

滨岸湿地系统按照水体的流动方式，可分为表面流人工湿地、水平潜流人工湿地、垂直潜流人工湿地。

表面流人工湿地指污水在基质层表面以上，从池体进水端水平流向出水端的湿地，如图 3.3-2（a）所示。

水平潜流人工湿地指污水在基质层表面以下，从池体进水端水平流向出水端的湿地，如图 3.3-2（b）所示。

垂直潜流人工湿地指污水垂直通过池体中基质层的人工湿地。表面流人工湿地的处理效果不及潜流型人工湿地，且因待处理水体直接流经湿地表面，容易滋生蚊蝇，如图 3.3-2（c）所示。

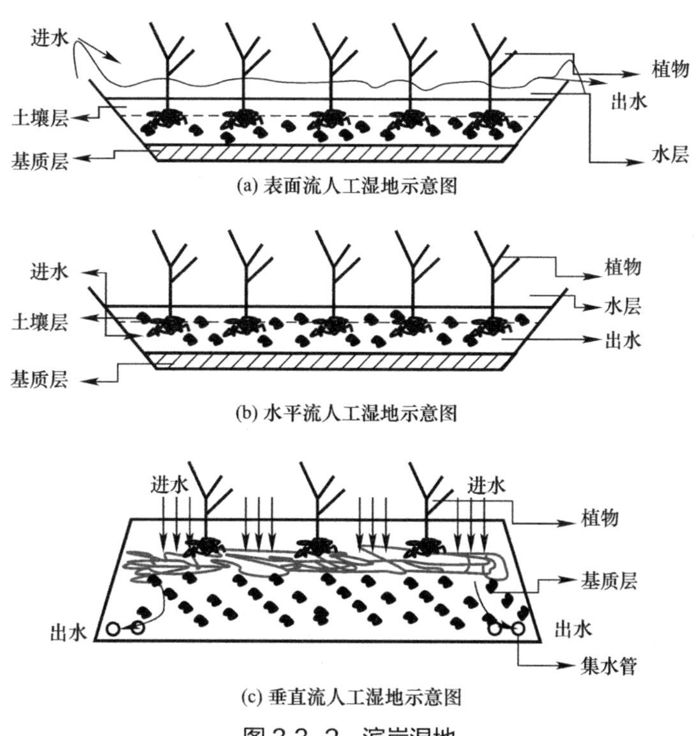

图 3.3-2　滨岸湿地

3.3.2　浮动湿地

浮动湿地用于构建水体生态系统，为挺水植物和微生物提供附着、生长的载体。

浮动湿地技术通过在水体中搭建类似人工湿地的结构，去除水体污染物，并实现生态修复作用。浮动湿地能够直接作用于布设的水体，满足各类水位变化要求，适应不同水深，无须占用土地资源，构建快捷，单位面积处理效率高。浮动湿地能够结合水利条件设计，可应用于各类污水处理，是全新的水生态处理方法。

图 3.3-3 浮动湿地示意图

浮动湿地以载体填料为主体，促进形成以水质净化为主要目的，并具有生态与景观功能的生态浮动平台，实现植物、载体填料、微生物、大气、生态系统的各环节与水交互作用，是水体中的“可移动净水生境平台”。浮动湿地示意图如图 3.3-3 所示。

浮动湿地通过增大水下微生物总量、水上植物量，促进水下生态系统的自我调整、修复与水上生态系统的发展，形成立体的生境平台。浮动湿地的布设，大大增加了所布设水域的微生物总量，通过增加水体生态系统中作为食物链的最低端位置的微生物的总量，促进以微生物为食的底栖动物、鱼类等的数量，并以浮动湿地植物完善水生态系统；并通过水域中植物量的增加与鱼类数量的增加，促进昆虫、鸟类、两栖动物的栖息与发展。浮动湿地可促进新建水体生态系统的自我发展，促进多营养级稳定的生态系统的形成；可促进生态系统受损水体的自我修复，调整生态系统结构，促进恢复生物多样性、生态系统的完善与稳定。浮动湿地促进生态系统自我修复与丰富的效果图如图 3.3-4 所示。

图 3.3-4 浮动湿地促进生态系统自我修复与丰富效果图

3.3.3 水下森林

水下森林是近年来被广泛应用的一项水环境生态综合修复技术，其综合了人工表流湿地与稳定塘的主要优点，主要通过栽植挺水性水生植物和沉水性水生植物构建出稳定的生态系统，通过对水体生态链的调控，实现水下生态系统中生产者（水生植被）、消费者（水生动物）、分解者（有益微生物菌群）三者的有机统一，实现水域的自净与生态环境的修复与维护。水下森林效果图如图 3.3−5（a）所示。

在项目区内，可选择满足水深条件件的湾、塘、潭等水流不畅的区域，恢复沉水植物。利用沉水植被吸收水体中的氮、磷等营养物质，抑制水体沉积物再悬浮，提高水体透明度，并增加水体中的溶氧含量，氧气输送到根部，同时可改善底泥厌氧状态，减少沉积物中磷的释放。此外，也可降低水流对驳岸的冲刷，减缓崩塌。并为水生动物提供栖息地、避难所和繁殖场。沉水植物效果图如图 3.3−5（b）所示。

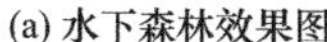

(a) 水下森林效果图

(b) 沉水植物效果图

图 3.3−5 水下森林、沉水植物效果图

沉水植物对于水生态系统的修复与维护起以下作用：

（1）吸收、富集、降解污染物；

（2）为微生物生存提供特殊环境；

（3）过滤沉淀颗粒；

（4）为水生动物提供特殊生态环境。

沉水植物种类的选择主要有金鱼藻、轮叶黑藻、狐尾藻、苦草等，主要采用沉载法和播种法两种形式结合进行修复。对于近岸或水深较浅，采用播种法；对于水深较深的区域，则采用成形植株的沉载法，以提高修复的成活率。

3.3.4 生态水草

碳素纤维生态水草可为自然水体中的微生物提供附着点。碳素纤维生态水草是提高微污染水体水质、修复水环境生态的优良选择，可实现对环境的零负荷与完全的生物安全。

碳素纤维生态水草具有极高的吸附性与生物亲和性，当太阳光照射时，碳素纤维生态水草发出超音波，吸引微生物菌群。这些菌群在其表面形成黏着性活性生物膜。这些微生物以有机污染物为食，通过自身的新陈代谢作用分解水体中的有机污染物。同时，很重要的是，以微生物为食的小鱼等其他小生物会聚集在碳素纤维生态水草周围，碳素纤维生态水草成为鱼类及其他高级水生动物的优良卵床与养育空间，进而使水体中的生物链、食物链修复至健康状态，水体恢复生机。可以利用碳素纤维生态水草构建水下森林，给水生生物搭建栖息地，逐步建立以微生物、小虾小鱼、大鱼为基础的循环生态链。碳素纤维生态水草和装配方式分别如图 3.3-6（a）、（b）所示。

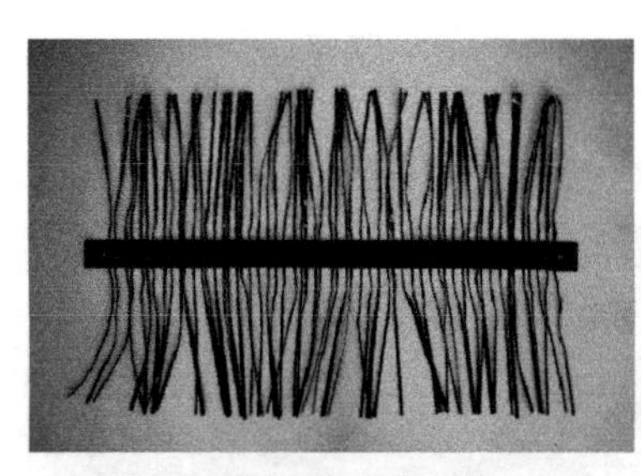

(a) 碳素纤维生态水草

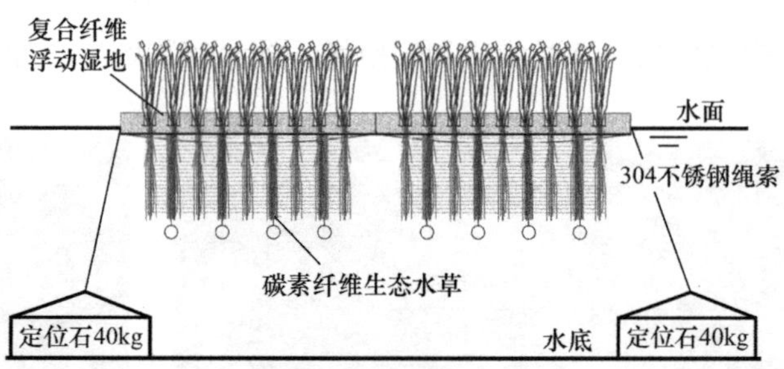

(b) 碳素纤维装配方式

图 3.3-6　碳素纤维生态水草和装配方式

碳素纤维水草主要具有以下特点。

1. 高生物附着比表面积

碳素纤维生态水草比表面积为 1000m^2/g，利用此特性，其能高效吸收、吸附、截留水中处于溶解态和悬浮态的污染物，提高水体的透明度，并为各类微生物、藻类和微型动物的生长、繁殖提供良好的着生、附着或穴居条件，最终在碳素纤维上形成薄层的具有很强净化活性功能的“生物膜”。

2. 生物膜结构

在碳素纤维表面形成的生物膜一个断面上，由外及里形成了好氧、兼性厌氧和厌氧三种反应区。在好氧区，好氧菌将氨氮转化为硝基氮，并把小分子有机物转化为二氧化碳和水（把可溶的无机磷转化为细胞体内的 ATP）；在厌氧区，厌氧菌将硝基氮转化为氮气和氧气（把难分解的大分子有机物分解为可降解的小分子有机物）。最终污染基团就被分解转化成逸出水体的 N_2、CO_2 和 H_2O。附着在碳素纤维上的大量微生物群难以脱落，其上黏附的污染物难以溶出及扩散，抑制了环境的恶化。在水流的影响下，产生收缩运动，从而促进了污染物质的分解。

3. 材料特性

碳素纤维强度高、超轻、耐腐蚀、耐高温、水中不溶解，使用寿命长、维护费用低，具有高环境安全性与生态亲和性，不存在物种侵害之忧。

3.3.5　太阳能水循环复氧控藻

太阳能水循环复氧控藻技术通过循环复氧控藻设备在水下曝气的方式，增强水体复氧，改善河道水体流动性，消除死水区。太阳能水循环复氧控藻技术原理和设备分别如图 3.3-7（a）、（b）所示。

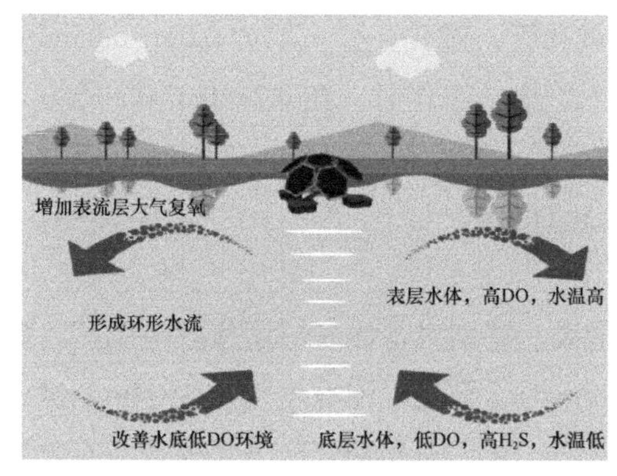

(a) 太阳能水循环复氧控藻技术原理

(b)太阳能水循环复氧控藻设备

图 3.3-7　太阳能水循环复氧控藻技术原理和设备

太阳能水循环复氧控藻设备具有满足湖泊、河道、景观水、污水处理等不同水体水循环增氧要求，设备分为狭窄水域应用、开阔水域应用、景观应用等不同型号，是目前水体净化与生态修复效能最佳的太阳能循环增氧系统。设备以太阳能能源供应，零能耗，设备输出功率大，可有效提高水体流动性，大大提高水循环的效能，能够快速改善水体溶解氧环境；并且可以调节运转水深，有效地控制并削减底泥，抑制黑臭并提高水体的透明度，调整好氧、厌氧反应环境，加快氨氮在水中的分解和散出，改变水体富营养状态，提升水质，能在藻类暴发时期快速地去除特定藻类，有效地改善水景观。设备主要具有以下特点。

（1）最优效能复氧循环：依据生态学、环境工程学、流体力学和机械工程学原理综合设计的最优化复氧循环设备，是水体净化与生态修复效能最佳化的太阳能循环复氧系统。

（2）动水增氧同步：提供大量均匀分布的富氧流，使氧气在不同水体层面有效传输，富氧流通过高速叶轮实现大范围有效传输。

（3）独有日间集中有效运行，夜间不运行设计：充分利用太阳能，避免不必要的能量损失；无电池设计，保证在同样太阳能获取的前提下，全部能源供给转化为循环动力。日间运行，有效利用光合作用氧气，夜间不运行，满足生态栖息条件。

（4）动水效能强劲，可实现冬季控冰：强劲的高效电机带动高速叶轮运转，设备运行稳定，即便在北方冬季，仍可达到大范围控冰的效果。

3.3.6 微纳米曝气

微纳米曝气增氧设备由罗茨风机（空压机、滑片泵等）、通气总管、支管、接头、软管和曝气管（盘）、支架等组成，是一种新型的立体曝气增氧技术。

微纳米曝气管一般为高分子材料制成的微孔管，微孔直径一般为 0.01～0.05mm，在水下时，由于表面张力的原因，水不会渗入管中，工作时，在 0.2～0.3MPa 压力下将洁净的空气（氧气）从微孔中挤出，在水中生成无数个直径为 0.5～2.0mm 的微型气泡，在水中形成雾状螺旋上升，扩散距离为 1.5～3.0m。

微纳米曝气技术有如下特点。

（1）发生气泡小，分布均匀，溶解氧气量大，特别对水体底部增氧效果明显。曝气管在水底部产生 V 形雾化气泡流，在水深 2m 时，雾化气泡宽度可达 3～4m。盘式曝气增氧设备在水底产生漩涡雾化气泡流，一个直径 1.2m 的盘式曝气增氧设备有效增氧面积可达 $350m^2$。

（2）微纳米曝气机具可以对水体底部的氨、氮、亚硝酸盐、硫化氢等有害物质进行氧化，对有害微生物进行抑制，活化池塘底质，使水体能够保持了良好的水质，大幅度提高放养密度。

（3）微纳米曝气机比叶轮式、水车式增氧机具节约电耗达 1/3，可减少鱼药的使用量，提高水产品生长速度，增加水产品产量，提升水产品质量。

（4）安全性好。微纳米曝气机具的主机设在陆地，降低了安全隐患；同时，增氧管设在池塘底部，减少了自然灾害对增氧系统的袭击，确保了恶劣气候下养殖品种的正常生活。

（5）有效降低水体温度。曝气管道增氧可有效减小养殖水体的上、下水层温差，增强了水体的上下交换功能，有利于整个水体纵向上的能量、物质交换。

3.3.7 微生物菌剂

微生物制剂技术是向污染水体中投加活性微生物制剂，人为增加水体有益菌浓度，促进微生物降解、消化污染物的能力，并形成与藻细胞竞争的营养物源，从而抑制藻细胞的过度生长繁殖，避免发生水华。

这种方法是利用投加的微生物激活水体中原本存在的可以自净的、但被抑制而不能发挥其功能的微生物，并通过它们的迅速增殖，强有力地钳制有害微生物的生长和活动，从而消除河涌水域中的有机污染及水体的富营养化，消除河涌水体黑臭，而且还能对底泥起到一定的硝化作用，同时进行藻类控制、生态修复与重建。生物促生技术可进行原位处理，无须基建投资，效果理想且无副作用。

利用定向扩增技术，向河涌底泥注入生物促进剂，繁殖、强化底泥中的好氧微生物，促进底泥生物氧化处理，并结合其他设施，构建河涌底栖生态环境，进行生态修复，使污染水体向好氧洁净方向转变，加强河涌自净能力，形成稳定的河道自然生态系统。

各种水生态修复方案都存在优缺点，对各类常用水生态修复方案比较如表 3.3-1 所示。

各类常用水生态修复方案比较　表 3.3-1

处理方案	优点	缺点
滨岸湿地	生态效果好，兼有水质提升、生态修复、景观提升的功能	冬季需要对植物进行收割，人力成本高，要求进水 SS 不能过高
浮动湿地	制作简单，有较好的景观效果	修复速度慢，修复效果有限，受季节影响大
水下森林	成本低，易于维护，有较好的景观效果和生态环境效益	修复速度慢，修复效果有限，受水质及季节影响大
生态水草	标本兼治，施工操作简便，原位治理，绿色环保，无二次污染，不受水质及季节影响	投资成本中等，修复效果有限，受水质及季节影响大
太阳能水循环复氧控藻	能够一定程度地增强水体流动性	修复效果有限，受水质及季节影响大
微纳米曝气	可有效提升设备附近水体的含氧量	功耗较大，受水质及季节影响大
底泥原位修复	有效改善清淤及底泥本身造成的内源污染，投加后无须维护	受河涌水文条件影响较大，修复效果有限
微生物菌剂投加	能够削减水体中的氮、碳和磷等污染物，条件温和，具有较好的生态环境效益	需定期投加和维护，受季节和水流影响大，成本中等

3.4　活水补水方案

流水不腐是缓解河流黑臭的关键因素。城市黑臭水体多为缓流水体，具有流动速度缓慢、自净能力差等特点，其抗干扰能力差，水体生态系统稳定性弱，一旦被污染，水质就很难恢复，或需要很长一段时间来进行自我修复。因此，改善生态条件，让水流动起来，增加溶解氧含量，是黑臭水体补水活水的重点。

3.4.1　活水补水措施

活水补水的运作理念是以水治水，它实际包括了补水和活水两部分：补水的重点是保证河道生态基流量，维持河道水面线；活水的重点是增加水的流动能力，改善水动力，维持河道水体流速。根据规模大小、区域环境条件和工程内容等，水动力调控在应用中可以分为活水循环、水系连通、清水补给三大类措施。

1. 活水循环

活水循环就是通过提升泵站、合理连通水系、调控阀门等人为措施改造原有水体，构建水体循环机制，使水“动起来”的一种措施。活水循环一般搭配人工曝气措施增加水动力；需要铺设输水渠实现上下游水循环，工程建设和运行成本较高，工程实施难度大，需要持续运行维护。

2. 水系连通

水系连通是采取合理的疏导、沟通、引排、调度等工程和非工程措施，以天然河道和连通工程、输水工程、配套工程为通道，建立或改善江河湖库水体之间的水力联系。河湖水系连通应进行风险评价，避免盲目性。

3. 清水补给

活水补水是利用城市再生水、城市雨洪水、清洁地表水等作为城市水体的补充水源，增加水体流动性和环境容量。再生水补水往往需要铺设管道，不提倡采取远距离外调水的方式实施清水补给。

在实际治理工程中，补水活水多作为整体统筹考虑，采取多种方式同步进行：水系不畅通河段通过工程手段或连通各路水系，或清淤挖宽增加过水断面；水动力较差的河段通过泵渠形成水体循环；在缺水河段直接补水或连通水系调水。

3.4.2 影响因素

活水补水工程在城市黑臭水体治理的应用过程中有三个关键因素：水量、水源水质、实施方式。

活水补水工程中的水量是基于流域水体的生态基流量和需水量。实施截污控源，将大量减少入河污水，部分纳污严重的河涌将会成为无源之水，需要清水补充河道；一些封闭水体如湖泊、景观河道，需要定期补充清水以改善水质，维持生态功能与景观效果；部分功能水体要保持一定水面线或者突发应急，也需要补充水量。因此，根据不同要求确定补水量，才能选择合适的补水方案。

城市水体的补水水源多为天然河、湖泊、水库水等自然水体水源和城市雨洪水、提标尾水等其他水源。水系连通多利用自然水体进行连通补水。城市污水处理厂提标尾水的水量水质比较稳定可控，成本较低，应优先考虑利用此类水源。活水补水工程的实施通常需要通过泵站、闸坝等工程，包括建造补水管渠和配套泵闸等构筑物。

3.4.3 方案制定

1）区域水环境现状评价。收集区域内水位、水质等现状；现有闸坝、水库联通情况；污水处理厂建设运营情况（尾水量、水质、提标情况）等基本资料，初步判断活水补水工程的范围和规模。

2）污染物入河量和速率分析计算。分别对工程区域内工业、生活、面源及河道内源等来源的入河污染物量和污染物入河速率进行分析计算。

3）补水量及活水流量计算。根据污水入河量和入河速率、活水或补水水源水质现状、河流水质现状等因素，结合河道水质目标，分别计算工程区域补水量和活水流量。

4）制定活水补水方案。根据计算的活水流量和补水量，利用河网水量模型模拟活水补水后河道的水位和流速等情况，优化制定活水补水措施和方案。在大规模或片区生态补水活水时，可充分利用工程范围内已有的泵、闸站及打通淤塞河段，必要时可新建泵、闸站。

3.5 防洪排涝综合整治方案

近年来，在气候变化和城市化发展的背景下，沿海城市暴雨频发，台风等极端天气频繁，造成城市内涝问题严重，如河南郑州“7·20”特大暴雨灾害，导致城市严重内涝、洪水、滑坡等多灾并发，造成重大人员伤亡和财产损失。

总结城市洪涝灾害的原因，主要有暴雨发生频率和强度增加，城市发展在一定程度上改变了水循环的产汇流机制，城市雨岛效应和热岛效应日益显著，城市防洪排涝体系建设与城市化进程不协调等。目前城市防洪潮、排涝体系建设主要有工程措施和非工程措施两方面，工程措施主要包括河道整治、泵站、水库、水闸、排水管网等，大部分城市已初步建成“上蓄、中疏、下排”的防洪排涝格局，随着海绵城市建设的推广，城市防洪排涝建设从传统模式逐步走向2014年以后以“渗、滞、蓄、净、用、排”为主导的生态型排水模式。长江中下游流域防洪遵循“蓄泄兼筹，以泄为主”的原则，本章主要介绍河道拓宽、排涝泵站两种措施。

3.5.1 河道拓宽

1. 河道拓宽设计原则

（1）总体布置上，尽量保持各河道走势，除针对局部行洪特别不畅的地方进行适当调顺、平缓连接外，基本维持河道自然走向态势，充分体现自然、生态的河道治理理念，宜弯则弯，宜滩则滩，避免裁弯取直。

（2）对于河道治导线，原则上应因势利导，即利用现有整治工程、河道天然节点和抗冲刷性较强的河岸分段制定；上下游平顺连接，左右岸兼顾；治导线应平顺、光滑。

（3）结合明渠生态恢复及景观要求，通过水力模型计算，优化明渠断面形式。

（4）明渠纵坡与上下游箱涵、拦污栅底板高程平顺衔接，避免形成较高的跌坎或壅水坝。

（5）设计河道断面结构形式时，在保证过水断面的需求下，应尽量保留沿岸现有绿化乔木，避免对现有生态系统造成破坏。

（6）进行平面设计时，应注意同周边环境的协调，遵循宜宽则宽的原则，保护生态环境，发挥水体的自净化功能。

（7）结合河道整治断面，考虑沿河各镇区、村落现状，沿岸护岸生态、能使人亲近，应在居民密集区设置生态护岸休闲点。

2. 断面设计

1）明渠横断面设计

针对渠道扩宽的设计，在规划断面尺寸的基础上，应结合生态岸线需求及渠道沿线排水管、红线范围内其他项目综合考虑后，进行断面形式的优化调整。

（1）通过水力模型计算，分析河道汇水范围内造成渍水的制约因素，指导明渠断面设计。

（2）明渠纵坡与上下游箱涵、拦污栅底板高程平顺衔接，避免形成较高的跌坎或壅水坝。

（3）与规划的明渠两岸综合管廊、截污箱涵协调布置。

（4）结合明渠生态恢复及景观要求，通过水力模型计算，优化明渠断面形式。

2）断面形式选择

河道断面形式不仅影响河道的排水防涝，也会对河岸两侧景观、实用性及两岸土地开发等产生较大的影响。对洪水的过流能力影响较大的因素主要是河道粗糙率和断面尺寸，而河道防洪以外的其他功能则需要通过沿岸景观来实现，对景观影响最大的是河道断面形式。因此，在满足排水防涝要求的基础上，能否确定合理的断面形式是河道治理工程成败的关键。河道断面的选择涉及断面形状、河床及护岸材质、投资、气候、地域及当地实际情况等多方面问题。按断面形状分，小型河流河道断面形状有单一梯形断面或矩形断面、普通复合断面、优化复合断面；按护岸和河床材质分，主要有硬质护岸（河床）和生态护岸（河床）两大类；按建设理念的先进程度、材料的优劣、景观效果、污染治理或污水截流程度、工程投资等综合指标，可分为高档、中档、低档三类。具体分析如下。

小型河流河道断面形状有以下几种基本形式。

（1）单一梯形断面、矩形断面：该断面的优势是结构简单实用、投资省、行洪时水力条件好，是城市、乡村中小河流常见的断面形式，矩形护岸多见于用地紧张的大城市。其缺点是民众亲水体验性差，无法利用河床上的休闲空间，无自然景观，对于平时无水或水量低的河流，会出现沉积、断流等问题。矩形断面效果图如图 3.5−1 所示。

图 3.5−1　矩形断面效果图

（2）普通复合断面：该断面是在普通断面基础上发展出来的，考虑了亲水性、景观娱乐性，多数采用梯形断面下面增加矩形断面，在流量小时，也不会出现断流和沉积问题，保证水面具备开阔性和流动性。这种断面是单一断面形式的优化，也存在一些缺点，如维持河道内的水流需要不小的水量，底部矩形断面水深较大，存在一定危险等。普通复合断面如图 3.5−2 所示。

图 3.5−2　普通复合断面

（3）优化复合断面：该断面对传统的断面进行优化，常水位仅为 0.2～0.4m，更强调亲水戏水体验，常水位以上布置亲水步道，增加河道的景观性，步道虽然宽，但是高度低，占用河道断面较小，发洪水时，洪水可漫过步道，不影响行洪。此外，由于该断面水深较小，较小的水量即可保持一定的流速，河水清澈见底，感官极佳。该断面形式最有代表的韩国清溪川（图 3.5−3a），在韩国经济高速发展的 20 世纪五六十年代，清溪川沦为工业废水的流放地，2003 年，政府重新挖掘河道，并为河流重新美化、灌水，种植各种植物，又兴建多条各种横跨河道的特色桥梁。如今清溪川已被修建为一条秀丽清新的小河，人们可以在岸边散步聊天，现已成为韩国的著名旅游景点。此外，长沙圭塘河治理、南昌幸福渠治理也借鉴了清溪川的模式（图 3.5−3b）。

(a) 优化复合断面(首尔清溪川)

(b) 优化复合断面(南昌幸福渠)

图 3.5−3　优化复合断面

该断面形式新颖，构造合理，但为了避免初期雨水对河道的影响和防止雨水排出口、河流管道溢流口排出口影响景观，还需设截流设施，因而投资较高，且系统复杂。

3）河道设计断面

确定河道过水断面底宽有以下原则：以现有河道为基础，经过疏浚、建筑物改造，河床整治以后，能通过设计标准雨（洪）水。河床宽度采取分段设计，以便更好地与实际相结合。若河道宽度小于设计底宽，则适当加宽河道；若河道底宽大于设计底宽，则维持原状，进行整修。

4）河道拓宽

根据规划提供的河道红线位置，与现状河道位置进行对比，在现状河道的基础上按照设计断面进行清淤开挖、边坡修整、加固加高河岸，阻水建筑物改建等。

3.5.2　泵站建设

1. 泵站型式选择

泵站建设型式有传统混凝土泵站和一体化预制泵站两种（表 3.5−1）。

一体化预制泵与传统泵站技术对比表　　表 3.5-1

项目	一体化预制泵站	传统混凝土泵站
占地面积	预制泵站系统集成度高，占地面积很小，征地成本低	混凝土泵站现场混凝土浇筑，需要各供应商和土建方相互配合，系统集成度低，占地面积大，征地成本高
施工周期	预制好的一体化设备便于运输吊装，只要完成基坑开挖、预制好泵站底板，1 周内即可完成安装。施工量小，安装工期短	传统混凝土泵站为钢筋混凝土结构，泵站底板、池壁、顶板分步施工，浇筑和养护需要 2～3 个月工期。现场施工相比产品工厂化生产精度差
控制系统	预制泵站为智能化泵站，配有先进的专用监控系统，可实现泵站远程控制、无人值守	传统的泵站需建专门的控制室，需专人管理。前期投入和后期管理费用都较高
泵站寿命	玻璃钢材质有较强的抗化学腐蚀能力，玻璃钢筒体设计使用寿命为 50 年	混凝土为多孔材料，可与土壤中的气体和酸性物质发生反应，易腐蚀、泄漏，需做好防腐
泵站防漏	出厂前进行防渗漏压力测试，100% 不渗漏	若地层不稳定沉降，易产生裂缝和部分渗漏
泵站臭气	设计有底部自清洁方式，最大限度地降低泵站底部的淤积，减少臭气的产生；同时配备有臭气通风管	易产生淤积和臭气，需配套除臭装置；由于体量大，除臭风量也大
维护成本	可实现无人值守，无须人工成本	需有专人值守，至少配置两人，人力成本高
分期建设	单个筒体占地小，可根据建设需求分期埋设	土建按远期规模一次建成，设备分期安装

传统混凝土泵站：适用规模范围广，管理方便，但占地面积大，配套设施多，施工周期长，后期需配套管理人员，运营管理成本高；同时，需做好泵站除臭处理，与周围环境的结合度不高。

一体化预制泵站：井筒采用高强度纤维缠绕玻璃钢制成，使用寿命长；占地面积小，节约征地费用；施工周期短，后期运营成本低，可实现无人值守和管理；与周围环境结合度高。但井筒筒径不能做大，井筒深度不能太深，处理规模和适应范围相对较小。

2. 设备选型

1）水泵选型的主要原则

（1）必须满足流量和扬程的要求；

（2）水泵应在高效范围内运行；

（3）水泵在长期运行中，泵站效率较高，能量消耗少，运行费用较低；

（4）所选用的水泵的形式和数量应保证泵站工程的土建费用较少；

（5）在设计标准的各种工况下，水泵机组能正常安全运行，不会发生汽蚀、振动和超载等现象；

（6）便于安装、维修和运行管理。

2）主水泵形式的选择

目前，我国水泵主要分为叶片式、容积式以及其他类型水泵三大类，其中，应用最广泛的是叶片式水泵。叶片式水泵又可分为离心泵、混流泵和轴流泵三种。离心泵适用于高扬程条件下的水泵站或用于灌溉补给。而对于扬尘较小流量较大的水利泵站，可选用混流泵和轴流泵进行抽水。

3）水泵的工作原理（叶片泵）

（1）离心泵的工作原理：水泵开动前，先将泵和进水管灌满水，水泵运转后，在叶轮高速旋转而产生的离心力的作用下，叶轮流道里的水被甩向四周，压入蜗壳，叶轮入口形成真空，水池的水在外界大气压力下沿吸水管被吸入，进而补充了这个空间。继而吸入的水又被叶轮甩出经蜗壳而进入出水管。

离心泵是由于在叶轮的高速旋转所产生的离心力的作用下，将水提向高处的，故得此名。

（2）轴流泵的工作原理：轴流泵与离心泵的工作原理不同，它主要是利用叶轮的高速旋转所产生的推力提水。轴流泵叶片旋转时对水所产生的升力，可把水从下方推到上方。轴流泵的叶片一般浸没在被吸水源的水池中。由于叶轮高速旋转，在叶片产生的升力作用下，连续不断地将水向上推压，使水沿出水管流出。叶轮不断地旋转，水也就被连续压送到高处。

轴流泵的一般特点如下：水在轴流泵的流经方向是沿叶轮的轴相吸入、轴相流出，因此称为轴流泵。扬程小（1～13m）、流量大、效益高，适于平原、湖区、河网区排灌。起动前不须灌水，操作简单。

（3）混流泵的工作原理：由于混流泵的叶轮形状介于离心泵叶轮和轴流泵叶轮之间，因此，混流泵工作时，既有离心力又有升力，靠两者的综合作用，水则以与轴组成一定角度流出叶轮，通过蜗壳室和管路把水提向高处。

4）泵的适用范围和特性比较表（表 3.5-2）

泵的适用范围和特性　　表 3.5-2

指标		叶片泵		
		离心泵	轴流泵	混流泵
流量	均匀性	均匀		
	稳定性	不恒定，随管路情况变化而变化		
	范围（m^3/h）	1.6～30000	150～245000	300～200000
扬程	特点	对应一定流量，只能对应一定扬程		
	范围（m）	10～2600	2～20	5～20
效率	特点	在设计点最高，偏离越远，效率越低		
	范围（最高点）	0.5～0.8	0.7～0.9	0.6～0.8
结构特点		结构简单，造价低，体积小，质量轻，安装检修方便		
适用范围		黏度较低的各种介质（水）	特别适用于大流量、低扬程、黏度较低的介质	

5）机组台数考虑因素

确定水泵数量时，应考虑以下因素：

（1）运行灵活，能够适应降雨时，服务区水量的变化。

采用台数相对较多、流量相对较小的水泵，更能适应服务区雨水量的变化，以避免水泵的频繁开启，节省泵站的日常运行费用。

（2）尽量减少出水管道的断面。

根据防汛部门对城市堤防安全控制的要求，出江压力管须采取翻堤的方式，且压力管道翻堤部分的管底高度须略高于堤防设计洪水位，当水泵的数量相对较多时，单根出水管道的断面相对较小，对水泵的稳定运行、降低运行费用、确保堤防的安全等均有利。

（3）尽量减少工程投资及用地。

采用过多数量的水泵，限于水泵的安装间距要求，将造成泵站用地增多、土建工程投资加大。

因此，在泵站设计中，如何合理确定水泵台数、平衡泵站造价与日常运行费用之间的关系，显得至关重要，应根据投资量小、运行费用低、运行安全可靠性高等方面综合考虑。

3.6　水景观与水文化建设方案

城市河流是城市中自然条件相对较好、具有生态和景观功能的区域。河道两岸通常是临近居民日常休憩和休闲娱乐的场所，人们通过与河道的亲身体验交流，可以达到休闲放松、休养保健的目的。因此，城市河道的景观与人民日常生活密切相关，是可以充分体现水文化的最直接的载体。

城市河道景观工程是水景观与水文化建设的重要组成部分，其景观要素包括自然景观、人工景观、人文景观等，详见表 3.6–1。

城市河道的景观组成要素分类　　表 3.6–1

自然景观	水体（水的流向、透明度、倒影、水底等）
	河床（浅滩、深滩等）
	植被（水生植物、乔木、灌木、草本植物、藤本植物）及时令变化
	动物（鸟、虫、鱼等）
	地形、地貌（包括高程、土壤及其土质）等

续表

人工景观	构筑物（堤防、护岸、挡土墙等）
	空地（亲水平台、亲水广场、亲水步道、休憩节点等）
	附属设施（指示设施、照明设施、管道设施等）
	交通系统（机动车道、自行车道、人行道、游船、无障碍通道等）
	滨水景观建筑（亭、台、廊、商务用房、管理用房等）
	景观小品（雕塑、景观柱、树池、花池等）
	跨越结构（桥梁、栈道等）
人文景观	无形的历史要素（包括民俗文化、文物）
	水文化脉络，社会经济等

城市河流往往穿越不同的城市区域，所以在城市河道景观设计中，必须充分考虑与周边区域自然环境因素及人文环境因素的和谐和融合。如针对中心城区的水系，由于周边为建成区，河道平面形态基本固定，规划方案以现有水文化景观节点的保护和提质改造为主，以“亲水、美观”为建设目标。针对城郊结合区的水文化、水景观规划方案，可结合上位规划，以自然景物或人文景物为主体，营造环境优美，可供人们游览、休憩的水景观；并可选择有限区域将现代技术，观念引进到水利建设中，创造现代水文化景观，以“美观、生态”为建设目标。针对郊区水体的水文化、水景观，以保护和发掘水体的原生景观为主，布置适合周末城市居民全家休闲、野营、垂钓的场所，以“生态、自然”为建设目标。

水文化、水景观建设方案主要包括植物规划、道路规划、铺装广场、园区建、构筑物、景观小品等内容。

3.6.1 植物规划

植栽设计以当地总体生态系统为框架，尊重地带性植被景观，营造具有地方特质的绿色空间。整个滨水绿地的植栽设计应体现休闲、大气，同时尽可能创造丰富的季相变化，近期植物景观营造与远期植物营造相结合，尽可能多地降低消耗。结合周边自然环境，使山、水、植物通过优美的天际线自然融合到一起。

1）种植目标

种植的目标是打造一个自然生态、四季缤纷、活力烂漫的河岸。

2）植物设计原则

适地适树原则：以乡土植物为主，外来品种为辅。

物种多样性原则：多运用不同的植物，以达到生态多样性。

以人为本原则：场地设计应以人为本，把人的感受、需要放首位。

生态优先原则：以生态优先原则打造节约型景观绿带。

3）植物选择

植物选择应遵循生态优先原则、物种多样性原则，通过丰富的植物种植为各种微生物、小动物创造良好生境，形成相对稳定的湿地生态系统。河岸旁通常以水生、湿生植物（芦苇、荷花、菖蒲、水葱、千屈菜等）为主，从水生植物到湿生植物，然后过渡到堤岸喜水植物（柳树、池杉等），营造优美的湿地景观。植物类型如图 3.6-1 所示。

(a) 垂柳 (b) 丛生朴树 (c) 法桐 (d) 桂花

(e) 栾树 (f) 女贞 (g) 乌桕 (h) 香樟 (i) 柚子树

(j) 花菖蒲 (k) 美人蕉 (l) 荷花

图 3.6-1 水景观中可选择的植物

3.6.2 道路规划

河道两岸道路可设置游步道和亲水步道。游步道作为贯穿绿化带的主要道路，同时具备绿道的功能属性（图 3.6-2a）。亲水木栈道可供游客在园区邻水区内漫步游赏（图 3.6-2b）。亲水道路宽度通常较窄，一般只有几米或几十米，而长度则沿着河流延伸呈线性变化，中间间隔性排至坐凳等室外休憩设施。

3.6.3 铺装广场

铺装广场是在各个区域设置供游人休憩的场地，可根据功能划分为健身广场、

(a) 游步道

(b) 亲水木栈道

图 3.6-2　河道两岸道路

娱乐广场、休闲广场、互动广场等，通常也可集娱乐、休闲、健身以及会面等多功能于一体。

健身广场以人性化体验和空间舒适度为核心，打造老少咸宜、全民运动的广场。广场上一般设有多种类型的健身器材（图 3.6-3a）。

互动广场是一个充满活力、具有亲和力的活动场地，配以便利基础设施，鼓励人与人之间的互动，为人们提供了一系列丰富体验机会，享受自然、享受生活（图 3.6-3b）。

休闲广场为一片宜动宜静的休憩场地（图 3.6-3c）。

娱乐广场从市政道路延伸至水面上，能够让游人尽情享受阳光和河流。广场提供一系列休闲娱乐设施（图 3.6-3d）。

(a) 健身广场

(b) 互动广场

(c) 休闲广场

(d) 娱乐广场

图 3.6-3　铺装广场

3.6.4　园区建、构筑物

园区建、构筑物包括景观亭廊、商务用房、管理用房、移动式厕所等设施。景观亭廊是交通线中的驻留点，供游人休憩和娱乐（图 3.6–4a）；商务用房是为游人提供消费和购物的地方，一般会在滨水广场等公共场所附近，并且设置座凳供游人短暂休息（图 3.6–4b）。管理用房主要是用于管理公共配套设施的地方，在设计上要注重功能性和景观性（图 3.6–4c）。移动式厕所具有可移动、可组合、方便运输的特点（图 3.6–4d）。

(a) 景观亭廊

(b) 商务用房

(c) 管理用房

(d) 移动式厕所

图 3.6–4　园区建、构筑物

3.6.5　景观小品

景观小品包括雕塑、灯具、景观柱、假山置石等。雕塑可以传达人与空间环境的情感交流，改善空间视觉和人的体验感受，使环境更加具有文化气息。其中，纪念性雕塑主要用于重大历史事件和人物的表现，更加强调历史文化在滨水地段的表现，有利于营造历史文化的氛围。主题雕塑形象较为生动活泼，尺度也较小，主要是展示地方文化特色。除此之外，还应有装饰性、功能性、陈列性等其他雕塑（图 3.6–5a）。

景观柱的材料有石材、钢材、钢筋混凝土等，可以拉伸和丰富景观的层次感，也是视觉汇聚的中心。传统的景观柱与历史文化意义有关，或是体现历史事件，现代景观柱主要是体现趣味性和美观性，材料更加丰富，造型也较为新颖（图 3.6–5b）。

(a) 雕塑

(b) 景观柱

图 3.6-5　景观小品

3.7　流域智慧管理体系建设方案

流域智慧管理系统是充分利用在线检测技术、GIS 技术、物联网技术、数据库技术、模型分析技术等，通过对整个流域内的各水务要素，包括河道、污水处理厂、污水泵站、排涝泵站、闸站、调蓄设施、管网、监测站点等的全面监测、实时管理和联控联调，实现对城市水环境设施的实时动态感知、资产在线维护、运维精细化管理等，以有效地提升管理水平和科学决策能力，从而保证水环境系统的高效、科学运行。

我国水务企业信息化的发展主要分为基础、自动化、数字化和智慧化四个阶段。

基础阶段：此阶段，我国水务企业为满足经济和社会发展需要以增加供水能力为重点。

自动化阶段：这一阶段我国水务企业信息化主要体现在基础信息的自动化采集上，逐步实现了阀门、泵站、生产工艺过程等的自动化操控，水质、水压和流量等涉水数据的测量水平也得到很大的提高。它们很大程度上代替了艰苦的人工操作，解放了劳动力。

数字化阶段：这一阶段我国水务企业管理才真正开展了信息化系统的建设。利用无线传感器网络、数据库技术和 3G 网络，相关水务企业相继搭建了各自的业务系统和数据库，大大提高了信息存储、查询和回溯的效率，初步实现了行政办公和业务管理的信息化。

智慧化阶段：这一阶段我国水务企业成熟运用物联网、云计算、大数据和移动互联网等新一代信息技术，同时对数据进行深度处理，实现信息化和管理提升的充分结合，紧跟市场、随需速动、智慧经营，充分支持企业模式创新和产业转型升级。

目前，我国大多数水务企业的信息化建设正在从数字化阶段向智慧化阶段迈进。

3.7.1 流域智慧管理主要技术

流域治理项目更为复杂，需要统筹“控源截污、内源治理、生态修复、活水循环”等多项技术，涉及水安全、水环境、水资源、水生态、水景观、水文化、水经济、水管理各个方面。早期的河湖项目主要偏向于水质监测、河长制、水利设施管理系统的建设，对流域的生态补水、污染物溯源等方面的智慧决策仍旧不足。流域智慧管理应将区块链、物联网、大数据、人工智能相结合，实现计算与场景的模拟。

1. 物联网

物联网（IoT）是新一代信息技术的重要组成部分，也是“信息化”时代的重要发展阶段。物联网就是物物相连的互联网。①物联网的核心和基础仍然是互联网，是在互联网基础上的延伸和扩展的网络；②其用户端延伸和扩展到了任何物品与物品之间，进行信息交换和通信，也就是物物相息。物联网革命正在全速前进。大多数物联网传感器会进行无线部署，因为这是一种更廉价的连接形式。特别是 NB-IoT 技术的推广，相对无线物联网技术，具有低功耗，大容量、高稳定性以及深覆盖等显著优势，将引领水务行业的“智慧升级”。

2. 5G

随着近年来 5G 正式商用，依托 5G 技术高带宽、低时延、大连接的技术特性，结合 NB-IoT，将为智慧水务的发展带来更优的技术解决方案以及更加丰富的应用场景。发展 5G+ 智能水务平台、5G+ 大数据应用、5G+ 基础信息化等，为未来的智慧水利建设开拓了无限想象空间。例如，水质监测采用传统采集手段，有设备昂贵、维护困难等问题，但利用 5G 优势，可针对河流治理短板，在活水公园打造了 5G VR 全景展示系统和全自动无人船巡河系统。

3. 云计算

云计算是基于互联网的相关服务的增加、使用和交付模式，通常涉及通过互联网来提供动态易扩展且经常是虚拟化的资源。云计算技术颠覆性地改变了传统水务行业的消费模式和服务模式，可以实现从以前的“购买软硬件产品”向“提供和购买 IT 服务”转变，并可通过互联网或集团内网自助式地获取和使用服务。智慧水务在建设过程中通过运用云计算技术，将大大节约企业整体的信息化投入成本。

4. 大数据

智慧水务是通过数采仪、无线网络、水质水压表等在线监测设备实时感知城市供排水系统的运行状态，并采用可视化的方式有机整合水务管理部门与供排水设施，形成“城市水务物联网”。大数据加入推进智慧水务建设核心的问题，也就是融入了智慧水务的大脑，容量不够大能力就不够强。大数据处理、挖掘模型等技术相对通用，产生出融合智慧的基础数据，也需要时间的一点一滴地积累。当前建设智慧水务，积累有效的“海量数据”已成为当务之急。通过信息收集并处理，将有效信息进行汇总，利用数据建模分析海量的实时给水排水信息数据，在此基础上，提供运行决策方案，提供执行手段，从而构建一个基于物联网的水务综合智慧平台。

5. 人工智能

人工智能是研究、开发用于模拟、延伸和扩展人的智能的理论、方法、技术及应用系统的一门新的技术科学。人工智能系统具有自学习、推理、判断和自适应能力，主要应用在优化设计、故障诊断、智能检测、系统管理等领域，然而智慧水务需要高密度、高精度、高价值的水务数据的大规模海量积累；在某些特定场景，对数据的采集和实时性的要求更为苛刻，要求“实时、完整、精确地采集到流量过程曲线数据”。两者的相结合在水务领域的场景会越来越丰富，给水务企业的生产和运营带来更多的改变。

6. 区块链

区块链结合物联网、人工智能技术的结合将使城市的水资源管理系统更智能、安全、高效。区块链技术结合物联网技术对管网进行全面、自动化监控，帮助解决管网漏失问题。通过区块链技术将全水务的运行数据上链，构建可证可溯的电子证据存证，并促进水务涉及的机构间信息的横向流动和多方协作。区块链技术还可以支持给定流域内水权的点对点交易，给予用户足够的，或者是愿意与该地区的其他用户共享超额资源的权利，令水务公司外部与其他水务公司的相关方都可以对生态圈进行数字输入。此环节无须全天候依赖中心化的结果，同一流域中的用户可以根据最新的天气信息、产品价格、市场趋势和长期气候变化趋势（用户可以通过移动设备获取这些信息）来决定用水策略。这为水务管理提供了一种新的信息获取和实时管理办法。个人消费者、工业用户、水务公司和政府管理部门都可以使用这些信息来决定水资源的使用策略。与此同时，通过区块链分布式账本技术打通机构间的数据互通，加强各供应商与水务公司的互动，从而抓住生态圈的核心群体。

7. 数字孪生（Digital Twins）

数字孪生就是在虚拟的世界中，复制出一个与现实世界无限接近的双胞胎。可以通过针对这个虚拟世界的对象进行研究，进而了解到现实世界的相应情况。数字孪生是关于雨 / 污水、河流系统内资产的综合多物理耦合的、多尺度的、基于概率的模拟，它应用当前可用的最好的物理模型、实时传感更新、历史性能数据、机器学习 / 人工智能技术等，以复制它在现实世界中对应存在的“双胞胎”。通过聚焦系统（spotlight the system）、连接数据分析（connect data analytics）、持续运行（operate continuously）可建立数字孪生。数字孪生模型发展有三大方向：基于物理水动力过程的模型、纯粹数据驱动的模型以及AI人工智能模型。

8. VR、AR

VR（Virtual Reality）是一种可以创建和体验虚拟世界的计算机仿真系统，它利用计算机生成一种模拟环境，是一种多源信息融合的、交互式的三维动态视景和实体行为的系统仿真，使用户沉浸到该环境中。依托VR技术，可以建立起水源地、水厂生产、污水处理厂生产、泵站运行等的虚拟环境，让实景展现在眼前，实现水务企业运行管理的信息化、智能化、可视化和集成化。

AR（Augmented Reality）中文名字是“增强现实”，是一种全新人机交互技术。因为VR是纯虚拟场景，所以VR装备更多的是用于用户与虚拟场景的互动交互、位置跟踪器、数据手套（5DT之类的）、动捕系统、数据头盔等。由于AR是现实场景和虚拟场景的结合，所以基本都需要摄像头，在摄像头拍摄的画面基础上，结合虚拟画面进行展示和互动。比如，可通过AR技术搭载的摄像头，对现场主要设备控制柜的指示灯，主要仪表度数进行读取和分析，从而辅助判断设备的运行状态；通过机器人搭载的各类传感器，可对易燃易爆危险空间的环境指标进行检测，判断环境指标是否超过正常范围等。建立的三维智慧水厂，智慧水厂控制系统是虚拟化的，每一个设备的参数都可以看得见，可实现直观准确的空间定位、实时运行信息、实时报警响应联动、设备查询统计等。

9. BIM

BIM是以建筑工程项目的各项相关信息数据作为基础，建立起三维的建筑模型，通过数字信息仿真模拟建筑物所具有的真实信息。它具有信息完备性、信息关联性、信息一致性、可视化、协调性、模拟性、优化性和可出图性八大特点。水务是建设工程与机电安装工程的结合体，通过BIM技术的应用，将工程阶段产生的数字化信息贯穿于整个建设管理中，解决大量信息的沟通、协调问题，为设计、施工以及运营单位在内的各参建主体提供协同工作的基础，构建基于BIM技术的水务工程建设全生命周期管理，将是水务行业未来发展的趋势。

10. 地理信息系统

地理信息系统（GIS）是一种特定的十分重要的空间信息系统。它是在计算机硬、软件系统支持下，对整个或部分地球表层（包括大气层）空间中的有关地理分布数据进行采集、储存、管理、运算、分析、显示和描述的技术系统。通过GIS技术，水务企业可以实现对管网基础数据资源的数字化、可视化管理，将地图元素和地下空间信息融入管理系统之中，并采用三维模拟技术对地下管线进行详实的展示，切实解决管网管理过程中的隐蔽性强、重叠性较差问题，充分体现出辅助决策的科学性和先进性。另外，将BIM模型同GIS平台和物联网系统融合，实现基于BIM+GIS+物联网技术的智慧水务"一张图"应用系统也是项目建设的趋势。GIS平台可纳入实景模型、水工建筑模型、管网设施等数据，将多维度、多尺度、多方面的信息进行统一的管理、集成和展示，并在此基础上预测水量。

3.7.2 流域智慧管理系统主要架构

建设流域智慧水务平台，内容涵盖数据采集、传输、存储、治理、技术支持、应用决策等各个环节，同时满足不同级别管理机构管理决策调度要求。流域智慧管理总体架构可分为六个层级，由下至上依次为数据采集层、基础设施层、平台层、数据层、应用层和展示层，如图3.7-1所示。

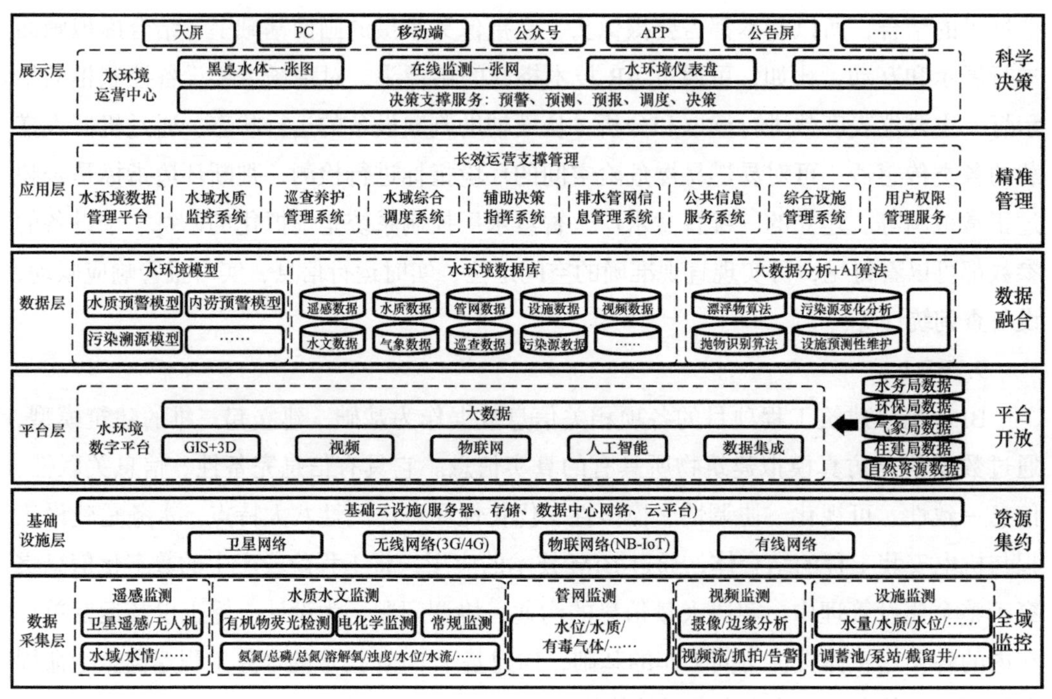

图3.7-1 流域智慧管理系统总体框架

1. 数据采集层

数据采集层是智慧流域系统的基础，建立实时在线、全面感知、准备可靠的一体化监控系统，包括遥感监测、水质水文监测、管网监测、视频监测、设施监测。

2. 基础设施层

通过卫星网络、无线网络、物联网络、有线网络等将多种监测数据采集传输至平台层，通过有线网络与无线网络结合的方式构建互联互通的水务通信专网，为监控数据的采集传输与交互共享提供通信链路。

3. 平台层

平台层支撑整套水务信息化系统的运行。基于GIS、AI、大数据、三维技术，通过搭建水环境数字平台，提供数据集成、设备管理、连接管理的能力。通过现有通信和硬件设备，建设视频监控和融合指挥的能力。

4. 数据层

数据服务层是智慧流域管理系统的关键，建立多元集成、资源共享、智能学习的大数据平台，实现对水环境流域基础数据、检测数据、运维数据、绩效数据等的统一存储、分析、利用与管理，为业务应用层提供数据服务，并通过标准化数据接口提供数据共享交换服务。

5. 应用层

应用层是智慧流域管理系统的核心，是集数据管理、水质监控、运行调度、辅助决策、信息管理、设施管理、用户管理等于一体的业务管理系统，为流域水环境长效运营管理和考核评估提供全过程、精细化的智慧管控工具。

6. 展示层

展示层为政府、运维公司及公众等各类用户提供系统操作展示界面，依据用户角色不同而分配相应的操作权限，通过系统提供信息化桥梁，使得“政府—企业—公众”全民共同参与生态环境保护。

第4章

高密度建成区水环境综合治理关键技术

4.1 流域本底调查智慧诊断关键技术

4.1.1 5G 高光谱水质在线监测及预警系统

5G 高光谱水质在线监测及预警系统是一款基于中科院高光谱遥感技术原理，将传统光谱仪器微型化，针对不同水环境、管网、排口的实时水质监测设备。其测量原理是通过测量被研究光（水样中污染物质反射、吸收、散射或受激发的荧光等）的光谱特性，用非化学分析的手段获得水体中特定物质的光谱信息，建立光谱数据与水环境各要素的映射关系，通过大数据光谱分析快速返回水域污染物信息，从而实现不使用任何化学试剂监测水质参数。5G 高光谱水质在线监测及预警系统由水质监测仪、智能数据运算中心和显示终端三部分组成（图 4.1-1）。①高光谱智能水质监测仪是集卤素灯光源、微型传感器、电源和 4G/5G 传输模块于一体的智能水质监测仪。可多场景使用，有水面式、竖管式、岸边式、无人机吊舱式、无人船式、手持式等，通过自带网络模块传输到智能数据运算中心。②智能数据运算中心安装于远程服务器，负责对接收的光谱数据执行比对分析，转化为水质指标数据，并传输到显示终端。③显示终端将接收到的水质数据，在电脑端、手机移动端等以可视化结果展现。

高光谱智能水质监测仪

搭载高光谱采集模块

智能数据运算中心

负责识别水质光谱数据，分析水质因子指标浓度

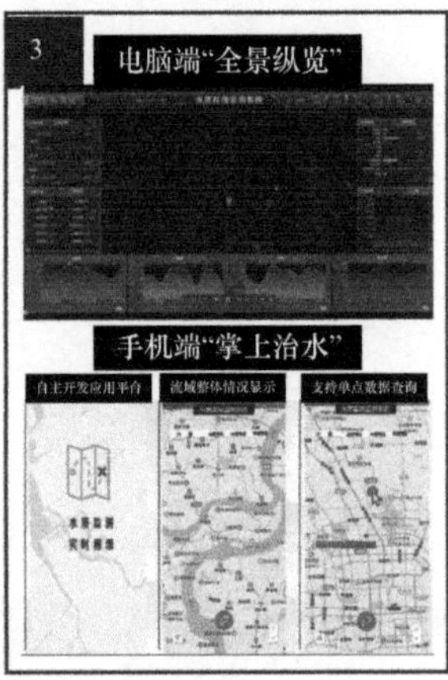

图 4.1-1 5G 高光谱水质在线监测仪及预警系统组成

该技术可实现 24h 不间断、最快 5s 自动采集一次水质数据，单设备可同时采集 COD、BOD、TOC、高锰酸盐指数、氨氮、总磷、总氮、亚硝酸盐、溶解氧、pH、浊度、色度、叶绿素、悬浮物、综合营养化指数累计 15 项指标，同时主机集成了温度、电导率传感器，可对温度和电导率指标进行同步监测（图 4.1-2）。指标精度满足《水污染源在线监测系统验收技术规范》和《光谱法水质在线快速监测系统仪器性能指标技术要求》，并通过了中国计量院监测报告认证，具有监测因子多、监测频次高、实时预警强、设备体积小、运行成本低等优势（表 4.1-1）。检测结果可在线传输至在线监测平台，辅助管理者及时了解辖区内水质情况，也可根据平台的大数据溯源追查水污染源头，做到“问题发现—现场勘查—问题上报—诊断处置”的一套完整的水污染应急监管处置解决方案。

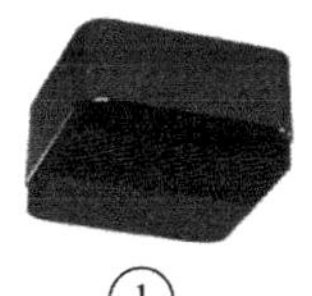

① 水面式

将光谱采集单元安装部署在水面；适用于水面平稳较深的水域监测。

② 微型岸边式

固定于岸边，将被测点水样抽至岸边水箱进行光谱数据采集；适用于水流较急、较浅水域和污水管网，同时提高采集精度。

③ 竖管式

将光谱采集单元安装部署在竖管内；适用于水面波动较大水域的水质监测。

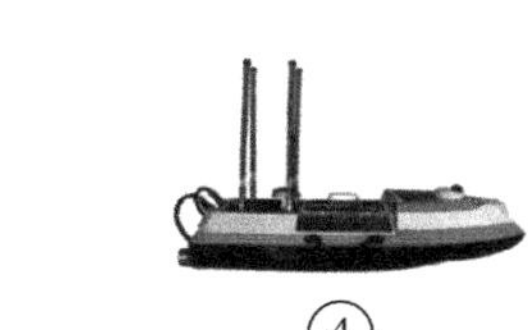

④ 无人船式

光谱采集单元固定于无人船上。该系统可以跟随无人船运动轨迹获取水质光谱；适用于流域巡航监测与应急处置。

⑤ 手持式

采用手持式，具有小体积、高灵敏度、高分辨率、低功耗等特点；适用于野外快速水质监测。

图 4.1-2　5G 高光谱水质监测仪样式

高光谱监测技术优势　　表 4.1-1

比对项目	化学法在线监测	高光谱法在线监测
位置	岸边建设在线监测站	仅固定监测仪器于水面
安装难易	相对较难、场地要求高	安装简单，选址无要求，不影响岸边环境
采样方式	通过管道将水抽到岸边设备取样	通过自带卤素灯照射水体
检测方式	化学分析法	高光谱法
检测仪器	建设岸边站，安装水质在线监测设备	高光谱检测仪固定于水面，及采集水质的光谱
电源	需外借供电电源	自带光伏发电，配备锂电池蓄电，不需外接电源
监测时间频次	需进行化学反应，最快半小时	可根据需要调节，最快 5s 一次
监测因子	单台设备监测因子较少	单台设备可实现 15 种水质因子监测
移动灵活性	不可根据需要进行位置移动	可根据需要随时移动设备，变动监测点位
维护难易	需定期更换补充化学试剂，维护频次高，且可能会更换设备配件	日常基本不需维护，仅需对光源进行擦拭清洁，基本不需更换配件
经济性	监测因子越多投资越高，运维成本高	不建岸边站，投入低，后期维护成本低

续表

比对项目	化学法在线监测	高光谱法在线监测
环保性	使用化学试剂，存在二次污染	非接触，不使用化学试剂，无污染
数据功能性	不宜大范围布点，仅适用于水体断面的监测，不能进行数据分析及预测	通过全流域布点，协助主管部门掌握水质动态变化，实现快速反应，对水环境污染进行预警

该系统通过智能AI系统自动识别沿河非法排污行为，可对沿河排污口进行实时水质“基因测序”，可做到精准溯源、快速处置。该系统平台可将物联网感知系统和智能化平台合为一体，实现“河长制”平台智慧化，智能化、数字化、可视化、快速精准掌控、实时溯源到位。安装在水体中的检测设备无须固定电源，采用高端硅晶太阳能板设施供电，使用4G/5G网络传输，可广泛应用于河流、湖泊、水库、饮用水源地等开阔水域的在线监测。可实现以下功能：①实时为水环境监测系统提供水质数据，实现及时告警和污染溯源功能。因该设备安装布设方便，可以采用广布点，高频次实时快速监测，实现主动发现水环境污染事件及定位污染源进行溯源的功能。②可对水体水质进行预测。通过分析连续监测的时间序列的水环境历史累计数据，对未来一段时间的水质变化规律和趋势进行预测，可为提前调控治理提供依据。③解决偏远地区及农村水质不能实时监控问题。该系统因投资少、管理简单、维护方便等特性，可实施对这些偏远水体的监控。④解决排污侦查问题，及时发现偷排现象。

4.1.2 排水管网智慧诊断技术

1. 排水管道物探检测成像的智能识别

闭路电视成像（Closed Circuit Television，CCTV）技术是20世纪60年代以来应用至今的排水管道主流检测技术。CCTV检测系统装备有摄像头、爬行器及灯光系统，完全由带遥控操作的监视器控制，该系统可进行影像处理、控制摄像头的旋转和定位，对于管道内部的情况可以进行实时影像监视、记录、视频回放、图像抓拍及视频文件的刻录等操作，便于科学全面地了解管道的现状。为管道的定点修复、新铺管道的竣工验收以及管道修复前的方案设计、修补过程中的施工监测、修补后复测等提供经济、有效的检测方法。CCTV检测机器人搭载镜头与电缆盘连接，响应系统的操作命令，如爬行器的前进、后退、转向、停止、速度调节；镜头座的抬升、下降、灯光调节；旋转镜头的水平、垂直旋转、调焦、变倍；前后视切换等；检测过程中，可实时显示、录制镜头传回的画面以及爬行器的状态信息实时显示、存储高清检测视频，可快速抓取缺陷图片，并以此判断管道内部沉积情况；同时，管道机器人可选配管道侧扫仪、全景镜头，还配有对应的分析软件，能获取管道全景三维模型并输出。

CCTV检测图像需要人工判读，主观性强且判读效率低。基于人工智能的图像识别技术可提高CCTV检测图像的识别效率，其基本原理是首先基于已拍摄的CCTV图像判读结果，建立管道缺陷问题（包括裂缝、横断面面积缩小、发生位移等）的图像数据库；在此基础上，采用机器学习算法对检测图像进行自动判读、自动标记，并在软件中形成相应监测评估报告。

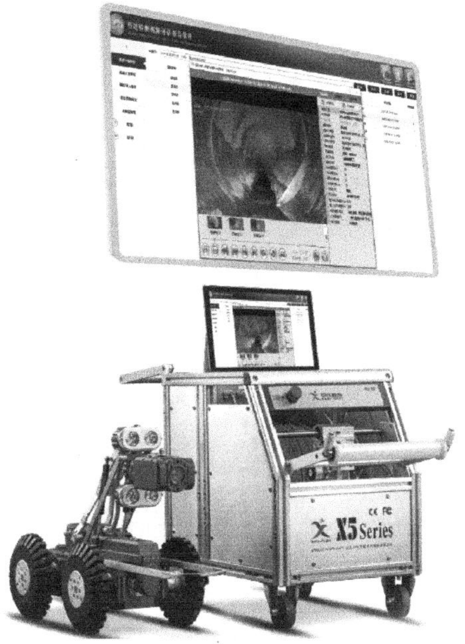

图4.1-3 管道机器人CCTV检测图像智能识别示意图

管道机器人CCTV检测图像智能识别如图4.1-3所示。

部分管道缺陷种类示例图如图4.1-4所示。

2. 排水管道数字化诊断检测技术

排水管道CCTV检测需要排水管道断水、清淤操作，每千米检测费用高达数万元甚至十万元以上；另外，受到降水排空操作的限制，难以实施对高水位运行的雨污水干管检测。在排水片区检测中，全面采用CCTV检测技术，不仅成本高昂，而且在管道高水位运行条件下也不现实。因此，低成本、不断水的排水管道智能化诊断技术是未来管道检测评估的重要技术手段。

排水管道数字化诊断的第一个层次是全局水量平衡分析技术，通常基于单个管网系统或者管网与河道、多个管网系统之间的实时水位、流量过程进行相关性分析和流量平衡分析，用于识别潜在的河水倒灌、管网连通等问题。在建立污染源地理信息系统的情况下，还可以解析排水片区的总体混接水量等（图4.1-5）。然而，排水管道中的水量不仅包括污水，还包括外来水；在无法事先获取每个排水户的具体接管去向及水量情况下，单纯通过水量平衡算法难以确定出管网中不同入流来源的水量，为此，还需要借助水量水质检测联用的定量解析算法。

排水管道数字化诊断的第二个层次是水量水质分区诊断技术。排水管道水量水质分区诊断技术是首先将排水管网划分成若干网格节点，这些网格节点通常选择在泵站、管网检查井处。之后在网格节点处开展流量观测和水质特征因子检测，结合化学质量平衡算法分区域或分管段定量解析管道中各种入流源（生活污水、工业废水、地下水等）的水量（图4.1-6）。该方法可实现管道水量来源分区溯源解析，同时解决了水量比例解析结果闭合性和水质特征因子数据的样本代表性问题。水量水质分区诊断技术能够确定管网数学模型的入流边界条件，是智慧水务平台中建立管网数学模型的基础。

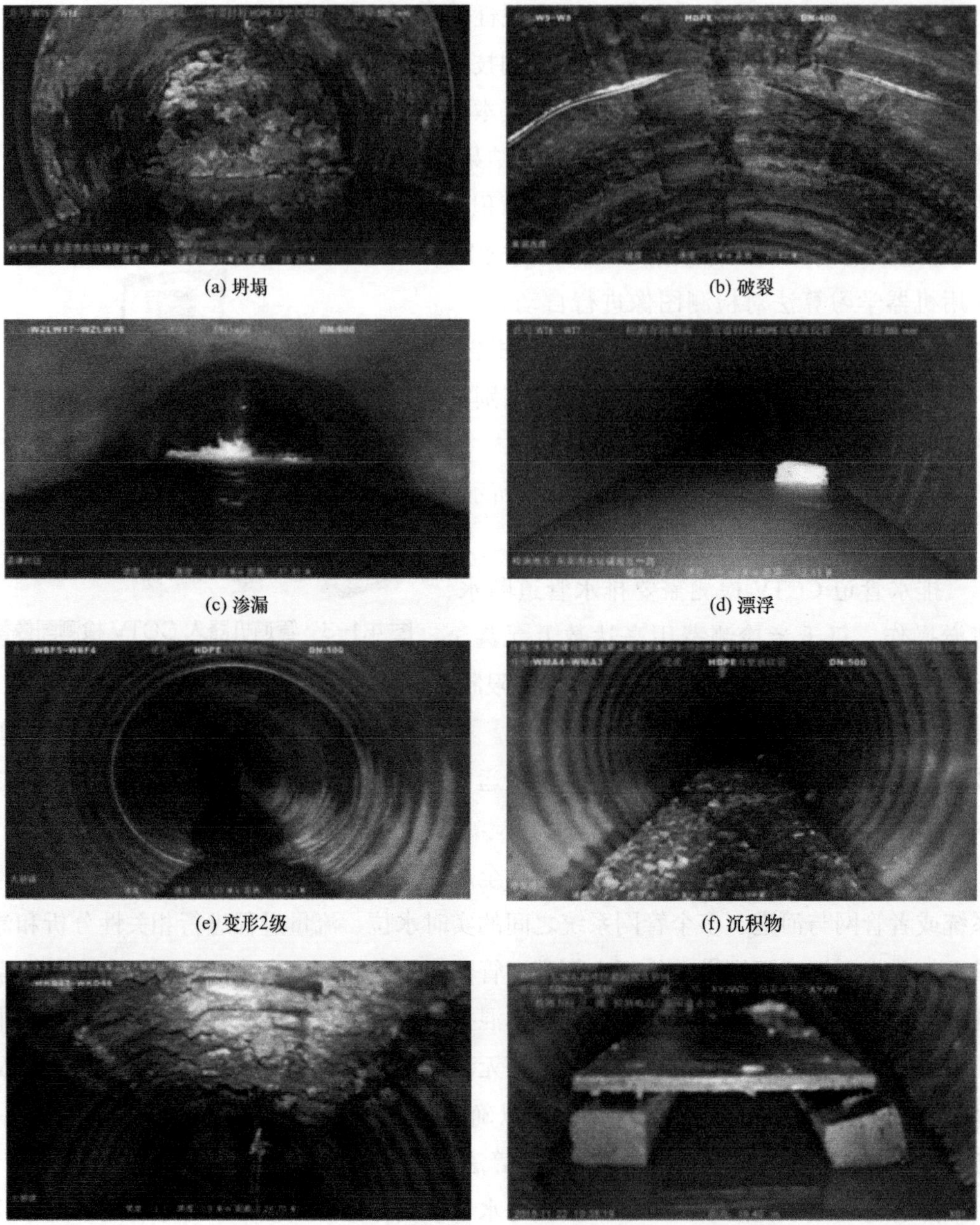

(a) 坍塌

(b) 破裂

(c) 渗漏

(d) 漂浮

(e) 变形2级

(f) 沉积物

(g) 结垢

(h) 障碍物

图 4.1-4　部分管道缺陷种类示例图

排水管道数字化诊断的第三个层次是基于管网数学模型和在线数据的溯源反演技术。在分区溯源解析的基础上，进一步通过检查井或者泵站的液位、水量及水质监测数据，实现管道中入流源的反演定位，有助于进一步减少水量水质分区监测的工作量，拓展智慧排水的实现途径和应用价值，实现排水管网缺陷智慧化诊断。基于在线数据的水量来源溯源反演，本质上是一种反问题理论，其实现方式上有赖于管网数学模型

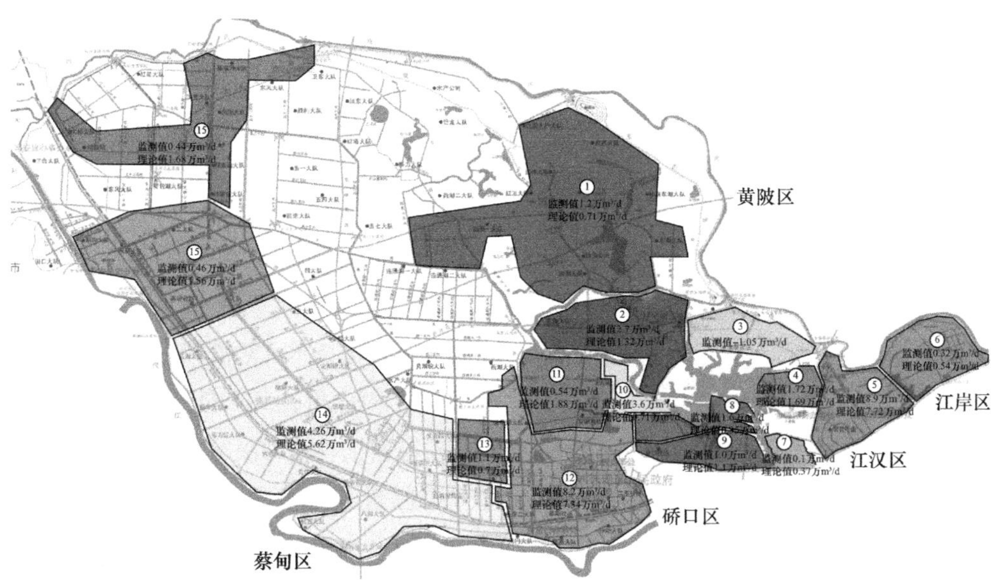

图 4.1-5　东西湖污水系统排水分区示意图

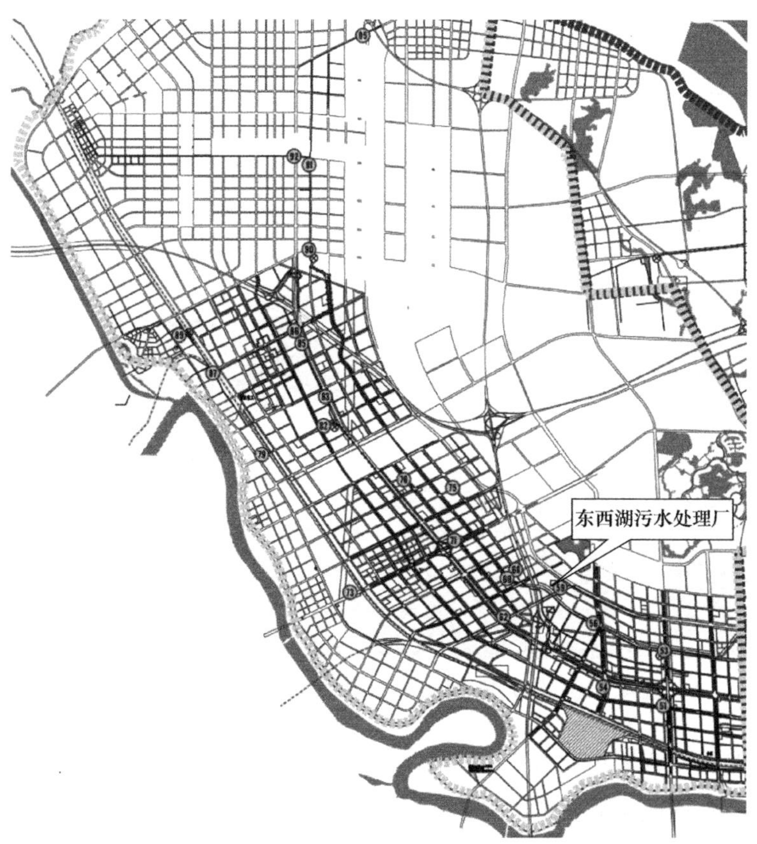

图 4.1-6　东西湖污水处理厂系统污水管网在线监测布点图

和自寻优算法的结合，通过导入水质水量在线监测数据，诊断分析排水区域内存在管网缺陷区域，判定缺陷种类，从而实现排水管道数字化诊断的目的。

4.1.3 案例示范

1. 重庆市两江新区水库水环境综合整治工程智慧水务项目

该项目位于重庆市两江新区，主要对两江新区的 6 个水库配套安装高光谱水质监测系统，利用高光谱水质分析技术、物联网技术、通信技术、传感技术、大数据、云计算等现代化技术，对流域内的水环境信息进行采集和分析，其功能范围涵盖数据采集、预警预报、辅助决策等多个方面，提高管理单位自身的信息化水平，实现大数据分析与智慧决策。5G 高光谱水质监测设备现场安装图如图 4.1–7 所示，5G 高光谱水质监测系统平台（点位分布图）如图 4.1–8 所示，5G 高光谱水质监测系统平台（水质实时监测图）如图 4.1–9 所示。

图 4.1–7　5G 高光谱水质监测设备现场安装图

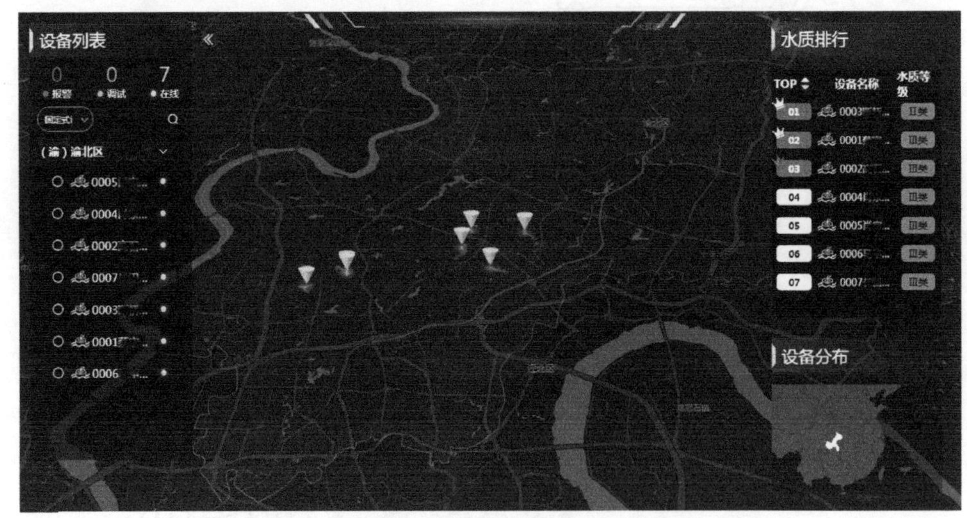

图 4.1–8　5G 高光谱水质监测系统平台（点位分布图）

2. 东西湖区排水管网系统智慧诊断技术

该项目主要是通过流量测量服务实施来获取有效的高质量监测数据，能全面反映研究片区内旱天、雨天的污水量，系统运行风险及变化情况，准确评估旱季雨季污水系统的水量分布以及水量平衡关系，实现对分片区排水管网旱天及雨天入流入渗情况

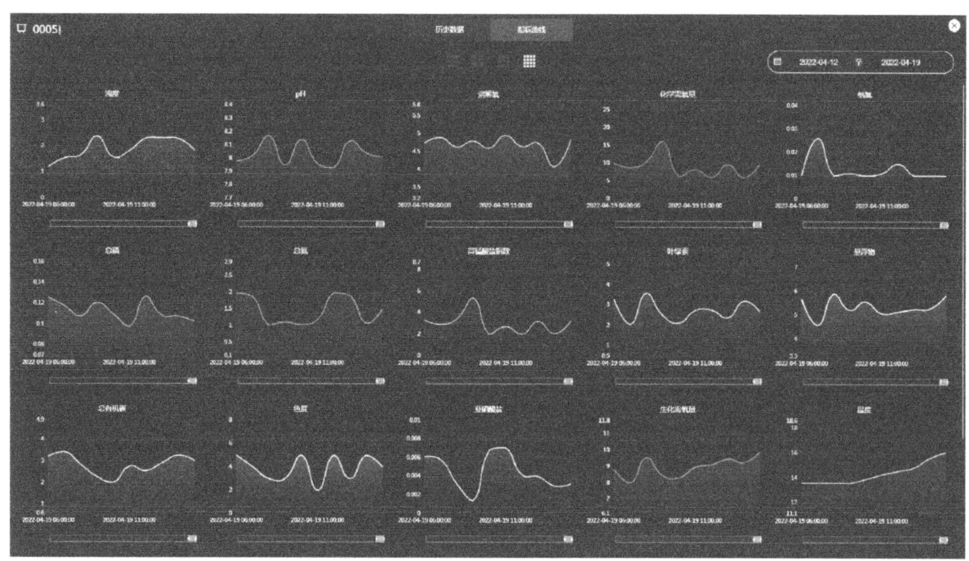

图 4.1-9　5G 高光谱水质监测系统平台（水质实时监测图）

进行分析诊断，而且能够满足模型校核验证的要求。

根据实际监测得到的液位、流量以及水质数据进行统计分析，识别了研究范围内排水管网片区之间的水量关系、旱天各监测点运行风险、各泵站进水管路的运行情况、穿河管道入流入渗情况、管道过流能力以及旱天入流入渗严重情况。水量及水质平衡拓扑关系示意图分别如图 4.1-10、图 4.1-11 所示。

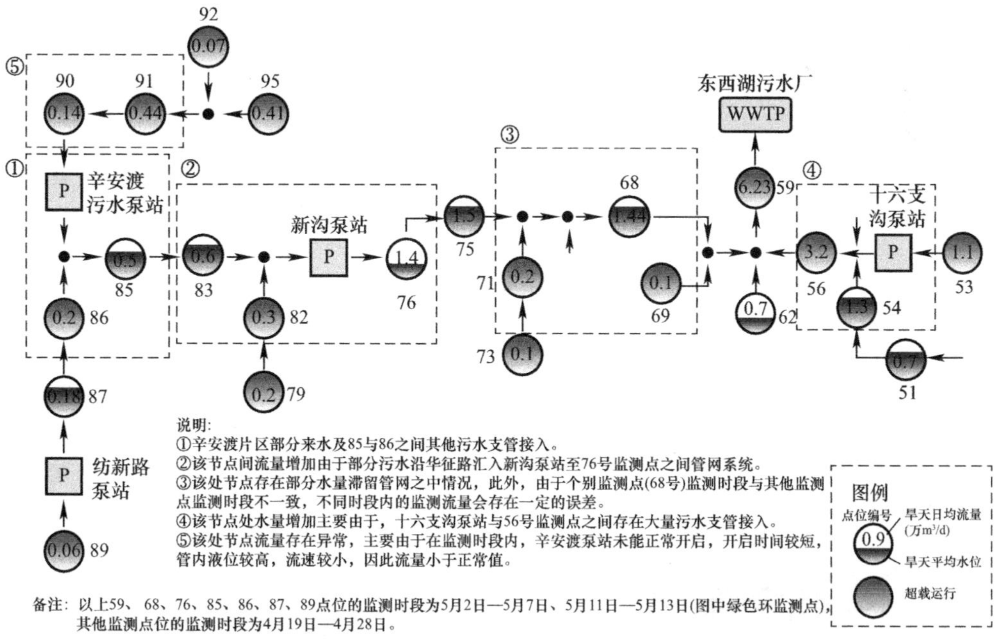

图 4.1-10　水量平衡拓扑关系示意图

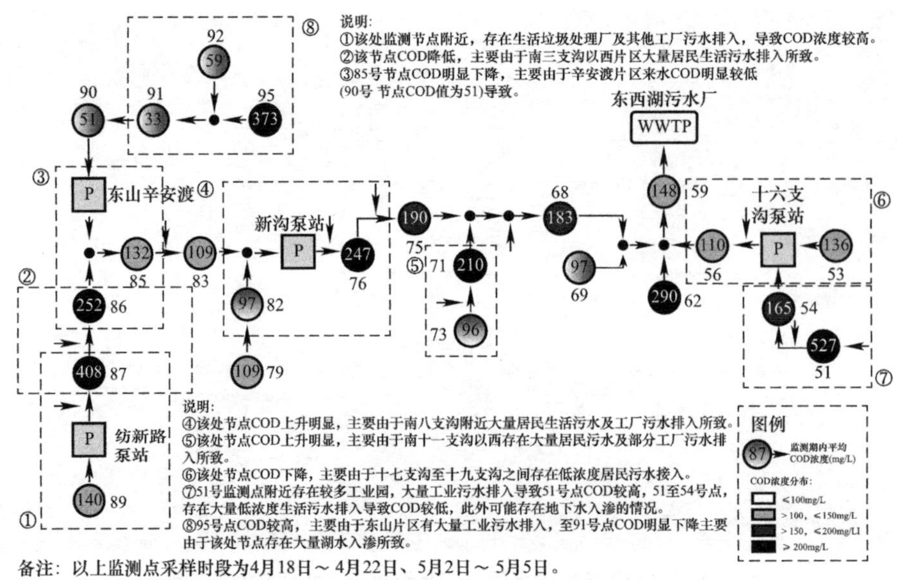

说明：
①该处监测节点附近，存在生活垃圾处理厂及其他工厂污水排入，导致COD浓度较高。
②该节点COD降低，主要由于南三支沟以西片区大量居民生活污水排入所致。
③85号节点COD明显下降，主要由于辛安渡片区来水COD明显较低
(90号 节点COD值为51)导致。
东西湖污水厂
WWTP
东山辛安渡
新沟泵站
十六支沟泵站
纺新路泵站
说明：
④该处节点COD上升明显，主要由于南八支沟附近大量居民生活污水及工厂污水排入所致。
⑤该处节点COD上升明显，主要由于南十一支沟以西存在大量居民污水及部分工厂污水排入所致。
⑥该处节点COD下降，主要由于十七支沟至十九支沟之间存在低浓度居民污水接入。
⑦51号监测点附近存在较多工业园，大量工业污水排入导致51号点COD较高，51至54号点，存在大量低浓度生活污水排入导致COD较低，此外可能存在地下水入渗的情况。
⑧95号点COD较高，主要由于东山片区有大量工业污水排入，至91号点COD明显下降主要由于该处节点存在大量湖水入渗所致。
图例
监测期内平均COD浓度(mg/L)
COD浓度分布：
≤100mg/L
>100，≤150mg/L
>150，≤200mg/L
≥200mg/L

备注：以上监测点采样时段为4月18日～4月22日、5月2日～5月5日。

图 4.1-11 水质平衡拓扑关系示意图

4.2 城市主干排水管涵评估清淤修复关键技术

4.2.1 城市主干排水暗涵健康度评估技术

1. 预评估技术

目前排水暗涵健康评估主要依托于 CCTV 检测结果确定，对于暗涵的检测依赖于地毯式的盲目检测以及被动维护，检测效率低且费用高。为研究暗涵的预评估技术，采用层次分析法，依托于黄孝河机场河流域已完成 CCTV 检测的暗涵数据，通过分析暗涵缺陷成因的影响因素，并对主要影响因素进行权重赋值，从而建立主要影响因素与修复指数相关联的暗涵健康预评估体系。通过对健康度进行预报，可确定排水暗涵检测的优先次序，从而避免地毯式的盲目监测。

1）暗涵缺陷情况

以汉口区域内已完成的 14.3km 暗涵为例，其 CCTV 检测缺陷共 3736 处，缺陷形式有腐蚀、渗漏、破裂、支管暗接等。其中，暗涵缺陷的主要形式为腐蚀和渗漏，两种类型的缺陷数量占比均超过 40%，合计占比达 87%，暗涵缺陷统计及暗涵内部缺陷分别见图 4.2-1 和图 4.2-2。

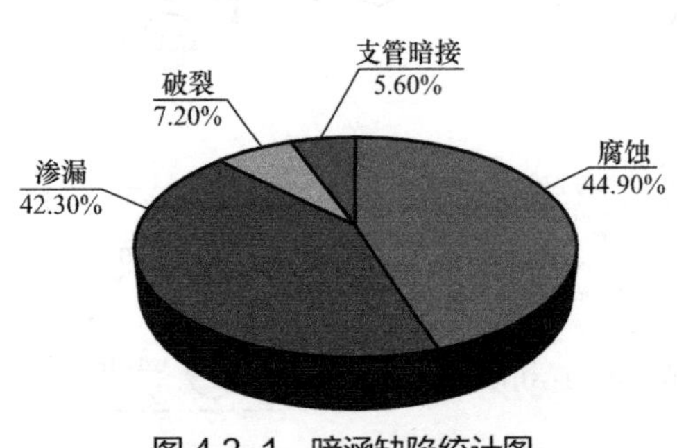

图 4.2-1 暗涵缺陷统计图

(a) 腐蚀　(b) 渗漏
(c) 破裂　(d) 支管暗接

图 4.2-2　暗涵内部缺陷图

该区域内暗涵类型主要分为砖混暗涵（含抹面）、砖砌暗涵（不含抹面）、现浇暗涵。其中，砖混暗涵（含抹面）占比最大，接近 70%，是现今城市主干排水暗涵主要的结构类型。由于材质不同，暗涵缺陷存在较大的差异，因此，仅对砖砌暗涵（不含抹面）及现浇暗涵进行总体分析，针对砖混暗涵（含抹面）进行详细分析。

针对不同类型的暗涵缺陷分析如下。

（1）砖砌暗涵（不含抹面）

砖砌暗涵长度为 3.2km，主要缺陷个数 851 个，其中腐蚀和渗漏缺陷占比高达 81.2%，缺陷统计见图 4.2-3。

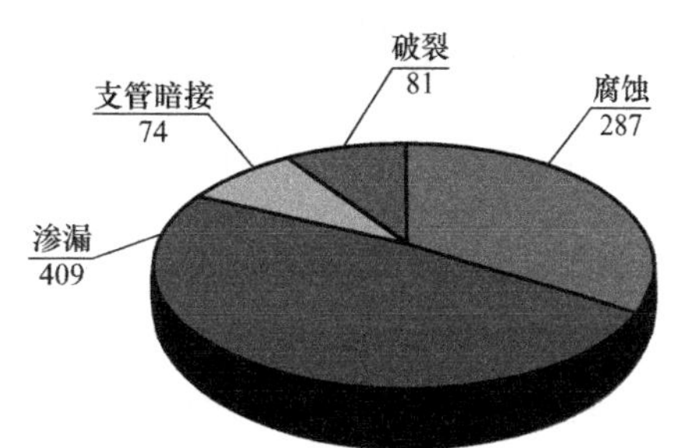

图 4.2-3　砖砌暗涵缺陷统计图（单位：个）

砖砌暗涵主要集中分布在利济北路和温馨路，其中利济北路暗涵（长度 1.8km）埋深为 2.5m，温馨路暗涵（长度 1.3km）埋深为 3～4m，两条暗涵缺陷统计对比如图 4.2-4 所示。

通过缺陷统计对比，温馨路暗涵主要缺陷集中在渗漏，利济北路暗涵主要缺陷为腐蚀。由于利济北路的暗涵埋深较浅，暗涵的破裂缺陷密度明显高于温馨路暗涵，几乎为温馨路暗涵的 2 倍。且利济北路出现多处顶板断裂的严重破裂缺陷，如图 4.2-5 所示。该情况说明暗涵埋深对于破裂类型缺陷影响较大。

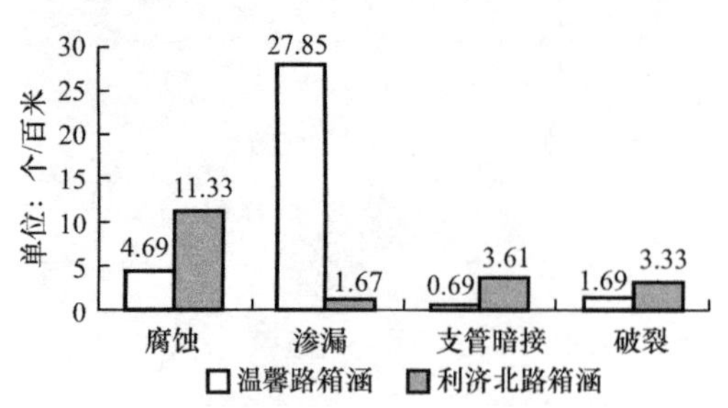

图 4.2-4 每百米砖砌暗涵缺陷统计图

图 4.2-5 利济北路出现多处顶板断裂图

（2）现浇暗涵

现浇混凝土暗涵长度为 4.8km，主要缺陷个数为 673 个，由于现浇暗涵的整体性较好，各个类型的缺陷密度均优于砖砌暗涵和砖混暗涵，其中腐蚀和渗漏缺陷占比 86%，缺陷统计如图 4.2-6 所示。

对相同路段、不同埋设深度的暗涵缺陷统计进行对比，选取青年路段埋深 3.2m 以上（共 800m）和埋深 3.2m 及以下（共 1300m）的暗涵进行缺陷统计，统计结果见图 4.2-7。

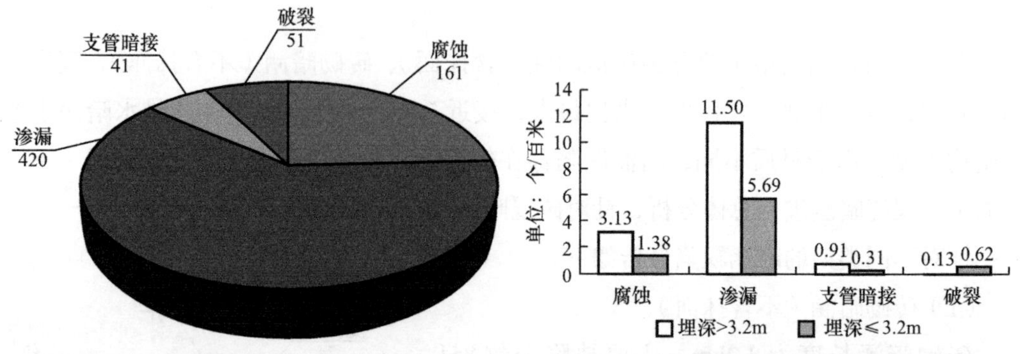

图 4.2-6 现浇暗涵缺陷统计（单位：个）

图 4.2-7 不同埋深每百米暗涵缺陷统计图

由图 4.2-7 统计可得，现浇混凝土暗涵的破裂缺陷密度明显减少，但埋深小于 3.2m 的暗涵缺陷密度依然明显高于埋深大于 3.2m 暗涵破裂缺陷密度，埋深对于暗涵健康度的影响在整体现浇暗涵中依然很大。埋深大于 3.2m 的暗涵渗漏及腐蚀缺陷密度较埋深小于 3.2m 的暗涵更大，分析是由于武汉地下水位较高，当暗涵埋深较大时，暗涵位于地下水位以下，地下水会通过施工缝或者破裂处渗漏至暗涵内。

（3）砖混暗涵（含有砂浆抹面）

砖混墙体暗涵长度为 6.3km，主要缺陷个数为 2071 个，其中暗涵缺陷类型更为集中，腐蚀和渗漏的缺陷占比接近 90%，缺陷统计如图 4.2-8 所示。

以下针对砖混暗涵进行影响因素统计与分析。

① 不同埋深暗涵缺陷统计

为探究埋深对缺陷的影响，将相同路段、不同埋设深度的暗涵缺陷统计进行对比，选取长丰大道段埋深 3.5m 以上（900m）和埋深 3.5m 及以下（1300m）的暗涵进行缺陷统计，统计结果如图 4.2-9 所示。

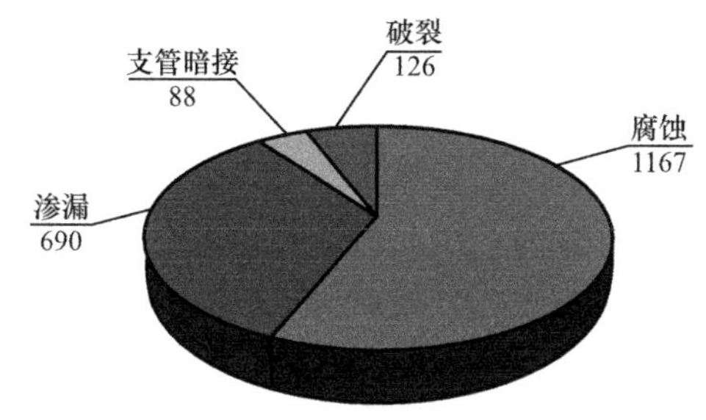

图 4.2-8　砖混暗涵缺陷统计图（单位：个）

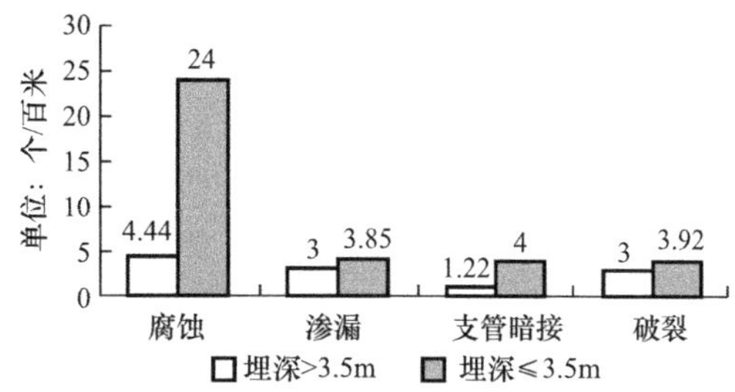

图 4.2-9　不同埋深每百米暗涵缺陷统计图

由以上统计可得，埋深小于 3.5m 的暗涵与埋深大于 3.5m 的暗涵相比，腐蚀和破裂的缺陷情况较严重，其缺陷密度明显高于埋深大于 3.5m 暗涵的缺陷密度。

② 不同地面荷载暗涵缺陷统计

本工程中的常青路暗涵位于绿化带内，无地面移动荷载；古田二路暗涵位于主干道，且两条暗涵建设时间均为 20 世纪 80 年代，建设时间相近。现对相同埋深（埋深 4～5m）的常青路暗涵（700m）和古田二路暗涵（500m）进行缺陷统计，统计结果如图 4.2-10 所示。

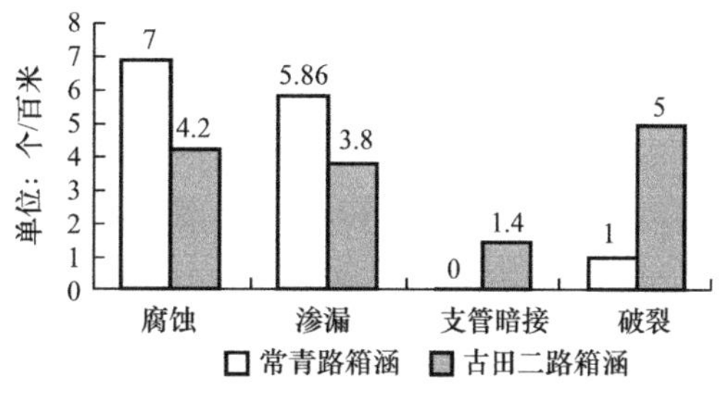

图 4.2-10　不同地面荷载每百米暗涵缺陷统计图

由以上统计可得，位于主干道下的古田二路暗涵破裂缺陷密度远高于位于绿化带下的常青路暗涵破裂缺陷密度，说明地面移动荷载对暗涵破裂缺陷的影响较大。

③ 不同尺寸暗涵缺陷统计

混凝土具有较高的抗压强度，但抗拉强度很低，一般仅为抗压能力的 1/10，在受拉时很容易断裂。在暗涵的梁、顶板等受弯构件中，在受力时上部受压、下部受拉，当其为混凝土制作构件时，受力后就很容易破裂。由于暗涵的尺寸越大，顶板中部的弯矩越大，受到顶部荷载时产生破裂的可能性就越大。且暗涵尺寸越大，极易受到周边施工等影响。为探究不同尺寸暗涵的缺陷程度，选取机场河暗涵为研究对象，将暗涵尺寸为 4m×2m 以下的暗涵与尺寸为 5m×2.7m 以上的暗涵进行对比分析，统计结果如图 4.2-11 所示：

由以上缺陷统计可知，尺寸较小的暗涵与尺寸较大的暗涵相比，破裂缺陷更少，但由于尺寸较大的暗涵埋深较深，所以渗漏缺陷更严重一点。

④ 不同水质暗涵缺陷统计

本工程范围中长丰大道沿线工厂较多，大多分布在古田二路西侧，由于暗涵为合流制暗涵，厂区的工业废水排入暗涵，导致该区域暗涵内的污水水质与其他区域相比 pH 较低，有机物浓度较高，水质较差。

为分析污水水质对暗涵缺陷的影响，现对长丰大道工厂密集区（古田二路西侧）与工厂分布疏散区（古田二路东侧）的排水暗涵缺陷分别进行统计，统计结果如图 4.2-12 所示。

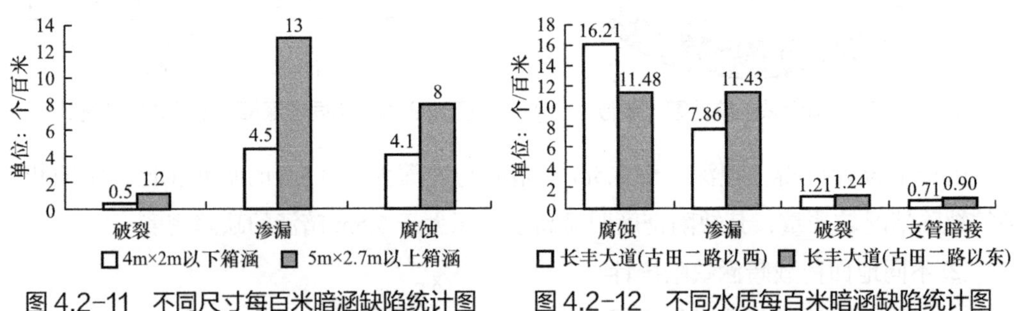

图 4.2-11　不同尺寸每百米暗涵缺陷统计图　　图 4.2-12　不同水质每百米暗涵缺陷统计图

由以上缺陷统计可得，长丰大道暗涵在工厂密集区的腐蚀缺陷密度明显高于长丰大道工厂疏散区的暗涵。且一般暗涵的腐蚀原因是硫酸根离子被硫还原菌还原，产生 S^{2-} 和 H^+ 结合形成 H_2S 气体，从污水中溢出，进入管道上部空间，被氧化成 H_2SO_4，从而对混凝土造成腐蚀。由于 H_2S 只有在好氧环境下才能被硫氧化细菌氧化为硫酸，因此一般情况的腐蚀主要发生在暗涵上部的未充水空间，长期在水位下的管道壁不会发生明显腐蚀。但长丰大道工厂密集区附近的暗涵腐蚀为环向腐蚀，水下部分也存在腐蚀缺陷（图 4.2-13），甚至存在鼓包，以及轻微扰动后整体剥落的情况腐蚀情况较为严重。

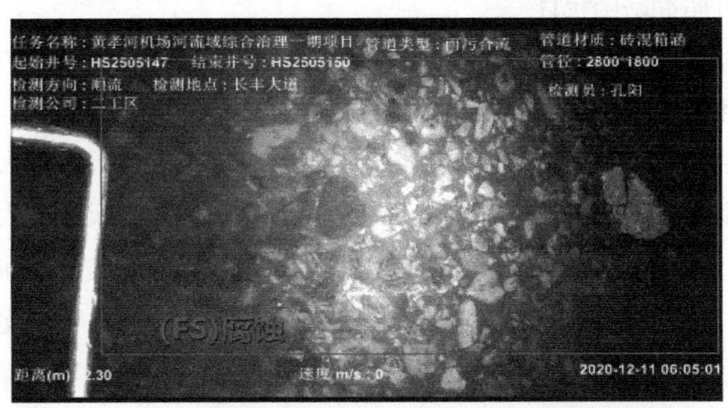

图 4.2-13　长丰大道工厂密集区暗涵水下腐蚀缺陷图

⑤ 不同建设年代暗涵缺陷统计

本项目中机场河暗涵的上游段利济北路暗涵、青年路暗涵为 20 世纪 90 年代建设，采用砖砌暗涵 + 预制盖板暗涵、砖混暗涵 + 预制盖板暗涵，机场河暗涵下游的常青路暗涵与长丰大道暗涵为 2000 年以后建设，采用钢筋混凝土暗涵以及砖混暗涵。选取 2000 年以前建设的利济北路暗涵、青年路暗涵（共计 4km）与 2000 年以后建设的常青路暗涵与长丰大道暗涵（共计 3.8km）进行统计，如图 4.2-14 所示。

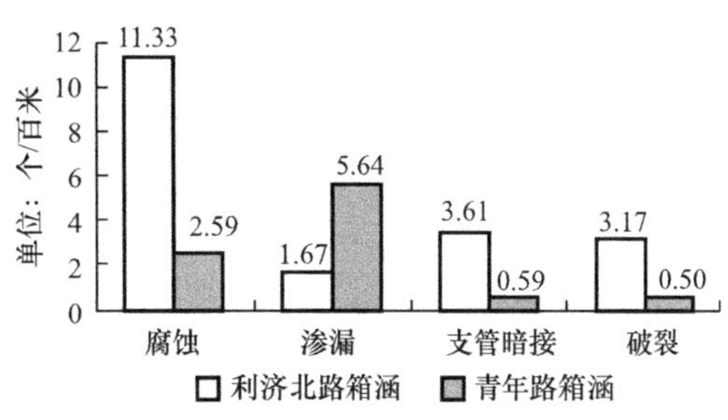

图 4.2-14　不同建设年代每百米暗涵缺陷统计图

2）暗涵预评估体系建立

通过层次分析法对暗涵健康程度进行分析，由以上对暗涵的缺陷成因进行权重赋值分析，影响管道健康度的主要成因有埋深、建设年限、暗涵类型、尺寸大小、移动荷载、污水水质。在探究健康评价体系的过程中，综合考虑各缺陷因素对缺陷的影响，最终筛选出埋深、建设年限、尺寸三个对暗涵健康体系影响较大的主要因素。对于三个主要因素初始权重的确立，需要借助专家的意见作为计算参数，所以影响因素之间的比较采用专家调查法进行。

（1）指标权重专家调查表

为了使专家能够尽可能减少主观因素的影响和其余干扰对指标进行评定，此处采用流行的 1～9 的标度让三位专家分别对三个主要影响因素之间重要程度进行判定，因此设置了针对暗涵健康度影响因素指标权重专家调查表，如表 4.2-1 所示。

管网健康度影响因素指标权重专家调查表　　表 4.2-1

项目	建设年限	埋深	管径
建设年限	1		
暗涵埋深		1	
暗涵尺寸			1

（2）单人指标权重计算

根据计算步骤，现在需要根据专家打分表对影响因素建立判断矩阵来求得对应的权重值。

根据三位专家的打分结果，建立如下的判断矩阵：

$$A_{甲}=\begin{bmatrix}1 & 2 & 5\\ 1/2 & 1 & 4\\ 1/5 & 1/4 & 1\end{bmatrix}\quad A_{乙}=\begin{bmatrix}1 & 3 & 5\\ 1/3 & 1 & 3\\ 1/5 & 1/3 & 1\end{bmatrix}\quad A_{丙}=\begin{bmatrix}1 & 3 & 6\\ 1/3 & 1 & 5\\ 1/6 & 1/5 & 1\end{bmatrix}$$

因为对于实际工程而言，和法与根法之间的计算误差可忽略不计，下面对由专家调查结果构成的判断矩阵用根法进行权重计算（以甲为例）。

步骤一，求出 $A_{甲}$各列因素之积：

$$\alpha'_{甲}=\begin{bmatrix}10\\2\\1/20\end{bmatrix};$$

步骤二，求出 $\alpha'_{甲}$每个因素三次方根；

步骤三，将 $\alpha''_{甲}$除以 $A_{甲}$各因素代数和得到权重向量；

步骤四，计算特征根：

$$\lambda_{甲\max}=\sum_{i=1}^{n}\frac{(A_{甲}\alpha)_i}{n\alpha_i}=\frac{1.721}{3\times0.570}+\frac{1.006}{3\times0.333}+\frac{0.2935}{3\times0.097}=3.022$$

采用此方法可计算出甲、乙、丙三位专家调查结果的权重计算值，结果如表 4.2−2 所示。

专家调查结果的权重计算值　表 4.2−2

项目	甲	乙	丙
建设年限	0.570	0.637	0.635
暗涵埋深	0.333	0.258	0.287
暗涵尺寸	0.097	0.105	0.078

（3）权重向量的一致性检验

在计算得到权重向量后，为了避免产生歧义，需要对权重向量进行一致性检验。仍以专家甲的评价值作为计算范例。

$$\text{CI}=\frac{\lambda_{甲\max}-n}{n-1}=\frac{3.022-3}{3-1}=0.011$$

$$\text{CR}=\frac{\text{CI}}{\text{RI}}=\frac{0.011}{0.52}=0.0212$$

计算得到三位专家权重结果的 CR 值见表 4.2−3。

专家权重向量 CR 值　表 4.2−3

专家	甲	乙	丙
CR	0.0212	0.0370	0.0903

从表中可知，三位专家的 CR 值都小于 0.1，符合完全一致性条件，即计算得到的指标权重值符合要求。

（4）组群决策法计算最终综合权重值

由于每位专家的决策能力与重要性相同，因此采用组群决策法中加权平均综合法来计算综合权重。

对于最终综合权重指标值见表 4.2-4。

最终综合权重指标值　　表 4.2-4

影响因素	建设年限	暗涵埋深	暗涵尺寸
权重	0.615	0.292	0.093

暗涵健康度预评估公式为：

$$W = 0.615 \times \frac{2020 - d_{建设年限}}{40} + 0.292 \times \frac{9.8 - d_{埋深}}{8.5} + 0.093 \times \frac{d_{箱涵宽度} - 1000}{6000} \quad (4.2\text{-}1)$$

式中　W——暗涵缺陷程度指数，W 值越大表明暗涵健康程度越低。

3）暗涵预评估体系验证

选取具有代表性的不同埋深、尺寸、建设年限的 8 段管道，分别求出每段管道的缺陷指数，将经过预评估得出的缺陷指数与后期经过第三方检测评估得出的修复指数进行相关性验证，不同管道缺陷程度和修复指数见表 4.2-5。

暗涵缺陷程度和修复指数汇总表　　表 4.2-5

路段	管段编号	管径（m）	埋深（m）	建设时间	缺陷指数	修复指数
利济北路	0026-1-0025-1	1.3 × 1.3	2.18	2006	0.543	1.05
常青路	HS2524198-HS2524196	7.0 × 2.8	5.20	1988	0.614	1.70
青年路	HS2512841-HS2558503	6.8 × 2.7	4.10	1986	0.780	3.50
温馨路	HS00513-HS00514	4.7 × 2.1	3.55	2007	0.437	0.35
古田二路	HS2008133-HS2008119	2.4 × 1.6	2.96	1982	0.853	4.30
长丰大道	HS2505114-HS2505128	1.8 × 1.5	2.90	2000	0.577	1.40
常青路	CQ0000004-HS2524491	5.2 × 2.7	4.05	1988	0.698	2.73
长丰大道	HS2505179-HS2505180	3.2 × 1.8	4.10	2000	0.478	0.70

将以上 8 段暗涵预评估得出的缺陷指数与修复指数进行散点图分析，并进行回归系数的计算，从而得出预评估指数与修复指数之间的相关性，最终结果见图 4.2-15。

由图 4.2-15 可得，通过预评估得出的缺陷指数与后期经过检测评估得出的修复指数呈线性正相关关系，R^2 为 0.84。两者相关性较为密切。因此通过预评估得出的缺陷指数可以作为暗涵健康度的评判依据，进而确定排水暗涵检测的优先次序，优先检测缺陷指数较高的暗涵，从而避免地毯式地盲目监测，提高检测效率，降低检测费用。

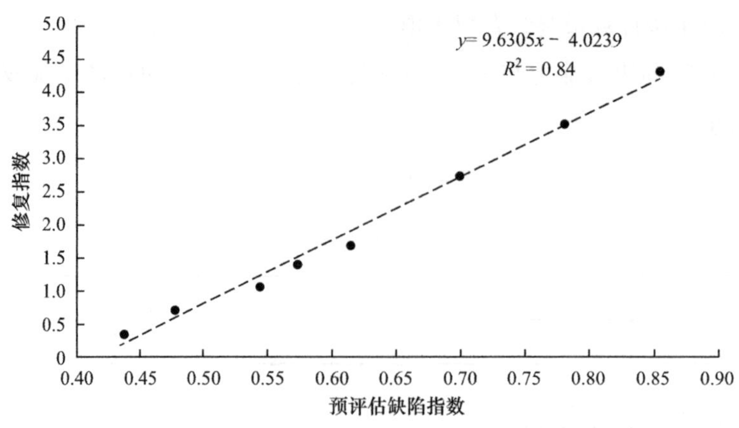

图 4.2-15 预评估缺陷指数与修复指数散点图

2. 初评估技术

预评估完成后，进入初评估阶段。首先，对于健康程度较低的箱涵，先在不断流的情况下采用全地形机器人检测技术进行水面以上显性缺陷检测，之后分析箱涵内水面以上显性部分与水下隐形缺陷存在的相关性，最后根据水面上的显性缺陷反推水下隐形缺陷，形成暗涵全断面健康状况评价。技术路线如图 4.2-16 所示。

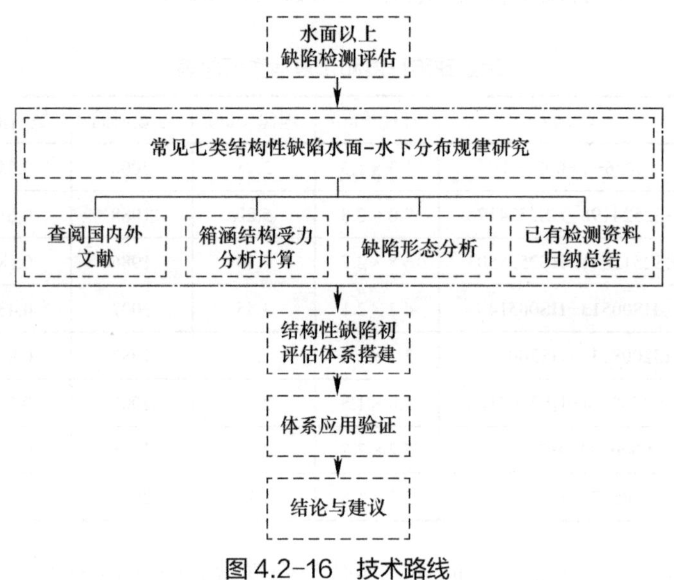

图 4.2-16 技术路线

1）水面以上缺陷检测评估

目前国内暗涵内部不断流的情况下，可进行水面上缺陷的机器人多是自动力漂浮 CCTV 机器人（简称全地形机器人）和缆式漂浮 CCTV 检测机器人。

考虑到行程要求及检测便捷性，现阶段基本多是采用自动力漂浮 CCTV 机器人，该类型机器人多是由推进爬行器、电缆盘和控制终端三部分组成。在其上方搭载实时视频传感器和声呐传感器，声呐传感器受限于精度问题，多是用于监测淤积状况。如图 4.2-17 所示。

(a) 中机恒通虎蛟机器人

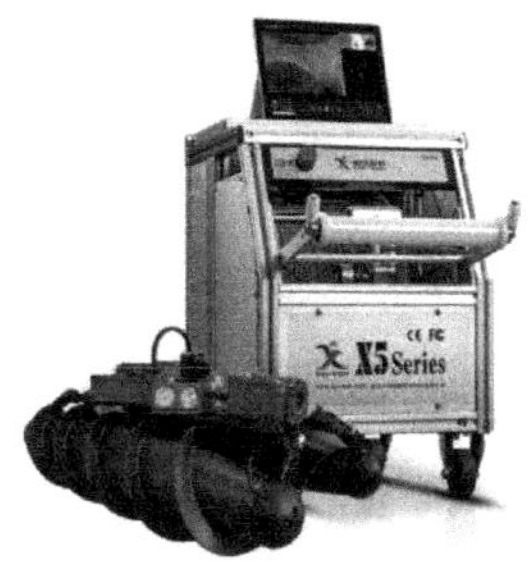

(b) 中仪自动力漂浮机器人

(c) Otter-S动力声呐检测机器人

图 4.2-17　全地形机器人

本课题实施过程中选用了自动力漂浮机器人进行实地监测。图 4.2-18 为现场监测过程。

图 4.2-18　CCTV 现场检测

2）箱涵常见结构性缺陷纵断面分布研究

根据已有 14.3km 检测数据，箱涵常见结构性缺陷主要包括破裂、变形、腐蚀、错口、起伏、脱节及接口材料破坏。其中，破裂及变形涉及结构安全，因而采用有限元模拟应力分布状态，进而判断缺陷可能存在的分布状态。腐蚀则根据国内外已有研究成果进行归纳总结。错口、起伏、脱节及接口材料破坏则依据缺陷形态分布特征进行分析。

（1）箱涵变形及破裂缺陷分布研究

① 模拟参数

排水暗涵由于排水流量较大，同时考虑后期施工简易要求，多采用矩形断面结构，定量分析箱涵变形及破裂缺陷分布规律，以黄孝河机场河流域一期工程中某典型断面为例进行计算，该箱涵尺寸为（2.0～6.0）m×3.5m，埋深设计为 17.29m，顶板 0.6m，底板厚 0.65m，边墙厚 0.60m，箱涵贴脚尺寸为 0.15m×0.15m。

② 施加荷载

总荷载作用如图 4.2-19 所示，将外加荷载分成 a、b、c、d 四种荷载叠加计算，如图 4.2-20 所示。

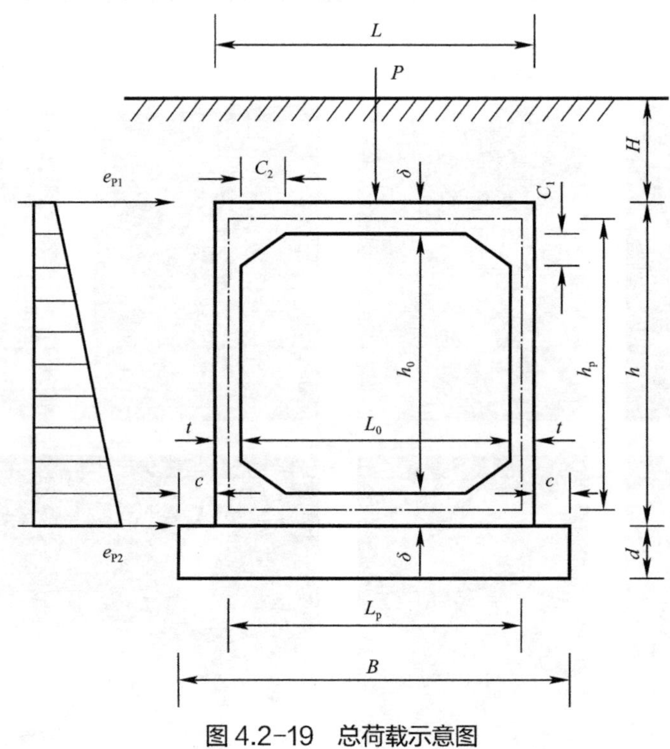

图 4.2-19 总荷载示意图

在外力作用下，顶板、底板、左侧墙及右侧墙受力状态如图 4.2-21 所示。

③ 模型搭建

利用软件 Midas 软件，建立空间模型，箱涵采用梁单元模拟，具体模型如图 4.2-22 所示。

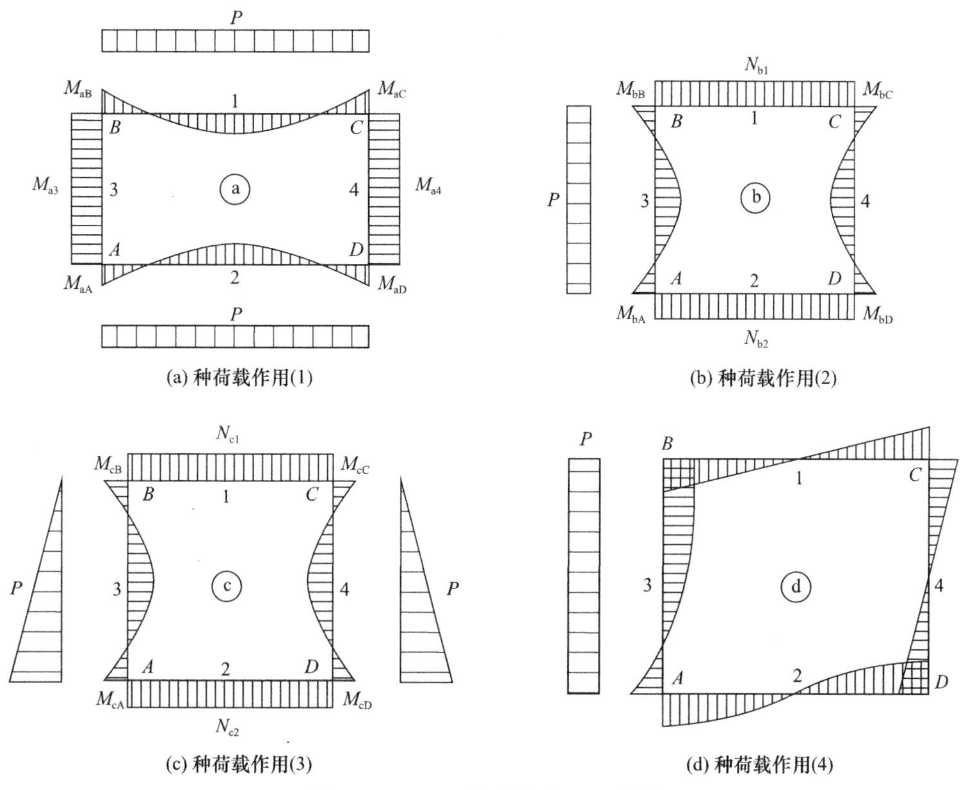

(a) 种荷载作用(1)
(b) 种荷载作用(2)
(c) 种荷载作用(3)
(d) 种荷载作用(4)

图 4.2-20　四种荷载作用示意图

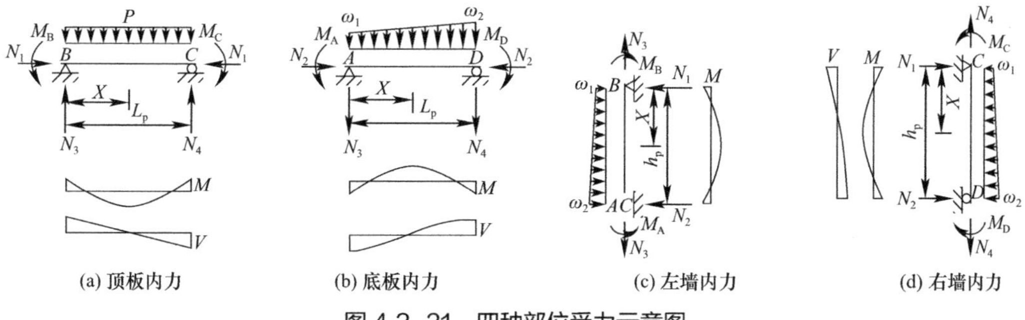

图 4.2-21　四种部位受力示意图

荷载组合如下。

基本组合：1.0 恒载 +1.0 收缩 +1.0 徐变 +1.4 移动荷载；

短期组合：1.0 恒载 +1.0 收缩 +1.0 徐变 +0.7 移动荷载；

长期组合：1.0 恒载 +1.0 收缩 +1.0 徐变 +0.4 移动荷载。

图 4.2-22　箱涵有限元计算模型

④ 模拟结果

模拟结果见图 4.2-23～图 4.2-25。

a. 弯矩

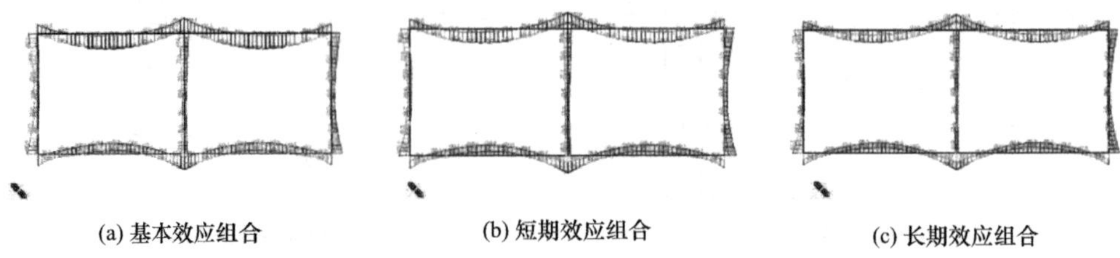

(a) 基本效应组合　(b) 短期效应组合　(c) 长期效应组合

图 4.2-23　三种效应组合下箱涵弯矩分布图

b. 剪力

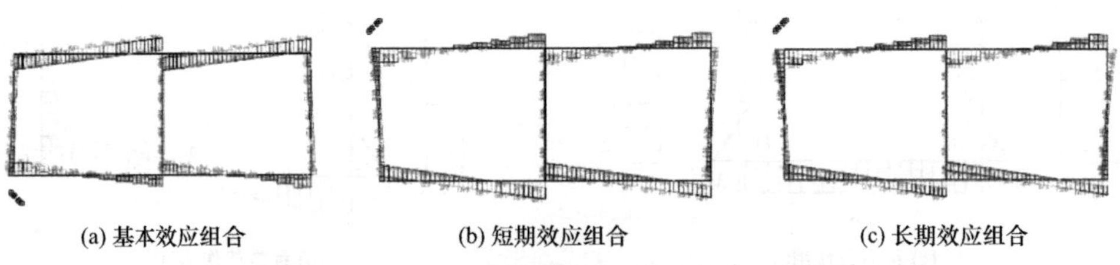

(a) 基本效应组合　(b) 短期效应组合　(c) 长期效应组合

图 4.2-24　三种效应组合下箱涵剪力分布图

c. 轴力

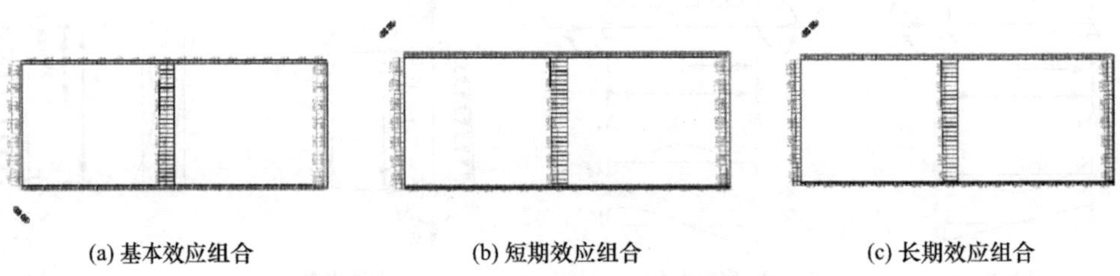

(a) 基本效应组合　(b) 短期效应组合　(c) 长期效应组合

图 4.2-25　三种效应组合下箱涵轴力分布图

在基本组合、短期组合、长期组合作用下，箱涵弯矩、剪力、轴力汇总如表 4.2-6 所示。

箱涵内力汇总表　表 4.2-6

组合名称	最大正弯矩（kN·m）	最大负弯矩（kN·m）	最大剪力（kN）	最大轴力（kN）
基本效应组合	279.9	−266.4	464	−614.6
短期效应组合	174.1	−165.8	268.7	−405.7
长期效应组合	140.2	−133.8	201.3	−344.9

⑤ 结果分析

由上述结果分析，最大正弯矩出现在顶板中部，最大剪力出现在顶板两侧，轴力在侧壁上基本变化不大。因此，可以初步推断，最有可能出现破裂的区域为顶板中部、顶部肋。若该两处区域未出现破裂，则箱涵可初步推断为未破裂。若侧壁出现破裂，若破裂严重，则将延伸至底板，同理，该方法适用于对变形缺陷的分析。

综上所述，可形成破裂及变形预评估技术体系，如表 4.2-7 所示。

暗涵内破裂及变形缺陷预评估技术体系　表 4.2-7

缺陷名称	顶板缺陷情况	侧壁缺陷情况	底板缺陷情况推测
破裂	顶板未破裂	侧壁未破裂	底板未破裂
		侧壁破裂至水面以上，程度较低	底板未破裂
		侧壁破裂至水面以下，程度较重	底板破裂，程度较轻
	顶板破裂	侧壁未破裂	底板未破裂
		侧壁破裂至水面以上，程度较低	底板破裂，程度较轻
		侧壁破裂至水面以下，程度较重	底板破裂，程度较重
变形	顶板未变形	侧壁未变形	底板未变形
		侧壁变形程度较低	底板未变形
		侧壁变形程度较重	底板变形程度低
	顶板变形	侧壁未变形	底板未变形
		侧壁变形程度较低	底板变形程度低
		侧壁变形程度较重	底板变形程度重

（2）箱涵腐蚀缺陷分布规律总结

前人研究表明，引起箱涵混凝土结构破坏的因素包括碳化反应、盐结晶胀裂、盐结晶压假说、冻融破坏、碱骨料反应等，而其中硫的转化和循环是导致排水管渠气味和结构损坏的重要影响因素。排水管涵内水中所含的硫一般为无机硫酸盐或有机硫化物，硫酸盐通常来源于市政给水中的矿物质或者来源于地下水的渗透，有机硫化物存在于人类以及动物的排泄物、洗涤剂中，在工业废水中的含量更高。由于硫酸腐蚀和硫化氢直接腐蚀作用，会对排水管道产生严重腐蚀，进而造成结构性破坏。

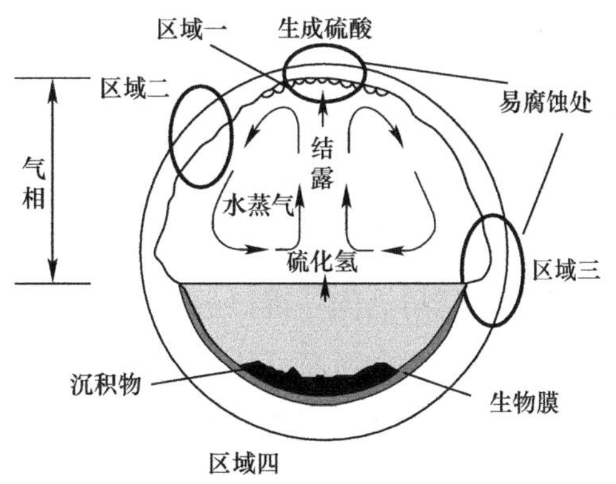

图 4.2-26　管涵内部腐蚀情况

此外，管涵断面的不同部位腐蚀特征也不一样，一般把管涵断面分为四个区域，如图 4.2-26 所示，首先是水面以上区域（区域一和区域二）。

区域一：该区域由于硫化氢浓度最高，根据前面所述内容可知，当溶解在硫化氢浓度达到 0.00782mg/L（或气体中硫化氢浓度达到 2.0ppm）以上，且管涵内氧气和二氧化碳充足时，由于结露，故硫酸主要在该处生成，造成该处是仅次于气水交界处的腐蚀严重区域。

区域二：该区域主要为含有较高浓度硫酸的露水沿管壁流下过程中对管壁造成腐蚀。

其次是区域三：气液交界区域，由于硫酸沿管壁流下从该处进入液相中，故在液相中该处硫酸浓度最高，对管涵破坏最严重，但程度小于液面以上的管壁。

最后是区域四：水面以下区域，微生物在生长的后期，能够产生大量的胞外聚合物。这些聚合物储存了大量的能量和碳源，在营养不足时，就会利用这些聚合物。硫杆菌也可以产生胞外聚合物，其中带负电荷羧基和羟基可以与钙形成络合物，这样就造成了混凝土基体中钙的浸出，导致混凝土劣化；同时，该区域还会发生较为严重的碱骨料反应。但区域由于生物膜和沉积物等的存在，对于水流冲刷破坏，起到一定的保护作用，故该区域的破坏相对上述三个区域不严重。

综上所述，根据箱涵内部生物化学腐蚀特性及其规律，合理推测箱涵水下部分（部分侧壁以及底板）的腐蚀状况如下：顶板＞侧壁＞底板，若顶板未腐蚀，则可估算侧壁与底板未腐蚀，具体结论如表 4.2-8 所示。

暗涵内腐蚀缺陷预评估技术体系　　表 4.2-8

缺陷名称	顶板缺陷情况	侧壁缺陷情况	底板缺陷情况推测
腐蚀	顶板未腐蚀	侧壁未腐蚀	底板未腐蚀
		侧壁腐蚀至水面以上，程度较低	底板未腐蚀
		侧壁腐蚀至水面以下，程度较重	底板腐蚀程度低
	顶板腐蚀	侧壁未腐蚀	底板未腐蚀
		侧壁腐蚀至水面以上，程度较低	底板腐蚀程度低
		侧壁腐蚀至水面以下，程度较重	底板腐蚀严重

（3）箱涵错口、起伏、脱节及接口材料脱落分布规律研究

箱涵错口为同一接口的两个箱涵接口产生横向偏离，未处于箱涵的正确位置。缺陷形态特征是全断面可见，有明显的错位，可根据水面以上的错位缺陷反推水下错位。同理，箱涵起伏、脱节及材料脱落均满足“一旦出现，全断面可见”的特征。断面顶板、侧壁及底板缺陷分布情况如表 4.2-9 所示。

箱涵内错口、起伏、脱节、接口材料脱落缺陷分布体系 表4.2-9

缺陷名称	顶板缺陷情况	侧壁缺陷情况	底板缺陷情况推测
错口	顶板错口	侧壁错口	底板错口
起伏	顶板起伏	侧壁起伏	底板起伏
脱节	顶板脱节	侧壁脱节	底板脱节
接口材料脱落	顶板未脱落	侧壁未脱落	底板未脱落
		侧壁脱落程度低	底板未脱落
		侧壁脱落程度重	底板脱落程度低
	顶板脱落	侧壁未脱落	底板未脱落
		侧壁脱落程度低	底板脱落程度低
		侧壁脱落程度重	底板脱落程度重

（4）箱涵结构性缺陷初评估体系

综上所述，由此建立结构性缺陷初评估体系，如表4.2-10所示。

暗涵内常见结构性缺陷初评估体系 表4.2-10

缺陷名称	顶板缺陷情况	侧壁缺陷情况	底板缺陷情况推测
破裂	顶板未破裂	侧壁未破裂	底板未破裂
		侧壁破裂至水面以上，程度较低	底板未破裂
		侧壁破裂至水面以下，程度较重	底板破裂，程度较轻
	顶板破裂	侧壁未破裂	底板未破裂
		侧壁破裂至水面以上，程度较低	底板破裂，程度较轻
		侧壁破裂至水面以下，程度较重	底板破裂，程度较重
变形	顶板未变形	侧壁未变形	底板未变形
		侧壁变形程度较低	底板未变形
		侧壁变形程度较重	底板变形程度低
	顶板变形	侧壁未变形	底板未变形
		侧壁变形程度较低	底板变形程度低
		侧壁变形程度较重	底板变形程度重
腐蚀	顶板未腐蚀	侧壁未腐蚀	底板未腐蚀
		侧壁腐蚀至水面以上，程度较低	底板未腐蚀
		侧壁腐蚀至水面以下，程度较重	底板腐蚀程度低
	顶板腐蚀	侧壁未腐蚀	底板未腐蚀
		侧壁腐蚀至水面以上，程度较低	底板腐蚀程度低
		侧壁腐蚀至水面以下，程度较重	底板腐蚀严重
错口	顶板错口	侧壁错口	底板错口

续表

缺陷名称	顶板缺陷情况	侧壁缺陷情况	底板缺陷情况推测
起伏	顶板起伏	侧壁起伏	底板起伏
脱节	顶板脱节	侧壁脱节	底板脱节
接口材料脱落	顶板未脱落	侧壁未脱落	底板未脱落
		侧壁脱落程度低	底板未脱落
		侧壁脱落程度重	底板脱落程度低
	顶板脱落	侧壁未脱落	底板未脱落
		侧壁脱落程度低	底板脱落程度低
		侧壁脱落程度重	底板脱落程度重

（5）初评估体系验证

为验证该体系的准确性，拟对总长 3.2km 的机场河暗涵（青年路段）进行初评估体系准确性分析。由于顶板可通过全地形机器人进行缺陷评估，侧壁缺陷与底板缺陷采用初评估体系进行评估。

① 漏报率：为实际存在的缺陷而采用初评估体系未能准确评估的数量占总缺陷数的百分数。计算公式如下：

$$L=\frac{l}{T} \tag{4.2-2}$$

式中 L——漏报率；

l——漏报次数；

T——总缺陷数。

② 错报率：为实际存在的缺陷与初评估结果相出入的数量占总缺陷数的百分数。计算公式如下：

$$C=\frac{c}{T} \tag{4.2-3}$$

式中 C——错报率；

c——错报次数。

根据全地形 CCTV 检测视频，依据《城镇排水管道检测与评估技术规程》CJJ 181—2012 中的原则进行评估。评估值与后续封堵降水后的实测值数据如表 4.2-11 所示。

实际缺陷情况与初评估结果对比　　表 4.2-11

类型	实际缺陷情况				初评估结果			
	总数	顶板	侧壁	底板	总数	顶板	侧壁	底板
腐蚀	201	121	42	38	183	121	50	12

续表

类型	实际缺陷情况				初评估结果			
	总数	顶板	侧壁	底板	总数	顶板	侧壁	底板
变形	0	0	0	0	0	0	0	0
破裂	21	14	5	2	19	14	4	1
错口	4	4			4	4		
起伏	4	4			4	4		
脱节	2	2			2	2		
接口材料脱落	1	1			1	1		
总计	233	146	47	40	213	146	54	13

初评估技术体系准确率、漏报率及错报率数值如表 4.2-12 所示。

初评估技术体系准确率、漏报率及错报率数值　　表 4.2-12

类型	准确率（%）				漏报率（%）				错报率（%）			
	分计	顶板	侧壁	底板	分计	顶板	侧壁	底板	分计	顶板	侧壁	底板
腐蚀	82	100	86	21	18	0	14	79	9	0	33	11
变形	100	100	100	100	0	0	0	0	0	0	0	0
破裂	76	100	40	0	24	0	60	100	14	0	40	50
错口	100	100			0	0			0	0		
起伏	100	100			0	0			0	0		
脱节	100	100			0	0			0	0		
接口材料脱落	100	100			0	0			0	0		
总计	82	100	81	20	18	0	19	80	9	0	34	13

由表 4.2-12 易得，该评估体系针对全断面总体准确率高达 82%，可高效识别箱涵的常见结构性缺陷，可用于实际生产生活。其中，变形、错口、起伏、脱节及接口材料脱落准确率较高，主要原因是该区域无变形，且错口、起伏、脱节及接口材料脱落满足全断面一致的特征，因此准确性较高。此外，该评估体系针对底板的准确性较差，主要原因是该区域存在工业偷排现象，造成底板腐蚀情况较为严重，影响整体精度。

3. 终评估技术

预评估及初评估完成后，对存在病害风险高的区域，进行封堵后进入箱涵进行安全评估和力学性能鉴定，完成箱涵的终评估。目前，国内外学者已就受腐蚀混凝土结构的耐久性问题及其加固做了大量研究，但鲜有涉及关于受腐蚀箱涵承载力的研究。一方面，多数研究主要针对单根构件或桥梁，而对矩形闭合框架这类地下混凝土结构的研究较少；另一方面，多数研究主要集中于钢筋有锈蚀但仍能发挥一定作用的情况，而对局部锈蚀率极高甚至完全锈断、粘结完全失效，且混凝土厚度损失显著这种极端情况的研究较少。

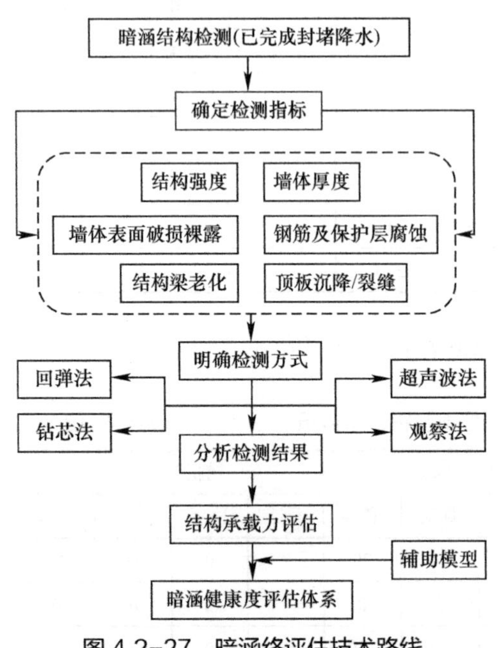

图 4.2-27　暗涵终评估技术路线

为解决受腐蚀排水箱涵工程所遇的问题，本节在初评估的基础上，对暗涵段上下游进行封堵降水，使暗涵具备进入检测的条件。通过对暗涵部分结构评估检测指标进行检测分析，并结合模型计算，得到暗涵健康度评估技术体系。具体技术路线如图 4.2-27 所示。

针对既有箱涵的结构安全性评估，其检测对象有顶板、墙体混凝土、保护层、结构梁等影响暗涵结构安全的组成材料，检测内容主要有混凝土强度、保护层厚度、结构裂缝宽度、结构梁老化程度、预制顶板沉降等，所采用的检测方法包括回弹法、钻芯法、超声波检测法和观察法。

1）回弹法

回弹法作为混凝土结构强度测定的一种常用方式，其检测原理为利用回弹仪来检测混凝土的表面硬度情况，从而准确判定混凝土的抗压强度。其测定过程采用一弹簧驱动的重锤，通过弹击杆（传力杆）弹击混凝土表面，测出重锤被反弹回来的距离，以回弹值（反弹距离与弹簧初始长度之比）作为与强度相关的指标来推定混凝土强度的一种方法。由于测量在混凝土表面进行，所以属于一种表面硬度法，是基于混凝土表面硬度和强度之间存在相关性而建立的一种检测方法。

回弹法检测的优点主要表现为检测设备体积较小、质量较轻、便于应用，且操作过程较为简便，易于控制，可灵活布置，可检测区域较大。同时，回弹法是一种无损检测方式，不会对混凝土结构造成破坏。所以，在施工场地中，回弹法比较适用于对混凝土结构强度进行快速测定。用回弹法进行强度检测的主要问题，在于回弹法强度检测属于间接的检测方式，所以其检测结果通常会误差偏大、精度偏低，不适用于对混凝土强度测定有较高精度要求的情况。

2）钻芯法

钻芯法测定混凝土强度的检测原理为直接对混凝土结构进行钻芯取样，接着利用测定混凝土试样的强度来判定混凝土结构的总体强度情况。该测定方法是利用专用钻机，从结构混凝土中钻取芯样以检测混凝土强度或观察混凝土内部质量的方法。由于它对结构混凝土造成局部损伤，因此是一种半破损的现场检测手段。

钻芯强度检测方法的主要优点表现为检测直接，不用对测定数据结果进行评估、换算，强度测定的精确度较高，且测定结果具有较高的可靠性。钻芯法强度检测的问题主要表现在，该检测技术将会使混凝土局部结构产生损坏，即便是对取样过程的控制较为合理，且取样开孔较小，也不能避免对混凝土结构带来的破坏，同时钻芯法强度检测技术因涉及钻孔，所以测定的成本偏高，且时间耗费较多，测定位点与数量也将受到一定限制，难以利用混凝土大面积强度检测方式来评估混凝土的总体施工质量。

3）超声波法

在混凝土中传播的超声波，其速度和频率反映了混凝土材料的性能、内部结构和组成情况，混凝土的弹性模量和密实度与波速和频率密切相关，即强度越高，其超声波的速度和频率也越高。因此，通过测定混凝土声速来确定其强度。

其检测方法如下：

（1）数据采集：

① 测区布置：在构件上均布画出不少于 10 个 0.04m^2 方网格，每个网格视为一个测区。每个构件测区不少于 10 个。测区应布置在构件混凝土浇筑方向的侧面，侧面应清洁平整。

② 测点布置：为使混凝土测试条件、方法尽可能与率定曲线时一致，在每个测区内布置 3～5 对测点。

③ 数据采集：量测每对测点之间的直线距离，即声程，采集记录对应声时。测区声速取其平均值。

（2）强度推定：根据各测区超声声速检测值，按回归方程计算或查表得出对应测区混凝土强度值。

4）观察法

对于预制顶板沉降、结构裂缝宽度、内壁腐蚀程度的检测，内壁腐蚀程度判断可依据《城镇排水管道检测与评估技术规程》CJJ 181—2012 中表 4 管道结构性缺陷等级划分及样图中对腐蚀的等级划分。顶板沉降和裂缝宽度可通过现场观察，并结合量测的方法记录沉降高度和裂缝宽度，可采用读数显微镜进行裂缝宽度量测、目测法估计顶板沉降情况。

5）分析评估

结合检测指标结果以及评估依据，综合分析评估暗涵健康度，为后续暗涵修复提供依据。如表 4.2-13 所示。

箱涵终评估体系 表 4.2-13

一级指标	二级指标	评估依据	健康度评估
箱涵结构承载力	结构混凝土强度	在设计强度的 90% 以上	优
		在设计强度的 75%～90%	良
		在设计强度的 75% 以下	差
	底板 / 顶板 / 侧壁裂缝宽度	无裂缝	优
		＜0.2mm	良
		＞0.2mm	差
	墙体腐蚀程度	Ⅰ级或Ⅱ级	良
		Ⅲ级及以上	差
	顶板沉降程度	＜1mm/100d	优
		1～4mm/100d	良
		＞4mm/100d	差
	暗涵侧壁厚度	在设计厚度的 90% 以上	优
		在设计厚度的 75%～90%	良
		在设计厚度的 75% 以下	差
	结构梁老化程度（混凝土碳化、钢筋锈蚀）	在设计抗压强度的 90% 以上	优
		在设计抗压强度的 75%～90%	良
		在设计抗压强度的 75% 以下	差

注：健康度划分为优、良、差三个等级。等级为差的优先进行修复，等级为良的进行适当分析后进行修复，等级为优的暂时不进行修复。

4.2.2 城市主干排水暗涵高效清淤技术

1. 快装快拆封堵技术

合流制城市主干排水暗涵为雨污河流暗涵，在封堵时，一旦发生突发降雨，若封堵段无法及时拆除，将使封堵段因导流能力不足而造成上游暗涵超量大面积溢流，进而引起城市非自然性内涝，单纯仅依靠增大导流能力，既不经济，又无法应对高强度长历时降水。同时，封堵拆除后，为恢复封堵，又需要重新完成封堵，成本高昂。因此，为应对合流制城市主干排水暗涵临时封堵的需求，迫切需要一种能够快速拆除、可实现周转性安装的临时封堵技术。

1）快装快拆封堵技术研究与应用

快装快拆封堵脱胎于移动式防洪墙，移动式防洪墙一般由叠梁板、立柱、支撑、止水橡胶、压紧装置、基础及预埋件等组成，单个构件质量宜控制在 50kg 以内，以方便人工结合小型机械操作，能够在短时间内完成拆除，同时能完成快速周转使用。

如图 4.2-28 所示，快装快拆封堵装置由立柱、挡板及不锈钢预埋件三个主要部位构件。

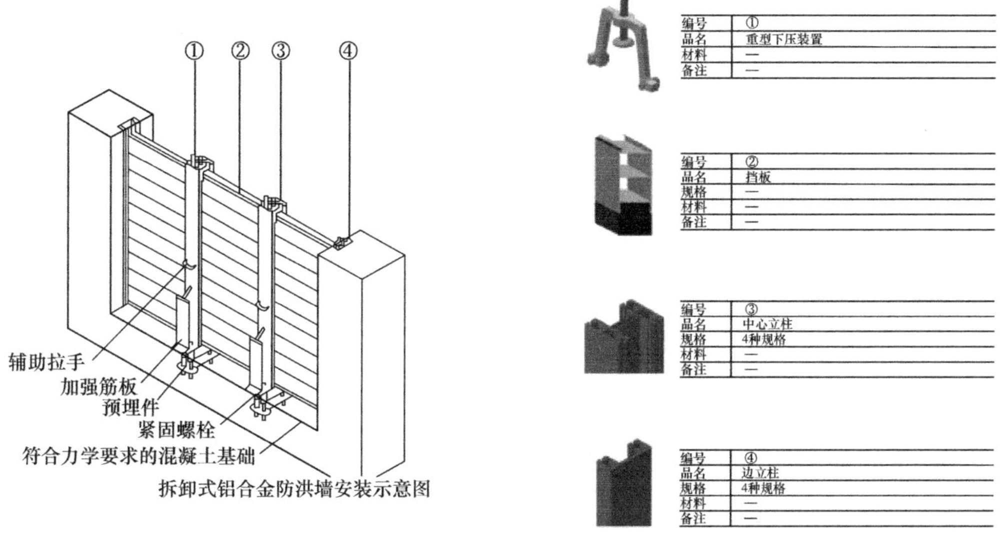

图 4.2-28　快装快拆封堵

（1）立柱

立柱是用于支撑挡板的支柱，形成封堵骨架，是封堵整体受力之处，采用 6005-T6 挤压成型，通过焊接工艺加强，用螺栓固定于地面预埋件之上。立柱带有卡槽，可便捷安装，更换三元乙丙软密封橡胶材料。

（2）挡板

立柱与立柱之间镶嵌的层式板块称为挡板，整体厚度为 50～100mm，壁厚为 2.5～3.7mm，单块挡水高度为 150～200mm。内部为带有加强筋的空心结构，理论每米质量为 5.3kg。

（3）预埋件

预埋件面板材料和连接套筒采用 304 不锈钢，深埋材料采用 Q235 碳钢材质。面板和深埋材料通过 M24−8.8 级高强度碳钢螺杆连接。在绑扎钢筋结构前先安装好预埋件，或者通过植筋技术跟混凝土结合深埋，均匀的用来固定立柱的不锈钢焊接板称为预埋件，根据立柱的不同，预埋件也分为多种类型。在拆卸状态下，面板与立柱的连接孔采用 304 不锈钢螺栓封孔，以阻止泥沙等杂物进入。

（4）加压装置

加压装置的活动结构采用由自润滑的材料组成，主体结构由铝合金浇铸而成，紧固件采用 304 不锈钢精密加工成型。当挡板一层层安装到计划高度的时候，需下压扣件来固定压紧挡板，下压扣件基于卡扣和螺丝的原理，使用扣件来锁紧挡板。

（5）止水海绵与胶条

止水海绵：挡墙底部密封采用 PE+PU 复合海绵材料，可巨量压缩，有效补偿地面的不平整现象，阻燃，抗老化性能优异，在户外正常使用周期在 5 年以上。可靠地连接工事与防洪墙底面，防止洪水穿透。

胶条：胶条有立柱胶条、挡板胶条与立柱底面胶条 3 种，主要采用三元乙丙橡胶材料，抗老化性能优异，户外正常使用周期 5 年以上。

如图 4.2−29 所示，安装时，先将立柱通过螺栓固定在基础预埋件上，并根据情况安装支撑杆；立柱之间安装叠梁板，每块叠梁板底部和立柱侧面设有橡胶密封，用竖向紧固装置和侧向紧固装置将橡胶压紧，达到止水密封的目的。

2）快拆快装封堵试验检测分析

快拆快装封堵完美契合合流制暗涵临时封堵技术的要求，但是轻型移动式防洪墙较传统的挡水结构体积和质量大大减小，为研究其结构安全性，将以监测试验为主要手段，重点分析轻型移动式防洪墙的结构受力与破坏形态。

（1）监测试验方案

试验件立柱及叠梁板采用 6061−T4 铝合金型材（图 4.2−30），各力学参数见表 4.2−14。

快拆快装封堵核心参数　　表 4.2−14

型号	惯性矩（cm^4）	静力矩（cm^3）	截面模数（cm^3）	抗弯强度（MPa）	抗剪强度（MPa）	理论质量（kg/m）
立柱型材	2538.8	167.11	282.06	25.38	66.84	13.12
60 型材	128.61	24.55	3477.00	3.13	21.90	5.76
120	628.85	59.90	87.70	7.89	43.93	7.00

注：铝合金薄壁构件可能出现受压局部屈曲，表中截面模量已按有效截面折减换算。

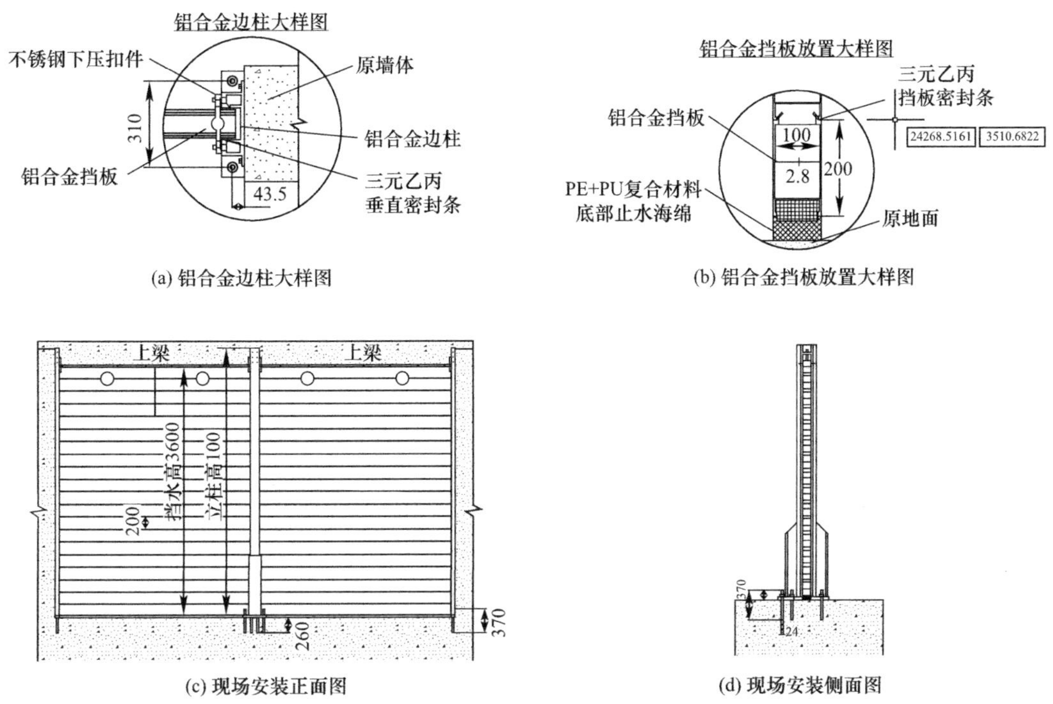

(a) 铝合金边柱大样图　(b) 铝合金挡板放置大样图

(c) 现场安装正面图　(d) 现场安装侧面图

图 4.2-29　快装快拆封堵设计图

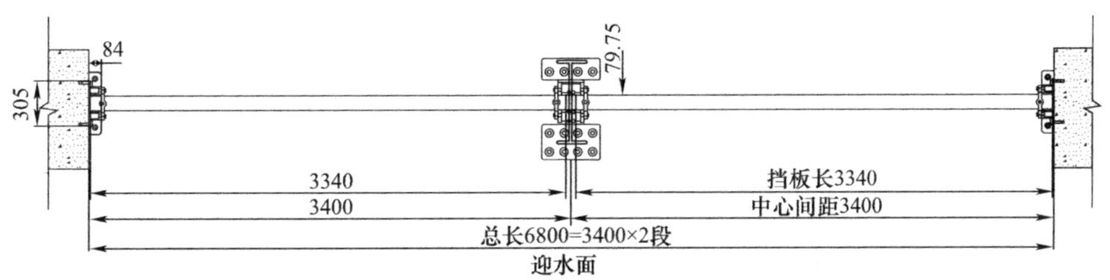

图 4.2-30　快装快拆封堵立柱安装

试验分别采用四跨度 1.6m 高悬臂结构的轻型移动式防洪墙和三块 3.0m 高设支撑结构的轻型移动式防洪墙进行不同高度静水作用下的监测试验。监测内容包括应力和位移，应变检测采用 VS100 系列型振旋表面应标记，位移监测采用游标卡尺。

1.6m 悬臂结构采用 60mm 厚叠梁板；3.0m 设支撑结构采用 120mm 厚叠梁板，柱后中间位置设 45° 支撑，支撑杆采用 60mm × 60mm × 4mm 镀锌方管（稳定系数为 0.50）。柱脚用 2 块 290mm × 130mm × 10mm 不锈钢与柱铝合金型材以螺栓连接，监测点布置布置在柱中、柱脚和支撑中部。

监测成果分析，在 1.6m 静水压下，悬臂结构和设支撑结构移动式防洪墙监测数据见表 4.2-18。设支撑后，在相同荷载作用下，实测应力及位移量有明显减小，支撑结构对提高挡水高度有较大作用。

在 3.0m 静水压下，设支撑结构移动式防洪墙监测数据见表 4.2–15。由表 4.2–16 可知，2 号柱的内力较 1 号柱大，因此支撑与立柱安装偏移情况对整个结构体系受力有较大影响。

1.6m 水压下应力及位移监测　　表 4.2–15

结构	悬臂结构	设支撑结构
柱脚应力值（MPa）	33.26～39.38	3.56
柱顶位移值（mm）	9.00～12.00	3.00

3.0m 水压应力及位移监测　　表 4.2–16

监测项目		1 号柱				2 号柱（安装平面有偏移）			叠梁板
应力值		柱下	支撑	柱中	柱脚	柱下	支撑	柱中	中
		16.79	83.90	34.90	112.29	25.68	99.99	10.77	19.60
位移值（mm）	柱中	5.00				8.50			
	柱顶	9.00				14.00			

（2）破坏形态分析

由监测成果可知，快装快拆封堵的应力在支撑杆、柱脚板较大。破坏试验将支撑杆更换，观察其破坏系统。

把 3.0m 设支撑结构的支撑杆换成 50mm × 50mm × 4mm 钢管（稳定系数为 0.41），在 3.0m 水压下计算应力 σ=92.40MPa＞88.15MPa，可能会失稳。

试验中当水位达 2.9m 时，安装有偏移的支撑杆瞬间失稳破坏，柱脚临水侧局部受拉破坏，试验结果与理论分析成果基本吻合。

因此，在应用时，应加强支撑的抗失稳设计，适当加厚柱脚板，减小破坏风险。

（3）结论

根据上述研究成果，试验方案设计的快拆快转封堵在挡水试验下的应力和位移基本满足相应规范要求，其受力主要集中在柱脚板、支撑等部位，实际位移受加工误差、橡胶压缩等因素影响，往往大于理论位移，结构破坏时，先破坏支撑结构，再拉坏柱脚。如在动载作用下，还要考虑动载增幅系数、疲劳强度、荷载方向与支撑不在同一平面等因素的影响。

因此，在实际应用时，应重点加强柱脚板和支撑等结构薄弱部位设计，在保证结构安全性的情况下，同时满足结构轻便性。

3）快拆快装封堵水下施工

快拆快装封堵施工工序如下：施工准备→清淤→水下定位→水下植筋→膨胀螺栓施工→边柱安装→立柱安装→快装快拆封堵安装→抽水检测验收→投入使用。

（1）清淤

将拟加固区域范围内快装快拆封堵前后 1.5m 的淤泥进行清除，如图 4.2-31 所示。

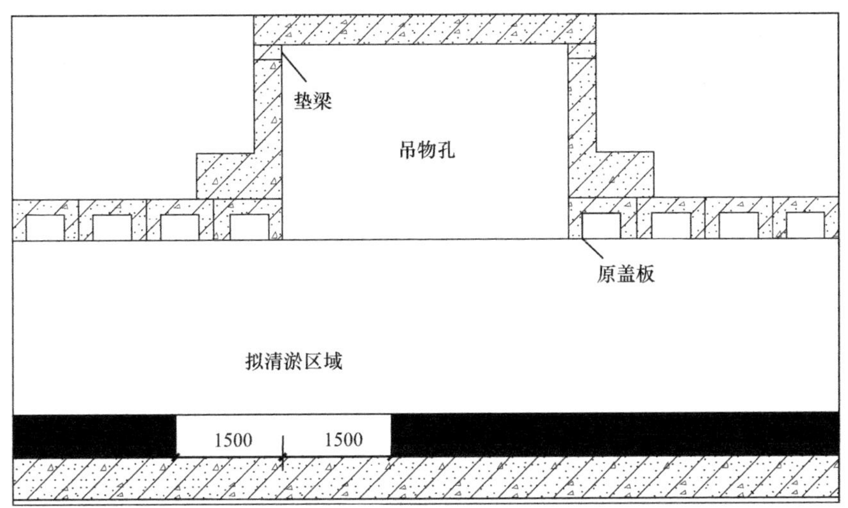

图 4.2-31　快装快拆封堵立柱清淤

（2）水下定位

定位主要包括中心定位、水平高度粗略定位和间距定位，确保把误差控制在 3mm 以内。

（3）水下植筋

用冲击钻钻孔，钻头直径应比钢筋直径大 5mm 左右，钢筋选用首钢生产的 ϕ25 钢筋，钻头选用 ϕ30 的合金钢钻头。孔深大小 375mm，实际钻深 400mm，钻孔时，钻头始终与柱面保持垂直。

（4）膨胀螺栓施工

① 根据要求，水下部分在水下进行膨胀螺栓放样。

② 选择与 M24 × 100 膨胀螺栓外径规格相配的水下合金钻头。然后参照膨胀螺栓的长度钻孔，孔深钻至 105mm，再将孔内清理干净。

③ 其中选择中部固定点安装平垫、弹垫和螺母，将螺母旋至螺栓和末端以保护螺纹，再将内膨胀螺栓插入孔内。

④ 拧动扳手直到垫圈和固定物表面齐平，如果没有特殊要求，一般用水拧紧后再用扳手拧 3～5 转。

⑤ 施工完成后，根据规范要求对完成的膨胀螺栓进行拉拔实验，实验值满足规范要求的拉拔值后，方可进行下一道工序施工，否则应拆除锚栓重新按工艺施工。

⑥ 侧墙及水上部分，搭设脚手架后，在井筒上利用膨胀螺栓预留 8.8 级膨胀螺栓

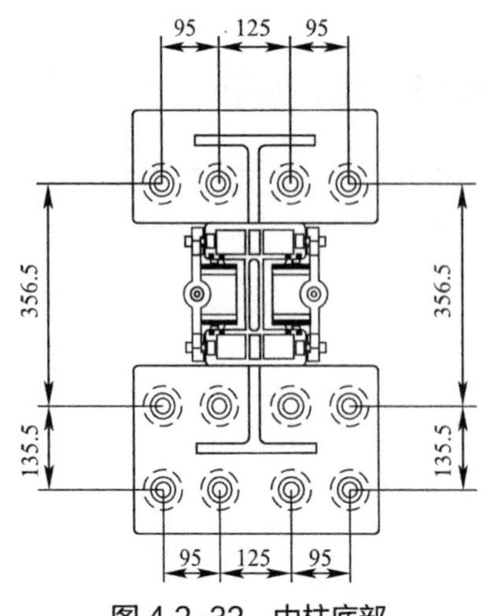

图 4.2-32　中柱底部

M10 × 90 车修壁虎的预留孔。

（5）柱体安装

预埋件全部施工完成，依次将边柱、中柱与预埋件通过螺栓固定，如图 4.2-32 和图 4.2-33 所示。

（6）快装快拆封堵安装

安装之前，应把底部固定件表面清理干净，随后取出不锈钢保护螺栓，并检查立柱底面防水胶条是否完好，有无脱落。利用底座底部的定位销对准孔位以后使用 ϕ17mm 或者 ϕ19mm 内六角电动扭力扳手或棘轮扳手（视实际螺丝规格而定）对角锁紧。禁止单颗螺丝在没对好孔位前先锁紧。安装挡板前，同样先检查镶嵌在挡板底部的防水胶条是否安装妥善，两头不能有多余胶条残留，假如挡板两头有多余胶条，使用美工刀修掉，安装好后保证挡板左右距离立柱基本相等，不能偏向一头。带止水海绵的挡板安装在最下面，其余带防水胶条的挡板依次往上安装，最后使用扣件，用 ϕ6mm 内六角扳手压紧挡板，左右两头同时下压，防止一头高一头低，用力均匀，勿蛮力操作，防止螺丝滑牙损坏扣件。逐节逐段安装后，形成防洪墙整体，如图 4.2-34 所示。

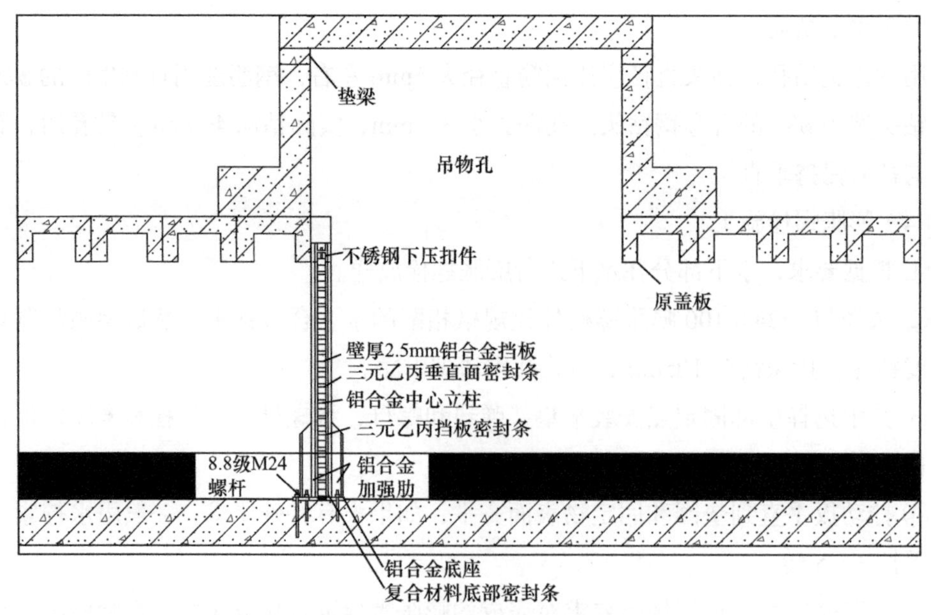

图 4.2-33　快装快拆封堵示意图

（7）快装快拆封堵拆除

届时，后续施工完成后，先平衡快装快拆封堵前后两侧水位，再松开压紧部件，

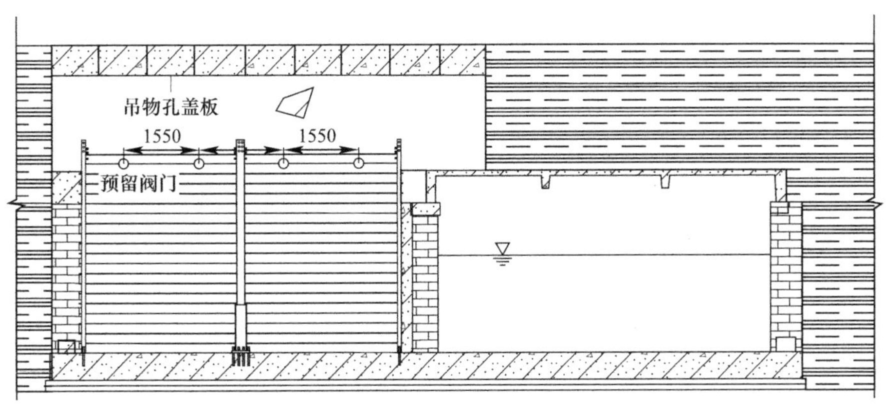

图 4.2-34　快装快拆封堵完成示意

逐步拆除快装快拆封堵，边柱与立柱则通过松开固定件螺丝进行拆除。墙体膨胀螺栓击打入墙，底部钢筋进行切割处理。

4）运用效果分析

黄孝河暗涵全线沿用快装快拆封堵封堵，共计 15 道快装快拆封堵。单处施工耗时为 72h，相较于砖砌封堵 144h，施工效率提升 50%，临时拆除时间耗时 3h，相较于砖砌封堵 96h，提高 96.88%，同时若开设配套的吊物孔，可进一步提高效率，封堵后，渗漏量基本为零，与砖砌封堵相当，封堵效果良好。该方法的缺点是对水下植筋的基材强度有一定要求，若无法保证基材强度，将对快装快拆封堵结构安全造成一定影响。

2. 组合式清淤

我国在 100 多年前便开始了对海、河、湖、涵及管道清淤的技术研究，适用于城市内河、内湖和暗涵等中小型清淤技术和设备主要包括三大类，可细分为 14 种清淤方式，如图 4.2-35 所示。

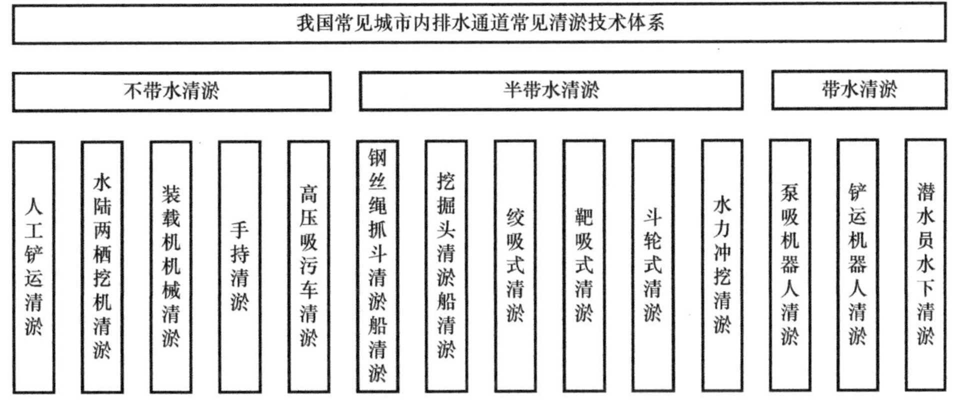

图 4.2-35　我国常见城市内排水通道清淤技术体系

城市主干排水暗涵属于有限空间作业，加之清淤频率较低（5 年清淤 1 次），往往存在淤积厚度深、清淤效率要求高、底部容易出现板结、部分特殊区域要求不进行断流、存在长距离无检查井等特点。因此，综合考虑上述要求，任意单一清淤方式无法有效解决上述存在的难点，且现存的暗涵清淤方式未成体系，野蛮施工现象普遍。因此，针对上述现象，优选清淤工艺，提出一种组合式清淤技术体系，如图 4.2-36 所示。

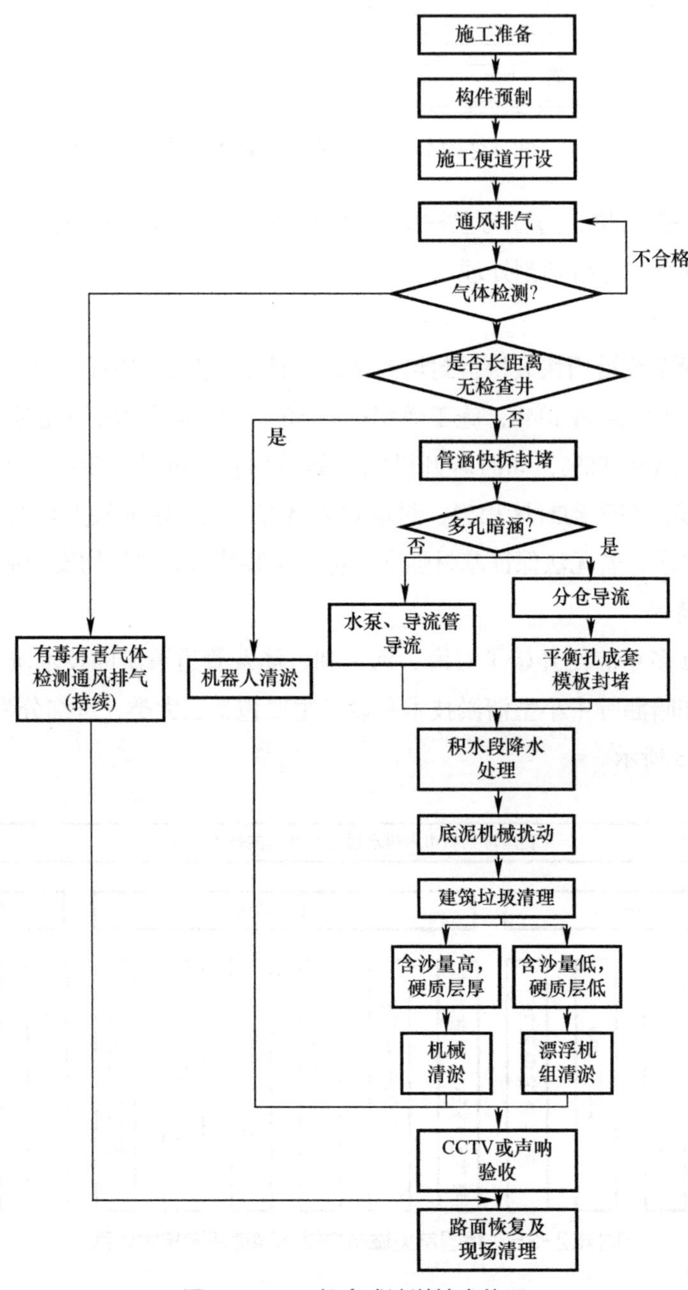

图 4.2-36　组合式清淤技术体系

组合式清淤技术体系核心主要包括两点：一是针对城市高密度建成区无法长时间占道的问题，创造性提出超大矩形检查井装配式预制通道；二是优选三种适用于城市合流制主干排水暗涵的清淤技术，明确工艺流程与标准。

1）装配式预制通道开设

根据城市管线规划要求，城市主干排水暗涵多位于城市主干交通要道正下方，开设人材机进出通道，若采用传统现浇模式，则需要长时间进行占道打围，因此针对该种情况，解决装配式设计思路，采用“异地装配式构件制作 + 临时沥青整体路面恢复 + 整体沥青分段恢复”，也用夜间 8h 完成施工便道开设，降低城市交通影响。

首先采用有限元模拟辅助拆分预制井筒，计算结果如下：①对于所需断面较小，整体吊装吨数小于 20t 的可采用整体式预制混凝土井筒结构（图 4.2-37）；②对于所需断面较大，吊装总吨数大于 20t 的施工便道结构，采用分体式预制混凝土井筒结构，同时考虑到拆分时，避开应力集中的位置，在短边处向内侧 1/6L～1/5L 进行拆分，拆分结果如下：

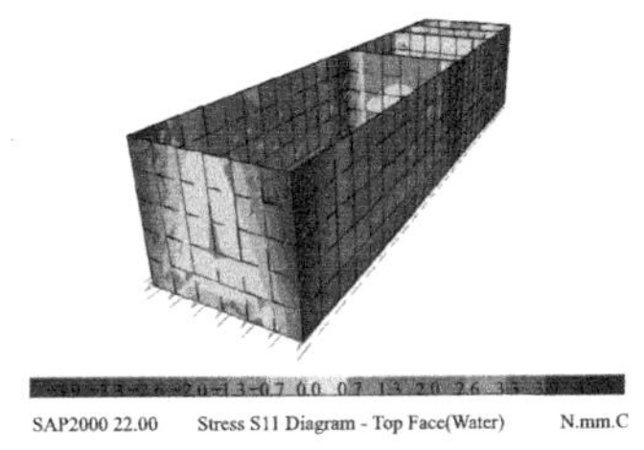

(a) 有限元计算结果

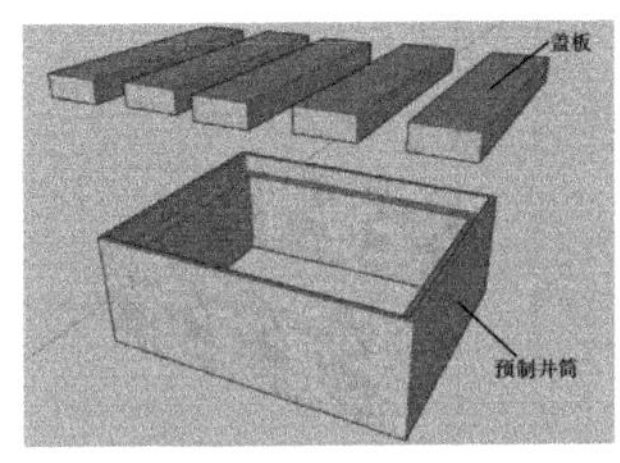

(b) 整体式预制井筒结构

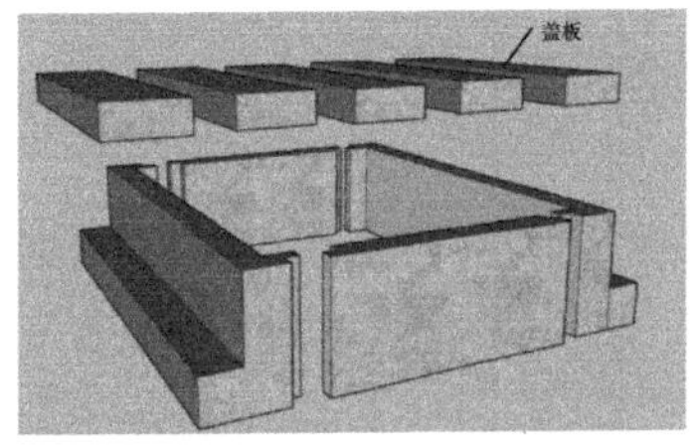

(c) 分体式预制混凝土井筒结构

图 4.2-37　有限元模拟辅助拆分预制井筒

为方便人材机进出及淤泥外运，每隔 400～600m 开设一处施工便道。为降低对交通及周边居民影响，施工便道开设优选夜间进行，其中，集中在 20:00—22:00 完成道路破除，22:00—次日凌晨 6:00 完成开挖、吊装及道路回填工作。

（1）占道打围。正式施工前，根据通过交管部门审批通过后的交通组织方案进行局部短时间占道打围。

（2）道路开挖。正式施工时，先对拟开挖区域外沿进行测量定位，后用切割机沿将原有道路结构层切割，之后采用大功率炮机破除路面结构，路面结构层破除完成后，采用挖机进行路基开挖。若开挖深度较深，且无法进行大范围放坡时，应采取支护施工，加设槽钢支护或钢板桩支护，开挖至暗涵顶板上方 50cm 时，采用人工开挖，以防破坏原有盖板。开挖完成后，清理干净暗涵表层。

（3）开设天窗。开挖完成后，若原暗涵为现浇结构，则将拟切割区域进行定位，之后采用切割机进行切除，若厚度较大，则采用水钻钻孔后绳锯切割，切除区域采用吊机进行固定，避免切割过程中切除原盖板掉落到暗涵内。全部切割完成后，采用吊机将切割区域吊装出。若原暗涵为简支梁结构，则先用冲击钻将梁与梁之间的填缝砂浆凿除，凿除完成后，在梁上采用水钻进行钻孔，之后通过钻孔将梁逐次吊出。

（4）安装井筒。暗涵天窗开设完成后，若采用整体式井筒结构，则在井筒与原暗涵连接处进行临时坐浆，若采用分体式井筒结构，除底部坐浆外，则在分体结构之间嵌缝遇水膨胀橡胶条，然后通过 M20 螺栓穿预留孔固定，之后采用 C35 膨胀混凝土嵌缝，如图 4.2-38、图 4.2-39 所示。

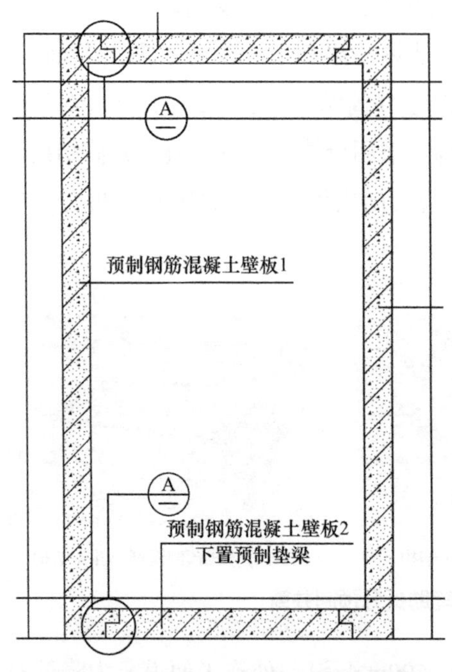

图 4.2-38　分体式预制井筒平面图

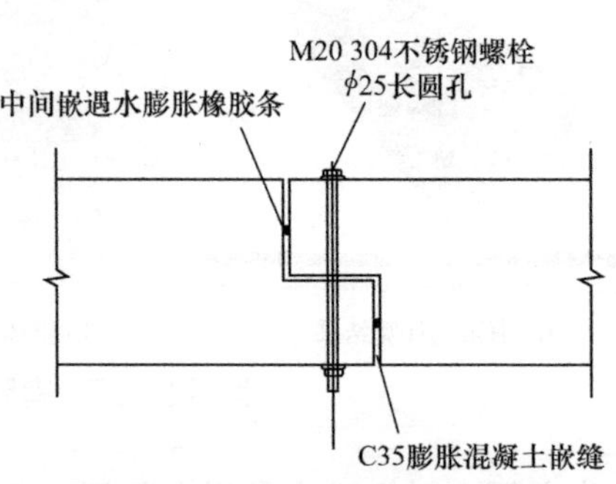

图 4.2-39　A-A 细部处理大图

（5）道路临时恢复。井筒安装完成后，盖上预制盖板，预制盖板与井筒之间采用聚苯板填缝，完成后在盖板上部回填临时冷补沥青进行临时回填，方便恢复交通。

（6）道路分段永久性恢复。后期采用道路铣刨机破除临时路面，分段恢复路面，将对道路的影响降低至最小。

8h 开设施工便道如图 4.2-40 所示。

2）机械清淤

机械清淤工艺主要适用于具备临时分段封堵条件的暗涵清淤，指在分段在暗涵上、下游建筑临时封堵围堰，采用水泵抽排或内部导流的方式将上游来水导流至下游，将封堵段暗涵内部污水抽干，然后通过小型装载机、挖掘机或其他清淤机械实施底泥清淤的方法。一般机械清淤工艺主要采用机械清淤为主。

图 4.2-40　夜间 8h 开设施工便道

其施工工序如图 4.2-41 所示。

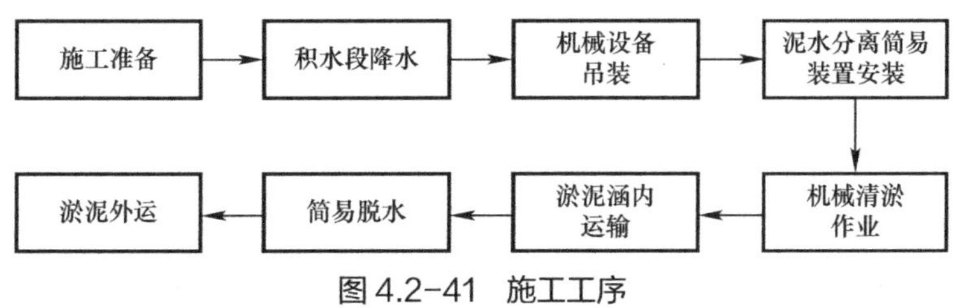

图 4.2-41　施工工序

（1）积水段降水：采用大功率水泵将封堵区域的积水进行抽排，直至暗涵内水位不超过 20cm。

（2）机械吊装：利用 15t 汽车式起重机将小型装载机及小型运输车通过施工便道吊运至暗涵内部。

（3）泥水分离简易装置安装：泥水简易分离将所有设备固定在一个密闭的箱体内，将箱体吊装至暗涵内部，减少暗涵上面占地面积。

（4）机械清淤作业：采用铲运机对淤泥进行铲运，铲运完成后，若装载车与简易脱水装置距离超过 150m，则需增设小型运输车辅助运输淤泥，运输车将淤泥运输至简易脱水机组中。

（5）简易脱水：进入筒体脱水机组的污水先经过搅拌机搅拌，再沉淀，将泥水分离开来，并通过添加专用水处理剂改善泥水分离后水体水质，经过分离和化学处理的污水进入多级沉淀池内，上层达到排放标准的清水则由排水口排出至暗涵内。沉淀的淤泥则通过底部排泥口输送至叠螺机进行挤压脱水，脱水后的污泥输送至螺旋输送机内，与大颗粒杂质一并输送至储泥内。

（6）淤泥外运：储泥区内的淤泥经过脱水可通过长臂挖机挖运出泥，后装入封闭式渣土车进行外运。

机械清淤作业示意图如图 4.2–42 所示。

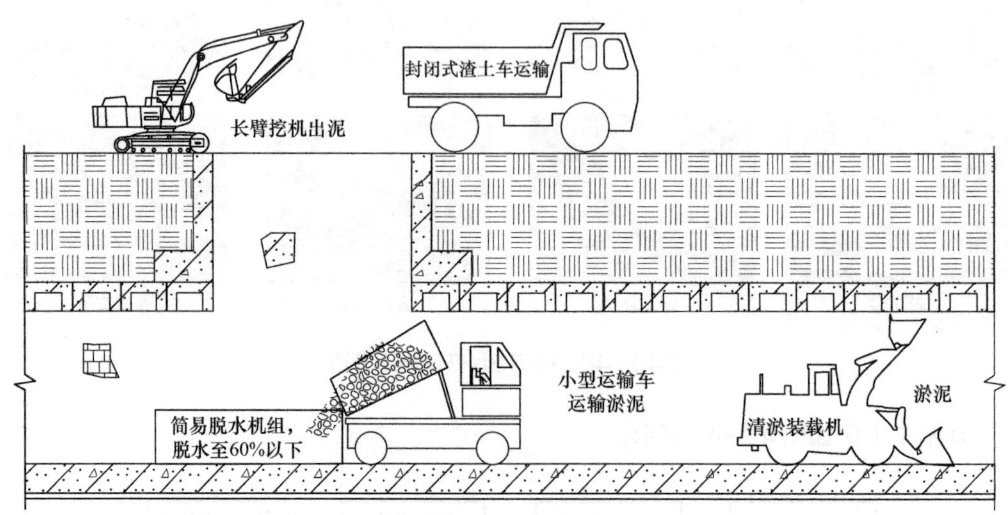

图 4.2–42 机械清淤作业

机械清淤的优点是可以比较直观地观察清淤状况，能保证清淤的彻底性，设备配置简单，易于操作，适用于沉积物内含砂率超 50% 且碎石料较多的底泥清淤；缺点是吊装设备要求单独开设吊物孔，且为满足设备操作要求，要求暗涵尺寸较大，适用范围较小，同时需要单独配套封堵措施，且清淤过程中容易产生有毒有害气体。

3）浮体清淤工艺

由于城市主干排水暗涵尺寸普遍在 3.0m × 2.0m 以上，内部空间较为充足，可采用机械化程度较高的小型特制漂浮式智能清淤机组进行清淤。小型特制漂浮智能清淤机组主要包括浮体结构、动力机构、清淤机构、垂直移动装置等。

漂浮机组清淤结构均为以浮体为操作平台和清淤机具的载体，通过装备在船上的梁架和卷扬控制吸泥口和冲挖或机械搅拌头的高低。水力冲挖头或机械搅拌头插入水体底泥，由水力或刀头将底泥切割粉碎，与周围水体混合形成流态泥浆，同时吸泥泵工作将泥浆抽吸入输泥管道。施工工序如图 4.2–43 所示，施工示意图如图 4.2–44 所示。

（1）吊装入位：采用 8t 的吊车将智能漂浮机组通过施工便道吊装至暗涵内部。

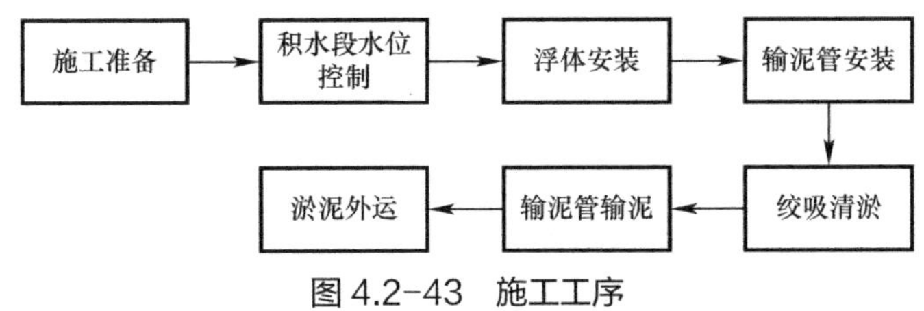

图 4.2-43　施工工序

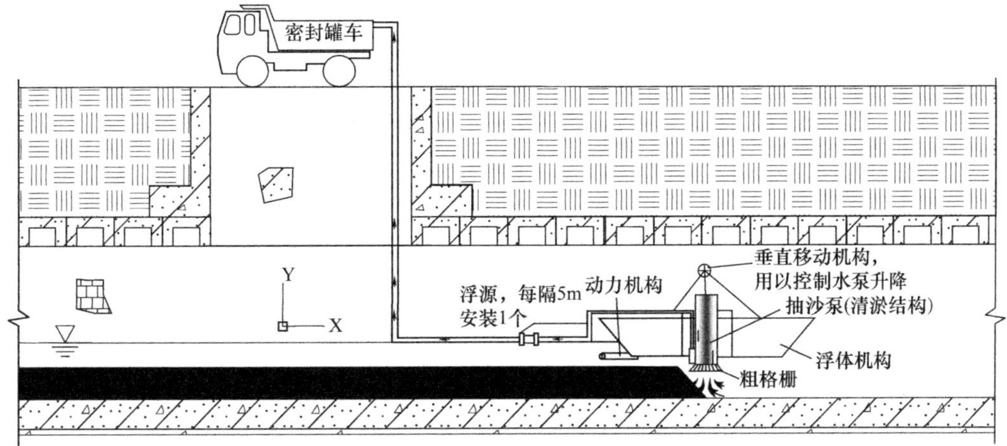

图 4.2-44　智能漂浮机组清淤作业

（2）控制水位：通过下游设置的水泵抽排将水位控制在距离淤积面 50cm。

（3）输泥管布设：安装 100mm 管径，水下管线组成采用 1 节钢管 +1 节胶皮套组成，浮体采用钢板制作的浮筒或高分子材料的浮体，每隔 5m 布置一个浮体。

（4）设备清淤：清淤采用后退式清淤，浮管安装完成后，开始利用抽沙泵清淤，利用捯链控制抽沙泵上下，底部和侧边安装 10cm 高的限位杆，用于防止碰撞底板和侧壁，抽出来的淤泥通过输泥管输送至外部密封罐车内，如图 4.2-45 所示。

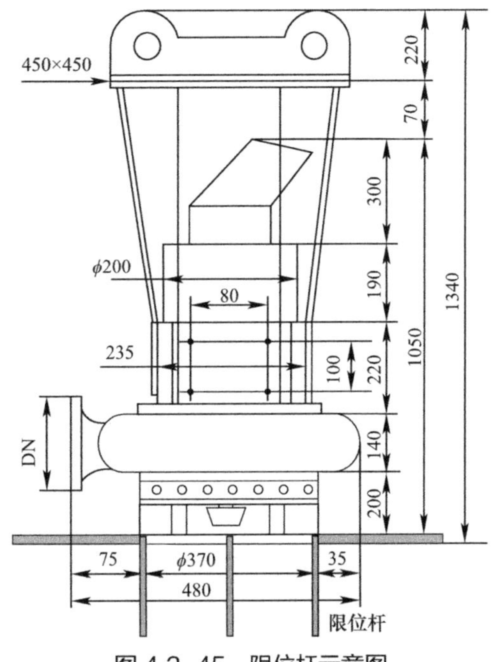

图 4.2-45　限位杆示意图

（5）薄层清理：清淤完成后，将水位抽干，采用人工高压水枪 + 吸污车配合的方式清淤，将底部 10cm 不方便清淤的部分清理干净。

该方法的优点是半带水清淤工艺施工效率较高，清淤过程中产生的有毒有害气体较少，在清淤过程中，底泥基本无外泄，清淤环境感官较好，适用于底泥未结硬块，较易破碎的暗涵，缺点是对于板结状况比较严重的底泥，该清淤工艺效率较低，且容易形成底泥漂浮扩散，难以保障清淤质量。

4）机器人清淤工艺

机器人清淤是指不进行封堵，清淤机器直接进入水体，与底泥直接接触的清淤方式，是近几年在国内较为热门的清淤方式。清淤机器人清淤主要包括声呐扫描淤积及垃圾情况、机器人选型、开孔、清理井室、机器人吊装入位、清淤作业。

（1）声呐扫描淤积及垃圾情况：用溯源检测机器人携带的声呐进行全线检测，确定泥层厚度及是否含有大型垃圾。

（2）机器人选型：机器人选型核心参数应关注清淤距离限制和清淤对象情况。泵送式清淤机器人在不加接力泵的情况下，多数是在200m以内，距离越长，则优先选择扬程越大的清淤机器人。此外，若暗涵内以建筑垃圾为主，则优先选用铲运式机器人。

（3）清理井室：用5m^{3}抓斗车或强力吸污车对吊物孔底部进行清理，清理出工作面，清理面积，长 × 宽不小于3m×3m，如图4.2-46所示。

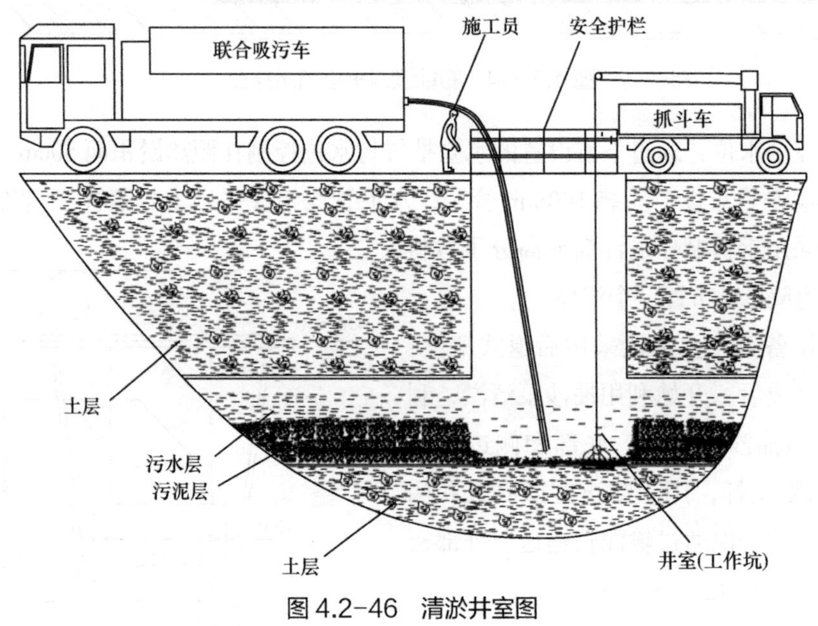

图4.2-46 清淤井室图

（4）清淤机器人吊装入位。吊装设备为8t汽车式起重机，清淤机器人从井室进入。吊装前检查泥管和线缆的连接情况，施工过程中注意防护设备，以免被磕碰损伤，如图4.2-47所示。

（5）清淤机器人进入工位后，调整好机器人位置，接通线缆，检查线路及各配套设备是否正常。启动清淤机器人，启动泥水分离站开始清淤作业。清淤机器人作业宽度为1.4m，利用自带的超声波测距雷达检测机器人本身与暗涵侧墙的距离确定行走

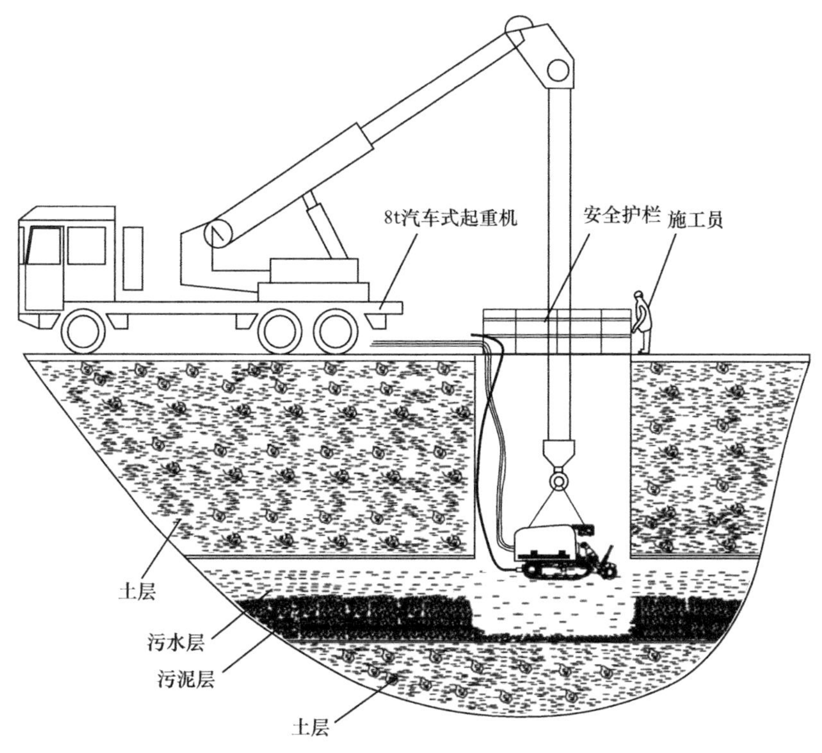

图 4.2-47 清淤机器人吊装图

轨迹，完成清淤作业。如清淤过程中遇到前进受阻或者前进完全失效的情况，首先应检查液压系统压力是否正常，确定系统压力正常后，再依次检查是设备机械故障或者现场障碍物因素。机器人清淤前进距离达到管线长度极限时，机器人需要原路退回，退回之前，机器人在地面控制台的控制下，取泥螺旋和渣浆泵不停转，机身后退 0.1～0.5m，然后原地空转 1～2min，以便让泥管中的淤泥排空，防止污泥在管中沉积。清淤机器人退回到原位后，调整超声波测距雷达的距离参数，将设定距离增加 1.4m，开始相邻区域的清淤作业，如图 4.2-48 所示。

（6）清淤过程中，泥水分离站产生的污水直接从检查井排到管网中，产生的固态污泥通过专用车辆运输到指定的污泥处理单位，进行下一步处理。

（7）清淤验收。再次用溯源检测机器人携带的声呐进行全线检测，确定清淤后的暗涵内淤泥层厚度。

该方法的优点是水下清淤机器人可实现水底行走，同时利用带有气动铰刀的绞吸口，对底泥进行铰切破碎、抽吸，不仅能将板结底泥切碎，还可以切断部分缠绕物，增大吸泥泵的通过性，提高效率，抽吸上来的含杂泥浆通过管道输送到地面处理系统进行后续处理。该机器具有指向装置，在 100m 范围内利用遥控设备遥控其行走、后退、转向。但该设备较小，主要用于不含大型建筑垃圾、生活垃圾的能容纳机器的所

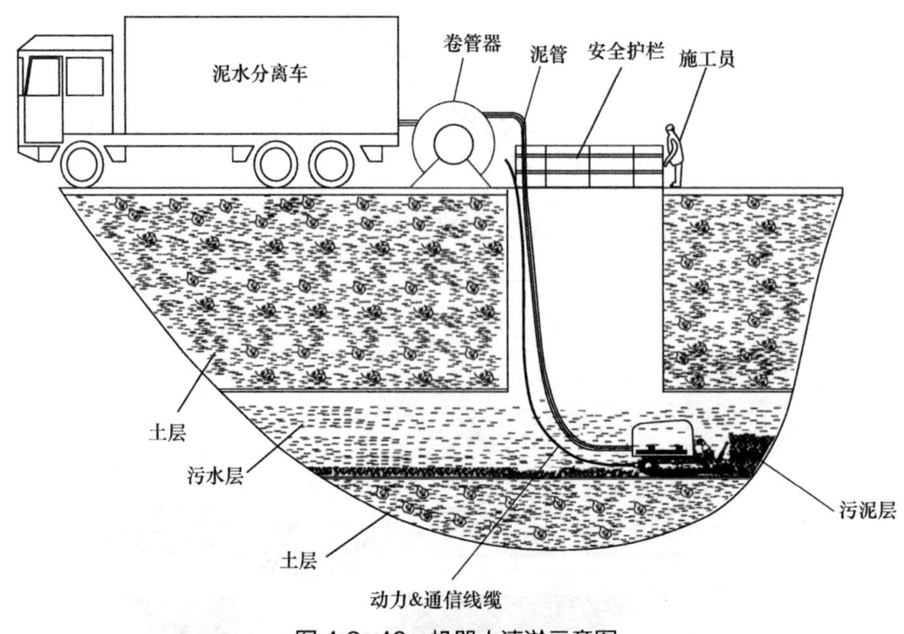

图 4.2-48　机器人清淤示意图

有暗涵河道，清淤过程与底泥输送一次性完成，输送过程采用全程管道输送，不会形成滴漏造成二次污染。适宜底部硬化的暗涵等水体。

其缺点是由于机器人清淤需要隐入水体，需要安装定位及方向装置，成本较高。同时，除铲运式机器人外，无法满足长距离清淤要求，泵吸式机器人无法解决块石清淤等难点。

5）清淤工艺对比分析

根据以上描述和现场使用情况，对比分析不带水清淤、半带水清淤和带水清淤三种清淤工艺，从施工难易度、施工效果、施工成本、施工后处理便捷性等方面来进行比较。清淤工艺对比见表 4.2-17。

清淤工艺对比表　　表 4.2-17

清淤工艺		清淤模式	代表性设备	操作难易性	清淤效率	清淤效果	施工成本	泥浆浓度	后续处理难度	清淤距离要求	适用性
组合清淤式	机械清淤	不带水清淤	装载机＋抓斗＋密封罐车	容易	150～300m³/d	较好，但对黑臭流态底泥清淤效果较差	150～250 元	原状底泥，浓度较高	较难，运输会滴漏	无要求，与封堵距离相关	4.0m × 3.0m 以上暗涵，对淤泥板结情况无要求
	浮体清淤	半带水清淤	漂浮泵吸机组＋密封罐车	一般	100～180m³/d	一般，臭底泥容易扩散形成二次污染	180～300 元	一般，8%～15%	浓度较低，后续费用高	一般不大于 200m	2.0m × 3.0m 以上暗涵，要求淤泥板结

续表

清淤工艺	清淤模式	代表性设备	操作难易性	清淤效率	清淤效果	施工成本	泥浆浓度	后续处理难度	清淤距离要求	适用性
组合清淤式 泵吸式机器人清淤	带水清淤	机器人清淤 + 密封罐车	一般	60～100m³/d	一般，臭底泥容易扩散形成二次污染，被冲至下游	330～430 元	一般，10%～15%	浓度较低，后续费用高	一般不大于 110m，特殊设备可超过 260m	2.0m × 2.0m 以上暗涵，要求淤泥无板结
传统人工清淤	不带水	手持水枪 + 高压吸污车	容易	25～50m³/d	一般，臭底泥容易扩散形成二次污染	180～300 元	一般，8%～15%	浓度较低，后续费用高	一般不大于 100m	2.0m × 2.0m 以上暗涵，要求淤泥无板结

（1）工程概况

黄孝河暗涵西起青年路，沿黄孝河西路、建设大道、黄孝河路，止于钢坝闸，总长约 5.0km，暗涵示意图见图 4.2–49，其中单孔长度约为 2200m（青年路—高雄路），双孔长约 1720m（高雄路—江大路），三孔长约 740m（江大路—社会主义学院），五孔长约 350m（社会主义学院—钢坝闸）。尺寸为 3.0m × 2.7m～（3～6.8）m × 3.0m，末端设置有 5 孔段，尺寸为（2～5.2）m × 3.0m+（3～5.8）m × 3.0m。如图 4.2–49 所示，平均坡度为 0.3%。暗涵平均水深在 2.0～3.0m，淤积深度从上游 0.3m 逐步向下游增加至 1.8m。总淤积量约为 8 万 m^3。

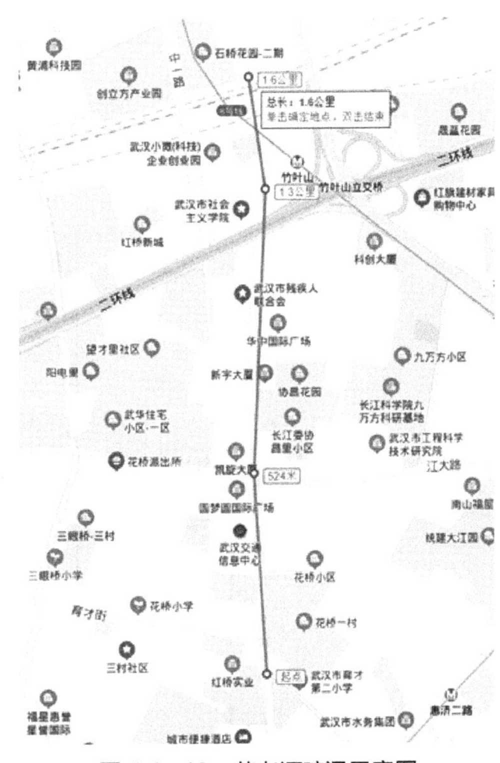

图 4.2–49　黄孝河暗涵示意图

黄孝河暗涵底泥中，根据检测含水率为 25% 左右，有机质含量较低（不足 3%），无重金属超标，含砂率为 58.4%，建筑垃圾较多，底部较多区域出现板结等情况。

（2）难点分析

① 有限空间作业，施工风险大。黄孝河暗涵是城区主排水渠，因顶盖封闭，暗涵内空气含有毒有害气体，在清淤施工之前，必须考虑有害气体的清除。

② 建筑垃圾多，底板淤泥板结严重。底泥杂质含量多，如建筑垃圾、树根树叶、塑料袋、烂布条等杂质，杂质不仅颗粒大小不一，软硬度不同，同时底部存在

5～15cm 的板结物，清淤难度大。

③ 局部存在特殊环境，传统清淤方式无法适用。暗涵尾端存在 400m 穿铁路段，无法开挖，且长距离无检查井，加之位于下游污水提升泵站前池，基本无法封堵断流，基本不可实现断流施工。

（3）方案设计

① 工艺流程

工艺流程如图 4.2-50 所示。

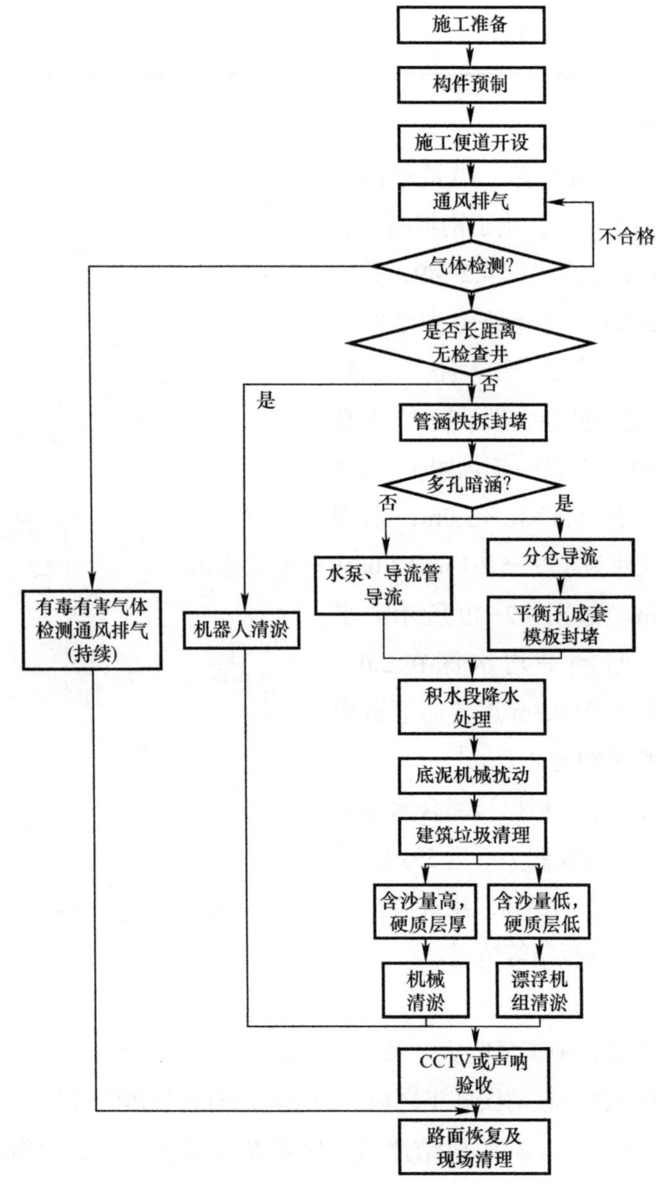

图 4.2-50 组合清淤工序图

② 其他安全技术要点

a. 通风检测

采用大功率流风机往暗涵暗涵检查井内持续送风；在断面的另一端头检查井内持续抽风，利用在暗涵顶部架设通风管路，加快暗涵内空气流通，使暗涵内空气质量满足人员作业安全要求。从中间路段垂直向下打设通气孔，加设鼓风管道进行通风。通风设备采用 2 台送风设备，从每个工作段的上游送新鲜空气至暗涵内，下游采取一台排风机进行排风，2h 后，用仪器检测暗涵暗涵内有害气体含量，当满足人员下井操作的条件时，才允许人员进入，且每隔 0.5h 再检测一次，确保涵内空气质量达到人员安全施工的要求。

此外，为避免在繁忙的交通主干线占道打围，创新型采用“格栅式井盖 + 检查井式风机 + 反喇叭口式导流器”通风体系，完美高效地解决了通风安全与交通繁忙难以占道的矛盾，如图 4.2-51 所示。

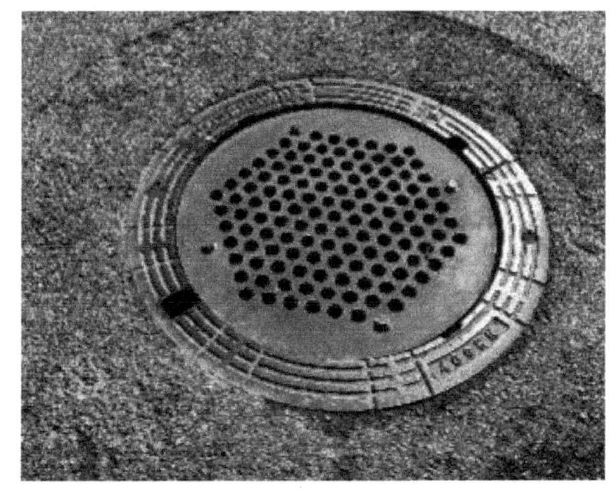

(a) 透气式井盖

(b) 反喇叭口式导流器

图 4.2-51　通风组件图

b. 照明

为保证暗涵内正常施工，在工作断面沿线暗涵暗涵壁上安装 12V 的防爆灯带，安全防爆灯带采用 LED 带灯罩防护的形式，如图 4.2-52 所示。

图 4.2-52　沿线防爆灯带

c. 路面恢复

盖板顶部距离路面有 20cm 高差，为方便后期周期性清淤，拟保留施工便道结构，上部分段回填薄层沥青。

（4）工程实施效果

采用机械清淤、漂浮机组清淤和机器人清淤相结合的组合清淤手段，相比传统人工清淤方式效率较高，相较于传统清淤方式（人工 + 吸污车），工期有效缩短了 50% 以上。通过施工便道，下放大功率大体量高效率清淤机组，暗涵内所需作业时间和作业人员压缩至最低，压低人员在有限空间内作业的总人次和总时间，同时人员和施工机械下井前，采用底泥扰动、机械强制通风等措施排除暗涵内有毒有害气体，并在施工过程中持续做好通风换气和有害气体浓度检测与预警。作业人员暴露在有限空间内的时间有效降低了 50% 以上。

3. 有限空间智慧管控技术

城市主干排水暗涵发挥着城市污水转运大动脉的功能，但当污水从大坡度的排水暗涵进入小坡度区域或暗涵断面面积增加，致使污水流速降低时，其所挟带的大量推移质泥沙和大颗粒悬移质淤泥就极易沉积在暗涵底部。随着时间推移，沉积物发生物理化学反应后会出现固化、板结现象，致使过流断面进一步减小。暗涵淤泥淤积不仅影响会排水暗涵的正常运转，且由于通沟污泥不断发酵，易产生腐蚀性气体而不断腐蚀暗涵表层，危害排水暗涵的结构安全。

目前我国大部分暗涵清淤主要采用机械清淤与人工清淤相结合的方式。但是由于城市主干排水暗涵多数位于城市主干道路下方，长时间占道施工难度较大，机械无法通过狭小的检查井进入暗涵内部，因此多数高密度建成区城市主干排水暗涵清淤多采用人工下井清淤的方式。排水暗涵内存在大量的有毒有害易燃易爆气体，作业前须进行气体检测，检测合格后方可下井作业。但是，在人工清淤作业后，底泥中大量有毒有害易燃易爆气体由于受扰动迅速释放，暗涵有限空间内有毒有害易燃易爆气体浓度急剧上升，对井下工作人员造成极大的安全隐患；同时，由于主干排水暗涵内流量较大，封堵导流后，上游来水量受降雨、支管流量等影响，容易出现上游水位短时间迅速升高的情况，会出现封堵失效险情，造成工作人员被冲至下游等不利情况。

随着我国大多数排水管网进入运营期，主干排水暗涵清淤项目日益增多。因此，为确保暗涵清淤作业安全进行，保障下井工作人员的人身安全，设计一种适用于城镇主干排水暗涵的清淤安全作业系统和方法迫在眉睫。

1）本体设计

本体主要组成如图 4.2−53 所示，结构示意如图 4.2−54 所示，排水暗涵清淤安全作业控制方法的流程如图 4.2−55 所示。

一种排水暗涵清淤安全作业控制系统分为风险感知层、风险决策层及风险响应层。所述风险感知层感知风险后，通过有线和 / 或无线形式将基础数据传输至风险决策层，风险决策层对基础数据进行风险评级，并制订不同应对策略，风险响应层根据风险应

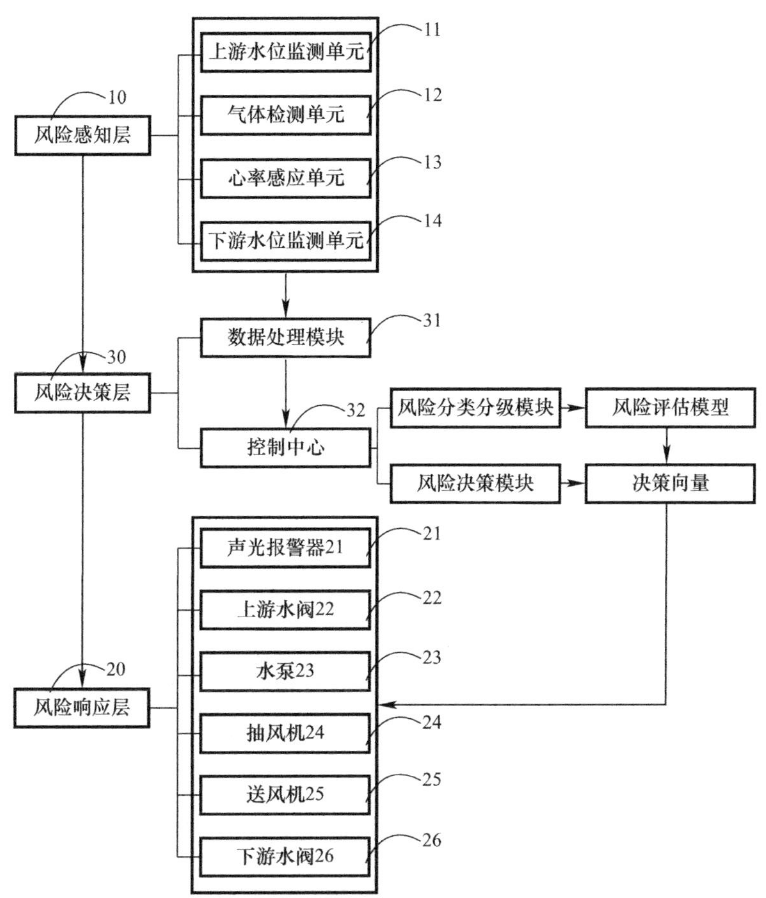

图 4.2-53　排水暗涵清淤安全作业控制系统的结构框图

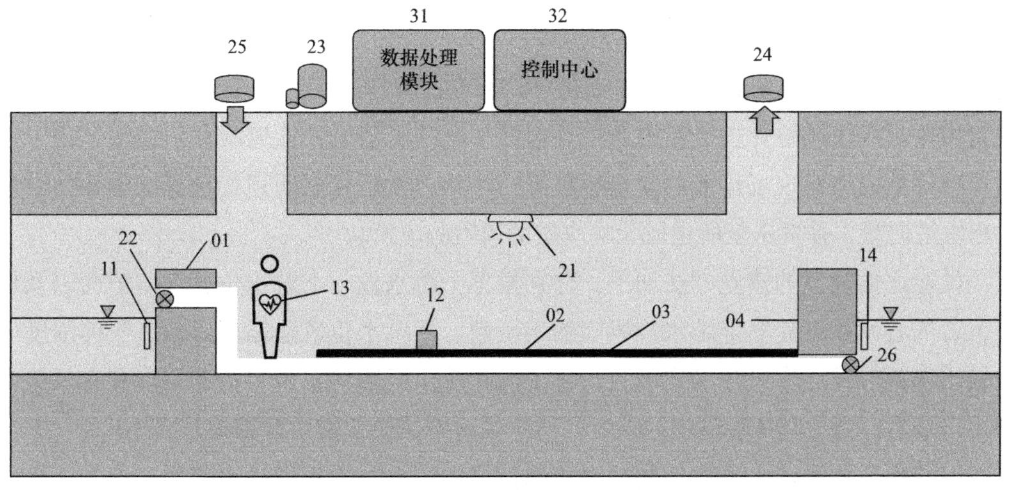

图 4.2-54　排水暗涵清淤安全作业控制系统的安装结构示意图

11—上游水位监测单元；12—气体监测单元；13—心率监测单元；14—下游水位监测单元；21—声光报警器；22—上游水阀；23—水泵；24—抽风机；25—送风机；26—下游水阀；31—数据处理模块；32—控制中心；01—上游围堰；02—导流管；03—污泥；04—下游围堰

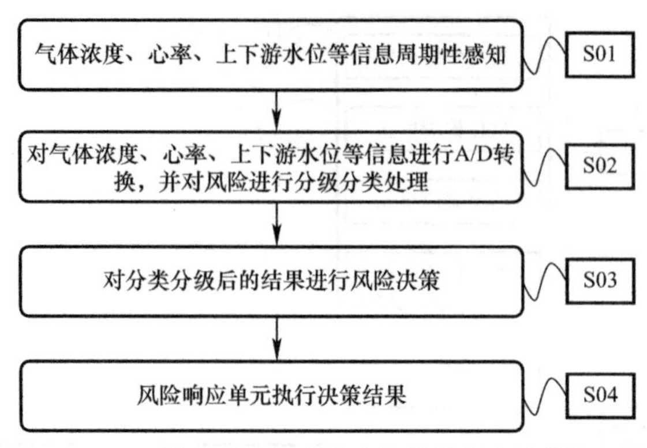

图 4.2-55 排水暗涵清淤安全作业控制方法的流程图

对策略进行相应的决策响应。

具体地，风险感知层包括安全监测模块，所述安全监测模块包括上游水位监测单元、气体监测单元（甲烷、硫化氢、一氧化碳及氧气）、心率感应单元及下游水位监测单元。

上游水位监测单元放置在上游围堰的迎水面处，采用投入式液位传感器，每间隔一定时间采集一次上游水位，采集水位数据通过有线传输至风险决策层。

四合一气体检测单元放置在暗涵内，每间隔一定时间采集一次甲烷、硫化氢、一氧化碳及氧气等气体的浓度，采集数据通过有线传输至风险决策层。

心率感应单元采用防水手环形式，佩戴在下井作业人员的手腕处，通过测量脉搏跳动推算人体心率 N，并通过蓝牙将心率 N 传输至风险决策层。

风险决策层主要包括数据处理模块和控制中心，数据处理模块将接收到的模拟信号进行 A/D 转化后，输入控制中心。

控制中心内含风险评估模块，所述风险评估模块又包括风险分类分级模块和风险决策模块。所述风险分类分级模块主要包括一个暗涵清淤作业风险评估模型，用于通过风险评估模型对现场作业的安全等级进行评估，然后根据所述安全等级的评估结果输出决策向量，并发送至所述风险响应层的风险响应模块。

风险评估模型的建立方法如下：分别根据上游水位、下游水位、气体浓度以及作业人员的心率数据建立上游水位风险输出函数、下游水位风险输出函数、气体浓度风险输出函数以及心率风险输出函数，每个风险输出函数均至少包括无风险和有风险两种输出结果；当为有风险输出结果时，所述风险响应模块发出预警信号。

上游水位风险输出函数还包括水流调控输出结果，用于通过水流调控控制上游水位，以使所述上游水位风险输出函数为无风险输出结果。

气体浓度风险输出函数还包括通风调控输出结果，用于通过通风调控控制气体浓度，以使所述气体浓度风险输出函数为无风险输出结果。

心率风险输出函数的有风险输出结果包括低风险和高风险输出结果，当为高风险输出结果时，所述风险响应模块发出预警信号的同时，还向后援管理模块发送支援信号。

决策向量包括导流阀的开关状态、水泵的开关状态、警报器的开关状态及通风量大小；所述风险响应模块包括分别与所述决策向量对应的导流阀单元、水泵单元、警报器单元和通风单元，用于根据所述决策向量进行相应的决策响应。

导流阀单元包括上游水阀和下游水阀，所述通风单元包括抽风机和送风机。

风险响应模块包括声光报警器、上游水阀、水泵、抽风机、送风机及下游水阀。

声光报警器采用防爆式声光报警器，控制中心通过 RS485 控制协议控制声光报警单元声光报警。

上游水阀安装在上游围堰内，开关状态受控制中心的控制，通过导流管与下游水阀相连。当控制中心通过 RS485 控制协议开启信号后，上游水阀开启，上游水通过上游水阀和下游水阀进入下游，导流管直径为 400mm。

下游水阀安装在下游围堰内，开关状态受控制中心的信号控制。

水泵放置在地表上，进水管取水口放置在上游污水内，出水管出水口放置在下游污水内。水泵共有 2 台水泵，单台水泵流量 Q 为暗涵日来水量均值，水泵选用耐腐蚀水泵，开启状态受控制中心指令控制。

送风机采用固定式轴流变频风机，变频设置三档风量，第一档风量 $Q=\max(Av, 20AL)$，其中 A 为暗涵断面面积，v 不小于 0.8m/s，L 表示为清淤段暗涵长度。第二档风量为 $2Q$，第三档风量为 $3Q$。

抽风机采用固定式轴流变频风机，变频设置两档风量，第一档风量 $Q=\max(Av, 20AL)$，其中 A 为暗涵断面面积，v 不小于 0.8m/s，L 表示为清淤段暗涵长度。第二档风量为 $2Q$，第三档风量为 $3Q$。

2）模型设计

暗涵清淤作业的风险评估模型主要包括水位、气体及人体心率等因素。如式（4.2-4）所示：

$$F=\begin{Bmatrix} f_1(x_1) \\ f_2(x_2) \\ f_3(x_3) \\ f_4(x_4) \end{Bmatrix} \tag{4.2-4}$$

其中，$f_1(x_1)$ 表示上游水位风险输出函数，x_1 表示实测上游水位，具体如式（4.2-5）所示：

$$f_1(x_1)=\begin{cases}0, x_1\leqslant 0.8H_{\min,\text{上游围堰}}\text{且}x_{1,\mathrm{T+\Delta t}}-x_{1,\mathrm{T}}\leqslant 3(x_{1,\mathrm{T}}-x_{1,\mathrm{T-\Delta t}})\\ 1, x_1\leqslant 0.8H_{\min,\text{上游围堰}}\text{且}x_{1,\mathrm{T+\Delta t}}-x_{1,\mathrm{T}}>3(x_{1,\mathrm{T}}-x_{1,\mathrm{T-\Delta t}})\\ 1, 0.8H_{\min,\text{上游围堰}}\leqslant x_1\leqslant 0.9H_{\min,\text{上游围堰}}\text{且}x_{1,\mathrm{T+\Delta t}}-x_{1,\mathrm{T}}\leqslant 0.05H_{\min,\text{上游围堰}}\\ 2, 0.8H_{\min,\text{上游围堰}}\leqslant x_1\leqslant 0.9H_{\min,\text{上游围堰}}\text{且}x_{1,\mathrm{T+\Delta t}}-x_{1,\mathrm{T}}>0.05H_{\min,\text{上游围堰}}\\ 3, 0.9H_{\min,\text{上游围堰}}\leqslant x_1\leqslant H_{\min,\text{上游围堰}}\end{cases} \quad (4.2-5)$$

式（4.2-5）中，x_1 表示上游水位，$H_{\min,\text{上游围堰}}$表示上游围堰 01 的顶部离暗涵底部的最小距离。$T+\Delta t$ 表示当前时刻。所述 Δt 依据暗涵长度和人行走速度确定，假设暗涵长 L，人正常行走速度为 1.1～1.4m/s，若暗涵高度低于 1.5m，则行走速度按照 0.55～0.70m/s 计算，则 $\Delta t=L/2v$。

其中，$f_1(x_1)=0$，表示无风险；

$f_1(x_1)=1$，表示需要进行水流调控，导流管 02 开启；

$f_1(x_1)=2$，表示需要进行水流调控，导流管 02 及水泵 23 均开启；

$f_1(x_1)=3$，表示有风险，警报器响起，发送预警信号，作业人员撤离。

$f_2(x_2)$ 表示为气体浓度风险输出函数，具体如式（4.2-6）所示：

$$f_2(x_2)=\max[f_{2,1}(x_{2,1}), f_{2,2}(x_{2,2}), f_{2,3}(x_{2,3}), f_{2,4}(x_{2,4})] \quad (4.2-6)$$

其中

$$x_2=\begin{Bmatrix}x_{2,1}\\ x_{2,2}\\ x_{2,3}\\ x_{2,4}\end{Bmatrix} \quad (4.2-7)$$

式中 $x_{2,1}$——一氧化碳 CO 实测浓度；

$x_{2,2}$——硫化氢 H_2S 实测浓度；

$x_{2,3}$——甲烷 CH_4 实测浓度；

$x_{2,4}$——氧气 O_2 实测浓度。

其中，CO 气体浓度风险输出函数如式（4.2-8）所示：

$$f_{2,1}(x_{2,1})=\begin{cases}0, x_{2,1}\leqslant 0.8c_{\mathrm{CO},\text{限值}}\text{且}x_{2,1,\mathrm{T+\Delta t}}-x_{2,1,\mathrm{T}}\leqslant 0.8c_{\mathrm{CO},\text{限值}}-x_{2,1,\mathrm{T+\Delta t}}\\ 1, x_{2,1}\leqslant 0.8c_{\mathrm{CO},\text{限值}}\text{且}0.9c_{\mathrm{CO},\text{限值}}-x_{2,1,\mathrm{T+\Delta t}}\geqslant x_{2,1,\mathrm{T+\Delta t}}-x_{2,1,\mathrm{T}}\geqslant 0.8c_{\mathrm{CO},\text{限值}}-x_{2,1,\mathrm{T+\Delta t}}\\ 1, 0.8c_{\mathrm{CO},\text{限值}}\leqslant x_{2,1}\leqslant 0.9c_{\mathrm{CO},\text{限值}}\text{且}x_{2,1,\mathrm{T+\Delta t}}-x_{2,1,\mathrm{T}}\leqslant 0.8c_{\mathrm{CO},\text{限值}}-x_{2,1,\mathrm{T+\Delta t}}\\ 2, x_{2,1}\leqslant 0.8c_{\mathrm{CO},\text{限值}}\text{且}c_{\mathrm{CO},\text{限值}}-x_{2,1,\mathrm{T+\Delta t}}\geqslant x_{2,1,\mathrm{T+\Delta t}}-x_{2,1,\mathrm{T}}\geqslant 0.9c_{\mathrm{CO},\text{限值}}-x_{2,1,\mathrm{T+\Delta t}}\\ 2, 0.8c_{\mathrm{CO},\text{限值}}\leqslant x_{2,1}\leqslant 0.9c_{\mathrm{CO},\text{限值}}\text{且}x_{2,1,\mathrm{T+\Delta t}}-x_{2,1,\mathrm{T}}\leqslant 0.8c_{\mathrm{CO},\text{限值}}-x_{2,1,\mathrm{T+\Delta t}}\\ 3, x_{2,1}\leqslant 0.8c_{\mathrm{CO},\text{限值}}\text{且}x_{2,1,\mathrm{T+\Delta t}}-x_{2,1,\mathrm{T}}\geqslant c_{\mathrm{CO},\text{限值}}-x_{2,1,\mathrm{T+\Delta t}}\\ 3, 0.8c_{\mathrm{CO},\text{限值}}\leqslant x_{2,1}\leqslant 0.9c_{\mathrm{CO},\text{限值}}, x_{2,1,\mathrm{T+\Delta t}}-x_{2,1,\mathrm{T}}\geqslant 0.9c_{\mathrm{CO},\text{限值}}-x_{2,1,\mathrm{T+\Delta t}}\end{cases}$$

（4.2-8）

$f_{2,2}(x_{2,2})$，$f_{2,3}(x_{2,3})$ 与 $f_{2,1}(x_{2,1})$ 类似，将 c_{CO}，限值替换为 c_{H_2S}，限值，c_{CH_4}，限值即可。具体地，c_{CO}，限值 =1.25%，c_{H_2S}，限值 =0.43%，c_{CH_4}，限值 =0.5%。

式（4.2−8）中，除考虑气体浓度外，还考虑了气体变化趋势，主要原因是暗涵底泥在受扰动的过程中，潜藏在底泥中的有毒有害易燃易爆气体迅速扩散至暗涵内，因此需重点考虑气体变化趋势。

O_2 的气体浓度风险输出函数如式（4.2−9）所示：

$$f_{2,4}(x_{2,4})=\begin{cases}0, 20.0\%<x_{2,4}\leqslant 22.0\% \\ 1, 22.0<x_{2,1}<23.5 \text{且} \max[f_{2,1}(x_{2,1}), f_{2,1}(x_{2,2}), f_{2,1}(x_{2,3})]=0 \\ 2, 19.5\%<x_{2,4}\leqslant 20.0\% \\ 2, 22.0<x_{2,1}<23.5 \text{且} \max[f_{2,1}(x_{2,1}), f_{2,1}(x_{2,2}), f_{2,1}(x_{2,3})]=1 \\ 3, x_{2,4}\leqslant 19.5\% \\ 3, 22.0\%\leqslant x_{2,4}<23.5\% \text{且} \max[f_{2,1}(x_{2,1}), f_{2,1}(x_{2,2}), f_{2,1}(x_{2,3})]=2 \\ 3, x_{2,4}\geqslant 23.5\%\end{cases} \tag{4.2-9}$$

由于氧气消耗具有连续性，不存在突变等特点，因此不考虑氧气浓度突增及突降风险因素。

其中，$f_2(x_2)$=0，表示无风险；

$f_2(x_2)$=1，表示需要进行通风调控，且通风功率增加至 2 倍；

$f_2(x_2)$=2，表示需要进行通风调控，且通风功率增加至 3 倍；

$f_2(x_2)$=3，表示有风险，警报器响起，发送预警信号，作业人员撤离。

$f_3(x_3)$ 表示心率风险输出函数。由于进入暗涵后，除气体和水位外，仍存在较多不确定因素造成人体出现不正常反应。常规做法是采用井上人员每隔一定时间通过对讲机与井下人员进行沟通。但是，在实践过程中，诸多因素会造成该方式无法在整个作业时间内持续。为确保井下人员安全，采用心率监测井下作业人员的生命体征健康程度。心率风险输出函数如式（4.2−10）所示：

$$f_3(x_3)=\begin{cases}0, 60\leqslant x_3\leqslant 100 \\ 1, 40<x_3<60 \\ 1, 100<x_3<120 \\ 2, x_3\leqslant 40 \\ 2, x_3\geqslant 120\end{cases} \tag{4.2-10}$$

其中，$f_3(x_3)$=0，表示无风险；

$f_3(x_3)$=1，表示有风险，警报器响起，发送预警信号，作业人员撤离。

$f_3(x_3)$=2，表示有风险，警报器响起，发送预警信号，作业人员撤离，且向后援管理层发送支援信号。

f_4（x_4）表示下游水位风险输出函数，如式（4.2-11）所示：

$$f_4(x_4)=\begin{cases}0, x_4 < x_1 \leqslant 0.9H_{\min,\text{上游围堰}} \text{且} f_1(x_1)=0 \\ 1,\text{其他}\end{cases} \quad (4.2\text{-}11)$$

其中，f_4（x_4）=0，表示无风险；

f_4（x_4）=1，表示有风险，警报器响起，发送预警信号，作业人员撤离。

风险输出函数与输出结构如表 4.2-18 所示。

风险输出函数与输出结果的对应表　　表 4.2-18

输出函数	0	1	2	3
f1	无变化	导流管开启	导流管及水泵开启	警报器响起
f2	无变化	通风功率增加至 2 倍	通风功率增加至 3 倍	警报器响起
f3	无变化	警报器响起	发送预警信号至后援管理层	—
f4	无变化	警报器响起，人员撤离	—	—

特别地，基于上述风险评估模型，所述风险决策模块的决策向量如式（4.2-12）所示：

$$Y=(y_1, y_2, y_3, y_4) \quad (4.2\text{-}12)$$

其中，y_1 表示导流阀开关状态，0 表示关，1 表示开；

y_2 表示水泵 23 开关状态，0 表示关，1 表示开；

y_3 表示警报器开关状态，0 表示关，1 表示开；

y_4 表示通风量大小，0 表示 1 台通风，1 表示 2 倍功率，2 表示 3 倍功率。

根据风险输出函数相应的输出结果，得到决策向量的输出值；然后风险响应模块根据决策向量的输出值，进行相应的决策响应，最终实现对排水暗涵清淤安全作业的控制。

基于上述排水暗涵清淤安全作业控制系统，本发明提供的排水暗涵清淤安全作业控制方法，包括以下步骤：

（1）通过安全监测模块对排水暗涵进行现场安全监测；所述现场安全监测包括上游水位监测、气体浓度监测、作业人员心率监测及下游水位监测。

（2）数据处理模块对气体浓度、心率、上下游数位等信息进行 A/D 转换，并对风险进行分级分类处理。

（3）风险评估模块根据所述分级分类处理结果进行风险决策。

具体地，上游水位风险输出函数、下游水位风险输出函数、气体浓度风险输出函数以及心率风险输出函数分别进行水位、气体浓度及人体生命体征的风险评估，并分别输出评估结果；

（4）若所述风险评估的结果为无风险，则作业人员继续作业进程；若所述风险评估的结果为有风险，则风险响应模块向作业人员发送预警信号，作业人员撤离。

上游水位风险输出函数还包括水流调控输出结果，用于通过水流调控控制上游水位，以使所述上游水位风险输出函数为无风险输出结果。如通过设置于上游围堰内的上游水阀、导流管以及下游水阀实现对水位的调控，以保证作业人员的作业安全。

气体浓度风险输出函数还包括通风调控输出结果，用于通过通风调控控制气体浓度，以使所述气体浓度风险输出函数为无风险输出结果。如通过抽风机和送风机，加速暗涵内的气体流动，进而降低有害气体浓度，以保证作业人员的作业安全。通风调控输出结果还包括多个等级输出结果，用于控制通风功率大小。

心率风险输出函数的有风险输出结果包括低风险和高风险输出结果，当为高风险输出结果时，所述风险响应模块发出预警信号时，还向后援管理模块发送支援信号。此种情况是为了应对作业人员无法自行撤离的情况，以便及时救援。

排水暗涵清淤安全作业控制方法是基于排水暗涵的主要风险因素，同时对暗涵的上、下游水位、气体浓度及作业人员的心率进行监测和评估，并分别输出评估结果和决策向量。决策向量不仅包含有无风险的预警，还包括低风险时的水流和通风调控，以使水位和气体浓度能够保持在无风险状况。如此操作，不仅能提高作业人员的安全等级，还能提高安全作业的上限值，以免在低风险时就发出预警撤离信号，耽误作业进度。采用的上游水位风险输出函数和下游水位风险输出函数不仅考虑了当前水位的高低，还根据暗涵长度以及作业人员行走速度，考虑了水位的变化趋势。气体浓度风险输出函数不仅考虑了气体当前的浓度，还考虑了气体浓度的变化趋势。再结合作业人员的心率数据，能够实现全方位且合理的作业安全评估和控制，进一步提高作业安全等级。

3）平台应用

基于上述原理，该管控平台采用 C/S 结构，基于 PLC 操作界面，集成环境因素识别、环境因素分级评估及应急响应等功能，已成功开发并运用至黄孝河机场河流域综合治理一期项目。控制界面见图 4.2-56，现场操作平台见图 4.2-57，相关组件如图 4.2-58～图 4.2-62 所示。

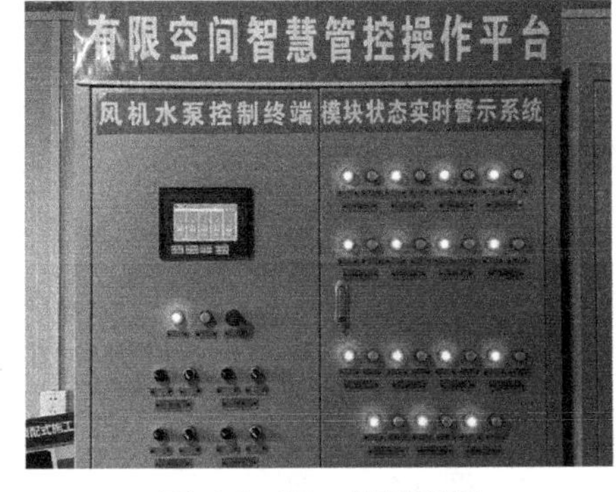

图 4.2-56 控制界面

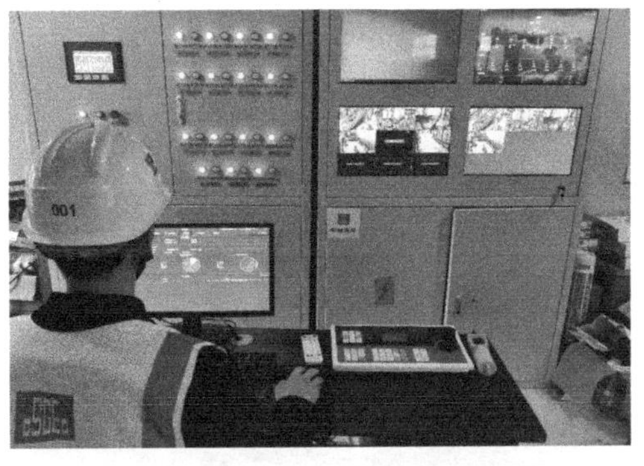

图 4.2-57 操作平台

图 4.2-58　应力实时监测

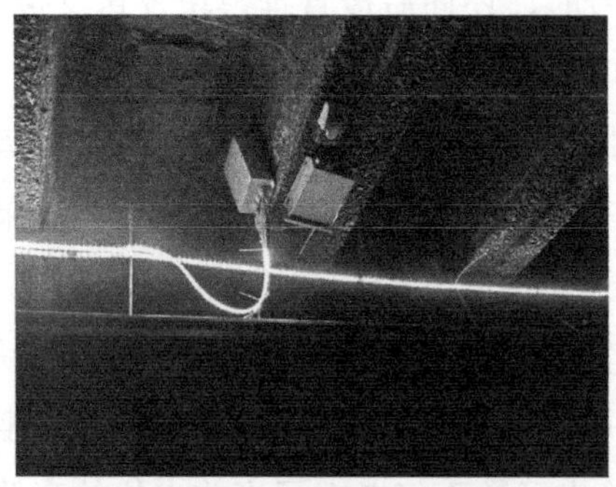

图 4.2-59　声光报警装置

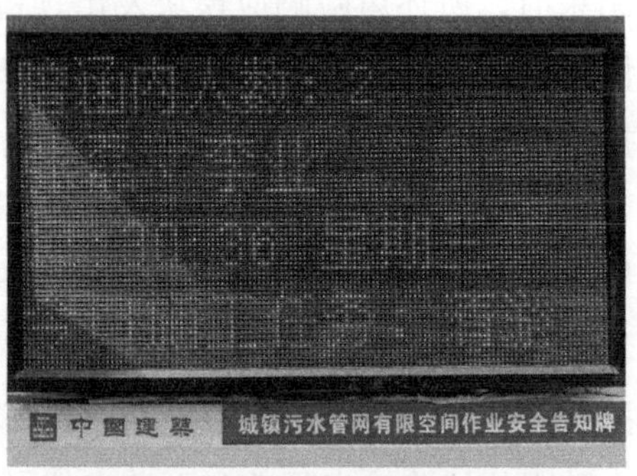

图 4.2-60　进出口管控显示屏

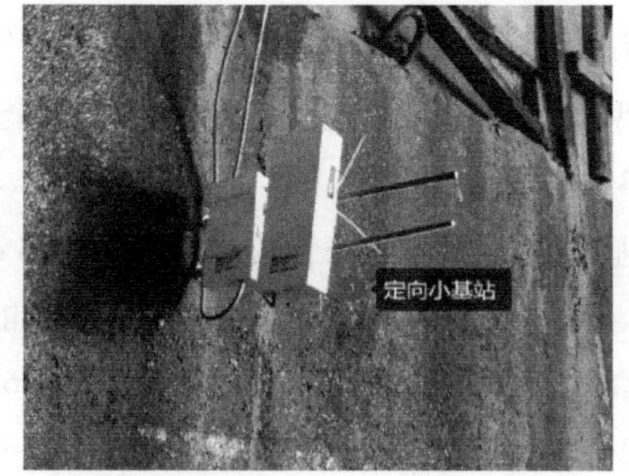

图 4.2-61　智能安全帽 + 小型基站

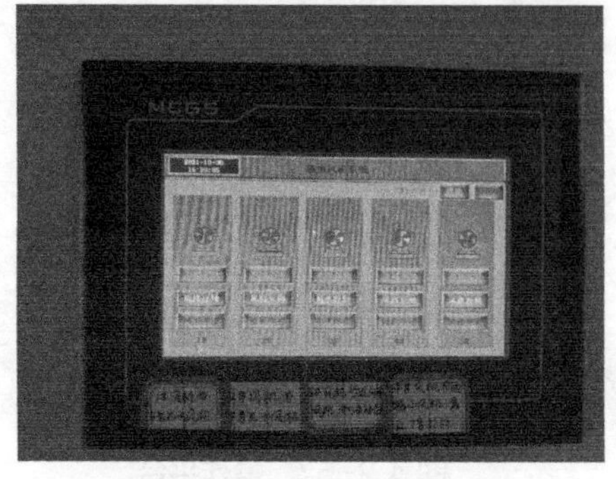

图 4.2-62　风机控制模块

当前该项目在该平台的辅助下，已完成 60km 城市主干排水暗涵有限空间作业工作，下井人次总计 2.5 万人次，是全华中地区最大规模的城市主干排水暗涵清淤修复项目，工程开展至今，无一例伤亡事故。有限空间智慧管控平台运用效果良好，如图 4.2-63、图 4.2-64 所示。

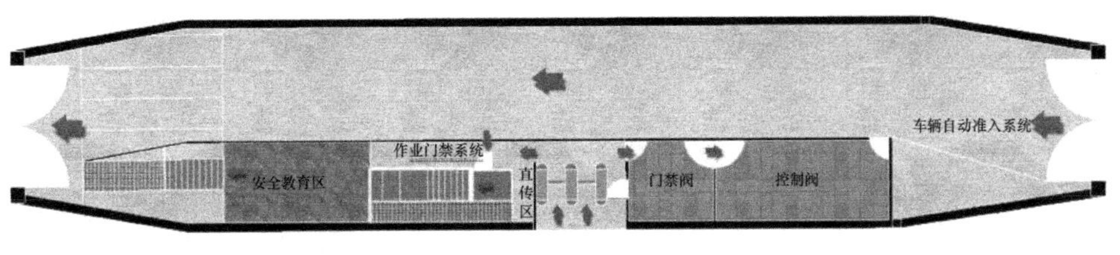

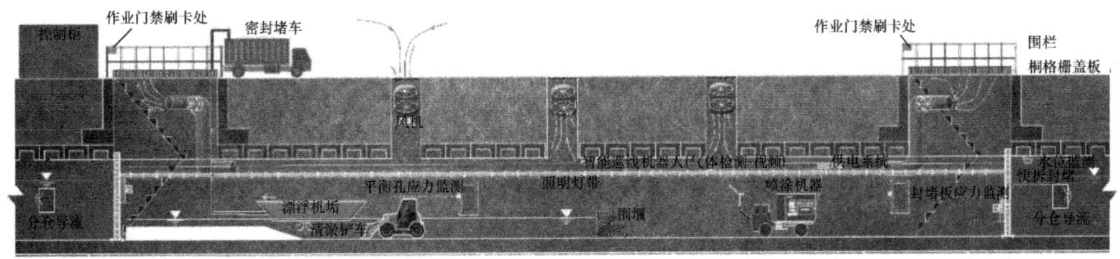

图4.2-63　清淤修复流水线安全作业全景图

图4.2-64　现场布置清淤平面图

4.2.3　城市主干排水暗涵腐蚀修复技术

1. 老旧箱涵止水止渗技术

1）背景

排水系统是城市重要的市政基础设施，沿城市道路呈网状分布，承担着雨污水收集、转运以及处理等功能，按其输送介质不同，可分为城市污水管网、工业废水管网及雨水管网；按排水体制主要可分为合流制和分流制两种类型。随着城市建设的快速发展，市政排水管网规模越来越大，然而由于建设时财政资金受限、工程质量控制及移动荷载设计标准低，加之污水长期浸泡腐蚀以及养护不到位等原因，城市早期建设箱涵已出现不同程度的损坏，根据《城镇排水管道检测与评估技术规程》CJJ 181—2012 规范，目前城镇排水管道缺陷主要包含 7 种功能性缺陷和 10 种结构性缺陷，其中，渗漏缺陷在南方多降雨及地下水丰富城市箱涵中最为常见。箱涵污水通过渗漏通道外溢污染土壤及地下水，并且污水不断流动带走箱涵周边土体，造成空洞，容易引起道路坍塌。因此，城市老旧箱涵渗漏治理技术研究迫在眉睫。

2）箱涵渗漏现状

通过 CCTV 检测及结构检测评估分析，黄孝河箱涵缺陷共计 3736 处，渗漏缺陷占比达到 42.3%，根据渗漏状态及水量情况，可将渗漏分为以下三种：

（1）盖板拼缝有明水渗出，水压渗漏量较大，共计 813 处，占比为 51.45%。

（2）盖板和侧墙搭接处缝隙有明水渗出，水压渗漏量较小，共计 425 处，占比为 26.89%。

（3）侧墙无明水渗出，但缝隙潮湿，共计 127 处，占比为 8.04%。

3）渗漏原因分析

引起排水箱涵渗漏水的原因较多，主要有静态因素（如管材、尺寸、年龄、土体类型）和动态因素（如气候、阴极保护、压力区变化），造成箱涵渗漏的原因主要有以下几个方面。

（1）原有施工质量差：早期的施工技术还未成熟，加上材质较差，导致箱涵在长时间运行中地基沉降或地面移动荷载过大而产生结构性破坏，出现部分缝隙形成线漏；

（2）外部水压大：南方城市地下水资源丰富，箱涵长时间处于外部高水压状态，再加上当时建设资金受限，混凝土选用低强度等级水泥，级配未考虑防渗要求，造成箱涵局部出现渗漏通道；

（3）砂浆嵌缝失效：盖板拼缝间水泥砂浆由于地基沉降以及长时间外部高水压冲击而出现脱落流失现象，导致箱涵出现渗漏。

4）施工难点

结合黄孝河项目现场实际情况，当前止水止渗工作难点主要集中为以下三种：

（1）缝隙清理难度大，耗时长：需要人工清理盖板拼缝中的杂质，为后续注浆提供清洁空腔，但因缝隙狭小，清理难度大，耗时耗力。

（2）渗漏带压状态下常规注浆技术难度大：箱涵堵漏是在带水情况下作业，在施工过程中，大多空隙出现渗水带压情况，常规注浆方式极易造成浆液流失，严重影响堵漏效果。

（3）常规注浆方式耗材大，效果差：盖板拼缝为通缝，直接骑缝注浆，浆液将沿缝隙外泄至土体之中，此外，拼缝为临空缝，浆液注浆过程中将沿池壁滴落，导致注浆填缝不饱满，耗材较大。

5）技术材料比选

（1）常规止水止渗工艺

目前地下工程渗漏治理常用技术措施有缝隙直接注浆止水，壁后注浆、快速封堵、嵌填密封等，四种技术措施概述如下：

① 缝隙直接注浆止水是指在压力作用下注入灌浆材料，切断渗漏水流通道的方法。

② 壁后注浆是向盖板与土体间空隙注入灌浆材料，达到防止地层形变、阻止渗漏等目的的施工过程。

③ 快速封堵是采用快速瞬凝水泥将裂缝面封堵密实，以修复渗漏病害的方法。

④ 嵌填密封是采用密封材料对渗漏病害进行密封，以修复渗漏病害的方法。

经过现场实际运用，工程人员发现单一工艺无法长时间有效封堵渗漏通道，并不满足施工要求。因此，需研发出一种新型的止水止渗技术。

（2）创新止水止渗工艺

根据渗漏特点，创新采用多种工艺结合的方式进行治理，其核心步骤是注浆技术，而注浆材料和注浆压力的选择是注浆工程的关键因素。注浆材料关系到注浆工艺、工期、成本及注浆效果，选择注浆材料时应考虑凝胶时间、粘结性、耐久性、适用性、无污染等因素。目前常用的灌浆液有以下几种，其优缺点及适用性如表4.2-19所示。注浆压力是注浆成功的重要因素，不同渗漏点浆液的扩散半径、渗透系数以及孔隙率都存在差异，故所需灌浆压力有所不同，具体注浆压力的设计存在一定难度，灌浆压力主要涉及两方面的矛盾，灌浆压力过小，在裂缝处可能存在未粘结的地方，达不到修补裂缝的目的；另一方面，由于裂缝尖端存在应力集中区域，压力过大会导致裂缝扩展、延伸。

常用灌浆液优缺点　　表4.2-19

种类	水泥浆液	水泥－水玻璃（硅酸钠）	改性环氧灌浆液	油溶性聚氨酯灌浆液	丙烯酸盐灌浆料
组分	硅酸盐水泥、外掺料	水泥、水玻璃、速凝剂、缓凝剂	改性环氧树脂、添加剂	丙烯酰胺和其他交联剂、引发剂	丙烯酸盐、引发剂、促进剂
特点	1. 结石率高，抗压强度高； 2. 材料来源广，成本较低	1. 可通过调节比例控制凝结时间； 2. 结实率能达到100%； 3. 材料来源丰富，价格较低	1. 黏度低、流动性好、渗透性强； 2. 可操作时间长，固化收缩率小； 3. 常温反应固化，固化物抗压强度、抗拉伸强度高	1. 黏度低，遇水迅速胶凝、膨胀； 2. 粘结性好，韧性高； 3. 膨胀率大； 4. 单液注浆，施工设备简单	1. 可灌性好，黏度较低； 2. 抗渗性好，固结体具有极高的抗渗性； 3. 凝胶体具有一定的弹性，延伸率大于100%
缺点	稳定性差，遇水易沉析	碱性浆液凝胶体存在脱水收缩和腐蚀现象	易燃、不易降解、耐冲击性和耐湿性差	不适合0.2mm以下细微裂缝，抗变形能力差	不能很好地适应裂缝或接缝的形变

续表

适用场合	适用于 0.2mm 以上裂隙及 1mm 以上粒径的砂层使用	地下水流速较大的地层，可用于防渗和加固	可观细小裂缝（>0.1mm）	适用地铁、箱涵、水坝、车库等地下工程的裂缝止漏加固	混凝土结构裂缝、伸缩缝、沉降缝渗漏水止水灌浆

针对三种渗漏特点，工程人员研究总结出以下工艺技术、注浆材料和注浆压力：

① 盖板拼缝有明水渗出，水压高渗漏量较大情况，采用“临土侧聚氨酯发泡临时封堵 + 临空侧止水条胶条嵌缝 + 空腔注浆填充 + 表层快干止水”四种技术结合的方式。嵌填密封材料根据现场实际情况选用聚硫密封胶和止水胶条，利用其膨胀特性进行嵌缝，快速封堵使用速凝快干无机水泥堵漏剂，对于带水作业工况，需要速凝快干特性的水泥为注浆工程提供稳定工作面，防止浆液流失，采用油溶性聚氨酯进行壁后注浆，利用其发泡特性填充混凝土盖板和外侧土体间缝隙，发挥防渗功能并起到一定加固作用，注浆止水使用改性环氧树脂灌浆液，有效填充混凝土盖板之间缝隙，与混凝土胶结强度大，起到防渗作用，如图 4.2-65 所示。

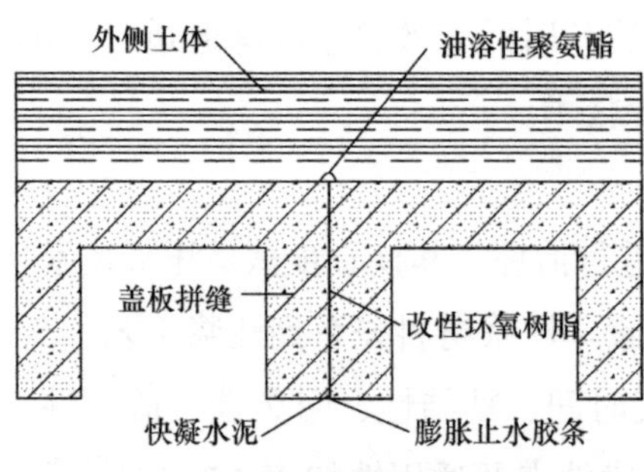

图 4.2-65　盖板拼缝渗漏治理示意图

② 盖板和侧墙搭接处缝隙有明水渗出，水压低渗漏量较小情况，采用“临土侧聚氨酯发泡临时封堵 + 空腔注浆填充 + 表层快干止水”措施。由于渗漏处水压较小，采用三种措施组合就能达到很好的止水效果，采用油溶性聚氨酯进行壁后注浆，注浆止水采用改性环氧树脂，快速封堵采用速凝快干无机水泥堵漏剂，如图 4.2-66 所示。

③ 对于潮湿无明水缝隙，采用“空腔注浆填充 + 表层快干止水”措施，注浆止水采用改性环氧树脂，快速封堵采用速凝快干无机水泥堵漏剂，如图 4.2-67 所示。

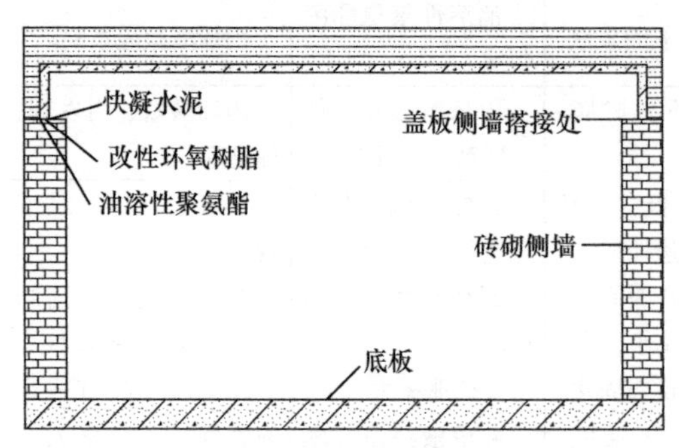

图 4.2-66　盖板侧墙搭接处渗漏治理示意图

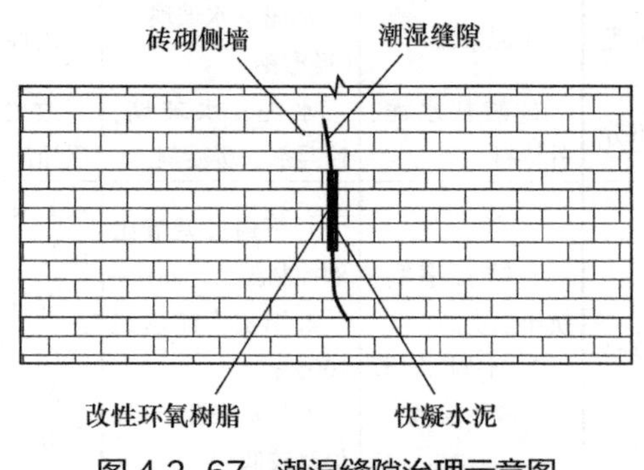

图 4.2-67　潮湿缝隙治理示意图

经过对比选用的注浆材料是 NS-02 油溶性聚氨酯和 NS-03 改性环氧树脂，NS-03 环氧树脂是改性低黏度双液体混合用的高分子化学注浆料，具备低黏度高渗透性，可注入0.02mm细微裂缝、双液型可适当调整混合比控制固化时间、固体强度大耐腐蚀等特点；NS−02油溶性聚氨酯堵漏剂是以多异氰酸酯和多羟基聚醚等进行聚合MDI化学反应生成的高分子化学注浆堵漏材料，通常用于混凝土裂缝的止漏维修，主要有疏水性好，遇水反应发泡膨胀、发泡率高、单液型注浆，施工简便等特点。

灌浆参数依据混凝土裂缝化学灌浆浆液扩散半径计算公式如下：

$$R=2.2237\left(\frac{\Delta ptb^2}{n}\right)0.3548 \tag{4.2-13}$$

式中　R——浆液扩散半径，cm；

Δp——有效灌浆压力，Pa；

t——灌浆时间，s；

b——平均裂缝宽度，cm；

n——浆液黏度，mPa·s。

通过对现场各个裂缝的测量以及渗透压力测试，结合式（4.2−17）得到其注浆压力为0.2～0.4MPa，每隔1.0m设置一个灌浆孔，采用XTLK注浆机稳压持续注浆5min，吸浆的速率在0.01L/min以内，方能达到良好的止水效果，经检查无渗水现象时，卸下灌浆头，用水泥砂浆等材料将孔补平抹光。

6）工程应用

（1）施工工序

① 盖板拼缝有明水渗出且水压渗漏量较大情况，现场施工可以遵照以下工序来进行：查找裂缝→钢筋检测仪检测→钻孔→预埋注浆嘴→聚硫密封膏或者止水胶条密封→快凝速干水泥涂抹→聚氨酯发泡剂注浆→改性环氧树脂注浆→拆嘴→基层处理。

② 盖板和侧墙搭接处缝隙有明水渗出，水压渗漏量较小时，可遵照以下工序来进行：查找裂缝→预埋注浆嘴→快凝速干水泥涂抹→聚氨酯发泡剂注浆→改性环氧树脂注浆→拆嘴→基层处理。

③ 对于潮湿无明水缝隙，可遵照以下工序来进行：查找裂缝→预埋注浆嘴→快凝速干水泥涂抹→改性环氧树脂注浆→拆嘴→基层处理。

以盖板拼缝渗漏治理为例，工序流程如图4.2−68所示。

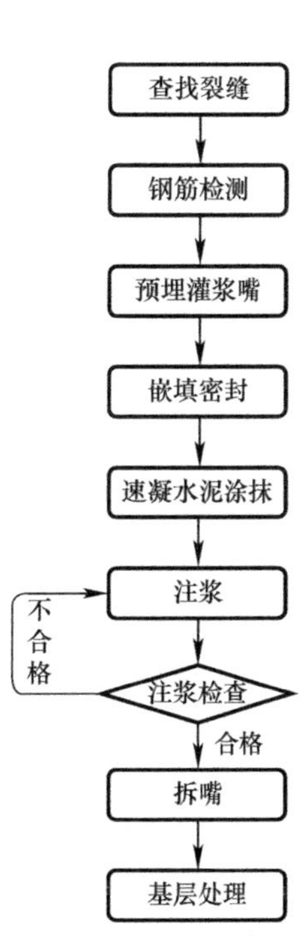

图4.2−68　盖板拼缝渗漏治理流程图

（2）施工内容

以盖板拼缝渗漏治理为例，具体工序内容如下。

① 查找裂缝：先检查漏水部位，找准漏水点，清理裂缝内部及周围的污物，为后续注浆提供清洁干净工作面。

② 钢筋检测仪检测：使用钢筋检测仪，并结合配筋图对盖板内部钢筋位置进行检测。

③ 钻孔、预埋注浆嘴：避开盖板钢筋进行钻孔，灌浆孔的布孔有骑缝和斜孔两种形式，根据实际情况和需要加以选择，必要时两者并用。

④ 灌浆孔的设计：灌浆孔的位置，应使孔和漏水裂缝空隙相交，并选在漏水量最大处。

⑤ 布孔原则：注浆孔眼的位置和数量，应根据不同漏水情况进行合理安排，以导出漏水为目的，在集中漏水处布孔，裂缝大、水流量大，则孔距大；缝隙小，则孔距小。

⑥ 聚硫密封膏或者止水胶条密封：根据现场缝隙大小和止水效果选用聚硫密封胶或者止水胶条进行封缝。

⑦ 速凝快干水泥涂抹：在聚硫密封胶或者止水胶条外部再涂抹一层无机速凝快干水泥，加强止水效果。

⑧ 注浆：等密封、嵌填材料达到一定强度后，通过注浆嘴将发泡聚氨酯注浆液注入盖板和土体之间，将改性环氧树脂压入盖板拼缝间，根据旁边相应注浆管流出浆液情况判断注浆效果，力求浆液充满缝隙并分布均匀。

⑨ 拆嘴：灌浆完毕，确认不漏，即可去掉或敲掉外露的灌浆嘴，清理干净已固定化的溢露出的灌浆液。

⑩ 基层处理：最后用无机速凝快干水泥将注浆孔密封。

7）效果评价

运用组合式止水止渗技术后，箱涵整体堵漏效果良好，但部分缝隙仍然出现渗漏现象，极少数盖板拼缝之间出现滴漏，侧墙有明显湿渍，原因是聚氨酯材料发泡后会把水沿缝逼向墙体流出，一天后墙体自然风干，经过再次封缝注浆后，排水箱涵基本无明显渗漏，整体堵漏成功率高达 97.2%，达到验收要求。

2. 防腐快凝防腐砂浆技术

1）背景

在众多城市，尤其是城市老城区，早期由于管道生产水平的限制，许多大断面的排水管道采用了现场砌筑或浇筑的矩形管道结构。这类矩形管道因建造时间久远，缺少有效的维护，大多已达到或接近使用年限；管道普遍腐蚀严重，主体结构强度弱化或破裂，渗漏、淤积问题突出，排水功能严重退化，且存在一定的安全隐患，亟须进行修复。

由于老城区各种建设都趋于完善，且通常比较拥挤，如果埋设在地下矩形管道发生破坏，已经不具备开挖更新的条件；且由于年底久远，地面的格局与建设之初已经发生了很大变化，有些原本露在地面由于地面加高变成埋地，还有很多管道上面新建了道路甚至楼房。因此，采用非开挖技术在矩形管道内部进行内衬修复无疑是十分理想的解决方案，在很多情况下也是唯一可行的解决方案。尽管目前有很多类型的管道非开挖修复工艺方法，但多数是针对圆形或类圆形管道修复，而适用于对矩形管道等非圆断面进行结构性修复的工艺屈指可数。

2）常见修复工艺

目前，适用于矩形管道整体内衬修复技术主要有喷涂法、螺旋缠绕技术及 CIPP 技术，不同方法的特点如下。

（1）喷涂法由于是原位成型，应用灵活、不受断面形式的限制，喷涂材料能与原结构紧密地粘结为整体。目前常用的喷涂材料有高性能复合砂浆材料、改性树脂（环氧、聚氨酯、聚脲等）；喷涂法施工最基本的特点是不能带水作业，其中高性能复合砂浆只需没有明显水流或积水，而采用树脂喷涂一般要求基底干燥且不得有浮尘等污物。

由于价格昂贵，树脂材料一般作为防腐涂层使用，即使通过厚喷涂来对结构进行加固，但弹性模量低、蠕变、易破坏等性质使其在复杂的排水管道中很难持久，在管道定期疏通维护过程中，金属工具及污水中硬物撞击能很轻易造成树脂破坏或脱落；而既有管道本身材质大多是多孔结构的混凝土或砌筑体，树脂则是致密的不透层，在地下环境中，既有管道的结构内部微细孔隙压力会随着外界因素的变化而变化，从而对附着在其表面的树脂层产生反复的压力波动，从而引发树脂与基底脱层并失效。相比而言，高性能复合砂浆材料与混凝土及砖石材料性状相似，与基底可以形成牢固的粘结，不容易被外力破坏，也不存在老化脱落问题。

（2）螺旋缠绕技术是将专用的 PVC 带材通过专用设备沿管道内部轮廓缠绕成一条 PVC 管，然后通过注浆方式，将缠绕管和旧管之间的间隙填充，形成的 PVC 缠绕管内壁光滑，且耐腐蚀。螺旋缠绕技术的最大优势是可以带水作业，只需对管道内部进行简单清理即可，PVC 带上的肋扣可以牢固地嵌在灌浆层里，使缠绕管与旧管道成为可靠的组合体；螺旋缠绕技术整体价格昂贵，对间隙的灌浆填充要求较高，断面损失大。

（3）CIPP 技术最早用于圆形或类圆形管道修复，由于 CIPP 内衬管与既有管道没有粘结力，薄壁矩形 CIPP 内衬结构自身是不稳定结构，如果发生材料蠕变或强度衰减，自身便有倾覆的风险，则无从谈起对既有管道进行加固；若将 CIPP 用于修复矩形管道，长期来看，由于材料的蠕变，内衬很容易在管道内坍塌。尽管有采用 CIPP 技术修复矩形管道的案例，但都是以大幅牺牲管道断面为代价。修复前，先将矩形管道采用圆弧过渡成椭圆或类圆形结构后，再做 CIPP 内衬。据实而言，CIPP 内衬在此仅起到了防腐、防渗的作用，管道由于断面被大幅减小而间接得到了增强。

由于城市主干排水暗涵多为矩形结构，且尺寸断面较大，CIPP 修复技术适用性不强，且施工工效较低，而螺旋缠绕技术则成本较高，且对原断面过水断面影响较大，因此本书拟推荐采用防腐砂浆喷涂技术。

3）防腐内衬砂浆研究设计

目前采用最多的防腐内衬砂浆多为干混砂浆，其中，如今国内外使用最多的防腐砂浆为美国AP/M公司推出的内衬材料为MS-10000和PL-8000材料，该材料抗压强度可高达70MPa以上，抗渗和耐久性极好，其材料本质为超高性能混凝土（UHPC）。而且，相较于传统建筑的UHPC，该材料能满足各种潮湿环境下的暗涵防腐喷涂，无明显流挂、无须特殊养护条件。该材料性能优良，但是由于其为进口专利材料，成本较高，为控制材料成本，拟自行研发城市主干排水暗涵防腐内衬砂浆配方。

（1）主要材料组成分析

通过对该材料的分析，其成分组成大致为高强度等级水泥、严格级配的精制石英砂、微硅粉、减水剂、速凝剂、聚丙烯纤维及其他用途的未知添加剂。其中，为满足最大密实理论模型的要求，拟采用精制砂作为主要骨料，砂粒间的空隙用水泥和硅灰等更细的粉末颗粒填充，从而使砂浆固结后达到最大密度状态。因此，水泥、砂、微硅粉、粉煤灰、减水剂、速凝剂及聚丙烯纤维的选用原则如表4.2-20所示。

防腐内衬材料主要材料性能要求　　表4.2-20

序号	组分	性能要求
1	水泥	P.O42.5R
2	砂	机制石英砂，粒径0.25～0.50mm，SiO_2含量大于97%
3	微硅粉	平均粒径为0.1～0.3μm，堆密度为0.67g/mL
4	粉煤灰	国标I级
5	外加剂	聚羧酸盐
6	速凝剂	铝氧熟料
7	增强材料	聚丙烯材料（单丝8mm）

以MS-10000作为对照样，根据前期调研初步确定了砂浆主要成本及各组分大致比例，按照一定规律配制了9组砂浆配方，见表4.2-21。

暗涵防腐内衬砂浆配比试验表　　表4.2-21

分组	水泥	砂	石英粉	硅灰	粉煤灰	减水剂	速凝剂	PP纤维	水
A	30	31.5	1.5	9.8	0	0.4	0	0	13.7
B	27.0	31.5	0	9.8	3.0	0.4	0	0	13.7
C	27.0	31.5	4.5	7.5	3.0	0.3	0	0	16.8
D	27.0	30.0	7.5	7.5	3.0	0.3	0	0	13.8
E	28.5	30.0	9.0	7.5	1.5	0.2	0	0.1	13.7
F	27.0	30.0	7.5	7.5	3.0	0.2	0	0.1	12.0

续表

分组	水泥	砂	石英粉	硅灰	粉煤灰	减水剂	速凝剂	PP 纤维	水
G	28.5	30.0	7.5	7.5	1.5	0.2	0	0.1	12.2
H	28.5	30.0	7.5	7.5	1.5	0.2	4.4	0	12.2
I	28.5	30.0	7.5	7.5	1.5	0.2	3.0	0	12.2
J	28.5	30.0	7.5	7.5	1.5	0.2	0.8	0.1	12.2

由于用于排水暗涵非开挖修复的砂浆材料需采用喷涂工艺，因此要求砂浆具有高黏性、高触变性、低泵送阻力、流挂小等性能。因此，配置的砂浆必须满足流变性的要求。在此以美国生产的 MS-10000 为对照组，按照产品要求的 22：5 的要求进行搅拌，并将其流变性作为对照组，将其表观形状作为定性的对比指标，对配方进行小样试验，将搅拌后 MS-10000 砂浆表象与对照组相似的配方作为备选方案，供后续深入试验及测试。对比结果如表 4.2-22 所示。

实验组与对照组流行性对照表　　表 4.2-22

分组	A	B	C	D	E	F	G	H	I	J	MS-10000
流变性	流动差	流动差	太稀	太稀	较稀	较稀	较好	不流动	不流动	较好	较好

经表观对照后，发现 G、J 组的表观与 MS-10000 较为相近，同时由于暗涵内修复往往面临快速通水的压力，因此需要更短的凝固时间，因此选择 J 组作为后续性能试验对比组。配方如表 4.2-23 所示。

最终自配防腐内衬砂浆配合比　　表 4.2-23

分组	水泥	砂	石英粉	硅灰	粉煤灰	减水剂	速凝剂	PP 纤维	水
J	28.5	30.0	7.5	7.5	1.5	0.2	0.8	0.1	12.2

（2）性能对比测试试验

在排水暗涵防腐砂浆内衬喷涂修复中，考虑到新材料与原始结构之间的协调受力，内衬与基体粘结的可靠性尤为重要，因此需进行劈裂抗拉、联合抗折试验，测试自配砂浆与对照砂浆界面的粘结强度。

其中，联合抗折试验参照 GB/T 17671 抗折强度试验方法，采用 160mm × 40mm × 40mm 试模，用 MS-10000 成品砂浆与自配砂浆制作组合试块，主要验证粘结力对砂浆抗折性能的影响。

① 试验方法

采用联合抗折试验，具体如下。

制作 3 组棱柱试块，首先在试模内浇筑 160mm × 40mm × 20mm 的 MS-10，000 砂

浆材料，表面抹平；待砂浆终凝后，将其中一组试件表面拉毛，试件在模具中养护 3d 后，在其上部浇筑砂浆至填满试模，形成 160mm × 40mm × 40mm 组合试件，继续养护 28d，试验安排见表 4.2-24 所示，试验试件如图 4.2-69 所示。

砂浆联合体抗折强度试验　　表 4.2-24

编组	浇筑方案	界面处理
1 号	模具内先浇筑 MS-10000 20cm，终凝后再浇筑 MS-10000 20cm	拉毛
2 号	模具内先浇筑 J 配方 20cm，终凝后再浇筑 J 配方 20cm	拉毛
3 号	模具内先浇筑 MS-10000 20cm，终凝后再浇筑 J 配方 20cm	拉毛

(a) 1号

(b) 2号

(c) 3号

图 4.2-69　联合抗折实验图

② 试验结果

如表 4.2-25 所示，1 号组与 2 号组试验中，抗折强度基本相同，均可达到 6.0MPa 以上，联合抗折试验中，抗折强度有所下降，主要原因是两种材料存在一定差异，粘结性能有所下降，但总体可以达到 5.0MPa 以上，仍可满足实际生产。综上，自配砂浆在联合抗折试验中，抗折强度可以达到进口材料的水平。

联合抗折试验测试结果　　表 4.2-25

试块编组	1 号	2 号	3 号
测试结果	6.49	6.28	5.44

（3）防腐试验

排水暗涵内存在大量腐蚀性气体，主要以酸性气体为主，因此对防腐内衬砂浆防腐性能提出了较高的要求。因此，拟对自配砂浆进行防腐性能送检。

① 试验方法

参照国标 GB 9274—1988 及 JC/T 2327—2015 把砂浆送至检验处进行检测。

② 检测结果

砂浆在 10% 硫酸下浸泡 24h，在柠檬酸下浸泡 48h，在 10% 乳酸下浸泡 48h，均无气泡，无剥落，无裂纹，无变色等现象。

4）防腐内衬砂浆传统喷涂施工

自研配比砂浆喷涂施工与传统喷涂砂浆施工相比基本一致，可分为 4 个主要工序。

（1）表面预处理：采用高压水枪将排水暗涵内部表面污垢层进行清除后，进行简易拉毛处理。

（2）底层砂浆层浇筑：底层砂浆主要对箱涵内壁进行找平使管道基面平整，并作为钢筋底部保护层的作用，砂浆抹平时，应压实，以填充管壁的孔隙和裂缝。

（3）砂浆喷涂施工：每次喷涂厚度不大于 10mm。喷涂顺序为先远后近、先上后下、先里后外。喷涂施工前，应保证基底处于湿润状态，不得有明显水滴或流水；当环境温度低于 0℃时，不宜进行喷筑施工；当施工环境温度高于 35℃时，应采取降温措施。

（4）喷涂后处理：砂浆喷涂量不足时，及时抹平。表层砂浆喷涂结束后，应及时进行面层处理，各工序应密切配合。

5）结论

自配砂浆在联合抗折强度及防腐性能上均与美国 AP/M 公司生产的 MS-10000 具备同等级水平。后续可作为防腐内衬砂浆进行推广使用，可进一步降低暗涵腐蚀性修复施工成本。

3. 箱涵喷涂机器人技术

当前矩形暗涵内砂浆喷涂施工主要是通过人工手持喷枪进入暗涵内完成喷涂作业。传统施工时，由工人将砂浆导入地面上的搅拌器内，搅拌完成后，进入储料仓备料，之后通过螺杆泵送至暗涵内，经由空压机通过人工手持喷枪，将砂浆喷射至暗涵内壁上。该种喷涂方案对喷涂距离要求较高，由于内衬砂浆需喷射附着至暗涵内壁上，要求内衬砂浆具有一定的稠度，当内衬砂浆有一定的稠度时，势必无法满足长距离泵送的要求，传统砂浆泵送水平最大距离为 30～40m，无法满足长距离喷涂砂浆的要求，同时由于砂浆自身的快凝性能，管道长度越长，越容易发生堵管。加之暗涵作业为有限空间作业，工人施工时，需长期手持喷枪向顶板及侧壁喷涂，劳动强度大，需要频繁更换操作人员，使得暗涵内作业人员增多，无形中增大了有限空间作业的风险。

因此，一种适用于城市主干排水暗涵防腐修复的特种喷涂机器人技术亟待研究应用。

根据施工的功效要求，需要整体系统由特定的机构完成对应的功能，并对特种喷涂砂浆机器人的性能做出了以下要求：

（1）按照喷涂 10mm 厚砂浆，每小时完成 $100m^2$ 的喷涂能力进行设计。

（2）具备集成自动配比、自动搅拌、自动泵送及联动喷涂等功能。

（3）施工作业面范围为暗涵顶板和侧墙面，高度不小于 3.65m，可以通过人工操作控制喷涂机械实现纵向水平移动，减少长距离喷涂的需求。

（4）少量多次快速完成配比、搅拌、泵送及喷涂的功能，避免堵管。

（5）体积应尽可能小，方便进入暗涵内喷涂施工。

要达到上述功能要求，需要设计的特种喷涂砂浆机器人不仅要完成施工要求的基本功能，还可以增加施工效率的拓展功能。其中，基本功能主要有送料、搅拌、泵送及喷涂功能，通过这四个功能可达到施工要求；拓展功能要完成快速移动、自动运行的功能，从而满足施工效率的要求。特种喷涂砂浆机器人功能树如图 4.2-70 所示。

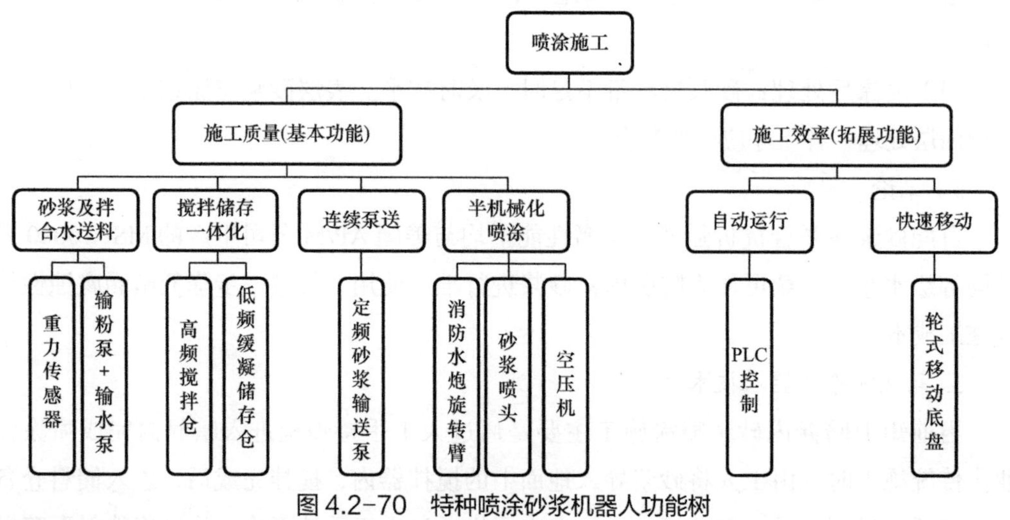

图 4.2-70 特种喷涂砂浆机器人功能树

特种喷涂砂浆机器人总共由 6 个模块组成，分别为砂浆及拌合水送料模块、搅拌储存一体化模块、连续泵送模块、半机械化喷涂模块、PLC 控制模块及轮式移动底盘模块。

其中，砂浆及拌合水送料模块通过重力传感器模块控制砂浆及拌合水的送料，使得砂浆和水送料满足配合比的需求，之后进入搅拌储存一体化模块，考虑到砂浆快凝的特点，通过高频搅拌完成后，转变为低频搅拌储存防止快凝，设置两仓，确保始终有一仓在进行低频搅拌储料，之后储料仓砂浆进入定频砂浆输送泵，配合空压机完成砂浆喷射，同时考虑到减少人工手持喷枪的造成劳动强度过大的问题，拟借鉴机械手与消防水炮双自由度叠加的原理，将喷枪的手持杆改造为双自由段的装置，完成砂浆喷涂。此外，为减少因砂浆快凝造成长距离输送造成堵管的风险，拟将所有设备集成至轮式移动底盘上方，方便实现快速移动。

（1）本体结构

除配料模板外，喷涂机器人由密封搅拌仓、双频搅拌机、螺杆输送泵及回转喷枪等组成。之后搭载在轮式移动模块上方，利用行进给电机进行前进。设计方案见图 4.2–71。

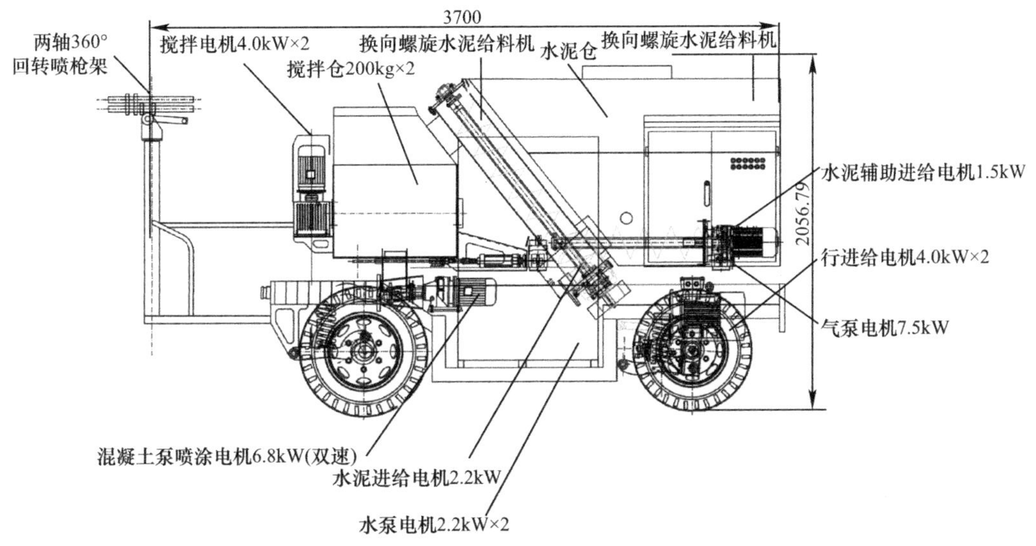

图 4.2–71　特种防腐砂浆设计方案

① 密封搅拌仓与双频搅拌机。密封搅拌仓按照 200kg 设置，配置两个搅拌仓。双频搅拌机设置高低双频，高频用于搅拌（120r/min），低频用于缓速转动，防止砂浆快速凝结（30r/min），如图 4.2–72 所示。

图 4.2–72　高、低频搅拌仓

② 螺杆砂浆输送泵。螺杆泵是一种有独特构造方式的容积泵，主要由驱动电机、减速机、传动轴及定子、转子等部分组成。工作时转子（螺杆）由电机驱动，在定子（弹性衬套）内作回转运动，转子（螺杆）和定子（弹性衬套）形成了几个互不相通的密封空腔，由于转子的转动，密封空腔沿轴向由吸入端向排出端方向运动，介质在空腔内连续地由吸入端流向排出端。如图 4.2–73 所示。

③ 两轴 360° 回转喷枪。采用安诺（深圳）机器人生产的 Robot Anno V6 型六轴机

械手，第一代喷涂样机采用手柄进行控制。详细信息如图 4.2−74～图 4.2−75 所示。

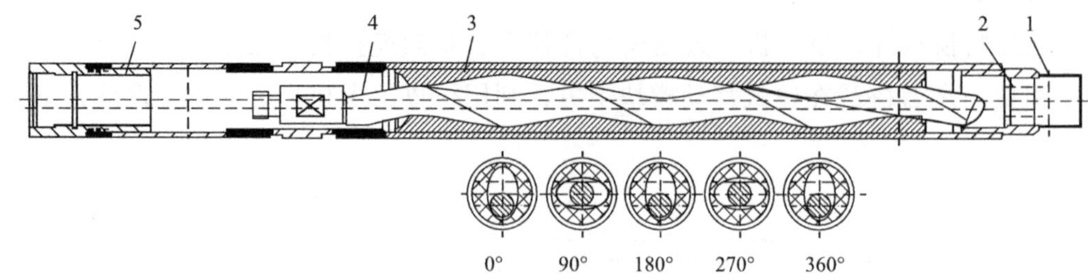

图 4.2−73　螺杆泵

1—下接头；2—限位销；3—定子；4—转子；5—上接头

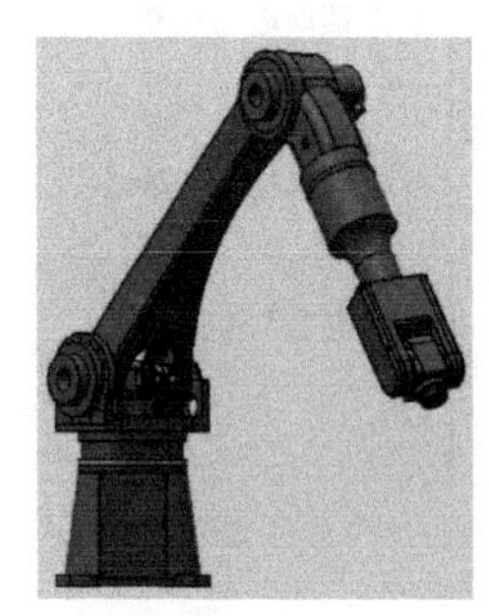

设计样图

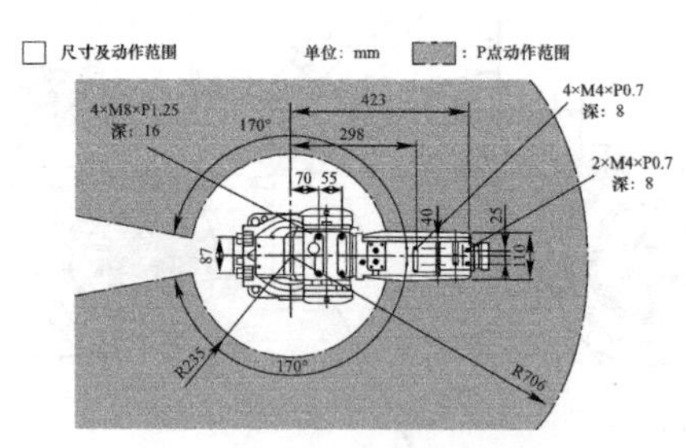

活动区域（俯视图）

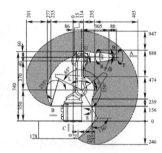

活动区域（侧视图）

图 4.2−74　六轴机械手

名　称		MOTOMAN-MH5S*3
式　样		YR-MH0005S-A00*4
构　造		垂直多关节型(6自由度)
负　载		5kg
重复定位精度*1		±0.02mm
动作范围	S轴(旋转)	−170° ~ +170°
	L轴(下臂)	−65° ~ +150°
	U轴(上臂)	−136° ~ +255°
	R轴(手腕旋转)	−190° ~ +190°
	B轴(手腕摆动)	−135° ~ +135°
	T轴(手腕回转)	−360° ~ +360°
最大速度	S轴(旋转)	6.56rad/s, 376°/s
	L轴(下臂)	6.11rad/s, 350°/s
	U轴(上臂)	6.98rad/s, 400°/s
	R轴(手腕旋转)	7.85rad/s, 450°/s
	B轴(手腕摆动)	7.85rad/s, 450°/s
	T轴(手腕回转)	12.57rad/s, 720°/s

容许力矩	R轴(手腕旋转)	12N·m
	B轴(手腕摆动)	12N·m
	T轴(手腕回转)	7N·m
容许惯性矩($GD^2/4$)	R轴(手腕旋转)	0.30kg·m²
	B轴(手腕摆动)	0.30kg·m²
	T轴(手腕回转)	0.1kg·m²
本体重量		27kg
安装环境	温　度	0~+45℃
	湿　度	20% ~ 80%RH(无结露)
	振　动	4.9m/s²以下
	其　他	·远离腐蚀性气体或液体，易燃气体。 ·保持环境远离水，油和粉尘。 ·远离电气噪声源。
电源容量　*2		1.0kVA

*1：符合JIS B 8432标准。
*2：因用途，动作模式不同而不同。
*3：控制柜为FS100时，名称为NOTOMAN-MH5F。
*4：控制柜为FS100时，式样为YR-MH0005F-A00。
(注)本表以SI单位记载。

图 4.2−75　六轴机械手性能参数

④ 轮式移动模块采用机械式传动，传动示意图见图 4.2−76。工作时，发动机动力经由离合器、变速器、万向传动轴传入驱动桥，再经装于驱动桥壳内的主减速器、差速器传至半轴，驱动车轮旋转。

本体安装完成后，如图 4.2−77 所示。

（2）控制系统

如图 4.2-78 所示，启动电源后，打开水阀及给料机完成进料，之后启动左侧搅拌机开启高速搅拌 3min，完成后进入低速搅拌状态，之后准备卸料进入螺杆喷涂泵。此时，再次进料至右侧搅拌机高速搅拌 3min，完成后，左仓低速搅拌机打开左卸料阀，砂浆进入螺杆泵，开启喷涂。循环原理图如图 4.2-78 所示。现场控制界面如图 4.2-79、图 4.2-80 所示。

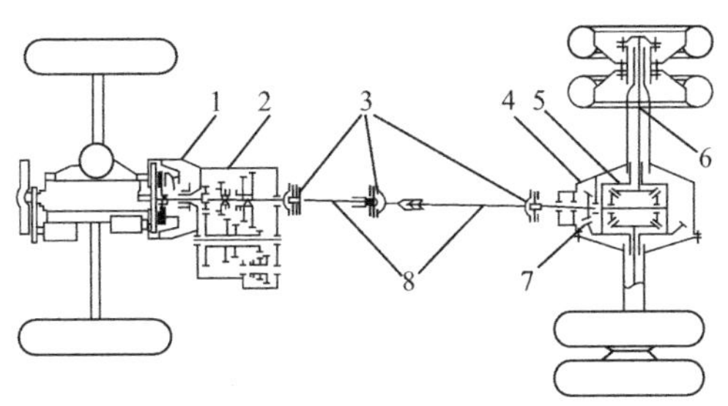

图 4.2-76 轮式移动模块示意图

1—离合器；2—变速器；3—万向节；4—驱动桥；5—差速器；6—半轴；7—主减速器；8—传动轴

图 4.2-77 特种喷涂砂浆轮式机器人

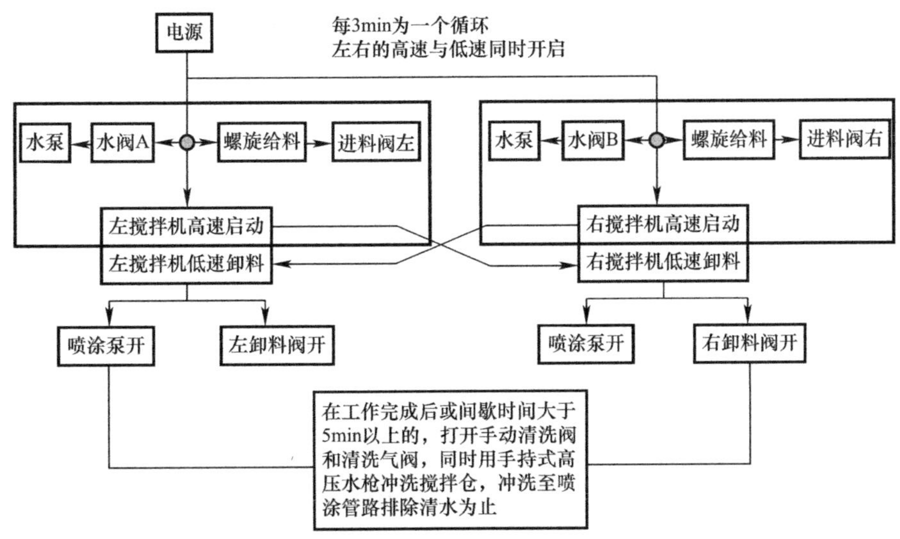

图 4.2-78 控制系统

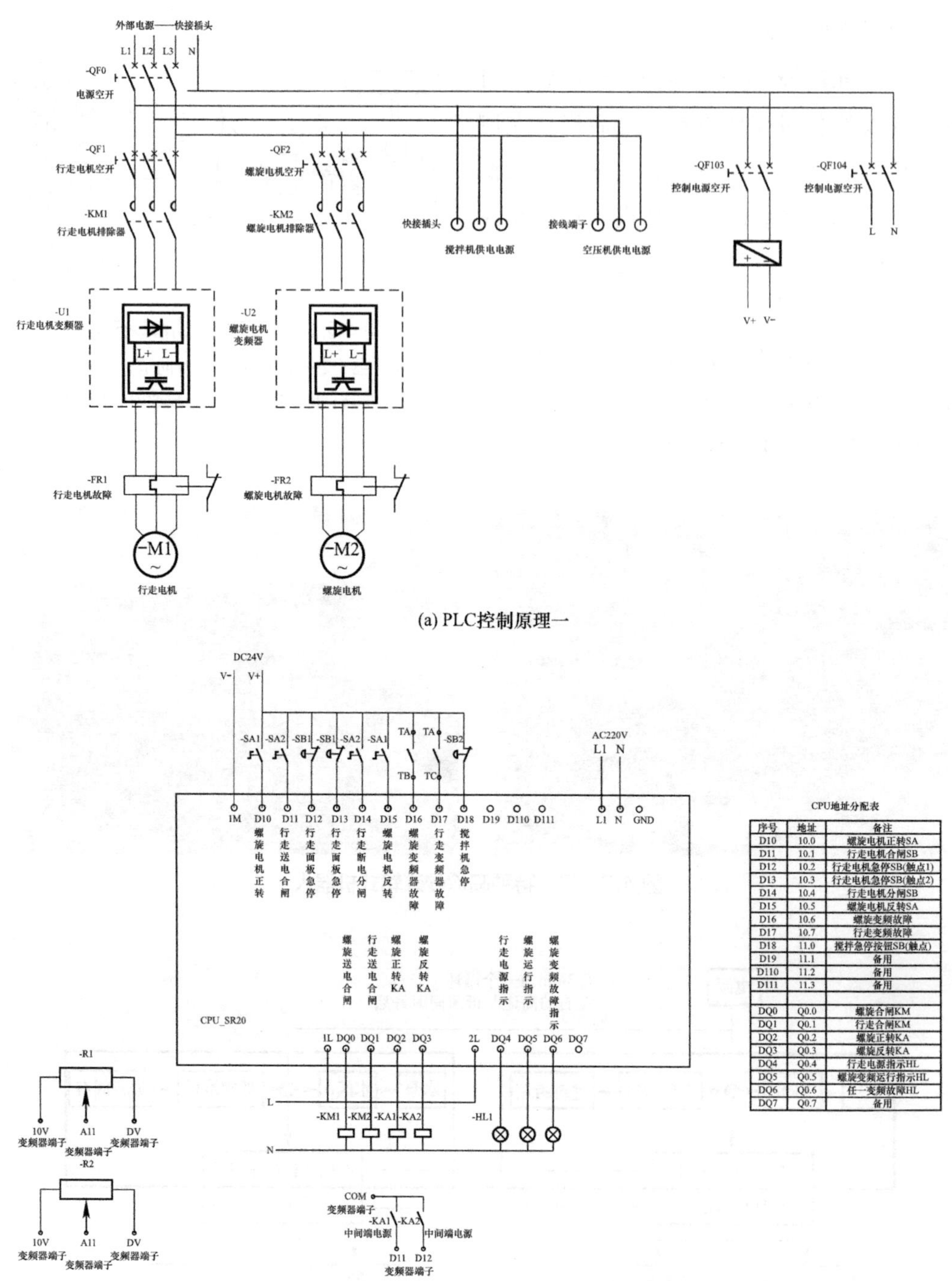

(a) PLC控制原理一

CPU地址分配表

序号	地址	备注
D10	10.0	螺旋电机正转SA
D11	10.1	行走电机合闸SB
D12	10.2	行走电机急停SB(触点1)
D13	10.3	行走电机急停SB(触点2)
D14	10.4	行走电机分闸SB
D15	10.5	螺旋电机反转SA
D16	10.6	螺旋变频故障
D17	10.7	行走变频故障
D18	11.0	搅拌急停按钮SB(触点)
D19	11.1	备用
D110	11.2	备用
D111	11.3	备用
DQ0	Q0.0	螺旋合闸KM
DQ1	Q0.1	行走合闸KM
DQ2	Q0.2	螺旋正转KA
DQ3	Q0.3	螺旋反转KA
DQ4	Q0.4	行走电源指示HL
DQ5	Q0.5	螺旋变频运行指示HL
DQ6	Q0.6	任一变频故障HL
DQ7	Q0.7	备用

(b) PLC控制原理二

图 4.2-79　PLC 控制原理图

喷涂时，操作人员操作手柄控制六轴机械手完成砂浆喷涂，减少人员手持喷涂造成的工效损失及减少下井作业人员。

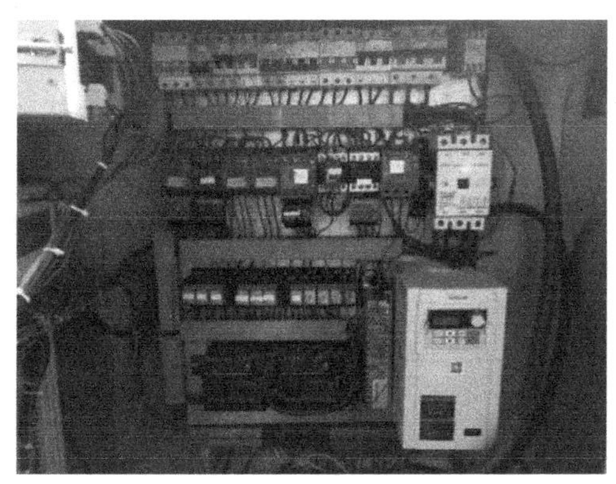

图 4.2-80　现场电路安装

（3）应用效果分析

当前特种喷涂砂浆机器人已运用至黄孝河机场河流域一期项目，完成箱涵防腐喷涂面积达 2 万 m^2，运行工效为 600～800m^2/ 台班，是常规喷涂工效（200～300m^2/ 台班）的 2～4 倍，大大提高了施工效率，同时有效减少操作人员数量，仅需 2 人便可完成砂浆喷涂操作，是传统喷涂施工所需人数（6 人一班）的 1/3，经济效益明显。

4.2.4　案例示范

城市主干排水管涵评估清淤修复关键技术成功运用于三湖三河水环境治理—黄孝河机场河流域综合治理一期工程，有效解决工程实施过程中遇见的技术难题，促进了城市区域污水处理提质增效，取得良好的经济、社会、生态效益，获得社会一致好评。

1. 经济效益

一是工期有效缩短。合同工期原定 24 个月，采用该技术体系，缩短工期至 18 个月，工期缩短 25%。其中评估原工期 4 个月，现工期 2 个月，缩短工期 50%。清淤原工期 8 个月，现工期 6 个月，缩短工期 25%。修复原工期 12 个月，现工期 10 个月，缩短工期 17%。

二是成本大幅降低。评估原方案采用 CCTV 检测，单价 20.22 元 /m，采用该评估体系，成本单价为 7.14 元 /m，评估成本总计减少（20.22−7.14）×64200=839736（元）。“检查井 + 人工清淤”原综合成本单价为 240 元 /m^3，现综合成本单价为 200 元 /m^3，清淤总成本下降为（240−200）×108000=432000（元），修复原成本为 140 元 /m^2，现成本为 100 元 /m^2，修复总成本下降为（140−100）×240000=9600000（元）。总成本减少 839736+432000+9600000=10871736（元）。

三是修复质量提高。修复质量断面合格率 100%，较传统施工方式提高 3%。

2. 社会效益

一是在评估阶段，可高效精准识别存在严重病害的管涵，及时对存在缺陷的管道进行修复，减少污水外渗对地下水的污染，有效地保障居民的身体健康。

二是在清淤阶段，可大幅缩短长时间交通占道时间，同时减少人员在有限空间内的作业时间，降低施工人员面临的风险。

3. 生态效益

一是通过暗涵高效清淤技术体系，可大大减少暗涵内源污染，有利于水环境水质目标的实现。

二是通过暗涵腐蚀修复技术，可延长暗涵使用寿命，减少暗涵开挖，减少碳排放，助力“双碳”目标的实现。

4.3 合流制溢流调蓄及处理关键技术

我国对合流制排水系统的改造及溢流污染控制，上海、广州、昆明、武汉、天津、深圳、长春、北京、池州等许多城市均开展了一定的研究与实践。总体看，早期以“合改分”为主导，经过多年的实践探索，我国逐步开始重视对难以改造区域的 CSO 污染实施控制，一些城市开始修建 CSO 调蓄池或“深隧调蓄”等试验性建设。2003—2005 年，上海率先兴建大型雨水调蓄池，苏州河治理工程中建设了 5 座 CSO 调蓄池；2013 年，广州开展了我国首个深层排水隧道东濠涌试验段工程建设；2016 年，昆明建设了 17 座市政雨污合流制调蓄池，总容积达 21.24 万 m^3；2017 年，武汉建设了全国首条污水处理深隧武汉大东湖深隧项目；长春在伊通河建设了 9 座雨污合流制调蓄池，总容积达 77 万 m^3，其中福山路调蓄池容积达到 27 万 m^3；2019 年，深圳的龙岗河流域、观澜河流域、深圳河流域项目共建成 12 座调蓄池，用于收集降雨初期受面源污染的雨水；天津建设了先锋河调蓄池，同样用于收集初期雨水，容积为 6 万 m^3；近年北京、池州等城市也逐渐开展调蓄池与绿色基础设施（GI）等“灰绿结合”的实践探索。

在调蓄池建设方面，大多主要采用基于径流过程线法的推理公式法，或参考德国、日本等发达国家的控制标准，由于推理公式法只适用于汇水面积较小的区域，并且与管道内实际径流过程推算结果偏差较大，在应用方面存在问题，甚至导致已建 CSO 调蓄池运行效率普遍偏低。而海绵城市建设，特别在中心城区的改造上，面临改造施工难度大，影响范围广等诸多现实制约，使得 CSO 污染控制存在盲目性，缺乏清晰、科学的全局性战略思路。我国在进入 21 世纪后才逐渐有关于排水体制规划与改造的政策发布。《城镇给水排水技术规范》GB 50788—2012、《室外排水设计标准》GB 50014—

2021、《城市排水工程规划规范》GB 50318—2017 等对合流制的截流、调蓄措施有所涉及，主要规定了调蓄池的公式计算方法，要求调蓄池出水应接入污水处理厂，无法处理的应设置处理设施。但没有专门针对 CSO 控制的法规政策、规范标准及设计规范，缺乏系统方法的统筹、长期控制措施布局、排放标准约束等。

为解决 CSO 水质水量波动大而出水标准高，要求处理工艺适应性强、去除效果好且处理速度快的问题，基于调蓄池进水水质水量特性，采用水动力模型进行模拟分析，对调蓄池不同分区和冲洗工艺组合模式进行研究；通过对比分析不同沉淀池工艺特性、间歇运行管控要求及运行成本，对 CSO 处理设施强化组合工艺进行研究，综合形成一种适应间歇进水特性的合流制溢流调蓄及处理组合工艺，优化调蓄池分质分区和化学絮凝强化一级组合工艺，提高调蓄池空间利用率，降低运维难度及成本，提升污染物削减率；针对合流制排水管网系统现状复杂，流域内要素多，实时管理和联控联调难度大等问题，基于短时气象预报和在线监测数据，构建源 - 网 - 厂 - 站 - 河（湖）一体化联合调度模型，采用实时模型和优化算法相结合的方式，对动态雨情下的流域联调联动模式及控制策略进行研究，实现对流域内污染源、管网、污水处理厂、调蓄池、闸泵站、河湖水体联合调控，最大限度发挥各工程措施效能。

4.3.1　基于不同工况的合流制溢流调蓄池分质分区技术

1. 分区的意义

当降雨量、降雨时长分别等于或超过临界降雨量、降雨时长时，将调蓄池分隔成多个蓄水室，每个蓄水室之间通过溢流连通，能够保证污染物含量较高即比较脏的水进入前面的蓄水室，污染物含量较低的水进入后面的调蓄池，能够将污染物相对集中在前面的蓄水室中，后面的蓄水室中污染负荷较低，冲洗负荷也随之较低，这样只需强化前面蓄水室的冲洗，后面蓄水室采用正常冲洗方式即可。这种设计相当于在池体内部通过分隔设计形成“通过池 + 接收池”的形式，使调蓄池的运行管理更为灵活。

当降雨量、降雨时长小于临界降雨量、降雨时长时，调蓄池分区设计的多个蓄水室，逐个启用，可以保证前面蓄水室容积的充分利用，也能为后面蓄水室的运维提供更大的灵活及可能性，降低运维成本。同样地，前面蓄水室可以有预沉净化的作用，污染物集中在前面的蓄水室内，使调蓄池的运维更加简单高效。

2. 蓄水室分区的具体设计

为最大程度发挥调蓄池的工程效益，配合各种雨情有效合理利用调蓄池的容积，降低运维难度及成本，对调蓄池进行分格细化设计。综合考虑平面用地、各种降雨情况以及冲洗设备的使用要求，以黄孝河 CSO 调蓄池为例，确定划分为 5 格，分别是蓄水室1、2、3、4、5。其中，蓄水室1、2为常用蓄水室，尤其蓄水室1，启用最为频繁。调蓄池的分格设置见图4.3-1，分格蓄水室设计参数见表4.3-1。

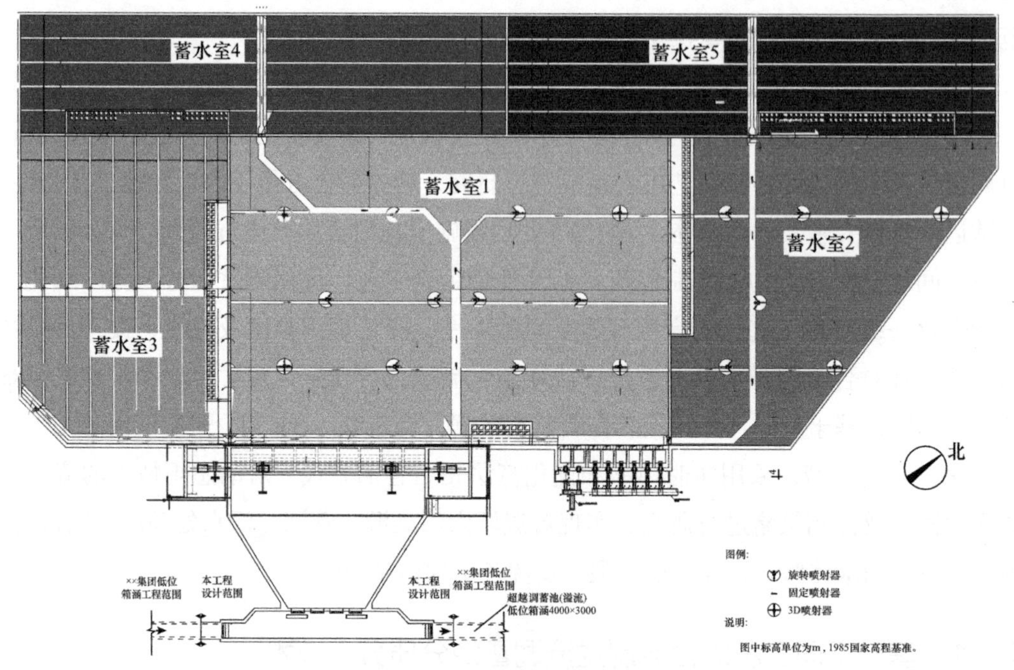

图4.3-1 调蓄池分格示意图

分格蓄水室设计参数 表4.3-1

参数	蓄水室1	蓄水室2	蓄水室3	蓄水室4	蓄水室5	全池
面积（m^2）	11917.8	6436.4	5479.5	5205.5	5205.5	34246.6
有效水深（m）	7.3	7.3	7.3	7.3	7.3	7.3
有效容积（万m^3）	8.7	4.7	4.0	3.8	3.8	25.0

3. 分格蓄水室的进水及排水设计

以黄孝河CSO调蓄池为例，蓄水室的进水顺序同蓄水室的分格编号，蓄水室之间通过分隔溢流墙进行连通，当水位到达分隔溢流墙高度后开始向下一个蓄水室进行溢流，即下一个蓄水室开始进水。具体运行工况如下：CSO_s污水率先进入蓄水室1；当蓄水室1内水位上升至蓄水室1、2之间的溢流墙高度后，通过溢流墙溢流至蓄水室2；当蓄水室1内水位上升至蓄水室1与蓄水室3的分隔溢流墙高度后，蓄水室3开始进水；当蓄水室3内液位到达蓄水室3、4之间的分隔溢流墙高度后，蓄水室4开始进水；当蓄水室2内液位到达蓄水室2与蓄水室5之间的分隔溢流墙高度后，蓄水室5开始进水。蓄水室间的分隔溢流墙高度见表4.3-2。

蓄水室间分隔溢流墙高度 表4.3-2

参数	蓄水室1至蓄水室2	蓄水室1至蓄水室3	蓄水室3至蓄水室4	蓄水室2至蓄水室5
溢流墙高度（m）	5.0	5.5	6.0	6.5

蓄水室的排水顺序也与其分格编号一致，每个蓄水室的排水通过蓄水室之间分隔墙底部上的闸门控制。首先是蓄水室1开始排水，接着蓄水室2排水，然后蓄水室3、4排水，最后蓄水室5排水。

4. 调蓄池的冲洗方式设计

调蓄池内的设备相对较少。其中关键系统即为冲洗系统，若不能进行有效的冲洗，池底出现淤积，如此反复多次后清洗难度非常大，且淤积的污泥厌氧发酵也会释放有毒有害气体，危害人体，其中厌氧发酵产生的甲烷为易燃易爆气体，为运营带来巨大风险。为了保证其正常工作，每次蓄水结束后，应对池体污染物进行清洗，需要配备冲洗效果好、自动化程度高的冲洗工艺。

冲洗方式的选用与设计必须充分考虑调蓄池的平面布置及不同冲洗方式的最优应用条件。以黄孝河CSO调蓄池为例，通过对调蓄池进行分区设计，能够将污染物浓度较高的初期污水存放在第1、2蓄水室内；将污染物浓度较低的中、后期污水存放在第3、4、5蓄水室内。配合调蓄池的分格，在利用率较高，且储存水污染物含量较高，产生沉积比较多的蓄水室1、2中，使用冲洗效果最有保证的冲洗设备——智能喷射器；在后续利用率较低，且储存水污染物含量较低，产生沉积比较少的蓄水室中，可以使用较为安全可靠的门式冲洗设备。

5. 超越调蓄池的通道设计

超越调蓄池的通道设置意义在于可提高CSO调蓄及处理系统运行调度的灵活性及可操作性，以黄孝河CSO调蓄及处理设施为例，当污水来水量≤强化处理设施规模（$6m^3/s$）时，来水全部通过超越通道经提升泵房至处理设施进行处理，调蓄池中水位不上涨（不进水）；当CSO调蓄池污水来水量>强化处理设施规模（$6m^3/s$）时，调蓄池启用，调蓄池内水位开始上涨（进水）；当调蓄池水位达到设计水位，来水量仍持续增加，则多余水量可通过超越通道进入府河。调蓄池超越通道示见图4.3-2。

4.3.2 合流制溢流调蓄及处理组合工艺

1. 工艺比选原则

合流制溢流污水处理设施包含格栅、沉砂池、沉淀池、过滤、消毒等多种工艺单元。在选择具体工艺流程时，应根据进水水质、出水要求综合选取工艺单元，进而形成组合工艺流程。

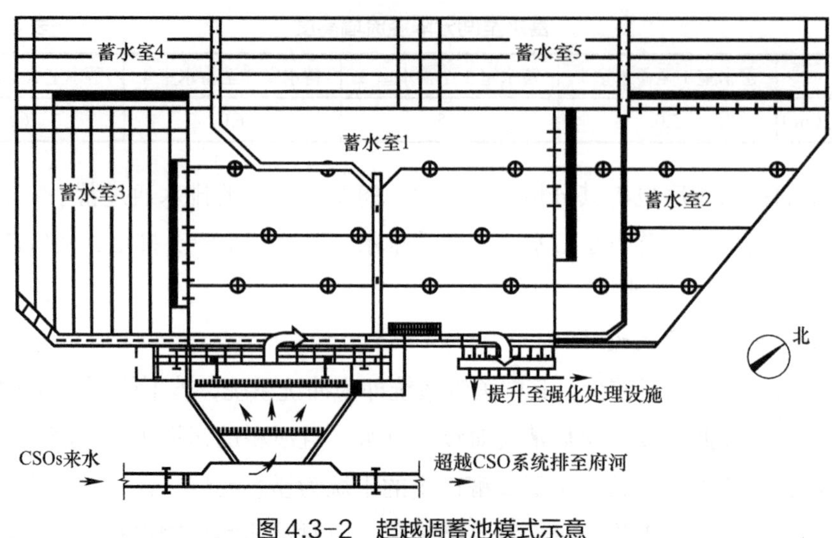

图 4.3-2 超越调蓄池模式示意

工艺选择要充分考虑用地、间歇运行的启动速度及稳定性、抗冲击负荷能力、运行费用等因素。单独处理工艺应采用高效节约的一级强化处理工艺。

2. 进水水质

合流制溢流污水具有流量大、历时短、污染物含量高等特点。美国《污水处理工程》（第 4 版）中合流制排水系统溢流污水的典型水质如表 4.3-3 所示。

合流制排水系统溢流污水典型水质　　表 4.3-3

水质指标	浓度（mg/L）
BOD_5	60～220
COD	260～490
TSS	270～550
TN	4～17
TP	1.1～2.8
粪大肠杆菌（个 /100mL）	10^5～10^6

来自北京、天津和上海等地的研究表明，降雨初期的雨水径流中，COD 和 TSS 等污染物浓度较高且变化较大，部分实测数据甚至可高达 1000mg/L 以上，但随着时间的推移，污染物浓度快速下降。上海市中心城区苏州河沿岸泵站调蓄池进水水质的统计数据如表 4.3-4 所示。

上海市中心城区苏州河沿岸泵站调蓄池进水水质　　表 4.3-4

水质指标	浓度（mg/L）
COD	200～940

续表

水质指标	浓度（mg/L）
TSS	150～1500
TN	20～73
TP	1.6～4.6

黄孝河区域属于中心城区三金潭污水处理系统，三金潭污水处理厂设计进水水质如表 4.3-5 所示。

三金潭污水处理厂设计进水水质　　表 4.3-5

水质指标	浓度（mg/L）
BOD_5	120
COD	240
TSS	160
TN	35
NH_3-N	25
TP	3.2

根据国内外合流制排水系统溢流污水水质情况，同时参考三金潭污水处理厂设计进水水质，结合城市规划功能，经综合分析，确定黄孝河 CSO 处理设施工程设计采用的进水水质如表 4.3-6 所示。

CSO 处理设施进水水质　　表 4.3-6

水质指标	浓度（mg/L）
BOD_5	50～180
COD	100～400
TSS	70～500
TN	10～25
TP	1.5～4

3. 出水水质

道路冲刷导致的雨水挟带污染物、管道沉积物随雨水排放是造成雨天污染负荷冲击变大最主要的因素之一。由此可见，TSS 是 CSO 污染物中一个非常关键的指标，直接影响水体感观及主要水质指标。《城市地表径流污染与控制》通过数据拟合详细论证了 TSS 与其他水质指标的相关性，结果表明 TSS 与 COD、总磷等线性相关性及指数相关性良好。因此，在 CSO 末端处置中控制住 TSS，即可大幅削减污染物总量。可以以此为基础，并结合武汉市污染物总量控制的具体要求，结合黄孝河和机场河的功能定位，将 TSS 和 TP 作为 CSO 强化处理设施的出水水质控制指标，即 TSS≤10mg/L，TP≤1mg/L，如表 4.3-7 所示。

CSO 处理设施出水水质　　表 4.3-7

水质指标	浓度（mg/L）
TSS	10
TP	1

4. 工艺流程选择

考虑 CSO 处理设施旱季不运行、雨季间歇运行的特性，CSO 处理设施无法进行生物处理，因此选择一级强化处理。其具体工艺流程图如图 4.3-3 所示。

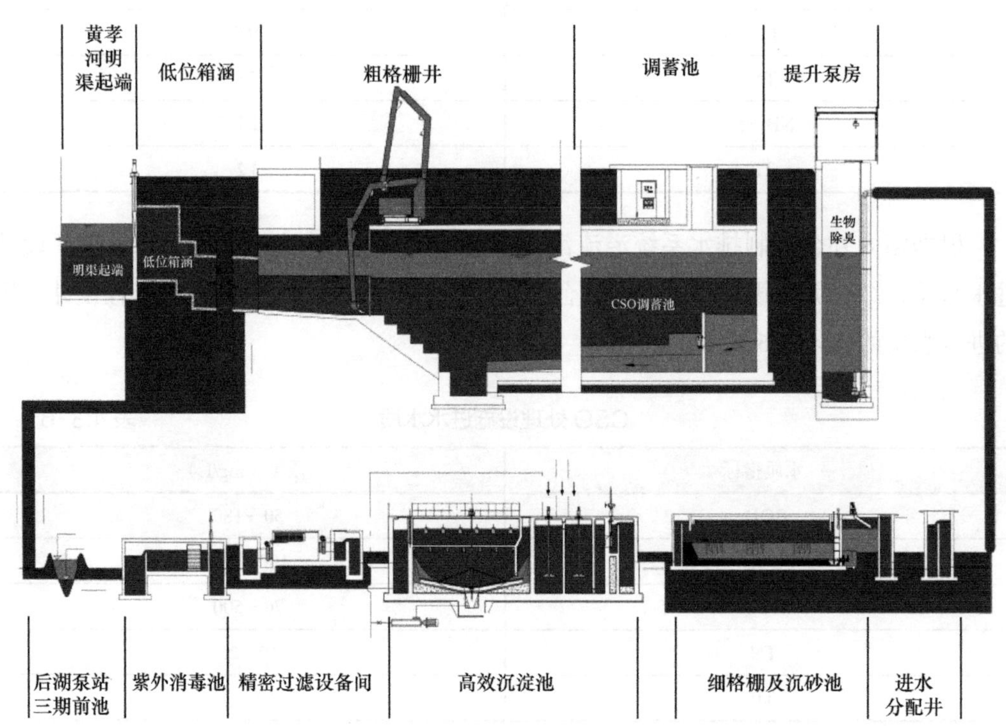

图 4.3-3　黄孝河 CSO 调蓄及强化处理设施工艺流程图

污水首先进入细格栅，去除主要的漂浮物、悬浮杂物后，再进入高密度沉淀池（也称高效沉淀池）去除砂、悬浮物质和总磷。高密度沉淀池分为除砂区、混凝区、絮凝区及澄清区，在化学和机械作用下高效去除砂和浮渣、TSS 和 TP，出水经过紫外线消毒后排放至府河。高密度沉淀池产生的化学污泥由泵提升至污泥贮池，然后由螺杆泵打入脱水机进行机械浓缩脱水。

5. 工艺启动方式

1）多池联动、快速启动工艺

鉴于强化处理设施间歇性运行特点，在降雨事件发生后，首先启动第一组高密沉淀池，在本组满水状态下30min内出水水质可以达标，第二组和第三组使用第一组的剩余污泥启动，启动时间可缩短至10min，以有效保证出水水质更快更稳定达标，如图4.3-4所示。

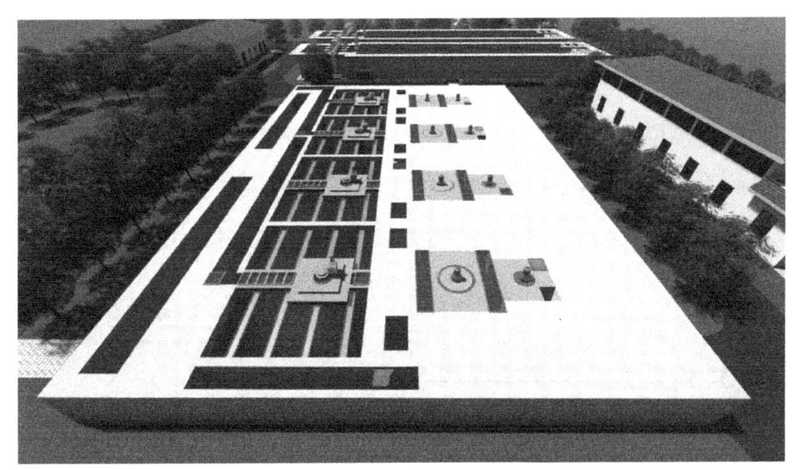

图4.3-4　强化处理设施示意图

2）内循环水质达标排放工艺

如图4.3-5所示，强化处理设施采用内循环的启动方式，将启动过程不达标出水通过内循环系统再次进入进水口，再次处理直至达标后排放，以有效控制高密沉淀池启动过程中的出水水质。通过内循环系统单组高密池，可有效减少约2000t不达标雨水的排放。

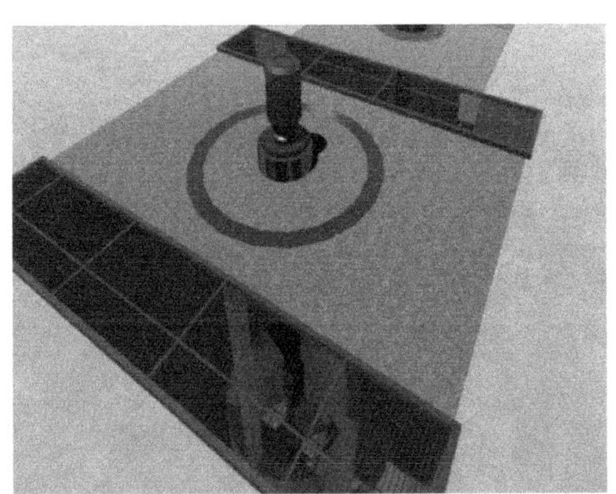

图4.3-5　强化处理设施内循环示意图

4.3.3 基于动态雨情下的流域联调联控模式

1. 流域联调联动及调控策略研究

下面针对合流制排水管网系统现状复杂，流域内要素多，实时管理和联控联调难度大等问题，基于短时气象预报和在线监测数据，构建源 - 网 - 厂 - 站 - 河（湖）一体化联合调度模型，为最大限度发挥调蓄池及处理设施功能，采用实时模型和优化算法相结合的方式，对动态雨情下的流域联调联动模式及控制策略进行研究，实现对流域内污染源、管网、污水处理厂、调蓄池、闸泵站、河湖水体联合调控。

以实时模型预测预警结果为基础，以全流域防洪排涝与水质管理为目标，针对不同运行条件、突发事件，以预设的时间间隔提取监测数据以及短时气象预报数据，通过模拟计算得到系统中管网、河道以及各工程设施的流量、水位及水质的预测结果，同时结合优化算法生成全流域设施设备调度运行策略（图 4.3-6）。

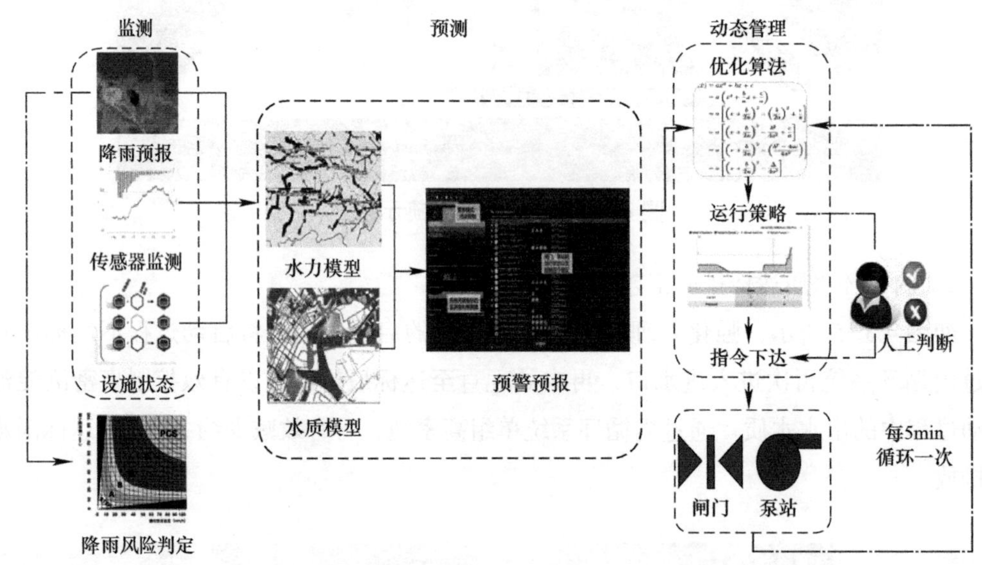

图 4.3-6 全流域设施设备调度运行策略图

基于水文水动力模型的联调联动技术，主要是针对排水系统高水位运行、合流制溢流污染等问题制订源 - 网 - 厂 - 站 - 河联合调度方案，充分发挥现有工程措施效能，实现合流制溢流污染控制的目标。通过联合调控各工程措施，最大限度利用现有设施的调蓄、输送、处理能力，提出污水处理厂、闸泵站、截污箱涵、调蓄池优化运行策略。

1）泵站调控策略

通过区域排水系统运行状况模拟分析，确定排水泵站的调节水位，充分利用管道的调蓄空间。根据各污水处理厂处理能力，确定泵站调控模式，充分发挥污水处理厂处理效能。

2）污水处理厂调控策略

在不影响污水处理厂出水指标的前提下，充分利用污水处理厂峰值处理系数，保障各污水处理厂处理规模，并最大程度发挥其污水收集处理能力，最大限度削减合流制溢流污染。

3）调蓄池调控策略

调蓄池进水根据上游节制闸液位进行调控，当节制闸液位超过控制液位时，开启闸门进行调蓄。调蓄池放空应根据处理设施处理能力进行调控，当降雨结束后，应分时分量进行放空，以便于在下一场降雨到来时具备最大调蓄能力。

4）联合调控策略

制订联合调度方案，充分考虑调蓄池与污水处理厂之间的关联匹配，合理调控雨季污水处理厂运行模式及调蓄池进水规模，同时结合调蓄池放空策略及对管道调蓄空间的利用，充分发挥管道、调蓄池和污水处理厂处理效能，控制合流制溢流污染。

2. 合流制溢流污染控制工程及其调度模式

为探索黄孝河、机场河流域联调联动模式，实现合流制溢流污染控制，通过黄孝河、机场河流域水动力学模型模拟及水量分析，对合流制溢流污染控制工程方案及其各设施调度模式进行研究。

1）黄孝河流域联调联动模式

经模型计算分析，黄孝河明渠起端变化水位为 14.5～16.5m，因此控制截污箱涵闸门水位为 16.5m，保证为铁路桥净化水厂及铁路桥泵站提供进水；降雨后，水位上涨后超过 16.5m，溢流污水经截污箱涵进入 CSO 调蓄池及强化处理设施；当后续处理设施能力不足时，截污箱涵水位逐渐上升，明渠起端水位也逐渐上升，为保证明渠前端铁桥片汇水范围内的排涝安全，则需控制一个明渠水位，开启明渠前端闸门，进入排涝模式。

为控制黄孝河明渠入口处不发生溢流，将明渠入口处钢坝闸门作为溢流控制的约束条件，并设置溢流高度，控制黄孝河在小雨和中雨时不开闸，让合流污水经过铁路桥污水泵站抽排、新建地下污水处理厂、截污箱涵以及 CSO 调蓄池后处理排放，减少溢流污染；在大雨且闸前水位超过溢流控制水位时，进行排水防涝。

明渠前端闸门水位控制参考因素如下：黄孝河明渠水位控制越高，对降低溢流次数越有利；黄孝河箱涵末端管底标高为 14.9～15.0m，箱涵高度 3m，因此，黄孝河箱涵管顶标高 17.9～18.0m，为保证上游安全，预留 0.1～0.2m 高度，保证一定的充满度，控制水位 17.8m；铁路桥泵站前池顶标高为 18.3m，至少预留 0.5m 高度，因此需控制水位低于 17.9m。综合以上因素，控制明渠起端液位为 17.8m。

综合考虑黄孝河流域合流制溢流污染控制工程，经水动力学模型模拟及水量分析，最终确定黄孝河调度方案如下。

（1）晴天 - 截污处理

晴天时，黄孝河流域生活污水经三金潭污水处理厂和铁路桥地下污水处理厂处理，如图 4.3−7 所示。

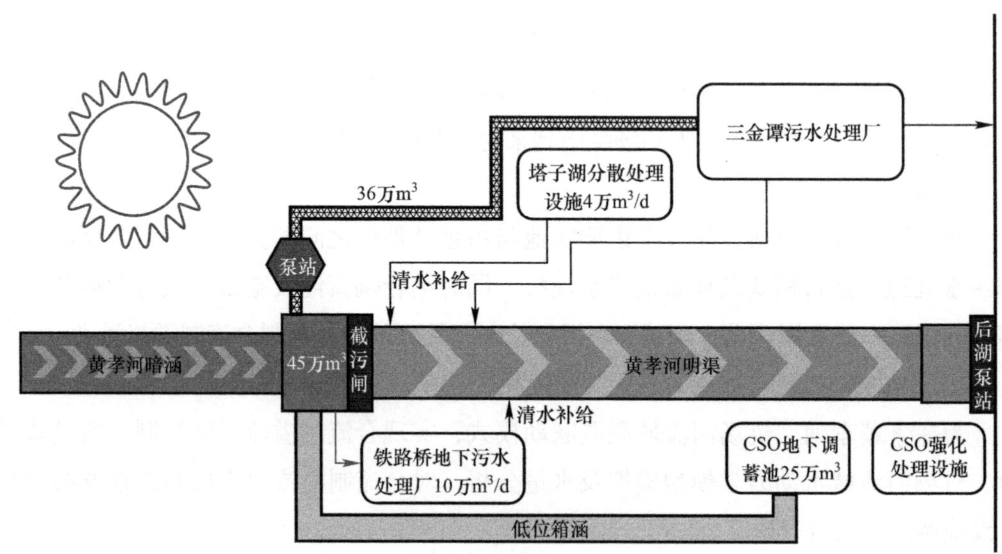

图 4.3−7　黄孝河晴天调度方案

根据黄孝河系统旱天来水量分析，旱天黄孝河箱涵来水量平均为 60 万 t/d，通过关闭中山大道前进四路闸门，每日可防止 15 万 m^3 外来污水进入三金潭铁桥片污水系统，故每日仅有 45 万 m^3 污水进入铁路桥片区。铁路桥污水泵站每日平均抽排 35 万 m^3 水量进入三金潭污水处理厂；另 10 万 m^3 污水进入铁路桥地下污水处理厂，处理后尾水作为黄孝河明渠生态补水水源。保证旱天全截流。

（2）小到中雨 - 调蓄及处理

当有小到中雨，即降雨量小于 24.4mm/65min 时，开启 CSO 调蓄和强化处理设施以处理暗涵过量来水，确保污水不进明渠，如图 4.3−8 所示。

根据黄孝河系统雨天来水量分析，小到中雨工况黄孝河箱涵出口流量平均为 70 万 m^3/d，包括旱天来水 45 万 m^3/d 及分区内雨天平均雨量 25 万 m^3/d。铁路桥污水泵站每日平均抽排 36 万 m^3 水量进入三金潭污水处理厂；另 10 万 m^3 合流污水进入铁路桥地下污水处理厂处理，处理后，尾水作为黄孝河明渠生态补水水源；24 万 m^3 合流污水通过低位箱涵进入 CSO 地下调蓄池，后经 CSO 强化处理设施处理后排入黄孝河明渠。

当有小到中雨，即降雨量小于 24.4mm/65min 时，中山大道前进四路和解放大道

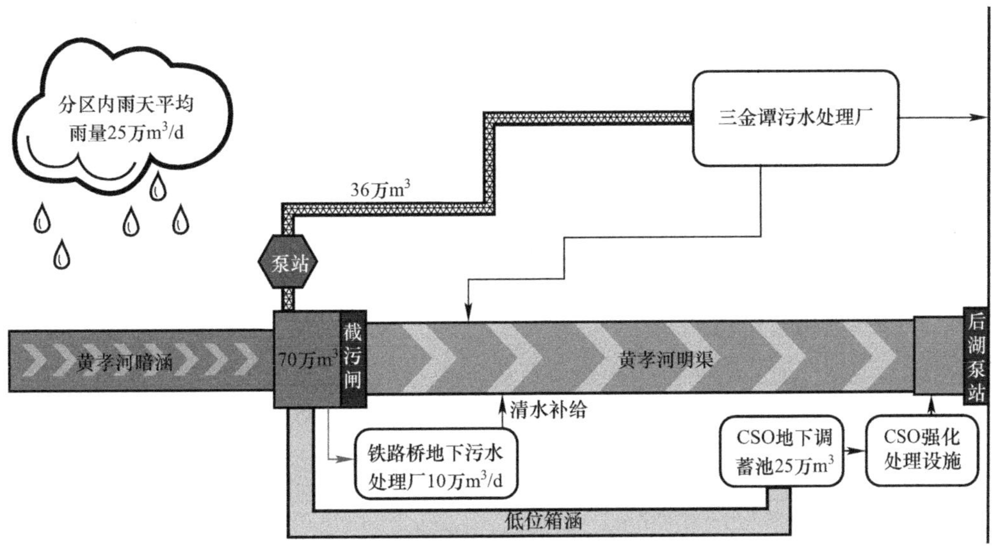

图 4.3-8 黄孝河小到中雨天调度方案

澳门路截污闸门开启，保证黄浦路系统排涝安全。黄孝河低位箱涵闸门闸前水位低于 16.5m 时，保持黄孝河钢坝闸及低位箱涵闸门关闭；当水位高于 16.5m，且低于 17.8m 时，保持黄孝河钢坝闸关闭，开启低位箱涵闸门，在合流制污水进入黄孝河前侧调节池后进入低位箱涵，由低位箱涵输送溢流污水至末端 CSO 处理设施。

（3）特大雨 - 泄洪

当有大到暴雨，即降雨量超过 24.4mm/65min 时，打开暗涵末端钢坝闸，开启行洪模式，如图 4.3-9 所示。

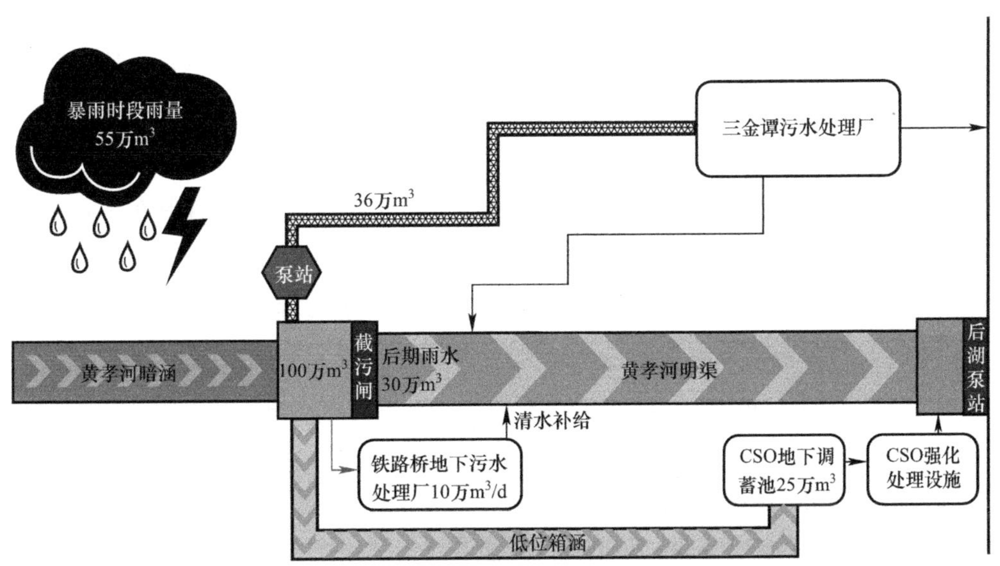

图 4.3-9 黄孝河特大雨 - 泄洪调度方案

根据黄孝河系统雨天来水量分析，在大到暴雨工况下，黄孝河箱涵出口流量平均为100万m^3/d，包括旱天来水45万m^3/d及分区内雨天平均雨量55万m^3/d。铁路桥污水泵站每日平均抽排36万m^3水量进入三金潭污水处理厂；另10万m^3合流污水进入铁路桥地下污水处理厂处理，处理后，尾水作为黄孝河明渠生态补水水源；24万m^3合流污水通过低位箱涵进入CSO地下调蓄池，后经CSO强化处理设施处理后排入黄孝河明渠；30万m^3后期雨水直接排入黄孝河明渠。

当有大到暴雨，即降雨量超过24.4mm/65min时，中山大道前进四路和解放大道澳门路截污闸门开启，保证黄浦路系统排涝安全。黄孝河低位箱涵闸门闸前水位高于17.8m时，开启黄孝河钢坝闸及低位箱涵闸门，黄孝河明渠及低位箱涵均称为排涝通道，保证河道行洪安全。

2）机场河流域联调联动模式

机场河暗涵段出口端设置一座全地下式CSO调蓄池（常青公园调蓄池），池顶标高17.0m，池底标高11.5m，规模为10万m^3，用于调蓄机场河暗涵合流制溢流污水量，降低溢流频次，减小截污箱涵的建设规模。在机场河西渠东侧建设4.0m×3.0m低位箱涵，配套建设末端10万m^3CSO调蓄、4m^3/s强化处理设施以及低位箱涵进水控制闸门。低位箱涵起端管顶标高为17.0m，管底标高为14.0m，坡度为0.05%。

综合考虑机场河流域合流制溢流污染控制工程，经水动力学模型模拟及水量分析，最终确定机场河调度方案如下。

（1）晴天－截污处理

如图4.3-10所示，晴天时，常青公园调蓄池的两个闸门均关闭。东、西明渠闸门均保持关闭状态，黄家大湾闸关闭，截污箱涵闸门开启，并保持闸顶高程为17.6m，现状箱涵末端水位（常水位17.3m）高于常青泵站管顶水位，保证淹没水位，从而保证常青泵站满负荷运行。截留污水经常青污水泵站及配套管网系统输送至汉西污水处理厂，保证旱天污水全截留。

常青泵站设计报警水位5.2m，露泵头水位3.0m。泵房液位通常控制在3.5～8.5m，以确保站区和外围管道不渍水。泵房液位在3.5～5.5m时，1台泵运行；液位在5.5～6.5m时，2台泵运行；液位在6.5～7.5m时，3台泵运行；液位达到8m以上时，4台泵运行。当泵站液位上涨超过9.2m时，需联系水务局泵站处进行黄家大湾闸调度；泵房液位达到9.5m时，关闭泵站进水阀门。常青泵站的运行规则在旱季与雨季均适用。

（2）小到中雨－调蓄及处理

雨季时以水位为控制条件，以前期降雨量及雨情预报作为参考。

如图4.3-11所示，当黄家大湾闸门处水位达到或超过17.3m时，说明此时有雨水

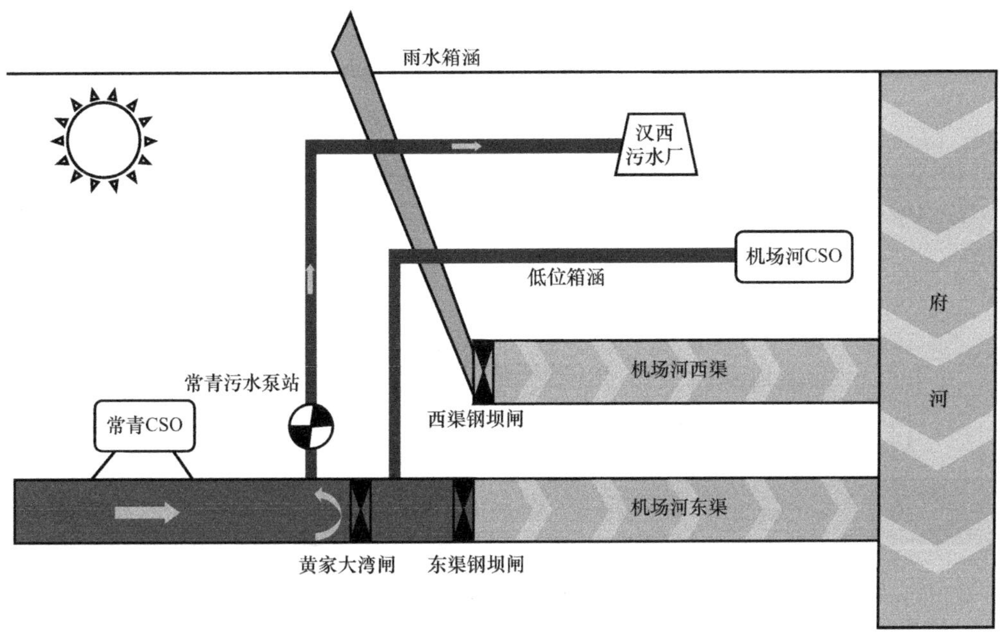

图 4.3-10 机场河晴天调度方案

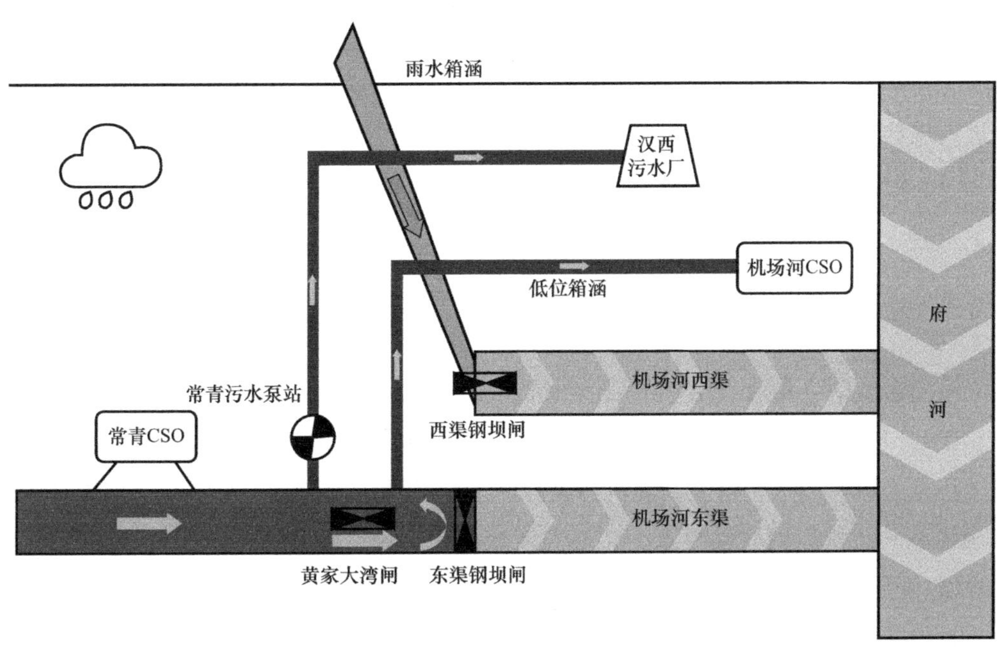

图 4.3-11 机场河小到中雨天调度方案

汇入机场河现状箱涵中，合流制污水进入截污箱涵，由截污箱涵将其运送至末端合流制溢流污水处理设施；由于高程差的缘故，此时仍可保证常青泵站的满负荷运行。

（3）特大雨 - 泄洪

如图 4.3-12 所示，当低位箱涵起端水位达到 16.0m 时，此时降水基本达到峰值，

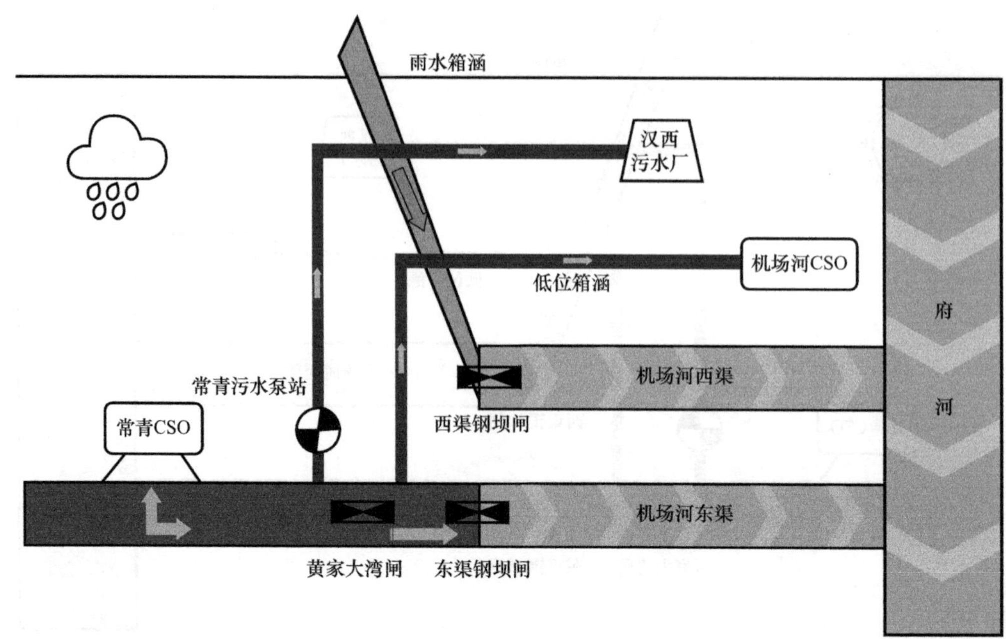

图 4.3-12　机场河特大雨 - 泄洪调度方案

开启常青公园进水口闸门，并保持开启状态，直至水深达到 5.0m 时逐渐关闭，用以削减短时强降雨的峰值雨量。当上游检查井水位下降到 18.0m 以下时，开始抽排调蓄污水进入现状箱涵；配套泵的规模为 3m^3/s，排空时间约 10h；当东渠闸前水位达到并超过 17.6m 时，为保障行洪安全，开启东西渠闸门，溢流污水从东西渠溢出，由常青排涝泵站抽排。

4.3.4　案例示范

采用多源信息集成与仿真模拟的技术方法，建立水文水动力耦合的管网与河网一体化模型，对系统运行状况进行模拟，评估各工程措施溢流污染控制效果，对黄孝河、机场河旱天截污工程、合流制溢流污染控制工程及其调度模式进行研究，探索基于动态雨情下的流域联调联动模式，实现对流域内污染源、管网、污水处理厂、调蓄池、闸泵站、河湖水体联合调控。

1. 黄孝河流域联合调度方案

（1）晴天 - 截污处理：关闭中山大道前进四路和解放大道澳门路截污闸门防止外来污水进入三金潭铁桥片污水系统，黄孝河流域生活污水经三金潭污水处理厂和铁路桥地下污水处理厂处理，处理后，尾水作为黄孝河明渠生态补水水源，保证旱天全截流。

（2）小到中雨（降雨量小于 24.4mm/65min）- 调蓄及处理：开启中山大道前进四

路和解放大道澳门路截污闸门，保证黄浦路系统排涝安全，开启 CSO 调蓄和强化处理设施处理暗涵过量来水，确保污水不进明渠。

（3）特大雨（降雨量超过 24.4mm/65min）－泄洪：中山大道前进四路和解放大道澳门路截污闸门开启，保证黄浦路系统排涝安全，开启黄孝河钢坝闸及低位箱涵闸门，黄孝河明渠及低位箱涵均为排涝通道，经后湖泵站抽排出府河，保证河道行洪安全。

2. 机场河流域联合调度方案

（1）晴天－截污处理：常青公园调蓄池两个闸门、东西渠闸门、黄家大湾闸门均保持关闭状态，截污箱涵闸门开启，截留污水经常青污水泵站及配套管网系统输送至汉西污水处理厂，保证旱天污水全截留。

（2）小到中雨－调蓄及处理：黄家大湾闸门处水位达到并超过 17.3m 时，开启截污箱涵闸门，合流制污水进入截污箱涵，由截污箱涵运送至末端合流制溢流污水处理设施。

（3）特大雨－泄洪：低位箱涵起端水位达到 16.0m 时，开启常青公园进水口闸门，削减短时强降雨的峰值雨量；上游检查井水位下降到 18.0m 以下时，开始抽排调蓄污水进入现状箱涵；东渠闸前水位达到并超过 17.6m 时，开启东西渠闸门，溢流污水从东西渠溢出，由常青排涝泵站抽排至府河，保障行洪安全。

3. 不同控制策略

基于动态雨晴下的流域联调联动模式，根据不同降雨等级，对黄孝河、机场河流域合流制溢流污染控制工程进行联合调控，制订五种类别控制策略，分别为无雨策略 01、小雨策略 02、中雨策略 03、大雨策略 04、暴雨策略 05。针对不同控制策略，形成各设施设备不同运行方案。

4.4　城市长距离大埋深污水深隧系统设计及运维关键技术

4.4.1　复杂条件下百年耐久污水深隧规划设计技术

大型城市环境问题突出，污水处理面临两难局面。随着我国城市化快速发展，国内特大城市的污水处理面临极大挑战：一方面，人口不断涌入，致使污水处理量攀升，污水处理厂扩容需求大；另一方面，城区土地资源稀缺，原有污水处理厂逐渐中心化，邻避效应突出。

特大城市污水处理的发展趋势是相对集中、局部分散。我国特大城市 20% 的集中水处理厂承担了60%以上的处理规模。因其处理量大、传输距离远，需要配套超大输量输水系统。将城市核心区污水处理厂搬迁至城市边缘集中处理，可解决目前污水处理厂处理能力不足及尾水达标排放的矛盾，又可有效保护城市中心湖泊或港渠等环境，且有利于水环境水质目标的实现。作为大输量污水的输送设施，深隧可以优化基础设施布局，提升核心区域城市功能。

下面详细探讨污水深隧的整体规划、低溶气入流工艺以及不淤输水工艺。

1. 深隧系统规划技术研究

1）污水传输系统总体布局

（1）系统规划总体布局

部分污水处理厂在建厂之初多选址于城市建设边缘区，离居住区和公建区较远，与当时的城市布局没有矛盾，选址合理。随着城市的发展和市区版图的扩张，污水处理厂逐步中心化，与周边地区的功能定位格格不入，限制周边土地资源的潜在价值释放，影响周边居住、商用品质，影响地区发展。

在许多发达国家和地区，由于地面空间不足、设施复杂，通过合理利用城市地下空间，释放浅层空间，便提高了该地区的基础设施服务水平。市政基础设施逐渐向深层地下空间发展成为新的趋势，可预见的是提升城市环境质量、基础设施集中化、智能化管理、充分释放地下空间资源、预留地表发展空间、最大限度发挥城市核心区的价值等方面将是未来城市基础设施发展的重要方向。

根据前期国内外已建、在建及应用的排水深隧调研，目前国内已有香港、广州等地已建和在建排水深隧案例，国外主要是新加坡、美国、英国等国家已有多项排水深隧工程案例。

根据调研的国内外工程案例，排水深隧主要分为三类：污水输送型、雨水排涝型、合流调蓄型。

污水输送型深隧是受环境、用地等影响，利用深隧将汇水区污水收集后送至终端污水处理厂进行处理。

雨水排涝型深隧是通过雨水深隧截流上游汇水，增加新的排放通道，提高排涝能力。

合流调蓄型深隧是面对合流区雨季溢流污染严重，地表分流制改造困难，在原有地表污水截流的基础上，增加深隧排蓄设施，将初期径流污染截流入深隧系统储存，并通过泵站送入污水处理厂处理。同时，通过大体量储水池增加区域排涝能力。

从香港、广州试验段等典型案例的调研情况分析，它们的思路给解决核心区污水处理厂问题带来很好的启示：随着城市人口集聚和城市用地不断外延，特大城市都陆续出现了水环境治理中的诸多问题，为解决这些问题，上海、杭州、天津、成都、郑州等地采取了搬迁模式，避免环境矛盾，为未来预留发展的空间；同时，部分城市采取了深隧模式，避免地面拆迁与征地，可操作性更强。

① 治理理念和深隧功能：排水深隧作为水治理的先进思路和技术路线之一，相关案例面临要解决的问题不同，隧道各有特点。因此，应结合各自需求，因地制宜地进行系统分析和科学论证。国外排水隧道功能一般较为单一，相对而言更易于维护管理。总体而言，进行多重功能复合时，需要考虑实现的可能性及运行管理的可操作性。

② 输送方式及预处理：排水隧道输送方式包括重力流、压力流，总体来看，雨洪隧道以压力流居多，合流调蓄型隧道以降雨前期重力流、后期压力流居多，污水传输隧道既有重力流也有压力流形式。对于污水传输而言，从节能考虑，采用压力流相对有利。对于排水深隧地面预处理而言，相关案例既有前端（入隧前）进行预处理，也有隧道末端进行预处理。总体而言，采用前端预处理对隧道的运行、维护、管理更有利。

③ 深隧施工方式及运行维护：盾构、顶管、钻爆均有采用，以盾构居多，需结合埋深、地质、断面、建设周期、工程经济等方面进行综合考量后确定。运行和维护是排水隧道的重要研究内容，需在隧道前期方案论证阶段进行重点考虑，相关案例中，隧道一般以免维护或少维护进行设计，需要在预处理、隧道水力设计等方面进行重点考虑，同时应设置必要的维护检修通道、冲洗设备。

通过建立基于共轭对偶理论的规划设计模型，考虑将设计参数 C、运行指标 W 和工程费用 Q 三者间通过目标函数建立相关联系，并结合现状污水处理设施布局、规划污水量分布、规划人口及产业布局、区域地理位置等边界参数确定污水深隧传输工程的最优设计方案。其最佳方案框架如图 4.4-1 所示。

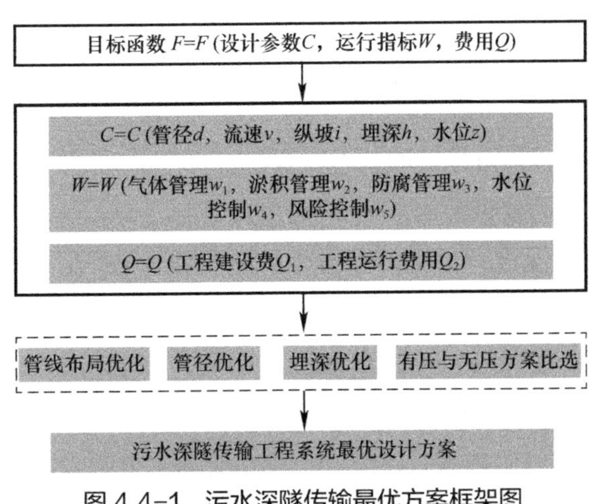

图 4.4-1　污水深隧传输最优方案框架图

（2）传输系统功能定位与分析

① 集中处理传输

污水深隧首先作为传输管道，能够将区域收集的污水一并输送至末端污水处理厂，其主要功能为传输，作为收集管网的下游集中输送设施。

② 系统安全保障

污水深隧同时作为区域连通工程，能够提升各污水处理厂间的污水调度能力。当规划在污水排放系统间设置深隧连通管时，可实现流量调配和事故时跨区输送，提高安全性，包括系统内部的干线连通以及系统之间的终端连通。

2）污水传输系统平面路由

（1）平面路由选择原则

传输系统路由需结合现状及规划污水管网布局确定，且需满足以下原则。

① 污水传输功能优先原则：污水传输系统平面布置应便于各集中收集区域的污水接入，同时应便于远期规划的污水汇入，即要便于污水的收集及输送。

② 环境影响最小原则：传输系统在满足污水传输需求的前提下，应尽量避免污水传输系统对周边水体的影响，确保工程范围内水体水质安全。

③ 最易实施原则：为确保工程顺利实施，在选定路由时，应综合考虑规划布局和施工用地，尽量避开人口密集的居住小区等现状区域，并妥善处理好与地铁、立交、高速等重大市政设施的关系，确保污水传输工程的顺利实施。

（2）平面路由方案设计

根据具体的项目，平面路由主要从工程量、污水和径流污染传输、与远景方案的结合度、征地拆迁量及实施难度、总体投资等方面进行对比，整体上考虑技术可行，经济合理。

3）污水传输系统竖向方案

（1）地质条件及可行性分析

选择污水传输竖向方案时，在经济指标可控的情况下，首先需要考虑平面路由确定下的地质概况，以确保深隧传输的技术可行性。

（2）竖向控制点标高分析

针对现状及规划情况进行分析，当输送系统采用深层排水输送时，系统竖向主要受地铁等较深市政设施的影响，为保证传输系统施工时，对现状地铁不造成影响，输送管涵顶部与地铁底部净间距不应小于6m。

（3）污水传输竖向方案选择

污水传输系统采用浅层排水系统方式，排水管涵主要敷设在现状道路以下，管道敷设受沿线现状地面建筑、地下构（建）筑物（包括地铁、现状其他管线等）等影响较大。一般来说，地表压力管涵传输系统沿线现状设施包括建筑、道路、轨道交通、水系等，沿线地势起伏较大。因此，管道实施征地拆迁较多，道路破除恢复工作量较大，实施协调工作量较大，施工难度较高。

污水传输系统采用深层排水隧道方式，隧道敷设在沿线现状构（建）筑物（包括地铁、现状其他管线等）以下，并为今后地下空间发展留足空间。由于污水传输系统敷设深度较深，施工时几乎不受其他现状构（建）筑物影响，因此征地拆迁较少，实施协调工作量较小，施工难度较低。

4）污水深隧输送方式

选择隧道输送系统的输送方式时，主要是确定合适的污水隧道的输送方式，从而合理确定隧道埋深、系统水位等关键控制参数。与地表系统类似，目前常用深隧传输系统输送方式主要有以下两种：压力流和重力流，其对比示意如图 4.4-2 所示。

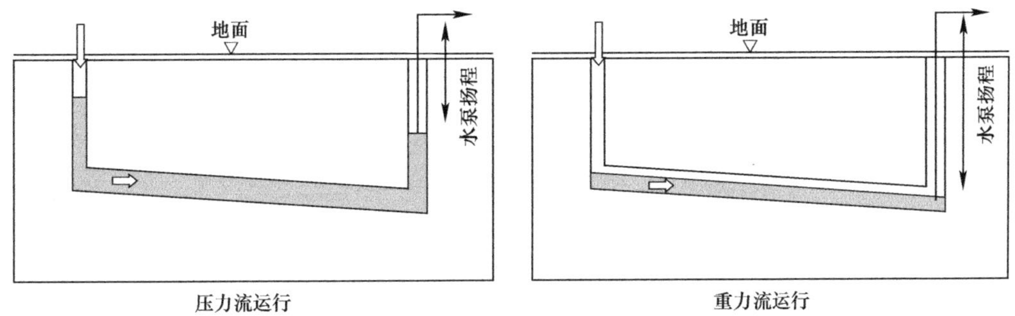

图 4.4-2　压力流和重力流对比示意图

压力流输送方式：隧道内水流相对稳定，其末端泵站扬程相对较低、通风除臭相对简单，但对各入流点流量变化适应性相对较弱。

重力流输送方式：隧道内水流相对稳定，对各入流点流量变化适应性较强，但重力流隧道末端泵站扬程相对较高、对通风除臭要求较高。

排水深隧的输送方式（重力流和压力流）是深隧设计和运行的前提，是排水深隧研究中最关键的环节。输送方式对深隧系统的设计断面、坡度、埋深、通风及除臭系统，以及下游的深隧泵站的设计有极大的影响。

输送方式对系统运行管理维护的影响主要体现在以下几个方面：

（1）全系统流量管控；

（2）末端泵站的运行；

（3）系统内部异常工况的应对方法：瞬变流（涌浪流）；

（4）运行维护周期的确定。

隧道输送方式是整个排水隧道设计的基础，不同的输送方式会确定不同的隧道断面、水位控制、竖井形式、末端泵站参数、系统通风除臭要求等。因此，在设计排水隧道时，首先应选定适合本工程的隧道输送方式。

如图 4.4−3 和图 4.4−4 所示，以大东湖深隧为例，对比压力流和重力流两种输送方式的主要设计参数（流速、坡度、竖向高程、系统水位），经过浅层管道规范、国内外案例分析及专题研究论证确定，深层污水传输系统流速控制在 0.65m/s 和 2.5m/s 之间，系统最小流速按 0.65m/s 控制，并复核最不利工况条件下隧道内产生淤积的可能性。与此同时参照国内外案例，结合地质情况确定深隧坡度。最后结合竖向控制标高确定隧道的整体竖向标高。根据对比，主要从压力流土建投资低、运行费用省且气体管理是否简单几个方面进行权衡，最终明确大东湖深隧案例采用压力流输送方式。

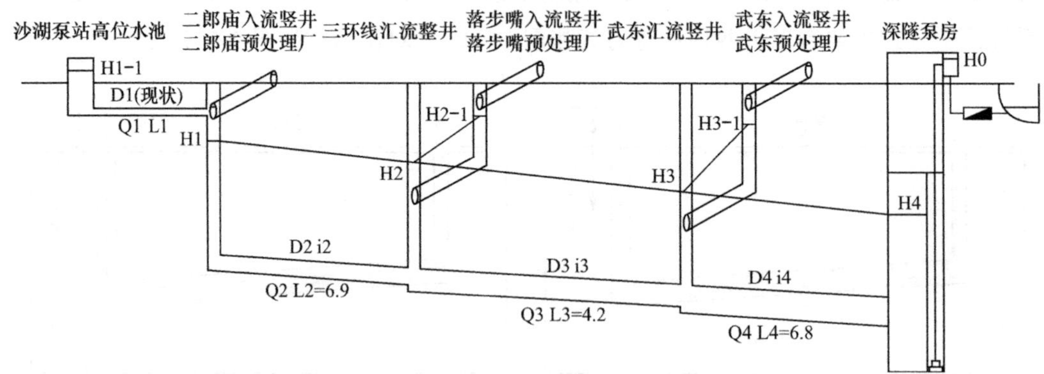

图 4.4−3 压力流系统水位计算示意图

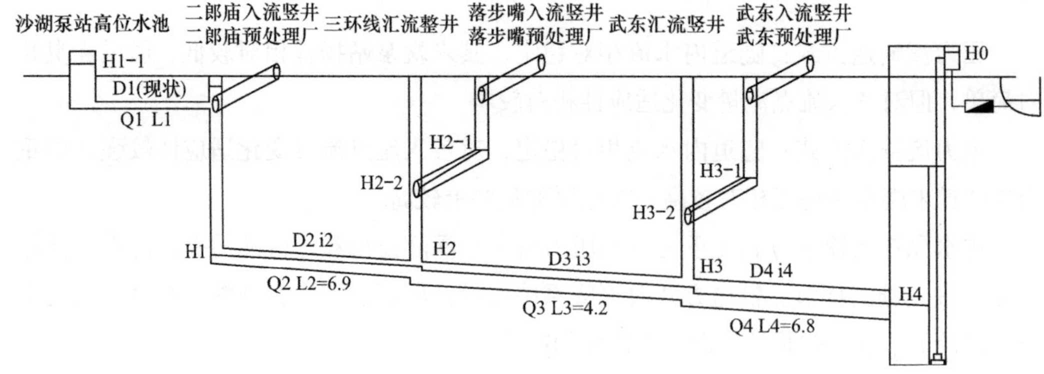

图 4.4−4 重力流系统水位计算示意图

2. 低溶气高消能新型涡流式竖井结构优化技术

入流竖井作为排水隧道的关键组成部分，其作用是将水流从浅层排水系统接入深层隧道排蓄系统，在水流下降时去除水流的动能、势能以及水流夹带的空气。另外，在设计竖井时，要尽量减小水头损失。

入流竖井主要由两部分组成：连接结构、垂直下沉竖井。连接结构水平地将污水输送至下沉、竖井。下沉竖井在将雨 / 污水输送至底层隧道时，会尽可能地消除能量和减小水头的损失。因此，下沉竖井的底板必须提供能减缓水流冲击力、去除气泡并输送污水的结构。

考虑到下沉竖井的不同深度，世界各地项目中运用的入流井的形式各不相同；当下沉竖井较深时，竖井的形式主要有以下几种：涡流式入流竖井、直落式入流竖井、折板式入流竖井。

目前，在排水隧道内，几种竖井均有应用，直落式竖井占地较大，成本更高，且对隧道冲击相对较大，不适合目前项目的特点，不作为研究对象。参考国内外深隧运行经验，折板和涡流两种入流竖井在适应性、耐久性、对隧道冲洗、入流稳定性要求、占地、排气、水位控制等方面各有优缺点。本书编者针对入流竖井水力运行条件，进行排水深隧三维计算流体力学模型研究，对涡流式入流竖井与折板式入流竖井两种形式进行了模拟研究。

1）污水传输系统三维数学模型研究

（1）污水传输系统的水力计算分析

① 设计工况的水位计算分析

根据大东湖深隧项目实际情况，三处入流竖井及泵站的设计流量及水位测算如表 4.4-1 所示。

各入流竖井及泵站设计流量及水位表　　表 4.4-1

项目	旱季最小		旱季平均		旱季最大		雨季	
	流量（m^3/s）	井内设计水位（m）	流量（m^3/s）	井内设计水位（m）	流量（m^3/s）	井内设计水位（m）	流量（m^3/s）	井内设计水位（m）
二郎庙	4.86	12.00	5.67	12.00	7.37	12.00	9.8	12.00
落步咀	1.39	11.88	2.26	12.76	2.94	13.29	1.91	9.71
武东	0.35	10.53	0.40	9.85	0.52	8.36	0.40	6.24
末端泵站	6.60	9.76	8.33	8.63	10.83	6.30	12.11	3.70

从表 4.4-1 可以看出，武东入流竖井及泵站内的水位在旱季最小时最高，旱季平均和旱季最大时次之，雨季时最低，流量越大，水位越低，这是由于二郎庙入流竖井、武东入流竖井和泵站间为串联关系，系统运行时，二郎庙竖井水位控制在 12m 左右，总流量越大，三者间的水头损失越大，武东竖井和泵站水位越低。因此，当预处理站起端水位控制恒定时，总流量越大，与其串联的预处理站和末端的泵站之间的水头损失越大，串联的预处理站和末端的泵站水位越低。

落步咀支隧和主隧二郎庙至 5 号汇流井段为并联管道，落步咀入流竖井水位受 5 号汇流井水位及支隧水头损失的双重影响，旱季最大流量时水位最高，为 13.29m，旱季平均和旱季最小流量时次之，水位分别为 12.76m 和 11.88m，雨季流量时水位最低，为 9.71m。

② 糙率对设计水位的影响

表 4.4-2 为糙率分别为 0.012，0.013 和 0.014 时各设计流量下竖井及泵站内的水位，表中数据显示糙率对落步咀入流竖井内的水位影响较小，而对武东入流竖井内的水位影响略大，这是由于三处入流竖井间隧洞的串、并联关系造成的，武东至二郎庙间为串联关系，糙率越大，水头损失亦大，水位差变大；而落步咀支隧和主隧二郎庙至 5 号汇流井段为并联关系，二郎庙入流竖井水位不变时，糙率增大 5 号汇流井内水位下降，但支隧水头损失亦增大，落步咀入流竖井水位上升，两者叠加，糙率对落步咀水位的影响较小。

由表 4.4-2 可知，糙率由 0.012 变至 0.014 时，落步咀竖井内水位变幅为 0.09～0.60m，武东竖井水位变幅为 0.41～1.73m，泵站水位变幅为 0.64～2.36m，距离二郎庙入流竖井越远，糙率的影响越大，设计须注意糙率变化对竖井及泵站运行的影响。

不同糙率下的设计水位表　　表 4.4-2

	旱季最小流量下水位（m）			旱季平均流量下水位（m）			旱季最大流量下水位（m）			雨季流量下水位（m）		
糙率 n	0.012	0.013	0.014	0.012	0.013	0.014	0.012	0.013	0.014	0.012	0.013	0.014
二郎庙	12.00	12.00	12.00	12.00	12.00	12.00	12.00	12.00	12.00	12.00	12.00	12.00
落步咀	11.84	11.89	11.79	12.54	12.76	12.71	12.9	13.29	13.22	10.00	9.71	9.40
变幅	0.09			0.22			0.39			0.60		
武东	10.70	10.53	10.29	10.11	9.85	9.48	8.80	8.36	7.76	7.03	6.24	5.30
变幅	0.41			0.63			1.04			1.73		
泵站	10.06	9.76	9.42	9.08	8.63	8.10	7.05	6.30	5.42	4.85	3.70	2.49
变幅	0.64			0.98			1.63			2.36		

（2）三维数学模型及网格划分

本研究包括入流竖井和污水传输系统两部分。三维数学模型采用 realizable k-ε 气液两相紊流模型，利用控制体积法对方程组进行离散，流速和压力耦合采用 SIMPLER 算法，竖井上游明渠的入口处设置流量边界，出流处设置压力边界。模型所用的控制方程包括连续方程、动量方程、k 方程、ε 方程。水汽两相的模拟采用了 VOF 模型。

污水传输系统的模拟范围包括入流竖井、污水传输系统、通气井及末端泵站等，其中各处入流竖井包含其上游的明渠段，主要采用六面体网格划分计算区域。

进行传输系统全局模拟时，各竖井上游明渠的入口处设置流量边界，末端泵站设置与三处竖井总流量相对应的水位。进行各竖井的局部模拟时，在竖井上游明渠的入口处设置流量边界，出流处设置压力边界。

（3）入流竖井数模研究

采用水力计算及三维数学模型对不同设计工况下入流竖井与污水传输系统进行模拟，分析竖井和隧洞中的空气夹带、转移和释放特性，同时分析各部位的流态、流速、竖井壁面的压力等水力参数，对比涡流式和折板式两种入流竖井体型，入流竖井及污水传输系统的水流、气流场、时均压力特性等，对主要建筑物体型、高程等进行初步优化。

针对涡流式和折板式入流竖井，考虑最不利情况下雨季时易发生的水位波动，进行雨季设计水位和雨季低水位工况的模拟，以二郎庙入流竖井为典型，分析各部位的流态、流速和压力等参数。

经过入流竖井数模的研究可知，涡流式竖井内可形成较稳定的贴壁旋流，井壁受力条件较好；竖井中央空心率较大，设计水位未见空气进入隧洞，溶气率低；折板式入流竖井各层折板压力分布不均，水流冲击区压力较大，其他区域压力相对较小；设计水位下可见少量气体聚集于隧洞入口附近，但未进入隧洞。

在设计糙率 0.013 下，各入流竖井处的模拟水位与设计水位基本一致。且在设计工况下，涡流式入流竖井消能率相对较高。

（4）污水传输系统数模研究

在压力流条件下，针对污水传输系统（包括隧洞末端提升泵站），对旱季最小和雨季两种典型工况不同设计流量下污水传输系统的水流流场进行模拟研究，分析不同环境下的水流、水位变化情况及隧洞内各段流速分布，评估污水传输系统的过流能力、可能形成淤积的隧段；分析各入流竖井及泵房的水位变化。

根据模拟结果，设计工况下各入流竖井内水流所携带的空气均在井内逸出，未进入深隧，深隧管道内未见气团。

与此同时，对于旱季最小工况、雨季工况下深隧传输过程中，其他汇流通气井及隧道内部隧段流场分布情况以及管道顺直和强弯段区域，分别进行三维模拟。

污水传输系统大部分区域为顺直或微弯的管道流，各工况下流速的分布较均匀，呈现典型的中心大、近管壁小的管道型流速分布。近底流速与设计流速基本一致，发生淤积的可能性较小。但在部分区域，如汇流井、管道强弯段，流速分布呈现较强的三维性，部分区域近底流速较小，发生淤积的可能性较大。

2）污水传输系统物理模型试验研究

在数学模型对污水传输系统主要部位体型进行初步优化后，开展物理模型研究，研究包括入流竖井单体物理模型和污水传输系统整体物理模型两部分。

（1）以二郎庙竖井单体为典型的物理模型研究

以二郎庙入流竖井为代表，通过大比尺单体物理模型进行研究。入流竖井由进口段（含明渠及蜗壳）、涡管以及涡管外的逸气池三部分构成，逸气池底部与隧洞进口相接。模型依据重力相似准则设计，模拟范围包括上游明渠、入流竖井及部分隧洞（模型长度 6m，模拟原型长度 60m）。模型采用有机玻璃制作，比尺 1/10，如图 4.4-5 所示。研究按照四组设计工况的流量开展：旱季最低、旱季平均、旱季最大和雨季，井内水位按设计水位 12m 控制。

图 4.4-5　雨季流量设计水位下流态

在正常运行工况试验条件下，水流经进口明渠段进入蜗壳，水面呈螺旋状，存在较大横比降，而后进入涡管，水流卷入大量气体，经涡管底部开孔进入逸气池，气泡随水流下潜一段距离后，从井内水面逸出。可见微小气泡经隧洞进口顶部进入隧洞。其他工况条件下流态基本一致。

水面线测点布置图如图 4.4-6 所示。进口水深与流量关系曲线显示试验值与理论值基本一致，流量较大时，实测流量略大于理论值，两者的关系曲线如图 4.4-7 所示。各级流量下进口段水面线显示水面沿水流方向先上升后降低，雨季流量下的水面线在最大水深 2.45m 外尚有 0.4m 安全超高。

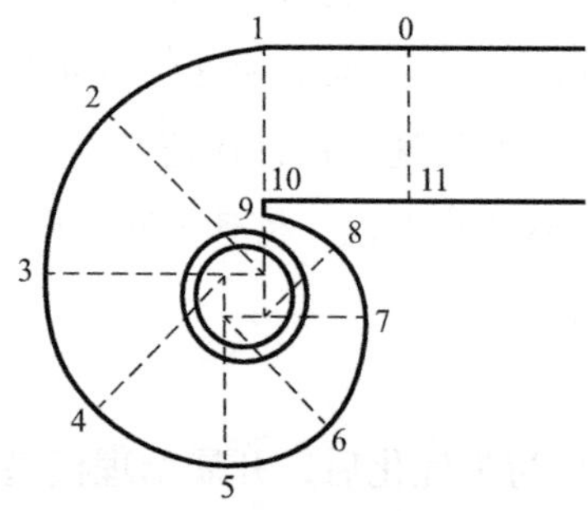

图 4.4-6　水面线测点布置图

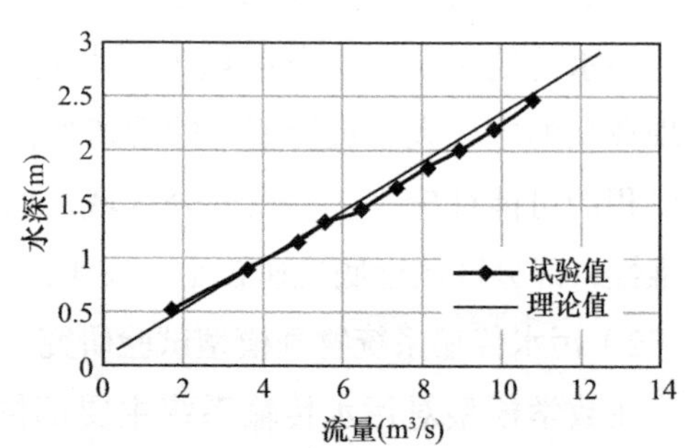

图 4.4-7　进口水深与流量关系曲线

经试验，雨季流量下，喉部空心率为 0.237，略小于最小空心率 0.25，其他断面及工况下空心率均大于 0.25。根据各设计工况下的压力成果如表 4.4-3 所示（P 为时均压力，δ 为压力的均方根值），在设计水位下，涡管底部压力均方根最大，喉部压力最小，均方根次之，而逸气池底部压力最大，均方根最小。

设计工况压力成果表　　表 4.4-3

工况	压力参数	1 号（喉部）	2 号（喉部）	3 号（涡管底部 ▽ 5m 平台）	4 号（逸气池底部 ▽ -8.85m）
雨季	P（m）	1.04	1.19	6.76	20.56
	σ（m）	0.22	0.17	0.33	0.06
旱季最大	P（m）	0.87	1.02	6.62	20.76
	σ（m）	0.14	0.14	0.26	0.06
旱季平均	P（m）	0.69	0.71	6.75	20.98
	σ（m）	0.09	0.08	0.15	0.06
旱季最小	P（m）	0.66	0.72	6.67	20.79
	σ（m）	0.07	0.09	0.10	0.04

① 水面线

雨季流量下和旱季流量下（包括旱季最小流量和旱季最大流量）蜗壳导墙处实测水深与数模水深对比如图 4.4-8～图 4.4-10 所示。由图可见，除 4 号测点附近差异较大外，其他区域水面线的计算成果基本一致。

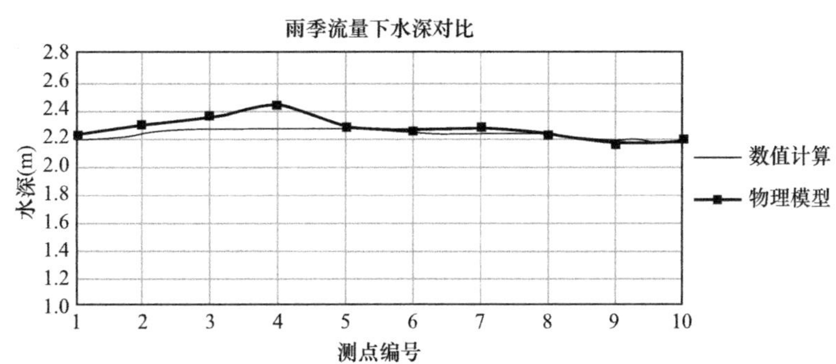

图 4.4-8　雨季流量下蜗壳导墙处实测水深与数模水深对比

② 空心率

如表 4.4-4 所示各工况下空心率实测与数模成果对比结果显示，两者的变化趋势基本一致，数模所得空心率比物模成果略大。

二郎庙 1/10 单体物理模型研究表明，正常运行时，二郎庙入流竖井进口段水深流量关系与理论值基本一致；最大流量时蜗壳导墙尚有 0.4m 安全超高；最大流量时，涡

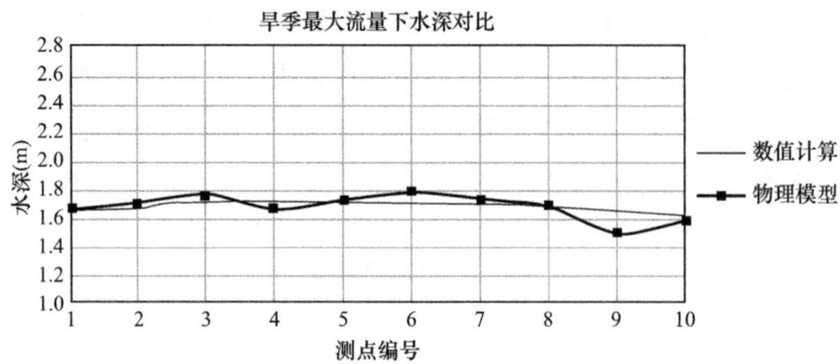

图 4.4-9　旱季最大流量下蜗壳导墙处实测水深与数模水深对比

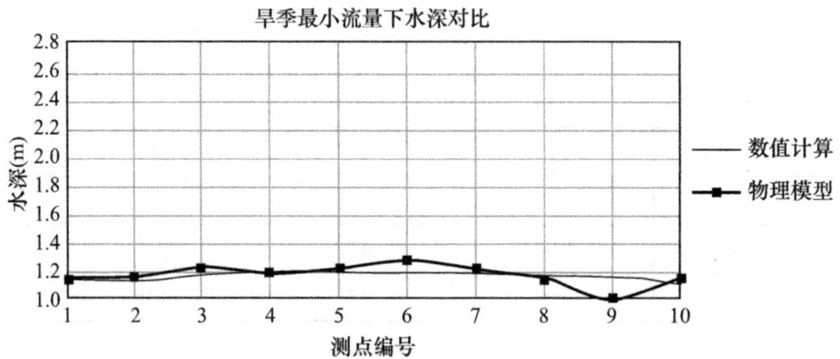

图 4.4-10　旱季最小流量下蜗壳导墙处实测水深与数模水深对比

涡管空心率实测与数模成果对比　　表 4.4-4

	旱季最大		旱季最小		雨季	
高程（m）	数模成果	物模成果	数模成果	物模成果	数模成果	物模成果
13.6	0.405	0.330	0.515	0.522	0.290	0.237
13.1	0.580	0.437	0.715	0.614	0.490	0.332
12.6	0.645	0.562	0.750	0.730	0.505	0.462
12.1	0.645	0.607	0.765	0.788	0.520	0.495

管喉部空心率 0.237，略小于最小许可空心率 0.25，其他流量及高程处，空心率均大于 0.25；水流挟带的气泡可从逸气池内顺利逸出，模型中未见气泡进入隧洞；各测点压力分布正常。数模所得水面线及空心率与实测成果较吻合。

（2）污水传输系统整体物理模型研究

整体物理模型对三处入流竖井、汇流井、通气井和泵站等关键结构进行完整模拟，各关键部位与上、下游连接的隧段模拟足够的长度，其余隧段则通过设置阻力调节阀进行等效模拟。

污水传输系统整体物理模型模拟范围包括入流竖井、泵站、汇流井和通气井在内的整个污水传输系统。模型比尺为 1：20，考虑隧洞管道较长，污水传输系统隧洞长度进行了缩短，对隧洞沿程阻力采用阻力阀进行模拟。整个模型占地长约 30m，宽 7m。模型采用有机玻璃制作，供水系统由回水池、水泵、电磁流量计、流量调节阀等构成，如图 4.4−11 和图 4.4−12 所示。

图 4.4−11　整体模型实物
（预处理站至泵站方向）

图 4.4−12　整体模型实物
（泵站至预处理站方向）

物理模型研究表明，在正常运行工况下，各入流竖井的流态平稳，逸气池排气效果较好，过流能力满足要求。污水传输系统其他重点部位内流态平稳，未见不利流态。在最大设计流量下，落步咀和武东入流竖井过流能力尚有较大富余，设计可考虑缩小两入流竖井涡管的直径及降低明渠导墙高度。

3. 基于水沙运动特性分析的不淤输水工艺设计

通过物理模型试验及数学模型计算分析，对污水深隧临界不淤流速及预处理工艺进行研究，确定了管径 − 临界不淤流速关系曲线及预处理工艺设计方案。

1）污水深隧临界不淤流速物理试验研究

本研究主要通过比尺模型试验，以二郎庙预处理站至北湖污水处理厂的深隧管道工程为研究对象，结合城市污水自身的性质与特点，根据比尺模型的相似理论，对进入深隧管道内污水的不淤流速进行分析。

（1）污水含固量及粒径分布

确定污水管道的设计流速时，需要对污水的含固量及其含泥沙尺寸进行分析。大东湖核心区污水传输系统工程主要服务沙湖、二郎庙、落步咀、白玉山等污水系统，因此分别在沙湖、落步咀和二郎庙三座污水处理厂进行污水取样。由于该项目建成后，现状各污水须经过预处理站处理后方进入深隧系统，为增强本研究的指导性和针对性，本研究的水样取自各污水处理厂沉砂池的出水。

采用潜污泵将各污水处理厂沉砂池的出水泵入取样桶中，再将其送至试验基地进行试验。图 4.4−13 为现场取样图。试验采用多次取样，并进行多次试验。

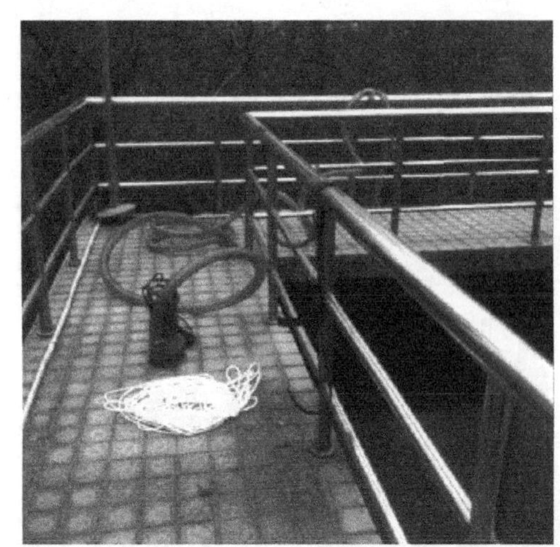

图 4.4-13　污水取样泵及沉砂池取样

由上述试验结果可知，三座污水处理厂污水样本的含固量相差不大，在300～500ppm之间。其中，二郎庙污水处理厂水样含固量最大，为487.92ppm；沙湖污水处理厂的污水含固量最小，为365.18ppm。为模拟三座污水处理厂水样混合情况，结合设计工况情况，按近期旱季平均流量比，取三座污水处理厂的污水样本混合后进行测量，混合污水的含固量如表 4.4-5 所示。

混合后污水样本浓度　　表 4.4-5

烧杯编号	烧杯重量 m_1（g）	烧杯 + 污水重量 m_2（g）	烘干后烧杯 + 固体颗粒 m_3 质量（g）	浓度（ppm）	浓度平均值
1	48.318	126.726	48.351	420.88	431.83
2	66.189	148.325	66.223	413.95	
3	67.674	137.139	67.706	460.66	

本次试验中，采用筛分法对污水中泥沙的粒径进行测量。筛分法测粒径的步骤如下：首先选取一系列不同筛孔直径的标准筛，按孔径从小到大依次由下往上放置；而后将其固定在振筛机上，经过一定时间的振动实现筛分；最后通过称重方式记录下每层标准筛中颗粒质量，由此可得质量分数表示的粒径分布。沙湖、落步咀和二郎庙污水处理厂泥沙中值粒径分别为 118.1μm、104.3μm 和 120.1μm。同样，对混合后污水样本中泥沙颗粒的粒径分布进行了测量，其中泥沙的中值粒径为 112.1μm。

（2）物理模型装置设计及试验步骤

① 模型设计

水力模型试验必须根据相似原理来设计，一般是将原型实物按照相似原理缩小（或放大）为模型，在模型中重演与原型相似的实际现象和性质，并进行观测、取得数据，然后按照一定的相似准则推至原型，从而作出判断。只有模型和原型相似，才能把模型试验的成果引申到原型中。对于研究具有泥沙问题的水流现象，必须同时满足水流运动相似条件和泥沙运动相似条件。

水力模型主要解决两个问题：模型中的流动是否能够真实反映原型中流动规律（即原型和模型中的流动是否相似），如何将模型中测得流动参数换算为原型中的流动参数（即两者之间的比尺确何值）。

模型中的所有流动参数与原型中相应点上的对应流动参数各自保持一定的比例关系，则模型与原型中的流动是相似的。

几何相似：根据试验研究目的、试验场地条件及以往河工模型试验的经验，对于不同管径的管道，确定模型几何比尺：

$$\lambda_l = \frac{l_p}{l_m} \tag{4.4-1}$$

式中 λ_l——模型长度比尺；

l_p——原型长度；

l_m——模型长度。

水流运动相似：根据水流运动方程和连续性方程，引入重力相似理论，推得水流运动相似条件。其中，流速比尺为

$$\lambda_u = \frac{u_p}{u_m} = \lambda_l^{\frac{1}{2}} \tag{4.4-2}$$

式中 λ_u——模型流速比尺；

u_p——原型流速；

u_m——模型流速。

泥沙运动相似：隧道内污水含沙主要包括悬移质和推移质，因此需要同时模拟悬移质和推移质。由于污水经过一定的预处理后方汇入深隧中，故水流输沙总量中悬移质占绝大部分，推移质数量相对较少。因此，本模型主要考虑悬移质中床沙质运动相似，据此确定泥沙运动相似的基本条件。

从泥沙运动扩散方程可推导出两个悬移质泥沙运动相似条件：沉降相似和悬浮相似。若按泥沙沉降相似，有

$$\lambda_\omega = \lambda_u \frac{\lambda_h}{\lambda_l} \tag{4.4-3}$$

式中 λ_ω——沉降比尺；

λ_h——管径比尺；

λ_l——长度比尺。

对于正态模型，管径比尺 λ_h 等于长度比尺 λ_l，两个比尺关系同时得到满足，即 $\lambda_\omega=\lambda_u$ 作为沉降比尺关系式，并以此作为模型选沙的依据。

管道的悬移质泥沙较细，中值粒径为 0.112mm，可认为基本上处于滞流区，模型沙沉速通常情况下也应处于滞流区内。故可以选用滞流区内的静水沉速公式（斯托克斯公式）表达其沉速：

$$\omega=\frac{1}{k}\frac{\gamma_s-\gamma}{\gamma}g\frac{d^2}{v} \tag{4.4-4}$$

式中 ω——悬移质沉速；

γ_s——悬移质密度；

γ——水密度；

k——过渡区系数。

采用相似转化取过渡区系数比尺 λ_k=1，流速比尺 λ_v=1，得

$$\lambda_d=\left(\frac{\lambda_\omega}{\lambda\frac{\gamma_s-\gamma}{\gamma}}\right)^{\frac{1}{2}} \tag{4.4-5}$$

式中 λ_d——悬移质粒径比尺；

$\lambda\frac{\gamma_s-\gamma}{\gamma}$——密度差比尺；

λ_ω——沉降比尺。

挟沙力相似：从悬移质输移方程可推出水流挟沙力相似条件为

$$\lambda_s=\lambda_{s_e} \tag{4.4-6}$$

式中，λ_s、λ_{s_e} 分别为含沙量比尺和水流挟沙力比尺。

$$S_{水}=C\frac{\gamma_s}{\frac{\gamma_s-\gamma}{\gamma}}(f-f_s)\frac{V^3}{gH\omega} \tag{4.4-7}$$

式中 $S_{水}$——水流挟沙力；

C——无量纲系数；

f——水的达西摩擦因子；

f_s——悬浮质的达西摩擦因子；

g——重力加速度；

γ——液体平均速率；

H——水头高度。

对水流挟沙力公式进行相似转化，并满足重力相似 $\lambda_v=\lambda_h^{\frac{1}{2}}$，对于模型 $\lambda_{(f-f_s)}=\frac{\lambda_H}{\lambda_L}$，沉降相似 $\lambda_\omega=\lambda_v\frac{\lambda_h}{\lambda_l}$，得悬移质含沙量比尺 λ_s：

$$\lambda_{s}=\lambda_{s_e}=\lambda_{C}\frac{\lambda_{\gamma s}}{\lambda_{\frac{\gamma s-\gamma}{\gamma}}} \tag{4.4-8}$$

式中　$\lambda_{\gamma s}$——悬移质密度比尺；

λ_{C}——修正系数。

λ_{C} 取为 1，可得 λ_{s}=1。

采用污水处理厂原样污水进行实验，故污水中的泥沙作为模型沙，则 $\lambda_{\gamma s}$=1；同时有 $\lambda_{\frac{\gamma s-\gamma}{\gamma}}$ =1，则有 $\lambda_{cl}=\lambda_{\omega}^{\frac{1}{2}}$。计算不同管径的原型管道所对应模型管道的各项比尺详见表 4.4-6。

模型比尺表　　表 4.4-6

原型管道管径（m）	模型管道管径（m）	几何比尺 λ_{l}	流速比尺 λ_{u}	粒径比尺 λ_{d}
3.0	0.2	15	3.873	1.968
3.2	0.2	16	4.000	2.000
3.4	0.2	17	4.123	2.031
3.6	0.2	18	4.243	2.060
3.8	0.2	19	4.359	2.088
4.0	0.2	20	4.472	2.115
4.2	0.2	21	4.583	2.141
4.4	0.2	22	4.690	2.166
4.6	0.2	23	4.796	2.190
4.8	0.2	24	4.900	2.213
5.0	0.2	25	5.000	2.236

粒径比尺 λ_{d} 在 2.0 左右，为满足泥沙沉降相似，应使用粒径为 0.5 倍原型泥沙的泥沙进行试验。然而采用污水处理厂原样污水中的泥沙作为模型沙时，λ_{d}=1，可知通过模型试验计算的不淤流速较实际的不淤流速值偏大。但是本模型主要考虑污水的不淤流速，模型设计从偏安全考虑，主要以满足水流运动相似为前提，适当地允许粒径比尺有所偏离。

② 模型装置

污水管道模型试验装置设计图如图 4.4-14、图 4.4-15 所示。本模型试验段的管道长 6m，管内径为 20cm，并配套蜗壳混流泵（流量 Q=460m^3/h，扬程 8m 电机功率 11kW）、输水管道、电磁流量计（量程 55～350m^3/h，1.0MPa）、控制阀（DN200mm，PN=1.6MPa）、水池（B=30cm，L=8m）等。

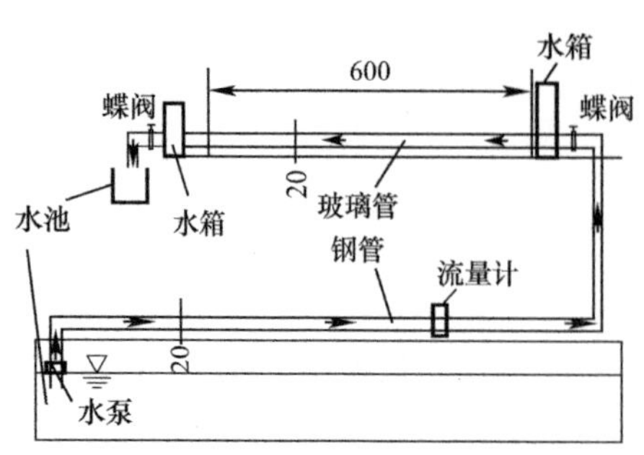

图 4.4-14 试验装置设计图

③ 试验步骤

启动抽水泵，并由试验管段起端阀门控制流量，试验管段末端阀门全开，使得水流在顺畅流动时，具有携带走前次试验沉积的泥沙的能力；

调节试验管段起、末端阀门，控制流量和水流的流动状态；

通过观察末端水箱水位，判断试验管道水流稳定；

图 4.4-15 试验装置实物图

观察管道底部随时间变化的泥沙沉降淤积情况，判断临界状态点，并用摄像机拍照记录；

试验结束。

（3）试验结果与分析

① 满管流试验

满管流的水流驱动力为管道两端的压力差，是在无自由表面的固体边内流动的水流。满管流的断面平均流速公式：

$$u=\frac{4Q}{\pi d^2} \tag{4.4-9}$$

式中 u——平均流速；

Q——流量；

d——管道直径。

当进口流量稳定在 3.75L/s（断面平均流速为 0.119m/s）运行 30min 时，试验管道底部沉积情况如图 4.4-16 所示，当试验时间 t<5min 时，泥沙迅速地落淤在管道底部，出现不连续的淤积体；当试验时间 t>15min 时，泥沙不断淤积，管道底部形成稳定连续的淤积体（宽度为 15.4cm）。据此可知在此流速下泥沙落淤。

当进口流量稳定在 4.63L/s（断面平均流速为 0.147m/s）运行 30min 时，试验管道底部沉积情况如图 4.4-17 所示，仍然能观察到泥沙散落地分布在管道底部，但在相同的试验时间下，较之流量在 3.7SL/s 时，泥沙落淤速率开始减缓。

图 4.4-16　Q=3.75L/s 时管道底部的现象

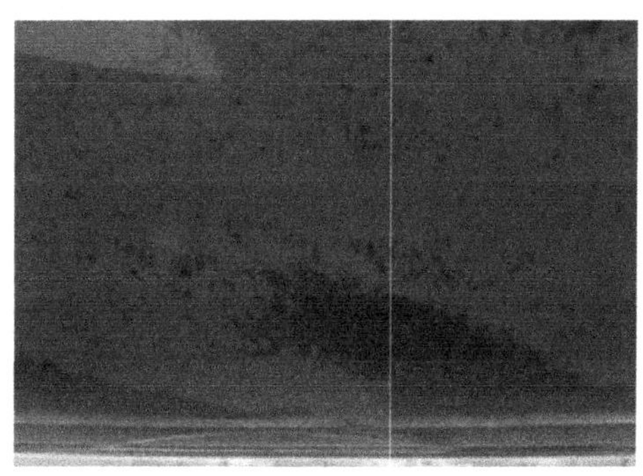

图 4.4-17　Q=4.63L/s 时管道底部的现象

当进口流量稳定在 5.15L/s（断面平均流速为 0.164m/s）运行 30min 时，试验管道底部沉积情况如图 4.4-18 所示，管道底部无淤积物，并保持悬浮工作状态。因此，通过多次反复试验，可确认在流量为 5.15L/s 的情况下，断面平均流速 0.164m/s 为污水满管流试验的临界不淤流速。

图 4.4-18　Q=5.15L/s 时管道底部的现象

通过满管流的断面平均流速公式，可计算得出污水在满管流状态下的模型不淤流速，并通过流速比尺推算出原型的不淤流速，具体的计算如表 4.4-7 所示。

满管流临界不淤流速　表 4.4-7

原型管径（m）	模型管径（m）	几何比尺 λ_l	流速比尺 λ_u	流量（L/s）	模型不淤流速（m/s）	原型不淤流速（m/s）
3.0	0.2	15	3.873	5.15	0.164	0.635
3.2	0.2	16	4.000	5.15	0.164	0.656
3.4	0.2	17	4.123	5.15	0.164	0.676
3.6	0.2	18	4.243	5.15	0.164	0.696
3.8	0.2	19	4.359	5.15	0.164	0.715

续表

原型管径（m）	模型管径（m）	几何比尺 λ_l	流速比尺 λ_u	流量（L/s）	模型不淤流速（m/s）	原型不淤流速（m/s）
4.0	0.2	20	4.472	5.15	0.164	0.733
4.2	0.2	21	4.583	5.15	0.164	0.752
4.4	0.2	22	4.690	5.15	0.164	0.769
4.6	0.2	23	4.796	5.15	0.164	0.787
4.8	0.2	24	4.900	5.15	0.164	0.803
5.0	0.2	25	5.000	5.15	0.164	0.820

② 非满管流试验

非满管流（试验管段末端出口断面水深 y=0.5D）试验是通过管道两端的控制阀门使得管道尾端出口水深稳定在 0.5D，通过目测法观察管道底部的泥沙淤积现象，判断非满管流时的临界不淤状态。非满管流的断面平均流速公式如下：

$$u=\frac{8Q}{\pi d^2} \tag{4.4-10}$$

式中 u——平均流速；

Q——流量；

d——管道直径。

非满管流的不淤流速试验的现象和结果如下：

当进口流量稳定在 1.27L/s（断面平均流速为 0.081m/s）运行 30min 时，试验管道底部沉积情况如图 4.4-19 所示，当试验时间 t<4min，泥沙迅速地落淤在管道底部，出现不连续的淤积体；当试验时间 t>15min，泥沙不断淤积，管道底部形成稳定连续的淤积体（宽度为 11.5cm）。据此可知在此流速下泥沙落淤。

当进口流量稳定在 2.41L/s（断面平均流速为 0.154m/s）运行 30min 时，试验管道底部沉积情况如图 4.4-20 所示，管道底部仍旧能观察到淤积物，但在相同的试验时间下，泥沙落淤速率开始减缓。

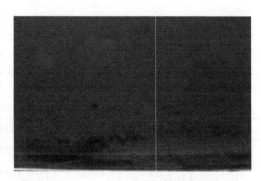

图 4.4-19　Q=1.27L/s 时管道底部的现象

图 4.4-20　Q=2.41L/s 时管道底部的现象

当进口流量稳定在 2.64L/s（断面平均流速为 0.168m/s）运行 30min 时，试验管道底部沉积情况如图 4.4-21 所示，管道底部无淤积物，并保持悬浮工作状态。因此，通过多次反复试验，可确认在流量为 2.64L/s 的情况下，断面平均流速 0.168m/s 为污水非满管流试验的临界不淤流速。

图 4.4-21　Q=2.64L/s 时管道底部的现象

通过非满管流的断面平均流速公式，可计算得出污水在非满管流状态下的模型不淤流速，并通过流速模型比尺推算出原型的不淤流速，具体的计算如表 4.4-8 所示。

非满管流临界不淤流速　　表 4.4-8

原型管径（m）	模型管径（m）	几何比尺 λ_l	流速比尺 λ_u	流量（L/s）	模型不淤流速（m/s）	原型不淤流速（m/s）
3.0	0.2	15	3.873	2.64	0.168	0.651
3.2	0.2	16	4.000	2.64	0.168	0.673
3.4	0.2	17	4.123	2.64	0.168	0.693
3.6	0.2	18	4.243	2.64	0.168	0.713
3.8	0.2	19	4.359	2.64	0.168	0.733
4.0	0.2	20	4.472	2.64	0.168	0.752
4.2	0.2	21	4.583	2.64	0.168	0.771
4.4	0.2	22	4.690	2.64	0.168	0.789
4.6	0.2	23	4.796	2.64	0.168	0.806
4.8	0.2	24	4.900	2.64	0.168	0.824
5.0	0.2	25	5.000	2.64	0.168	0.841

③ 试验值与理论值的比较

应用经验公式计算泥沙临界不淤流速时，主要是悬浮泥沙颗粒的浓度（CV）和泥沙粒径（d）对临界不淤流速产生影响。试验中，通过烘干法测得污水中的含固量包括污水中颗粒悬浮物和部分溶解性的有机物质和无机物等，其远远大于污水中悬浮泥沙颗粒浓度。在香港“净化海港计划”项目中进行不淤流速研究时，其通过烘干法测得污水中的含固量为 1200mg/kg，而其中的悬浮泥沙颗粒的浓度（CV）仅为 50mg/kg，而其泥沙颗粒的中值粒径为 0.2mm，而本项目中通过烘干法测得污水中的含固量为 431.8mg/kg，而泥沙颗粒的中值粒径为 0.11mm，因此，本项目采用悬浮泥沙颗粒的浓度（CV）为 60mg/L。

通过比尺模型试验和经验公式计算，得到了污水管道模型和原型的临界不淤流速，分别如表 4.4-9 和表 4.4-10 所示。利用 Novak-Nalluri（1978）公式、Nalluri-Spaliviero（1998）公式、Ackers（1993）公式、Macke 公式计算模型的临界不淤流速值，如图 4.4-22 所示。满管流运行时，在 3m 管径时，Macke 公式计算得到的临界不淤流速（1.047m/s）远大于模型试验得到的数值（0.635m/s），而其他公式［如 Novak-Nalluri（1978）公式、Nalluri-Spaliviero（1998）、Ackers（1993）公式］的计算数值与试验得到的数值基本接近，甚至略小于试验数值；非满管流运行时，只有 Novak-Nalluri（1978）公式和 Ackers（1993）公式与试验数值接近。在同样条件下，各经验公式计算数值之间存在差异，究其原因，主要是各公式的原理和适用范围的不同，Nalluri-Spaliviero（1998）和 Macke 公式是基于悬移质泥沙的数据拟合得到的，适用于计算管道内部无泥沙淤积时悬移质泥沙的临界不淤流速。在实际运行时，污水中泥沙颗粒的中值粒径在 0.1mm 以上，泥沙颗粒多以推移质形式运动，用 Novak-Nalluri（1978）公式和 Ackers（1993）公式得到的计算数值与试验数值更为接近。试验得到的临界不淤流速介于各个经验公式计算数值之间，且与 Novak-Nalluri（1978）公式和 Ackers（1993）公式得到的计算数值接近，表明试验得到的临界不淤流速是合理的。

比尺模型管道试验临界不淤流速（m/s）　　表 4.4-9

来源	管道排水类型	管道内径（m）	临界不淤流速	
			满管流	非满管流
模型试验	污水	0.2	0.164	0.168
		3.0	0.635	0.651
		3.2	0.656	0.673
		3.4	0.676	0.693
		3.6	0.696	0.713
		3.8	0.715	0.733
		4.0	0.733	0.752
		4.2	0.752	0.771
		4.4	0.769	0.789
		4.6	0.787	0.806
		4.8	0.803	0.824
		5.0	0.820	0.841

各经验公式计算管道污水的临界不淤流速（m/s） 表 4.4-10

管道内径（m）	Novak-Nalluri 公式		Ackers 公式		Macke 公式		Nalluri-Spaliviero 公式	
	满管流	非满管流	满管流	非满管流	满管流	非满管流	满管流	非满管流
0.2	0.135	0.151	0.243	0.243	0.189	0.178	0.263	0.110
3.0	0.610	0.681	0.612	0.612	0.959	0.997	0.619	0.366
3.2	0.632	0.706	0.623	0.626	0.997	1.037	0.633	0.377
3.4	0.654	0.730	0.639	0.639	1.033	1.075	0.646	0.387
3.6	0.675	0.754	0.652	0.652	1.069	1.113	0.659	0.397
3.8	0.695	0.777	0.664	0.664	1.105	1.149	0.671	0.406
4.0	0.715	0.799	0.676	0.676	1.139	1.185	0.683	0.416
4.2	0.735	0.821	0.687	0.687	1.173	1.220	0.695	0.425
4.4	0.754	0.842	0.698	0.698	1.206	1.255	0.706	0.434
4.6	0.773	0.864	0.709	0.709	1.239	1.289	0.716	0.442
4.8	0.792	0.884	0.719	0.719	1.271	1.322	0.727	0.451
5.0	0.810	0.904	0.729	0.729	0.959	1.355	0.737	0.459

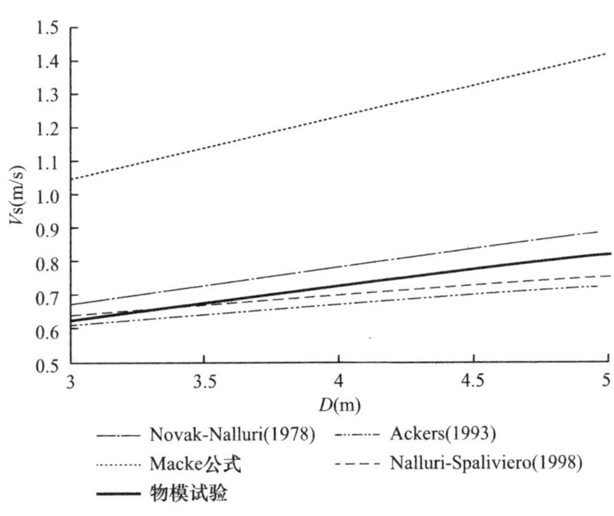

图 4.4-22 试验值与经验值比较（满管流）

2）基于水沙运动模拟的污水深隧预处理工艺设计

根据城市污水特性，采用 Infoworks 软件构建污水深隧水沙运动模型，通过不同工况模拟分析，研究泥沙颗粒浓度和泥沙粒径对隧道淤积风险的影响，探索满足不淤流速条件的泥沙颗粒浓度及泥沙粒径的最佳组合方式，从而确定兼具科学性和经济性的最佳预处理工艺方案。

（1）水沙运动数值模拟分析

Infoworks ICM 模型可以模拟污水管道中的水力状况，即可以评价现状或设计污水管道是否满足水力负荷，以及是否达到不淤流速等，还可借助模型的控制模拟，为用户提供管渠流量、水位、流速、充满度以及泵的启闭等信息，为污水系统泵站、污水处理厂的水力运行等提供优化方案，节省排水系统的运营成本。

压力流运行时，在管径确定的情况下，管内流速与管内流量成正比关系。由表 4.4−11 可知，近期旱季最低流量下，管内的流量最小，此时管内的水流流速也最小，为 0.688m/s，仍在临界不淤流速以上。另外，在各流量工况下，隧段流速的大小依次为 $V_1<V_3<V_2<V_4$。因此，较之其他隧段，S1 隧段（二郎庙—三环隧）流速最小，发生淤积的可能性最大，因此实际运行中应重点关注该隧段的淤积情况。

压力流设计管径方案下各隧段的水流流速（m/s） 表 4.4−11

工况		二郎庙～三环（隧段 S1）V_1（m/s）	三环～武东（隧段 S2）V_1（m/s）	武东～泵站（隧段 S3）V_1（m/s）	落步咀～三环（隧段 S4）V_1（m/s）
最小流速（2018 年初期最小流速）		0.688	0.778	0.727	0.787
近期	旱季平均流量	0.803	0.987	0.918	1.280
	旱季最大流量	1.043	1.283	1.193	1.665
远期	旱季平均流量	0.902	1.340	1.276	1.246
	旱季最大流量	1.172	1.742	1.658	1.619

压力流运行时，近期旱季平均，管内充水的变化过程如图 4.4−23 所示，其他工况与之类似。从图中可以看出，压力流运行时，污水深隧系统的末端先到达满管流状态，然后随着污水流入，深隧系统内从下游到上游逐渐形成满管流。同时，根据数值模拟，泥沙浓度、中值粒径均与淤积厚度成正比。

（2）污水深隧预处理工艺方案设计

污水深隧预处理工艺主要是去除污水中的漂浮物、丝状物以及粒径 0.2mm 以上的砂粒，避免污水进入隧道造成淤积，保证隧道系统正常运行。

我国某污水深隧预处理站和我国某城市污水处理厂的预处理情况统计如表 4.4−12 所示。

污水处理厂预处理情况统计表 表 4.4−12

序号	工程名称	预处理设施及目标
1	我国某污水深隧预处理站	粗格栅：20mm；细格栅：4mm； 沉砂池：去除 95% 大于 0.2m 的砂砾
2	我国某城市污水处理厂	粗格栅：20～25mm；细格栅：6mm； 沉砂池：去除 95% 大于 0.2m 的砂砾

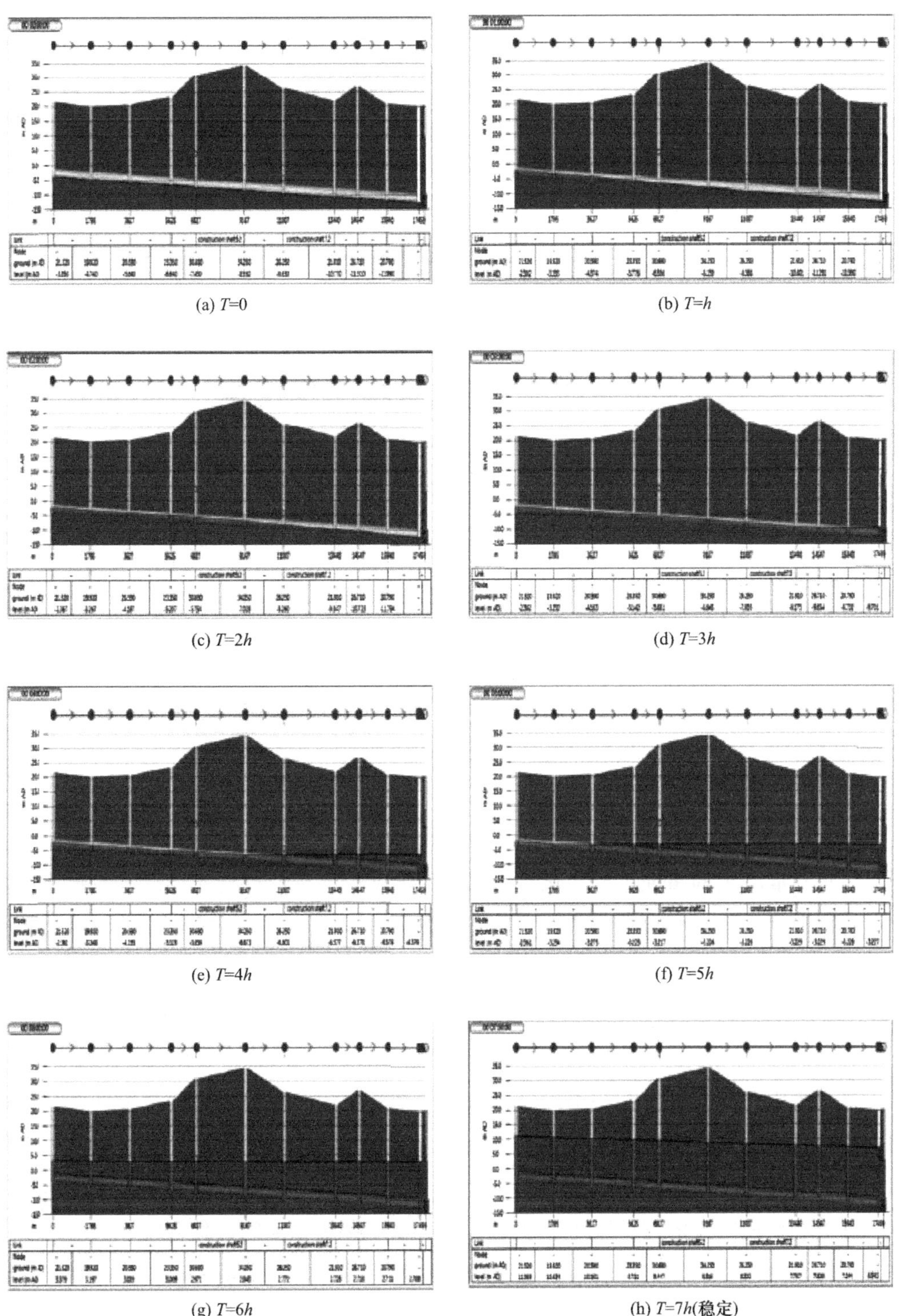

(a) T=0

(b) T=h

(c) T=2h

(d) T=3h

(e) T=4h

(f) T=5h

(g) T=6h

(h) T=7h(稳定)

图 4.4-23 压力流运行时管道系统内的水位变化过程示意图

由表 4.4−12 可知，污水处理厂采用的污水预处理工艺均为常规工艺。其中，污水深隧预处理站为尽量减少悬浮物及砂砾进入深隧系统，防止沉积在深隧中，采用的细格栅标准均较高。通过对大东湖核心区污水传输系统工程服务区内现状沙湖、二郎庙及落步咀污水处理厂的运行情况的调研，结合该工程服务范围内近期存在混流区、雨污混接及施工工地多等特点，同时采用数学模型对水沙运动过程进行模拟分析，制订了污水深隧不淤输水预处理工艺，该工程拟采用强化污水预处理工艺：粗格栅（20mm）+ 细格栅（5mm）+ 曝气沉砂池 + 精细格栅（3mm）（图 4.4−24）。

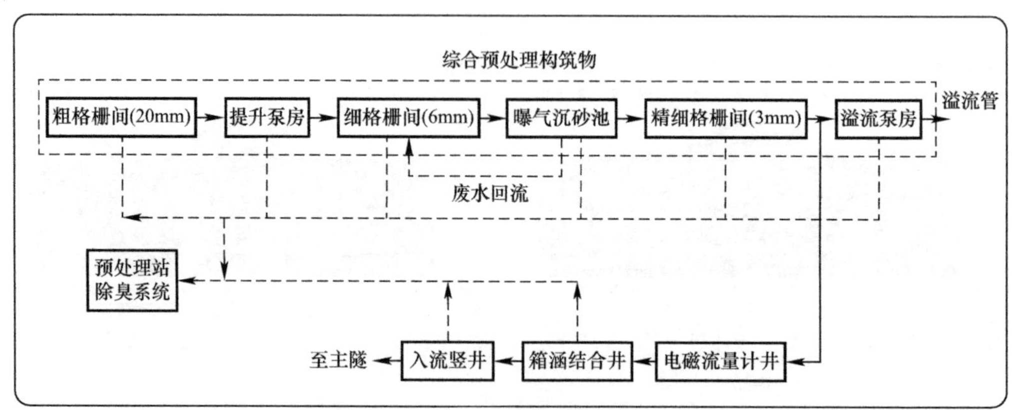

图 4.4−24 污水深隧预处理工艺流程图

4. 基于腐蚀破坏机理研究的高耐久隧道结构设计

1）污水隧道的耐久性与防渗性研究

（1）污水对钢筋混凝土材料腐蚀劣化机理

污水对混凝土的腐蚀主要为化学腐蚀，化学反应的侵蚀性物质均以水为媒体，污水通过混凝土的表面和混凝土内的孔隙或裂缝渗入，污水中的液相腐蚀物与混凝土的水泥水化产物发生化学反应；对未充满的管道，其未被污水淹没部分，气体介质（如 CO_2、H_2S）则通过孔壁附着的水膜侵入混凝土体内腐蚀。污水对钢筋的腐蚀主要是电化学腐蚀。

按污水中腐蚀成分种类的不同可分为无机物腐蚀、有机物腐蚀和微生物腐蚀，其中无机物腐蚀主要包括 CO_2、酸、无机盐（如硫酸盐、镁盐与铵盐）、硫氢酸等对混凝土的腐蚀。

有机物对混凝土的侵蚀不可忽视，生活污水中含有大量碳氢化合物、蛋白质、脂肪、纤维素等有机物质。脂肪酸、柠檬酸、乳酸等多种有机酸虽为弱酸，但它们也会对混凝土造成不同程度的腐蚀。其腐蚀机理与强酸相同，即与 $Ca(OH)_2$ 作用，生成可溶性盐，逐渐被水溶解带走。污水中好氧菌的代谢物——有机酸及呼吸作用排出的碳酸也是引起混凝土腐蚀的主要原因。此外，有机物质在污水中成为微生物的营养源，给微生物侵蚀创造了有利条件。

随着近年来污水中有机物的成分增加，污水管道微生物腐蚀越来越严重，但微生物腐蚀的本质是先产生 H_2S，进一步生成 H_2SO_4，进而与管道中的水泥基材料发生反应，腐蚀管道。管道的硫化氢腐蚀只有在非满管中才可能发生，而生成的硫酸只对管道水位以上的管材造成腐蚀。因此，当管道在满流状态时，微生物腐蚀的作用明显减弱。

（2）污水浸泡混凝土加速腐蚀试验研究

通过对武汉市大东湖生态水网内生活污水取样测试，得到落步咀、沙湖和二郎庙 3 个污水处理厂入厂前污水指标，详见表 4.4-13。

厂前污水指标　表 4.4-13

污水样本	pH	浊度 NTU	导电率（ms/m）	COD（mg/L）	UV_{254}（mg/L）	NH^3-N（mg/L）	SO_4^{2-}（mg/L）	CL^-（mg/L）	硫化物（mg/L）	Na^+（mg/L）	Mg^+（mg/L）
落步咀	7.09	37.6	6.00	74	0.538	16.47	54.6	33.8	0.481	275	4.305
沙湖	7.04	10.8	5.42	60	0.236	11.83	46.4	62.1	0.641	153	4.119
二郎庙	7.06	40.0	7.48	112	0.469	20.95	49.2	58.4	0.802	205	5.394

① 试验目的

试验基于典型污水腐蚀类型，即硫酸盐腐蚀和微生物腐蚀等，考虑混凝土的性能，包括水灰比，是否掺入粉煤灰、纤维等掺合料，在高浓度污水、高浓度硫酸盐污水和含厌氧型微生物污水 3 种污水腐蚀环境浸泡混凝土试件，监测混凝土的抗压强度、弹性模量以及抗拉强度等参数，揭示混凝土的腐蚀破坏性态，探明污水隧道结构的抗防腐性能，提出优化结构防腐措施，并指导结构设计施工。

② 强化污水的配制原则

a. 选取活性污泥。活性污泥内含有各种微生物，本试验选取污水处理厂二沉池中的污泥，以模拟微生物在厌氧环境下对混凝土的腐蚀。

b. 培养微生物所需要的营养物质、温度和 pH。微生物存在的环境和种类是混凝土排污管受到严重腐蚀所必需的条件，所以有必要在强化污水中添加培养微生物所需要的各种养分。

c. 控制对混凝土具有腐蚀性离子的浓度。为了加速污水对混凝土的腐蚀效果，增大了污水中 Mg^{2+}、Na^{2+}、SO_4^{2-}、Cl^- 离子的浓度，从而使得混凝土试块在短期内产生力学性能降低的效果。

根据配制原则，初配制的污水见图 4.4-25。

(a) 高浓度污水

(b) 高浓度硫酸盐污水

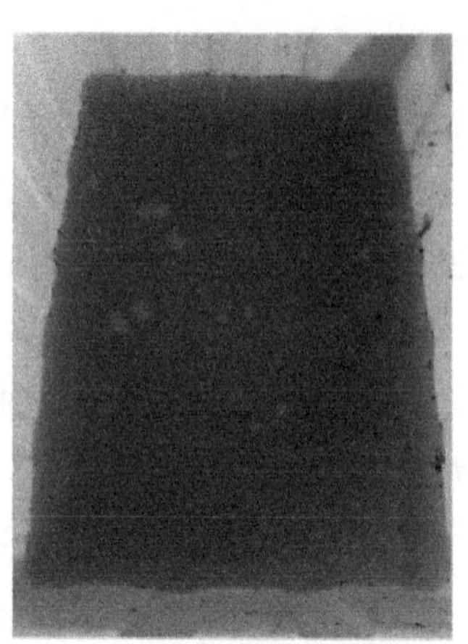
(c) 含厌氧型微生物污水

图 4.4-25 初配制的污水

图 4.4-26 为浸泡混凝土 10d 后的各组污水情况，对于高浓度污水和含厌氧型微生物污水，由于污泥的作用，污水发生了厌氧反应，污水呈现絮状，并有恶臭味。

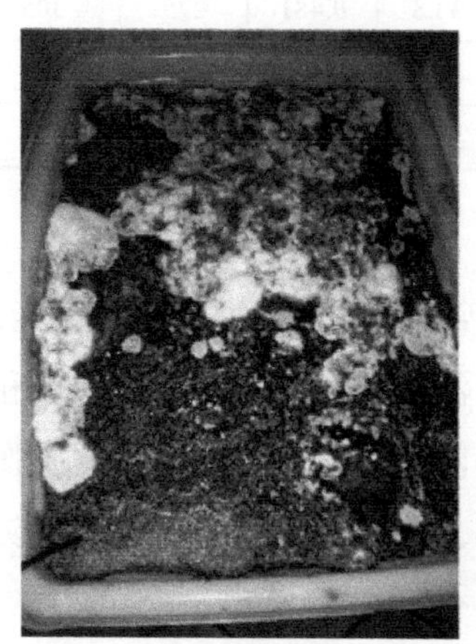
(a) 高浓度污水

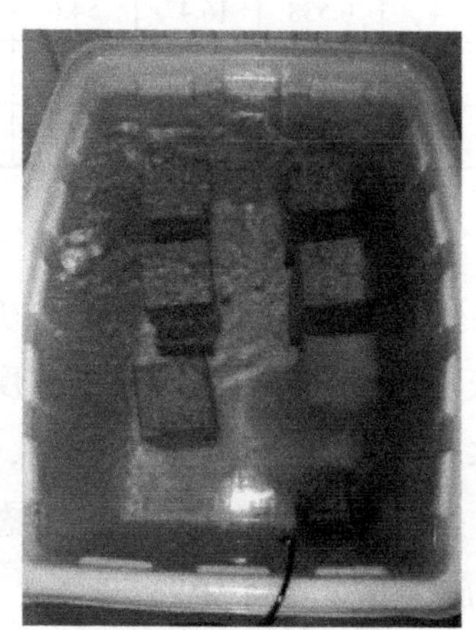
(b) 高浓度硫酸盐污水

(c) 含厌氧型微生物污水

图 4.4-26 浸泡混凝土 10d 后的污水状况

③ 混凝土腐蚀破坏形态分析

a. 试块浸泡后表观形态

在高浓度污水和含厌氧微生物污水中浸泡的试块，其表面附着了一层生物膜，并伴随有白色的斑点产生，将生物膜用水冲去，可以看到试块表面有霉斑和诸多小孔洞，试块形状基本完好，没有产生明显裂纹或残缺，如图 4.4-27 所示。

在高浓度硫酸盐污水中浸泡的试块，其表面有白色的生成物出现，并随着时间的延长越来越厚，产生相应的沉淀堆积，也有较少孔洞产生，如图 4.4-27 所示。试块形状基本完好，没有产生明显裂纹或残缺。

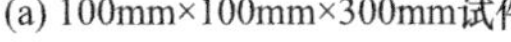

(a) 100mm×100mm×300mm试件

(b) 100mm×100mm×100mm试件

(c) 骨形试件

图 4.4-27　高浓度污水和含厌氧微生物污水中试块表观

b. 强度试验的试块破坏形式

当用压力机进行加载时，C50 无添加试块、C50 掺粉煤灰试块和 C35 无添加混凝土试块在表面开裂后，裂缝迅速发展延伸加宽，并伴有块体剥落，如图 4.4-28 所示。

(a) 100mm×100mm×100mm试件

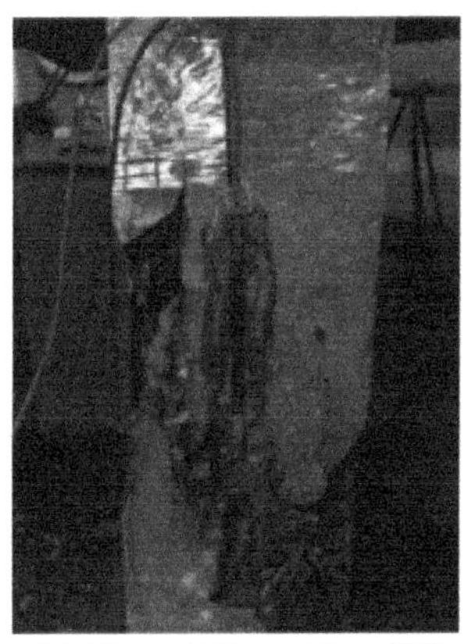

(b) 100mm×100mm×300mm试件

图 4.4-28　试块加载破坏图

当用拉力机对骨形试块进行加载时，各个骨形试块的破坏形态基本一致，均从试件的薄弱点拉断，主要原因是骨形试块的形状导致薄弱点，如图 4.4-29 所示。

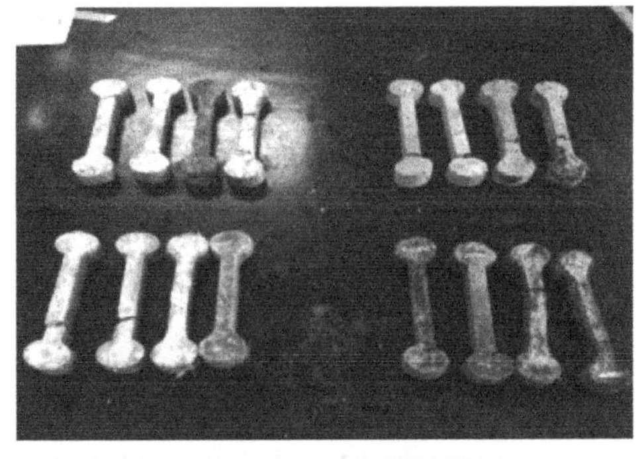

图 4.4-29　骨形试块破坏图

根据上述分析及数据，得出如下结论：3 种污水在短期内对混凝土的腐蚀性强弱为高浓度硫酸盐污水对混凝土的腐蚀性最强，高浓度污水对混凝土的腐蚀性次之，含厌氧型微生物污水对混凝土的腐蚀性最弱，硫酸盐腐蚀是污水隧道腐蚀的主要类型，腐蚀进程较快，而微生物腐蚀的进程较慢。

水灰比越小，混凝土的强度和密实性越好，其抗腐蚀能力越强。在实际工程中，可以通过减少混凝土中的水泥成分、降低水灰比来开发新混凝土材料，以增强混凝土的抗腐蚀性。

混凝土的污水腐蚀破坏形态如下：硫酸盐腐蚀后的试块表面有一定厚度的白色覆盖物，并具有些许孔洞；厌氧微生物腐蚀后的试块表面产生诸多霉斑和小孔洞。所有工况试块形状基本完好，没有产生明显裂纹或残缺。

（3）污水对钢筋的加速锈蚀试验研究

① 试验目的

钢筋锈蚀是污水导致钢筋混凝土结构腐蚀破坏的主要因素，试验基于污水对钢筋锈蚀的机理，采用室内电化学加速腐蚀手段，考虑混凝土保护层厚度、钢筋直径、混凝土强度等因素，探明钢筋锈蚀率对混凝土试件抗压强度、钢筋和混凝土粘结强度及钢筋抗拉强度的影响规律，探明钢筋锈蚀作用对钢筋混凝土结构力学性能的影响程度。

② 试验方案

电化学腐蚀试验在试件养护 28d 后进行，其步骤如下：

a. 将准备腐蚀的试件提前放入 5% 的 NaCl 溶液中浸泡 7d 待用。

b. 对于测定粘结强度的试件，在钢筋伸出的一端涂抹环氧树脂，防止铁锈析出。

c. 在研究锈胀开裂规律的试件上（其余试件省略该步骤）固定声发射探头。

d. 将处理好的试件放置在电化学腐蚀槽内的木块上，目标面向下（测定粘结强度的试件钢筋伸出端向上，压在涂有环氧树脂的阴极板上，并保持目标面距阴极板 50mm）。然后在电解槽内缓缓加入 5% 的 NaCl 溶液，直至液面至试件上表面 50mm 处为止。

e. 调整声发射设备及电化学腐蚀设备，设定相关技术参数。依次打开声发射设备和电化学腐蚀设备开始加速腐蚀，同时根据每组试件具体的试验要求采集相关数据，见图 4.4−30。

③ 力学参数测试

将经过抗压强度测试的试件进行破形处理，取出其中的钢筋。采用液压万能试验机对取出的钢筋进行拉拔测试，采用微机屏显液压式万能试验机测量系统采集荷载随时间的变化曲线，从而得出钢筋的极限抗拉荷载和屈服抗拉荷载，测试过程见图 4.4−31。

④ 试验结果分析

a. 折减率

图 4.4−32 是根据试验结果绘制的散点图，并根据测试值拟合出了混凝土抗压强度

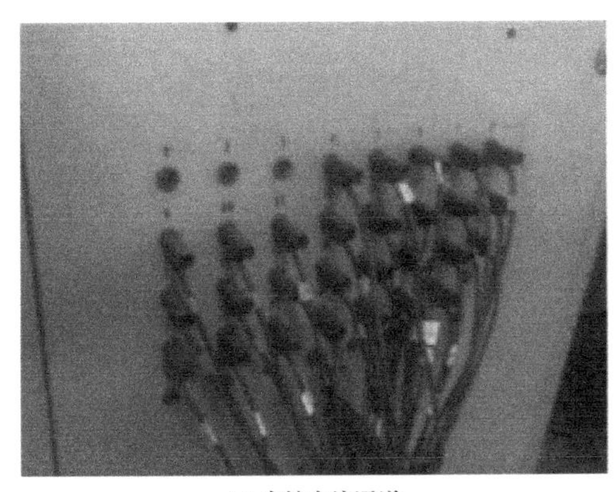
(a) 腐蚀电流通道

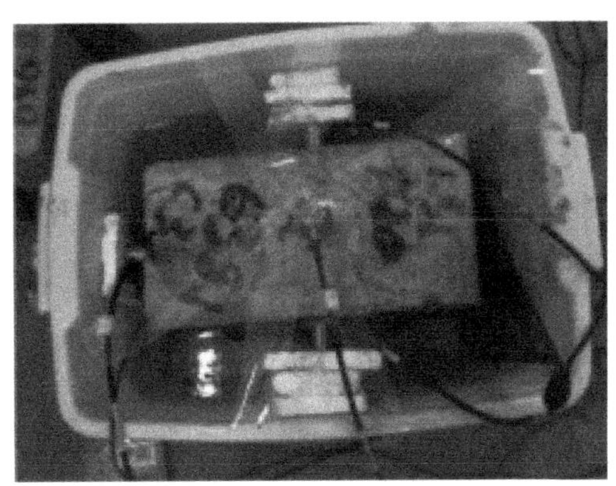
(b) 声发射信号采集

(c) 加速锈蚀中的试件

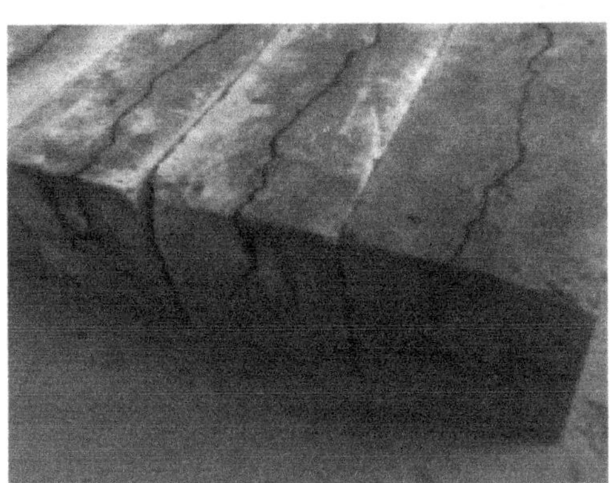
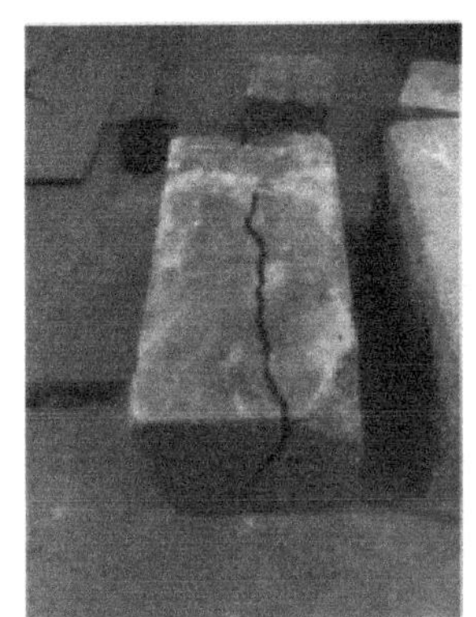
(d) 腐蚀后的试件

图 4.4-30 电化学腐蚀步骤

及弹性模量的折减率随钢筋直径的变化曲线和曲线方程。考虑到在拟合过程中所取点较少，且曲线与实测点之间存在差值，以及试验过程中存在的随机性等诸多因素，在实际应用中从偏于安全的角度出发，建议强度折减率在图 4.4-32 所拟合的曲线基础上乘上 1.5 的安全系数。

(a) 抗压强度测试后的试件

(b) 破形处理后取出钢筋的试件

(c) 钢筋拉拔性能测试

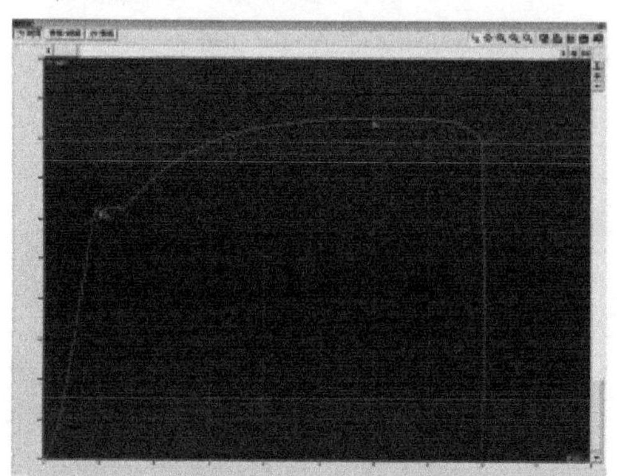
(d) 钢筋拉拔性能测试时间-荷载曲线图

图 4.4-31 钢筋抗拉测试

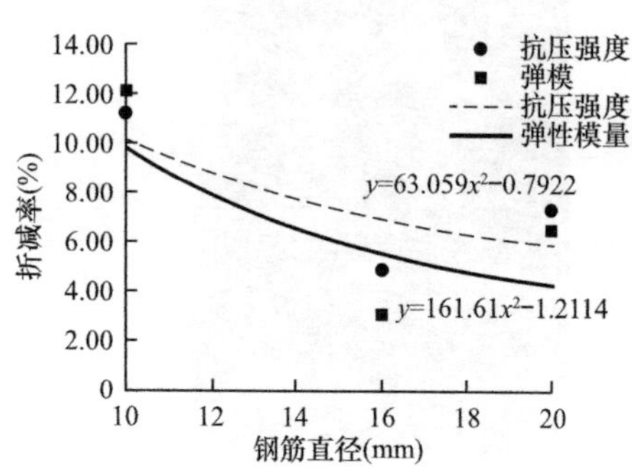

图4.4-32 混凝土力学性能折减率随钢筋直径的变化情况

b. 腐蚀破坏形态

在电化学腐蚀试验中，锈蚀后的钢筋的锈蚀状态和自然环境下钢筋的锈蚀状态有所差异，通过观察对比发现：直径为 10mm 的钢筋基本呈现均匀锈蚀的状态，而直径为 20mm 的钢筋主要以局部坑蚀为主，且坑蚀部位大部分靠近钢筋端部，直径为 16mm 的钢筋的锈蚀状态介于前两者之间。钢筋的锈蚀状态及混凝土破形后显示出的锈蚀产物的分布形态如图 4.4-33 所示。

2）深隧防腐抗渗设计

在明确了隧道总体运行参数与使用条件的基础上，大东湖深隧一旦运行，就没有再次停水检修的条件。为实现大东湖深隧百年耐久的设计目标，本项目针对深隧结构防水提出了关键设计要点，可为后续深隧项目的防水设计提供参考。

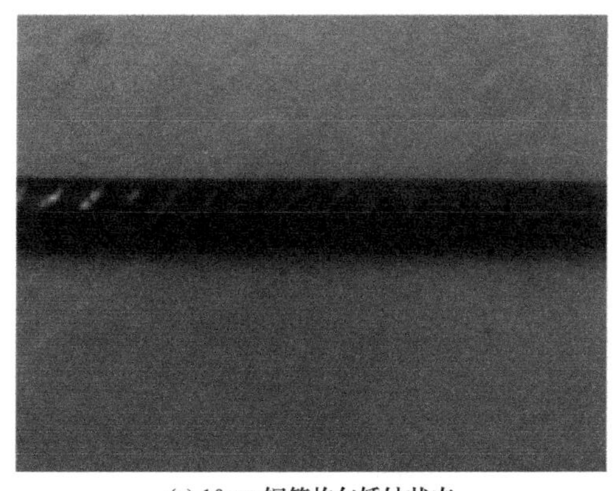
(a) 10mm钢筋均匀锈蚀状态

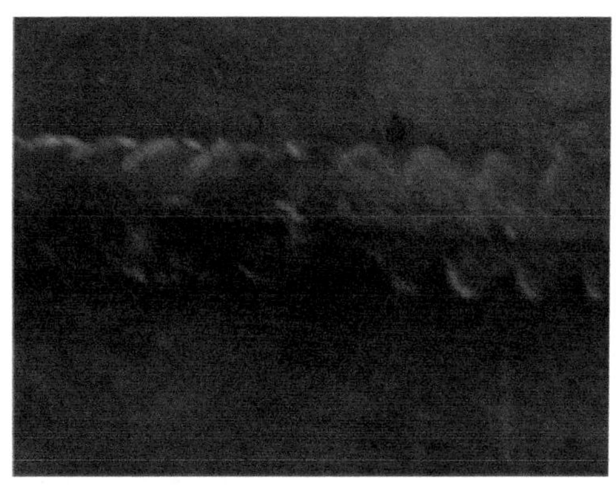
(b) 20mm钢筋坑蚀状态

(c) 均匀锈蚀混凝土内部锈蚀产物分布图

(d) 局部坑蚀外混凝土内部锈蚀产物

图 4.4-33　腐蚀状态

（1）叠合结构连接设计

保证衬砌之间的有效连接是叠合式双层衬砌结构体系设计的重点，有效的手段是在衬砌之间进行钢筋连接。考虑存在隧道外部水体从管片接缝进入内衬及管片之间的可能性，内衬采用双层钢筋设计，内侧环向钢筋主要承受运营期的内水压，外侧环向钢筋主要预防外水压力。管片预制时需预埋与内衬钢筋连接的钢筋接驳器，连接钢筋一端车丝与接驳器连接，一端与内衬钢筋绑扎；同时，管片螺栓孔处设置连接钢筋，连接钢筋一端与螺栓垫片焊接，一端与内衬钢筋绑扎。充分保障内衬结构与盾构管片之间的受力传递，实现两者共同受力，如图 4.4-34 所示。

（2）防水设计

结构防水的措施共分为以下四类。

① 结构自防水：隧道管片的混凝土等级为 C50，抗渗等级 P12，限制裂缝开展宽度不大于 0.2mm。

② 衬砌外注浆防水：在衬砌管片与天然土体之间存在环形空隙，通过同步注浆与二次注浆充填空隙，形成一道外围防水层，有利于隧道的防水。

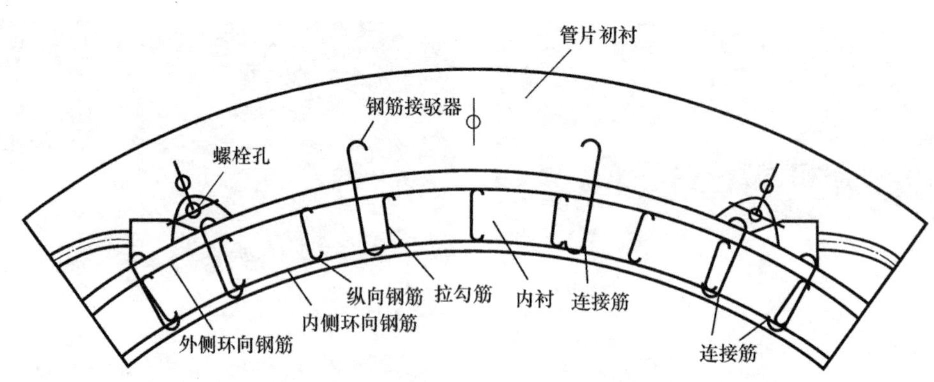

图 4.4-34　管片与二衬结构连接示意图

③ 管片接缝防水：在管片接缝处设置了弹性密封垫（三元乙丙橡胶）和嵌缝（聚硫密封胶）两道防水措施，并以弹性密封垫为主要防水措施，如图 4.4-35 所示。

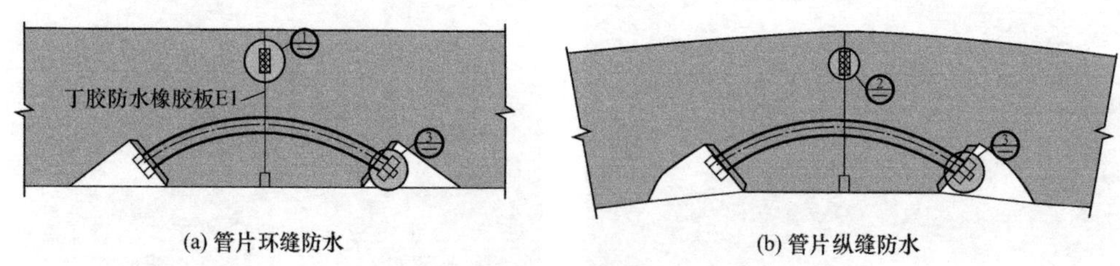

图 4.4-35　管片接缝防水设计图

④ 二衬接缝防水：内衬的变形缝防水是一大关键点，当内衬厚度较薄时，常规中埋式钢边止水带安装困难且难保证质量。内衬变形缝设计经过反复研讨，创新性地采用了内衬施工前中后处理三步骤设计。内衬施工前，先在管片内侧粘贴一圈外贴式橡胶止水带；内衬施工时，利用闭孔型聚乙烯泡沫板预留环向断面及内弧面凹形槽口；内衬施工后，拆除部分泡沫板，在槽口内施工改性聚硫密封胶、第一层丁基橡胶防水密封胶带、Ω 形橡胶止水带、第二层丁基橡胶防水密封胶带、不锈钢金属压板、膨胀型扭矩控制式机械锚栓等，最后采用聚合物水泥砂浆抹面，保持内衬内弧面的平顺，避免污水传输过程中的淤积。本变形缝防水设计可在保障防水质量的前提下降低施工难度，保障施工效率，对于薄壁内衬结构具有一定的可借鉴性，如图 4.4-36 所示。

（3）防腐设计

遵循“预防为主和防护结合的原则”根据城市污水的腐蚀性、环境条件施工维修条件等，因地制宜，区别对待，综合选择防腐蚀措施。对于危及人身安全和维修困难的部位，以及重要的承重结构和构件，应加强防护。

根据国外深隧工程的实践经验，可采用的防腐蚀设计方案选如下。方案 1：防腐有机涂层（环氧树脂、聚氨酯等）；方案 2：PVC/HDPE 等高分子材料内衬；方案 3：水泥基型渗透结晶无机涂料。上述三种方案的特点对比如表 4.4-14 所示。

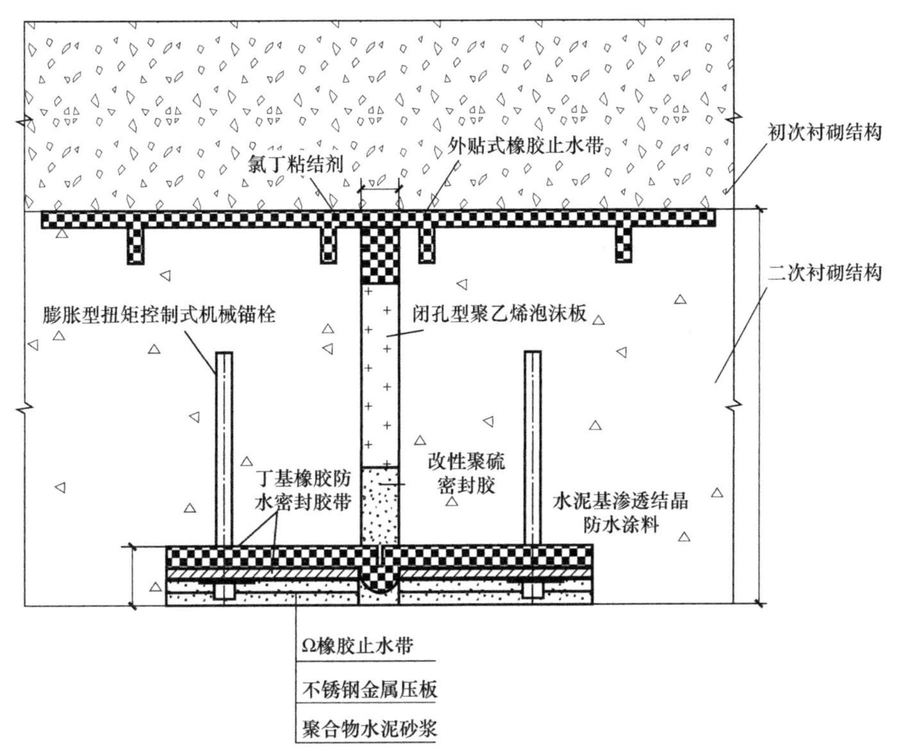

图 4.4-36 内衬变形缝设计图

防腐方案对比表 表 4.4-14

项目	有机涂料	PVC/HDPE 材料	水泥基型渗透结晶无机涂料
材料性能	在较短时间内防腐蚀性能优于高分子材料，但涂料与混凝土表面附着力有限，在水流长期冲刷下容易脱落	抗拉抗裂性能优良，可适应结构受力变化，且强度较高。与混凝土结构结合较为紧密，不易开裂	通过渗透作用与混凝土结构形成一体，通过水化作用形成非水溶性晶体结构
结构开裂的结果	延伸率低，容易随着结构开裂同时开裂	延伸率很高，不易随着结构开裂同时开裂	由于与结构形成一个整体，不存在明显的裂缝
施工条件	需要在主体结构完成后进行二次施工	与主体结构施工同步，以预埋的形式完成	需要在主体结构施工完之后进行二次施工
使用寿命	性能随着时间的推移逐渐下降	耐腐蚀和耐久性较强，使用寿命高	渗透到结构内部，与构件形成一个整体，使用寿命

综合以上对比，水泥基型渗透结晶无机涂料在材料性能、施工条件以及使用寿命等环节要优于有机涂料和 PVC 材料内衬，而有机涂料在经济性上更具优势。综合考虑，采用水泥基型渗透结晶无机涂料形式进行结构防腐蚀方案更优。

（4）耐久性设计要点

由于深隧结构工程设计使用年限为 100 年，结构设计应具有足够的耐久性。大东湖深隧结构的环境作用等级为 I-C，深隧钢筋混凝土结构应具有整体密实性、防水性、防腐蚀性，使用阶段没有渗水裂缝，具体采取以下措施。

① 结构混凝土必须达到规定的密实度，二衬采用补偿收缩混凝土，相应保护层厚度及计算裂缝宽度分别见表 4.4-15、表 4.4-16。

② 有腐蚀介质地段应选用耐水或耐腐蚀的低水化热的水泥。

③ 采用优质合格钢筋。

④ 加强使用阶段的监测、保护，定期对结构物保养，维护。

受力钢筋混凝土保护层最小厚度　　表 4.4-15

结构类别	地下连续墙		钻孔灌注桩	钢筋混凝土管片	
	外侧	内侧		外侧	内侧
保护层厚度	70mm	70mm	70mm	50mm	50mm

最大计算裂缝宽度允许值　　表 4.4-16

结构部位	允许值
钢筋混凝土管片迎水侧	0.2mm
钢筋混凝土管片背水侧	0.2mm

4.4.2 城市高密集区长距离污水深隧运维关键技术

1. 智慧深隧系统

1）压力流污水传输深隧分层流量监测技术

随着地下排水管网精细化管理的要求，流量测量不仅要有瞬时流速、瞬时流量、液位、水温和累计流量，还对测量精度和周期提出更高的要求。流量计的种类繁多，而用于地下管网流量测量的流量计主要是超声波流量计、电磁流量计和雷达流量计等。超声波流量计又分为超声波多普勒流量计、超声波时差法流量计和超声波互相关流量计。各类流量计优缺点及适用条件如表 4.4-17 所示。

不同流量测量方法的比较　　表 4.4-17

项目	超声波互相关	超声波多普勒	超声波时差法	电磁流量计	雷达流量计
流速传感器种类	脉冲超声波，1MHz	连续多普勒，1MHz	超声波时间差法，1MHz	电磁流量计	雷达多普勒，24G Hz

续表

项目	超声波互相关	超声波多普勒	超声波时差法	电磁流量计	雷达流量计
流速传感器扫描层数	16 层，直接测量过流断面流速	点流速，用数学模型拟合过流断面流速	与测量通道有关，最多 32 通道	切割磁力线	表面点流速，用数学模型拟合过流断面流速
流速测量范围	−1～6m/s	0.1～6m/s	−20～+20m/s	0.5～10m/s	0.15～10m/s
流量的测量不准确性	测量值的 ±（1−3）%	受液位和前后平直段影响，通常为测量值的 ±15% 以上，甚至更高	2 组 4 个传感器，在前后平直段足够时，流量测量误差＜5%，仅能监测非满管状态	受流速的影响很大，通常在 2m/s 的范围内测量精度高，流速降低后测量误差会大幅度增加，且仅能监测满管状态	表面流速为测量值的 ±0.5%，流量的误差比较大，仅能监测非满管状态
耐压程度	4bar	1bar	6bar	6bar	水面上安装
是否需要定期校正	绝对零度漂移，测量真实流量，不需要校正	流速值为计算结果，需要定期校正	不需要校正	定期校正	需要校正
适用水质	污水、含杂质和气泡的水	污水、含杂质和气泡的水	干净或略微污染的水	电导率＞5μS 的液体	不受水质的影响

考虑到大东湖深隧的最大埋深为地下 50m 左右，为压力流满管运行，压力达到 4bar 以上，流量监测对象为污水，且实际运行中有一定可能性会在满管与非满管状态间切换，因此不适合采用电磁流量计、雷达流量计和超声波时差法，仅能采用超声波测量技术。其中，多普勒流量计向水中发射连续超声波，超声波遇到水中颗粒后反射，多普勒流量计接收到的反射波的频率将发生变化，多普勒流量计将记录这个频率的变化值，并根据多普勒效应计算出颗粒的运动速度。但基于深隧测量场景，多普勒流量计具有如下的不适用性。

① 测量得到的流速实际为点流速，而非断面流速，对于管道糙率较大的管段，其靠近管壁部分的流速与平均流速之间有较大差距，对于实际产生冲淤效果的流速判断不准；

② 需要稳定的流场条件，深隧流量计安装位置受限于电缆长度，往往安装于竖井附近，流场条件较为复杂；

③ 需要定期校正，通过比较测量进行校准，在深隧通水后难以进行定期校正工作。

互相关流量计的测量流速的方法同样基于超声波反射原理，但其记录并比较的值为颗粒的移动图像而非变化频率。工作时，流量计传感器发射固定角度的超声波脉冲，扫描污水中的反射物（微小颗粒，矿物或气泡），将得到的回波保存为图像或回波模式。间隔几毫秒后，接着进行第二次扫描，产生的回波图像或模式也被保存。由于反射物随污水介质在同步移动，通过比较前后两个相似图像或模式之间的相互关系，可以识别反射物的位置来检测和计算流速。基于该测量原理，考虑到超声波的光束角度和脉冲重复率，通过空间分配最多可以直接测量流体中的16层微小颗粒的速度，从而直接计算得到高精度的管道断面流速，如图4.4-37所示。

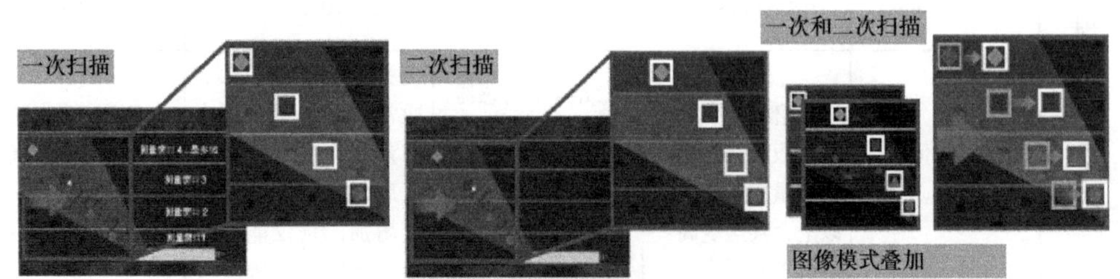

图4.4-37　互相关流量计的测量原理

互相关流量计基于最新的水力模型，系统计算了一个密集的测量网络，从单个测量点位出发覆盖了整个流体横截面，相比多普勒技术具有如下特点：具有经过科学流量测量的、渠道专用的实时流体数学模型；靠近壁面和水平速度分布的流速计算；速度积分覆盖这个断面，最多测量16层流速；无须校准。

通过以上比较，互相关流量计能够基于流体数学模型，建立覆盖整个断面的计算网格，从而得到整个断面的流速分布情况，为研究深隧淤积与流速之间的关系提供新的方法手段，且其无须校准的特点也更适合于深隧这样的特殊场景。

大东湖深隧通水运行后，选取某个时刻下，4个监测断面的监测网格数据进行分析。各断面的流速监测统计值如表4.4-18所示。液位结果显示，4个监测断面均为满管状态，与深隧设计要求相符；全断面的平均流速监测结果显示，4个断面的平均流速在0.693～0.75m/s的范围内波动，从上游至下游的平均流速均满足深隧设计中0.65m/s的最低流速要求。然而，对每个断面的3处传感器分别计算平均流速时，−30°的传感器所处位置的流速较中心位置的流速偏低，其4号井、7号井断面处的流速则低于0.65m/s的最低流速要求。

流量计监测数据　　表4.4-18

流量计安装竖井	平均流速（m/s）	液位（m）	瞬时流量（m^3/s）	180°流量计平均流速	30°流量计平均流速	−30°流量计平均流速
3号井	0.750	3.2	6.028	0.694	0.772	0.783
4号井	0.734	3.4	6.518	0.707	0.846	0.649
6号井	0.747	3.4	6.779	0.772	0.782	0.686
7号井	0.693	3.4	6.294	0.667	0.770	0.642

基于监测的 3×16 处点位的流速数据，构建断面的流速矩阵数据，制作 4 个监测断面的深隧管道断面流速分布图（图 4.4-38）。从图中的流速分布可看出，贴近管壁处的流速均存在低于 0.65m/s 的区域，即低于理论的不淤流速，使得靠近管壁处的悬浮物易沉积而不易冲刷再悬浮；此外越靠近下游低流速区域越大，下游深隧水力条件受末端抽排泵站影响，整体流速下降，淤积风险较高。从流速分布情况来看，从 4 号井监测断面开始，深隧管道流速分布不再呈现对称的同心圆形态，而开始出现右偏心形态，这是由于 4 号井为支隧的汇流井，汇流对流速分布造成明显影响，且该影响一直延伸至深隧末端。

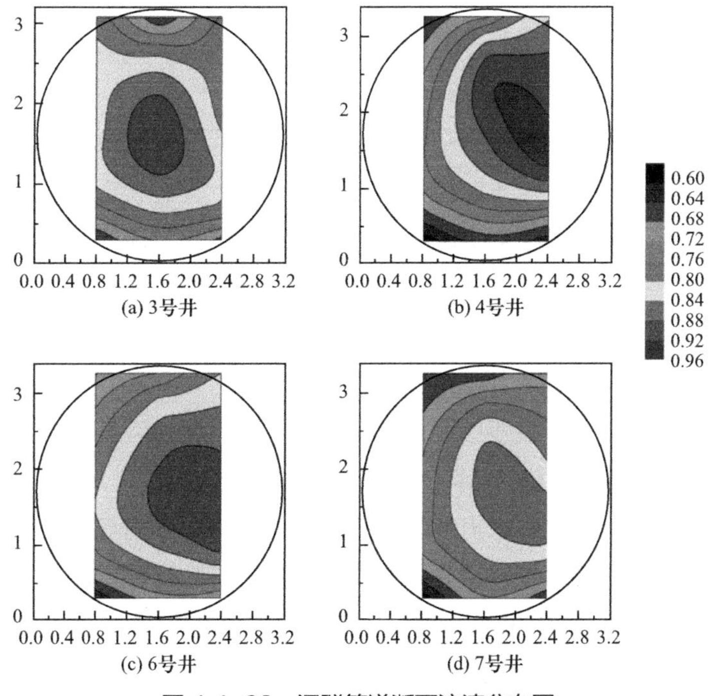

图 4.4-38　深隧管道断面流速分布图

由上述结果可以判断，在平均流速满足设计条件时，其靠近管道内壁处流速存在局部低于设计流速的区域，仅通过测量单一平均流速无法反映深隧等大管径管道的实际运行流速。因此，对深隧淤积进行风险评估时，需采用互相关流量监测技术来获得靠近管壁的实际流速，并基于该实际流速进行风险评估，且通过提升流速来实现淤积冲刷时，同样需要以靠近管壁处的流速为参考标准。

2）深隧水力及淤积风险预测技术

（1）运行风险及核心功能需求

深隧主要运行风险包括：

被动进水与出水风险：污水深隧作为污水传输的中间环节，一定程度上为被动入流出流，需同时保障上游管网无冒溢、下游污水处理厂稳定运行，因此，传统的人工调度管理方式缺乏对深隧内污水的水量与流速等关键技术点的控制能力，如运行不当易造成上游污水冒溢、下游污水处理厂前溢流等问题。

进水水量波动风险：深隧上游汇水片区地表污水系统处于合流制与分流制并存的排水体制下，在雨季时带来雨季峰值流量，将造成污水隧道超负荷运行并影响污水处理厂进水水质；而旱季夜间污水流量较低，难以满足深隧设计运行条件。因此，深隧运行如基于人工调度，将面临入流水量大幅波动的问题，使深隧处于较大的风险中。

深隧运行淤积风险：深隧若无备用管线，一旦投入运行无法停水清淤，因此深隧可采用的清淤方式以调水冲淤为主，以水下机器人为辅，人工调度管理无法对淤积风险进行有效的监控与预测，也难以实施有针对性的调水冲淤。

为应对深隧调度问题和淤积风险问题，设计建立智慧深隧调度与管理系统，核心功能设计如下。

水量模拟预测：开展深隧上下游一体化监测，实时监测预处理站的入流流速、流量，竖井水位，深隧流量等关键参数，结合水力模型，可对下游的水量变化进行模拟预测，辅助管理人员提前准备预案以应对突发变化。

淤积风险管理：在智慧运营系统设计中，着重考虑对深隧淤积情况进行监测，并结合模型对淤积风险进行合理模拟预测，对当前淤积高风险管段发布警报。此外，可对淤积风险进行时间演进模拟，从而对未来管道的淤积风险进行判断。

调度决策辅助：基于在线水力模型与优化算法，建立不同场景下的调度模式，根据用户需求选择不同的计算逻辑，根据用户调度目标给出优化调度方案，并基于水力模型给出该调度方案的水力过程线，辅助调度人员进行决策。

（2）深隧模型构建（图 4.4-39）

深隧水力模型是水量预测、淤积风险模拟预测与调度方案模拟的基础，采用 SWMM（Storm Water Management Model，暴雨洪水管理模型）搭建基础水力模型。因项目范围限制不涉及上游管网与地块，因此不采用模型的水文模块，仅采用水力模型与水质模型。其中，水质模型中，仅建立 SS 对流扩散模型，为淤积风险模拟做好前期基础。

① 水力模型

深隧管道内水动力状态符合一维圣维南方程的假设，可以使用一维管网水力模型进行模拟，根据深隧管线的节点坐标、高程、坡度等信息搭建 SWMM 模型。其中，以预处理站为模型入流边界，以末端泵站为出流边界。管道曼尼系数设定为 0.014，时间步长设定为 5s。

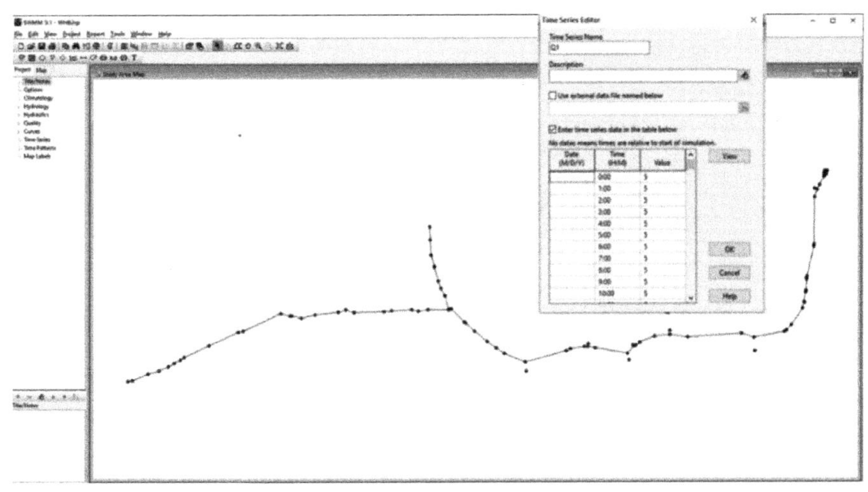

图 4.4-39　深隧模型

② 淤积模型

淤积模型将淤积过程分为沉积与冲刷两个过程（图 4.4-40），其沉积过程可按以下公式计算：

$$M_s(t) = M_{max}(v \times (t - t_0) / h) \tag{4.4-11}$$

式中　$M_s(t)$——沉积物在时间 t 时的沉积质量，kg；

t——沉积时间，s；

M_{max}——沉积物的最大沉积量，kg；

v——淤积速度，m/s；

h——水深，m；

t_0——沉积物体积为 0 的时刻。

冲刷再悬浮过程计算方式如下：

$$M_w(t) = k(v) \times M_s(t) \tag{4.4-12}$$

式中　$M_w(t)$——沉积物在时间 t 时被冲刷的质量，kg；

$M_s(t)$——沉积物在时间 t 时的沉积量，kg；

t——沉积时间，s；

$k(v)$——冲刷系数，由与流速 v 有关的曲线决定，该曲线后期将根据实际监测数据进行校正。

最终沉积物体积的计算公式为

$$V(t) = (M_s(t) - M_w(t)) / \rho \tag{4.4-13}$$

式中　$V(t)$——沉积物在时间 t 时的沉积体积，m^3；

$M_s(t)$——沉积物在时间 t 时的沉积量，kg；

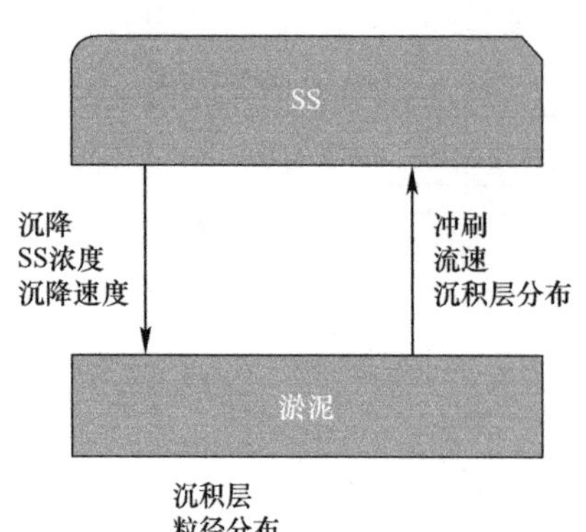

图 4.4-40 淤积形成过程

$M_w(t)$——沉积物在时间 t 时被冲刷的质量，kg；

ρ——沉积物密度，kg/m^3。该值通过水下机器人采集泥样检测得到。

（3）水力与淤积风险预测

系统实时接入深隧工程中关联的预处理站运行工况数据，生产数据采集系统采集到的实时生产运行数据在三维工艺组态画面上动态展现，能够对实时数据的超标和设备故障进行报警展示，超限数据自动标注。实时监测的流量、液位等水力、水质数据，则结合 GIS（Geographic Information System，地理信息系统）进行滚动展示，如图 4.4-41 所示。

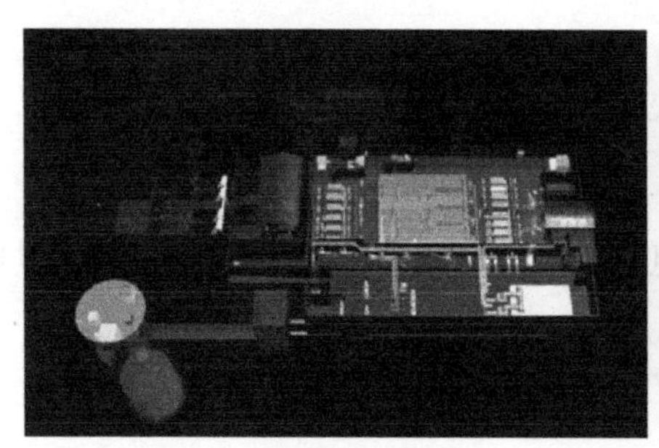

(a) 3D组态界面

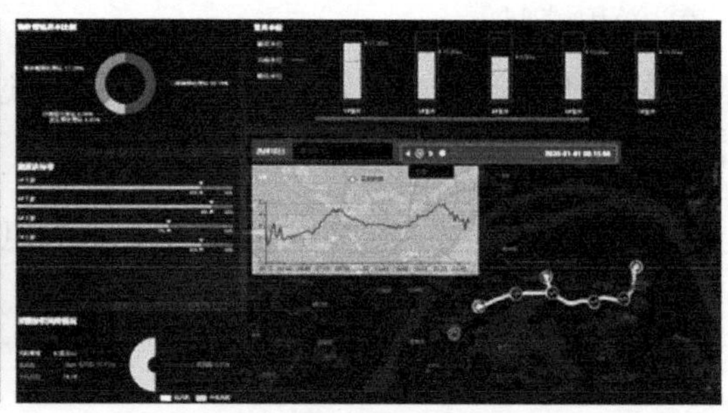

(b) 实时监测数据界面

图 4.4-41 显示界面

基于在线水力模型，以预处理站进入深隧的实时水量与历史流量数据为输入边界条件，系统每 15min 计算未来 24h 内，沿线节点流量过程线与各竖井液位过程线，并结合 GIS 进行图像化展示，由此实现未来 24h 的水量模拟预测，如图 4.4-42 所示。

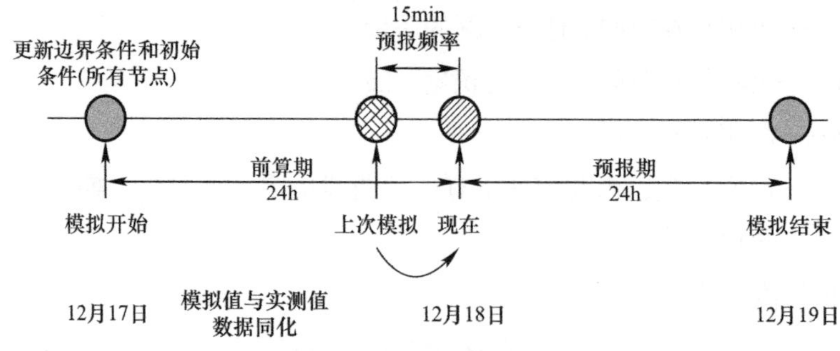

图 4.4-42 水力模型预测过程

基于淤积模型，根据 SS 浓度、流速与模拟得到的淤积厚度三个指标，根据淤积风险权重表（表 4.4-19）对淤积风险进行模拟与评估。

淤积风险权重表　　表 4.4-19

权重		淤积厚度（cm）	流速（m/s）	SS（mg/L）
		α_1	α_2	α_3
风险等级（低到高）	1	$<h_{s1}$	$>v_1$	$<c_{ss}1$
	2	$h_{s1}\sim h_{s2}$	$v_1\sim v_2$	$c_{ss1}\sim c_{ss2}$
	3	$h_{s2}\sim h_{s3}$	$v_2\sim v_3$	$c_{ss2}\sim c_{ss3}$
	4	$h_{s3}\sim h_{s4}$	$v_3\sim v_4$	$c_{ss3}\sim c_{ss4}$
	5	$>h_{s4}$	$<v_4$	$>c_{ss4}$

其中，h_s 为淤积厚度，cm；v 为流速，m/s；c_{ss} 为 SS 浓度，mg/L；α_1，α_2，α_3 分别为淤积厚度、流速、SS 对应的权重系数：

$$\alpha_1+\alpha_2+\alpha_3=1 \tag{4.4-14}$$

最终风险等级计算公式如下：

$$R=\alpha_1\times R_h+\alpha_2\times R_v+\alpha_3\times R_{ss} \tag{4.4-15}$$

式中　R——最终风险等级；

R_h——基于淤积厚度的风险等级；

R_v——基于流速的风险等级；

R_{ss}——基于 SS 浓度的风险等级。

系统基于在线模型每 15min 进行一次淤积风险的模拟计算，将计算得到的各管段风险等级渲染不同颜色，以绿色代表低风险，以红色代表高风险，结合 GIS 进行直观展示，使管理人员能够实时掌握各管段的淤积风险，并及时制订冲淤方案，如图 4.4-43 所示。

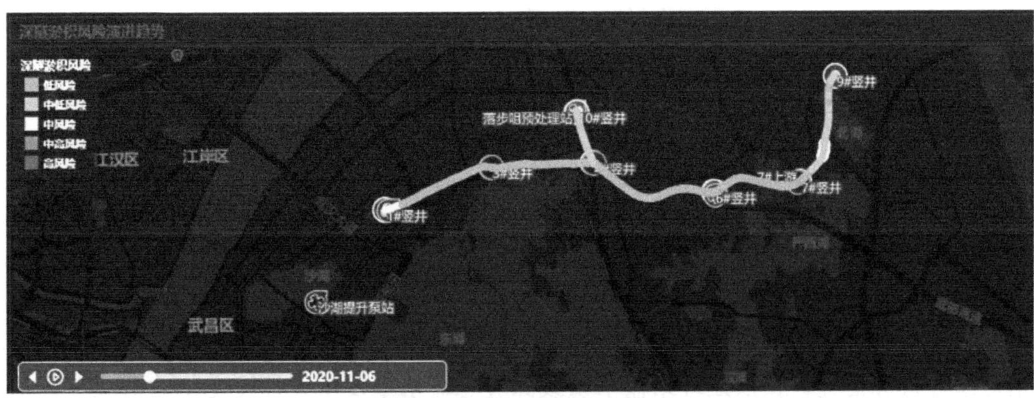

图 4.4-43　深隧淤积风险图

3）智慧调度与管理系统研发

（1）调度管理

调度管理模块基于深隧实际运行中的调度需求，按照使用场景，共设置以下三种调度方案模拟逻辑：常规调度方案、应急调度方案、淤积冲刷调度方案，如图 4.4-44 所示。

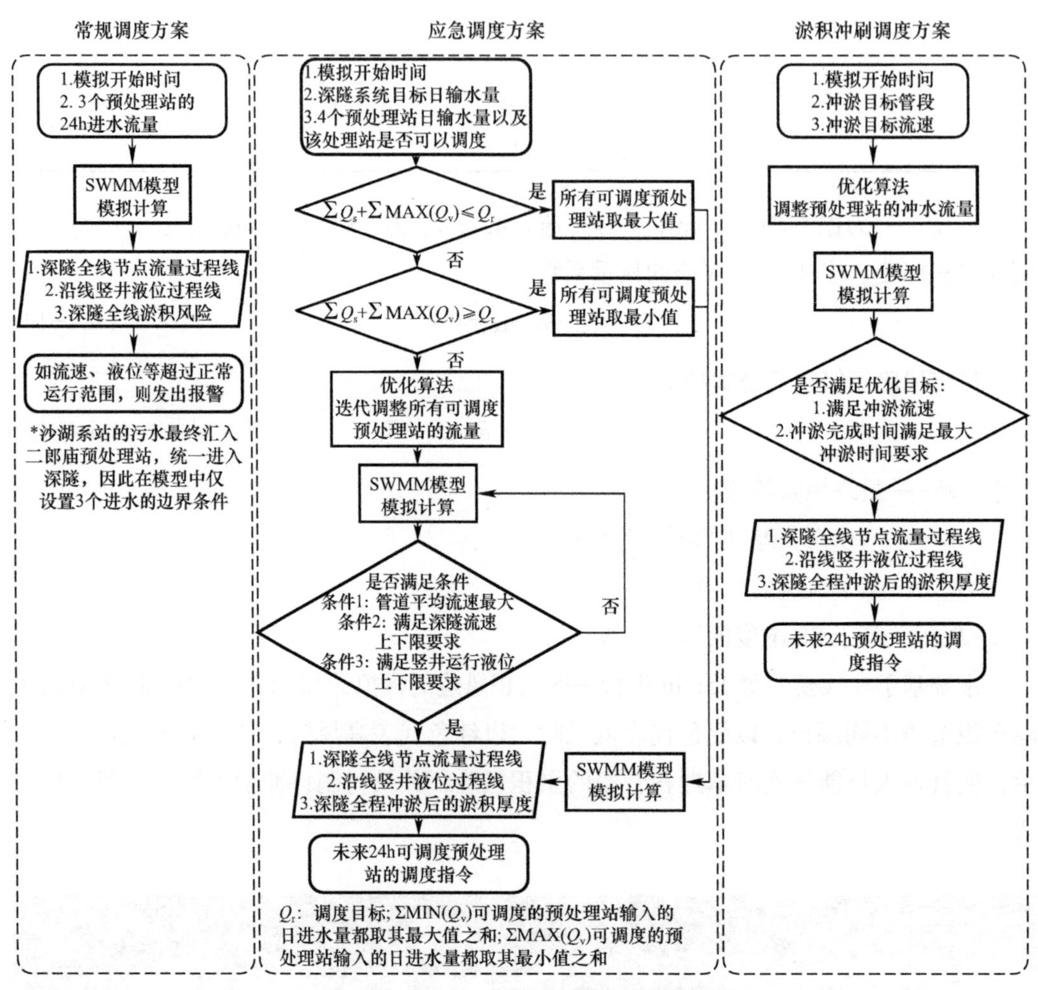

图 4.4-44　三种调度模式的调度逻辑

常规调度方案：该模式应用于日常调度，为管理人员提供“调度模拟实验室”，模拟不同进水方案对下游各竖井与末端污水处理厂带来的影响，从而调整与优化日常调度方案。

应急调度方案：该模式主要应用于下游污水处理厂工艺线检修、上游预处理站泵站检修等特殊情境，在预处理站输水量或深隧总输水量发生大幅度变化的情况下，基于优化算法与模型验证，为管理人员提供满足限制条件的最优调度方案。

淤积冲刷调度方案：该模式应用于深隧淤积风险较高时，针对特定高风险管段提高流速实现淤积冲刷的情景，系统基于优化算法与模型验证，为管理人员提供满足冲淤条件的最优调度方案。

除以上三个核心功能模块外，系统还整合了设备与巡检管理、数据管理、监控视频管理、权限管理等基础功能，满足深隧运行的所有日常管理需求，整体实现深隧运营工作的一体化管理目标。

（2）运行场景模拟效果

以大东湖深遂为例根据系统实际运行中可能面临的各类应急情况，选取三种应急调度场景进行系统模拟测试：下游污水处理厂部分停水检修；上游部分区域夜间水量过小；上游降雨造成部分区域管网存在冒溢风险。

① 下游污水处理厂部分停水检修

下游污水处理厂日处理能力为 80 万 t/d，当部分处理线停水检修时，污水处理厂日处理能力将大幅下降，在保证深隧满足设计运行条件下，须相应调整上游预处理站进水。在该情境下，设定系统“调度目标”调整 40 万 t/d，3 个预处理站和 1 个提升泵站均保持可调度状态。

② 上游部分区域夜间水量过小

当上游区域夜间污水流量降低时，将造成该区域预处理站泵前液位过低，则该区域预处理站进水泵站需暂时关闭，通过调整其他预处理站提升水量来弥补该区域水量缺失，以保障下游污水处理厂进水稳定。在该情境下，设定系统“调度目标”为 80 万 t/d 作为全天调度目标，设定沙湖预处理站不可调度，且进水量设定为 0。本项目中，沙湖提升泵站汇水面积为 16.9km^2，而其他三个预处理站汇水面积为 113.45km^2，上游管网保留充足的调蓄容积，实际可分担沙湖提升泵站短时缺失的水量。

③ 上游降雨造成部分区域管网存在冒溢风险

当上游区域降雨带来合流制污水激增时，将造成该区域预处理站泵前液位过高，使上游管网水位过高，带来污水冒溢的风险，因此需要该预处理站提升进水流量，并保持适当时间直至水位降低，为满足污水处理厂处理能力要求，其他预处理站进水量应相应调整。在该情境下，考虑到深隧全程及污水处理厂前均无溢流条件，雨季如深隧传输污水量超过 80 万 t/d，污水处理厂无法容纳超量污水且无溢流通道，因此设定系统“调度目标”为 80 万 t/d，设定二郎庙预处理站不可调度，且进水量设定为 80 万 t/d。

调度方案结果主要分为三部分：调度水量分配，24h 调度流量指令，24h 模拟过程线。其中调度水量分配可查看系统为各预处理站分配的全天调度总水量；24h 调度流量指令可查看对各个预处理站未来 24h 内，每小时输水流量的建议调度方案，该小时流量作为调度指令可发送给预处理站管理人员，由管理人员调控 PLC（Programmable

Logic Controller，可编程逻辑控制器）调整变频泵达到该目标流量；24h 模拟过程线可模拟在执行该调度指令后深隧节点的水位与流量变化。

以情景“下游污水处理厂部分停水检修”为例，当下游北湖污水处理厂全体调度水量缩减至 40 万 t 后，系统将缩减的水量按各预处理站处理能力进行分配，沙湖服务人口最少，仅为 33.29 万 t，其承担的水量也最少，为 2.18 万 t，相应的泵站调度方案的小时流量也最低为 0.25m³/s；而二郎庙服务人口最多，为 81.79 万，其提升泵站设计能力也最高，为 9.8m³/s，因此其承担的转输水量最多，为 21.25 万 t。24h 模拟过程线以下游 6 号井的流量与液位为例，其流量在经历 30min 的进水后由 6.08m³/s 上升至 6.58m³/s，并保持在 6.58m³/s 直至 24 小时模拟结束后，液位由 30.03m 上升至 30.65m 并保持不变。24h 模拟结束后，系统默认所有泵站停止运行，深隧流量逐渐降为 0，深隧液位逐渐回落并保持不变。从模拟结果来看，各预处理站水量均不超过预处理站设计上、下限，且分配水量与各预处理站处理能力相匹配；调度方案的进水小时流量 24h 保持稳定，且不超过设计流量上限，该稳定进水方式与深隧实际运行要求一致；由于 24h 调度流量指令保持稳定，由此带来深隧流量与竖井液位也保持相对稳定，但缺乏对上游汇水片区实际来水量的考虑，实际运行期间可能会受上游片区来水量的影响而无法满足稳定流量进水的要求，因此待后期获取上游管网与下垫面数据后，对系统模型进行进一步扩充，可对上游片区来水水量进行模拟预测，则可进一步调整调度指令，使其更贴近实际运行的水量波动，如表 4.4-20 所示。

应急调度方案模拟结果　　表 4.4-20

模拟情景	下游污水处理厂部分停水检修［总水量（万 t/h），流量（m³/s）］	上游部分区域夜间水量过小［总水量（万 t/h），流量（m³/s）］	上游降雨造成部分区域管网存在冒溢风险［总水量（万 t/h），流量（m³/s）］	设计水量上限［总水量（万 t/h），流量（m³/s）］
沙湖提升泵站	2.18/0.25	0/0	0/0	8.64/1.00
二郎庙预处理站	21.25/2.46	60.00/6.94	60.00/6.94	84.67/9.80
落步咀预处理站	16.41/1.90	17.50/2.03	15.00/1.74	49.25/5.70
武东预处理站	2.34/0.27	2.50/0.29	5.00/0.58	20.74/2.40

综上可知，在系统发生检修、暴雨等应急情境下，能够提供未来 24h 的调度方案，该种调度模式能够适应可预见的系统变化，可根据全天进水量需求来指导小时流量的调整。

2. 城市污水深隧结构健康监测技术

1）压力流污水深隧结构健康监测特点

对于城市长距离污水传输隧道工程，其运营安全风险相较常规隧道更高，进行健康监测的难度也较大，主要原因在于污水隧道结构及其运行的特殊性，具体可以概括为以下几点。

（1）有压隧道结构受力特殊。常规隧道结构受力往往源于外部荷载，而污水隧道为有压污水流运行，除了承受隧道外地层荷载，还要承受内部水压。相对于地面大型建筑物、桥梁等荷载明确、受力直接的结构物而言，隧道外部荷载的大部分变化必须通过地层才能反映到隧道结构上，对污水隧道而言，还要额外考虑内部污水压力的变化，地层对隧道的荷载和内部压力的变化或转移是监测的重点（图4.4-45）。

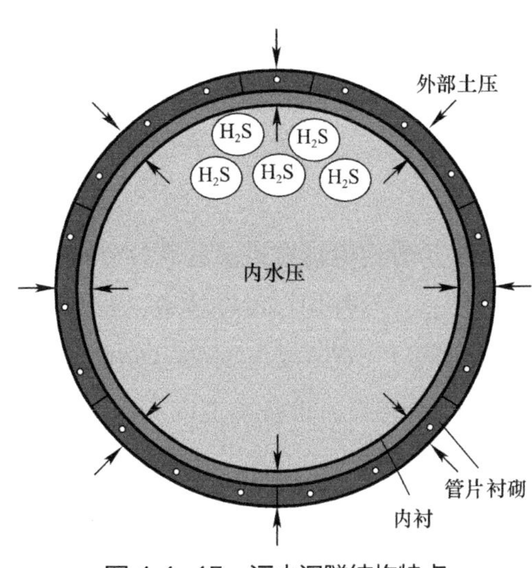

图4.4-45　污水深隧结构特点

（2）污水隧道的腐蚀风险大。深隧运行时，其内部结构始终浸泡在污水中，由于污水内存在大量的微生物、硫酸盐、含氯物质等，极易引发衬砌的钢筋及混凝土发生腐蚀，造成结构损伤。另外，对于采用压力流满管运行方式的深隧，污水内含有的厌氧型微生物利用淤积在隧道内的有机质经氧化还原反应生成 H_2S 气体，这些 H_2S 气体将积聚在隧道顶部空间，其继续反应生成的硫酸会腐蚀结构，严重影响隧道长期稳定性，威胁运行安全。

（3）运营期间不具备进隧检修条件。污水隧道建成运行之后，由于承担城市污水运输任务，运输量大，往往不具备排空条件，因此无法实现人工检修，而现有无人远程检修技术仍无法实现隧道内带水作业。健康监测系统设备布置需与结构施工同步进行，测点预埋在隧道结构内，由于长期在水下腐蚀环境内工作，因此对传感器耐久性、可靠性及安装工艺要求较高。

开展污水隧道健康监测时，不仅要兼容常规隧道的风险特征，关注隧道衬砌劣损和渗水情况，对混凝土应力、应变、钢筋内力等指标进行监测，还需根据污水隧道运营特点增加监测项目。大东湖污水深隧由于运营期始终保持有压污水输送，不易开展对常规沉降变形的监测。深隧运输介质为经过预处理的城市污水，水体中仍含有大量的 Cl^-、SO_4^{2-}、Mg^{2+} 等盐类以及微生物等物质，具有较强的腐蚀性，因此需要额外针对隧道结构腐蚀情况进行监测。综上考虑，本项目确定了包括混凝土应变、钢筋应力、渗透压力以及钢筋混凝土腐蚀在内的污水隧道健康监测项目。

选取监测断面时，要兼顾断面的代表性与一般性，既要考虑地面重要建筑物、典型地质条件以及荷载条件等对隧道结构安全状况的影响，也要考虑监测系统布置的难易程度，对隧道结构安全的潜在影响以及系统成本等因素。

为了尽可能减少传感元件安装对于隧道结构安全的影响，实现结构信息精准监测，采用光纤传感监测技术，采用光纤应变计和光纤钢筋计进行结构内力监测，采用光纤渗压计进行衬砌结构内部的孔隙水压力监测。由于光纤传感技术对温度更加敏感，所以光纤式传感器在安装运行时考虑温度补偿效应，以应对环境温度对传感器测量精度的影响。

由于盾构隧道掘进过程管片外侧需注浆加固，管片迎土侧埋设的传感器容易失效，因此传感元器件均布设在隧道二衬内。在隧道管片拼装完成后，将光纤混凝土应变计、光纤钢筋计、光纤渗压计以及腐蚀传感器固定安装在二衬钢筋上。单个监测断面共布置 27 个传感器，设备类型以及测点布设见表 4.4-21，图 4.4-46。

监测元件数量表　　表 4.4-21

里程	光纤式钢筋计	光纤式应变计	光纤式渗压计	腐蚀传感器
K3+720	10 支（5 对）	10 支（5 对）	5 支	2 支
K3+735	10 支（5 对）	10 支（5 对）	5 支	2 支
K3+750	10 支（5 对）	10 支（5 对）	5 支	2 支

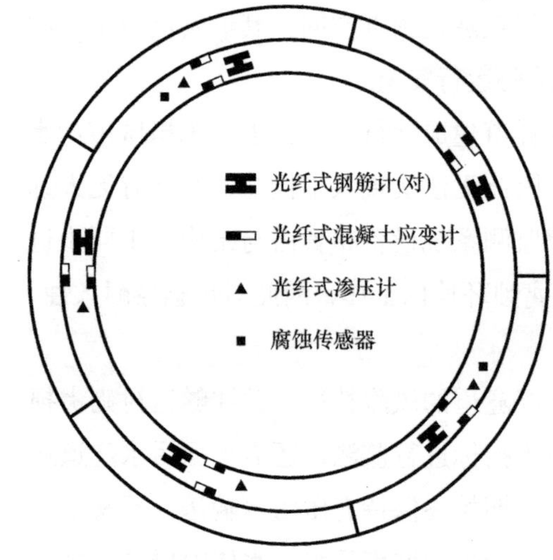

图 4.4-46　监测断面传感器布置示意图

2）健康监测智能化管理平台架构设计与开发

深隧结构健康监测智能化管理平台，主要包含监测数据处理与分析、预警管理、三维可视化（智慧大屏）三大模块，可实现隧道结构的运营期自动健康监测、自动预警预报和监测数据及预警信息的三维可视化，以识患避险，预警防灾。平台架构如图 4.4-47 所示。

平台主要包括以下模块。

（1）监测数据处理与分析模块

用户登录：根据工程特点分角色设定用户权限和管理员界面，具备包括系统登录、验证、修改密码、用户权限管理和管理员界面等功能。

工程基本信息管理：基于污水深隧运行和监测特点，设定参建单位、人员、监测概况等。监测工程概况具体包括监测基本信息、监测对象、仪器设备、控制标准等信息管理。

测点管理：基于健康监测数据获取流程，建立多种属性对象来描述监测对象之间的从属或层次关系，从而新建、管理测点。针对项目对象、仪器设备，可进行查看、

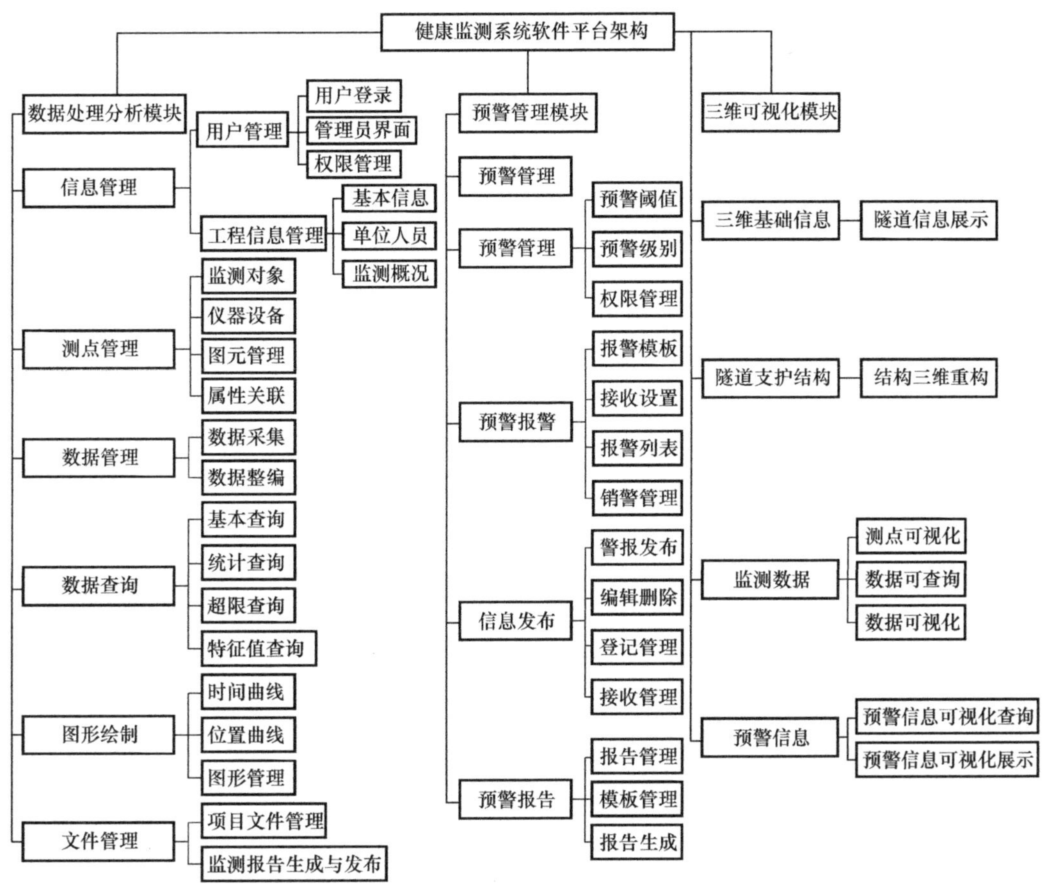

图 4.4-47　健康监测管理平台架构图

添加、修改和删除。根据不同类型数据，设置整编标准。同时，可对监测对象、图元管理、仪器设备等进行属性关联、添加、删改等，实现监测点与监测设计及 CAD 图件的关联。

数据管理：主要对各个测点数据进行采集和整编处理，并计算相应的结构数值，包括数据库开发和软件功能。该功能模块所整编的数据应符合隧道结构受力和变形特点，突出关键物理参量，相关整编符合现行国家规范和行业惯例。

数据查询：针对结构健康监测数据的特点，查询其关键信息，数据查询主要包括基本查询、统计查询、超限查询和特征值查询功能。

图形绘制：形成应力、应变、腐蚀程度、渗压等过程时间曲线、分布曲线、加速度曲线、附加曲线等。

曲线 - 数据智能预测：根据污水隧道结构受力特点和监测数据的变化特征，构建数据的预测模型，具备预测若干天内数据趋势，并绘制预测曲线。数据智能预测功能具备数据常规模型预测、智能预测、曲线绘制及预测误差分析功能。

报文管理信息发布管理：具有项目文件的上传、下载、查询、管理等功能。可生成日报、周报等监测报告及监测信息，并针对不同人员范围进行发布，将已有数据生成日报、周报等监测报告，并进行分类管理，其中包含报告模板新增、修改、删除、下载、查询等操作。

（2）预警管理模块

预警管理：基于污水深隧结构健康特征指标，研究确定各监测指标的阈值及等级，根据不同物理量对结构健康的影响程度，分析确定监测物理量超过阈值时的报警预警逻辑和级别，建立分级预警制度。相关阈值的确定应符合结构受力变形的机理，符合现行国家标准，具有借鉴和指导意义。

预警报警管理：预警报警主要包括报警模板设置、接收人设置、报警列表、预警管理、报警报告、销警管理。

结构安全评价：综合评价影响运营期结构安全的主要因素，形成污水深隧结构安全评价方法和三级评价体系。优选层次分析、未确知测度、多级模糊综合评判等合适的方法，建立污水深隧的结构安全评价模型，对监测断面进行安全评价。

信息发布：主要包括发布警报、编辑删除、等级管理、接收管理。

预警报告：主要包括预警报告的模板管理、报告生成、报告管理。

（3）三维可视化（智慧大屏）展示模块

智慧大屏主要用于监测信息的智能动态展示和管理。通过数据可视化技术，直观展示重点监测信息，如应力及腐蚀情况信息。项目运营期间，智慧大屏模块展示在前，监测数据处理与分析、预警管理和三维可视化模块支撑在后，为专业分析和数据查询提供支持。

智慧大屏将隧道线路在地图上展示，并显示监测断面位置，标示隧道基本信息如竖井、处理厂站等。以实体三维结构展示监测断面的隧道结构及测点。隧道三维结构可放大缩小、旋转，实现结构的三维重构和测点展示。大屏主界面将对监测数据进行实时可视化展示，具备展示各断面内每个测点时序动态曲线的功能，且直观给出监测物理量的安全级别，并展示监测结构的预警报警情况、传感器工作状态、结构安全级别、环境信息等。另外，对运营过程中污水的压力、流量等参量与隧道结构的健康状态进行关联分析，并在大屏上展示（图 4.4-48）。

3）污水深隧淤积风险评估及预测预警技术

污水深隧安全性评价标准内容包括钢筋应力、混凝土应变、渗透压力和腐蚀指标。通常情况下，盾构隧道健康监测预警采用以下三级报警制度。

第Ⅰ级为“绿色区”，该区域内各项监测指标均在正常范围内，结构的安全富余度较高，结构安全有保证，为Ⅰ级安全状态。“绿色区”应力、应变的范围为报警控制值

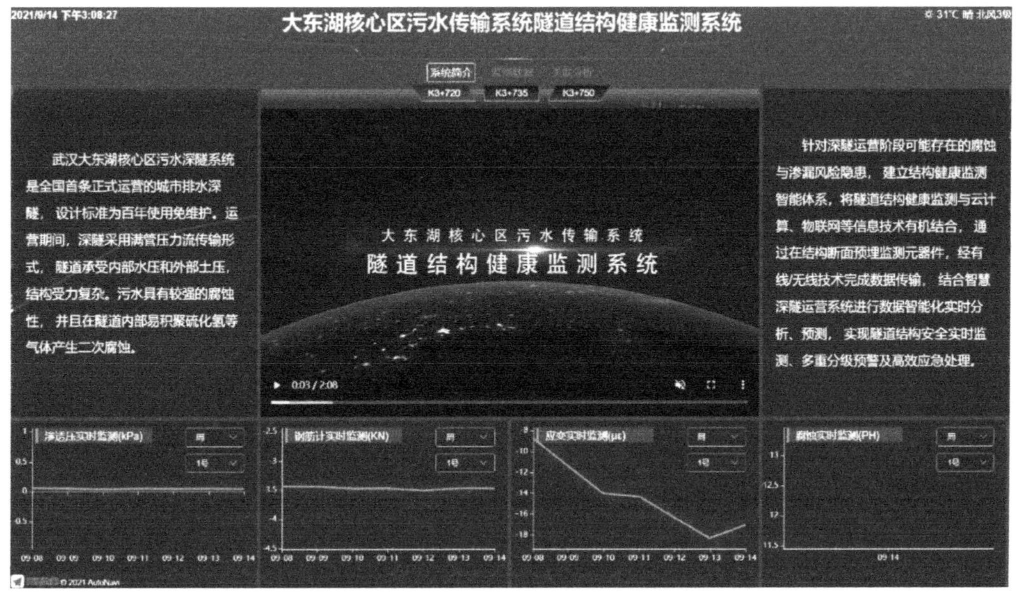

图 4.4-48　智慧大屏展示主界面

的 0～0.5 倍。

第Ⅱ级为“黄色区”。该区域内各项监测指标均在设计范围内，但结构的安全富余度一般，结构失效的可能性较低，结构处于Ⅱ级预警状态，此时应加强监测频率，并控制入流污水压力。“黄色区”应力、应变范围为报警控制值的 0.5～0.7 倍。

第Ⅲ级为“红色区”。该区域内各项指标已经接近设计值，结构在长期作用下可能失效，结构处于Ⅲ级报警状态。此时应加强监测频率，对结构损伤部位进行多次、连续的评估分析，并应用隧道安全综合评价方法对结构状况做出综合评价，同时迅速利用其他水下检测工具，会同专家一起进一步检查，经研究和分析后决定是否限制污水入隧量或采取其他措施进行修复。“红色区”的应力、应变的范围为报警控制值的 0.7～1.0 倍。

系统中三级区域的阈值，将在营运一段时间后，通过结构分析结果，以及系统在长时间运行积累大量的数据，并分析其规律后，做出适合于隧道状况变化和发展趋势的调整，更新系统设置的阈值和评估指标体系的专家打分权值。各项监测指标分级标准见表 4.4-22。

污水深隧监测指标分级制度　　表 4.4-22

类型	监测指标	绿色 Ⅰ级安全	黄色 Ⅱ级预警	红色 Ⅲ级报警
深隧结构健康监测	钢筋计	$<0.5f_y$	$0.5f_y$～$0.7f_y$	$>0.7f_y$
	混凝土应变	$<0.5f_l$	$0.5f_l$～$0.7f_l$	$>0.7f_l$

续表

类型	监测指标	绿色 Ⅰ级安全	黄色 Ⅱ级预警	红色 Ⅲ级报警
深隧结构健康监测	渗透压力	<15kPa	15～30kPa	>30kPa
	腐蚀指标	未锈蚀（1）	小概率锈蚀（2）	可锈蚀（3）

注：f_y 为钢筋设计屈服强度值。f_l 为混凝土结构极限应变值

（1）钢筋应力报警控制值

污水深隧衬砌结构采用 HPB300 和 HRB400 型钢筋，其设计屈服强度值按照两种钢筋的最小值取值。HPB300 钢筋的设计屈服强度为 300MPa，直径 10mm。考虑钢筋施工过程中产生的额外应力影响，钢筋屈服强度按照 270MPa 计算，得到对应钢筋拉力为 102.5kN。钢筋设计拉力按照 100kN 控制。

通过对武汉长江隧道钢筋计实测数据分析，预埋在隧道结构内部的钢筋计测得应力数值分布为 −20～15kN，其最大数值为设计值的 20%，结构安全冗余度较为合理，因此将污水深隧结构内钢筋的报警控制值设为 100kN。针对分级预警区间设置，Ⅰ级安全状态为小于 50kN 范围，Ⅱ级预警状态为 50～70kN 范围，Ⅲ级报警状态为 70～100kN 范围。

（2）混凝土应变预警区间

通常情况下，当一般的混凝土应变超过 0.4% 时，其表面将产生裂缝，造成混凝土强度降低，结构损伤，因此常规混凝土结构的应变报警控制值多为 400με，即长度的 0.4%。参考南京扬子江过江隧道、武汉长江隧道等工程中混凝土结构应变监测数据，大型水下隧道混凝土应变值分布在 −240～+50με。考虑到污水隧道对于结构完整度要求较高，一旦混凝土表面出现裂缝，将在内水压的作用下发生较为严重的渗漏，因此，应变报警控制值需根据实际监测情况适当减小，初步将控制值设定为 300με，即应变的 0.3%。此时，Ⅰ级安全状态区间为 0～150με，Ⅱ级预警状态区间为 150～210με，Ⅲ级报警状态为 210～300με。

（3）渗透压阈值

由于设置健康监测断面的隧道区间处于中、强风化砂岩层，属于低渗透性岩层。隧道运营期间结构承受的渗透压力主要源自内部污水，压力值一般不超过 300kPa。根据过江隧道工程实测数据曲线，在安全情况下，实测值一般不超过外部水压的 10%。因此，渗透压指标的报警控制值设置为 30kPa，当渗透压力超过该值时，可认为隧道结构发生破损，污水进入二衬。

对于预警区间设置，Ⅰ级安全状态下阈值按照报警控制值的 5% 计算，为 15kPa；Ⅱ级预警状态阈值为安全状态的 2 倍，为 30kPa；Ⅲ级报警状态取值范围为大于 30kPa。

（4）腐蚀指标

多功能腐蚀传感器监测内容包括钢筋极化电阻与混凝土电阻、腐蚀速率、pH和氯离子浓度。根据相关工程经验，钢筋极化电阻和混凝土腐蚀速率为判断结构腐蚀情况的重要指标。

① 钢筋极化电阻

钢筋极化电阻是判断钢筋腐蚀状况的关键指标。《建筑结构检测技术标准》GB/T 50344—2019中，当混凝土结构中钢筋电位阈值小于−200mV时，腐蚀概率大于5%。污水隧道运输介质腐蚀性强，结构受侵蚀的风险较高，运营期间隧道结构应严格控制腐蚀，腐蚀概率大于5%是不可接受的，因此钢筋极化电阻的电位报警控制值应在−200mV以上（表4.4−23）。

《建筑结构检测技术标准》钢筋电位与腐蚀情况分级　　表4.4−23

序号	钢筋电位（mV）	腐蚀状况
1	−500～−350	腐蚀概率95%
2	−350～−200	腐蚀概率50%
3	−200以上	腐蚀概率5%

针对本项目中隧道运营状态特点，应相较于规范提高指标要求，因此拟设定的腐蚀阈值为−140mV。分级预警指标中Ⅰ级安全状态范围为小于电位报警控制值的0.5倍，Ⅱ级预警状态为控制值的0.5～0.7倍，Ⅲ级报警状态按照大于0.7倍控制值设置（表4.4−24）。

极化电阻指标分级　　表4.4−24

腐蚀指标	绿色 Ⅰ级安全	黄色 Ⅱ级预警	红色 Ⅲ级报警
钢筋极化电阻（mV）	≥−100	−140～−100	≤−140

② 腐蚀速率

腐蚀速率可以表征钢筋的腐蚀状态，判断钢筋混凝土保护层出现损伤的年限；是判断腐蚀情况的关键指标（表4.4−25）。根据《建筑结构检测技术标准》GB/T 50344—2019，腐蚀速率的阈值取为0.2μA/cm^2，即此状态下钢筋处于钝化状态，钢筋混凝土构件保护层较为稳定，因此报警控制值设为0.2μA/cm^2。

钢筋锈蚀速率和构件保护层出现损伤年数判别　　表4.4−25

序号	锈蚀电流（μA/cm^2）	锈蚀速率	构件保护层出现损伤年数
1	<0.2	钝化状态	—
2	0.2～0.5	低锈蚀速率	>15年

续表

序号	锈蚀电流（μA/cm²）	锈蚀速率	构件保护层出现损伤年数
3	0.5～1.0	中等锈蚀速率	10～15 年
4	1.0～10	高锈蚀速率	2～10 年
5	>10	极高锈蚀速率	不足 2 年

Ⅰ级安全状态按照腐蚀速率报警控制值的 0.5 倍，Ⅱ级预警状态为控制值的 0.5～0.7 倍，Ⅲ级报警状态按照大于 0.7 倍控制值设置（表 4.4-26）。

腐蚀速率指标分级标准　　表 4.4-26

腐蚀指标	绿色 Ⅰ级安全	黄色 Ⅱ级预警	红色 Ⅲ级报警
腐蚀速率（μA/cm²）	≤0.1	（0.1，0.14]	>0.14

③ 混凝土电阻

混凝土电阻可作为判断结构腐蚀情况的综合指标。根据相关标准，当混凝土电阻率大于 100kΩ · m 时，此时构件内部钢筋被保护得较好，不会发生锈蚀（表 4.4-27）。

钢筋锈蚀状态判别标准　　表 4.4-27

序号	混凝土电阻（kΩ · m）	钢筋锈蚀状态
1	>100	钢筋不会锈蚀
2	50～100	低锈蚀速率
3	10～50	钢筋活化时，可出现中高锈蚀速率
4	<10	电阻率不是锈蚀的控制因素

由于污水深隧结构以及运行工况特殊，因此可适当提高控制标准。混凝土电阻报警控制值按照 200kΩ · m 设置，其中Ⅰ级安全状态按照控制值的 1.5 倍取值，Ⅱ预警状态级别为控制值的 1.2～1.5 倍，Ⅲ级报警状态按照小于控制值的 1.2 倍设置（表 4.4-28）。

混凝土电阻指标分级标准　　表 4.4-28

腐蚀指标	绿色 Ⅰ级安全	黄色 Ⅱ级预警	红色 Ⅲ级报警
混凝土电阻（kΩ · m）	>300	240～300	<240

④ pH

pH 是判断腐蚀情况的综合指标。隧道衬砌内的钢筋在混凝土浇筑时由于水泥水化效应会形成 pH≥12 的碱性环境，钢筋将发生阳极钝化，在其表面生成一层以铁氧化物为主要成分的致密的钝化膜。无外界干扰时，钝化膜将保护钢筋内部不被侵蚀。当混凝土受外界酸性物质侵蚀后，pH 降低，造成钝化膜破坏。当 pH 小于 10 时，钢筋表面的抗腐蚀钝化膜开始破坏。

混凝土浇筑后，实测 pH 在 12 左右，钢筋可形成钝化膜。因此 pH 监测报警控制值可设置为 10，Ⅰ级安全状态为 pH 大于 12，Ⅱ预警状态级别 pH 为 10～11，Ⅲ级报警状态 pH 为 10（表 4.4-29）。

pH 监测指标分级标准　　表 4.4-29

腐蚀指标	绿色 Ⅰ级安全	黄色 Ⅱ级预警	红色 Ⅲ级报警
pH	≥11	[10，11)	<10

⑤ 氯离子浓度

氯离子浓度是判断腐蚀情况的参考指标。当混凝土受外界 Cl^- 侵入后，局部区域发生酸化，使得 pH 降低，造成钝化膜破坏，并且当 Cl^- 浓度达到一定值后，混凝土孔隙液体中的 OH^- 和 O^{2-} 被替换，从而抑制了钢筋表面钝化膜的生成。另外，Cl^- 将促进以铁基体和铁氧化物为电极的原电池反应，导致钢筋不断锈蚀。《混凝土结构耐久性设计标准》GB/T 50476—2019 中要求混凝土中氯离子浓度不应超过 0.08%。

3. 水下巡检机器人

1）高流速长距离污水深隧水下检测机器人平台设计研究

（1）高流速长距离污水深隧水下检测机器人本体结构设计

深隧水下检测机器人平台针对工况条件进行适应性设计，需适用于小直径长隧洞带流水下检测，可适应腐蚀性污水环境，能通过小尺寸大深度垂直检修竖井下放，在水下安全找到并进入隧洞入口，进而完成对大埋深长距离高流速污水隧道的水下检测和清淤作业。

① 深隧水下检测机器人开发需求及相应限制条件

基于深隧工程特点，对深隧水下检测机器人的研制需求和关键条件进行了总结，具体如表 4.4-30 所示。

机器人研制需求与关键条件表　　表 4.4-30

序号	项目		项目相关条件及核心需求
1	机器人本体设计需求	机器人尺寸	机器人尺寸应满足 2m × 2m 竖井口安全布放回收
2		耐高水压	运行时最高水深为 27.572m，事故工况下最大水压为 0.43MPa

续表

序号	项目		项目相关条件及核心需求
3	机器人本体设计需求	耐腐蚀	深隧传输介质为生活污水，pH 为 5～9，污水中微生物的代谢产物可能具有腐蚀性
4		抗水流冲击	水下机器人需在高流速污水中稳定工作，隧道内设计最低流速 0.65m/s，冲刷流速 1.2m/s
5		机器人下放、回收	竖井深 32.8～51.5m，通水后最大水深 27.57m，部分竖井结构复杂，竖井检修口不在隧道入口正上方
6		电力、信号通信	保证水下长距离供电稳定和无延迟通信，同时需充分考虑机器人应急回收难度
7	软件需求	软件系统接口	可将机器人在隧道内运行过程中的数据、图像等资料传输至智慧深隧运营平台
8		机器人控制系统	能对水下机器人运动和检测进行控制，能对线缆系统进行控制，能对下放回收系统进行控制，能实时同步显示水下机器人运动状态信息
9	检测需求	机器人定位	对机器人所处位置进行定位，操作人员能识别隧道表观异常和淤积物所处位置
10		淤积及结构检测	（1）对隧道内部混凝土表面破损、冲坑、剥落、露筋、开裂、裂缝、冲蚀等缺陷，内表面附着物情况，底板磨损情况，衬砌结构体型变化进行检测和分析； （2）对隧道淤积状态及其表面颗粒物分布情况进行检测和分析
11	清淤需求	隧道内部淤积清理	隧道断面流速分布不均，内壁附近实际流速可能小于临界不淤流速，导致颗粒物沉降，进而产生淤积

② 水下机器人运动模式设计

现有大直径管 / 隧道检测机器人运动模式常见履带式、悬浮式和多轮支撑式三种设计，三种不同运动模式设计的特点对比分析如下（图 4.4-49、表 4.4-31）：

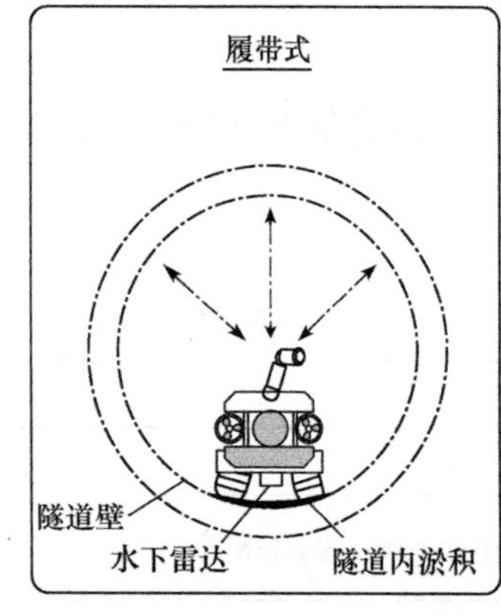

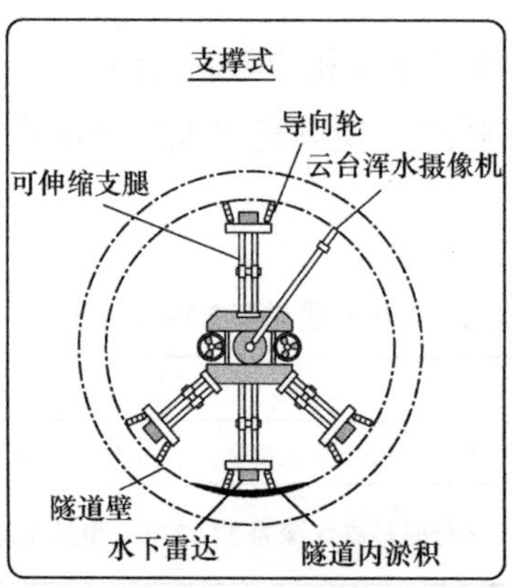

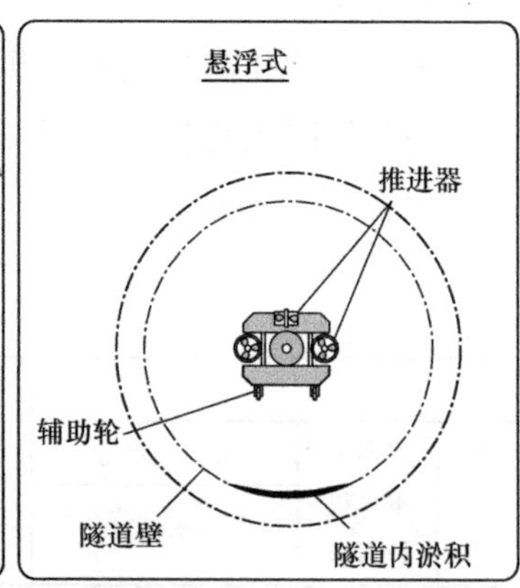

图 4.4-49　常见水下管 / 隧道检测机器人运动模式

水下机器人运动模式设计对比分析　　表 4.4-31

项目	履带式水下机器人	支撑式水下机器人	悬浮式水下机器人
相似场景应用情况	有 3m 以上直径隧道应用案例	暂无 3m 以上直径隧道应用案例	有 3m 以上直径隧道应用案例
运动方式	运用履带贴底爬行运动，手动控制，实时检测	采用隧道内多杆式支撑机构运动	采用 8 个推进器全姿态运动布局方式；用脐带缆承受运动拉力，手动控制，实时浮游检测
体积、重量	为确保抓地力，重量和体积均较大，对井口布放装置要求高	需要支撑住整个管壁并保持平衡，体积较大，质量较重	不需要大体积的支撑结构，体积较小，质量较轻
操控性能	依靠摩擦力在管道中移动，易操控	只需控制单自由度运动，易操控	在封闭管道中可悬浮检测，可在管壁吸附检测，易操控
检测方式	爬行检测，隧道顶端检测难度大	利用长杆伸缩云台搭载检测设备进行贴壁检测，支持杆需要承受较大的支撑力，在隧洞内转弯比较困难	浮游检测，对隧道内壁结构无影响
稳定性	整体利用质量贴底行进，平台稳定	支撑于管道中间，与管壁碰撞风险低，但抗流能力待验证	现有技术已可实现高流速下定点悬停检测
机动性	机动性差，有侧翻风险，侧翻后很难恢复姿态，行进中通过性较好	支撑于管道中间，机动性能一般，行进中通过较高错台时相对困难	零浮力六自由度浮游布局，机动性好，行进中通过性好
运动覆盖范围	隧道底部	隧道全断面	隧道全断面
作业能力	受履带底盘影响，只能在爬行轨迹范围内作业	受支持机构影响，只能在固定轨迹范围内作业	结合水下机器人全姿态设计能够实现全范围作业
抗流能力	流速≤3m/s	流速≤2m/s	流速≤1.5m/s
水阻影响	体积大，水阻相对较大	受力面较悬浮式机器人更大，水阻相对较大	框架式结构，阻力相对较小
受缆线影响	机器人质量大，使用线缆拖行时可能会出现抗拉力不足的问题。为保证线缆抗拉力，需加装铠装外层，将导致缆轴体积变大	多支撑腿结构，需注意线缆与支撑腿发生缠绕	体积小，姿态和动力受脐带缆影响不大，现有技术水平下，其姿态容易保持
应急处理	发生意外故障时，履带式机器人存在侧翻风险，侧翻后，使用线缆拖拽回收会对内壁造成一定损伤，回收难度较大	发生意外故障时，若支持机构出现卡死情况，将很难回收，使用线缆拖拽会对隧道内壁造成损伤	发生意外故障时，水下机器人可在隧洞中悬浮，不会对隧洞造成损伤，线缆拖拽回收难度较小，相对安全

由表 4.4-31 可知，悬浮式机器人设计具有以下技术优势：整体通过性好，应急 / 故障回收风险小；结构轻巧紧凑，易从小井口布放回收；全姿态控制，机动性较好，可全断面开展检测；国内已有长隧洞检测工程案例，技术可实现性高。综上可知，根

据项目条件及安全需求，选用悬浮式有缆水下检测机器人设计。

③ 机器人本体结构设计

水下机器人本体由浮力材料、主体结构框架、水下电控系统、动力推进器系统、摄像照明系统、三维环扫声呐伸缩机构、雷达密封舱体、清淤装置、传感器系统、声学检测系统、导航定位系统组成；可以实现在浑水环境下对建筑物表面细微缺陷的光学观察、实现水下定位、水下导航、避障功能、水中淤积清理、水下淤积情况扫描、水下三维环扫成像；软件平台预留扩展接口，可补充相关软件模块。水下机器人主机结构、器件、传感器等连接如图 4.4-50 所示。

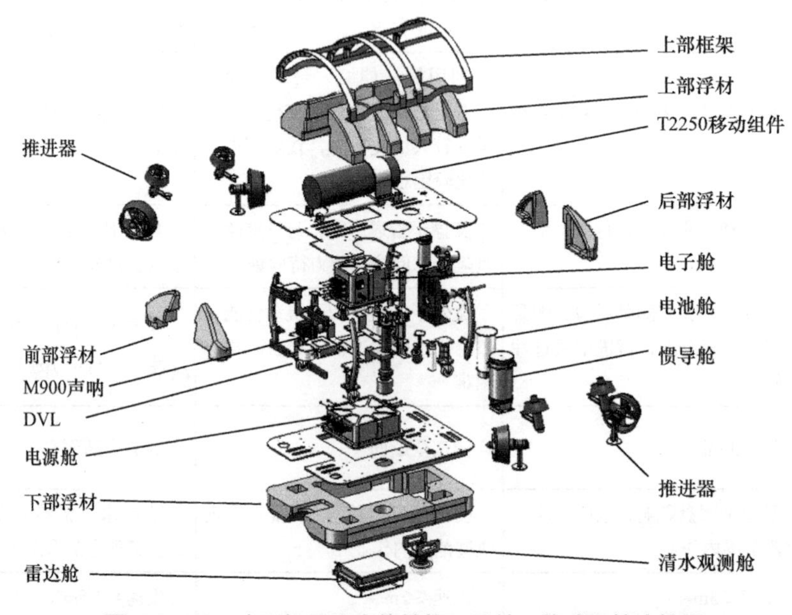

图 4.4-50 水下机器人主体结构、器件、传感器等连接图

a. 尺寸设计

为满足设备在工程竖井内顺利完成布放 / 回收操作，深隧水下机器人设计尺寸为 1160mm × 950mm × 850mm，保证了设备在 2m × 2m 检修井口的下放条件，布放空间余量充足，以便设计并使用井下布放回收辅助装置，保障机器人安全进入隧道，防止因发生碰撞而造成竖井结构损坏。

b. 主体框架设计

深隧水下机器人所用浮力材料由环氧树脂基 + 空心玻璃微珠组成，具备高强度、低阻尼、抗腐蚀的特点。浮力材料由上浮材和下浮材组成，在设计时，将设备重心和浮力浮心进行重合设计，使设备在浮游模式下具有全姿态水下运动能力，在隧壁爬行模式时有利于设备翻转。

结构框架是水下机器人动力操控组件所有部件以及所搭载设备的安装基础（图 4.4-51）。深隧水下机器人主框架采用一体化设计结构搭建而成，整体采用流线型结构。承重龙骨采用高强度硬质铝合金 +316L 不锈钢的材质，具有强度高、质量轻、易加工等特性。框架采用高分子材料，质量较轻，模块化程度高，整体框架不易变形。所用铝型材表面进行了硬质阳极氧化处理，使得型材具备高强度，还具有优异的抗腐蚀性能。型材之间采用不锈钢锁紧螺母连接，能够有效防止设备由于震动或长时间运行导致连接部位返松。为保证设备的高强度和稳定性，型材间连接了若干不锈钢拉紧结构。为了进一步提高整个框架的防腐蚀性能，会在铝型材上安装若干个牺牲阳极块，通过定期更换牺牲阳极块，能够有效增加设备的使用寿命。

c. 水下电控系统设计

水下电源控制系统可为推进器、摄像头、照明灯、声呐、雷达、云台、导航定位系统、高度计、温深传感器等提供能源；采用 CAN 接口的通信方式，可与上位机连接，能够在甲板控制端和岸基控制端实时显示电压、电流、温度状态等信息。水下电源控制系统安装在水密舱内，舱体为全密封耐压结构。各检测传感器及电控单元均采用模块化设计，使用国际通用水密接口与搭载设备进行连接和通信，拆接灵活，且电子舱留有多组备用设备接口，方便后续对机器人平台进行功能扩展（图 4.4-52）。

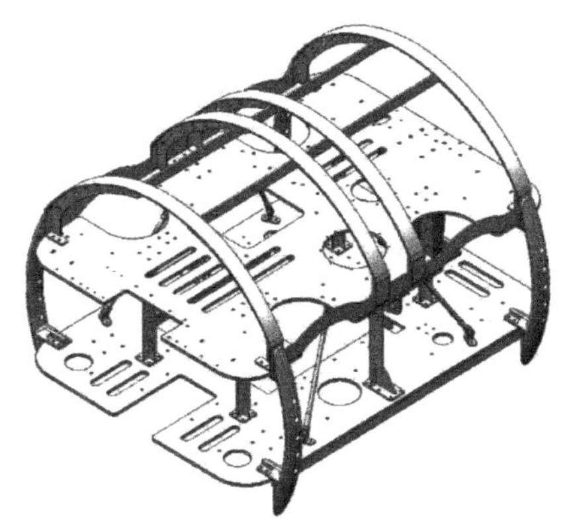

图 4.4-51 机器人主体框架

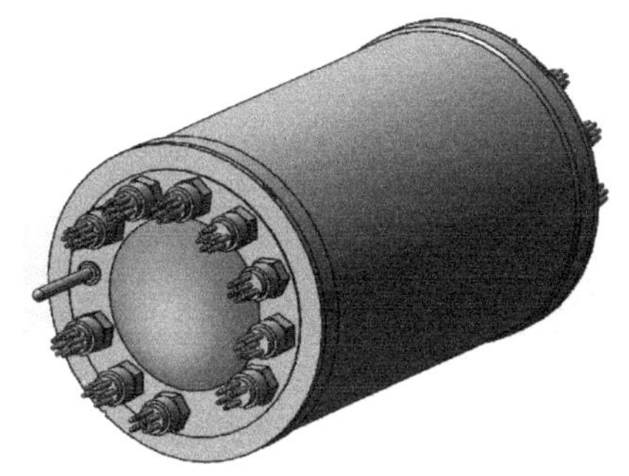

图 4.4-52 水密耐压电子舱及水密接口

d. 动力系统设计

深隧水下机器人采用 8 推进器全姿态布局，其中垂直方向和水平方向各设置 4 个推进器，分别提供垂直方向和水平方向的推力。垂直向最大正向推力为 170N，水平向最大正向推力为 250N。传统机器人采用上浮力材料，下配重设计，通过物理自稳保持水下机器人平衡，而本项目水下机器人采用上、下浮力材料设计，重浮心重合后，使用多推进器系统自稳，在水中可实现 6 自由度全姿态运动，分别为前后推进，升沉运动，横移，转艏，横倾以及纵倾。

（2）深隧水下机器人作业流程设计

深隧水下机器人最大耐水压深度为 100m，装有水下照明设备、水下摄像机、多波束声呐、三维环扫声呐、水下定位系统、水下雷达，清淤装置等，能够对水下结构进行摄像检查，结合自身的螺旋桨，能够调整其以各种姿态悬浮于隧道内的任何位置。

在检查过程中，须对所有水下检测区域进行录像，对异常位置进行拍照检查并登记，制作异常报告，对每天检测区域进行记录，形成日报，并根据实际情况和疑似风险进行复查和复检。在反馈时，应对检测内容、异常区域、重点关注区域进行汇总，并对作业进度和下步作业内容进行汇报。

2）高流速长距离污水深隧水下机器人作业系统研究

（1）低能见度条件下深隧观测、检测技术

深隧水下机器人通过集成多种管线检测技术，形成声、光、电磁学三位一体创新检测系统，来实现低能见度、高流速污水环境下的隧洞检测。该检测系统主要由浑水光学观察系统、图像声呐、管道三维环扫声呐、水下管线检测雷达四个检测模块组成，设备同时配置有气体检测模块，可对竖井内部上端有害气体浓度进行检查，以降低井口工作人员安全风险。

① 浑水光学观测技术

深隧水下机器人利用特制浑水观察系统对隧道壁面进行光学观察，该系统由清水仓、水下照明和水下高清摄像头等组成，可以实现对建筑物表面的连续光学观察。浑水光学观察系统原理图及搭载示意图如图 4.4-53 所示。

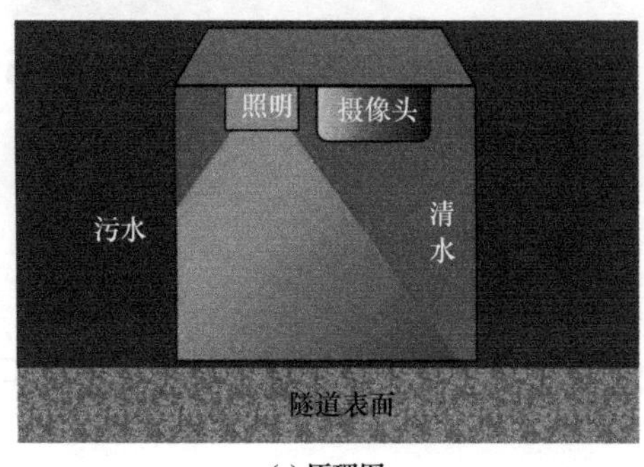

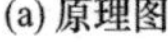
(a) 原理图

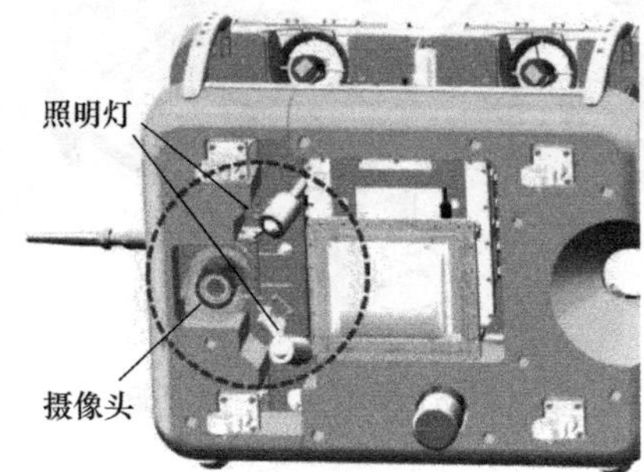

(b) 搭载示意图

图 4.4-53　浑水光学观察系统

a. 水下摄像头

深隧水下机器人所用水下摄像机设计使用 240 万像素高品质 CMOS 图像传感器，并在画质调整算法和 LED 照明灯的配合下，使该摄像机在水中就可获得清晰的彩色图像（图 4.4-54）。

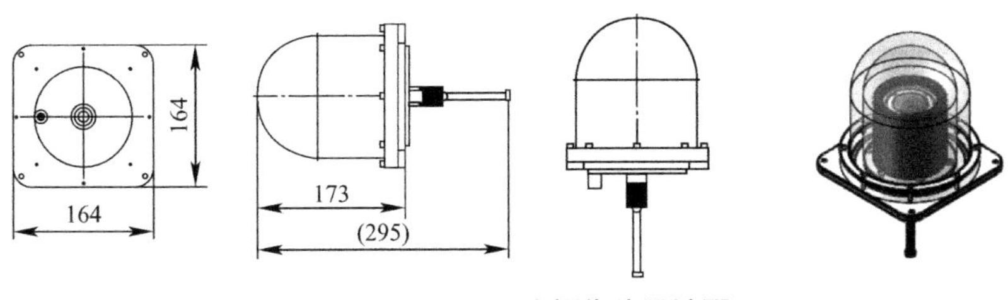

图 4.4-54　浑水摄像头设计图

b. 水下照明组件

水下照明组件设计搭载泛光灯和射灯两种高亮 LED 灯。在水质较好的水域，可视度通常能够达到 0～10m，当水下机器人在该水域较深位置作业时，可使用射灯进行照明，其灯光呈柱状，作用距离较大；而在水质较差或者需要近距离观察时，远光灯虽然亮度高，但是作用范围小，此时通常选用泛光灯提供光源（表 4.4-32）。

LED 泛光灯规格参数　　表 4.4-32

项目	技术参数
尺寸	ϕ65 × 88mm
功率	40W
亮度	4000lm
耐压水深	300m

② 图像声呐探测技术

水下多波束前视图像声呐适用于水下环境调查和检查，可快速发现较大的结构缺陷，同时可起到声学导航的功能。无论在狭窄还是宽广区域搜索，都能得到清晰流畅的目标声学图像；无论是运动或静止状态，甚至在能见度为零的水环境下，图像声呐都能生成清晰的实时图像，适合在浑水中进行大范围探测。深隧水下机器人图像声呐设备主要参数如表 4.4-33 所示。

图像声呐设备参数　　表 4.4-33

项目	参数
扫描角度	130°
最大扫描范围	10m
最优扫描距离	2～60m
距离分辨率	1.3cm
最优扫描直径	2～16m

续表

项目	参数
波束宽度	1° × 20°
波束间角	0.18°
波束数量	768
频率	900kHz

③ 深水环境下电磁雷达检测技术

水下管线检测雷达性能参数为频率 900MHz，采样点数 512，时间窗 60ns，采样间距 1cm。

普通管线雷达由于其水下密封系数在 10m 范围内，无法满足水下作业的承压要求。所以在不影响雷达扫描效果的基础上，独立设计水下承压密封舱体，如图 4.4-55 所示，保证雷达既可以满足高水压环境下水下密封问题，又可以确保其发射面不受到干扰。

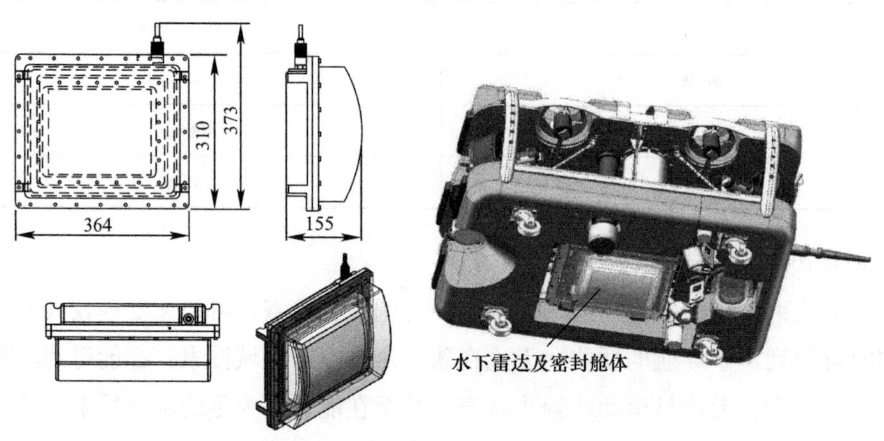

图 4.4-55　探测雷达密封舱设计图

④ 隧道三维扫描检测技术

水下机器人上搭载 Teledyne Blueview T2250 多波束三维扫描声呐，该声呐使用高频率低功耗声学多波束技术，可同时发出 2100 个重叠窄波束来扫描连续 360° 的剖面，再将扫描数据导入专用软件，通过滤波去噪、点云配准、坐标转换等处理，生成图像化高密度三维点云数据（表 4.4-34），即可得到隧道内壁结构全方位三维图像。该声呐可在不停水条件下对整个隧道走向、内部结构缺陷、管径变化等进行直观展示，并快速生成所完成扫描的每个隧道截面的数据，相当于对整个隧道进行了三维重构，为深隧后期维护和保养提供依据。

Teledyne Blueview T2250 声呐设备参数 表 4.4-34

项目	参数
扫描角度	360°
最大扫描范围	10m
最优扫描距离	1～8m
距离分辨率	0.6cm
最优扫描直径	2～16m
锥形波束角	1 × 1
波束间夹角	0.18°
波束数量	2100
频率	2250kHz
空气中重量	15kg
水中重量	0.46kg
尺寸（长度 × 直径）	568.45mm × 199.90mm

（2）水下长隧洞作业高精度定位导航系统

①高精度组合导航系统设计

水下机器人需设计水下精确定位功能，以便获取设备在隧道内的实时位置、检测进度以及记录管道缺陷相对坐标等信息。本项目中使用了高精度惯性导航定位系统和 DVL 多普勒计程仪的组合导航方式，主要用于水下机器人在隧洞内部执行水下检查任务的高精度定位。

惯性导航与 DVL 多普勒计程仪的组合使用是目前国际上通用的水下精确导航定位方案，技术成熟度高，性能可靠。通过结合惯性导航的精确航向信息和 DVL 的精确速度信息，合理选用相关性能的传感器，并进行算法调校，可以为水下机器人检测过程中提供较为精确的水下定位功能（图 4.4-56）。

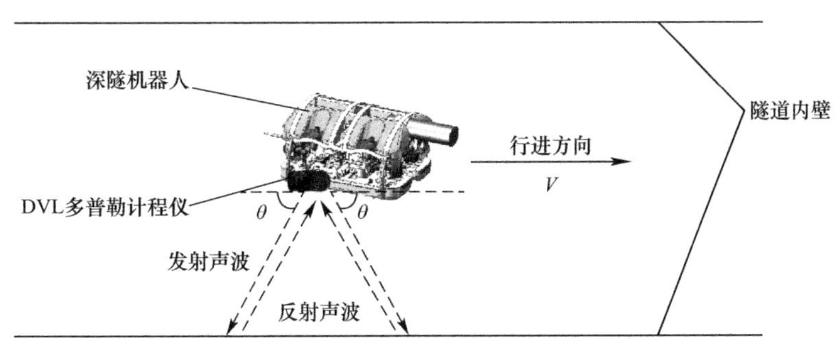

图 4.4-56 多普勒计程仪工作原理示意图

由于深隧隧道在地下基本为平直走向，也可以通过记录线缆的收放长度对设备的定位进行辅助修正，因此本项目中地面线缆收放绞车设计了自动计数功能，可以实时显示线缆收放长度。为避免定位系统产生较大累计误差，本项目中进一步设计利用声学辅助特征结构识别技术对长距离定位误差进行修正，当设备在隧道内检测时，可参考管道工程图纸中的标志性结构物对定位系统进行精确标定。

②“声学辅助 -AI 智能识别”长距离定位误差修正技术

前视声呐图像显示的隧洞内可用于辅助导航定位的结构化环境特征，隧道内每隔 14m 左右有一条伸缩缝，其在前视声呐图像中表现为一条亮线。虽然前视声呐图像的背景噪声很强，同时多普勒测速仪的水声信号也会影响前视声呐图像质量，但仍有可能通过计算机识别出这些平行排布的接缝。此外，一些稳定的非结构化特征也能明显地显示在声呐图像上。图 4.4-57 是相应的结构化环境特征检测识别过程示意图。

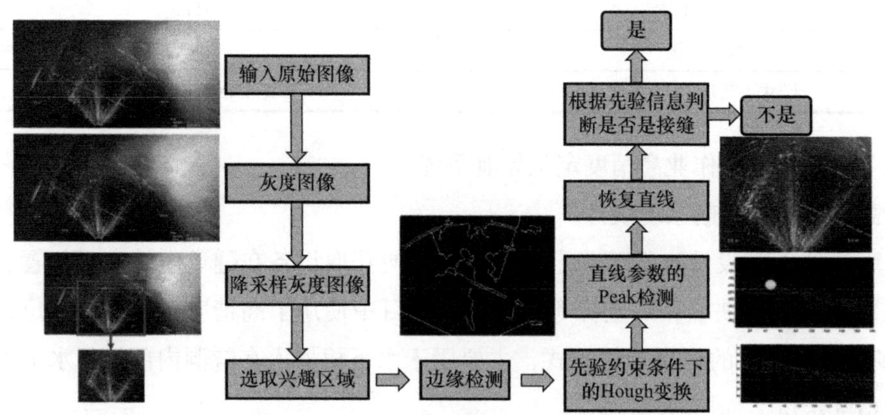

图 4.4-57　水下结构化环境特征检测识别过程示意图

根据隧洞结构化特征的特点可以采用以下三种误差修正模式。

a. 结构化特征的相对位置误差修正模式（图 4.4-58）

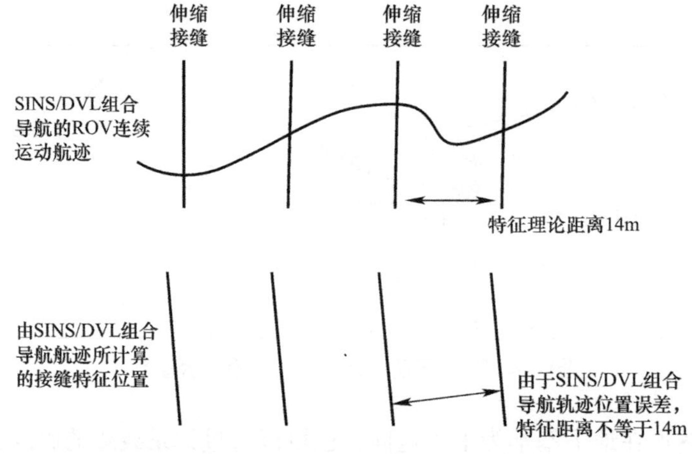

图 4.4-58　相对位置误差修正模式示意图

如图 4.4-58 所示，由于存在导航误差，SINS/DVL 组合导航的航迹中，对应特征距离不等于 14m，以实际航迹中对应的特征距离和特征理论距离之差作为观测量，通过组合导航滤波修正 SINS/DVL 组合导航的航迹误差。

b. 结构化特征的绝对位置误差修正模式

如图 4.4-59 所示，对于隧洞，可通过事后处理数据平滑的方式建立结构化特征数据库，给每个接缝编号，建立其直线方程。识别出接缝特征后，根据 SINS/DVL 组合导航 ROV 当前位置坐标到直线特征的理论距离，与 FLS 前视声呐测量得到的 ROV 当前位置坐标到直线特征的距离之差，修正 ROV 当前位置坐标。

c. 隧洞边界的识别与航迹约束位置误差修正模式

类似地，对隧洞左右边界的识别，也可以辅助将 ROV 的导航坐标投影约束在隧洞的内部。此外，还可以针对固定 4500m 隧洞内重复出现的稳定的非结构化特征进行建图与位置误差修正（图 4.4-60）。

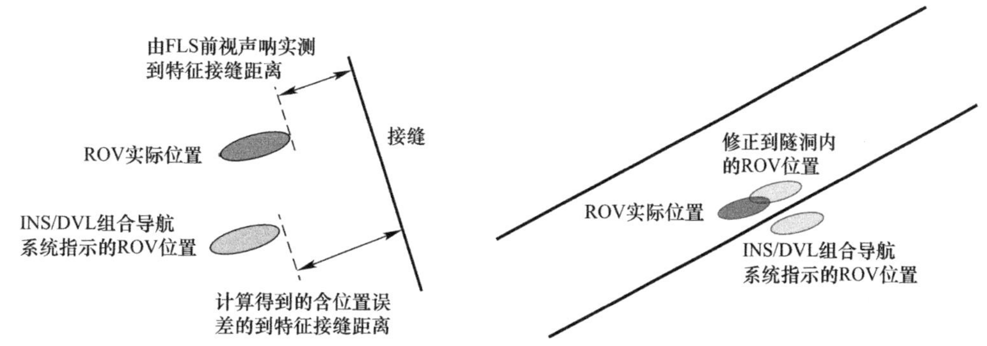

图 4.4-59 绝对位置误差修正模式示意图

图 4.4-60 隧洞边界的识别与航迹约束位置误差修正模式示意图

（3）深隧内部沉积物清理系统

该项目设计将盘刷刷头与一支二自由度机械臂（图 4.4-61）连接，再装载在水下机器人主体框架内部侧边，贯穿下部浮力材料。该装置未工作时机械臂处于收缩状态，在支撑轮的作用下，刷头与隧道壁面存在一定空间；当检测到隧道底部淤积后，对机器人姿态进行控制，将刷头对准淤积处，机械臂伸出，刷头旋转进行清理作业。盘刷与机械臂采用快接接头连接，可方便地进行盘刷更换和维护。水下机器人设计配备多款不同材质和大小的刷盘：如钢丝刷毛适用于清洁结构附着物等粘结牢固地点；研磨丝刷毛适用于细致观测结构问题点时清洁使用，可快速清洁隧道结构问题点，不造成二次破坏（图 4.4-62）。

（4）复杂深竖井安全布放回收技术

大东湖深隧工程共有 1 号、3 号、4 号、6 号、7 号五座检修井可供水下机器人出入，

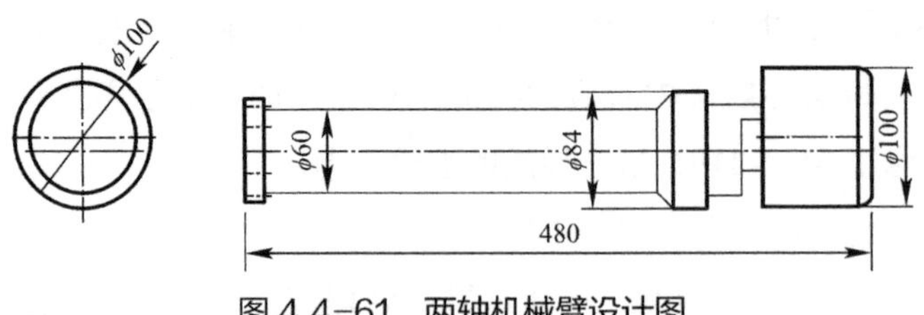

图 4.4-61　两轴机械臂设计图

深度在 31.0～51.5m，其中最小检修井为 3 号竖井，尺寸为 2.0m × 2.0m，相隔最远的两座检修井之间距离约为 4.18km。5 座检修井中，4 号井中部有两路支隧接入，在检修井底部设置中隔墩，主隧稍有偏移属于偏心井，如图 4.4-63 所示，其余各井均在隧洞上方。

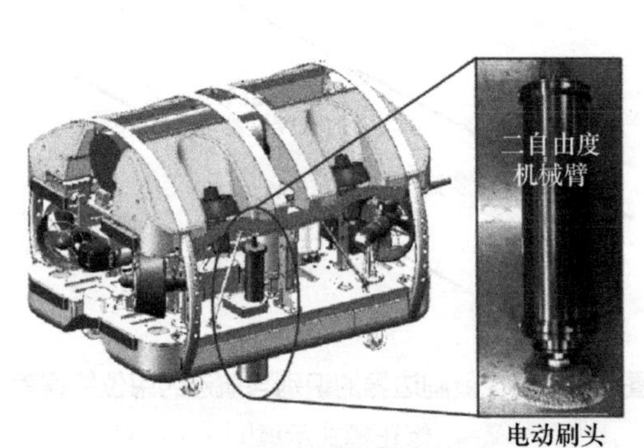

图 4.4-62　清淤刷头装载示意图

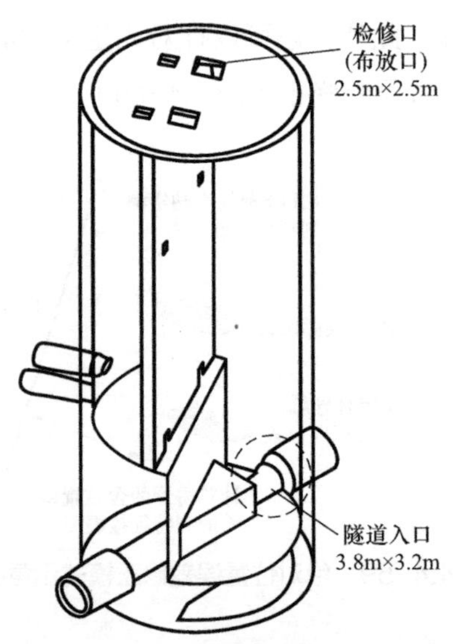

图 4.4-63　4 号检修井结构示意图

为保障水下机器人安全稳定地通过全部五座检修竖井进出大东湖深隧，该项目设计了一种专用竖井布放回收辅助系统，以实现检测机器人在竖井内的布放安装与回收。布放回收辅助装置在垂直方向上由电动绞车通过铠装缆调控位置。它能够在竖井中通过水平浮游到达布放中需要受力的建筑结构表面，依靠负压吸附装置吸附在该壁面上，同时装备有水下履带爬行系统，能够在该壁面吸附爬行，精细调整其相对隧道洞口的位置，在隧洞口部位固定后进行机器人的安装释放。安装辅助系统配备有声呐、灯光、摄像探头、流速仪等观察设备，同时具备锁定结构，进行布放前，需将检测机器人和安装辅助装置通过快速锁定机构连接到一起，释放时，可通过电动开锁方式实现安装辅助装置和检测机器人的脱离，保证机器人水下安装布放时的稳定可靠。专用布放回收辅助系统结构示意图如图 4.4-64 所示。

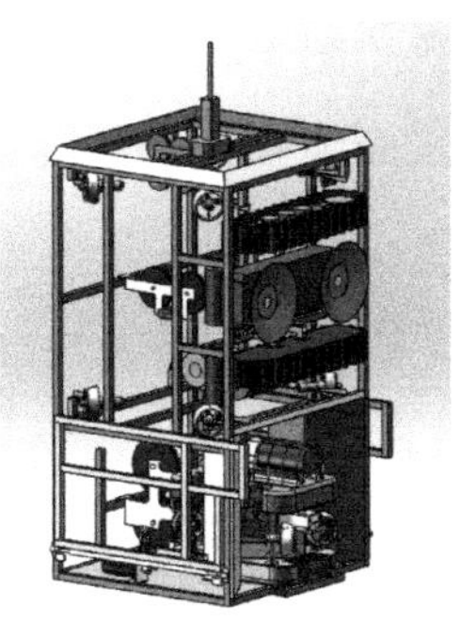

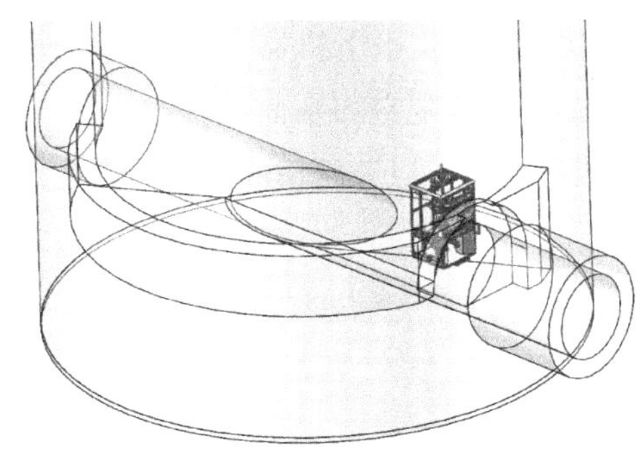

图 4.4-64　竖井布放回收辅助系统及其在隧道入口吸附固定示意图

本项目中针对检修井入口小，内部结构不统一，布放回收辅助系统高度较大导致门吊吊装高度要求较高等难点，专门设计了一种伸缩式布放回收系统来解决。该装置由电动绞盘，A 型门吊，底盘，控制系统和观察系统等组成，布放力臂带有伸缩和固定装置。布放回收装置如图 4.4-65 所示。通过 A 架、铠装线缆绞车等布放机构，可吊起上述布放回收辅助系统，从竖井检修口进入，入水并下放到隧道入口附近，将布放回收辅助系统下放到指定位置时停止。

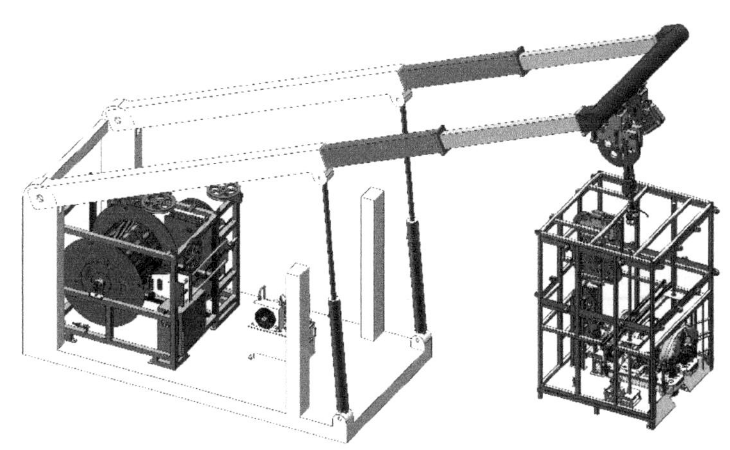

图 4.4-65　布放回收装置及布放回收辅助系统示意图

（5）深隧水下机器人地面控制系统

① 一体化集成控制室

一体化集成控制室广泛应用于高端水下机器人系统中，本项目中水下机器人结构复杂、零部件较多，因此选用一体化集成控制室方案，集装箱上部有吊耳结构，满足汽车式起重机起吊要求。

一体化集成控制室是水下机器人系统岸基的组成部分，负责为水下机器人系统供电，并对水下机器人进行控制。本项目中一体化集成控制室采用 20 英尺（约 6.1m）标准集装箱，可以大大简化水下机器人在现场的使用步骤（图 4.4-66、表 4.4-35）。操作手仅需要完成集成控制室和水面缆轴的连接，以及水面缆轴和水下机器人的连接，然后为集装箱供电，就可以开始作业。

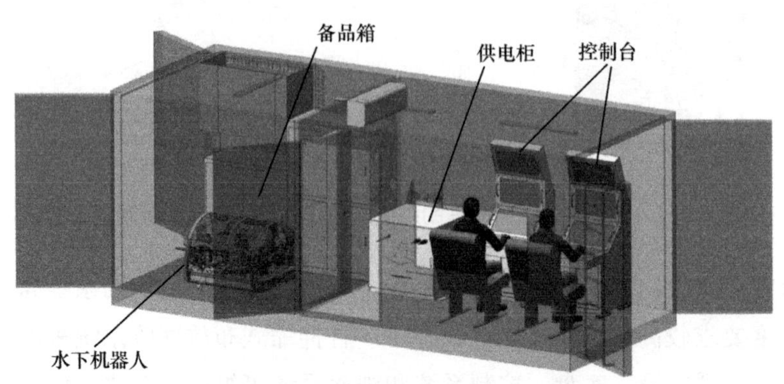

图 4.4-66 集装箱整体布局示意图

一体化集成控制室系统组件及相应功能　　表 4.4-35

项目	功能
供电柜	负责为整个水下机器人系统供电，包括集成控制室内部的各种电器、水下机器人本体等
控制柜	包含高性能工业控制计算机、接口单元、光纤通信单元等，负责与水下机器人本体的通信和控制水下机器人及其他外围设备
显示系统	用于显示水下机器人各个摄像机图像、声呐图像、定位图像、控制软件及其他传感器的软件界面，用户也可以根据自己的使用习惯调整各个显示屏的显示内容
操控	集成化 ROV 操作手柄，用于操控 ROV 执行各种指令
配件	配备操作员座椅、备品备件柜、空调及其他组件，水下机器人放置区；线缆收放系统放置区；布放回收吊机放置区等

② 供电系统

地面供电系统（供电柜）内集成高压电源模块、变压器模块等，由于工程竖井旁可以较方便地提供三相市电，因此供电单元输入电压为 380VAC，总功率不小于 60kW，能通过变压单元将输入市电提升为 1600V 直流电源，总功率为 5kW。地面供电系统主要分为两个部分：第一部分为水下机器人设备供电，采用 1600V 高压直流电；第二部分为 220V 单相交流电，为集成控制室内部的各种电器供电，例如显示系统、控制平台等。供电系统配备应急供电电源和应急措施，确保核心通信和控制系统的不间断供电。此外，供电系统具备绝缘检测、稳压、漏电保护、过流保护、过压保护等安全功能，可在电路异常情况下报警，危险情况下自动断电。

③ 操控平台

大东湖深隧水下机器人系统由一台一体化操控平台进行控制，平台上设置操作系统和显示系统。操控系统能够对机器人水中姿态、运动、检测和作业，操控缆线收放系统、布放回收系统和供电系统等进行精确控制；显示系统能够同步实时显示多组水下检测数据（包括光学摄像头、声呐、定位导航系统、深度计、高度计等传感器检测数据）及各通信端口的遥测状态、电流、电压、水密状态、水密舱内温度等，并支持岸上操作人员根据检测数据对机器人平台下达作业指令。操控平台主要参数如表 4.4-36 所示。

操控平台主要参数　　表 4.4-36

项目	项目
显示	6 屏 23 寸集成控制显示画面，可实时监测与反馈机器人状态参数
接口	接口具备较好通用性，可与大多数 ROV 操控设备联合使用，提供遥控单元和缆轴控制单元输入，支持 GPS 信号输入，支持扩展网口设备、扩展串口设备、扩展 USB 设备
操控	变焦、聚焦、云台俯仰、深度变化、进退、转向、横移、灯亮度变化等以及机械结构执行功能，调节平滑，可实现准无级调节
信号	支持 8 路开关量和 10 路模拟量，支持串口最高通信波特率 115200bps
其他特点	模块化程度高，可方便拆装、替换、维修，体积小，质量轻，简单易用

4.4.3　案例示范

1. 项目概况

大东湖核心区污水传输系统工程是国内首条正式建造并投入运营的城市深层污水传输隧道，其主要功能为收集武汉大武昌片区污水，通过“预处理 + 深隧传输”的方式将污水输送至北湖污水处理厂进行深度处理。工程旨在为大武昌片区 130km^2 内约 300 万居民打造排水收集及传输主动脉，近期实现 80 万 t/d 的污水传输规模，远期将达到 100 万 t/d 的规模。

项目建设地点跨越武汉武昌区、洪山区、青山区与东湖风景区。运营调度范围包括大东湖核心区内的沙湖、二郎庙、落步咀及白玉山污水系统（共 130.35km^2），远期将加上武钢、龙王嘴污水系统（共 200.25km^2）。工程总平面图如图 4.4-67 所示。

项目主要建设内容包括地表完善系统与污水深隧系统两部分：

（1）地表完善系统：沙湖污水提升泵站（处理规模 1m^3/s，下同）、二郎庙污水预处理站（9.8m^3/s）、落步咀污水预处理站（5.7m^3/s）、武东污水预处理站（2.4m^3/s）以及配套管网。

（2）污水深隧系统：包含主隧和支隧。主隧全长约 17.5km，采用盾构法施工，包括 9 座竖井，9 个区间隧道。隧道埋深 30～50m，竖向坡度 0.65‰，隧道直径分别为

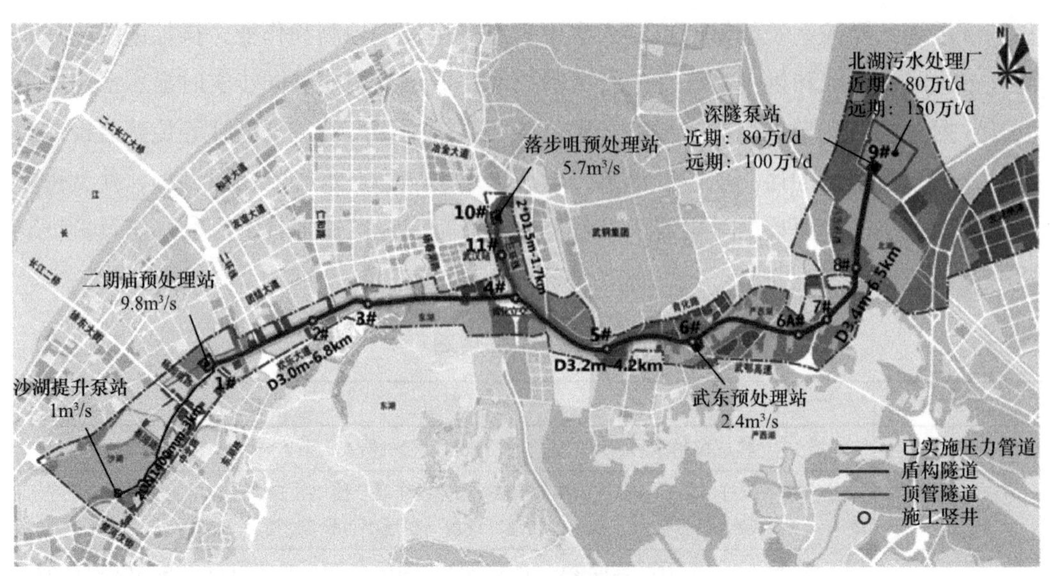

图 4.4-67　工程总平面图

DN3000mm、DN3200mm 和 DN3400mm，隧道结构为 25cm 厚预制管片 +20cm 厚现浇钢筋混凝土内衬的双层叠合式衬砌。

支隧总长约 1.7km，采用顶管法施工，包括 2 座竖井，2 个区间隧道，埋深 20～35m，结构为 2 根内径 1650mm、壁厚 200mm 的 F 型钢筒混凝土管平行布置，净间距 2.5m，竖向坡度 5‰。

本项目总投资 30.29 亿元，采用 PPP 模式中的 BOT（建设 - 运营维护 - 移交）运作方式，武汉市水务局为项目实施机构，武汉市城投集团为政府方出资代表。中建三局与武汉市城投集团合资组建项目公司，负责本项目的投融资、勘察、设计、建设、运营、维护、移交全过程管理工作。工程于 2017 年 8 月 20 日开工，2020 年 12 月 30 日顺利通过竣工验收，目前已全面进入运营阶段，累计传输污水约 4.5 亿 t。

2. 项目特点（表 4.4-37）

大东湖项目特点　　表 4.4-37

序号	工程特点	具体说明
1	直径小	主隧内径为 3.0m、3.2m 和 3.4m；支隧内径 1.65m
2	埋深大	主隧竖井埋深 32.8～51.5m，主隧埋深 29.93～49.23m；支隧竖井埋深 22.2～33.7m，支隧埋深 22.37～32.6m
3	区间长	总长 19.2km，其中盾构主隧长 17.5km，最长施工区间 3.6km；顶管支隧长 1.7km，最长施工区间 0.93km
4	地层条件复杂	沿线穿越粉细砂层、砾卵石层、中风化泥质粉砂岩和高强度中风化灰岩、岩溶发育区；地下水与长江水系连通

续表

序号	工程特点	具体说明
5	百年耐久	深隧结构工程设计使用年限为 100 年，耐久性要求高，深隧衬砌结构应具有整体密实性、防水性和防腐蚀性
6	工期紧	土建工期约 30 个月，其中盾构机制造到场、盾构工作井完成 10 个月，盾构隧道施工 14 个月，二衬浇筑 5 个月，顶管施工 10 个月
7	运营设备、站点众多	运营 1 座污水提升泵站、3 座污水预处理站、3 座竖井站点，同时调度 17 座泵站、13 处闸口和 8 处湖港
8	淤积风险高	入隧污水仅经过预处理，长期运行时，可能存在杂质淤积
9	单线传输，结构检测、维护困难	运营期间无停水检修条件，检测及维护需带水作业

3. 技术应用情况

城市长距离大埋深污水深隧系统建造及运维技术成功应用于大东湖核心区污水传输系统工程，该工程开启了国内水务环保领域污水远距离传输深隧建设之先河。通过规划设计、建造、运维全生命周期技术体系，保障了深隧安全高效建设与运行。随着 2020 年 8 月 31 日工程主隧正式通水，目前沙湖提升泵站、二郎庙、落步咀及武东预处理站都处于 24h 运行状态，各设备运行工况正常，日均传输污水约 55 万 t/d。各项技术应用情况如下。

1）复杂条件下百年耐久污水深隧设计

（1）低溶气高消能的新型涡流式竖井结构优化技术

通过三维数学模型和物理模型的研究，确定了超深涡流式竖井类型（图 4.4-68）及深隧段可能淤积的区域，优化了超深涡流式竖井结构形式，保障竖井进气量低于 9‰，消能率高于 98%。

（2）基于水沙运动特性分析的不淤输水工艺

深隧运行不淤流速为 0.65m/s，采用粗格栅（20mm）+ 细格栅（5mm）+ 曝气沉砂池 + 精细格栅（3mm）的预处理工艺，SS 去除率达 60%，隧道进水泥砂颗粒中值粒径为 0.1mm。采用该设计方案，可有效降低运行阶段泥沙淤积风险。

图 4.4-68　涡流式竖井

2）城市高密集区长距离污水深隧运维关键技术

城市高密集区长距离污水深隧运维关键技术应用于大东湖核心区污水传输系统工

程，显著提高了深隧运维的自动化及智能化水平。城市高密集区长距离污水深隧运维关键技术包含三部分主要内容，其在深隧运维中的功能如下。

（1）深隧智慧运营系统

基于大东湖深隧断面上监测的 3×16 处点位流速数据，分析流速分布，可知现阶段不同断面平均流速在 0.693～0.75m/s 的范围内波动，从上游至下游的平均流速均满足大东湖深隧设计中 0.65m/s 的最低流速要求。基于监测获得深隧流量与流速数据，可实现对深隧转输水量的实时掌控，同时可为深隧水力模型提供校准条件，并作为深隧淤积风险评估模型的输入参数，为大东湖深隧运行状态监控与运维工作提供了可靠保障。

运用智慧深隧系统已累计调度污水超 3.0 亿 t，完成线上智能巡检 300 余次，对涉及生产过程 2000 余条数据指标以及沿线各站点 500 余台设备运行状况进行 24h 不间断监控，为深隧系统全周期无间断地安全稳定运行提供保障。同时，系统正在不断积累运营核心数据，并进行自我学习，形成一套最优的管理、调度方案，后续将实现无人值守运营，如图 4.4-69 所示。

图 4.4-69　深隧智慧运营系统

如图 4.4-70 所示，开展深隧淤积风险预测预警以来，各监测断面均未发现淤积情况，通过风险评估分析确定隧道各断面处于低风险状态。应用该系统，可对淤积风险进行实时预测预警，保障深隧安全运行，并可为隧道清淤提供科学指导，制定经济、合理的清淤方案，有效降低 10% 的隧道清淤成本。

（2）深隧健康监测系统

隧道结构健康监测系统运行 1 年多来，设备运行正常，各项监测数据基本稳定，

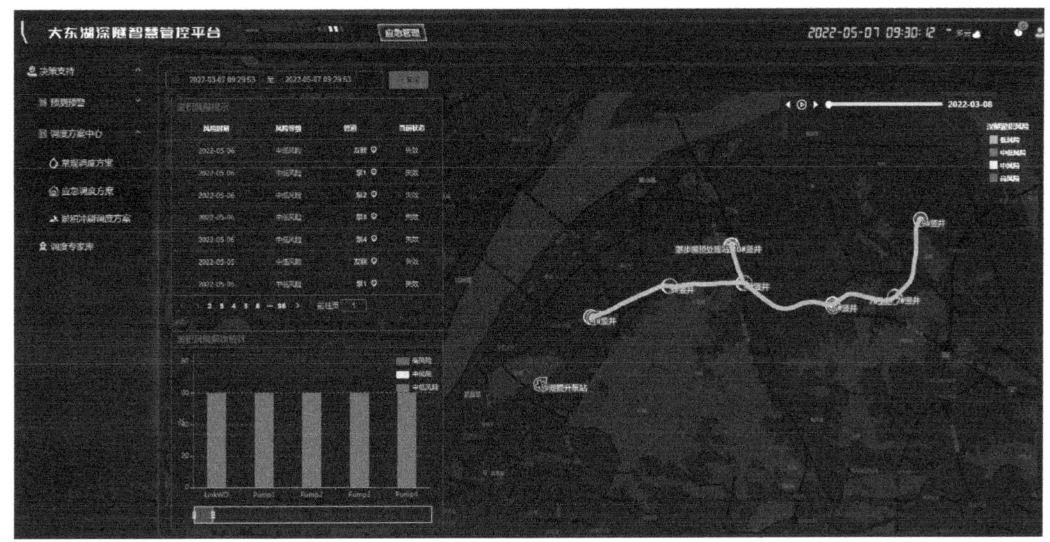

图 4.4-70　深隧淤积风险预测预警

各断面混凝土应变、钢筋内力均较小，衬砌内未有渗漏现象，结构未发生腐蚀。通过各监测指标的综合评价分析可得出隧道处于 I 级安全状态，结构健康，结构整体状况将在长时间内保持安全稳定状态，如图 4.4-71 所示。

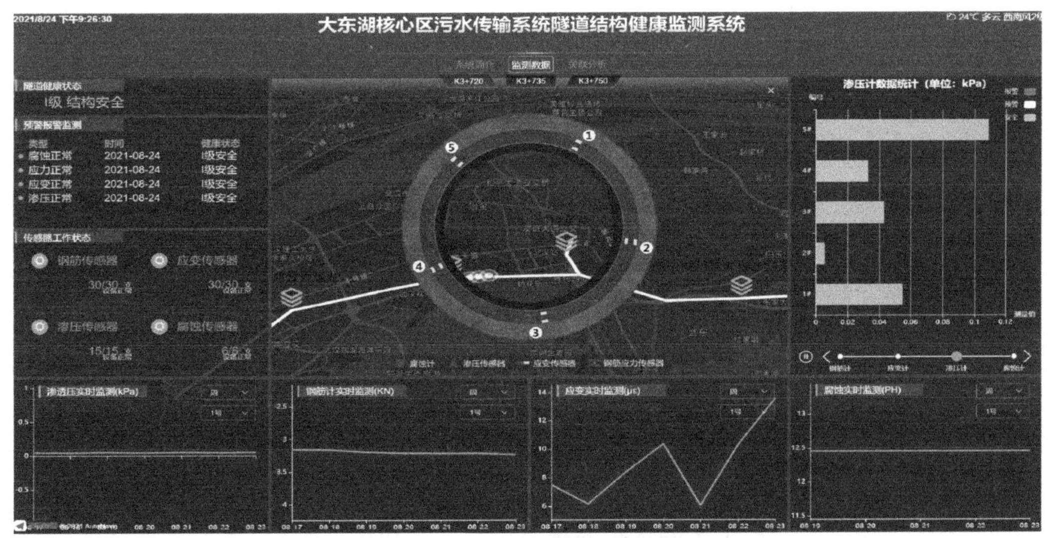

图 4.4-71　深隧健康监测数据界面

（3）水下机器人系统

深隧检测机器人已完成水下功能性测试。机器人运行状态稳定良好，已在地面远程操控下顺利完成各项功能测试，后续将在大东湖深隧检测及清淤工作中为项目管理人员提供高效的技术保障，如图 4.4-72 所示。

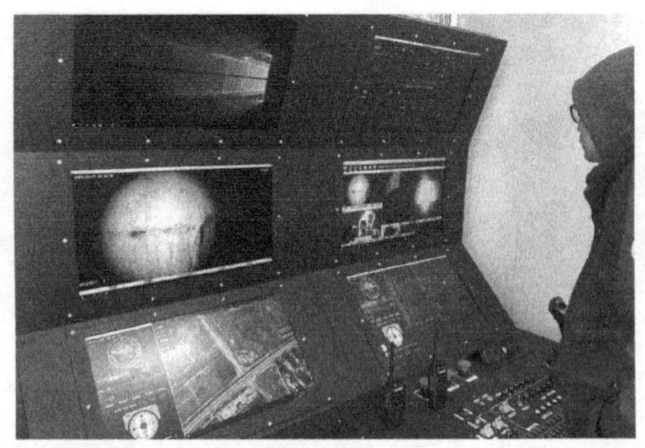

图 4.4-72 深隧机器人项目现场调试与应用

4.5 高密建成区污染控制及处理设施建造关键技术

4.5.1 基于 BIM 的全地下污水处理厂建造技术

1. 技术背景与意义

随着城镇化进程的推进，一方面人口高度集中至大、中城市，以致城市的土地资源日益紧张，另一方面人们对环境的要求越来越高，城镇内水系、河流、湖泊的治理也愈发严格。在此背景下污水处理厂的选址作为城市污水系统完善的关键一直饱受诟病。为应对稀缺的城市土地资源和满足高质量的环境需求，污水处理厂的建设寻求向下发展，以最大程度化解邻避效应。

地下污水处理厂具有结构紧凑占用空间小、二次污染少、地面用途可多元化等优点，且运行稳定受外部影响小，美观性更佳，作为纵深向下的发展方式可解决土地资源利用的困境。以黄机二期项目铁路桥子项为例，其位于金桥大道与京广铁路交汇处西北方，邻近有较为密集的住宅区和大型商圈，结合黄孝河箱涵末端即黄孝河明渠起端的用地空间等因素，就地建立净化水厂控制旱季污水溢流污染。黄孝河明渠合流污水自流进入地下污水处理厂，经处理后再度作为黄孝河生态补水水源。

然而，地下式污水处理厂并非将地面污水处理厂简单地转移至地下，受限于用地空间及投资成本，其合理工艺的选择要统筹用地面积和投资成本，建设过程中工作面较地上式空间更小，管线更复杂。受限于该污水处理厂的用地空间，其合理工艺的选择需统筹用地和投资，建设过程中工作面较地上式空间更小，管线更复杂。一般埋深要到地面以下 10m 以上，基坑作业措施要求高，大型工艺管线安装需要和土建施工交叉作业，施工管理复杂，且地下污水处理厂平面布置形式需考虑集约用地，其吊装方式及材料堆放要求更高。主要特点如下：①深基坑开挖，设备多，吊装难度较大。

②项目对管线综合优化要求高。③预留孔洞、预埋件数量多、定位精度高。④地下式构筑物空间紧凑，对各专业协同配合要求高。⑤投资高，运维成本大。

BIM技术作为工程行业的革命性技术，可对工程项目的设计—建设—管理全生命周期进行数字化描述，克服了传统二维设计的缺陷，以其直观、精准的三维信息化设计提高了设计质量和效率。对于地下污水处理厂，BIM技术因其参数化、可视化及数据交互性的特点，更是在前期设计结构复核、管道布置（碰撞校核），以及场区布置、施工组织、进度、设备、质量、安全、竣工验收等方面得到了广泛应用。

2. 技术内容

（1）设计校核

BIM技术的一大应用优势在于设计校核，在碰撞检查方面能够通过软件明确展示出各专业内部以及各专业之间的矛盾、碰撞等，包括结构与结构、结构与机电设备、机电设备与机电设备之间、结构（设备）与各种管线的碰撞等。针对综合管线复杂的子项工程，采用BIM技术进行软件内部核查，根据施工图翻模搭建的BIM模型，能够快速呈现碰撞节点，杜绝施工过程才发现问题，处理起来既耽误工期又浪费投资的现象。

在铁路桥地下净水厂建设过程中，因BIM技术的应用，避免了很多的相关的问题，主要包括以下几类：各专业图纸内容不一致，如结构图与工艺图表达出现冲突；孔洞未预留，如箱体顶板及楼板未预留排风和电气自控专业孔洞；专业间标高表达存在冲突，如结构专业内部图纸标高不一致，内部校审不细致；设备安装未考虑周全，如车库梁高度有误等需调整及变更设计的问题。同时，通过BIM软件的设计校核，实现了管线错漏碰缺的全面排查，节省设计人员大量时间，提升设计效率和图纸质量。

（2）辅助深化设计

一般而言，受限于工期因素设计单位提供的施工图对于局部管线排布并未最终完成，设计单位提供施工蓝图给施工单位后需由施工单位在安装过程中自行深化设计，施工单位利用BIM技术，结合设计单位建立的模型进行深化，可以达到事半功倍的效果。例如消防泵房管线综合排布、MBR设备间空气管线盲板、MBR膜设备间工字钢设计深化等。

（3）三维交底

BIM技术在污水处理工程中具有三大优势：深化设计应用、各专业协同合作、可视化虚拟功能。BIM技术创建的模型包含相关完整信息的数据库，包括所有构件的尺寸、数量、位置等信息，且能够展示建成后的真实效果，透过模型能够看到二维图纸无法表达的视觉角度和效果；由于污水处理工程涉及多个专业，基础工程由多个部门协作完成，在BIM技术中也是不同专业各自进行设计，各专业设计最终模型可通过相关软件整合成一个整体，实现协同设计，从根本上改变过去通过文字图纸表达设计意图的工作方式。

通过 BIM 技术，可以实现对参建人员的三维交底，使各参建人员在项目建设之前对项目整体有个明晰的概念，提前知晓各关键节点、难点、重点。

3. BIM 技术在铁路桥地下净水厂的应用

在铁路桥地下净水厂建设过程中，项目团队创建基于 BIM 云平台的协作平台，将工程项目中各单位相关部门组织集合到项目空间中，各参与方创建并共享项目生命周期中的所有信息，执行规范化的 BIM 管理流程，从项目建造过程中的常规应用到专项应用（图 4.5-1）。

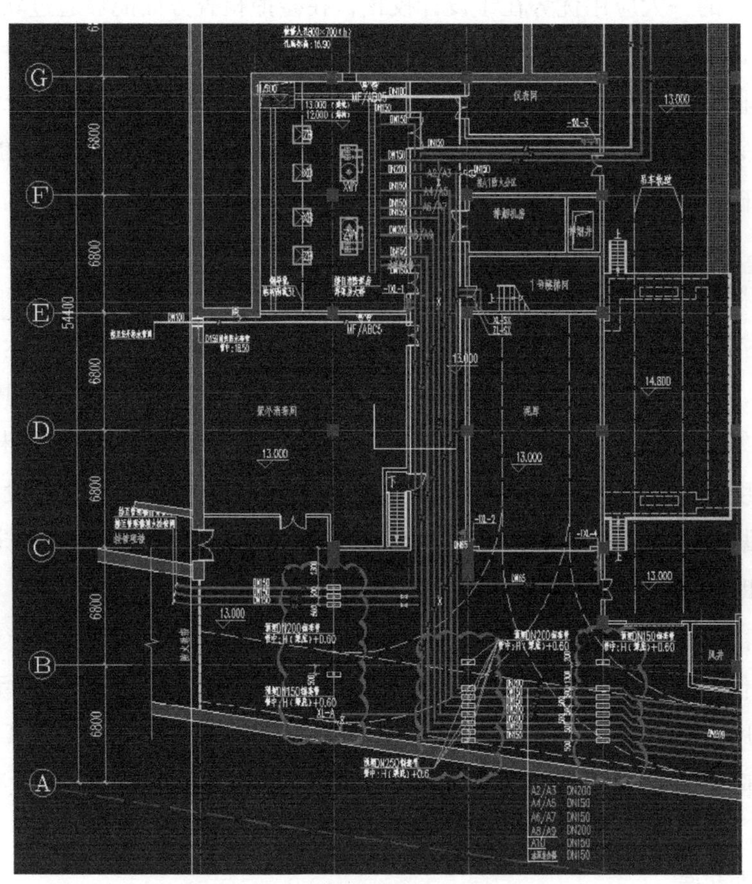

图 4.5-1　消防泵房走道管线施工图

（1）消防泵房管线综合排布 - 辅助深化设计

在铁路桥地下净水厂施工过程中，根据施工单位的需求，采用 BIM 技术对现有施工图纸的局部管线进行二次深化设计，对于管线复杂的消防泵房走道进行管线综合排布优化，最终形成 1.925m 净高的走道空间（图 4.5-2）。

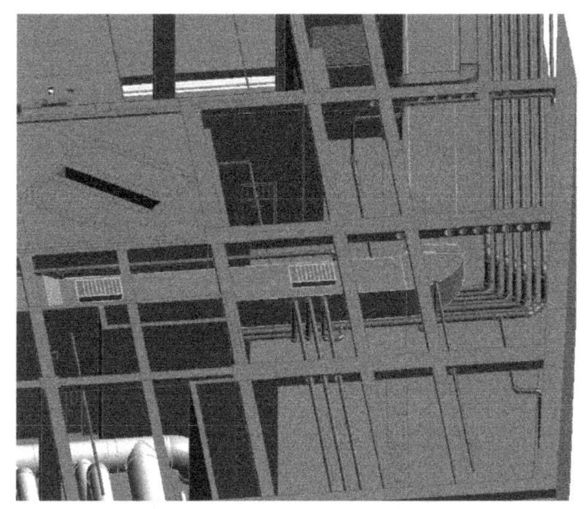

图 4.5-2　消防泵房走道管线排布仰视图及管路折弯区域

（2）MBR 膜设备间空气管线盲板 - 辅助深化设计

根据设计单位提供的施工图纸，在 MBR 膜设备间供气主干管的末端临近消防楼梯，由施工图纸可知盲板直接设置，而采用 BIM 建模后根据盲板厚度发现该处空间无法设置法兰盲板，需对现场进行校核，拟采用弯头形式作出设计调整，为施工方提供施工参考（图 4.5-3）。

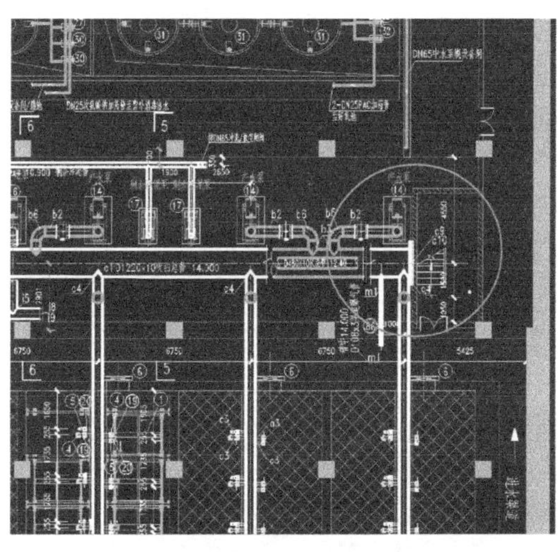

图 4.5-3　MBR 膜设备间施工图及供气主管末端法兰盲板调整示意图

（3）MBR 膜设备间工字钢设计深化 - 辅助深化设计

由于屋面梁工字钢导轨埋件相对复杂，根据二维图纸的表达形式不易让施工人员理解，采用 BIM 技术形成的三维视角有利于辅助深化设计和理解（图 4.5-4）。如在项目中涉及较多的工字钢轨道，包括 MBR 膜设备间、预处理区、脱水间等区域均有该项设置，以利于设备吊装，维修等。

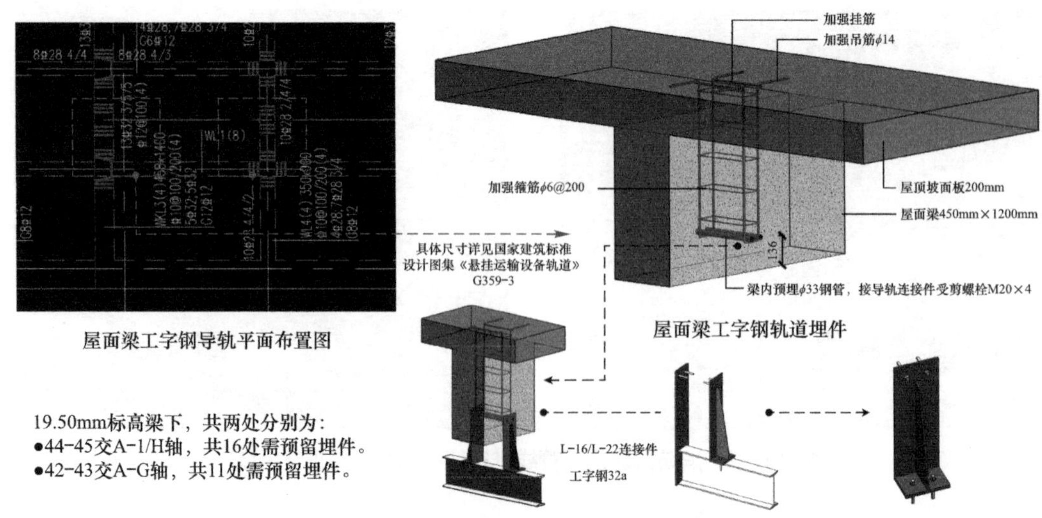

图 4.5-4　屋面梁工字钢导轨三维示意图

（4）各功能区域展示 - 三维交底（图 4.5-5～图 4.5-9）

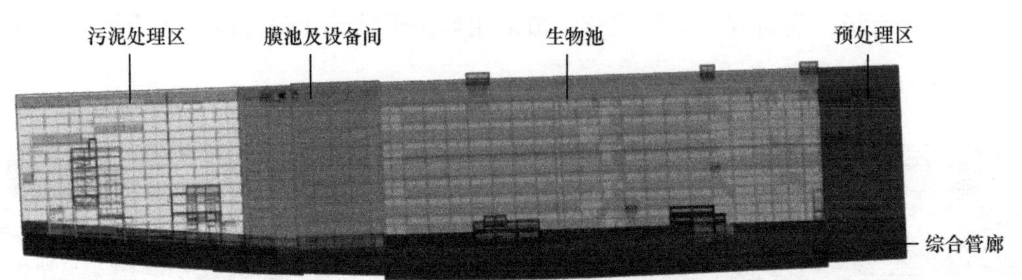

图 4.5-5　地下污水处理厂箱体全貌图

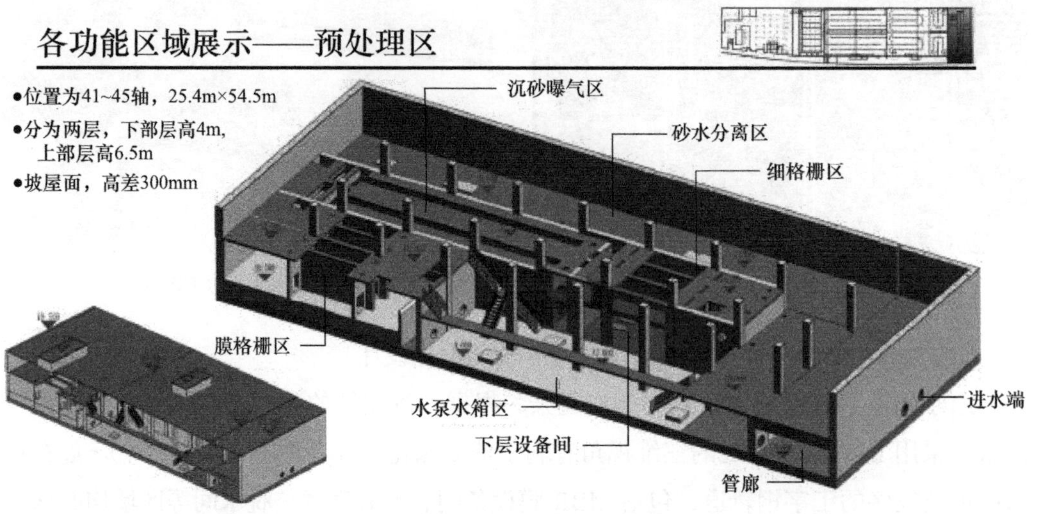

图 4.5-6　预处理区结构模型

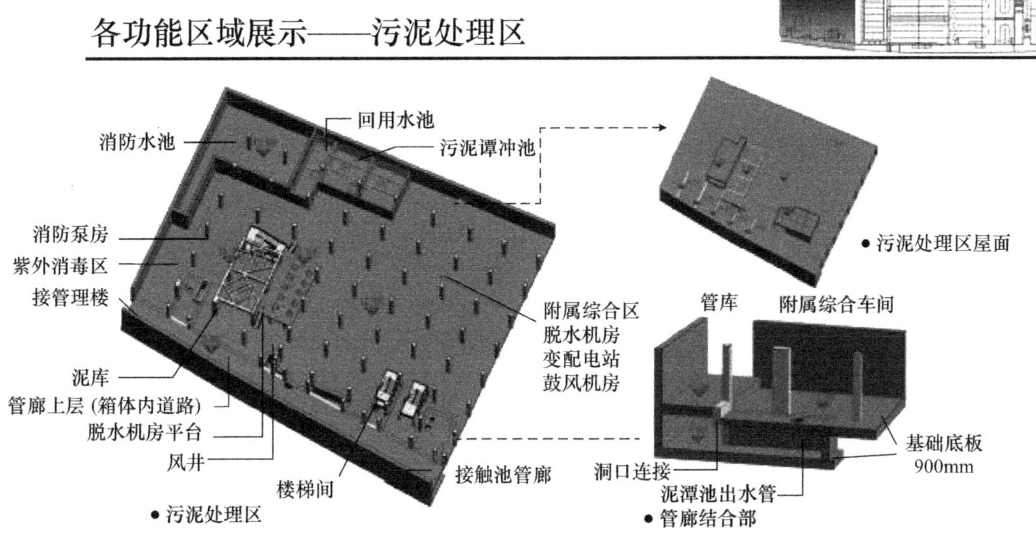

图4.5-7 综合附属车间模型

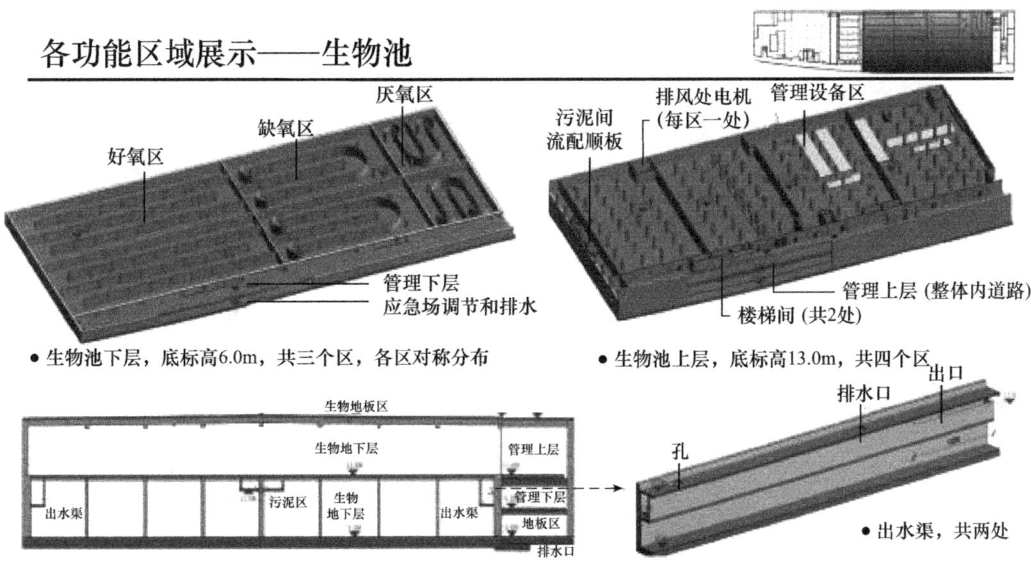

图4.5-8 AAO生物池模型

（5）各功能区域土建施工预留孔洞预埋件交底 - 三维交底（图 4.5-10～图 4.5-12）

（6）漫游校核 - 三维交底

BIM 技术在漫游校核方面，通过 BIM 辅助软件 Fuzor 进行巡检人员漫游模拟，以实现局部细节空间优化。

① 行人管廊漫游校核（图 4.5-13～图 4.5-18）

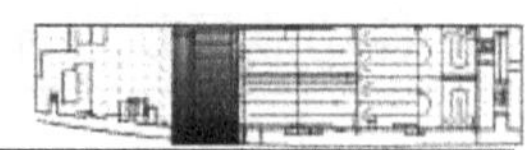

各功能区域展示——膜池及设备间

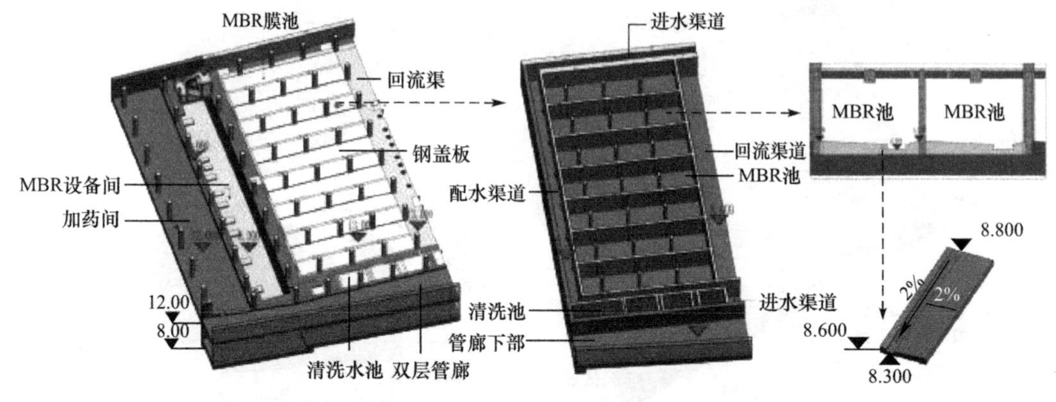

● 膜池及设备间上部 ● 膜池下部 ● 膜池底部

图 4.5-9 MBR 膜池模型

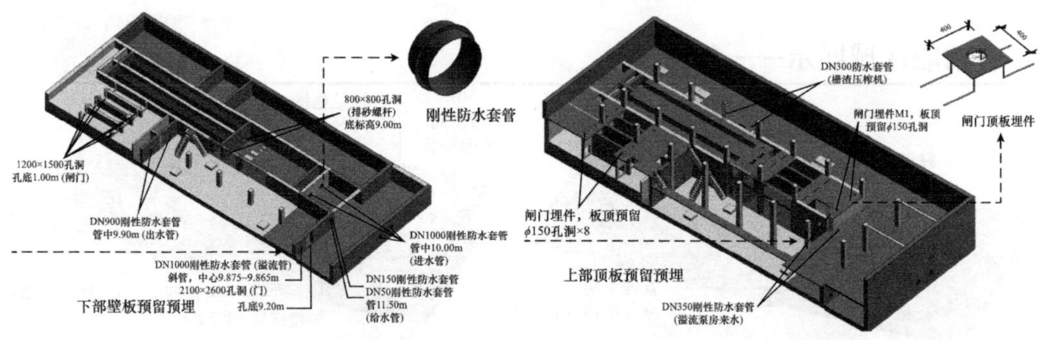

图 4.5-10 预处理区上、下部壁板预留预埋件三维交底示意图

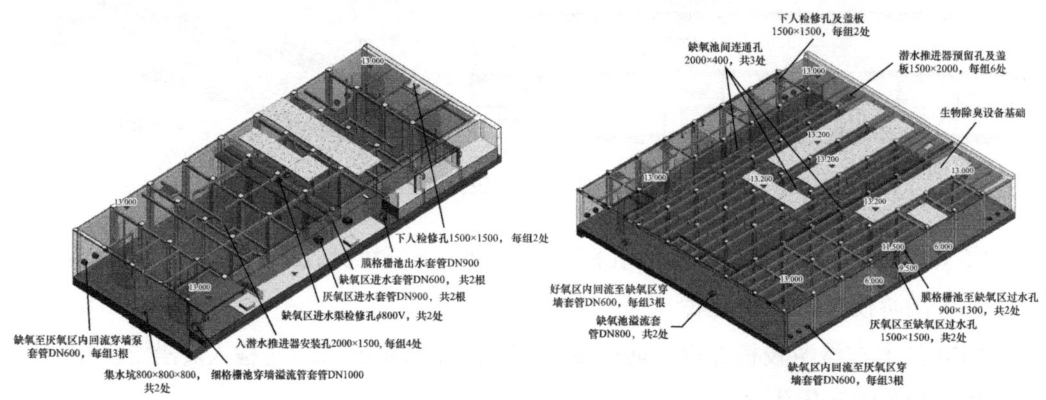

图 4.5-11 生物池厌氧区、缺氧区三维交底示意图

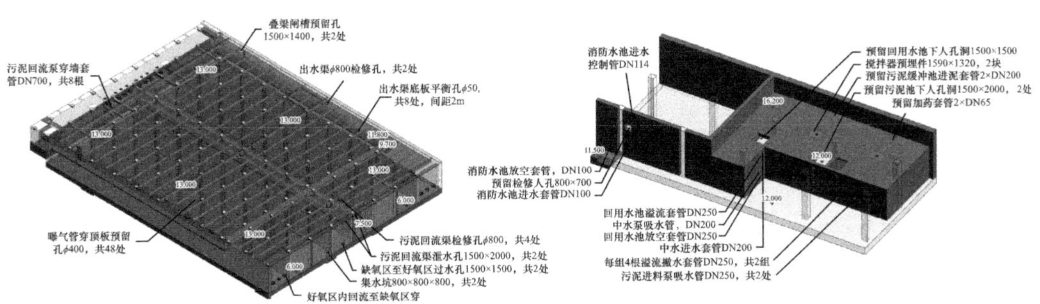

图 4.5-12　生物池好氧区及附属综合车间污泥储池三维交底示意图

图 4.5-13　脱水间车道 9 轴

图 4.5-14　十号楼梯间 36 轴

图 4.5-15　-2F 膜设备间出水管

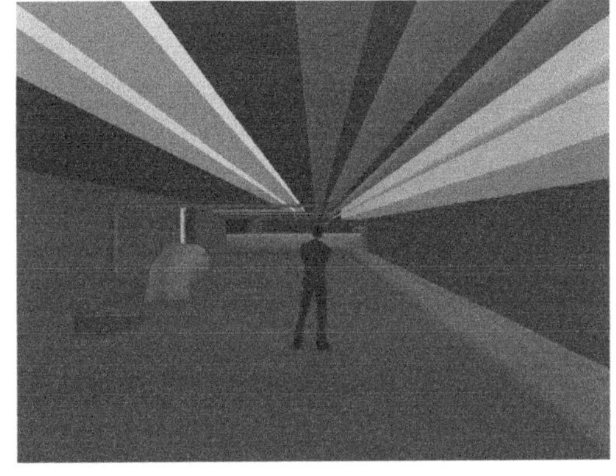

图 4.5-16　-2F 进水管及细格栅溢流管

② 运泥车污泥运输校核

通过 BIM 辅助软件 Fuzor 进行污泥运输车行进路线模拟，辅助运输车辆外形尺寸确定。在污泥运输过程中，除了考虑车道宽度，更多需要注重车道净高，尤其是顶部消防管到卡箍等影响污泥运输车行进的节点（图 4.5-19～图 4.5-24）。

图 4.5-17 -2F 管廊消毒间楼梯口

图 4.5-18 -2F 风机房供气管

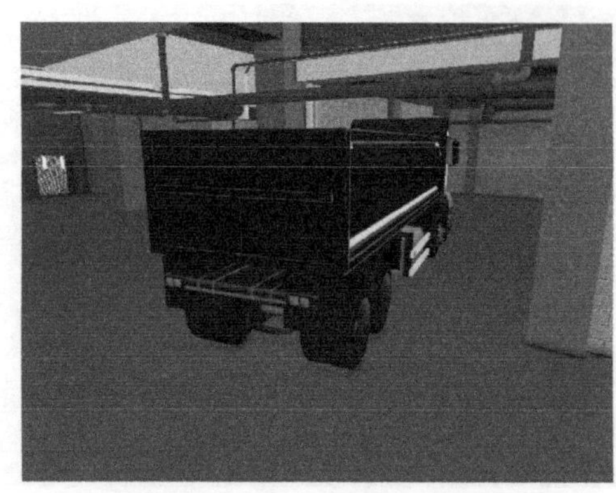
图 4.5-19 泥库间车道

图 4.5-20 脱水间出口车道

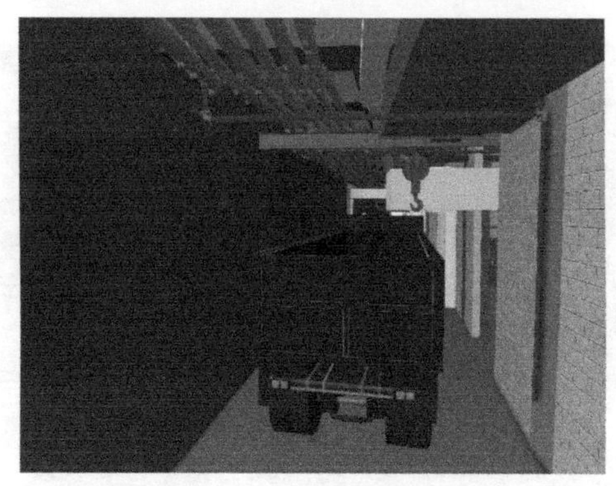
图 4.5-21 MBR 膜设备间出口车道

图 4.5-22 空气管穿楼板处车道

（7）三维场布及施工组织管理

① 三维场布

三维场布的平面按临建区、基坑施工区、生活区和办公区划分，塔式起重机按照“经济高效、安全快捷”原则进行选型和布置。三维信息化进行场布难点分析，避免了后期施工出现车辆运输、基坑围护以及荷载超支等问题。做到材料有序堆放，施工车辆有序进出，美化场容场貌，做到安全文明施工（图 4.5-25～图 4.5-27）。

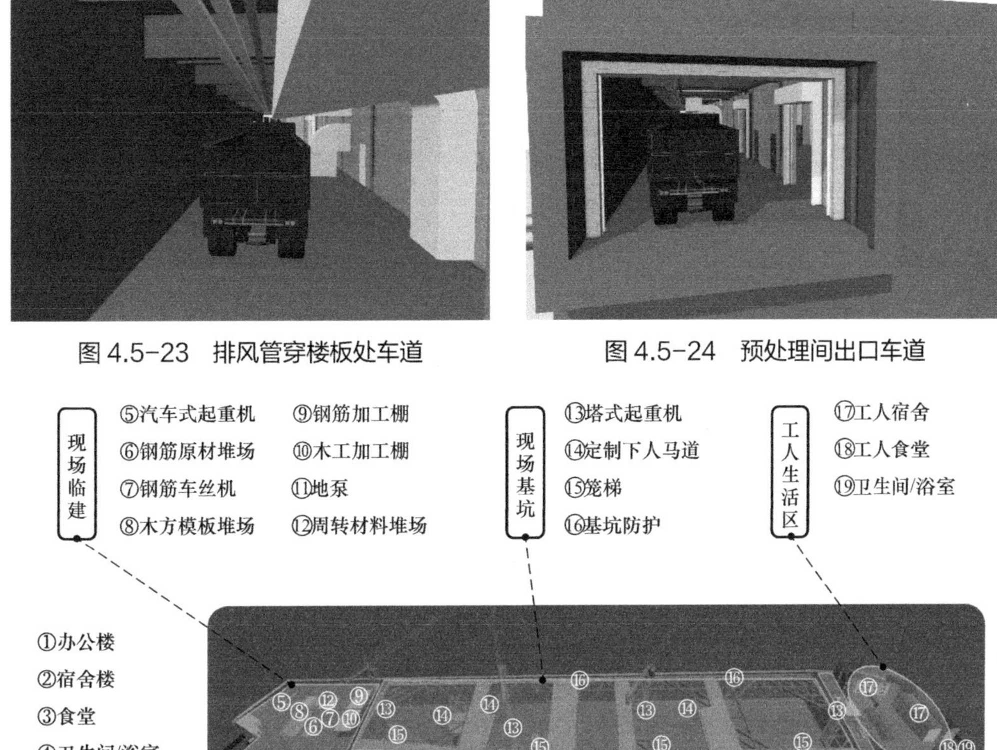

图 4.5-23　排风管穿楼板处车道

图 4.5-24　预处理间出口车道

图 4.5-25　三维场布区域分布图

图 4.5-26　三维场布模拟图

在满足相关要求的前提下，按照“经济高效、安全快捷”的原则进行塔式起重机布置及选型。尽量覆盖净化水厂地下室结构和地上附属物施工区域及材料堆场和加工场地，减少二次搬运。同时考虑塔式起重机基础避开桩基，塔式起重机标准节塔身避开结构柱、结构梁。在多台塔式起重机同时施工方面，考虑塔身高度交错问题，塔式

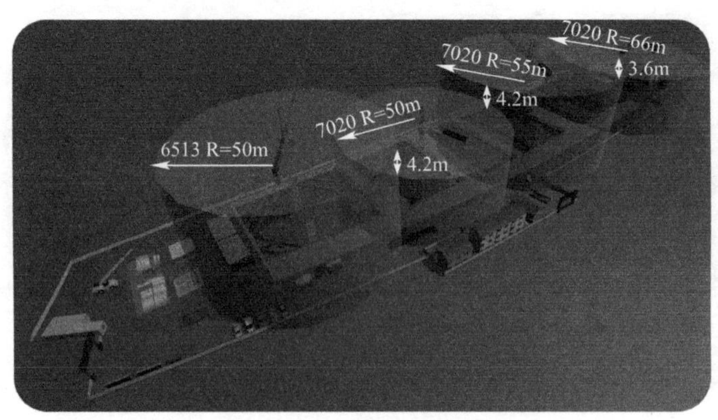

图 4.5-27　塔式起重机选型分析图

起重机起吊范围内可全幅运转，提高使用效率。

通过用地分析、塔式起重机选型及材料堆场布置分析进行优化，直观地表现出空间效果，节约用地，提高了场地利用率。

② 进度模拟

参照施工进度计划为模拟对象，结合施工组织设计，通过 BIMFILM 模拟施工进度与施工工序穿插过程，提前展现施工阶段，优化施工工序。

采用三维模拟能够直观体现施工界面，对于总包、专业分包和劳务分包的工作界面较为清晰表达，结合施工组织设计在材料进场布置、劳动力和机械安排方面可以结合进度条统筹安排，并能在不同的进度时期内进行工法配合（图 4.5-28～图 4.5-31）。

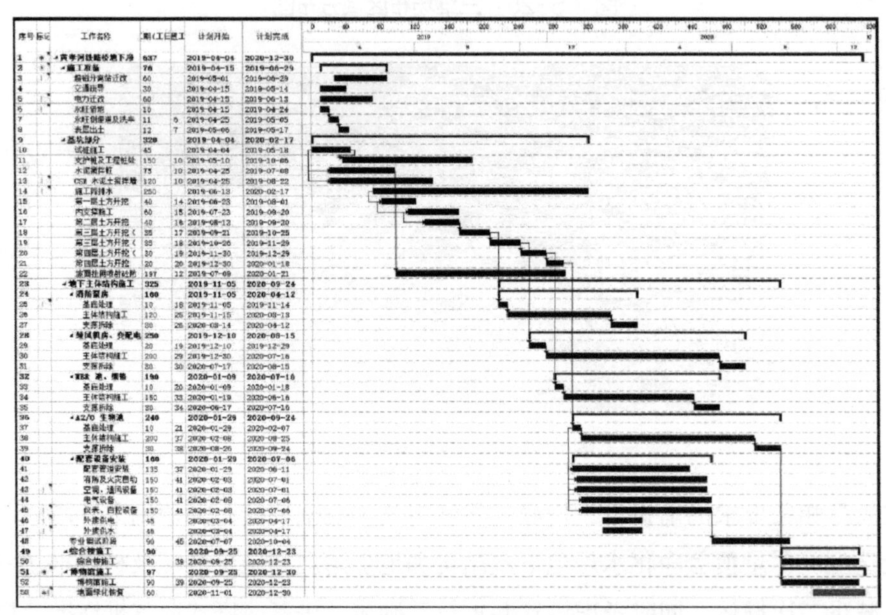

图 4.5-28　铁路桥地下水质净化厂进度计划

图 4.5-29　4D 进度模拟节点一

图 4.5-30　4D 进度模拟节点二

③ 安全与质量管理

施工过程中，现场巡检人员发现问题时可按照规定流程使用手机 APP 拍照上传，发起整改任务并发送给相关责任人，监理方对整改结果在线验收，业主可随时监督、检查整改过程及结果。管理平台便于业主、施工、监理、咨询各方线上协同作业，确保质量和安全问题处理及时、过程资料保存完整。

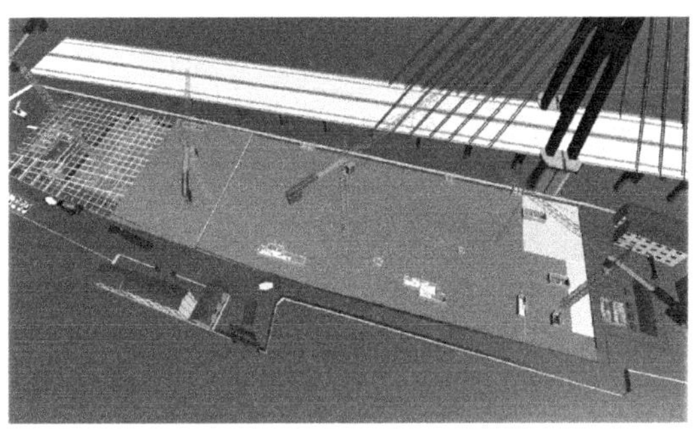

图 4.5-31　4D 进度模拟节点三

同时，结合施工现场的监控系统，查看现场施工照片和监控视频，及时掌握项目实际施工动态，对施工现场进行实时监管。当发现施工现场可能存在的施工安全隐患时，能够及时发布安全公告信息，对现场施工行为进行有效监督与管理（图 4.5-32、图 4.5-33）。

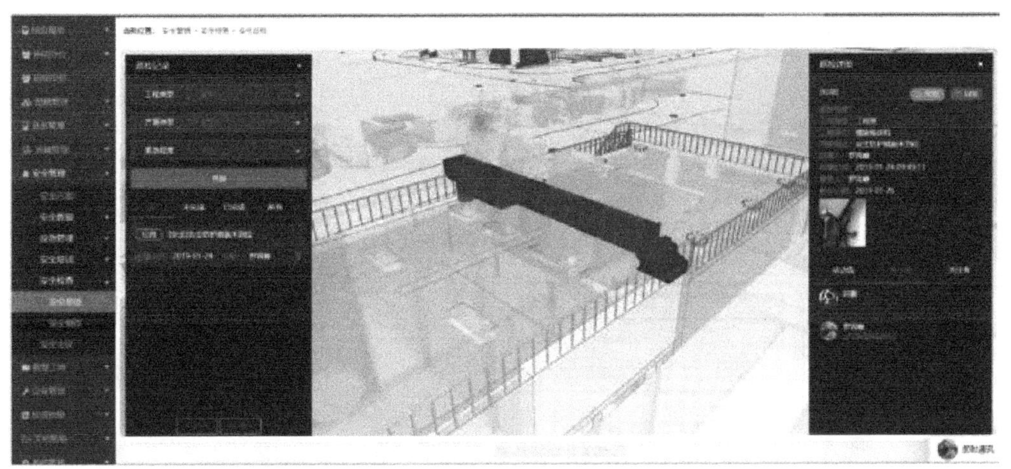

图 4.5-32　基于 BIM 技术的安全巡查示意图

图 4.5-33　基于 BIM 的移动安全质量管理示意图

④ 物资材料计划管理

基于施工 BIM 模型，可动态分配各种施工资源和设备，并输出相应的材料、设备需求信息，并与材料、设备实际消耗信息进行比对，实现施工过程中材料、设备的有效控制（图 4.5-34、图 4.5-35）。

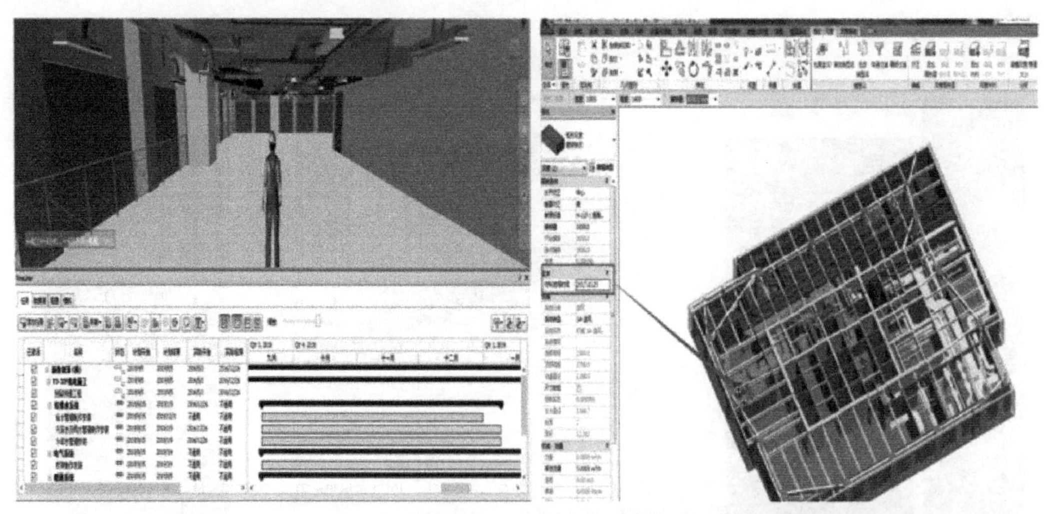

图 4.5-34　依据进度计划对 BIM 模型构件添加进场时间参数示意图

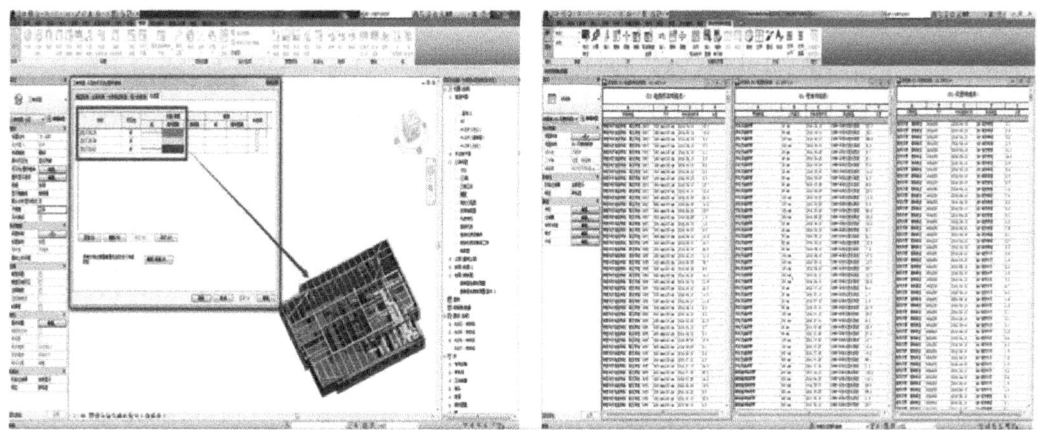

图 4.5-35　依据 BIM 模型进场分类信息编制材料计划示意图

⑤ 竣工管理：基于施工 BIM 模型，将竣工验收信息添加到模型，并按照竣工要求进行修正，进而形成竣工 BIM 模型，作为竣工资料的重要参考依据。

通过 BIM 技术进行模块化设计，通过水质净化厂各单体设计尺寸确定模块化组件，形成相对独立模型，进行模型组装，确定合理布局形式，也为同类项目的用地面积提供参考；通过 BIM 技术进行三维场布，三维场布平面按临建区、基坑施工区、生活区和办公区划分，塔式起重机按照“经济高效、安全快捷”原则进行选型和布置，面积尽量覆盖净化水厂地下室结构和地上附属物施工区域及材料堆场和加工场地，通过用地范围、塔式起重机类型及平面布置分析优化，模拟场布难点分析，直观地表现出空间建造效果，以使场地高效利用、文明施工；通过 BIM 技术设计 4D 进度模拟系统，参照施工进度计划为模拟对象，结合施工组织设计，通过 BIM FILM 模拟施工进度与施工工序穿插过程，提前展现施工阶段，优化施工工序；通过 BIM 技术进行三维交底，辅助一次结构预留预埋，协助施工管理人员充分理解各功能区域划分、各楼层净高，标高变化及预留预埋信息，纠正设计冲突问题。辅助各类管道（水管、风管、气管）、设备及电气桥架施工，协助施工管理人员理解各功能区域管线转折及标高变化。地下净化水厂子项工程基坑长 288m，宽 74m，面积 21000m^2，基坑开挖深度 9.5～15.85m，基坑开挖深度内分布深厚软土，周边环境复杂，整体结构轮廓不规则，项目团队考虑基坑安全、施工工期、经济性比选，通过 BIM 优化支护、内撑、加固、止水等多项措施，形成基坑支护施工方案，该方案安全风险低，实现成本节约 67 万元，工期节约 17d；采用全预制混凝土结构，连接节点采用干式螺栓连接方式，8d 完成污水处理厂装配式水池主体结构的吊装，7d 完成装配式水池的防渗处理，30d 内完成满水试验，对比传统现浇方式节省工程成本约 13.3 万元，工期节约 50%。

通过 BIM 技术的创新应用，保证了工程项目建设的总体目标，取得了一定的经济效益和社会效益，自 2019 年 6 月中旬，黄孝河、机场河流域治理工程项目群开展 BIM 应用至今，基于 BIM 系统平台，累计实现工程成本节约 488.3 万元，缩短工期约 54 天。下一步，将基于该项目点状工程 + 线性工程的特点，集合项目子项 BIM 信息交互平台，探索多参与方、多类型项目、多维度工艺需求的综合施工管理 BIM 平台。

4.5.2 装配式污水处理厂设计建造技术

1. 构件拆分设计

1）反应池荷载效应有限元分析

水池在水压力作用下，会出现一定的面外变形。拆分设计水池标准模块时，可通过有限元数值分析结果设计连接部位，分析最大应力位置与最大变形位置。

该水池以某污水处理厂日处理 1200t 为例，生化池最大区格长度 12.3m，高度 4.5m，水池的长度与高度之比为 2.7（接近 3），按水池计算理论，该计算模型按悬臂模型计算，从图 4.5-36 的位移云图与应力云图可以看出，变形形态和应力分布与计算模型的假定吻合。在同一截面位置，应力（1.5MPa）最大点位于脚部，位移最大点（5mm）位于顶部，同时在长度方向，在水池长度中部是位移最大，在水池转角和交接部位存在应力集中现象。

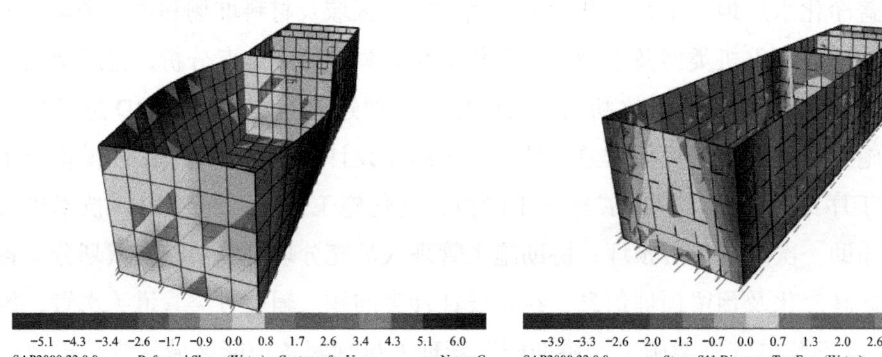

图 4.5-36 水池位移及应力图

通过 SAP2000 对水池结构进行分析，模拟结果与理论分析中的位移和应力分布情况吻合。水池在不同高度处，沿池壁水平方向 1/2 处和竖直方向根部处是应力最大的位置，同时角部有应力集中现象，应力接近 C30 混凝土抗拉强度设计值 1.5MPa，因此在装配式钢筋混凝土水池标准模块设计和拆分设计时，应尽量避开应力最大的位置，进行水池拼缝防渗处理设计时，应考虑水池模块间变形。

在污水处理厂的建设过程中，现浇钢筋混凝土水池因成本较低，施工技术已经规范、成熟而被大量使用。但由于现浇工艺施工工期长，难以控制施工工艺，人材机的消耗量都偏大，使得施工现场管理困难。将装配式建造技术引入污水处理厂建造过程，可提高项目现场的施工效率，减少现场劳动力的投入，由于构件是在工厂进行流水线标准化、模块化生产，可保证构件的质量。

2）水池拆分方案

矩形水池多为弹性薄板组成的空间结构，具有占地面积少，便于水池设备的工艺布置和操作，可以灵活地划分区间，设置隔墙和分层分格，构件分类易于模数化，施工技术较为简单等特点。考虑模数生产化拼装形式，结合现场的实际情况，以某新建处理规模为 1200t/d 生活污水处理厂的 A2/O 水池和平流沉淀池作为研究对象。

下面进行拆分方案比选（表 4.5−1）。

各方案对比情况　表 4.5−1

	防水性能	生产运输	施工	典型构件质量	构件数量	研究周期
方案一	好	不方便、模具成本高、运输困难	不方便	26.8t	74	短
方案二	较好	不方便、模具成本高、运输较方便	较方便	14.4t	46	短
方案三	差	方便、模具成本低、运输方便	方便	1.8t	216	长

方案一：U 形构件

水池高度为 4.5m，在 3m 高度处作水平拆分，拆分成 U 形 +2 个侧向墙板。竖向每隔 2.5m 长度进行竖向拆分。最后拆分成 2.5m（宽）×5.8m（长）×3m（高）的 U 形构件和 2 块 2.5m（长）×0.3m（厚）×3.0m（高）一字形墙板。池中间 4.5m 高隔墙为 2 块板拼接而成。U 形构件之间竖墙侧壁采用直螺杆对拉连接，底板侧壁采用 U 形螺杆连接。一字形墙板和 U 形构件采用直螺杆连接。

方案二：L 形构件

水池无盖，竖向水池长度方向每隔 2.5m 长度进行竖向拆分，沿水池宽度方向进行拆分，最后拆分成两个 2.5m（长）×5.8m（长）×2.9m（宽）的 L 形构件。L 形构件之间竖墙侧壁采用直螺杆对拉连，底板侧壁采用 U 形螺杆连接。池中间 4.5m 高隔墙为 2 块板拼接而成。

方案三：一字形构件

水池无盖，底板采用现浇，外墙和隔墙采用预制。外墙拆分成 0.6m×4m×0.3m 厚的条板，条板叠砌，柱子采用预制工字形柱。

根据以上方案对比，方案一单个构件质量大，难以保证生产精度，运输困难；方案三技术不成熟，研发周期长，水池拼接缝多，防渗处理工作难度高，对构件生产及现场安装工作均有极高的操作要求；方案二水池拼接缝相对较少，构件利于运输，关键在于构件生产的精度能可靠控制。综合以上因素，最终把方案二作为水池构件的拆分方案。

2. 水池防渗设计

全预制装配式污水处理池构件拼接缝处承受水池注水后的水压力，这就需要构件拼缝处的防水材料具有相当高的强度；水池注水后，按照前面有限元分析的结果，水池最大变形为5mm，此外，还需考虑水池结构受温度变化的影响，水池防渗处理材料还需具有一定的形变能力。因此，实际中对装配式水池采用刚性+柔性防水相结合的方式。

1）刚性防水

刚性防水结构是借鉴建筑防水的做法，在构件拼接缝处采用灌浆的方式，为使得灌浆料与构件结合面结合得更加紧密，选用微膨胀的灌浆料。考虑到构件拼接缝较长，为保证灌浆效果，设计采用高压灌浆的方式，注浆压力不得低于0.3MPa。

2）柔性防水

柔性防水层是应对水池受水压变形和温度变化的主要防水结构，为保证构件拼缝处的防渗效果，在拼缝处采用2种以上的防水方式；此外，为防止污水进入构件拼缝内部而对拉螺杆造成腐蚀，需增加一道安全措施，最终确定采用防水卷材+双组分聚硫密封膏+遇水膨胀胶条的组合方式。对材料的性能和施工环境、方法等进行研究，保证构件拼缝处的防渗处理效果。

3. 水池深化设计（图4.5-37）

在进行构件的深化设计时，需根据污水处理的工艺特点，以及便于后续附属设施的安装为原则，进行预制构件的预埋件以及开孔设计。

A2/O生化池存在内回流、污泥回流、内部不同单元格之间的水流通、推流泵以及曝气管道等附属设施的安装，在进行构件的深化设计时，需根据工艺特点在预制构件上设置相应的过流孔道、内回流孔洞、放空孔以及用于设备和管道等附属设施安装的预埋钢板等。平流沉淀池的构件深化设计时，需在预制构件上预留进出水孔、排渣孔、放空孔以及用于走道板和集泥沟安装的预埋钢板。

在满足工艺要求的条件下，所有构件上的预留孔洞应尽量设置在构件的竖直中心线附近，且远离构件之间的拼接缝。

4. 水池施工

PC构件进场经监理和质检检验后，就近堆放在事先准备好的场地，确保堆放场地满足承载力、稳定性、平整等要求，并保证起重机行走路线畅通（图4.5-38）。合理布置施工现场构件的起吊，拼装流程按编制的专项方案实施。

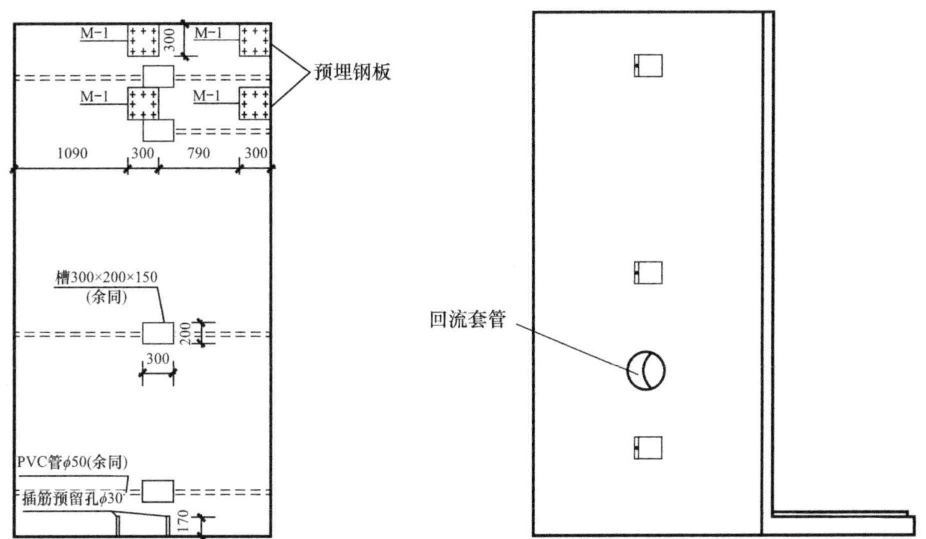

图 4.5-37　构件深化设计

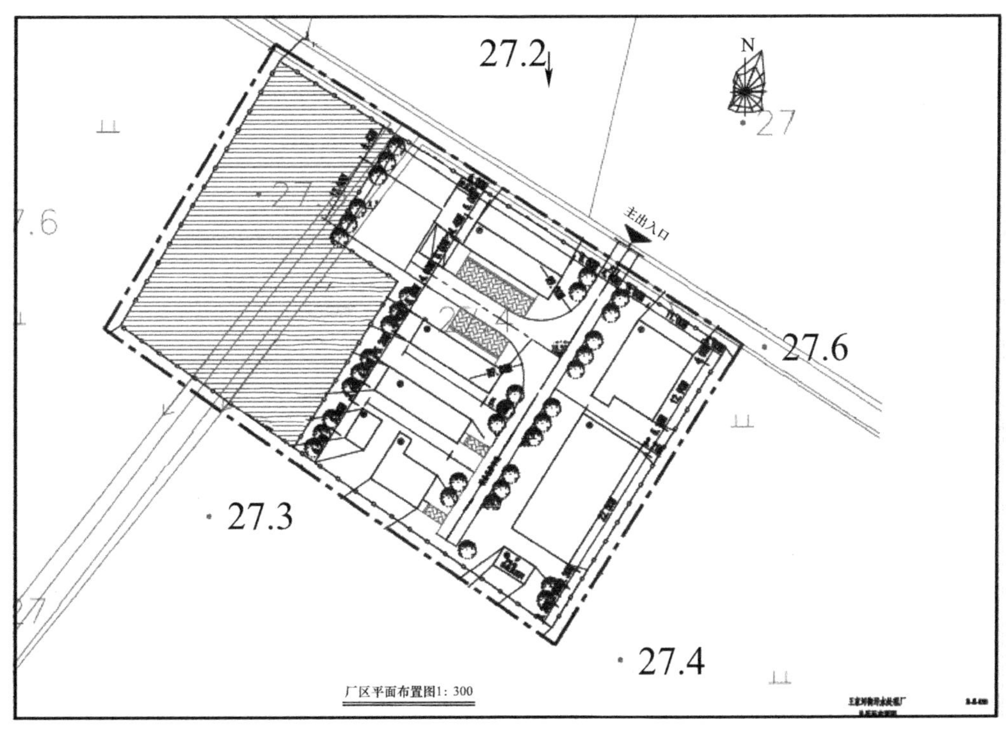

图 4.5-38　厂区平面布置图

吊装工艺流程如下：场地三通一平→构件进场→吊机进场→PC 构件组装拼装绑扎→起吊→安装就位→紧固→校正垂直度。

1）PC 构件吊装整体顺序

根据水池布局及现场道路施工情况，划分为两个施工段，A2/O 反应池为区段一，平流二沉池为区段二，两个施工段进行分期施工。

由于本项目采用先拼接后注浆工艺，为了保证预制构件不倾覆，现场安装时对构件安装顺序进行了以下调整：

在构件吊装过程中，应先吊装一侧L形构件，然后进行对侧L形构件的吊装（经过计算，在基础平整度达标的前提下，L形构件足以保证不倾覆），再进行一字形竖向构件安装拼接。

安装完成后，立即测量垂直度，并及时使用M28高强螺栓进行连接加固，以保证构件的稳定性和安全性。

2）起重机械的选用

下面进行起重机最不利工况分析（YQ3、YQ1吊装）。

本PC结构工程YQ3起吊高度18m，最重为18.5t（已计算吊钩及钢丝绳配重约1.3t）。

根据现场实际情况和起重机的作业点选择、起吊质量和起吊高度、起重机回转半径等因素。根据现场实际情况，选用吊车时的极限状态。查阅起重机的起重性能表如下：110t汽车式起重机回转半径为20m，计算臂长27m，起重量为18.5t>16.3t（吊钩1.1t+钢丝绳及吊装耳板等0.2t）。以上参数能满足起吊要求，故选用110t汽车式起重机均能安装预制构件（图4.5-39）。

3）工种人员配备

在工程开工前，组织好劳动力准备，建立拟建工程项目的领导机构，建立精干有经验的施工队组，集结施工力量、组织劳动力进场，做好向施工队组、工人进行施工技术交底，同时建立健全各项管理制度。

4）施工部署

（1）场内外准备

施工现场做好“三通一平”，即路通、水通、电通和平整场地，搭建好现场临时设施和PC结构的堆场准备；为了配合PC结构施工和PC结构单块构件最大重量的施工需求，确保每个反应池PC结构的安全吊装距离，以及按照施工进度并结合现场的场布要求，本项目采用110t汽车式起重机配合作业（安全作业半径20m安全起重18.5t），合理布置在A2/O反应池附近，确保平均吊装每1～2d完成单个反应池安装。

（2）物资准备

在施工前，同时要将涉及PC结构施工的物资准备好，以免在施工的过程中因为物资问题而影响施工进度和质量。物资准备工作的程序是搞好物资准备的重要手段。通常按如下程序进行：根据施工预算、分部（项）工程施工方法和施工进度的安排，拟定材料、统配材料、地方材料、构件及制品、施工机具和工艺设备等物资的需要量计划；根据各种物资需需量计划，组织货源，确定加工、供应地点和供应方式，签订物

7-3-1主臂起重量性能表

表7-3 XCT110汽车起重机主臂起重性能表-全伸支腿

注：起重量单位：t，仰角单位：°，高度单位：m，幅度单位：m

XCT110主臂性能 全伸支腿7.9m 配重40t													
臂长	13.4	18			22.5			27.1			31.7		
3	110.0	100.0	90.0	100.0									
3.5	105.0	95.0	85.0	96.0	62.0	91.0	91.0						
4	100.0	90.0	86.0	91.0	58.0	84.0	85.0						
4.5	96.0	85.0	84.0	86.0	55.0	78.0	80.0						
5	92.0	78.0	75.0	80.0	52.0	72.0	74.0	49.0	72.0	75.0			
6	80.0	69.0	65.0	71.0	47.0	63.0	65.0	45.0	64.0	65.0	47.0	64.0	65.0
7	67.0	65.0	60.0	66.0	43.4	59.0	60.0	42.0	59.0	60.0	44.0	55.0	60.0
8	58.0	58.0	55.0	58.0	39.0	54.0	54.0	39.0	54.0	55.0	42.0	51.0	55.0
9	50.0	52.0	51.0	50.0	36.0	52.0	50.0	36.0	49.0	50.0	39.0	45.0	50.0
10	45.0	44.0	45.0	42.0	34.0	45.0	43.0	32.0	45.0	44.0	36.0	42.0	43.0
12		36.0	37.0	35.0	30.0	35.0	34.0	28.0	37.0	35.0	31.0	37.0	35.0
14		31.0	30.0	28.7	26.0	30.3	27.8	25.0	30.0	28.4	28.0	30.0	28.0
16					24.0	24.5	22.1	22.5	24.2	22.7	25.0	24.5	23.0
18					21.7	20.3	18.0	20.0	20.0	18.5	21.0	19.5	18.5
20								18.5	16.8	15.4	18.0	17.0	16.0
22								16.3	14.3	12.9	16.0	15.0	13.5
24											14.0	13.0	11.5
26											12.5	11.5	10.0
28													
30													
32													
34													
36													
38													
40													
组合	000000	000001	000100	010000	000011	001100	110000	000111	011100	111000	001111	011110	111100
仰角	29°~73°	30°~78°			30°~80°			31°~80°			34°~80°		
吊钩	110t (1017kg)												
倍率	12	11			10			8			7		

图 4.5-39 起重机起重性能

资供应合同；根据各种物资的需要量计划和合同，拟运输计划和运输方案；按照施工总平面图的要求，组织物资按计划时间进场，在指定地点，按规定方式进行储存或堆放。

（3）安装总体部署

准备结束后，待基础预埋件检查合格后，对 PC 构件进行吊装。

吊装前首先检查编号、外观、质量、几何尺寸等，确认无误后才允许吊装，吊装时，应先试吊，再用螺栓定位固定，然后校正后用扭力扳手将螺栓拧紧至设计的扭矩值。

4.5.3 装配式生态驳岸设计建造技术

1. 装配式生态驳岸简介

近年来，随着改革开放的不断深入，国民经济的快速发展，对施工现场的绿色环保要求日趋严格，如何在保证工程质量的前提下加快施工进度，减少施工现场环境污染，还能降低施工成本等，显得尤为重要。随着城市的发展，城市水环境逐渐得到重视，水环境治理项目也越来越多，其中生态驳岸建设是水环境治理的重要组成部分。为促进生态护岸施工技术现代化、标准化、模块化，提高施工效率，缩短工期，减少环境污染，节能降耗减排，并保证驳岸不同分级的质量和性能，引导生态驳岸建设技术变革，实现护岸驳岸与景观产业化是行业发展的必然趋势。实现驳岸产业化的突出特点是工厂预制、现场组装装配式施工，而如何提高装配式构件连接的可靠性、构件拼接缝处理等成为影响产业化工厂发展的主要因素。

2. 装配式生态驳岸建造特点

1）施工速度快

装配式生态驳岸的预制构件尺寸模数化、接口标准化，实现了驳岸构件的全预制，安装方便，提高了现场的施工效率。

2）构件标准化

装配式生态驳岸结构简单，构件分为L形构件板和I形构件板，通过两种板材的组合，构建出不同层级的生态驳岸。构件之间仅预埋高强螺栓和连接孔，无其他复杂结构。

3）安装精度高

通过在现浇板上预埋高强螺栓及旋钮和连接孔，实现了构件之间的精准对位，可明显提高装配式生态驳岸的安装效率以及吊装精度。

4）施工周期短

在工厂进行流水线生产，节省模板，人工作业少，改善作业环境，避免了现场施工时原料的浪费，有利于节材节能。预制构件采用高强螺栓连接，有效减少了现场的扎钢筋、立模、浇筑等一系列工序，节省施工工期40%以上。

5）社会效益好

采用装配式生态驳岸，减少了施工周期，降低了施工期间的噪声对周围居民的影响。与传统的混凝土浇筑式水池施工相比，减少了现场的湿作业量，对周边的环境影响较小，环境效益明显。同时，减少了现场的工作强度，降低施工难度，施工质量和安全得到保障。

3. 装配式生态驳岸构件设计

1）装配式构件模块设计

装配式生态驳岸主要分为 L 形板和 I 形板两种标准构件（图 4.5-40～图 4.5-45）。

L 形混凝土构件，其尺寸如下：长宽高分别为 3000mm × 1650mm × 1500mm；预制构件厚度为 150mm。

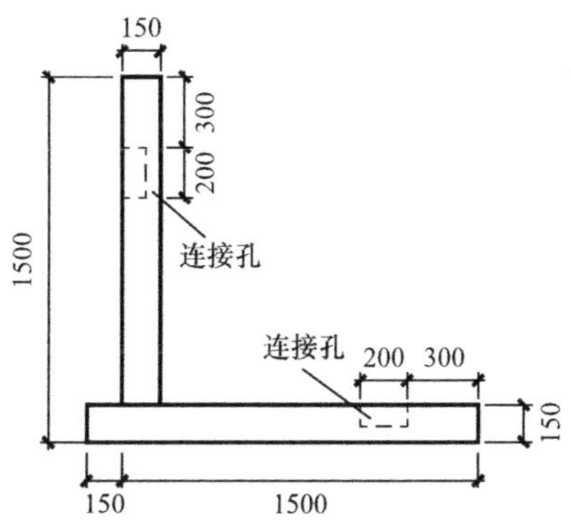

图 4.5-40 装配式 L 形构件左视图

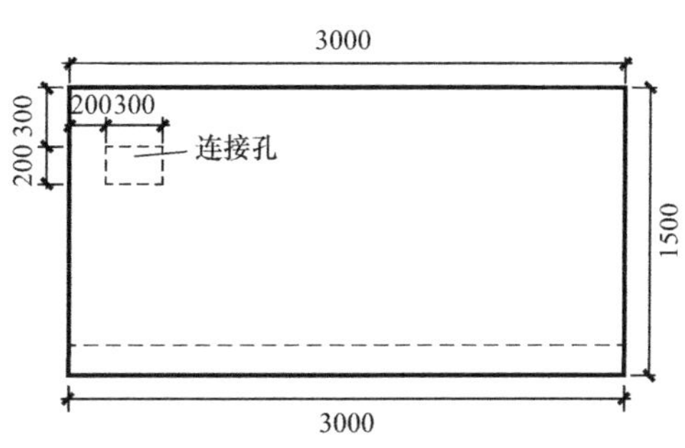

图 4.5-41 装配式 L 形构件主视图

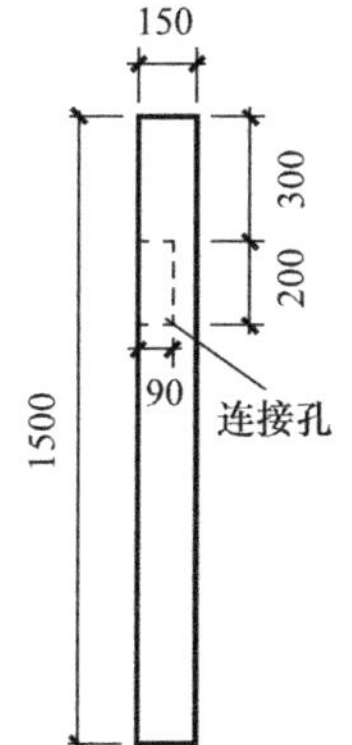

图 4.5-42 装配式 I 形构件左视图

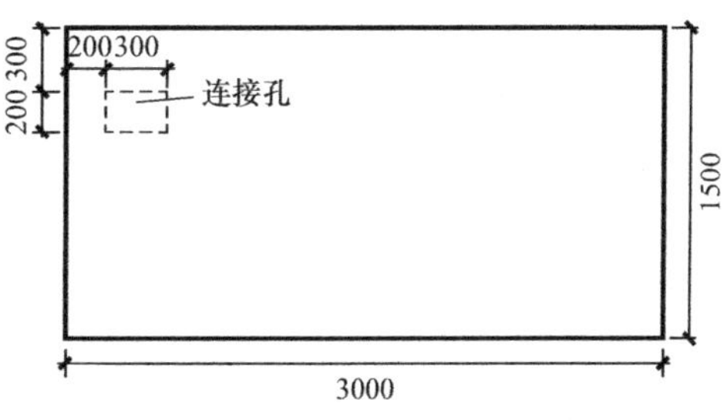

图 4.5-43 装配式 I 形构件主视图

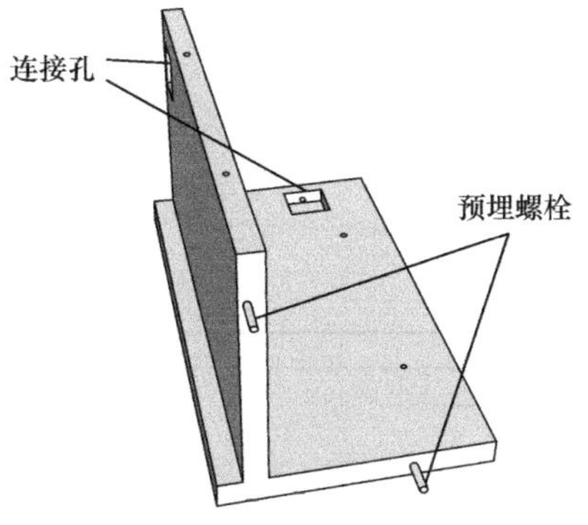

图 4.5-44 装配式 L 形构件图

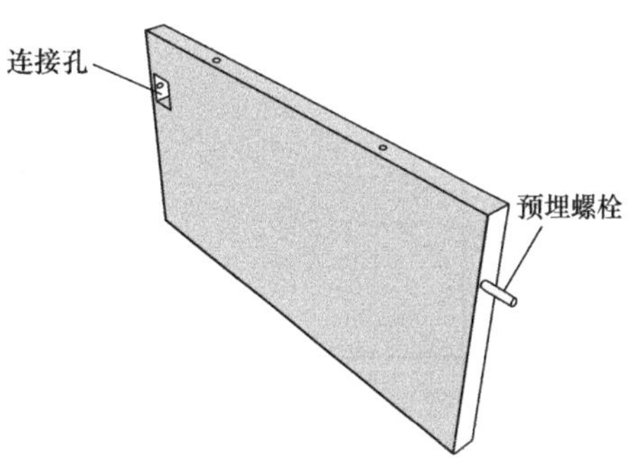

图 4.5-45 装配式 I 形构件图

I形混凝土构件，其尺寸如下：长宽高分别为3000mm×150mm×1500mm，预制构件厚度即为其宽度，为150mm。

2）装配式构件连接设计

（1）同级构件之间的连接（图4.5-46）

各区段、各级的装配式构件预埋伸出螺栓，每个L形构件一侧上下各设有连接孔，另一侧上、下各预埋高强螺栓旋钮，I形构件同样预埋高强螺栓和连接孔。连接时，将一个构件的预埋高强螺栓插入另一构件连接孔，旋紧螺母旋钮后，将连接孔和缝隙用混凝土进行填充。这样，两相邻构件之间便紧紧连在一起。

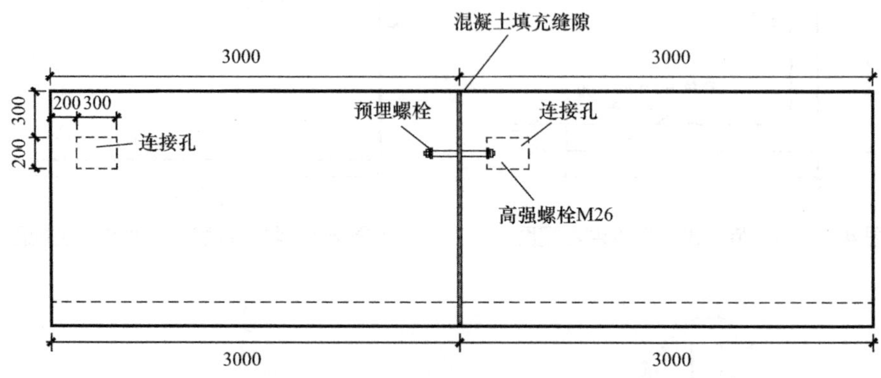

图4.5-46 装配式构件同级构件连接图

（2）不同级构件之间的连接（图4.5-47）

不同级L形构件吊装连接时，上一级的构件搭接在下一级构件后方伸出的位置之上，L形构件与底层I形构件吊装时直接搭接，连接时，将一个构件的伸出螺栓插入另一构件螺栓旋钮操作框，螺栓上刻有螺纹，在上面旋紧螺母旋钮。吊装完成后，使用混凝土对缝隙进行填充。

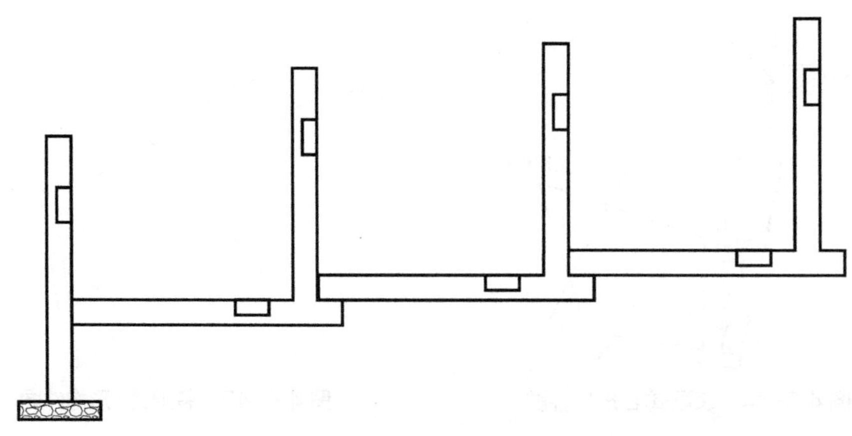

图4.5-47 装配式构件不同级构件连接图（以三层为例）

4. 装配式生态驳岸建造要点

1）施工准备

根据现场实际情况及建设单位提出的施工场地总平面布置要求，要以充分保障阶段性施工重点、保证进度计划的顺利实施为目的，在工程实施前，制订详细的机具使用、进退场计划，预制构件生产、加工、堆放、运输计划，各工种施工队伍进退场调整计划。根据平面布置图的功能分区，按照装配式生态驳岸的构件数量合理规划构件进场后的堆放区域。

装配式生态驳岸的L形构件和底层I形构件采用装配式构件，在工厂进行生产。

2）场地平整与坑槽开挖

根据工程原始地形地貌特点和平整设计施工要求，将设计平整区分为若干区块，详细制订各项施工操作方案，分阶段制订各项工期计划，设计区块内因地制宜，各区块之间短距离运输，力求做到各作业区域挖填平衡，避免远距离运输及二次搬运。

根据L形构件形状和尺寸以及设计图纸定位坐标，对现场场地进行构筑物范围确定，使用石灰粉泼洒标注范围，角落插入红旗进行醒目标记。在施工范围内，各级构件定位处的基础位置开挖坑槽。在进行全站仪的校核后，进行精准高程控制测量，确保施工场地的水平。

3）土基夯实

开挖沟槽后，寻找相关地质勘查单位进行地质勘查，并出具地质勘查报告，审核通过后，再根据图纸进行土基夯实施工。使用打夯机对现场土地进行土基夯实。现场为条形基槽，根据《建筑地基处理技术规范》JGJ 79—2012，进行夯实时，应一夯挨一夯的顺序进行，即第一遍按一夯挨一夯进行，在一次循环中，同一夯位应连夯两下，下一循环的夯位应与前一循环错开1/2锤底直径的搭接，如此反复进行，在夯打最后一循环时，可以采用一夯压半夯的打法。最终完成现场土基的夯实作业。现场土基夯实率不低于0.93。

4）填砂找平

现场土基夯实完成后，由于表面较为粗糙且不平整，因此需在夯实土基表面铺撒一层细沙，对凹面进行填充，以使吊装土基基础保持顺平。填砂找平后，使用水平尺对基础底板进行较为精准地找平。

5）构件吊装

（1）构件吊装总体施工顺序

以每个单元为一个施工区段，每个区段内的构件吊装顺序遵循总体“从下到上”的施工原则，即先吊装底层L形构件，再依次向上吊装各级L形构件，最后吊装最下层I形构件。如图4.5-48所示，三层装配式生态驳岸，自地势最低处L形构件开始吊

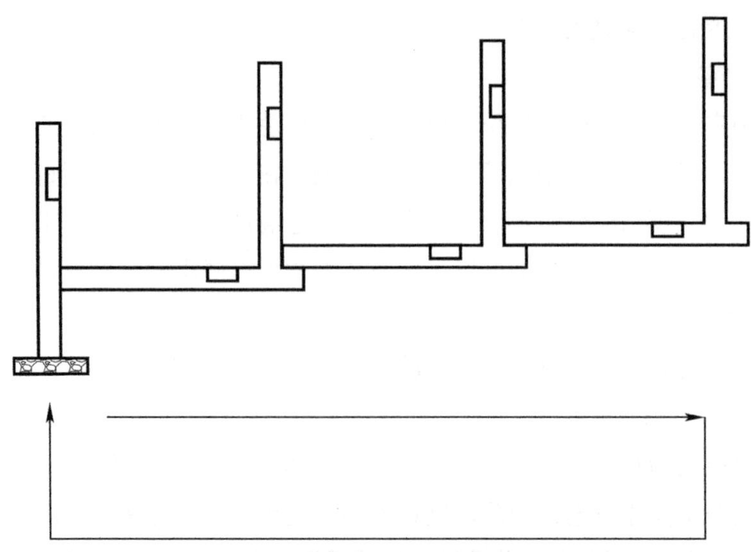

图 4.5-48　装配式生态驳岸构件吊装施工顺序（以三层为例）

装，向地势高处构件方向吊装。最后吊装地势最低处 I 形构件。

（2）技术控制要点

① 基层清理：安装预制构件的结合面清理干净，基面应干燥。

② 根据构件定位图和现场坑槽开挖实际形状，确定各构件安放位置。

③ 本工法采用螺纹可拆卸式吊装孔和吊装环技术，更加牢固和方便。

④ 吊装时，应设置 2 名信号工，起吊处 1 名，安装处 1 名。另外，吊装构件时，配备 1 名挂钩人员，安装处配备 3 名安放及固定预制构件人员。

⑤ 吊装前由现场监理及质量负责人核对构件型号、尺寸，检查无误后，由专人负责挂钩，待挂钩人员撤离至安全区域时，由下面信号工确认构件四周安全情况，确认无误后进行试吊，指挥缓慢起吊，起吊到距离地面 0.1m 左右时，汽车式起重机起吊装置确定安全后，继续起吊。

⑥ 待构件下放至距离地面 0.5m 处，根据现场场地情况进行微调，微调完成后减缓下放。由两名专业操作工人手扶引导降落，降落至 100mm 高度时一名工人观察连接钢筋是否对孔。

⑦ L 形构件具有 4 个吊装孔，其位置示意图如图 4.5-49～图 4.5-51 所示。

⑧ I 形构件具有 2 个吊装孔，其位置示意图如图 4.5-52～图 4.5-54 所示。

6）构件连接

同级构件之间的连接方式如下：构件吊装完成后，使用不锈钢螺栓将各区段、各级的装配式构件拉紧连接。每一 L 形构件一侧上、下各设有连接孔，另一侧上、下各预埋高强螺栓。将一个构件的预埋高强螺栓插入另一构件连接孔，旋紧螺母旋钮后，

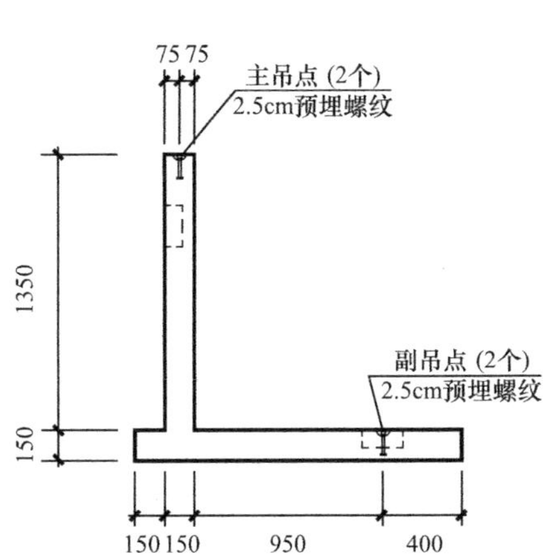

图 4.5-49　L 形构件吊装孔位置左视图

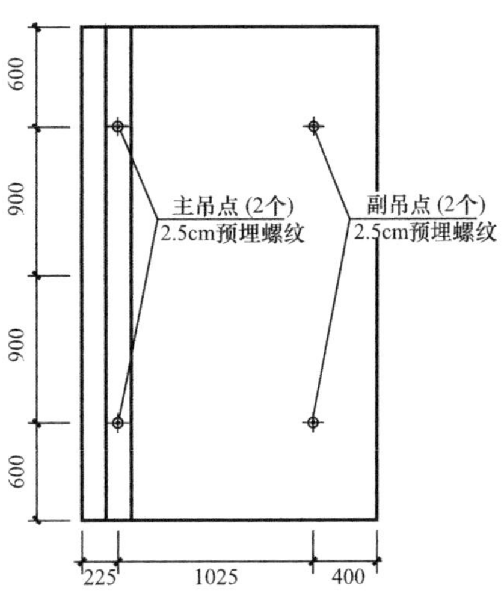

图 4.5-50　L 形构件吊装孔位置俯视图

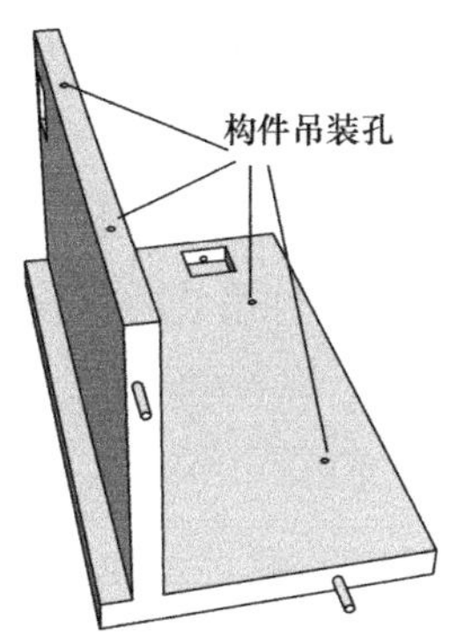

图 4.5-51　L 形构件吊装孔位置示意图

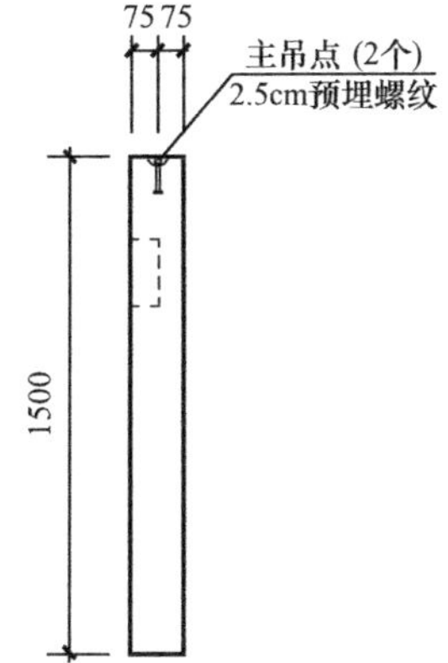

图 4.5-52　I 形构件吊装孔位置左视图

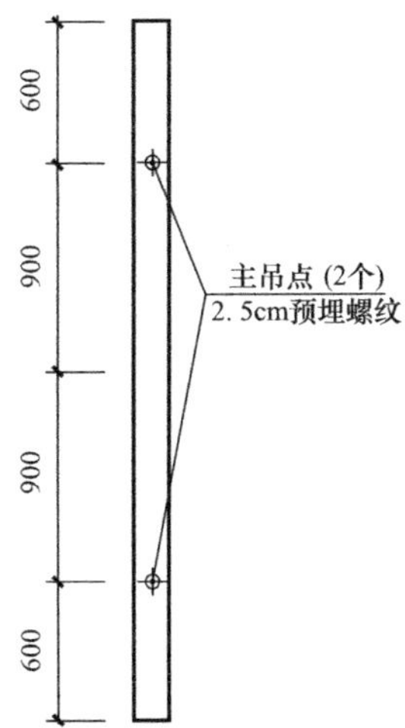

图 4.5-53　I 形构件吊装孔位置俯视图

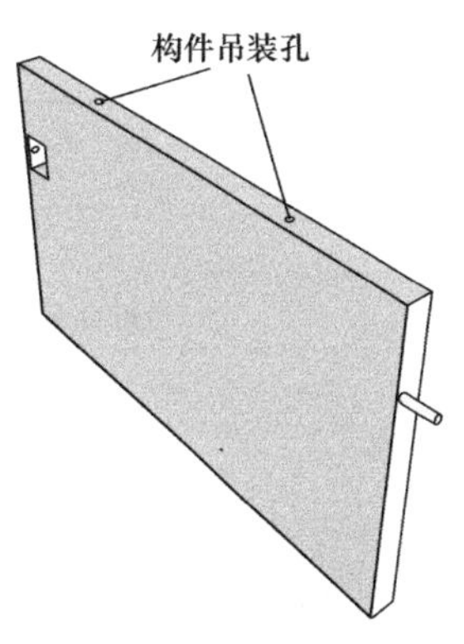

图 4.5-54　I 形构件吊装孔位置示意图

将连接孔用混凝土砂浆填实，这样两相邻构件之间便紧紧连在一起。螺栓拧紧后，同样使用混凝土对缝隙进行填充。这样便完成了构件的连接（图 4.5−55）。

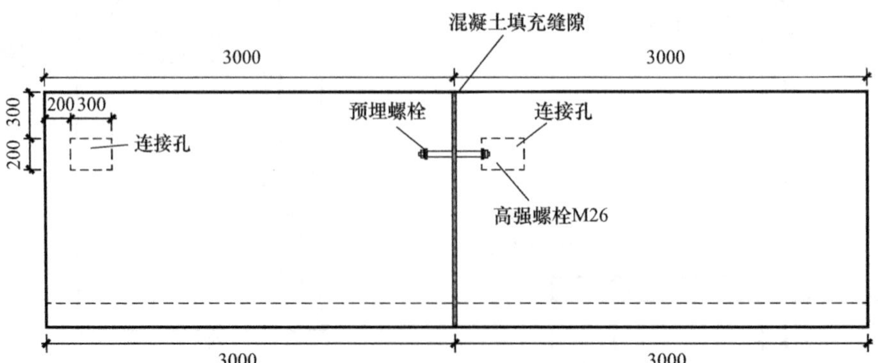

图 4.5−55　装配式生态驳岸构件连接原理示意图

底部 I 形板的吊装与前述 L 形板施工方法相同，唯一不同的是 I 形板仅背部存在预埋高强螺栓和连接孔。在 I 形板上预留不锈钢拉筋安装孔位，根据现场实际情况酌情选择安装不锈钢拉筋以防止底部 I 形板受到填料及污水的压力产生倾倒。

不同级构件之间的连接方式如下：不同级 L 形构件吊装连接时，上一级的构件搭接在下一级构件后方伸出的位置之上，L 形构件与底层 I 形构件吊装时直接搭接。吊装完成后，使用混凝土对缝隙进行填充（图 4.5−56）。

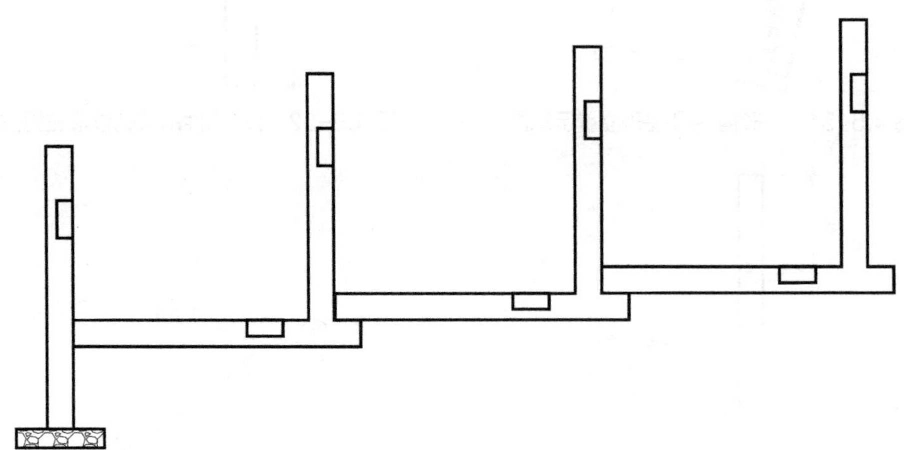

图 4.5−56　不同级构件之间连接示意图

7）管道施工

装配式生态驳岸第一级管道主管在构件外侧，构件内部分出若干布水管用于布水；中间层级管道根据垂直流水流方向灵活选择布管或溢流；最底层管道直接排入周边水体。管道边缘距离构件顶端距离均为 50mm。

第一级外侧给水管道采用 D100mmPVC 给水管道，其他位置采用 D100mmPVC 排水管道。

管道连接采用承插式，将内管周围涂抹 PVC 专用粘合胶后插入外管，一方面可连接两段管道，另一方面可达到密封防漏水的效果。胶干后完成管道连接。

管道与构件的连接采用管箍，将管箍钢钉钉入混凝土构件，PVC 管箍具有内螺纹，旋入钉入构件的钢钉。摆好管道后，旋紧管箍上、下两端的螺丝，管道便固定于构件上。

管道安装结束后，根据水力负荷计算，灵活配置钻孔密度和大小。一般孔口大小不小于 10mm。使用电钻在管道表面钻入小圆孔以排水，并在管道表面包裹一层无纺布，用于透水，且可防止后期填料进入管道造成堵塞，如图 4.5-57 所示。

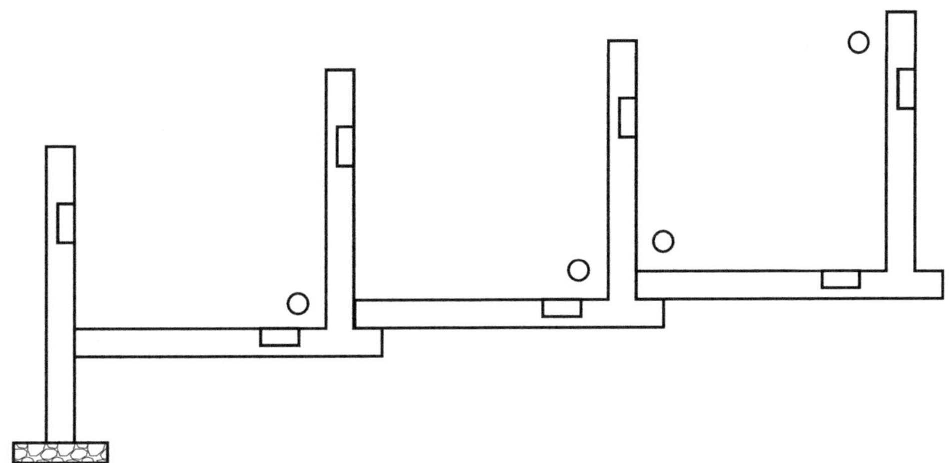

图 4.5-57　现场管道布置（蓝色为进水管，红色为出水管）

8）两侧砖砌

由于预制构件并无两侧围挡结构，因此两侧需现场铺砌烧制砖。具体施工方法如下：先对两侧已吊装完成构件结构进行放线，确保铺砌烧制砖墙两侧铺砌在同一平面上。使用手推车将标准烧制砖运至现场，标准烧制砖尺寸为 200mm × 100mm × 50mm，堆放备用。现场进行混凝土制作，在两侧堆砌砖墙结构。墙体外侧同样涂抹一层混凝土，使用刮刀将表面刮平。养护 48h 以上，确保两侧砖砌墙体达到一定的强度。

9）防水施工

装配式生态驳岸的防水施工采用高强型自粘沥青防水卷材，并采用湿铺法施工。主要施工工艺如下：基层清理、修补、润湿→配置水泥浆料→定位弹线试铺→卷材裁切→刮涂水泥浆料→大面铺贴防水卷材→卷材搭接→成品养护及防护→质量验收。

基层清理、修补、润湿：基层应坚实、平整、干净，无明水、起砂、灰尘和油污。

凹凸不平和裂缝处应用高标号聚合物砂浆进行修补，并对基层进行充分润湿。

配置水泥浆料：水泥浆料一般按水泥：水 =1：0.35～0.45（质量比），先按比例将水倒入原已备好的搅拌桶，再将水泥加入水中，浸泡 15～20min，再加入水泥用量 3‰～6‰ 的高分子建筑速溶胶粉，并充分浸透后，用电动搅拌器搅拌 3～5min 至无团状即可施工。

定位弹线试铺：根据施工现场状况，进行合理定位，确定卷材铺贴方向，在基层上弹好卷材控制线，依循流水方向从低往高进行卷材试铺。

卷材裁切：根据装配式驳岸现场要求，将卷材裁切成宽为 200mm 的卷材条，长度根据铺设便捷性合理决定。刮涂水泥浆料前将卷材隔离膜撕开。

刮涂水泥浆料：水泥浆料厚度视基层平整情况而定，一般为 1.5～2.5mm。刮涂时，应注意压实、抹平。刮涂水泥浆料的宽度比卷材的长、短边宜各宽出 100mm，并在刮涂过程中注意保证平整度。

卷材铺贴：将卷材对准基准线，铺在驳岸同一级构件拼接处、不同级构件连接处和构件与两侧砖砌墙体连接处，将卷材弯折，角落两边各分 100mm 完成铺贴（图 4.5-58）。

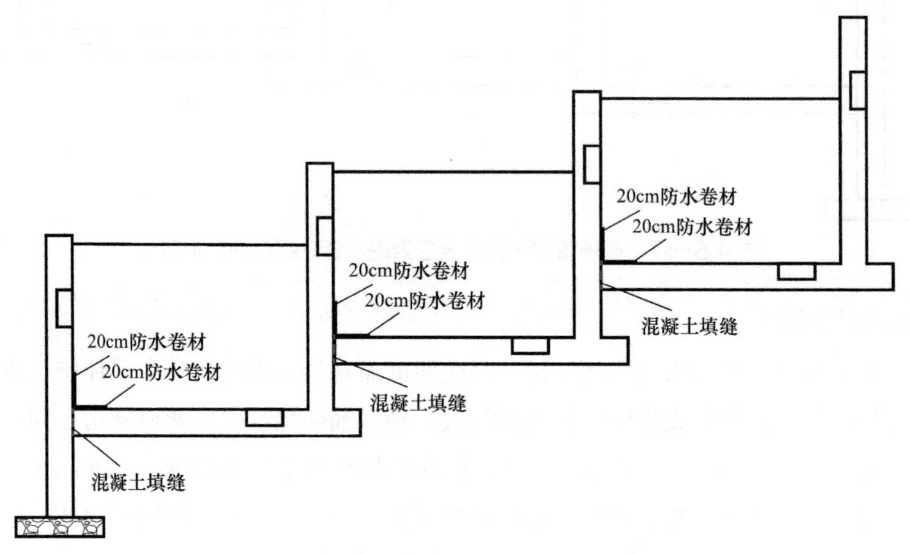

图 4.5-58 不同级构件之间防水卷材铺贴

卷材搭接：驳岸三边交会的角落处需要卷材搭接。各边卷材需顶住起始端，各边相互搭接，最终角落处防水卷材搭叠至 3 层。

养护及保护：晾放 24～48h（具体时间视环境温度而定，一般情况下，温度越高，所需时间越短）。

4.5.4　案例示范

1. 装配式污水处理厂案例

1）项目背景

在污水处理厂的建设过程中，现浇钢筋混凝土水池成本相对较低，施工技术已经规范、成熟，被大量使用。但由于现浇工艺施工工期长，施工工艺难以控制，人材机的消耗量都偏大，使得施工现场管理困难。

装配式结构由于其施工速度快、劳动力投入少，建设过程对周边环境影响小，并且构件在工厂进行流水化生产，施工质量易于控制等优点，在世界范围内被广泛应用。装配式建筑在欧洲、日本等发达国家已相对成熟，近年来我国也出台了一系列的政策鼓励装配式建筑的发展。

目前用到的装配式水池包括玻璃钢拼装水池、钢构件拼装水池以及预制钢筋混凝土水池。玻璃钢拼装水池强度相对较低，其侧壁对回填土大的承压能力较差；刚构件拼装水池防腐能力相对较弱，导致其使用年限相对较短；预制钢筋混凝土水池强度高，混凝土自身具有一定的抵抗腐蚀的能力，能够满足在生活污水处理工艺中长期使用的需求。

2）应用技术

拟采取的技术路线为在充分调研了国内外装配式建筑技术在污水池的建设中的应用的发展状况的基础上，比较分析国内外现有装配式水池建造技术的优势与不足，借鉴吸收国内外先进技术与经验，开发出一套全预制装配式污水池的设计与安装技术，形成在此领域的先进示范。

3）技术内容

该项目的技术内容主要在以下两方面：

（1）开发出装配式污水处理厂构件拆分技术。针对现有的现浇水池施工周期长、劳动力投入大、施工过程对周边环境影响较大的缺点，开发出一种装配式污水处理厂，通过对水池受力特点进行分析，在满足构件生产、运输和安装方便要求的前提下，开发一种预装装配式污水处理池构件拆分技术。

（2）开发装配式污水处理厂构件连接处防渗处理技术。针对装配式污水处理池构件拼缝多、水池侧壁受水压后存在一定程度变形导致水池防渗处理困难的问题，开发出一种装配式水池高效防渗技术。

4）取得效益

（1）经济效益

该项目采用的全预制装配式污水池，构件在工厂进行流水线生产，节省模板，人工作业少，改善作业环境，避免了现场施工时原料的浪费，有利于节材节能。预制构件采用高强螺栓连接，有效减少了现场的扎钢筋、立模、浇筑等一系列工序，节省施工工期，提供了全预制装配式污水池的高效施工方法，提高了现场的施工效率。

以王家河污水处理厂为例。武汉市黄陂区王家河街道污水处理厂 A2/O 、二沉池采用装配式施工建设，污水处理厂建成后日处理能力为 1200t/d，使用构件共 76 块，构件总质量约 870t，该工程构件从 2019 年 8 月中旬开始预制施工，8d 完成全部构件的吊装工作，7d 完成构件施工缝处理，养护 14d 以后即可进行满水试验，施工质量及速度受到业主、监理一致好评。

（2）社会效益及环境效益

采用装配式施工技术，可有效缩短污水处理厂建设周期，加快污水收集和处理的步伐，避免环境污染问题给当地群众的生活造成的困扰；此外，装配式建筑在建设过程中，噪声小，基本无污染，更符合绿色建筑设计施工及产业化的发展战略，对当地居民的生活干扰小。

5）技术效果

经湖北省技术交易所组织鉴定，课题的科技成果达到国际先进水平。课题成果已成功应用于黄陂乡镇生活污水处理项目。将水厂的 A2/O 水池和沉淀池改为装配式建造工艺后，可将施工周期缩短为 30d 以内，施工周期节省 50% 以上，现场投入的劳动力为 8 人，劳动力投入减少 30% 以上，极大地提高了项目现场的施工效率。同时显著降低了工人的劳动强度，降低了安全风险，且施工过程对周边环境影响小。

2. 装配式污水处理厂设计建造案例

1）项目概况（图 4.5-59）

机场河河道由南北贯通的机场高速一分为二，并行为东、西两渠，并由明渠和暗渠段两部分组成。原机场河明渠岸坡未进行修整，两侧未进行绿化。随着城市发展的需求，对环境及岸线的要求越来越高，现将对其进行治理。主要改造内容为亲水步道、绿化草阶、土方、园林小品、绿化。本次改造区间为明渠部分，起于机场河与金山大道相交处，止于常青泵站，全长约 3.4km。分为两个标段为金山大道—马池桥中段、马池桥中段—常青泵站段，我方改造标段为金山大道—马池桥中段，机场河水位标高 17.5m。西渠河道用地红线宽度为 60～100m，东渠河道用地红线宽度 50～170m。红线内总规划用地面积为 50.73 万 m^2，其中水域面积 20.07 万 m^2，陆地面积 30.64 万 m^2。

一期试验段工程位于机场河东渠东岸，附属于岸线修整及景观绿化工程，总长 45m，宽约 5m，两段 21m 长装配式驳岸型人工湿地之间存在 3m 阶梯。采用上下三级 L 形构件和底部一层 I 形构件，11 月初完成构件工厂预制，3d 完成全部构件的吊装工作，2d 完成全部管道的施工，1d 完成防水层的施工。总计施工周期为一周，施工高效环保，如图 4.5-60 所示。

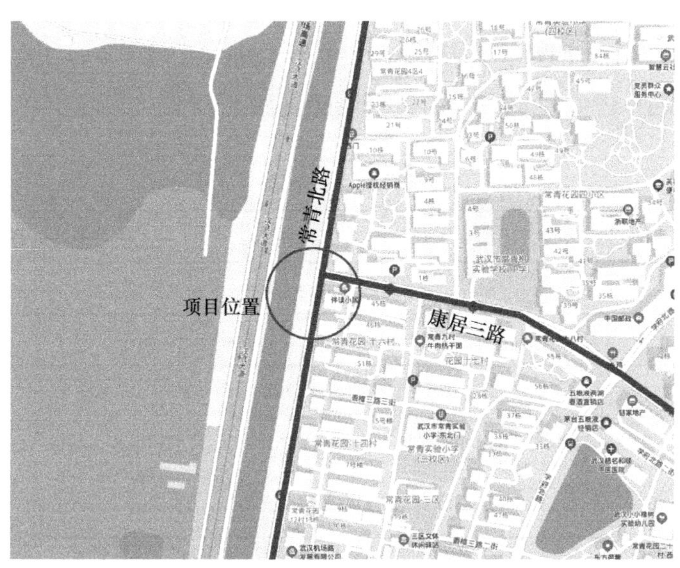

图 4.5-59 项目位置图

（湖北省武汉市东西湖区常青北路与康居三路交叉口）

图 4.5-60 施工前现场情况

2）重难点分析

① 装配式生态驳岸的经济性控制：驳岸施工段长度仅 45m，装配式构件需求量较小，但仍需进行设计、开模等环节，造成构件单价过高。

② 施工作业面较小，装配式构件吊装存在困难。

③ 首例装配式驳岸项目，无可供参考经验。

④ 在处理堵塞、构件错节导致漏水、日常养护方面缺乏经验。

3）装配式构件设计

（1）构件设计参数

构件有L形和I形两种，L形构件尺寸为1.5m×1.5m×3m，I形构件的尺寸为1.5m×0.15m×3m。详见表4.5-2构件设计参数表。

构件设计参数表　　表4.5-2

序号	构件形状	构件尺寸	试验段构件数量
1	L形构件	1.5m×1.5m×3m	42
2	I形构件	1.5m×0.15m×3m	14

（2）构件设计图纸（图4.5-61～图4.5-65）

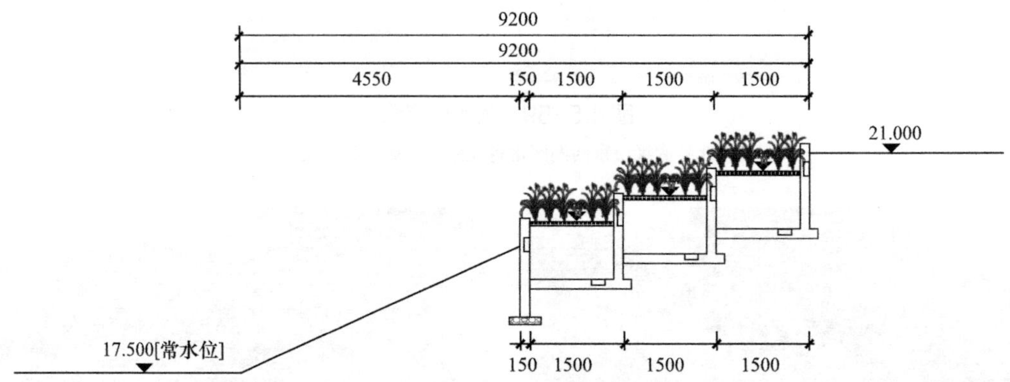

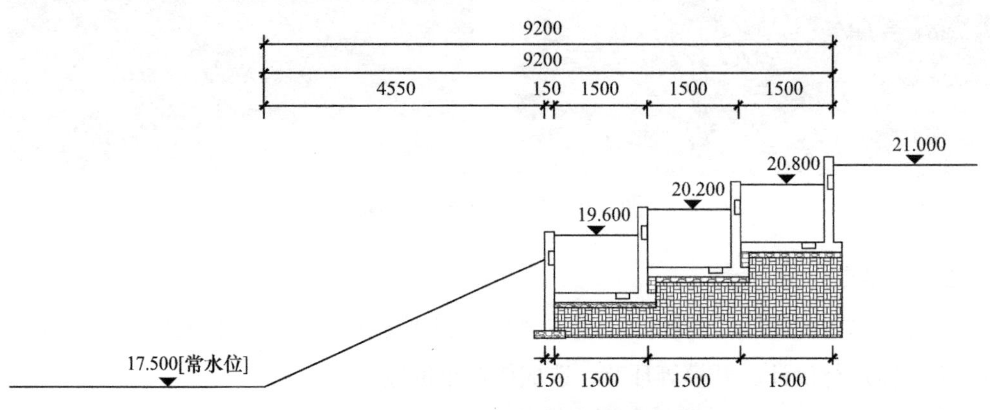

图4.5-61　装配式叠级驳岸基础处理大样图

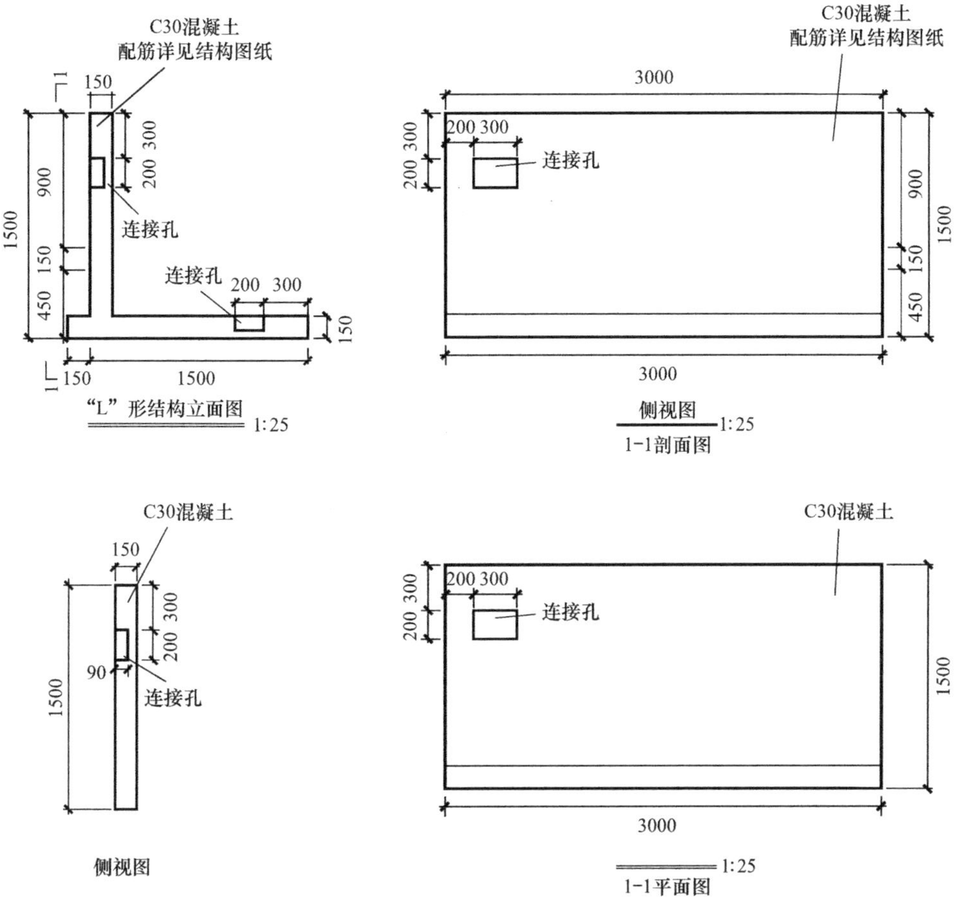

C30混凝土
配筋详见结构图纸
150
900
1500
150
450
300
200
连接孔
连接孔
200 300
150
150 1500
"L"形结构立面图 1:25
C30混凝土
配筋详见结构图纸
3000
200 300
连接孔
300
200
900
1500
150
450
3000
侧视图
1:25
1-1剖面图
C30混凝土
150
1500
300
200
90
连接孔
侧视图
C30混凝土
200 300
连接孔
300
200
1500
3000
1:25
1-1平面图

图 4.5-62　构件大样图

双组份聚硫密封膏
遇水膨胀橡胶垫
高压注浆后发泡膨胀
的灌浆料
3000
3000
300
200
200 300
连接孔
预埋螺杆
连接孔
高强螺栓M26
PVC管ϕ30
20
3000
3000

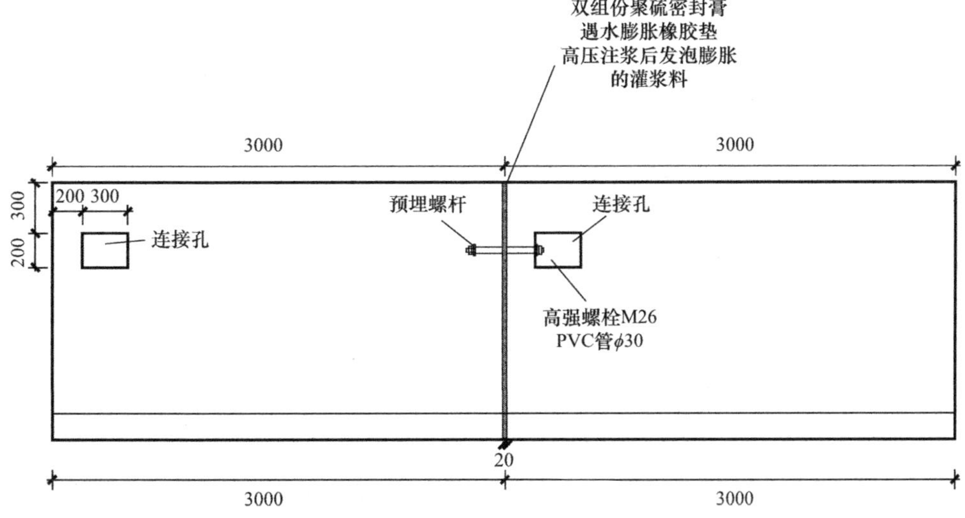

图 4.5-63　构件连接示意图

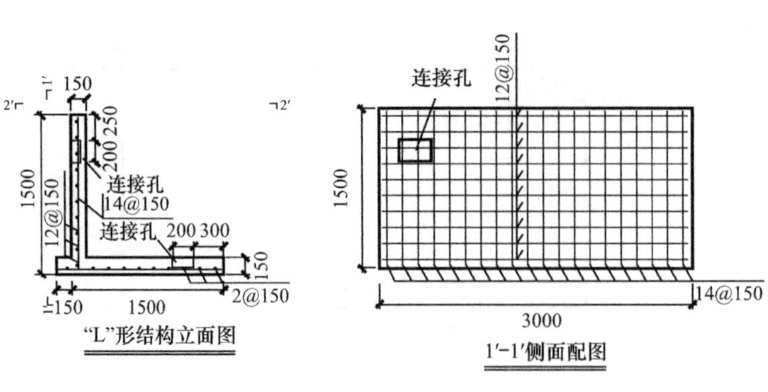

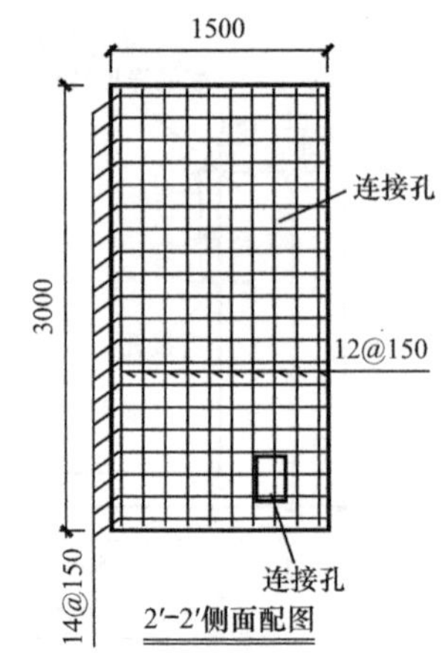

图 4.5-64　L 形构件配筋图

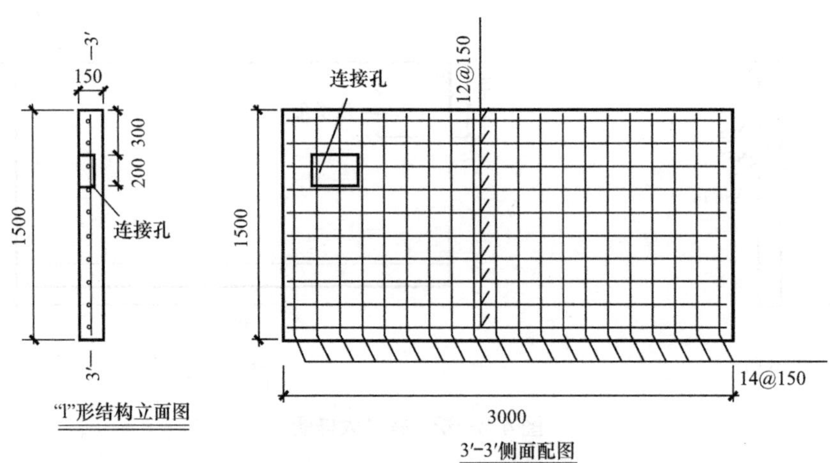

图 4.5-65　I 形构件配筋图

（3）构件设计样板（图 4.5-66、图 4.5-67）

图 4.5-66　L 形构件实体图

图 4.5-67　I 形构件实体图

4）装配式驳岸施工

（1）施工工序

施工工序如下：施工准备工作→定位放线→沟槽基坑开挖→地基夯实平整、灰土垫层→构件安装→防水卷材安装→多孔管道安装→过滤织布铺装→槽内填料、种植土放置→主体外侧坡形修整→苗木种植，如图 4.5-68～图 4.5-72 所示。

图 4.5-68　施工场地范围确定

图 4.5-69　坑槽开挖

图 4.5-70　构件吊装

图 4.5-71　构件连接

（2）主要施工方法

根据工程标段情况及施工进度计划的安排，遵守先地下后地上的原则。针对各工序的具体情况，施工按 21m 一个断面分 2 次开展，主要采取机械吊装方法进行构件拼装。

图 4.5-72　装配式驳岸施工成型

（3）技术经济对比（表 4.5-3）

本次装配式驳岸型人工湿地全长 45m，宽度约 5m，三层湿地设计，单价 1333.33 元 /m^2。

技术经济对比　　表 4.5-3

项目	装配式驳岸	潜流湿地	砌石驳岸	石笼驳岸	生物滞留池
价格（元 /m^2）	1333.33	1000～1500	400～600	600	1200～1500
工期	短	长	短	短	较长
场地需求	较低	高	低	低	高
净水效果	较好	好	差	差	好
景观效果	好	好	差	一般	较好
安全效果	高	无	高	高	低
生态性	好	好	差	差	较好
施工影响	低	高	高	高	高
维护难度	中	高	低	较低	较高

装配式驳岸型人工湿地强化土地空间利用率，使驳岸附加湿地的功能，不仅保留了优异的水土保持功能，还能进一步提升景观效果，搭配上人工湿地的强效净水能力，具备极高的生态性。同时，基于驳岸对场地的低要求，本工程对土地的要求也远低于同体量的人工湿地以及生物滞留池。该工艺借鉴装配式建筑技术，预制构件可使得工期大大缩短，大概是常规驳岸的 1/3，施工过程中对环境的影响也远低于常规施工，且绿色环保。构件的后期维护工作比常规驳岸要复杂，但其难度也低于潜流湿地等生态措施。综合本工程造价，性价比在相近类型的工艺中也是极高的。

5）净水原理

该项目装配式生态驳岸净水原理如下：污水或尾水从第一级进水管进入，布水后污水由上至下经过第一级填料层，流入下方出水管；出水管收集水后从两侧进入第二级底部进水管，布水后污水由下至上经过第二级填料层，尾水溢流至第三级，污水由上至下经过第三级填料层，进入底部出水管后直接排入机场河明渠。

根据净水原理，装配式生态驳岸管道布置方式按照图纸进行布置，第一级进水管道布置在上端，出水管道布置在下端；第二级进水管道布置在下端，出水依靠溢流出水；第三级收集第二级的溢流出水，出水管道布置在下端。其中第一级进水管道距离顶端为 50mm，第一级出水管道，第二级进水管道以及第三级出水管道距离底面距离均为 50mm。管道安装时需进行放线以使管道在同一水平面。

第一级管道采用 DN100mmPVC 进水管道，其他采用 DN100mmPVC 排水管道，如图 4.5-73～图 4.5-75 所示。

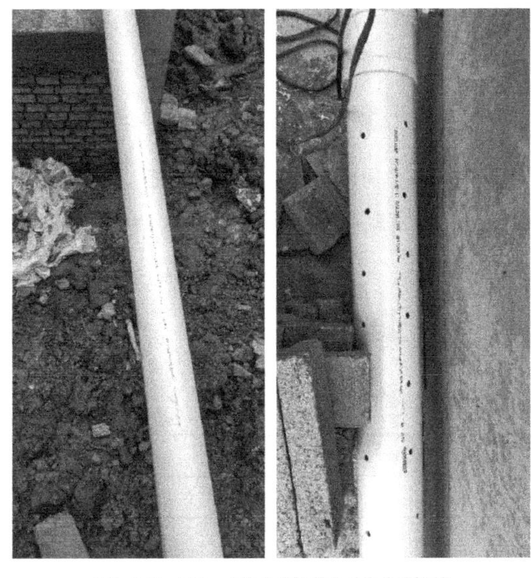

图 4.5-73 进水管道与排水管道

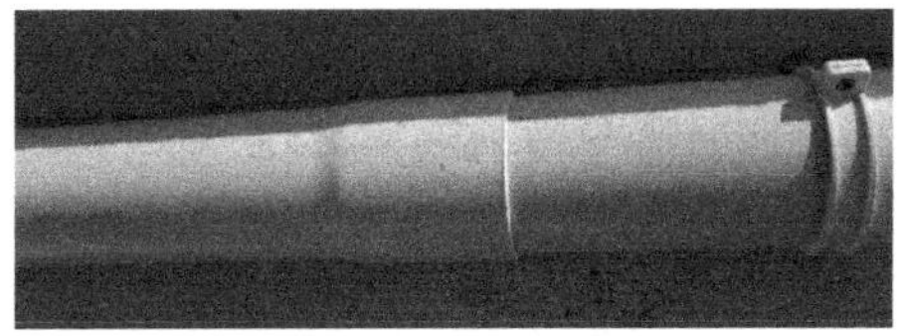

图 4.5-74 管道段连接

图 4.5-75 管箍连接

4.6 河湖环保清淤及底泥资源化关键技术

4.6.1 生态环保清淤技术

在当前水环境综合治理技术体系中，“控源截污，内源治理”是最为核心的步骤。在外源污染得到有效控制的基础上，采用清淤疏浚的方式快速清除内源污染底泥，对于河湖水质提升和生态修复具有重要意义。在河湖清淤工程中，清淤方案的选择和淤泥的处理处置是其中两个关键环节。传统的工程清淤以疏通航道、增加容量为主要目的，因而应用在以内源污染控制和水生态修复为主的水环境治理工程时，存在诸多弊端，如：落后的清淤方式使得清淤效率较低，造成清淤不彻底；逃淤严重，极易引起底泥污染物的扩散，导致水质进一步恶化；疏挖精度控制不当，容易对原有生态系统造成破坏。在清淤淤泥的处理处置上，传统上疏浚淤泥通常以堆场自然干化为主要方式，不仅占用大量的土地资源，同时底泥中的重金属、有机污染物、臭气扩散等问题极易对堆场周边环境造成二次污染。

近年来，我国陆续展开了以江苏太湖、云南滇池、武汉水果湖、杭州西湖、安徽巢湖等为代表的河湖环保清淤工程，环保清淤技术、底泥处理处置及资源化技术体系得到一定程度的发展。

1. 生态环保清淤概念及其发展

环保疏浚是指采用人工或机械的方法清除河湖表层沉积物，降低底泥中营养盐、有毒化学物及毒素细菌的赋存量，以期达到减小内源污染负荷、降低底泥污染风险的目的，同时需对清出的淤泥进行安全处理处置。

环保清淤技术是在传统工程清淤的基础上逐步发展起来的，相比传统工程疏浚，环保清淤具有如下特点：①疏挖深度小，开挖精度控制严格；②对底泥扰动小，淤泥扩散得到有效控制；③有效避免淤泥输送中的泄漏问题；④疏浚淤泥得到安全处理处置，二次污染小。

环保清淤与工程清淤的区别如表 4.6-1 所示。

环保清淤与工程清淤的区别　　表 4.6-1

分析指标	环保清淤	工程清淤
生态要求	为生态修复提供有利条件	无要求
工程目标	清除底泥中的污染物，控制河湖内源污染，利于水生态修复	清除淤积的土方，增大水体容量，利于通航和防洪
清淤范围	重污染区、水源地等重点区域	工程设计区域或地段
疏挖深度	薄层开挖，一般小于 1m	按工程标高设计深度
施工精度	5～10cm	20～50cm
颗粒物扩散限制	尽量防止底泥扰动和扩散	不作要求
设备选型	环保清淤专用设备	一般挖泥设备
淤泥处理	根据底泥污染特性分质处理	泥水分离后堆置处理
尾水处理	尾水需处理达标后排放	不作要求
工程监控	疏挖过程中污染物防扩散、污染底泥处理处置、尾水排放等应进行专项严格监控	一般控制要求

从 20 世纪 50 年代开始，我国陆续开展了杭州西湖、南京玄武湖、滇池草海、安徽巢湖、无锡五里湖和江苏太湖等为代表的污染底泥清淤工程。总体来看，我国环保清淤技术发展大致可分为三个阶段：起步阶段、体系初步建立阶段、成套技术研发与应用阶段，各阶段特点如表 4.6-2 所示。

我国环保清淤技术发展阶段　　表 4.6-2

阶段划分	第一阶段	第二阶段	第三阶段
特点	引进、学习和尝试	体系初步建立	成套技术研发与应用
时间段	“八五”至“九五”	“十五”	“十一五”至“十二五”
主要成果	①中国环境科学研究院提出了环保清淤的基本要求；②“九五”期末引进了我国第一艘 IHC 环保绞吸船	①“863”太湖子课题提出了环保清淤的概念和指标；②构建了底泥疏浚范围、深度、精度系列技术体系	①形成了以勘测鉴别、疏浚输送、脱水干化、处理处置以及资源化成套技术；②在高浓度疏浚输送、疏浚干化一体化等方面均有所突破
实施案例	滇池草海、安徽巢湖、南京玄武湖等	天津海河、太湖（五里湖）等	太湖（东太湖、竺山湾）、苏州河等

虽然环保清淤技术经过多年发展取得了很大进步，但仍面临许多问题：①对底泥污染评估、疏浚范围、疏浚深度确定等关键问题的研究论证还不够深入，与生态重建工作的有机结合考虑较少；②清淤疏挖精度控制和底泥扩散控制技术方面与国外仍有一定差距，同时高浓度疏浚技术及装备的研发和应用相对滞后；③淤泥的处理处置技术存在成本高、消纳量有限等缺点，亟待开发大规模实用技术；④疏浚效果对生态修复的影响评估研究开展较少，缺乏必要的生态风险评价体系。

河湖环保疏浚方案的设计需基于水体的现状调研和分析来研判，常规环保清淤方案流程如图 4.6-1 所示，包括以下主要内容：①河湖水质及底泥调研与分析；②清淤方案比选设计；③底泥处理处置及资源化。

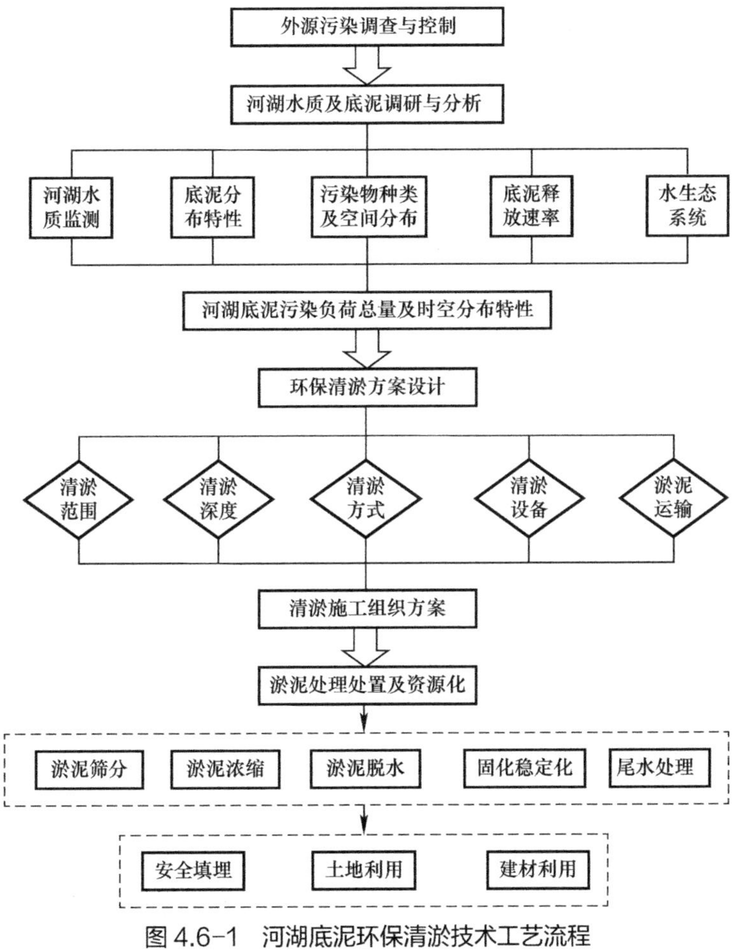

图 4.6-1　河湖底泥环保清淤技术工艺流程

2. 生态环保清淤关键技术

1）淤泥方量监测技术

水下淤泥测量主要包括定位和测深两大部分。目前水下测量定位基本采用实时动态定位技术（Real Time Kinematic，RTK）、实时差分定位技术（Real Time Differential，RTD）、连续运行卫星定位服务综合系统（Continuous Operational Reference System，CORS）等技术。现在常用的淤泥深度测量方法有钻孔取样法、静力触探 / 测杆法、声呐探测法、放射线探测法、声波淤泥密度探测法等。

（1）水下淤泥测量的定位

水下淤泥测量的定位与普通水下地形测量相同。以 CORS 系统定位模式为例，定位测量系统包括基准站、控制中心、数据中心、移动通信网络、GPS 流动站、测量船、测深设备（导航软件、计算机、电源）等。

该系统可全天候实时自动地向 GPS 流动站提供经过检验的不同类型的 GNSS 观测值（载波相位，伪距），各种改正数、状态信息，以及其他有关 GNSS 信息的服务。CORS 系统减少了测量时架设和维护基准站的时间和成本，大大提高了工作效率。

（2）水下淤泥深度测量

钻探法测量淤泥深度的方法主要有钻孔取样法、静力触探 / 测杆法。钻孔取样法是使用钻机单点采集柱状淤泥样本，用环刀法测定柱状样本中各分层淤泥的天然密度，并量取各分层淤泥的厚度。钻孔取样对淤泥的扰动不可避免，浮泥和流泥样本无法采集，只能凭肉眼或经验来估算出该部分的厚度，这样就人为地增加了测量的误差，并且对各分层淤泥没有定量的指标来衡量。另外，钻孔取样法对于面积大、精度要求高的区域并不实用。因为它工作量大，价格昂贵，而且效率极低。

静力触探法是使用专用测杆进行测量。其原理是通过单点测定淤泥层对测杆的比贯入阻力来计算淤泥的承载力，从而确定淤泥厚度。更为简单的做法是采用测杆两次读数来确定淤泥的厚度，即当测杆触及淤泥表面的时候读取一个深度，用力将测杆往下，当达到一定阻力，测量人员判断测杆已经触及淤泥的下表面时，再读取一个深度，两个深度之差即为所需要的淤泥厚度值。使用这种方法进行测量时，测杆的形状、大小，测杆所承受力的大小，都直接影响到测量的精度，同时静力触探 / 测杆法无法测定淤泥的绝对密度，也无法查明浮泥和流泥的分布。

使用仪器测量淤泥深度的方法主要有多普勒双频超声波测量法、放射线探测法和声波淤泥密度探测法。其中，多普勒双频超声波测量法是目前应用最多的一种方法。

多普勒双频超声波测量法以高频测量泥水界面，再通过低频测量淤泥底层距水面的距离，从而得到淤泥厚度。这种方法相比其他方法高效快捷，但无法测定淤泥的绝对密度值，只能测定水底和某一硬底层间的厚度。

放射线探测法是根据放射线（如 γ 射线）的放射衰减比率来测定淤泥的密度。它通过单点测量淤泥的密度，测定精度较高，但工作效率低，且对人员和被测区域环境有潜在的放射性危害，所以在施工测量领域应用极少。

声波淤泥密度探测法的原理如下：声波遇到不同密度的介质时，反射强度不同，它在不同密度的介质中的振幅也不相同。因此，向水下发射一束声波，该声波遇到不同密度介质后开始反射，其中有一部分声波将穿透水底后反射回来。反射回波的信号强度取决于水底淤泥层的密度变化，这种变化被定义为密度梯度。若把声波的反射强度和密度梯度之间的关系通过实验确定下来（即每一次反射都是因为密度梯度变化引起的），就可以对密度的梯度进行定量化处理。如果利用标定过的声源信号来记录反射信号的强度，则可以高精度地测定密度的梯度值。根据标定过的信号在介质中的振幅值，就可以确定介质的密度。有了这两个参数，就可以连续测定水下淤泥层的密度。通过探头采集低频声波在介质中的反射数据，根据低频振荡数据及标定的密度梯度划分特定密度层，形成三维数据。按照密度划分淤泥，可以细化浮泥的密度分层，有助于分析特定目标层的流变特性，从而减少疏浚量，节约资金，也为生态清淤提供了清晰的选择标准，且具有速度快、精度高的优点。但使用声波淤泥密度探测法，在测量前，必须进行标定实验，如果更换测量区域，则必须重新进行标定实验。同一区域、不同位置的土质差别越大，则测出的数据误差越大。

（3）淤泥方量的计算

考虑各方面因素，先进行水下地形测量，再选择钻孔取样法，按 100m 间距采集淤泥的深度，并同时记录钻孔平面位置和孔口的高程，确保所测淤泥点具有平面、水深、淤泥三位一体性。

以各测点测得的淤泥点的三维坐标（X，Y，Z 淤泥厚度）利用绘图软件功能生成淤泥深度曲面数字模型，绘制出淤泥厚度的等值线图。淤泥量计算方法采用容量计算法，以各测区测得的淤泥底部点的三维坐标（X，Y，Z 淤泥底部高程）生成淤泥底部的曲面数字高程模型，结合生成的水下高程数字模型，利用软件功能计算出两层模型间的容量，即为淤泥的淤积量。

2）底泥调研与分析评估

底泥现状调研与分析是清淤方案设计和淤泥处理处置路线选择的基础。对底泥的调查研究需结合工程目标分析，采用生态调查的方法进行，常规的调查指标如表 4.6-3 所示。

常规底泥调查指标表　　表 4.6-3

底泥分析指标	主要内容
空间分布特性	查清底泥分布范围和厚度，核算底泥淤积量
土工性质	粒径分布、密度、孔隙率、含水率、塑限、流限、液限等
营养物特性	营养物质含量及空间分布，一般监测指标：有机质（OM）、TOC、全氮、总磷等

续表

底泥分析指标	主要内容
重金属污染特性	污染程度与空间分布，一般监测指标有 Fe、Al、Cd、Pb、Zn、Cu、Hg、As、Ni 等
水环境影响特性	底泥沉降系数、吸收或释放系数等
水生态影响特性	水生植物、底栖动物、浮游植物、微生物、叶绿素 a 等种类数量及分布情况

总体来讲，河湖底泥主要污染类型包括营养盐（氮、磷）污染、重金属污染、有毒有害有机污染（PCBs、PAH 等）三种，其中营养盐污染和重金属污染较为普遍。目前，对于底泥的污染特性评价，国内尚无统一的标准或参照。

关于氮磷营养盐污染的评价，一般采用吸附－解析平衡法，先求出底泥的吸附－解吸平衡点，基于目标水质要求，反推底泥氮、磷浓度参考值，再结合污染指数法确定底泥污染程度。在实际操作中，也可用过渡层和正常层中全氮、总磷均值作为基准，用实测值比基准值得到综合污染指数，从而评价底泥氮、磷的污染情况。

关于重金属污染的评价，由于缺乏相应评价标准，现有工程一般可参考土壤环境质量标准（如《土壤环境质量 农用地土壤污染风险管控标准（试行）》GB 15618—2018）来进行。主要评价方法包括单项指数法、内梅罗污染指数法、生态风险指数法、地累积指数法等。其中，生态风险指数法和地累积指数法在实际疏浚工程底泥重金属评价中应用较为广泛。

根据我国的《土壤环境质量标准》GB 15618—2018 提供了用于评价的监测项目，主要列出的是重金属类指标。

表 4.6-4 中列出的是在不同类型土壤中各物质最高允许含量，并不能用来判断湖泊底泥是否受到污染及污染程度有多大。在不同地区、不同类型土壤中，同一元素的含量可能极不相同。因此，无论是用全国平均值，还是用土壤质量标准来评判底泥是否受到污染都有一定局限性。同时用两种方法进行评价并比较，分别称为经验值评价法和标准评价法。

农用土壤污染风险筛选值 表 4.6-4

序号	污染物项目		风险筛选值（mg/kg）			
			pH≤5.5	5.5<pH≤6.5	6.5<pH≤7.5	pH>7.5
1	镉	水田	0.3	0.4	0.6	0.8
		其他	0.3	0.3	0.3	0.6
2	汞	水田	0.5	0.5	0.6	1.0
		其他	1.3	1.8	2.4	3.4

续表

序号	污染物项目		风险筛选值（mg/kg）			
			pH≤5.5	5.5＜pH≤6.5	6.5＜pH≤7.5	pH＞7.5
3	砷	水田	30	30	25	20
		其他	40	40	30	25
4	铅	水田	80	100	140	240
		其他	70	90	120	170
5	镉	水田	250	250	300	350
		其他	150	150	200	250
6	铜	水田	150	150	200	200
		其他	50	50	100	100
7	镍		60	70	100	190
8	锌		200	200	250	300

评价方法：将测定值与全国平均值及土壤环境质量标准中二级（pH＞7.5）标准值分别比较计算污染指数，然后计算该样品的平均指数 P_i，则综合污染指数为 $I=(I_i\max\times P_i)^{0.5}$，$I_i\max$ 为该样品各检测项目污染指数的最大值；I_0 为湖底最下层检测项目均值计算出的综合污染指数，M 为相对综合污染指数，$M=I/I_0$。如果 $M\leq1.0$，则为清洁；当 $1.0<M\leq2.0$ 时为轻污染；$2.0<M\leq5.0$ 则为污染；$M\geq5.0$ 时为重污染。相对综合污染指数对应污染程度对照表如表 4.6-5 所列。

相对综合污染指数对应污染程度对照表　　表 4.6-5

底泥质相对综合污染指数 M	污染程度分级	污染分层
$M\leq1.0$	清洁	未污染层
$1.0<M\leq2.0$	轻污染	轻微污染层
$2.0<M\leq5.0$	污染	污染层
$M\geq5.0$	重污染	

3）清淤深度的确定

清淤深度是以清除内源污染物为主的环保清淤方案中的核心参数之一，需结合污染物垂直分布特性、底泥释放规律、水生态修复要求和工程经济等因素来综合评估确定。清淤深度过小，容易导致内源污染物清除不彻底，同时可能扰动泥水平衡，进一步加快污染物的释放；清淤深度过大，则会对原有生态系统造成冲击，同时增加清淤和淤泥处置工程成本。

关于清淤深度的确定，国内尚无统一的标准和规范，比较常见的有经验值法、拐点法、分层法、背景值法、生态风险指数－释放强度确定法等。当无具体监测数据时，一般参照国内外已实施的工程经验来取值，疏浚深度一般在 40～50cm 为宜，此方法盲目性较大，不推荐采用。其他常用方法的主要原理及优劣势分析对比如表 4.6-6 所示。

环保清淤深度确定方法对比分析　表 4.6-6

方法	拐点法	分层法	背景值法	生态风险指数 - 释放强度确定法
主要原理	根据污染物垂向分布，确定浓度明显减小或转折的深度，从而确定清淤深度	根据底泥外观进行分层，结合柱状采样测量结果分析各层污染程度，从而确定清淤深度	将未受污染的底泥作为背景值，将底泥监测值与背景值进行比较，从而确定污染底泥的深度	根据底泥释放试验和生态危害风险评价相结合的方式，综合确定清淤深度
优缺点	操作简单，易于控制；将拐点浓度等同污染程度	人为误差较大，清淤成功率低	污染评价标准不统一，背景值难以确定	既考虑底泥的污染特性，又强调疏浚生态危害影响
应用案例	南京玄武湖、武汉月湖	昆明滇池（一期）、安徽巢湖	昆明滇池（二期）	江苏太湖

4）清淤方式及清淤设备的选择

环保清淤的要点在于清淤精度控制和防止二次污染，应根据工程的施工环境、工程条件和环保要求，通过技术经济论证，综合比较，选择环保性能优良、挖泥精度高、施工效率高的疏浚设备。

经过多年发展研究，国内外现有的环保清淤设备主要有环保绞吸式挖泥船、IMS 清淤疏浚船、IRIS 高浓度工法疏浚船等。几种环保清淤设备的性能对比分析如表 4.6-7 所示。环保绞吸式挖泥船具有操控简单、施工精度高、清淤成本较低等优点，在国内河湖大型环保清淤工程中得到了广泛应用实践。但是环保绞吸式挖泥船也存在排泥浓度较低（10%～15%），导致淤泥后续处理处置量较大。因此，加大投入研究开发经济适用的高浓度疏浚设备和高浓度输送技术极具现实意义。

环保清淤设备的性能分析　表 4.6-7

清淤设备	环保绞吸式挖泥船	IMS 清淤疏浚船	IRIS 高浓度工法疏浚船
公司	荷兰 IHC	美国达纳森	日本东亚建设工业
疏挖方式	绞动真空吸挖	绞动真空吸挖	绞动真空吸挖
施工扰动	扰动较小	扰动较小	扰动小
淤泥输送	管送 + 接力泵	管送 + 接力泵	管送 + 接力泵
排距	较远	较远	3km 内
输送流失	流失少	流失少	无流失
排泥浓度	10%～15%	25%	50% 以上
施工成本	一般	较高	高

在实际工程中，需针对实际情况因地制宜地选择相应的疏浚装备：①对于高氮、磷污染底泥，一般选用环保绞吸挖泥船，也可选用气力泵等环保疏浚设备；对于含重金属污染底泥，一般选用环保绞吸挖泥船，也可选用气力泵和环保抓斗等环保疏浚设备；对于含有毒有害有机物的污染底泥，宜选用环保抓斗挖泥船。②对于具有流动性的高含水率的污染底泥，应采取负压吸入的方式，并通过管道输送至预定堆场。对于具有一定黏性和硬度的污染底泥，可采取吸绞或抓斗式挖泥方式。③对于特殊复杂情况，可选用水陆两栖特种清淤船（适用于断面较小、水深较浅的河段）、气力泵清淤船（适用于水深较大水域）、抓斗式挖泥船（适用于底泥杂物较多的水域）、清淤机器人（适用于暗涵等）。

5）底泥输送方式（图 4.6-2）

当选用环保绞吸式挖泥船施工时，其主要施工工艺流程根据输送距离分为以下两种。①短距离输送：挖泥船挖泥→排泥管道输送→泥浆进入堆场→泥浆沉淀→余水处理→余水排放；②长距离输送：挖泥船挖泥→排泥管道输送→接力泵输送→排泥管道输送→泥浆进入堆场→泥浆沉淀→余水处理→余水排放。

当选用环保斗式挖泥船施工时，其主要施工工艺流程根据输送方式分为以下两种。①陆上输送：挖泥船挖泥→泥驳运输→污泥卸驳上岸→封闭自卸汽车运送→污泥倒入堆场或二次利用。②水上输送：挖泥船挖泥→泥驳运输→泥驳卸驳→堆场存放。

4.6.2　底泥处理及资源化利用技术

1. 淤泥分类与特点

淤泥是在静水或缓慢的流水环境中沉积，经物理化学和生物化学作用形成的，未固结的软弱细粒或极细粒土属于现代新近沉积物。淤泥可分为自然和人工两种类型：①自然成因类型，即自然界流水搬运作用形成的各种淤泥，主要包括海岸带淤泥、河流淤泥、湖泊淤泥、沼泽淤泥等；②人工淤泥，即人类在生产活动或城市建设中形成的淤泥，主要包括围湖造田淤泥、城市阴沟淤泥。

粒径小于 0.03mm 的泥沙与颗粒分散的泥沙相比，性质上有很多差异，通常称为淤泥。根据《水运工程岩土勘察规范》JTS 133—2013 的表述，淤泥的准确名称应为淤泥性土，它是指在静水或缓慢的流水环境中沉积，天然含水率大于液限、天然孔隙比大于 1.0 的黏性土，可细分为淤泥质土、淤泥、流泥和浮泥（表 4.6-8）。

不同淤泥层面的划分标准因不同地区泥质而异。按照一般情况，可以大致按密度变化范围划分出 4 个淤泥层面。细颗粒泥沙经絮凝沉落到水底后，要经过很长时间才能变得比较密实，在尚未密实之前，它具有很强的流动性，因此称为浮泥。浮泥的密

(a) 抓斗式+泥驳输送

(b) 绞吸式+管道接力输送

(c) 泵吸式+管道接力输送

图 4.6-2　底泥输送方式

淤泥的分类　　表 4.6-8

土的名称	孔隙比 e	含水率 w（%）
浮泥	—	$w>150$
流泥	—	$85<w\leqslant150$
淤泥	$1.5<e\leqslant2.4$	$55<w\leqslant85$
淤泥质土	$1.0<e\leqslant1.5$	$36<w\leqslant55$

度范围为1.0～1.2g/cm^3。浮泥进一步固结，流动性减小，当密度达到1.2～1.5g/cm^{3}时，便成为流泥。当孔隙水被排走，密度增加到1.5～1.8g/cm^{3}时，界面波不再发生，在水流作用下不会直接悬扬，已经属于淤泥的范畴。密度达到1.8g/cm^{3}以上时，已成为淤泥质土（表4.6-9）。

淤泥密度范围　　表4.6-9

名称	密度范围（g/cm^3）	名称	密度范围（g/cm^3）
浮泥	1.0～1.2	淤泥	1.5～1.8
流泥	1.2～1.5	淤泥质土	＞1.8

淤泥按粒度组成可以是粉土质的或黏土质的，细砂质或极细砂质的极少。海滨淤泥的黏土矿物以伊利石和蒙脱石为主，淡水淤泥则是以伊利石和高岭石为主，一般包括泥沙、有机质及其吸附的金属元素、纤维和动植物残体、微生物和病菌虫卵等物质。绝大部分的河道淤泥主要由石英、黏土类矿物、长石类矿物组成，另含少量的碳酸盐和微量的硫酸盐、磷酸盐及有机物，属于硅酸盐类原料，具有良好的可加工性，是生产建筑制品的较好原料。

淤泥主要有以下特点。

（1）高压缩性：压缩系数一般大于0.9MPa^{-1}，属于高压缩性土。在压力作用下极易发生压缩变形。

（2）抗剪切能力差：直剪试验，内摩擦角一般在5°左右，黏聚力在10kPa左右，固结快剪试验的内摩擦角一般在15°～20°，黏聚力与直剪相近。其抗剪强度的大小与排水条件关系密切，如果土层存在良好的排水通道，在荷载作用下，经过一段时间固结，其强度随着有效应力的增大而提高；反之，如果没有发生排水固结，其强度会随着剪切变形的增大而降低。

（3）流变性与触变性：滨海沉积淤泥存在一定絮状、蜂窝状结构特征，当受到扰动、搅拌时，絮凝状态下的结构链发生破坏，在含水量较高的情况下会发生触变、液化现象，导致土体强度降低，变成流动状态。

（4）渗透性差：淤泥质土渗透系数一般为10^{-8}～10^{-7}cm/s，因此固结速率很低，强度很难得到提高。在有机质含量较高的情况下，产生的气泡很容易堵塞排水通道，降低渗透性能。

（5）黏粒含量较高：黏土矿物一般为高岭土、水云母、蒙脱石。由于黏土矿物的粒径比较小，一般呈薄片状，在颗粒表面吸附大量极性分子，通常带负电荷，导致颗粒间的斥力增加，不利于聚集沉降，增大了固结水层厚度，这也是淤泥质土天然含水率较高的原因。

2. 底泥处理技术

1）自然干化（图 4.6-3）

通过管道混合器与相应的絮凝药剂充分混合后泵送到围堰内或低洼地带，让其依赖蒸发、渗透等自然过程自然干化。该工法需占用大量土地，同时，淤泥的干化过程需要较长的时间，在气候干燥地区，污染底泥的干化需要半年以上时间，而在多雨潮湿地区，底泥堆场的自然干化过程需持续 2～3 年。而且容易受到天气条件的影响，另外，淤泥中污染物可能会在雨水的冲刷下进入地表水系统或影响地下水，引起二次污染。因此，为尽快利用土地和恢复自然景观，必须采取有效措施，缩短疏浚泥浆脱水干化时间，从而迅速对堆场进行恢复。

图 4.6-3　自然干化处理

在堆场设置各种形式的排水系统，实现堆场主动排水，是一种经济有效的污泥干化方法。堆场主动排水主要包括表面开沟、埋设暗沟或暗管等，其中表面开沟较为简便易行。

堆场主动排水是在充分利用蒸发、渗滤等自然干化的基础上，又采取了必要的人工措施，强化、加速这一自然过程，简单易行，成本低廉。

（1）表面开沟的作用

建立良好的表面排水系统，使疏浚物料通过蒸发作用由表层向下部实现干化；避免泥浆表面形成硬壳后阻挡泥浆水分的蒸发与渗出；及时排除降雨带来的堆场多余水量。为了促进随干化过程进行的连续表层排水，依据表层硬壳变厚和水位下降的情况而不断加深堆场排水沟渠，由此又产生了渐进开沟的概念。

（2）主动排水技术的工艺描述

吹填结束后，堆场底泥泥面会进一步下降，在围埝上设置排水用的溢水口，将堆场表面的水导出。随着时间的推移，表层的水分会逐步蒸发，当泥面呈现极薄的硬壳表层时，开始沿堆场周边较硬的干缩层以向外推泥的方式开挖周边沟，作为初期的排水通道。注意周边沟与溢流口的汇合，以便及时将沟内水分导出。当靠近周边的沟槽的底泥明显干缩时，或向外挖出的底泥干化时，进一步加深沟槽，促进现场的内部脱水。当堆场内部的底泥表面能进行挖沟作业时，利用挖沟机械开挖排水沟，以溢流口为排水出口。沟深随泥浆的硬度进行调整。

（3）排水系统布置

根据污泥堆场面积和形状，表面沟的布局可以按放射状、平行线状、枝状等形式布设。对于面积较小或不规则形状的污泥堆场，可采用放射状或枝状排水系统，而对于面积较大的污泥堆场，通常采用平行线状布置排水系统，也可采用放射状与平行线状相结合的排水系统。渐进开沟是沿表面沟继续向深度方向挖掘，其沟道系统布置与表面沟完全重合。污泥堆场内布置的排水沟间距从几米到几十米不等，排水沟越密集，排水效果越好，但污泥干化作业的费用也会提高，因此应根据技术经济比较结果及堆场使用的紧迫性等具体条件综合考虑确定排水沟间距。

（4）污泥开沟机（图 4.6–4）

污泥开沟机是污染底泥堆场实现堆场主动排水机械作业的必要工具。污泥开沟机要求接地比压小、附着性能好，在污泥表面硬壳层达一定深度后，能安全地在污泥堆场进行开沟作业。一般陆地用污泥开沟机很难满足上述要求，目前国内已开发出用于底泥堆场开沟排水作业的 1KZ–150 型污泥开沟机。

图 4.6–4 污泥开沟机

2）预压技术

（1）沙井堆载预压法

① 工艺描述

该方法是在土层上设置砂井作为竖向排水通道，并在砂井顶部设置砂垫层作为水平排水通道，在砂垫层上部压载以增加土中附加应力，当受到应力作用时，土体中的水缓慢排出，而设置砂井竖向排水体系，则可缩短排水距离，加速水的排出。但是堆载预压法需要吹填土地基经过自然固结，待表层有一定的承载力后方可进行，这会导致工期延长和工程费用提高。砂井堆载预压法工艺示意图见图 4.6–5。

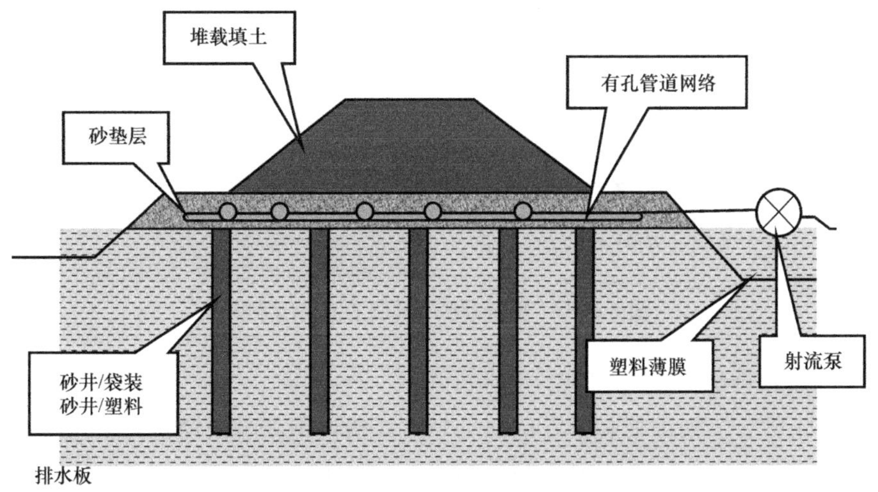

图 4.6–5 沙井堆载预压法工艺示意图

② 砂井的直径和间距

砂井的直径和间距由污泥的性质和对堆场使用时间的要求确定。井径不宜过大或过小，过大时不经济，过小时则在施工时易造成灌砂率不足，出现缩颈或砂井不连续等问题，常用直径为300～400mm。砂井间距小时，底泥干化效果较好，软弱地基处理中常用井距为砂井直径的6～9倍，用于堆场污泥干化时，可适当加大井距。

③ 砂井的布置

砂井常按等边三角形和正方形布置。当砂井为等边三角形布置时，砂井的有效排水范围为正六边形。而砂井为正方形布置时，砂井的有效排水范围为正方形。理论上等边三角形和正方形排列效果相同。在实际工程中，通常认为三角形排列更为紧凑，故应用较多。

④ 砂垫层

在砂井顶面应铺设排水砂垫层，以连接各个砂井形成通畅的排水面，将水排到堆场以外。砂垫层通常做成反向过滤式，厚度一般为0.3～0.5m。为了节省砂子，也可将砂垫层做成连接砂井的纵横砂沟。

（2）塑料排水带（板）堆载预压法

① 工艺描述

塑料排水带别名塑料排水板，塑料排水带堆载预压法是在污泥层中插入带状塑料排水带，组成垂直和水平排水体系，然后在土层表面堆载预压。塑料排水带由芯带和滤膜组成。芯带是两面有间隔沟槽的带体，污泥中的水在压力下渗出，通过滤膜渗到沟槽内，并通过沟槽从排水垫层中排出。塑料排水带堆载预压法示意图见图4.6-6。

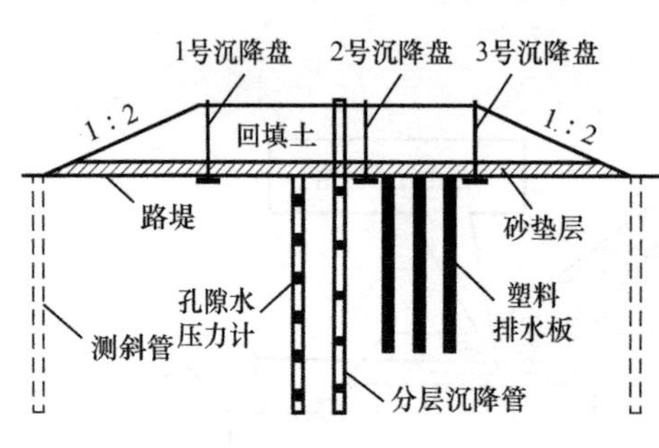

图4.6-6　塑料排水带预压法工艺示意图

② 塑料排水带结构形式

塑料排水带分为沟槽形和多孔形两大类。沟槽形包括方形槽排水带、梯形槽排水带三角形槽排水带等形式；多孔形包括硬透水膜排水带无纺布螺旋孔排水带、无纺布柔性排水带等。

③ 排水带材料

塑料排水带芯一般采用聚丙烯和聚乙烯塑料加工而成，应避免使用质地过软的聚氯乙烯等材料，防止在土压力作用下变形而使过水截面减小。滤膜通常采用一定规格的、耐腐蚀的涤纶衬布，既保证泡水后强度满足要求，又有较好的透水性。

（3）真空预压法

① 工艺描述

真空预压法是在需要处理的场地上（如吹填泥浆层上部）铺设砂层或砂砾层，再在其上覆盖一层不透气的塑料薄膜或橡胶布，四周密封与大气隔绝，在砂层内埋设渗水管道并与真空装置相连接，在泥层中设置砂井、袋装砂井或塑料排水带竖向排水系统。在真空装置抽气前，薄膜内外气压相同，当真空装置抽气后，薄膜内外形成压力差，泥层中的水在压差的作用下渗出，沿着砂井等排水系统上升进入砂层内，排出塑料薄膜外。真空预压的过程实质为利用大气压作为预压荷载将泥层中水挤出的过程（当膜内外真空度达到 600mmHg，相当于预压荷载为 80kPa，相当于堆载 5m 高的砂卵石）。真空预压法工艺示意图见图 4.6-7。

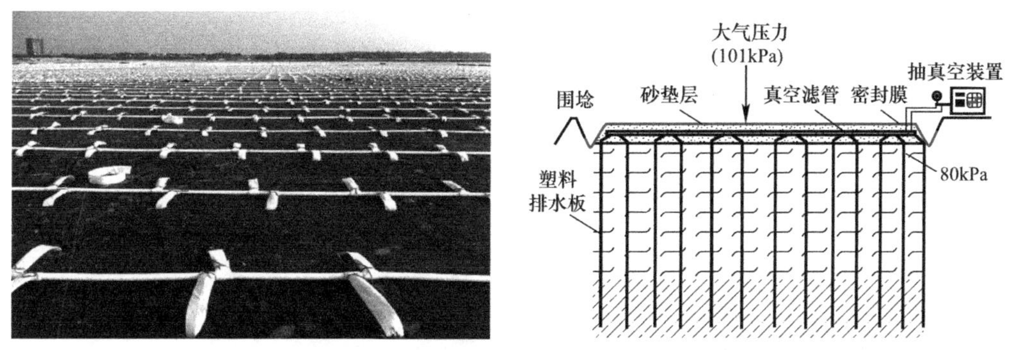

图 4.6-7　真空预压法工艺示意图

② 砂垫层及渗水滤管

在砂垫层中埋设水平分布的渗水滤管，一般采用平行排列或鱼刺形排列的布靠方法，铺设距离应适当，以使真空度分布均匀，在渗水滤管的上部覆盖 100～200mm 厚的砂层。砂垫层上用以密封的塑料薄膜，一般采用 2～3 层聚氯乙烯薄膜。

③ 适用性

国内很多工程都采用真空排水固结法，但由于淤泥的黏粒含量一般较高，进行常规真空排水时，排水通道很快会被淤堵，导致淤泥排水效果不好。真空排水法适用于有机质含量低、含砂量较大、持水性差的淤泥脱水。

3）土工管袋技术

土工管袋是一种由高强度土工织物（原料为聚丙烯或聚酯）制成的管袋式的包裹

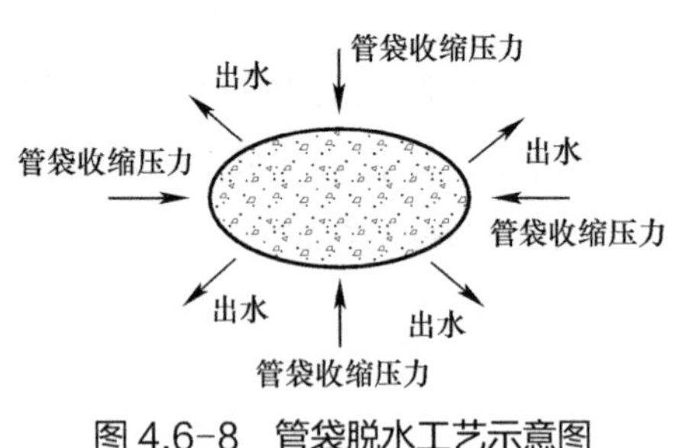

图 4.6-8　管袋脱水工艺示意图

体，主要用于包裹砂类泥土，形成柔性抗冲击的大体积重力结构。土工管袋最初被用于护岸围堤工程中，目前其应用领域越来越广，在国外的污染底泥脱水等环境工程中也得到推广应用。土工管袋脱水法是将疏浚底泥输送进入土工布袋中，通过加压促使底泥水分脱除的一种技术方法，脱水过程如图 4.6-8 所示。

淤泥土工管袋脱水技术（图 4.6-9）是将绞吸或泵吸的淤泥直接通过管道混合器与相应的絮凝药剂充分混合，并充入具有渗水功能的土工管袋中，堆放方式为一层层叠放，通过上方管袋重力及药剂的双重作用，泥浆中的水从管袋中逐步渗出，淤泥的含水率得到逐步降低。土工管袋脱水固化分为三个阶段，分别是充填、脱水、固结阶段。充填是将淤泥或污泥充填到土工管袋中，为加速脱水必要时可投加絮凝剂促进固体颗粒固结。脱水是将清洁的水流从土工管袋中排出，其脱水原理主要是土工管袋材质所具有的过滤结构和袋内液体压力两个动力因素。经脱水后，超过 99% 的固体颗粒被存留在土工管袋中，渗出水经监测合格后达标排放。固结是将存留在管袋中的固体颗粒填满后，可以把土工管袋及其填充物送至垃圾填埋场或者将固结物移走，并在适当的情况下进行利用。但该工法脱水时间长，占用大量土地资源，且尾水易造成二次污染。

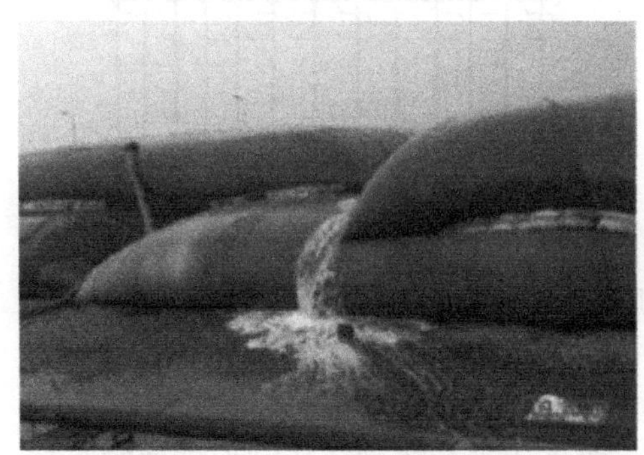

图 4.6-9　淤泥土工管袋脱水技术

4）机械脱水技术

脱水机械（图 4.6-10）有转筒离心机、板框压滤机、带式压滤机、真空过滤机等多种，在城市污水处理厂中，污泥脱水机广为使用。其工作原理为使用离心机、带式压滤机和板框压滤机等机械分别通过强大的离心力或不同压力的挤压方式，强制将淤泥中的水挤出。机械脱水与其他脱水技术相比，具有处理量大、基建费用少、占地少、操作简单、自动化程度高等优点，是世界各国在污泥处理中较多采用的机型，也是目前疏浚泥机械脱水的首选机型。

(a) 板框压滤机

(b) 带式压滤机

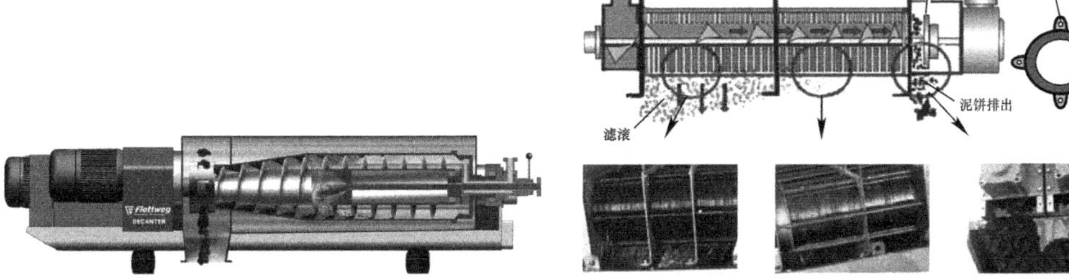

(c) 离心压滤机

(d) 离心压滤机作业示意图

图 4.6-10 机械脱水装备

机械脱水装置可用于疏浚泥浆脱水作业。1996 年美国的华盛顿州曾因疏浚区无堆场可用而实施了用离心机使泥浆脱水的实验工程；中国的广州曾在 2010 年第 16 届亚运会前对其城区河涌进行了较大规模的治理，其中使用了各种机械脱水装置对污染底泥进行脱水处理。

机械脱水需要耗费电能和药剂，其处理成本相应提高。加药调理是机械脱水的预处理步骤，一般进行机械脱水的污泥，其比阻抗值在 1×10^{12}～4×10^{12}/kg 或 CST 值小于 20s 时较为经济，调理效果与调理剂种类、投加量及调理环境因素等密切相关。因此，对量大泥稀的疏浚泥浆，机械脱水所需费用十分庞大。机械脱水能耗也较大，世界上最大的卧螺沉降离心机制造厂家——瑞典阿法拉伐公司生产的卧螺离心机，其能耗为 0.8～0.9kWh/（m^3 污泥），在大规模实施中，供电将是较大的困难。国外有关研究认为，对于细颗粒物料的大土方量脱水，采用脱水机械在技术上是有效的，然而是不经济的。

5）污染淤泥脱水与固化技术

常用污染淤泥脱水固结处理技术包括化学固化技术、淤泥脱水固化一体化技术等。

（1）化学固化技术（图 4.6-11）

化学固化法主要包含除杂、固化、养护这三大系统，对于含水率过高的绞吸泥浆，

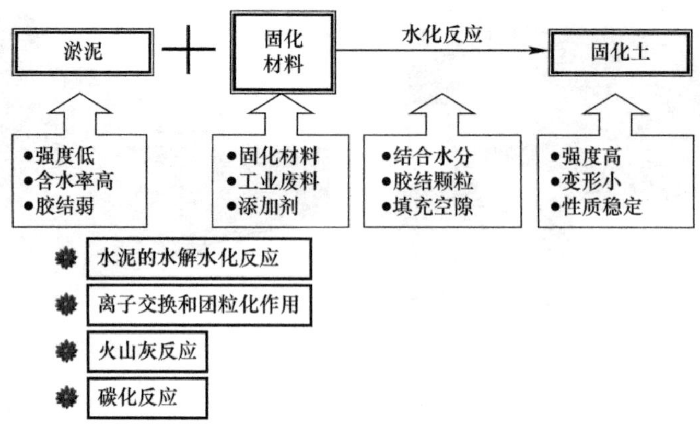

图 4.6-11　化学固化技术

则需增加浓缩单元。化学固化的核心为淤泥与固化药剂的均匀拌和。其能连续作业，自动化程度较高，主要设备之间的连接是管道连接，容易实现半自动化施工。

固化药剂多为多种材料的复配，如粉煤灰、半水石膏、水泥、生石灰、膨润土、磷灰石、沸石粉等。复合型固化材料可以充分发挥固化材料的水化反应、火山灰反应、离子交换反应、团粒化作用以及碳化反应的潜力，提高水化产物的胶结和填充作用，提高对重金属、有机质的固化效果。经过固化处理后的淤泥具有强度高、渗透性低、耐水性强的性质。

其中，化学固化技术根据不同状况的淤泥又分为淤泥管道搅拌固化技术和带格栅杂物处理功能的淤泥管道搅拌固化技术。具体地，以吸绞为例，当疏浚淤泥生活垃圾、建筑垃圾含量及含砂率较低，可采取以下淤泥管道搅拌固化技术工艺流程来对淤泥进行处理（图 4.6-12）。当淤泥中生活垃圾、建筑垃圾含量比较大且含砂率较高时，可采取带格栅杂物预处理功能的淤泥管道搅拌固化工艺流程（图 4.6-13）。使用多级格栅滤除工艺除去河道淤泥中的生活垃圾和建筑垃圾，使淤泥中的各组分分配更为均匀，利于后续的脱水与固化处置。

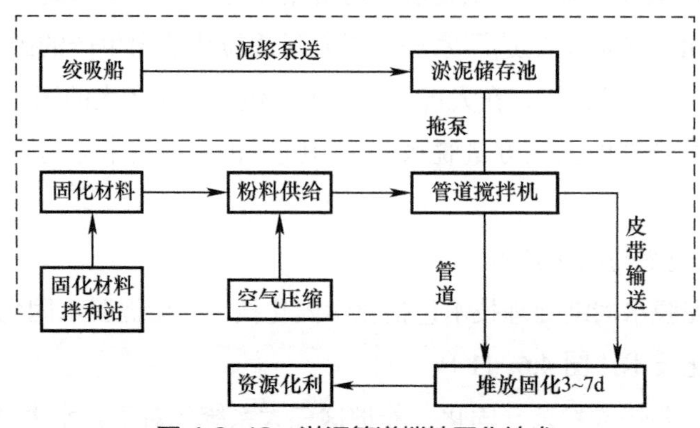

图 4.6-12　淤泥管道搅拌固化技术

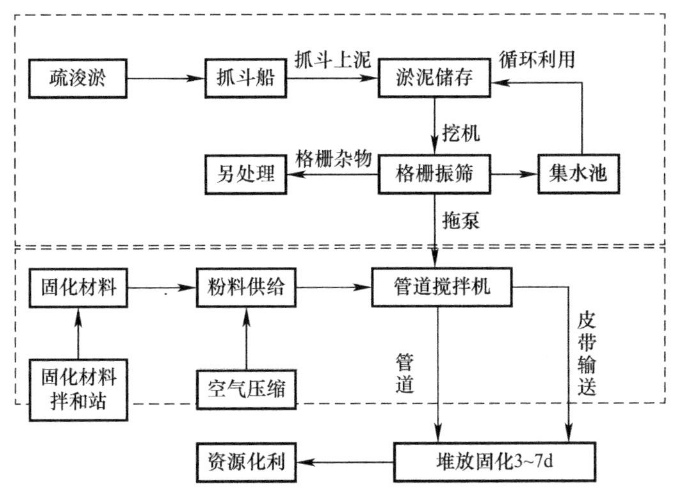

图 4.6-13　带格栅杂物预处理功能的淤泥管道搅拌固化工艺流程

固化处理工程中常用的设备（图 4.6-14）主要有淤泥输送设备、粉体供给机、管道搅拌机、料仓等。单纯的化学固化处理工艺一般适用于抓斗抓取的或挖机清出的浓度较高的淤泥，工艺相对简单，但需要较大养护周转场地，拌入药剂后，往往需对固化淤泥进行 3～7d 的养护和翻抛，因此对于施工用地紧张的工程很难实施；对于绞吸底泥，由于含水过高，需增加浓缩预排水工艺，处理相对复杂，处理时间也相对较长。淤泥固化成本直接受制于淤泥的含水率，含水率越高，药剂用量越大，且养护时间越长，对场地要求越高。

（2）淤泥脱水固化一体化技术

目前污染底泥处理处置的主流方法是固化剂固化螯合搅拌脱水法（化学固化法）、机械脱水法等，但在现代清淤工程中，往往环保要求高、工期短、施工用地紧张，为了达到这些要求，结合淤泥固化和机械脱水两种技术形成了环保淤泥脱水固结一体化技术，这也是目前使用最为广泛的技术。该工艺主要包含预处理系统、调理改性系统、脱水固化系统和尾水处理系统。河湖底泥在预处理阶段，分离粒径不小于 5mm 的大颗粒和生活垃圾，卫生填埋；通过旋流筛分阶段，分离粒径不小于 74μm 的固体颗粒物，通过砂分离器分选资源化；余下泥浆通过调质、高压脱水处理成含水率不大于 40% 的泥饼，尾水回用或处理后外排。淤泥脱水固结一体化技术工艺流程图和工作示意图分别如图 4.6-15、图 4.6-16 所示。

① 泥浆预处理系统

泥浆预处理系统完成对来泥的杂物分选去除、泥浆浓缩调节、通量控制，所涉及的设备为筛分旋流器和上流分级器（图 4.6-17）。筛分旋流综合了水力旋流器、离心机和振动筛的特点。淤泥泥浆中粒径不小于 5mm 的大颗粒和生活垃圾通过预筛后被晒

(a) 淤泥输送设备

(b) 固化剂料仓

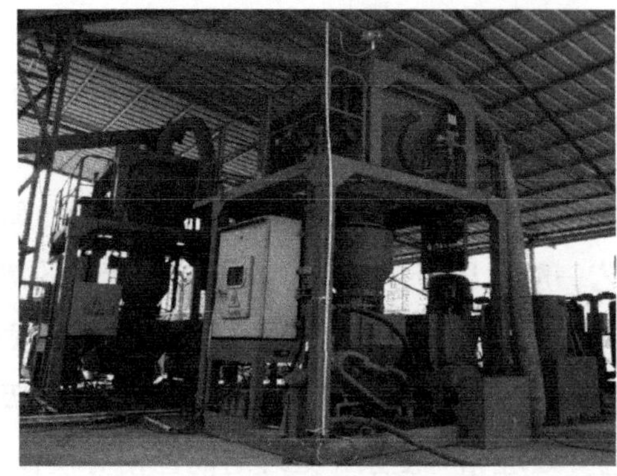
(c) 粉体供给机

(d) 管道搅拌机

图 4.6-14　固化处理工程中常用的设备

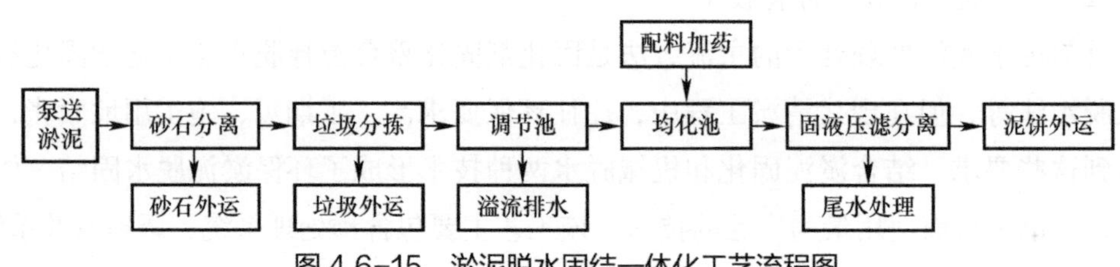

图 4.6-15　淤泥脱水固结一体化工艺流程图

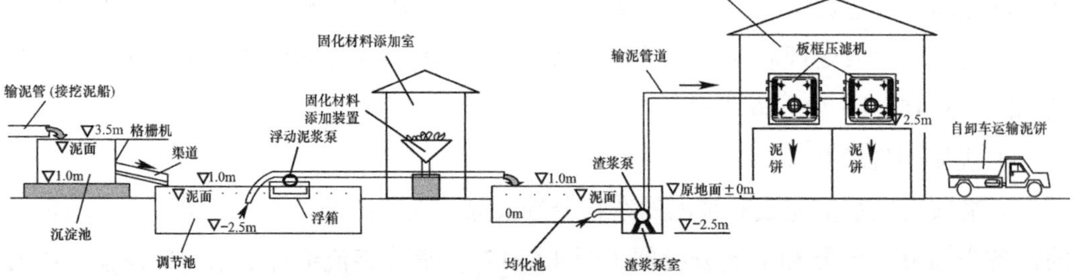

图 4.6-16　淤泥脱水固结一体化工作示意图

(a) 筛分旋流器

(b) 上流分级器

图 4.6-17　泥浆预处理系统

出，余下泥浆进入储浆槽，沿切线方向进入旋流器。在离心机及泥浆重力的联合作用下，成功分离粒径不小于 74μm 的砂和细颗粒。砂经筛机筛出利用，细颗粒泥浆则进入调理改性系统。

上流式分级器，也就是擦洗设备，为去除有机物质的关键设备。如果没有这个阶段，分离后的沙子高度污染而不能重复利用。上流式分级器可以对不同大小的晶体进行淋洗和分选。分离效果佳，即使在流量和负荷变化的情况下、磨损小、可靠性高、操作简便、较国内淋洗费用低、测量控制成本低。

② 调理改性系统

调理改性系统完成对泥浆中添加料的配置与控制、紊流驱动反应与均化、浆体调理与调质；调理改性系统是淤泥脱水固化一体化技术的核心。该系统主要有改善淤泥脱水性能、释放淤泥中束缚水和实现淤泥无害化三大作用。①改善淤泥脱水性能：使悬浮溶液中胶体克服粒子间的斥力，颗粒絮凝成团而发生沉淀，达到去稳定化的效果，改善底泥的沉降脱水性能；②释放淤泥中束缚水：破坏底泥絮体的结构，使更多束缚水（主要是间隙水）转换为自由水；增强絮体骨架，改善其透水压实性能；③无害化：固定氮磷、钝化活性重金属、杀灭细菌病原体等，实现淤泥无害化。

③ 脱水固化系统

脱水固化系统可完成泥浆的脱水与固化。目前常用的脱水设备有板框压滤机、带式压滤机和离心机，均具有工程占地小的优点。其中，板框压滤机间歇运行，泥饼含水率低，减量效果较好；带式压滤机和离心机连续运行，但对前端调理工艺要求极高，出水含水率相对较高，多在 50% 以上。目前清淤工程中一般要求淤泥处理后含水率在 40% 以下，为保证淤泥脱水效果，因此多采用板框压滤来施工。底泥经环保脱水固化一体化工艺处理后产物如图 4.6-18 所示。

图 4.6-18　脱水固化一体化工艺处理后产物

④ 尾水处理系统

高含水率的污染泥浆处理过程中的退水要做到达标排放。退水处理的方法有物理法、化学法和生物法等；按处理程度来划分，分为一级处理、二级处理和三级处理。常用的一级处理方法有混凝沉淀、滤布滤池、高效絮凝沉淀超速水处理一体机技术、超磁分离水体净化技术。通过实施这些技术，可使退水达到二级排放标准。

6）浚后底泥脱水固化方法比较

上述污泥脱水方法均可以达到污泥脱水、干化固结的目的，但对于污染底泥堆场而言，由于通常工程量浩大，堆场面积可能达到百万平方米以上，处理成本往往成为首要考虑因素。砂井堆载预压法，塑料排水带堆载预压法、真空预压法、机械脱水法等排水固结工艺具有快速高效的优点，但大规模实施将需要耗费数千万元以上投资，在一般情况下，经济方面可能难以承受。堆场主动排水工艺虽然干化速度不如前者，但仍可以取得明显的干化脱水效果，且简单易行，成本低廉，适合大规模实施。因此，在没有紧迫的时间要求时，可以将堆场主动排水法作为加快堆场疏挖泥浆干化脱水过程大面积实施的方法。管道投药法具有快速、经济的特点，90d 堆场承载量可以达到 30kPa/m^2 以上，可以迅速恢复临时堆场用地，为较适宜的快速脱水干化技术。对局部急需早期利用或需立即进行建筑物施工的小面积场地，可采用砂井堆载预压法、塑料排水带堆载预压法、真空预压法、机械脱水法等排水方法，使污泥在短期内迅速干化以适应特殊需要。

对比各种脱水固化技术的特点，可以看出，脱水固化一体化工艺具有显著优势，其占地面积小，适应性强，处理效果好（表 4.6-10）。

脱水固化技术比较 表 4.6-10

比较项目	脱水固化一体化工艺	自然脱水 / 表面排水和渐进沟排水	预压脱水法	土工管带法	机械脱水法	化学搅拌固化法
工艺特点	将机械脱水与淤泥化学固化有机结合，以机械脱水为手段，以脱水及固结材料对泥浆的调理为核心，实现淤泥“减量化、无害化、稳定化、资源化”目标	利用太阳光能、空气对流对淤泥进行脱水、干燥，利用淤泥自重压密促使含水率下降，包括自然暴晒、人工翻晒、底面脱水、堑壕挖掘等方式	通过营造有利于淤泥脱水的环境，利用真空压力和淤泥自重对淤泥进行脱水处理	把高含水率淤泥或泥浆打入土工管袋中，利用土工管袋透水性，对淤泥进行压密搁置促进脱水	使用离心机、带式压滤机和板框压滤机等机械分别通过强大的离心力或不同压力的挤压方式，强制将淤泥中的水挤出	在淤泥中加入固化材料，对淤泥进行固化、改性，同时可将污染土固结、封闭，形成一层隔离膜，避免污染周边环境
处理方式	脱水固结	仅脱水	仅脱水	仅脱水	仅脱水	仅固结
减量化	含水率小于40%，减量大	含水率高，减量小	含水率高，减量小	含水率高，减量小	含水量60%，减量较小	淤泥基本无减量
无害化	对有害物质实现固封和钝化	没有无害化处理	没有无害化处理	没有无害化处理	没有无害化处理	对有害物质实现固封和钝化
稳定化	无二次污染	易二次污染	易二次污染	易二次污染	易二次污染	不易产生二次污染
资源化	资源化方式多样	难利用	难利用	难利用	难利用	经过3～7d的翻抛养护后才能利用
占地面积	小	巨大	巨大	巨大	较小	巨大
适应性	适应各种泥质，不受天气影响	仅适应无污染淤泥，受天气影响大	仅适应无污染淤泥，受天气影响大	仅适应无污染淤泥，受天气影响大	仅适应无污染淤泥，不受天气影响	仅适应轻污染淤泥，受天气影响大

3. 底泥资源化技术

1）土地利用

将淤泥与锯末、秸秆、树枝及木屑、稻壳等经过堆肥处理后，可施用于农田、园林、草坪、废弃土壤，还可用作林木、花卉育苗栽培基质，能降低育苗成本，提高土地生产能力。

土地利用是疏浚底泥资源化利用的重要途径。疏浚底泥性质与土壤接近，且营养丰富，土地利用是最能够体现底泥价值的资源化利用途径。将底泥用作园林培植土、有机肥，还可通过销售产生一定的经济效益。综合考虑，土地利用是疏浚底泥资源化利用的最佳方式，也是未来资源化利用发展的主流方向。

（1）农田利用（表 4.6-11、表 4.6-12）

淤泥作为肥料可分为两种：直接施用和间接施用，但采用淤泥做农业肥料对农作物的类型有较为严格的要求。由于淤泥含有较高的有机质、N、P、K 及其他植物生长所需的微量元素，因此，许多国家直接把淤泥施用于土地中。在我国，淤泥多用于农田土壤，近些年来，因为淤泥重金属超标等安全因素，慢慢转变为应用于园林绿化，对于非食物链植物生长的园林绿地来说，不会威胁到人类健康，其风险性更小，也更易被公众接受。由于淤泥直接施用的缺点，加之运输成本高，淤泥往往经过处理后再施用，处理技术主要有堆肥化、淤泥消化、加碱或氯气稳定等。堆肥化技术目前应用较为普遍，经处理后的淤泥既可增加效益，又可减少有害物质含量。

淤泥用于农业用肥的准入条件　　表 4.6-11

指标名称	指标要求
有机质含量	≥25%
总养分（$N+P_2O_5+K_2O$）含量	≥60g/kg
水分（游离水）含量	32%
pH	6.0～8.5
细度（1.00～2.83mm）	≥80%
粒度（1.00～8.00mm）	80%
粪大肠菌群菌值	0.1
蠕虫卵死亡率	≥95%

淤泥用于农业用肥的污染物控制指标　　表 4.6-12

项目	最高允许含量 mg/kg	
	酸性土壤（pH＜6.5）	中性和碱性土壤（pH≥6.5）
镉及化合物（以 Cd 计）	5	20
汞及化合物（以 Hg 计）	5	15
铅及化合物（以 Pb 计）	300	1000
铬及化合物（以 Cr 计）	600	1000
砷及化合物（以 As 计）	75	75
硼及化合物（以水溶性 B 计）	150	150
矿物油	3000	3000
苯并（a）芘	3	3
铜及化合物（以 Cu 计）	250	500
锌及化合物（以 Zn 计）	500	1000
镍及化合物（以 Ni 计）	100	200

注：铬的控制标准仅限于含六价铬极少且具有农用价值的淤泥。

淤泥已普遍作为有机肥料采用。经量化和无害化处理的淤泥含有大量有机质和矿质养分，在改变土壤理化性质、促进农林作物增产方面具有重要作用。对水稻、大豆的种植试验表明，适量施加淤泥，能提高土壤肥力，有机质、全N、速效P、速效K等养分供应水平增大，植株增产明显。对毛白杨、松树和榆树的研究都证明，淤泥能显著促进树木生长，林木高度、地径大幅增加（10%～50%），同时能促进灌、草植被的生长。广州、上海等地也已推广在园林绿化上施用淤泥堆肥。我国东、西部地区由于土地资源丰富、农业较发达，淤泥堆肥技术比例达到50%以上。

唐鸣放等采用改性粉煤灰钝化处理的淤泥作为基质，发现佛甲草叶绿素含量明显提高；高定等对黑麦草的研究也表明，施用淤泥复合肥后，草密度、盖度提高，地上、地下生物量显著增加；苏德纯等将官厅水库疏浚底泥进行预处理后用作植物生长介质，发现植物在底泥上生长良好。朱广伟等人研究了将京杭运河段疏浚底泥应用于青菜等农田作物的影响，结果表明：添加底泥后，青菜发芽率明显增高，但投放量超过600t/hm^{2}后，青菜长势随底泥用量增加而下降；重金属含量分析表明，当底泥用量达到1500t/hm^{2}时，青菜中Cu、Zn含量均超过食品卫生标准。王玮等人采用盆栽与田间试验，发现作物的生长与底泥施用量一般呈正相关关系，而作物体中重金属Cd、Zn等含量与底泥用量和泥质有关，试验结果显示，苏州河底泥农田投放对农作物的生长和重金属残留一般没有不良影响，且有一定的增产作用（10%左右），对土壤重金属的积累影响轻微。

（2）园林绿化

底泥用于造林不会威胁人类食物链，林地处理场所又远离人口密集区，所以较为安全，另外林地、荒山往往比农田更缺乏养料，可使过量的氮、磷养料得以充分利用，养分流失而污染水体的可能性大大减小。疏浚底泥用于园林绿化可以促进树木、花卉、草坪的生长，提高其观赏品质，并且由于园林绿化植物一般不会进入食物链，因此不易造成食物链污染的危害。

疏浚底泥具有陆地土壤的基本理化性质，富含植物生长所需要的各种营养元素，能促进树木、草坪的生长，故可用于园林绿化。在发达国家，淤泥被作为土地利用的宝贵资源，英、美、澳等国的淤泥园林绿化利用率高达50%以上，例如，美国在公园草地和观赏林地中使用淤泥堆肥就相当普遍。

近年来，在我国的上海、北京、天津、西安等地也进行了淤泥及淤泥堆肥应用于园林栽培的相关研究，发现淤泥能改善土壤理化性状、提高土壤肥力、促进园林植物生长，并以淤泥为材料进行栽培营养土的配比试验，其效果和一般复合肥相差无几。

由于我国淤泥资源化起步较晚，技术不够成熟，目前淤泥用于农田和园林绿化还存在一些问题，如大量使用淤泥会影响植株生长，病原物较多不能完全灭活，存在重金属污染隐患以及氮磷过剩等。施用河湖淤泥是否对城市环境造成威胁，关键在于需对淤泥进行适当的处理，控制淤泥中的污染物含量，并科学合理地施用。只要达到一定的准入条件与技术要求，施用淤泥不仅不会对环境造成危害，而且有利于发挥园林植物的绿化效能，实现资源的可持续利用，如表 4.6-13～表 4.6-15 所示。

淤泥用于园林绿化介质土的准入条件　　表 4.6-13

项目	条件
表面与嗅觉要求	表皮疏松，没有显著的恶臭
理化指标	对盐分敏感植物周围土壤的 EC 值宜小于 1.0ms/cm，对耐盐植物放宽至小于 2.0ms/cm；酸性土壤 pH 为 6.5～8.5；中性和碱性土壤 pH 为 5.5～7.8；含水率小于 40%
养分指标	总养分（总氮 + 总磷 + 总钾）不小于 3%；有机物含量不小于 25%
生物学指标	粪大肠菌群菌的数值大于 0.01；蠕虫卵死亡率大于 95%
腐熟指数的要求	种子发芽率大于 70%

污染物指标与限值　　表 4.6-14

污染物指标	限值（mg/kg 干污泥）	
	酸性土壤（pH<6.5）	中性和碱性土壤（pH≥6.5）
总镉	<5	<20
总汞	<5	<15
总铅	<300	<1000
总铬	<600	<1000
总砷	<75	<75
总镍	<100	<200
总锌	<2000	<4000
总铜	<800	<1500
硼	<150	<150
矿物油	<3000	<3000
苯并芘	<3	<3
可吸附有机卤化物（AOX）（以 Cl 计）	<500	<500

淤泥用于园林绿化土的准入要求　　表 4.6-15

使用方法	技术要求
作为绿化栽培介质	盆栽用：将淤泥和自然土按一定比例数量拌和，条件成熟的地方可以堆放一定时间（最少堆放时间为两天，堆放期越高越有利） （1）作为育苗：用量控制在干重的 5%～10%； （2）肉系根或者是移栽来的土数量少：用量控制在干重的 5%～10%； （3）移栽所带的土较多或耐盐碱性的植物：用量控制在干重的 20% 内，个别可用量到 30%。 绿地直接使用：通常情况下，将种植绿地的地区平整完毕后，将淤泥均匀地撒放在上面，然后与下层的土进行均匀拌和，也可以视情况浇少量的水，在均匀拌和的同时，降低泥中的含盐率，如果有条件，可放置一段时间，再进行种植。

续表

使用方法	技术要求
作为绿化栽培介质	（1）种植草坪或花卉：均匀施泥 6～12kg 干泥（每平方米）； （2）种植小灌木：均匀施泥 12～24kg 干泥（每平方米）； （3）种植乔木：在树穴周围和底部施泥，依据植直径的株大小可施 10～80kg 干泥
注意事项	淤泥施用季节最佳时间为非春季或夏季，6—7 月的雨季和炎热夏季不宜使用； 为减少淤泥盐分，使用淤泥时应尽可能远离接触植物的根系； 淤泥施用量要依据不同植物的种类特性，通常喜欢盐碱的植物可增加用量，喜欢贫瘠的植物可减少用量；苗期用量相对较少

（3）土壤修复

严重扰动的土地一般已失去土壤的优良特性，无法直接植树种草，施疏浚底泥可以增加土壤养分，改良土壤特性，促进地表植物的生长。矿山废弃地、采石场、取土后的凹坑等生态严重破坏区，地表已经无土壤或已失去土壤正常特征，营养贫瘠，植物无法生长，需要人工措施干预才可能得到复垦。由于淤泥具有一定的黏性和吸水性，可以改善土壤特性，防止水土流失；淤泥中的氮、磷、钾和有机质可以增加土壤养分，并提高矿山废弃地微生物的活性，有效恢复植被生长条件。通过淤泥与不同物质（粉煤灰、煤矸石、尾矿砂等）配比研究发现，在适当的掺量下，土壤持水能力、养分含量均有一定程度提高，构成的矿区复合基质种植三叶草和黑麦草，植株生长状况良好。与传统的耕地取土相比，淤泥来源广泛、价格低廉，可就地取材。

2）建筑材料利用

建材行业对原料需求非常大，将有机质含量偏低、不宜用于土地利用的淤泥通过技术方法制成水泥、陶粒及淤泥砖，不仅可以解决淤泥的出路问题，还能产生巨大的环境和经济效益。

（1）免烧砖

利用淤泥制砖是目前常见的一种固化处理方法。淤泥制砖相对于其他处置方法的优势主要在于能够固定淤泥中的重金属，避免对土壤水源造成污染。Hassan 等研究了含砷铁的淤泥黏土砖的性能，认为在控制酸碱度和淤泥添加量的情况下，成品有良好的浸出性能。同时，制砖业巨大的生产能力在淤泥的工业化利用方面有很大的潜能，一个中等规模的陶瓷厂一天能够生产 200t 以上的黏土砖，这个过程中消耗的淤泥高达 30t，相当于一个中型污水处理厂一天产生的淤泥量。淤泥作为掺料制备烧结砖，能够较好地实现对淤泥资源的再次利用，也可以在一定程度上减少环境污染，然而，这种处理方式存在一定缺陷：①耗资耗能巨大，而且生产过程中会产生大量的温室气体；②由于淤泥中所含的腐殖质有机物含量高，导致其烧失量高，增加成品的孔隙度和质量损失，造成成品强度降低；③烧结过程中会释放 SO_2、CH_4 等有害气体，如果烧结不当，其烟气产物中还将产生大量的多环芳香烃，对大气造成二次污染；④烧结温度对淤泥砖的机械性能影响较大，生产过程中对温度的控制有要求，若控制不当，可能对成品的质量产生影响。因此，探索如何改进该工艺，对今后淤泥的资源化利用具有参考价值。

淤泥中的元素组成和矿物组成与几种常用墙材制作原料相似，同时，淤泥含有活性 SiO_2 和 Al_2O_3 组分，在碱性环境下能被激发生成胶凝产物，通过胶结改善生成物的力学强度。因此，可探究直接利用未处理淤泥取代混凝土配合料中的部分砂石制备免烧砖新工艺的可行性。

淤泥作为掺料制备淤泥免烧砖，能够较好地实现对淤泥资源的再次利用，并且相对于普通烧结砖而言，具有更好的经济效益和环保效益，是未来新型墙体材料发展的有效途径之一。原材料淤泥中的重金属离子含量较低，污染程度分级为低，而淤泥免烧砖中的重金属离子含量不会高于淤泥，因此淤泥免烧砖中的重金属离子含量在允许范围内，这保证了淤泥免烧砖的环境安全性。

（2）免烧陶粒

现在随着陶粒原料的多样化，越来越多的人采用疏浚底泥来制备陶粒，但是大多数研究都是采用烧结法来制备底泥烧结陶粒，这不仅会消耗大量能源，排放一些有害气体，造成温室效应，而且提高了工艺的复杂性和可实施性。利用底泥、淤泥或者是淤泥来制备陶粒的相关性研究比较多，最早有国外的学者利用底泥这些原料来制备烧结陶粒。Devant M、Nakouzi、Cheeseman 等利用底泥、淤泥等来制备陶粒。国内的一些学者也在利用这些原料来制备烧结陶粒，如王兴润采用一些废弃的淤泥来制备烧结陶粒；徐振华除了采用底泥和淤泥，还包括粉煤灰来制备烧结陶粒；金宜英利用底泥制备了烧结陶粒，其中底泥的利用率高达 80%。有的学者将陶粒应用于滤料方面，其中也包括底泥制备的陶粒，如刘贵云采用彭越浦河道底泥制备陶粒滤料来处理生活污水，吴苏清利用底泥和黏土制备了超轻陶粒并将其应用于生物滤池，张国伟利用新泾港河道底泥制备烧结陶粒。

免烧陶粒是利用少量水泥或其余胶凝材料，作为胶粘剂，以活性固体废弃物为填料，经过造粒后，自然养护、蒸汽养护、蒸压养护而成的陶粒，密度为 500～1000kg/m^3，多用于结构保温混凝土，轻质切块和墙板。尽管利用河湖淤泥和粉煤灰等工业废渣烧制陶粒是其资源化利用的主要方式，但也存在一定的缺陷，如需要消耗大量能源、工艺技术复杂、推广存在难度等。因此，应当寻求一种新的资源化利用技术。与烧制陶粒相比，免烧陶粒具有强度高、软化系数较高、耐久性好和耐酸碱腐蚀等优点。在国内外目前免烧陶粒技术的研究中，多以粉煤灰为基材。在欧洲，荷兰的 Hoognvens 公司从 20 世纪 90 年代初开始研制粉煤灰免烧陶粒，并获得成功，其粉煤灰掺量可达

90% 以上，并建立了年产 35 万 t 粉煤灰轻集料生产厂，产品性能良好，各项质量指标均能达到 ASTM 要求，且具有生产工艺简单、能耗小、成本低等优点。

将固体废弃物与免烧法相结合，既解决了影响环境的大量固体废弃物堆积，又节约了不可再生的资源，而且免烧技术可以避免能源的消耗，大幅度减少了废气的排放，既满足环保要求、可持续发展、国家政策的鼓舞，又创造了经济效益。所以，利用疏浚底泥制备免烧陶粒，是底泥资源化利用以及陶粒的发展趋势。所以，研究疏浚底泥免烧陶粒，进一步探究底泥陶粒的后续发展，具有必要性和现实意义。

（3）焙烧砖

疏浚底泥具有颗粒细、含沙量少、可塑性高、结合力强等特点，在制砖领域具备一定的先天性优势，其中所含的大量有机物在焙烧过程中被烧失而产生微孔，这样就可以降低产品的体积和密度，通过调节配方可以制得透气性较好的轻质砖。以淤泥为主要原料制成的砖块质轻、透气性好，而且很容易制出不同的色彩，适宜于各种建筑物装饰。如将其制成砖块用于铺设人行道，雨水能够穿过砖块直接渗入地下，可防止因下水道排水不畅而造成积水。

淤泥的无机组成与许多建材相同，添加合适的外加剂，控制淤泥掺入量和焙烧工艺，可以烧制出性能良好的建材用砖。目前外加剂主要有黏土、页岩、煤矸石、粉煤灰等，烧制工艺主要是干化淤泥直接制砖和淤泥焚烧灰制砖两种。先后有浙江嘉兴、绍兴等地专门成立了由水利、城建、土管局等政府部门组成的科研小组，对平原河网地区河道的淤泥制砖进行了开发性试制研究，对原制砖设备进行技术改造，并针对淤泥含水率高、干密度低等特点，在试制过程中，科研小组通过不断调整和优化，以获得制砖土料的最佳配合比。

马雯等将干化处理后的淤泥直接与黏土掺混，制成的淤泥砖性能符合国家标准《烧结普通砖》GB/T 5101—2017 要求；李淑展等研究了用淤泥烧制地砖的抗压性能及其主要影响因素；林子增等研究了不同配比的干化淤泥对成型砖坯性能的影响。由于制砖过程中，淤泥中的重金属会转移到砖块和烟气的尘粒中，因此需妥善处理飞灰。目前国际对淤泥制砖仍处于研究和尝试阶段，而日本已经有了许多工程实例，我国可以结合实际和借鉴国外经验，将淤泥制砖利用付诸实践。

（4）焙烧陶粒

陶粒作为一种人造轻质粗集料，因质轻、高强、保温等特性备受关注，是具有发展潜力的新型建材。改性淤泥可以制成陶粒作为建筑材料使用。黄川等研究表明，粉煤灰、淤泥和黏土的优化质量比例分别为 79%、15.2%、5.8%，所制陶粒的堆积密度为 600kg/m^3，筒压强度为 2.2MPa，1h 吸水率为 10.2%；杜欣等对烧制陶粒的工艺进行了比较试验，发现“干化 – 烧结”比“湿法造粒 – 烧结”抗压强度高，吸水率低，更具优势；岳敏等研究了烧制过程中各种因素对产品性能的影响。陶粒产品不仅可做应用在建筑行业中的轻质骨料，还可用于生产耐火保温隔热材料，生产吸附剂等。

（5）生产水泥

淤泥灰分高，化学组成与水泥原料相似，与石灰石经过煅烧、粉碎等一系列工序即可制成水泥。利用底泥生产生态水泥，优点是成本较普通水泥低廉，仅为普通水泥的 1/3，但因原料不同其化学成分和性能有所不同，生态水泥含氯盐较高，会使钢筋锈蚀，故在应用上因受到局限而主要用作地基的增强固化材料。

Jennifer 等利用港口疏浚底泥制备水泥，发现生产水泥熟料所需的焙烧温度主要取决于底泥中石英的含量。杨磊等利用苏州河底泥生产水泥熟料，研究表明，苏州河底泥可以满足水泥生料的配料要求，其中的有机污染物和重金属在生产和使用中不会对环境造成二次污染，其熟料矿物组成和水化产物与硅酸盐熟料相同。杨力远等通过生料易烧性试验、岩相观测、水泥胶砂强度试验等，考察了利用淤泥配料煅烧硅酸盐水泥熟料的可行性，结果表明，淤泥代替部分黏土烧制的水泥熟料，矿物结构与常规的硅酸盐水泥熟料完全相同，水泥胶砂强度可达 50MPa。由于淤泥与传统原料不同，煅烧时产生的腐蚀性气体较多，氯离子含量较高，容易腐蚀钢筋，所以在研究应用中还存在很多技术问题需要进一步探讨。

（6）新型建材

淤泥焚烧灰与不同添加剂可制成沥青细骨料、微晶玻璃、生化纤维板等。淤泥焚烧飞灰类似于火山灰，因而可以替代沥青混凝土中的部分细骨料。微晶玻璃类似人造大理石，外观、强度、耐热性均比熔融材料优良，产品附加价值高，可以作为建筑内外装饰材料应用。生化纤维板主要是利用淤泥中的粗蛋白和球蛋白，经过热压处理后发生改性作用，再经漂白、脱脂后压制而成板材。近年来，关于淤泥制复合材料的研究日趋广泛。张召述等采用热塑复合法利用淤泥制备出聚合微孔材料，柴希娟等采用造纸淤泥制备增强废弃聚乙烯基复合材料，王新峰等研究了淤泥与叶蜡石合成莫来石制备耐火材料。这些探讨都表明淤泥建材化利用是可行的，但对淤泥的建材化利用需要考虑工艺流程中的影响因素和淤泥中污染物转移，这也是今后研究的热点问题。

3）填方材料利用

在适宜条件下对疏浚淤泥进行预处理，使其适合于工程需求，然后进行回填施工，作为填方材料使用，是河道疏浚资源化利用的另一种方法。对于回填用淤泥，主要有含水率、力学性能、环保性要求。

对疏浚淤泥进行预处理的方法通常包括物理方法（干燥、脱水），化学方法（固化处理）和热处理方法。从工程应用角度出发，以化学固化处理为主，同时辅以物理固化，是目前最为便捷、适用范围较广、造价较为理想的方法。与一般的土料相比，淤泥固化土具有不产生固结沉降、强度高、透水性小等优点，除可以免去碾压等地基处理外，有时还可达到普通砂土所达不到的工程效果。目前常用的固化材料中主要有水泥、石灰、石膏、粉煤灰等。张春雷等利用无锡五里湖疏浚底泥进行固化处理和筑堤试验，试验表明，该底泥能够满足堤防筑堤要求，可以作为土方材料使用。

随着底泥固化技术研究的深入，研究人员发现有机质的含量对底泥固化材料的强度有影响，有机质阻碍了固化强度的形成。目前，国外的底泥固化技术已趋成熟，并在许多工程中得到了广泛应用，如日本名古屋的人工岛、印尼的高速公路建设工程和新加坡长基国际机场等工程建设都部分使用了经固化的疏浚底泥作为填方材料。我国目前对底泥固化的处置利用技术仍然处于摸索期，虽已开展较多实验室小型试验，但还未开始大规模工程应用，仍需要学习和借鉴国外工程技术。

（1）路基及填方工程

土是目前公路填方路基施工中的常用材料，其来源广泛，且施工方便，作为一种价格便宜又较易得到的路基填筑材料，若与淤泥拌和后能得到性质满足路基填料要求的拌合物，则是一种使用范围广泛的淤泥处置方法。但使用优质土来处置淤泥虽能提高淤泥承载力，但提高幅度并不大，在掺加质量比 70% 的土时，其承载力水平仍不能达到高速公路、一级公路上路床填土的承载力要求。而此时所需土方量较大，淤泥处置量小，若采取场外购土，则使淤泥的处理费用加大，不利于节省工程造价。若采取边沟取土，则可节省部分处理费用。

建筑弃料表面及内部含有大量孔隙，具有很强的吸水能力，黏聚性不高。若能通过在淤泥中掺加建筑弃料来改善淤泥性质，则无疑既解决了淤泥的处置问题，又使废弃物得到有效利用，是一项以废治废、变废为宝的新工艺。研究表明：建筑废料掺混率达 25%～65% 时，拌和后作为路基材料的承载能力能符合二级公路设计规范要求，在建（构）筑废弃材料混合率 25%～54% 时，混合后的材料能够符合一级或高速公路的设计规范对路基承载力的规定要求；同时，研究也发现，随着建筑废料掺混量的增加，混合料承载力的数值与掺混量并非呈线性关系，在掺混数量为 35% 左右时，数据表明拌混后材料的承载力出现最大值，所以在工程实施中，设计及施工方应根据不同的道路部位要求的承载力规定，拌混不同数量的建筑废弃料保障道路的质量安全，满足路基填筑要求；研究数据也表明，拌混后的材料的膨胀量不大，符合规范规定的参数要求，建筑废弃料拌混后，能进行路基填筑的使用。

（2）筑造海堤堤防

将淤泥直接堆放到河道两岸的堤防上，待河泥干透后经平整加固加高沿岸堤防，也可进行固化处理后，作为新建堤防堤身和镇压层的回填和护坡之用。淤泥固堤必须满足稳定、防渗和沉降要求。该方法操作简便，成本也较低，在平原圩区整治中效益显著，但受堤防外形尺寸及政策处理等限制，解决的淤泥量相对较少，并对淤泥泥质要求高，应防止其对水体及周边环境产生二次污染。

4.6.3 案例示范

1. 西安阎良清河淤泥处置中心项目

1）项目背景

西安阎良清河淤泥处置中心项目治理范围西起西禹高速公路大桥上游 400m，东至栎阳大桥，治理长 8.1km，栎阳水库位于治理河道范围内。本工程总清淤量约为 400 万 m^3，其中 0+000～3+200 区间约 148 万 m^3，3+200～6+150 区间约 173 万 m^3，6+150～8+100 区间约 86 万 m^3。

2）淤泥处置中心设置（图 4.6-19）

综合考虑施工用地、运距、处理量及交通等因素，拟设置淤泥处置中心 A 和淤泥处

图 4.6-19 淤泥处置中心设置位置示意图

置中心 B 两座，如下图所示，淤泥处置中 A 负责处理上游 4km 清淤产生的约 200 万 m^3 淤泥，淤泥处置中心 B 负责处理下游 4.1km 产生的约 200 万 m^3 淤泥。

3）清淤及淤泥输送方式

本工程拟采用环保绞吸式（图 4.6-20）为主反铲开挖为辅的清淤方式。环保绞吸式挖泥船是国内河道、湖泊、水库等环保清淤工程中应用最广泛的一种清淤设备，融合了多种先进的施工技术，具有开挖精度高、扰动小、污染低的特点。

图 4.6-20　绞吸船

为保障施工效率，上游 4km 段配置 2 台清淤能力 225m^3/h 的环保绞吸船同时进行施工，下游 4.1km 段亦配置 2 台清淤能力 225m^3/h 的环保绞吸船同时进行施工。

绞吸淤泥的输送采用全封闭管道输泥技术（图 4.6-21），杜绝了淤泥运输中的散落、泄漏从而污染环境的情况，并可大量节省淤泥的输送成本。同时，还可利用水域条件，在河内最大限度地铺设水下潜管，以降低对环境的干扰影响。

图 4.6-21　全封闭管道输泥技术

4）淤泥处理处置

（1）工艺技术路线和参数（图 4.6-22）

以淤泥处置中心 A 为例，其淤泥处理总量为 200 万 m^3（水下方），处理工期拟定为 300d。

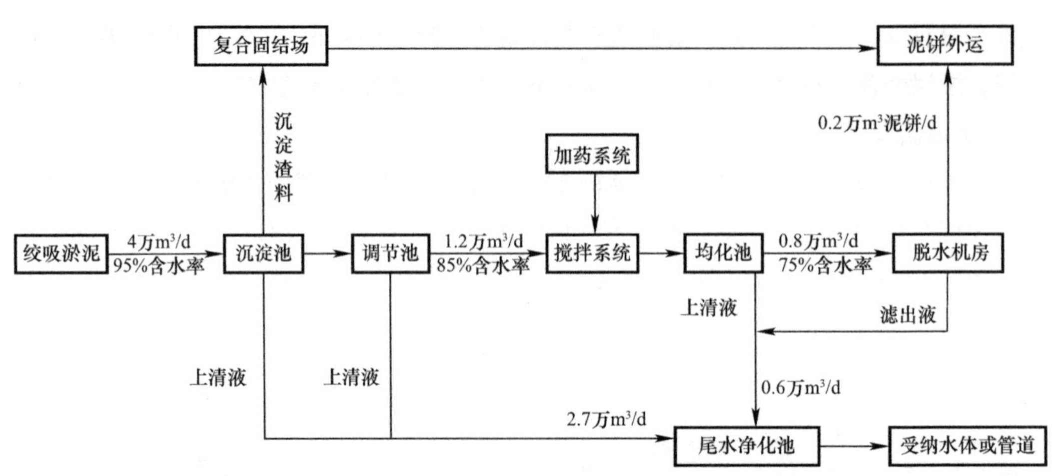

图 4.6-22　工艺技术路线和参数

（2）淤泥处理工艺

① 淤泥沉淀

环保绞吸船的绞吸泥浆通过管道输送至淤泥处理中心沉淀池重力分选，将较大粒径碎石、砖块等建筑垃圾沉淀、漂浮杂物用 2cm 耙齿间隙的格栅机拦截，如图 4.6-23 所示。

图 4.6-23　沉淀池与格栅机

② 淤泥调节

除去大粒径碎石、砖块等建筑垃圾沉淀、漂浮杂物的泥浆（此时泥浆浓度约为 5%～15%）经过渠道自流入调节池（图 4.6-24）储存，经过一定时间的自然沉淀，沉淀后的清水通过污水泵强制抽排。调节池配备 10 套污水泵、2 台 $100m^3/h$ 小型绞吸船（该船机动性强，控制泥浆浓度均匀），此时浆体浓度控制在 20%～25%。

③ 加药系统、搅拌系统（图 4.6-25）

材料添加：通过计量铰刀加入固结剂和调理剂的复合材料，通过自身紊流完成调理调质；将药剂和泥浆在立式搅拌罐（Φ6×3.5m）充分混合后送入均化池。

④ 均化

调浆均化：混合后的泥浆送入均化池（图 4.6-26），通过采用机械搅拌和曝气方式，对均化池泥浆进行调理调质均化，使材料充分混合，并保持泥浆浓度恒定。

⑤ 板框压滤脱水及泥饼

将完成调理后的泥浆通过渣浆泵送至板框压滤机（图 4.6-27），进料时间为 20min；板框压滤机通过滤板对淤泥进行挤压，压榨时间为 30min；产生的泥饼经重力作用掉落至泥饼（图 4.6-28）承载区，由履带式推土机将泥饼转运至泥饼堆场。通过本工艺，产生泥饼 60 万 m^3（换算为清淤水下方量为 200 万 m^3），处理后泥饼含水量不大于 40%。

图 4.6-24 调节池

图 4.6-25 材料添加系统

图 4.6-26 均化池

图 4.6-27 板框压滤

图 4.6-28 泥饼

⑥ 尾水处理

初沉池、调节池、均化池排出的上层清液及压滤尾水排至尾水净化池处理，尾水测试达到污水排放标准（SS≤20mg/L）排放至水体或现有市政管道。

（3）泥饼及尾水相关技术指标（表 4.6-16）

泥饼及尾水相关技术指标　　表 4.6-16

泥饼主要技术指标		值
含水率（水 / 总质量）（%）		≤40
溶蚀率（浸水 100d）		低于 1%
底泥浸出液重金属含量		小于《危险废物鉴别标准　浸出毒性鉴别》GB 5085.3 限制
尾水重金属含量		城镇污水处理厂污染物排放标准一级
尾水悬浮物 SS		≤20mg/L
抗剪强度	凝聚力（kPa）	＞20
	摩擦角（°）	＞15
十字板抗压强度（kPa）		≥50

2. 襄阳市护城河清淤工程

1）项目背景（图 4.6-29）

襄阳市护城河清淤工程为襄阳市重点工程之一，为典型的景观河内源治理项目，涉及面广，实施难度大，但意义重大。

本工程清淤范围为襄阳公园至南门桥（桩号 0+000～2+266）、民主路桥至夫人城（3+360～4+700），合计长度 3606m，淤泥厚度 0.33～0.95m，平均淤泥厚度 0.627m，清淤面积 547864m^2。

本工程的实施，可改善护城河水质和水生态环境，使护城河达到水清、岸美的目标；同时，助力发展古城文化旅游，推进古城 5A 级旅游景区建设，为襄阳古城申遗工作做好基本准备工作。

2）工程总体工艺方案（图 4.6-30）

襄阳护城河清淤工程采用的工艺为国家级工法：总体流程是环保绞吸式挖泥船清淤，HDPE 密闭管线输泥，环保药剂调理，高效压滤机脱水，生产的低含水率泥饼由渣土车集中外运，余水经处理达标后回排护城河。

总体来说，本工艺方案主要包含水上作业和岸上作业两大块。水上作业包括将淤泥通过环保绞吸和绞吸泥浆管道输送至岸上淤泥处理厂（即淤泥处置中心）；岸上作业包括淤泥的脱水固化处理和泥饼的外运消纳，其中，本工程岸上作业是通过建设淤泥处置中心，来集中对淤泥进行处理及外运消纳。

图 4.6-29　工程概况

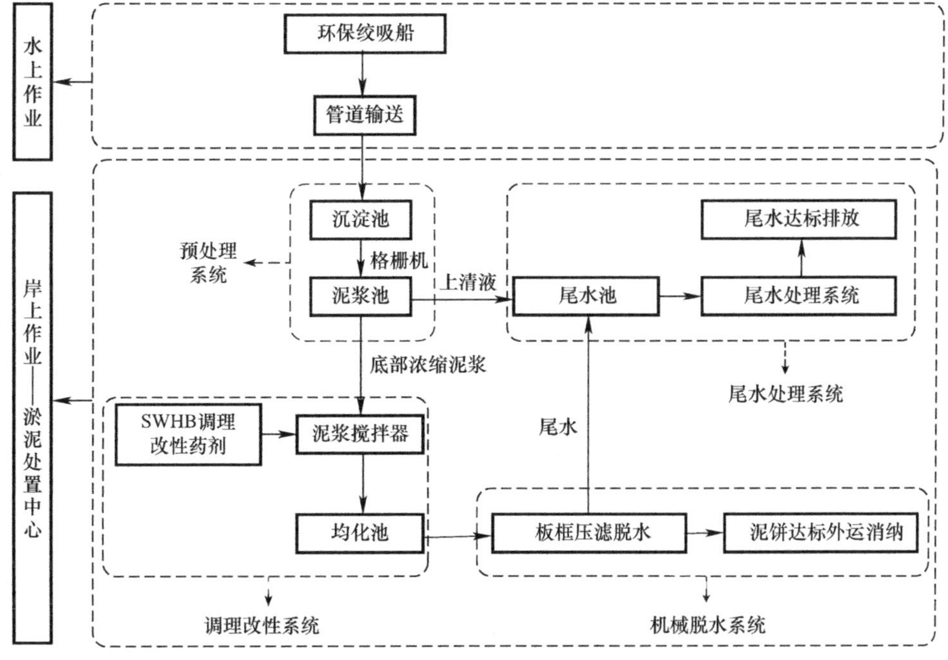

图 4.6-30　本工程所采用的总体工艺方案

（1）水上作业

① 环保绞吸船（图 4.6-31）

本清淤工程共配置 3 台先进的环保绞吸挖泥船，日清淤能力可达到 6000 水下自然方，且其为带水作业，施工形象好，清淤过程中不会对护城河景观功能造成影响，不会妨碍周边居民的正常游玩休闲；通过专用环保绞头清淤，挖掘精度高，可防止淤泥扩散和逃淤，淤泥清除率达 95% 以上；另外，在清淤时，由于无须排水，能很好地保护岸坡，尤其是古城墙的稳定性不受到危害，同时本设备施工不受天气影响。

② 绞吸泥浆管道输送

该工程采用管道输泥技术（图 4.6-32），将绞吸的淤泥浆输送至岸上的淤泥处置中心。管道输泥具有安全、高效、环保且对周边影响小的显著优势。淤泥采用管道输送，其特点是全封闭、连续输送，其优点是无滴洒漏、输送效率高，同时可利用水域条件，在河内最大程度铺设水下潜管和浮管，并最大程度降低对环境的干扰影响，这是一种极为安全、经济的淤泥输送方式。

图 4.6-31 环保绞吸式挖泥船
（位于护城河荟园处）

图 4.6-32 输泥管道

（2）淤泥处置中心

① 淤泥处置中心功能区布置及简介（图 4.6-33）

该工程选择襄阳市职业病防治院旁的拆迁空地，通过建设淤泥处置中心来集中处理管道输送过来的绞吸泥浆，同时完成淤泥的消纳。

按照生产工艺的要求，淤泥处置中心主要设置沉淀区、泥浆调节区、泥浆调理区、压滤脱水区、泥饼堆场等。

图 4.6-34 中的各功能区介绍如下。

沉淀区：功能是消能及除杂。泥浆在沉淀区进行泄压降速，夹杂在泥浆内的大颗粒碎石、砖块等通过重力沉淀聚集，漂浮杂物、垃圾等通过格栅拦截去除。沉积的杂

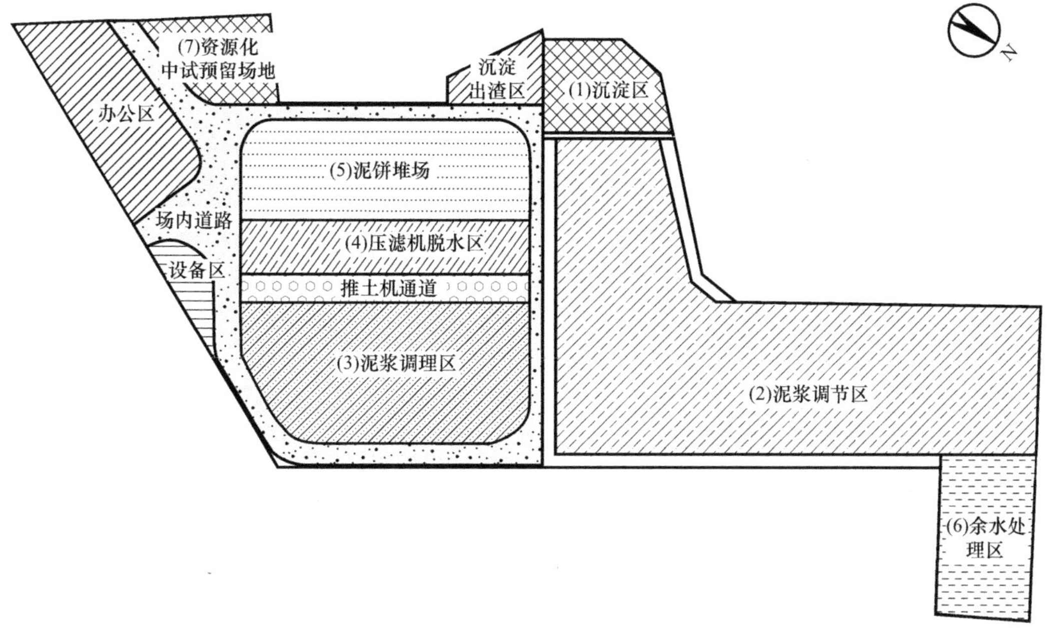

图 4.6-33 淤泥处置中心功能区布置

物、垃圾和格栅拦截物通过机械或者人工转运至沉淀出渣区，透过格栅的泥浆进入调节池。

泥浆调节区：功能是泥浆的储存与泥水分离、泥浆浓缩。泥浆调节池依地形布置，呈长条形，增加流程时间，有利于泥浆泥水分离，可降低上清液 SS 值。本固化场土质较差，采用拉森钢板桩和土围堰相互配合的形式进行加固和防护。

泥浆调理区：该区包含均化池和加药装置，功能是调理泥浆和增加泥浆浓度。通过添加固化药剂进行泥浆增稠、破壁和疏水，利于后续泥浆脱水。

压滤机脱水区：功能是对调理的泥浆进行压榨脱水。选用处理能力大的 800 平板框压滤机进行脱水，出泥质量稳定，产生的泥饼含水率低，可堆高压实，无二次污染。

泥饼堆场：功能是暂存压滤泥饼。泥饼可临时堆放在泥饼堆场，由挖机和铲车装车，可使用渣土车及时运送至鱼梁洲作绿化底肥使用。

余水处理区：功能是收集并处理泥浆调节池溢流和压滤车间尾水，使其达标排放。

资源化中试预留场地：功能是为泥饼的资源化中试预留的空间。

② 淤泥处置中心特点（图 4.6-34）

淤泥处置中心可实现淤泥高效环保处理，主要有以下特点：

不间断流水作业，淤泥泥浆集中处置，布置优化高效。

淤泥脱水固结封闭化管理，不受天气影响，可全天候进行作业。

利用 8 台 800 型板框压滤机处理，效率高，日处理水下方可达 6000m^3。

图 4.6-34　淤泥处置中心相关图片

生产泥饼含水率低，集中外运便捷，改良后可做种植营养土。

3）淤泥处置及资源化

（1）脱水泥饼资源化制工程土

具体技术路线如下（图 4.6-35）：脱水泥饼主要由淤泥微颗粒组成，因为泥比表面积大而不易分散，须在脱水前加入特殊的化学调理剂和特制搅拌设备强制搅拌分散。黏土微颗粒工程制土工艺流程包括泥浆脱水—泥饼破碎分散—材料添加—混合搅拌—洒水养护—工程用土。

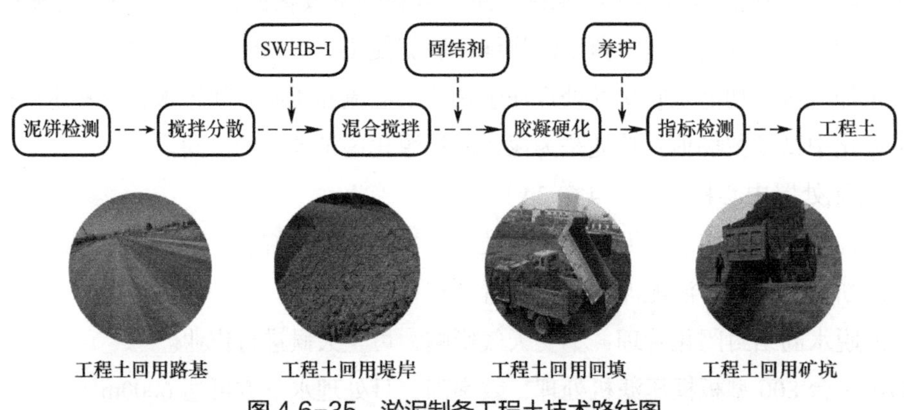

图 4.6-35　淤泥制备工程土技术路线图

① 泥饼破碎分散系统（图 4.6-36）

含水率不大于 40% 的脱水泥饼呈硬塑饼状，有一定的工程强度，须经破碎分散后方能进行后续处理。破碎机械选型的重点在于防止淤泥结块。脱水泥饼经推土机运送至破碎机，再由高速旋转的刀头进行二级冲击破碎，破碎后的泥饼由破碎机下部出料口排出。为保证后续混合的均匀性，泥饼破碎后的尺寸须不大于 20mm，本系统采用的锤式破碎机针对泥饼性质进行了改良，进泥尺寸大小不大于 100cm，出料泥饼尺寸为 10～15mm。

② 材料添加系统

破碎后的脱水泥饼经装载机吊入皮带秤喂料仓，根据设计配比同步添加 SWHB-Ⅰ调理剂及破碎泥饼进入各自喂料仓，通过自控室设置相关参数自动控制单批次物料添加量，称量完毕，经皮带运输机输送至斗式提升机，如图 4.6-37 所示。

图 4.6-36 泥饼破碎机

图 4.6-37 计量系统

材料添加配料装置采用单仓设计，配备称重传感器及电气操作蝶阀，材料添加设计干重配合比可根据工程土质量要求进行调整。SWHB-Ⅰ的主要成分为水泥、钙基材料、硅基材料、粉煤灰、元明粉等中的一种或多种，SWHB-Ⅰ调理剂对泥饼的固化效果是综合的行为，其中既有物理吸附和缠绕的作用，又有化学反应，其碱性激发剂通过铝硅酸盐聚合反应，破坏泥饼中硅酸盐矿物的稳定结构，激发土颗粒的活性，调理剂和水泥土混合物料不断地进行着水合、络合以及聚合反应，生成的凝胶相反应达到平衡后从胶体溶液中逐渐析出，并包覆在还没有溶解的固体颗粒表面，形成胶凝体的膜层，伴随着反应的进行，析出的凝胶体越来越多，其膜层的厚度也相应不断增加，渐渐地扩展填充颗粒的间隙，进而形成新的网状结构，与此同时，原先的泥饼中的吸附水通过离子交换反应被脱除，其他类的静水被慢慢地蒸发排除掉。最后，整个反应体系逐渐硬化，胶凝体周围胶结着有活性的土颗粒，并和生成的钙矾石相互交叉，填充着土颗粒间的空隙，形成更加稳定致密的空间网状结构，进而提高了土体的密实度和强度。

③ 搅拌均化系统

泥饼混合物料经斗式提升机输送至搅拌机喂料口，搅拌过程使用的是双变频盘式行星搅拌机（图 4.6−38）。该设备具有以下优点：搅拌轴和搅拌行星转子可持续且彼此独立地变速调节，使搅拌过程中能量转换效率最大化。同时，搅拌工具转速的独立调整显著可缩短搅拌时间，提高产能。通过转速的调整，能适应不同粒径的渣土处理。

图 4.6−38 双变频式行星搅拌机

④ 洒水养护系统

洒水养护。洒水养护后工程用土按照《公路工程无机结合料稳定材料试验规程》JTG E51—2009 中无机结合料稳定土的无侧限抗压强度试验方法进行无侧限抗压强度检验，强度达到《城市道路路基设计规范》CJJ 194—2013 规范中的要求，即可用于工程路基或回填用土。

制得的工程土（图 4.6−39）可满足如下指标要求：土料最大粒径应小于 150mm；土料液限小于 50%，塑性指数应小于 26；填料 7d 浸水抗压强度大于等于 0.5MPa；填筑路基用土的重金属等污染物含量按照《绿化种植土壤》GJ/T 340—2016 中土壤规定限值；土料最小强度（CBR）大于等于 2%；土料回填压实度不小于 92%；

图 4.6−39 工程土成品

（2）脱水泥饼资源化制园林土

淤泥制备园林景观用土主要是利用淤泥存在的氮磷和有机质等营养元素，通过适当处理后，可以用作园林用土。淤泥制备种植土技术路线包括脱水泥饼破碎——拌和秸秆进行堆肥处理（30d 左右）——理化测试——植物栽培实验——园林利用。

其主要工艺技术路线如下（图 4.6−40）。

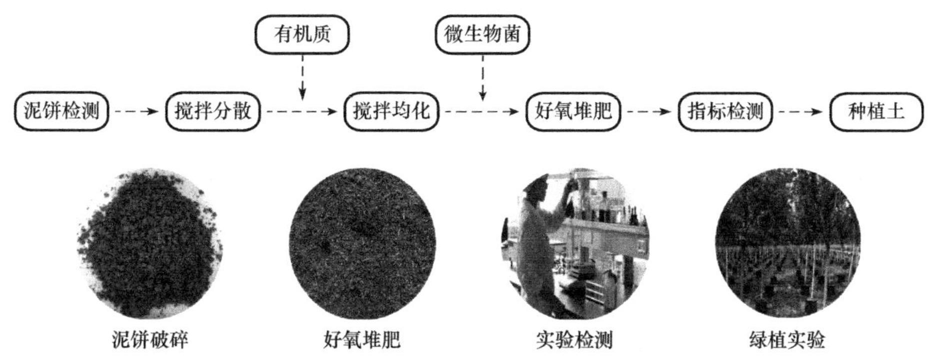

图 4.6−40　淤泥制备种植土技术路线图

① 泥饼破碎

通过人工结合机械破碎，将泥饼破碎至粒径小于 3cm 颗粒。

② 淤泥与秸秆粉混合

选用水稻秸秆、玉米秸秆粉，粒径小于 0.5cm。拌合物料比淤泥：秸秆粉为 3：1、5：1 或 10：1，通过机械搅拌混合。

③ 快速堆肥

将混合搅拌好的土样堆置于通风室内，做好防雨防渗，记录土壤温度变化，研究好氧堆肥菌剂对堆肥的土样中秸秆粉降解能力。堆肥 0d，10d，20d，25d，30d，分别取土样检测 pH、含盐量、质地和入渗率、阳离子交换量和有机质含量，记录土样理化性质变化。

制得的园林土符合以下要求：用于一般绿化种植的土壤应符合表中 pH、含盐量、有机质、质地和入渗率五项主控指标的规定。用于一般绿化种植，其表层土壤入渗率（0～20cm）应达到不小于 5mm/h 的规定；若绿地用于雨水调蓄或净化，其土壤入渗率应在 10～360mm/h，如表 4.6−17 所示。

园林土主控指标及技术要求　　表 4.6−17

主控指标				技术要求
1	pH	一般植物	2.5：1 水土比	5.0～8.3
			水饱和浸提	5.0～8.0
		特殊要求		特殊植物或种植所需并在设计中说明

续表

<table>
<tr><th colspan="4">主控指标</th><th>技术要求</th></tr>
<tr><td rowspan="4">2</td><td rowspan="4">含盐量</td><td rowspan="2">EC 值 /（ms/cm）适用于一般绿化</td><td>5∶1 水土比</td><td>0.15～0.90</td></tr>
<tr><td>水饱和浸提</td><td>0.3～3.0</td></tr>
<tr><td rowspan="2">质量法 /（g/kg）适用于盐碱土</td><td>基本种植</td><td>≤1.0</td></tr>
<tr><td>盐碱地耐盐植物种植</td><td>≤1.5</td></tr>
<tr><td>3</td><td colspan="3">有机质（g/kg）</td><td>12～80</td></tr>
<tr><td>4</td><td colspan="3">质地</td><td>土壤类（部分植物可用沙土类）</td></tr>
<tr><td>5</td><td colspan="3">土壤入渗率</td><td>≥5</td></tr>
</table>

（3）典型成品指标

在襄阳护城河清淤工程中，利用该工艺对河底清淤底泥进行了减量化处理，并利用脱水后泥饼生产了园林种植土和工程土，其成品指标如表 4.6-18 所示。

泥饼检测结果　　表 4.6-18

检测项目	检测结果（mg/kg）	标准限值（mg/kg）	达标评价
pH（无量纲）	7.85	5.5～10.0	达标
含水率（%）	32.4	＜35	达标
镉	0.2	20	达标
汞	0.18	15	达标
砷	11.3	75	达标
铅	8.96	1000	达标
铬	80.8	1000	达标
铜	32.6	1500	达标
锌	124	4000	达标
镍	30.2	200	达标
有机质（%）	1.14	—	—

由表 4.6-18 可以看出，本工艺生产的泥饼质量符合《城镇污水处理厂污泥处置 土地改良用泥质》GB/T 24600—2009 中的限值要求。

脱水后，生产的园林种植土成品指标如表 4.6-19 所示。

园林种植土检测结果　　表 4.6-19

检测项目	检测结果	标准限值	达标评价
pH（无量纲）	7.61	5.0～8.3	达标
含盐量（ms/cm）	2.4	0.3～3.0	达标

续表

检测项目	检测结果	标准限值	达标评价
有机质（g/kg）	46.1	12～80	达标
质地	壤土类	壤土类	达标
土壤入渗率（mm/h）	96	≥5	达标

由表 4.6-19 可以看出，本工艺生产的园林种植土质量符合《绿化种植土壤》CJ/T 340—2016 中主要指标的限值要求。

脱水后生产的工程土成品指标如表 4.6-20 所示。

工程土检测结果　表 4.6-20

检测项目	检测结果	标准限值	达标评价
路基压实度（%）	94.3	次干路 94	达标
填料最小强度（CBR）（%）	3.4	次干路 3	达标
填料最大粒径（mm）	5.0	≤150	达标

由表 4.6-20 可以看出，本工艺生产的工程土质量符合《城市道路路基设计规范》CJJ 194—2013 中次干路的限值要求。

4.7　智慧水务系统构建关键技术

4.7.1　基于云技术的污水处理厂智慧运营管理系统开发

针对污水处理厂智能化管理需求，研究基于云技术的污水处理厂智慧运营管理系统。在数字感知的基础上，基于云平台系统，构建集自控系统，数据接入与采集平台，一体化、移动化生产管理运营系统，精细化、规范化巡检管理模式，以及基于数据统计分析的辅助决策平台为一体的污水处理厂智慧运营管理系统，实现运行数据实时采集、存储和优化处理，数据监视、运行数据曲线分析、报表管理、数据指标（KPI）管理、报警管理、设备管理、巡检管理、维修管理、保养管理、App 移动应用，全面提升管理效率和运营水平。

1. 基于云技术的污水处理厂智慧运营管理系统架构设计

1）污水处理厂智慧运营管理平台建设目标

利用传感器、物联网、大数据、云计算等最新技术，将水务系统中所有设施、设备和人进行连接，形成水务物联网和水务大数据，对海量水务数据进行及时分析处理，提出辅助决策建议，使整个生产、管理和服务流程达到“智慧”状态。

智慧运营管理平台解决方案在总体上需要实现以下基本目标：

（1）科学化的管理

制定全面的、规范的信息化设备管理和数据监控流程，包括设备资产管理、设备运行和维护等，将其纳入一个优化的管理体系中，并实现集团层面的可综合展示、综合分析。

（2）智能化的数据分析与决策

根据生产数据监控内容，提供全面的生产分析，包括达标率分析、生产工艺状态分析、能效分析、故障分析、运维分析等。

（3）全流程的移动生产方案

可提供包括移动设备管理、移动巡检、移动检修、在线诊断报送等涵盖生产运行管理全流程的移动端解决方案。

（4）统一化的基础管理后台

具备统一、标准化的后台设计，具有成熟的安全认证、权限管理、服务总线、工作流引擎和完善的接口规范，能够在实现稳定、规范、高效的后台管理功能的同时，具备良好的扩展性和兼容性。

2）污水处理厂智慧运营管理平台需求分析

对污水处理厂及提升泵站进行信息化建设，加强信息化管理手段，通过人员在线、设备在线、生产在线强化现有运营管理体系。全面地将生产与运行管理有机地结合起来，以软件平台作为企业管理层和现场自动化控制层数据共享、分析、交换的基础平台，实现生产运行集中监视、运行数据曲线分析、数据优化与报表管理、报警管理、手机 App 移动应用，全面提升企业的生产管理效率和运营水平。具体信息化需求包括业务需求和技术需求。

（1）业务需求

① 实时掌控水厂设施及工艺流程的运行情况

将污水处理厂及泵站的监测仪表、设备设施、视频监控的信号接入到自动化管理平台中，实现对污水处理厂及泵站的生产运营和安防情况的实时远程监视。

对所采集的现场设备设施及工艺流程中的真实运行数据做专业分析，以表格、曲线等可视化的方式展现，方便后续管理以及历史数据追溯。

② 对水厂设备设施及工艺流程报警预警

可根据现场运行情况，自定义报警规则、报警接收人和接收方式。报警一旦触发，可通过短信或微信方式第一时间通知值班人员，保证污水处理厂稳定运行。

平台可以对历史报警情况进行统计和智能报警综合分析，为管理决策提供支持。

③ 生产运营各类数据报表自动生成

提供用于数据挖掘和智能分析的业务报表，定时自动生成并支持编辑、自定义报表格式。通过对整个生产过程数据的统计，各级管理人员和调度人员能够及时、准确、全面地了解和掌握污水处理生产的实时数据和历史数据。公司管理人员可以随时主动调取污水处理厂的各类运行报表，加强监管。

④ 完善对资产全生命周期管理，建立巡检维修养护智能化流程

建立以设备资产信息化全生命周期管理流程，对设备台账管理、巡检管理、维修养护管理、工单管理、库存管理等流程建立制度化、流程化、科学化管理。从而提高整个厂区管理人员、执行人员的效率。

⑤ 实现互联网 + 移动作业应用

可通过移动 App 对污水处理厂生产运营情况进行移动管控，包括工艺运行情况、数据信息、报表、设备台账等。

生产人员通过移动 App 完成巡检、设备保修等工作，实现无纸化办公，提高工作效率；所有完成动作以电子化形式记录在案，便于任务追踪与人员管理。

⑥ 实现分析生产数据，挖掘数据价值

对污水处理厂产生过程中的大量生产运行数据、水质化验数据、设备运行数据，借助云计算优势，对这些海量数据进行深度挖掘、数据分析，对基础数据进行二次加工。发挥数据背后价值。如药耗、电耗、项目 KPI 指标、设备故障诊断、预防性维护、决策支持等，提升企业科技实力。

⑦ 构建事故风险快速应对策略预案库

常规自控厂家在设计自动化控制系统时通常只考虑理想正常情况下运行处理，当设备故障异常时通常采用切换手动模式来实现人工干预，针对设备故障、工艺出现问题时，无法面对生产运行过程中各种突发事件提供准确的解决方案或建议，比如提水泵故障、进水水质变化等情况的应对。因此，需要提供一套科学的应急预案或专家知识库自动应对各种常见突发情况。一旦出现问题，可以根据知识库专家建议自动给出备选处理预案，采取科学的应对策略，将事故风险降到最低。

⑧ 建立科学化的数据决策支持

结合全厂内人员组织结构情况，建立一套科学、高效的办公流程方式，降低人员日常工作的劳动负荷，同时又能对数据进行综合运用，为设备故障诊断、生产调度、方案择优、运营管理提供科学化的辅助决策支持。为各级领导提供更为科学有效的监管考核手段。比如值班、巡检、维修养护工作。

（2）技术需求

① 易用性

系统具有清晰、简洁、友好的操作界面，详细的在线帮助，灵活、便捷的输入方式切换，准确、及时的数据合法性检查，方便、详细的常见错误修改说明；具有灵活、

合理地输入、修改、删除、统计、分析等功能；提供多种输出方式选择。其中，各项功能流程设计要直接，争取在一个窗口内完成一套操作；在一个业务功能中可以关联了解其相关的业务数据，具有层次感。另外，如果一旦出现操作失败，及时的信息反馈是非常重要的，并且所有操作要具有可逆性。

② 可维护性

系统设计遵循软件工程思想，采用层次化、模块化的设计，做到层次清晰、各模块相互独立性强；可方便维护各种基础数据，对系统进行升级。建立明确的软件质量目标，使用先进的软件开发技术和工具，建立明确的质量保证流程和选择可维护性的语言。

③ 可靠性

系统具有可靠性、稳定性、健壮性。重要数据应能及时备份和恢复；关键操作可以进行回退操作，对紧急情况有相应的应急处理措施，如当硬件平台、操作系统、应用系统、通信线路等出现故障时有相应的措施进行解决使其不影响正常业务的开展；系统满足峰值业务量处理的需要。

④ 高效性

平台系统中的数据会实时传输在各个系统间，生产运行系统的数据前置机应提供高效快捷的数据访问机制，并可以实现权限数据访问订制功能。同时，大量的业务数据会根据统计分析的不同需求进行不同模式的统计计算，保证数据的高质量也是系统高效性的重要特征。

⑤ 系统安全性

系统在网络传输、数据存储、应用程序等方面具有权限控制、抗非法入侵、抗病毒破坏、日志跟踪等能力，以保证系统的安全性。其中，数据存储尤为重要，要保证数据实时备份、灾难备份，防止任何意外情况发生时给数据存储造成的影响，要做到数据永不丢失。

⑥ 可扩充性

系统能灵活扩充，能够随着新业务拓展而增加新的处理模块；系统应能提供多种方式实现在各种情况下与外部系统之间的数据转换和交换。

⑦ 可移植性

平台具良好可移植性，把与硬件、操作系统以及其他外部设备有关的程序代码集中放到特定的程序模块中，可以把因环境变化而必须修改的程序局限在少数程序模块中，从而降低修改的难度。以适应不同的硬件平台、操作系统和数据库平台。

3）污水处理厂智慧运营管理平台总体设计

（1）系统设计原则

系统建设将采用先进成熟的技术，充分满足当前信息服务和业务管理的需求，同时为将来系统的扩充留有充分余地，故应满足如下原则：

① 实用性

该满足操作简单、技术先进和功能实用性的原则，具有优化的系统结构、完善的数据库系统以及友好的用户界面。采用主流稳定框架进行底层服务构建，配合模块化前端开发理念，实现前、后端的分离，对前、后端业务逻辑进行剥离，降低模块间耦合依赖，从而提高集成性、可用性及高扩展性等，整个系统须采用纯 B/S 架构，能够提供最佳的使用便捷度和服务体验。

② 先进性

科学运用云计算、大数据、物联网、虚拟化等新一代技术，充分保证智慧系统的前瞻性和先进性，从物联通信、基础设施、数据共享、业务应用等多维、全方位来保障信息安全，全面优化业务流程和业务模式，充分保障智慧水务应用的便捷高效。系统的架构具备足够的开放性和灵活性。在服务器端，系统支持灵活的数据库服务器和应用服务器配置策略。在客户端，系统支持不同类型客户端数量的变化和调整。在整合方面，允许新增系统接口以便连接到更多的系统。在数据交换方面，系统具有数据的导入和导出功能，支持对常用和标准数据格式的交换，比如空间图形数据、文本等格式的交换，以及打印和输出等操作。接口的设计和实现具有一致性，还具备灵活性和可扩展性，可以适应将来新的整合和集成需求。

③ 安全性

在提供友好的用户使用体验同时，应提供完善的安全性支持。系统根据需要进行各个层次的访问控制，提供较完善的网络安全、数据安全、人员与组织安全、账户管理安全、系统安全等模块，采用防火墙、入侵检测、漏洞扫描、容错容灾等技术防护手段，形成完备的安全保障体系。

④ 可靠性

提供数据采集、数据存储、应用服务的冗余方案，确保系统的稳定运行。提供完善的数据备份方案，具有定时对数据库数据进行备份功能。支持 TB 级数据量的正常平稳运行，数据能快速、准确地传送、存储、检索。在多用户多人员多任务实时操作时，在遇到意外故障或重负载情况下，系统均可安全可靠地运行。

⑤ 开放性

采用先进的、开放的体系结构，遵循当前各项开放式国际标准，具有良好的开放式结构的接口，适应未来趋势的主流集成接口模式，能方便地与其他系统互连。

⑥ 灵活性

将采用模块化、组件化的体系结构，在技术架构和设计模式上保证技术的延续性，灵活的扩展性和广泛的适应性，确保系统能够满足用户，在数据及业务功能扩展方面的需求。能够为后续系统扩展和功能完善增加组件设置接口，使得数据更新简便、系统升级容易，保证系统的可持续发展和强大的生命力。

⑦ 美观性

界面操作直观，没有歧义，界面样式风格统一。页面布局美观整齐，画面实景仿真，任务列表查询简洁，数据分析要实现各种图形动态生成。界面交互性强，可视化程度高，界面设计友好、便捷，系统的各项功能操作便捷、灵活，适用方便。利用多媒体技术，支持图形、图像声音的综合应用。无论在 Web 浏览器还是移动终端，都提供友好的界面设计和简单易用的交互方式。

（2）总体设计思路

智慧污水处理厂运营管理系统的建设，应该打破以往的思路，自上而下，做好顶层设计，站在智慧城市的高度，利用云计算、大数据等新的信息技术和思路，将污水处理厂的管理服务工作全面的智慧化，通过提升管理、服务的能效来保证污水处理厂的安全、可靠、绿色。

① 建立平台化工业物联网接入体系

基于物联网技术构建全厂工业物联网（IIoT）采集平台是实现“智慧污水处理厂”建设的基础，主要表现一下几个方面：

通过物联网技术将厂站的生产设备、仪器仪表、传感器、视频监控、进行平台化采集接入，兼容不同厂家的设备协议，并且支持第三方数据接入（比如水文数据、水质数据、管网数据等），智慧感知、按需入网、互联互通，打破信息孤岛。

在通过云平台对采集数据统一管理，提供各种数据预处理、数据清洗方式，保障系统内数据准确性。云平台提供水平扩容设计满足海量数据存储，提供数据安全、灾备备份设计保证数据安全可靠。

② 建立集约化监控调度体系

完善现有的监控调度系统，实现对污水处理厂和提升泵站集中式监控。基于移动互联、云计算技术架构应用，当系统检测发现运行异常，立即发布预警和报警信息，通过手机 App 方式主动推送至相关人员。系统对设备故障进行在线诊断分析，协助人员快速定位问题，解决问题。形成一套监控、报警、诊断的一体化联动机制。

用户可采用 PC 或 App 平台随时、随地对全厂工艺运行及数据进行全方位的综合管理，实现对污水处理厂的当前运行状态的实时监视、数据分析、远程巡检等，从而简化运行管理人员工作方式和内容，降低企业经营过程中人工干预参与度，减少现场值班人员和巡检养护人员配备，厂级中控室值班人员可实现无人或一人即可。

③ 建立规范化的科学管理模式

建设规范、科学、有效的巡检机制，对巡检养护记录进行综合管理，能及时预防生产事故的发生，为污水处理厂处理设施与设备的养护和维修提供依据，并且人员工作成果将作为企业对人员绩效考核参考标准。

巡检养护人员通过移动巡检、设备故障告警快速定位方式简化传统工作模式，同时，对人员统筹分配可以实现多站、多厂的巡检养护人员综合利用，提高工作效率，降低工作人员招录技能水平要求，降低企业用人成本。

建设“智慧水厂”，通过信息系统建立全过程、精细化的巡检管理模式。借助手机等移动终端，采用“扫码—巡检—记录—上报—统计”的流程化作业方式并形成电子化巡检记录。为污水处理厂规范化运营提供有力保障。

④ 建立设备全生命周期管理体系

通过构建设备全生命周期管理体系，尤其对于区域式多厂设备的维修与养护管理业务，可以采用协调作业团队，统一调度，实现人力及物力的资源共享，使设备运维管理体系得到优化整合。

采用电子化工单实现设备运维调度过程，通过制订计划、派发工单、填报工单、审批工单及工单归档五个基本步骤完成单次设备维护。将设备维修业务划分为故障维修和预防性维修两大类；将设备养护业务划分为润滑、清洁、紧固等类别。运营中心的设备运维人员依据工单要求前往污水处理厂现场实施运维作业。另外，还可以通过设定任务提醒功能，为养护任务及时执行提供保障。对实施进度状态进行可视化追踪，强化过程监管力度。对设备维护历史纪录进行电子化存档，为日后制定和改进设备管理方案提供依据。

⑤ 建立移动化管控体系

随着“互联网 +”发展，人们的日常工作方式将会带来很大的转变，随着手机的普及，从传统的人们需要每天坐在办公室里面盯着电脑屏幕或者一大堆文档资料将转变成移动化、随时随地办公方式，未来人们的工作方式将可能通过一部手机即可解决全部问题。比如通过手机可以实现对全厂管控，查看生产运行情况，提供数据报表、监控画面、报警等信息，通过微信、QQ 方式分享等互通、互动方式。

⑥ 建立智慧化运营体系

依托于云计算、大数据等技术优势，对数据及资源的有效整合、挖掘、利用，发挥数据背后的价值，从传统运营思维向数字化智慧水厂运营转变。智慧运营主要体现以下几个方面：

a. 风险应急预案处理。

针对自动化控制及工艺运行过程中常见各种异常故障问题及突发情况，通过专家库中提供相应的预案进行应对处理，出现异常故障或事故时，系统能够自动给出应对方案和建议，协助人员解决问题。减轻事故带来的影响、提供补救措施。同时可以不断持续完善专家库，作为企业资产进行存档。

b. 全厂 KPI 统计与分析。

建立智慧水厂运营状况量化指标评估机制，从管理质量、工艺运行参数、能耗、药耗、自动化控制指标、评价指标、设施设备运行效率、环境效益等多个方面定期对运行管理状况进行综合评定。基于现有信息系统之上，提供智慧运营门户展示，以多维度图表方式集中展现指标结果，识别污水处理厂运行管理薄弱环节，实时了解企业经营状况，为企业管理层经营决策提供科学参考依据，提升企业科技感。

c. 服务及信息分享。

基于大数据挖掘、云计算技术特点，对数据进行整合处理，为上下游、供应链等用户群体提供个性化应用和服务，实现业务数据整合共享、业务系统整合共享，发挥数据潜在的价值。

（3）架构体系设计

① 总体架构

总体架构体系按“五个层次”的总体要求部署（图 4.7-1）。其中基础设施层实现数据的采集功能；数据层对采集的数据进行集成、清洗、转化、加载功能，为数据挖掘和分析提供基础和保证；应用层以应用业务为导向，涵盖各种运营管理功能；交互层提供形式多样，内容丰富的展示效果，实现系统可视化功能。

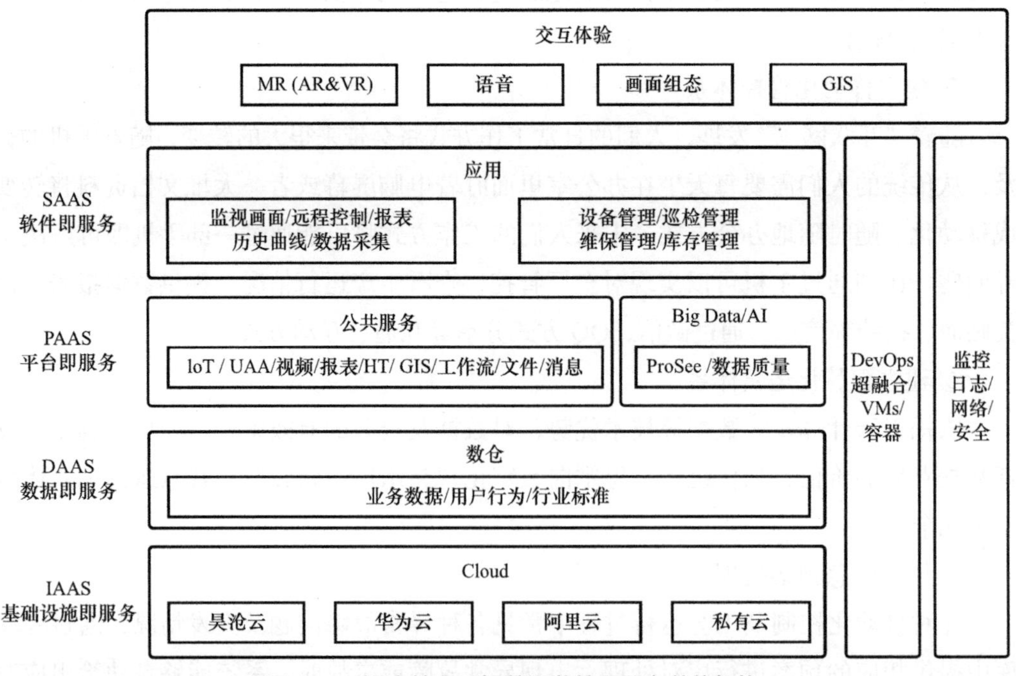

图 4.7-1　污水处理厂智慧运营管理平台总体架构

基础设施层：为上层应用系统服务，提供系统平台运行的基础环境，保证系统能稳定、安全、高效地运行，主要包括网关系统、硬件基础设施（服务器、存储器、网络等）。

数据层：主要实现数据的采集和处理，负责从网关或数据库接入数据并存储和处理，保持数据的稳定性和可靠性。

平台层：主要实现各微服务之间的通信调度，以及统一的用户管理、权限管理、系统监控服务和一些公共基础服务，包括API网关、基础系统、服务注册中心、文件管理、日志管理和系统监控。

应用层：提供用于用户使用的系统服务单元，包括监视画面、远程控制、报表、历史曲线、数据采集、设备管理、巡检管理、维护管理、库存管理等功能。

交互层：系统为用户提供多渠道的展现方式，可使用Web网站、移动终端访问本系统等。

②技术架构（图4.7-2）

Web前端采用iView+Vue.js框架，画面更加精美，开发效率及开发质量大幅提高，可扩展性更强；后端采用微服务架构，具有高扩展、高性能、高可靠、高安全的特点；App采用“原生+H5”的开发策略，融合二者在性能和图形化展示方面的优势，使用户体验大大提高；文件存储使用FastDFS分布式文件系统，具有高可用、高扩展和高性能的特点。

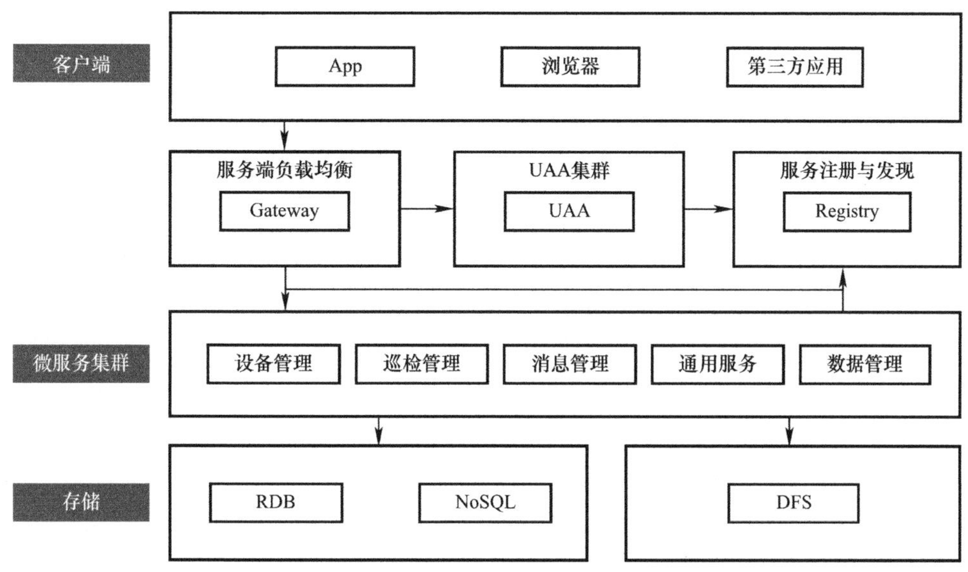

图4.7-2　污水处理厂智慧运营管理平台技术架构

a. App

良好的交互体验。采用原生 +H5 的开发策略，充分利用原生程序在性能方面的优势，H5 在图形化展示方面的优势，大大提高用户体验。

扩展性强。根据业务不同，将 App 进行模块解耦，提高可复用度的同时，极大降低了变更的复杂性，同时为快速集成做好准备。

b. Web 前端

Web 前端采用 iView+Vue.js 作为开发框架，相较于传统的 Web 前端，具有以下特点：

用户体验大幅提升。业务系统的 Web 前端采用了高质量的 iView UI 组件库，并根据自身业务特点，设计并形成了自己的前端风格和规范，也同时保证了前端视觉和交互的一致性，让用户体验大大提高。

开发效率、开发质量极大的提升。Web 前端抛弃了传统的原生开发方式，转而使用基于数据驱动和组件化的渐进式开发框架 Vue.js，开发人员不再需要关心业务无关的 DOM 操作，代码结构也更加清晰。

扩展和维护成本更低。其丰富的中文文档、活跃的社区、与专业的维护团队在降低学习成本的同时，也降低了后续的扩展和维护成本。

c. 后端

后端采用微服务架构，相比于以往的单体应用或多系统集成的应用，具有以下特点：

高扩展。由于使用了微服务架构，业务系统的后端从一开始就根据不同的业务进行了服务拆分，使得单个服务边界更加清晰，维护更简单，变更成本更低。同时，由于服务进行了良好的解耦，相互间通过 API 调用，在扩展新的服务时，可以选择完全不同的开发技术，而不用迫于已有的功能而使用过时的技术。另外，业务系统还应提供所见即所得的接口文档，以及基于 Token 的无状态认证与授权，与第三方系统集成变得异常简单。

高安全。基于微服务架构，使用独立的认证与授权系统（UAA），与业务系统完全隔离，避免了因业务系统的漏洞带来的安全风险。同时，业务系统中所有的服务访问，都需要 UAA 进行认证与授权，有效避免了非法访问和越权访问。另外，业务系统还使用了中央配置管理，即将系统的配置文件与运行程序进行了物理隔离，使得即便是发生程序泄漏，也不会丢失敏感信息。

高性能。由于每个服务使用独立的数据库，且不同服务可以部署到不同主机上，单个服务又可以进行多实例部署，配合服务端负载均衡，有效避免了性能瓶颈。

高可靠。通过多实例分布式部署，极大降低了单点失败导致服务不可用的可能性，加上断路器的使用，避免了服务不可用导致的连锁反应。

d. 持久层

持久层使用开源成熟的 MySQL 数据库，该数据库具有如下特点：

简单易用。MySQL 是一个高性能且相对简单的数据库系统，与一些大型数据库如 Oracle、MSSQL 相比，其复杂程度较低，将会极大减少运维成本。

性能强劲。执行速度快，支持大型数据库，可以处理拥有上千万条记录的大型数据库。

稳定可靠。MySQL 经过 20 年的应用，其社区版和商业版早已成熟稳定，目前仍被众多公司当作数据库首选。

e. 文件系统

文件存储使用 FastDFS 分布式文件系统，特别适合中小文件存储，主要用于存储业务系统中上传的图片、音频、短视频、文档，分布式部署策略使得其具有高可用、高扩展和高性能的特点。

f. API 网关（Gateway）

Gateway 代理和转发服务请求过程如下（在 UAA 和微服务在启动时，会将自己所提供的服务注册到 Registry 中）（图 4.7−3）：

（a）客户端向 Gateway 发出服务请求。

（b）Gateway 接收到客户端请求后，首先去注册中心查找对应的服务，如果找到多个，则进行负载均衡。

（c）找到服务后，通过 UAA 确认该用户是否有权访问该服务。

（d）通过认证后，调用相应服务并返回结果。

（e）Gateway 除了作为服务代理外，还负责对外显示 API 文档，开发人员或第三方集成商可以通过该文档查找并在线测试对应的 API。这种所见即所得的在线 API 文档，避免了因程序与文档不一致带来的困扰，同时通过在线测试，极大降低了使用人员的学习曲线。

（f）Gateway 还提供了熔断机制 − 断路器，用于快速从 Registry 中移除失效（5s 内

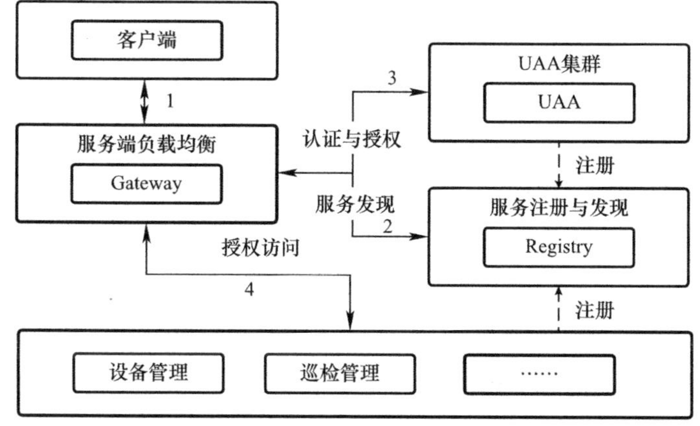

图 4.7−3　Gateway 代理和转发服务请求过程

该服务出现 20 次不可用）的服务，避免雪崩效应。

（g）Gateway 中提供的 Rate Limiting 功能，可以有效避免单个 IP 或用户短时间内发起大量访问请求（1h 10 万次 API 调用）的情况，防止 API 被恶意调用。

g. 用户账户与授权（UAA）

UAA 是整个系统中所有服务的授权者，无论是客户端请求或服务间相互调用的请求，都需要先从 UAA 获取访问认证，才能执行服务调用。认证内容包括：用户、权限、组织、工艺位置，认证流程如下（图 4.7-4）：

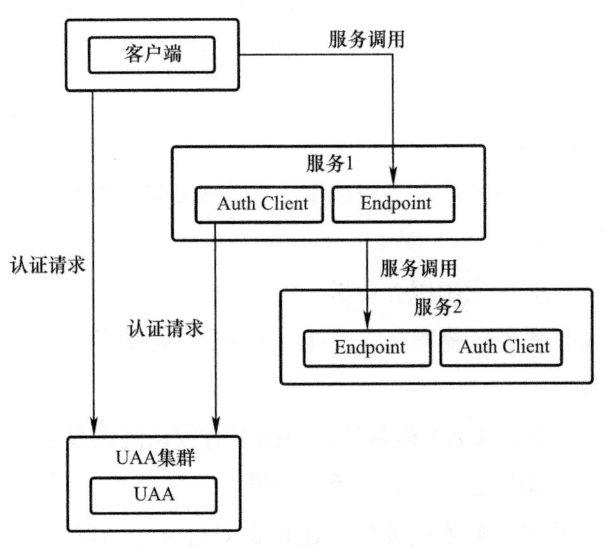

图 4.7-4　UAA 认证流程

（a）初次登录时，客户端（或服务 1 的 Auth Client）向 UAA 发送用户名（邮箱或手机号码）、密码，UAA 收到请求后，首先验证用户名和密码是否合法，即用户认证，认证成功后，UAA 返回授权令牌（Token）给客户端（或服务 1）。

（b）获得令牌后，客户端（或服务 1）使用该令牌访问所需的资源端点，资源所有者（服务）验证被访问的资源是否在其授权访问范围内，即权限认证。

（c）权限认证通过后，资源所有者再验证其所请求的数据（组织、工艺位置）是否合法，即数据认证，验证通过后，处理请求，并返回结果。

h. 服务注册中心（Registry）

Registry 可以进行集群部署，服务注册到 Registry 后，每 30s 发送心跳来续租（图 4.7-5）。如果一个客户端在几次内没有刷新心跳，它将在大约 90s 内被移出服务器注册表。注册信息和更新信息会在整个 eureka 集群的节点进行复制。任何分区的客户端都可查找注册中心信息（每 30s 发生一次）来定位它们的服务（可能会在任何分区）并进行远程调用。

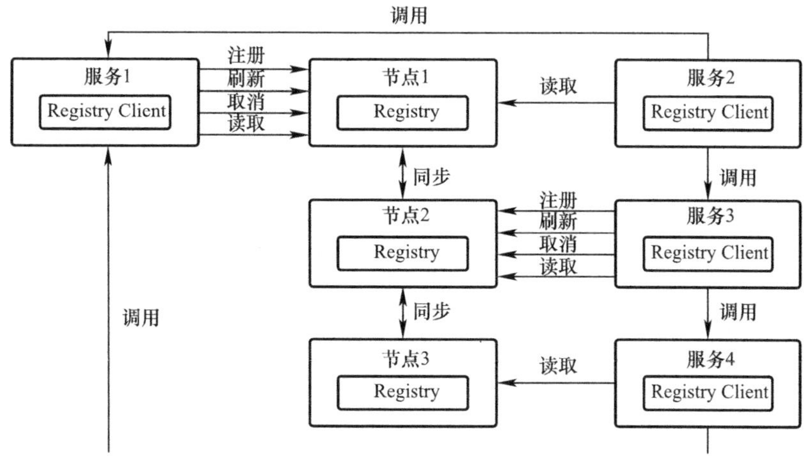

图 4.7-5　服务注册中心集群部署

③ 网络架构

在污水处理厂及提升泵站工业环网中分别接入工业物联网智能网关，通过内置的 PLC 和工业标准协议从底层 PLC、控制器和在线仪表自动采集数据，同时支持 App 上报巡检运维等数据，实现数据及时、准确、全面地收集，然后通过外网 Internet 接口将数据远程传输至云平台进行集中处理、存储和应用，同时提供 Web 及移动端访问端口，可随时随地掌握全厂运行情况。具体网络架构如图 4.7-6 所示。

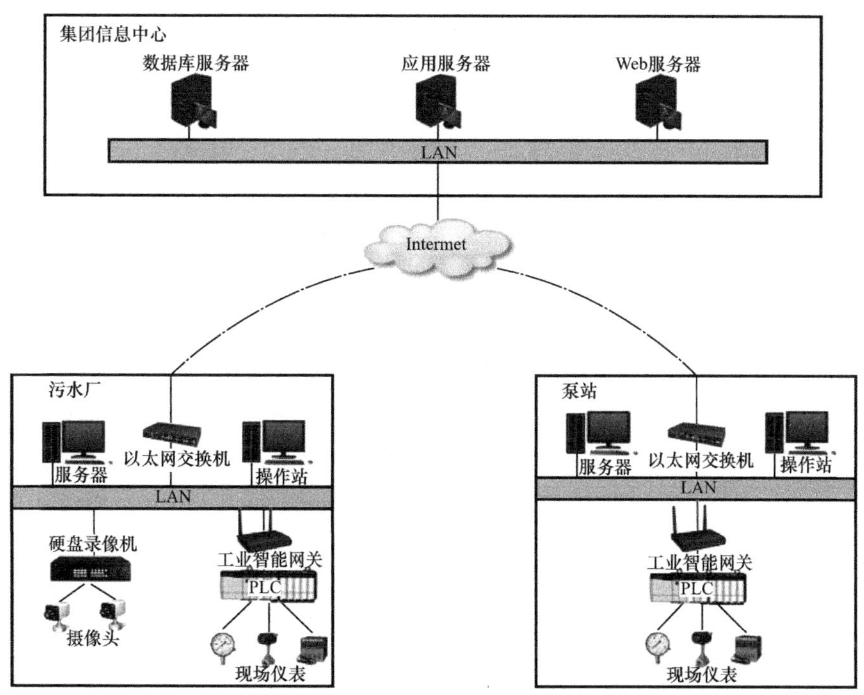

图 4.7-6　污水处理厂智慧运营管理系统网络架构

④数据服务架构（图 4.7-7）

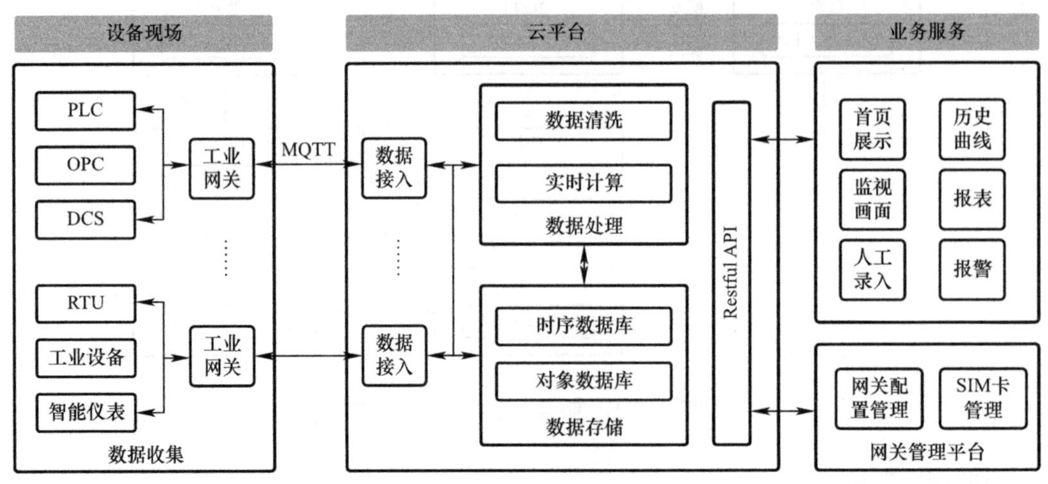

图 4.7-7　数据服务架构

⑤数据平台整体架构（图 4.7-8）

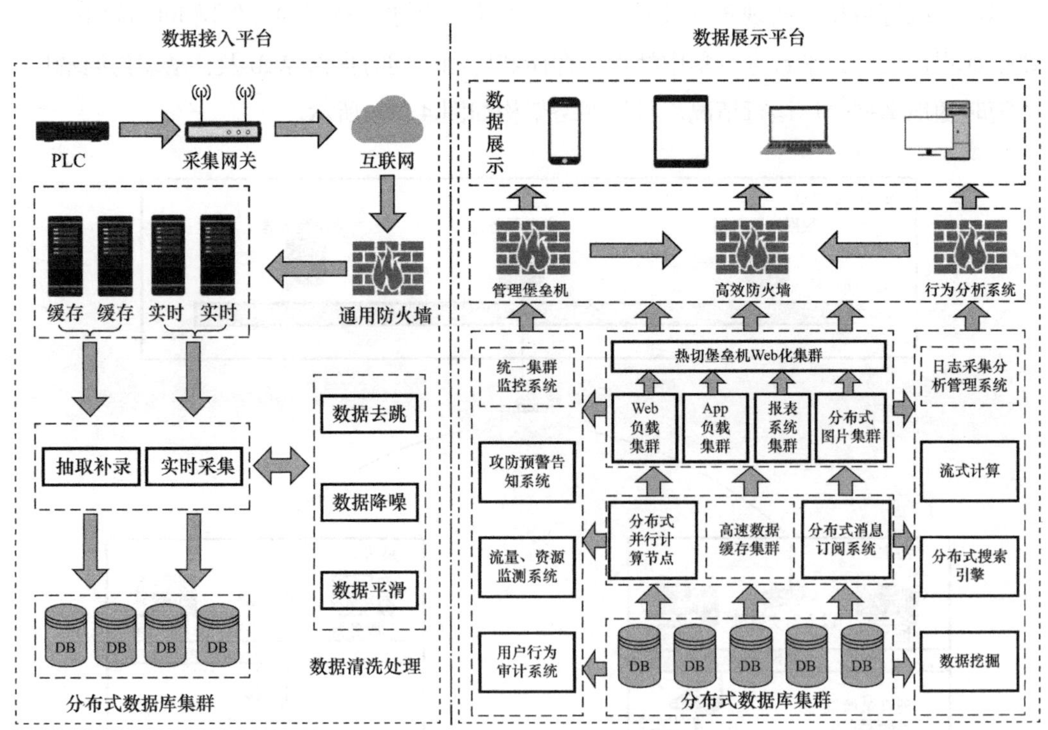

图 4.7-8　数据平台整体架构

应用架构方面，主要包含以下几个方面：

数据采集：主要依赖于 PLC 和采集网关，分实时和缓存两个模块，实时模块主要负责数据的实时采集和入库，缓存模块主要用于数据的抽取和补录，同时网关本身也具备数据的缓存功能以确保数据的完整性。

数据处理：数据处理方面以分布式实时计算框架集群、高速缓存集群，以及分布式消息订阅来保障数据的一致性及效率和安全。

数据存储：数据存储方面采用高可用的数据库的集群，同时使用高效率、高性能的分布式存储以确保数据的安全和性能。

数据展示：数据展示方面目前主要涉及 Web 堡垒机负责实施故障切换和热迁移，Web 集群用于确保平台的高并发和可靠性。报表集群用于确保报表展示系统的稳定和负载冗余，分布式文件和图片服务器以确保文件的稳定和安全性。

运维监控：监控方面主要分四个模块，分别为综合监控、资源和性能监控、安全监控、日志分析等。

⑥ 数据中心安全体系

安全架构（图 4.7-9）方面主要有以下几个方面：

数据安全：主要有数据安全加密、协议传输加密、数据库防火墙、数据库行为审计、数据副本、系统快照、安全备份及加密等。

应用安全：主要有代码渗透测试、代码质量审计、Web 防火墙、弱点扫描分析、产品安全开发生命周期等。

主机安全：主要有漏洞补丁管理、系统安全加固、系统入侵防御检测、各集群及系统堡垒机、宕机迁移、安全镜像等。

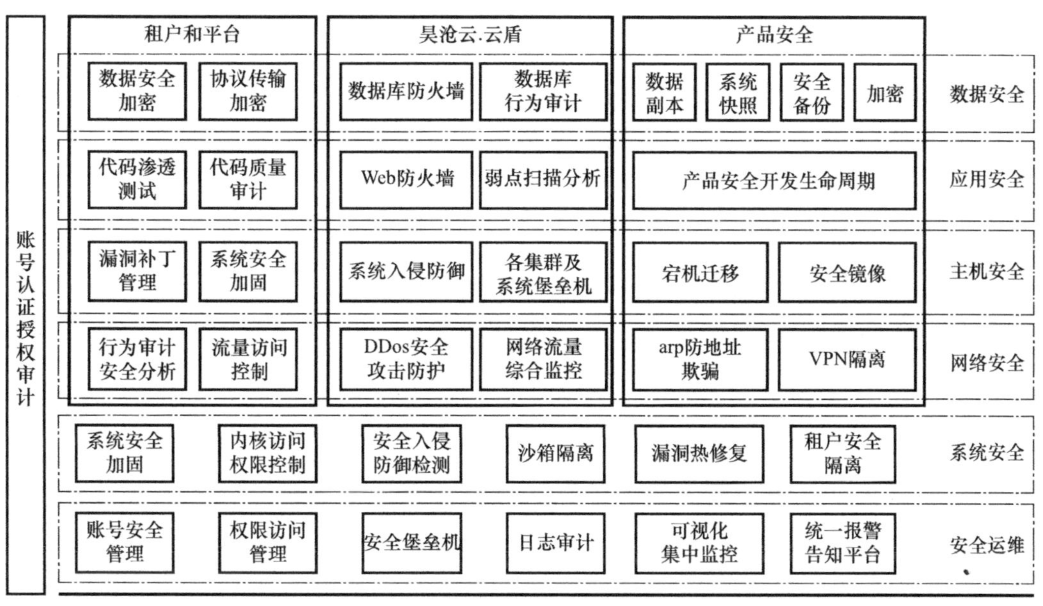

图 4.7-9　数据中心安全架构

网络安全：主要有行为审计安全分析、流量访问控制、DDos 安全攻击防护、网络流量综合监控、arp 防地址欺骗、VPN 安全隔离等。

系统安全：主要有系统安全加固、内核访问权限控制、安全入侵防御检测、沙箱隔离、漏洞热修复和租户安全隔离等方面。

安全运维：主要有各个账号安全管理、权限访问管理、安全堡垒机、日志审计、可视化集中监控、统一报警告知平台等方面。

正常情况下系统的各种应用在数据中心运行，数据存放在数据中心和灾难备份中心两地保存。当灾难发生时，使用备份数据对工作系统进行恢复或将应用切换到备份中心。平台功能设计。

⑦ 数据采集与存储

数据采集与存储为整个系统的基础，具备多种数据源采集能力，包括设备、数据库、文件系统等，集群部署及多个采集服务同时采集，可有效避免单点失败，极大提高采集程序的性能和容错性，其中的一个或多个实例出现问题，只要有一个实例存活，多节点的失败不会影响数据采集。

采集系统具有实时处理能力，能针对不同测点配置不同的数据清洗方法，如去跳，平滑、降噪等，并对数据进行质量标记。使用的时序数据库单节点支持每秒 10w 点写入，并对原始数据和异常数据双备份，防止数据丢失。

a. 实时数据采集

（a）数据采集方式

现场数据接入是通过工业智能网关实现的。工业智能网关部署在污水处理厂本地，通过与 PLC 对接，将实时数据采集并转发到系统的数据接收服务上。

系统有较强的海量实时历史数据管理功能。

实时数据采集频率可以根据需要，从秒级到分钟级进行调整。在不考虑带宽限制的情况下，可支持 2 万点 /s 的数据采集。

（b）数据采集内容

主要包括进出水水量、进出水水质（COD、BOD、SS、NH3-N、TN、TP、pH 等）、关键设备运行状态（鼓风机、水泵、格栅等）。

b. 人工录入数据

系统提供数据填报界面，可将部分无法自动采集的数据（如水质化验数据等），通过人工录入的方式采集报送到数据系统，人工录入的数据进入系统后与现场自动采集数据一样可以用于统计和报表。

c. 计算任务

计算任务提供对测点历史数据周期性的汇总计算，为系统提供门户统计数据、设备生产KPI数据、复杂的报表数据源等。具体的应用定义如下：

所有的计算任务的来源数据都是测点历史数据，计算生成的结果都存储到测点历史数据中。

计算任务内置常用的计算方法，提供用户自定义四则运算公式，并提供后续增加新的计算方法的接口。

计算任务的计算周期可以支持1小时～1年（包含1小时和1年），目前主要支持1小时、1天、1个月、1年四个周期，后续根据需求，可加入其他周期。

所有的计算任务在计算最新的一个周期时，其计算周期都是1小时，但数据库里面存储的时间周期还是定义的计算周期，即一个月累计流量的计算周期是1个月，但是当计算到当月的流量时，每1小时就会去更新一次数据，但是历史数据库中还是1个月一条记录。

计算节点处理能力为单计算节点每小时最多能处理10万个计算任务，即：100000个任务/1小时=27个任务/1s=1个任务约37ms，完成此指标需保证在30ms内完成历史数据的读取。在任务超过10万个后，需要增加一个计算节点，一个计算节点为一台服务器。

⑧ 数据可靠性

系统的数据分析建立在可靠的数据采集基础上，但是由于仪表自身养护问题或通信干扰等原因，采集到历史数据库中的数据不可避免存在着偏离、失真、丢失等问题。这些数据如果不经过筛选、判别、整理、补录，则实际利用价值非常有限。针对这一情况，系统采用预处理和补录的方式来保证数据的可靠性

a. 数据预处理

根据测点信号类型不同，采取不同的预处理方式。

状态信号采用枚举值校验方式；数值信号可以通过配置公式计算来缩放数值刻度。合理值判断包括上下限、斜率、单调递增、平滑等方式，并对异常进行相应处理。

b. 数据补录

当数据流出现失效，针对每种失效模式分析，设计包括集群部署，负载均衡，心跳监测等处理方式，并采取数据热备方式进行数据补录处理。

2. 污水处理厂智慧应用功能模块开发

1）资产管理

设备台账是掌握企业设备资产状况，反映企业各种类型设备的拥有量、设备分布及其变动情况的主要依据。为设备设施的巡检、维修、养护工作提供信息化操作平台，实现信息交互，从而改变传统粗放型管理模式，提高巡检、维修、养护工作的效率和力度。

项目设备管理主要目标：

① 主要设备完好率应不小于 95%。

② 机械设备，各部分装置无破损、缺件，无明显锈蚀、脱漆，内外整洁、润滑良好、无泄漏。设备主要技术参数达到设备出厂标准，能满足工艺运行需要。设备启动和运转正常、无异响，温升、噪声、振动值不超过设备出厂标准。

③ 电气设备装置完整，操作灵活，绝缘等级达到设计要求，安全可靠。

④ 计量监测仪表准确可信，并根据国家相关规定按时校正。

⑤ 自控系统应实现全厂主要工艺设备运转状况的实时监控。

⑥ 在线仪表。

定期校正各类检测仪表的传感器，确保仪表的准确、可靠；

加强仪器、仪表的巡视检查，其维护工作应由专业技术人员负责；

不得随意移动按工艺需要布设的现场仪表的监测点；检测仪表出现故障，不得随意拆卸变送器和转换器；

设置在户外的在线监测仪表，应设置防雨、防晒、防雷击等措施。

（1）设备管理

① 设备台账管理

设备信息包括设备台账信息、设备参数、设备备件信息、和设备相关的周期任务记录、设备参与计算的 KPI、供应商信息、相关资料、设备图文、备件信息等内容。

设备台账信息包括设备名称、设备编号、设备类型、型号、所属组织、ABC 重要级别分类、工艺位置、启用状态等。

系统能定制输出二维码，利用移动端 App 进行扫描可以快速获取设备名称和设备编号。

能够对安装图文、技术资料、文件、操作程序、制造厂商手册、工程图等资料进行上传、下载和查看。

能够根据所使用的设备种类和特点，指定相应养护要求等。

可以对设备类型进行多级分类管理，可以容纳生产和非生产的全部设施类别。

下载 Excel 台账信息模板并填写规定的设备信息字段后，可以批量导入台账记录，系统自动校验，并给出校验提示（图 4.7-10）。

② 设备状态

设备状态支持查看设备设施的状态详情、相关测点、相关报警、缺陷历史、维修历史、养护历史。设备状态系统支持定制输出二维码，利用移动端 App 进行扫描可以快速获取设备名称和设备编号。

（2）设备巡检管理

设备巡检管理按巡检班组生成相应日常巡检作业计划或根据突发事件制订应急计

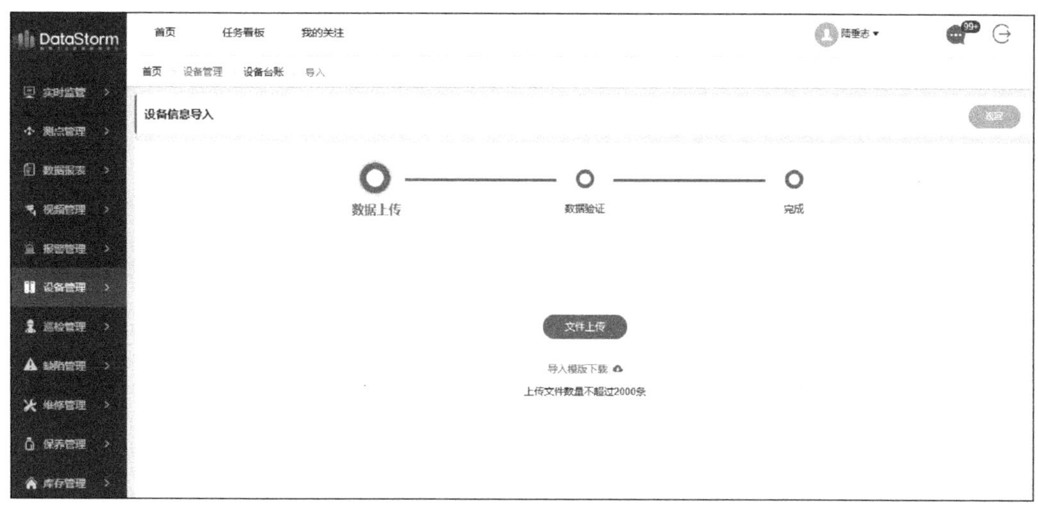

图 4.7-10　设备台账批量导入

划，包括制定设备巡检任务，同时也负责制定设备巡检路线，派发巡检工单给指定班组或巡检人员。

巡检计划管理主要内容包括巡检路线、巡检点、巡检步骤内容、巡检人等信息。

设备巡检目的是减少设备事故的发生，保持、提高设备的性能、精度、降低维修费用，提高企业的生产能力和经济效益。

设备巡检管理是一套加以制度化的、比较完善的科学管理方式。它要求按规定的检查周期和方法对设备进行预防性检查。并在适当的时间里进行恰当的维修，以有限的人力完成设备所需要的全部检修工作量，把维修工作做在设备发生故障之前，使设备始终处于最佳状态。其实质就是以预防维修为基础、以点检为核心的全员维修制度。

① 巡检点制定

巡检点管理，主要是便于用户巡检执行前设定对应的巡检位置和规范的巡检步骤内容，如污水处理厂水泵、门窗设施等均为巡检点。

根据厂区布置及工艺流程设计制定巡检工作路线，巡检路线制定总体原则为路线安全，重点工艺部位无遗漏。巡视路线如下：

提升泵房→细格栅及旋流沉砂池→配水井及 A/RPIR 池→磁混凝沉淀池→紫外消毒及巴氏槽→水质在线监测间。

巡检点可由用户自行设定和维护。

巡检点可根据用户的需要及时更新和保存。

巡检点可以被巡检计划复用。

② 巡检步骤制定

巡检步骤管理主要是针对设备巡检路线上的巡检点，设定每个巡检点巡查的步骤。

沿巡视路线、细心观察、勤看、勤听、勤嗅、勤摸、勤捞垃圾、勤巡，如实对所见情况做出记录。

根据设备养护要求，支持自定义巡检步骤。

设备种类繁多，自定义巡检步骤能够实时标识待检及遗漏检查。

③ 巡检计划

为规范设备维护养护的管理行为，确保设备的长期平稳运行，并延长设备的使用寿命，系统协助制定设备巡检计划，每月严格按照巡检计划进行巡检，落实好巡检任务。

本项目白天每 2h 巡视一次，夜间每 3～4h 巡视一次。

巡检计划主要内容包括巡检计划名称、巡检执行人员、计划有效日期、节假日设置、巡检频率、提前通知时间与巡检持续时间设定。系统实现的功能包括：

a. 系统支持制定巡检计划，自动下达任务。

b. 任务开始之前提前通知。

系统可针对不同的业务场景，提供不同的巡检计划，包括地图巡检与普通巡检（图 4.7–11）。

使用GPS地图功能巡检
对巡检过程轨迹进行记录和跟踪
地图巡检
不记录GPS定位信息，只要求对巡检点考察进行记录
普通巡检

图 4.7–11　巡检计划方式

普通巡检：针对较小范围的巡检，如工厂内部的巡检。可通过扫描现场二维码和 NFC 标签进行巡检。

地图巡检：针对较大区域范围巡检，例如管网巡检、分散的农村污水处理站巡检，该类巡检方式可对巡检人员进行定位与轨迹统计。

地图巡检路线：污水处理厂巡检需要按照指定的路线依次巡检，巡检负责人可随时查看规定的巡检路线。可根据业主方需求制定巡检路线，支持用户维护管理。

④ 巡检任务

巡检任务下达后用户在移动端执行巡检任务，包括普通巡检任务和地图巡检任务。

a. 普通巡检任务：

（a）在厂区执行普通巡检任务时，用户可直接扫描现场二维码或 NFC 标签进行巡检，自动显示巡检项内容。

（b）支持未执行任务的分派和终止操作。

（c）现场输入各巡检步骤结果，如果发现异常自动转缺陷申报模块。

b. 地图巡检任务：

（a）在执行地图巡检任务时，用户可在巡检点 50m 范围内自动识别巡检点信息，也可扫描现场二维码或 NFC 标签进行巡检工作。

（b）支持未执行任务的分派和终止操作。

（c）自动记录巡检人员轨迹，与计划轨迹做比对，计算出有效距离和实际距离。

⑤ 地图巡检跟踪

通过此功能跟踪地图巡检的执行情况。系统通过 GPS 定位技术，记录巡检人员巡检轨迹，与实际计划路线做对比，实时查看当日的巡检状态。已巡检路线进行高亮显示，未巡检或未完成的巡检路线以灰色状态进行显示，通过不同的颜色对比，可直观反映巡检的完成情况，也可支持对历史的巡检轨迹进行查询。

⑥ 巡检统计

系统可提供对巡检任务的报表统计，通过一览报表信息，可快速定位巡检任务的状态、巡检时间、巡检人、缺陷申报、计划路线距离、实际路线距离以及巡检耗时等信息，可支持通过不同的时间段、巡检任务状态进行筛选。

（3）设备缺陷管理

① 缺陷申报

用户在移动端巡检过程中或其他途径了解到设备缺陷信息，通过缺陷申报模块对设备的缺陷信息进行登记，包括设备的缺陷类型、严重程度、相关工艺、相关设备、登记人及消缺信息。

登记完成后，形成对应的消缺任务，管理人员可将任务指派给相关在线人员，并同时跟踪消缺任务的处理情况及进度。备件申请中可以查看消缺过程中是否有备件的申请以及备件申请状态。

② 消缺统计

对于消缺任务的执行情况，系统可提供对消缺任务的报表统计，通过一览报表信息，可快速定位消缺任务的完成情况，可支持通过不同的时间段、消缺事件的严重等级、相关工艺、所属组织、状态和缺陷类型进行筛选。

（4）设备维修管理

实现对设施维护计划、日常巡检、日常维护、定期检测、特殊检测、大中修过程管理、大修备案、报废备案等设施维护业务，并实现对设施基本信息、状态信息、维护情况等数据的综合统计分析。

① 维修工单

为了加强企业对成本的有效管控，对设备运行 KPI 情况的了解，需要对设备的每次维修进行记录与管理，便于对设备运行状态的分析、供应商评价及维修人员的绩效考核。

在巡检中发现的缺陷需要维修组负责，会从缺陷申报模块转维修工单模块，填写维修的设备、维修时间、维修人及故障原因等，提交申请后自动生成对应的维修工单。

备件申请记录维修过程中申请的备件相关情况以及审核状态。

② 维修统计

对已生成的维修工单，系统可跟踪工单的处理进度与完成情况，并将维修工单进行自动统计，支持按区域或工艺段、时间区间、完成情况等条件对维修工单进行筛选统计。

（5）设备养护管理

设备的维修保养要贯彻预防性维修为主的方针，设备维护得当，可改善设备技术状态，保证设备正常运行，延长设备寿命，提高产品品质。设备维护可分为以下层次：日常维护、一级维护、二级维护、三级维护（表 4.7-1）。

设备维护等级划分及管理要求　　表 4.7-1

层次	主要维护内容	特点	周期	人员	检查方式	记录	注意事项
日常维护	局部清洁	项目少	经常性	操作人员	自检	有	运行时多观察
	零件润滑螺钉紧固	部位少	每日		互检		
	检查运动部件	工作量少	交接班		抽查		
一级维护	外部清洁	项目多	三个月	操作人员为主，技术人员配合	互检	有	指定责任人
	部分零件拆洗	部位多					
	大面积润滑紧固	非技术性					
二级维护	内部清洁	项目多	季或半年	技术员为主，操作人员配合	技术员自检	有	指定技术员为责任人
	零件检查调整	部位多					
三级维护	主体检查调整	彻底	半年或一年，视设备而定	专业技术人员	运行	有	明确责任，制定计划
					确认		

系统能够追踪记录设备的全生命周期内各设备的养护、维修记录信息，设备维修养护管理功能包括设备预防性维护和状态监测维护，润滑管理机制，具体功能如下：

预防性维护包括养护计划、巡检计划的管理、执行、记录和查询功能。

养护计划主要内容包括设备名称、设备编号、养护项目、养护内容等信息。

巡检计划主要内容包括巡检路线、巡检点、巡检步骤内容、巡检人等信息。

能够支持养护 / 巡检计划的执行与反馈记录、审核及关闭全过程管理。

支持故障记录的 5W2H（where/when/who/why/what；how/how much）原则，实现独立的故障处理过程管理。

故障报告单能够帮助记录跟踪设备所发生的问题，可关联查看到相应的信息。

设备故障报告能与设备故障维修工单进行关联，两者能相互关联查看。

设备维修养护工单在流程审核完成后，能自动进入设备档案中记录归档，设备维修工单信息与其对应的设备档案信息相互关联。

① 养护计划

运维管理人员可提前在系统设定相关设备设施的养护计划，包括养护项目名称、养护周期、开始和结束时间、养护设备以及需要养护的内容等，支持年计划、季度计划、月计划、日计划，待计划设定完成并生成养护计划工单，可手动分配给执行人员，也可以复制一条内容一样的养护计划。管理人员可结合值班情况，将任务转派他人。

② 养护统计

在养护工作执行完成后，用户可手动填写养护执行工单，可对养护过程中检修的项目、养护结果、发现的缺陷等进行反馈与记录，完成工单。

系统可提供养护工单涉及的养护结果进行相关统计，包括养护执行人员完成或逾期的工单数量、每项养护耗时等。

（6）库存管理

库存管理功能模块支持集约化运营和单厂等库存管理要求，规范业主仓库、物料管理流程，对物料全生命周期信息进行科学管理，保证业主仓库日常管理工作正常进行；该模块主要由入库管理、出库管理、调拨管理、盘点管理、库存调整、物料信息、物料类别、仓库信息等菜单组成。

① 库存查询

库存查询模块支持对库存进行多维度查询。业主可通过搜索条件对库存进行查询，按需输入条件，实现精准查询，支持超过预警查询当物料库存数量超过上限或低于下限时对物料进行查询，并且列表中库存数量显示红色。

② 入库管理

对业主仓库入库操作管理，可对入库单号，审核状态，入库仓库，入库时间进行精确查询，入库单号按自定义规则自动新增：IN+ 组织名称拼音首字母 + 仓库编号 + 入库时间（无、以添加入库单号时间替代）+5 位流水号。单据审核后，对库存数量进行变更。

③ 出库管理

对业主仓库出库操作管理，可对出库单号，审核状态，出库仓库，出库时间进行精确查询，出库单号按自定义规则自动新增：OUT+ 组织名称拼音首字母 + 仓库编号 +

出库时间（无、以添加出库单号时间替代）+5 位流水号。单据审核后，对库存数量进行变更。若是缺陷 / 维修申请的备件，申请用途中可以看到相应的工单号。

④ 调拨管理

对业主同组织不同仓库的物料进行调拨操作的管理，可对调拨单号、审核状态、出库仓库、入库仓库、创建时间进行精确查询，调拨单号按自定义规则自动新增：TN+ 组织名称拼音首字母 + 调拨时间（无、以添加调拨单号时间替代）+5 位流水号。单据审核后，对库存数量进行变更。

⑤ 盘点管理

对业主仓库盘点操作管理，可对盘点单号，审核状态，盘点仓库，创建时间进行精确查询，盘点单号按自定义规则自动新增：MI+ 组织名称拼音首字母 + 仓库编号 + 盘点时间（无、以添加盘点单号时间替代）+5 位流水号。

目前只针对仓库全盘，业主在建立盘点单后，导出盘点库存记录单，并打印单据，以此单据作为盘点依据，并实时记录盘点数据，盘点管理支持多次导入盘点记录，单据审核后，对库存数量进行变更。

⑥ 库存调整

对业主仓库库存调整操作管理，可对调整单号、审核状态、调整仓库、创建时间进行精确查询，调整单号按自定义规则自动新增：SA+ 组织名称拼音首字母 + 仓库编号 + 调整时间（无、以添加调整单号时间替代）+5 位流水号。单据审核后，对库存数量进行变更。

系统支持同仓库、同物料存储库位不同，可进行移库功能。

⑦ 物料信息

对仓库物料信息有关属性自定义管理，如类别、计量单位、规格、型号等基础属性。可对物料名称、物料编号、物料类别进行精确查询。同时还支持上下限提醒功能：对物料进行上下限数量设置，当库存物料数量低于下限或高于上限，则红色高亮显示。物料编号按自定义规则自动新增：M+ 组织名称拼音首字母 + 一级类别编码 + 二级类别编码 +…+N 级类别编码 + 物料添加时间 +5 位流水号。

⑧ 物料类别

对物料信息类别进行自定义管理，业主可按需对物料类别进行增、删、改、查，自主分类，自主管理。

⑨ 仓库信息

对业主仓库信息进行自定义管理，可对仓库名称、仓库编号进行精确查询。仓库编号按自定义规则自动新增：W+5 位流水号。系统支持仓库 − 库位管理，可批量导入或单个管理。

2）生产管理

建立水务生产运营中心，将不同环节的数据统一汇集在统一平台中，实现全流程跟踪，让生产数据高效聚合、快速互通、便捷共享，以形成合力，为实现企业运营智慧化提供更好的基础支撑。

生产运营管理主要包括实时监管、测点数据、报警管理、视频管理、生产报表等功能。

主要工艺参数包括：进水瞬时流量、日累积流量、栅渣产生量、格栅排渣间隔、格栅持续排渣时间、旋流沉砂池搅拌机转速、旋流沉砂池排沙间隔、旋流沉砂池排沙压力、旋流沉砂池排沙时间、各生化单元过水流量、生化池污泥参数（MLSS、MLVSS、SV30、SVI 等）、生化池溶解氧、剩余污泥量、混凝药剂投加量、混凝池污泥浓度、紫外线消毒灯管清洗时间间隔等。

达标指标控制：进水水质不超过设计水质标准 10% 时，出水质量符合《城镇污水处理厂污染物排放标准》GB18918—2002 一级 A 标准。污泥稳定化处理符合《城镇污水处理厂污染物排放标准》GB18918—2002 中规定的污泥污染物控制标准。污泥脱水后污泥泥饼含水率不高于 80%。

分析性参数：SS/BOD5（或 SS/COD）、BOD5/TN（或 COD/TN）、BOD5/TP（或 COD/TP）

重要工艺控制：水量控制、格栅栅渣清除、旋流沉砂池泥沙排出和清理、配水井水量分配、A/RPIR 工艺控制、泥龄控制和剩余污泥排放、溶解氧和风量调节、碳源补充、混凝剂 PAM 的配置与投加、磁混凝沉淀系统、污泥浓缩、紫外线消毒系统的运行和清洗。

（1）实时监管

① 调度中心

调度中心将各工艺点的基本信息、报警情况 / 报警处理统计，和相关出勤人员任务分派以及执行分布情况在区域地图上以总览形式统计展示，并提供各工艺点的宣传图片 / 视频抓拍入口、厂站网关连接状态、报警数量、设备报修数量、工艺画面 / 关键指标 / 历史报警 / 视频监控快捷入口，方便快速掌握各工艺点的关键数据和指标，同时能迅速针对工艺点设备报警发起缺陷申报，提高工作效率：

a. 快速掌握工艺点关键信息和报警情况；

b. 根据区域位置定位工艺点，并提供相关功能快捷入口；

c. 针对未处理的报警迅速发起报缺申请；

d. 出勤人员位置分布和执行任务信息轻松了解，能快速定位空闲人员以及时分配任务。

② 工艺画面

此功能将工艺站点的工业指标数据、工业画面等展示出来，能远程实时地掌握站点运营情况，具备以下功能：

a. 可以配置数据刷新频率；

b. 能够展示所有厂站的关键 KPI 指标实时测点数据；

c. 支持用户自定义配置监视工艺 2.5D 画面组态和展示。

（2）测点数据

① 数据曲线

系统设计多种曲线展示风格，以组合测点和单测点形式展示。

历史曲线可以选择天、周、月、年周期。系统有较高的曲线绘制速度。对于每分钟采集一次的仪表（每年 50 万个以上数据点）绘制全年历史曲线的时间不超过 5s。

单个曲线图支持 8 条曲线分层显示，如图 4.7−12 所示。

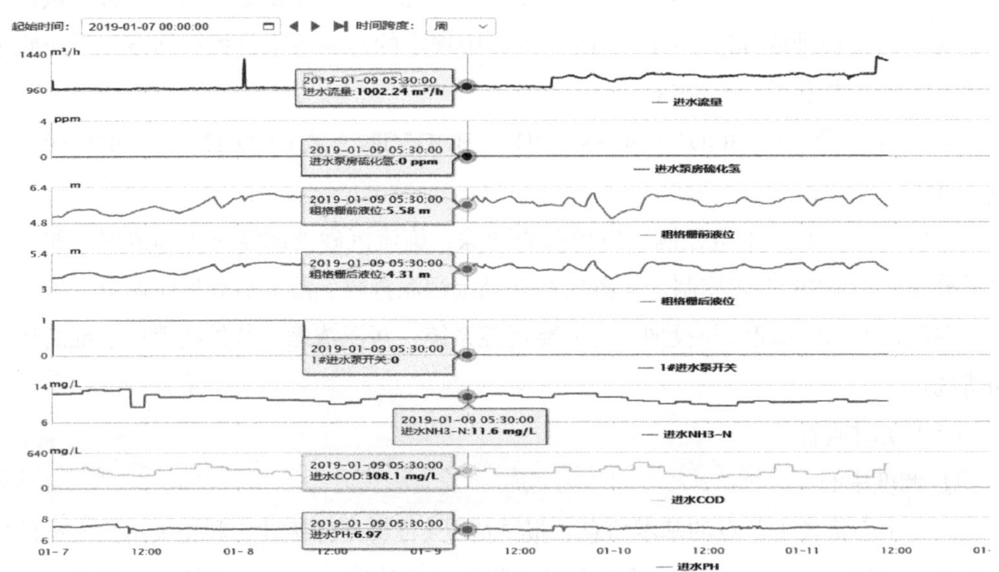

图 4.7−12 8 条曲线分层显示

曲线支持同环比分析，且支持自动采集数据与化验数据对比分析；可显示平均线、报警线、最大值和最小值。

② 人工数据录入

巡检班组抄表或化验室数据人工录入。

③ 简报数据录入

对比人工数据录入，简报数据录入周期较长，一般为周或以上，适用于汇报时展示。

④ 测点管理

测点数据来源分为三类，包括自动采集、人工录入和数据计算，均为设备仪表等生产过程中产生的相关数据，涵盖了水质、水量、能耗、物耗、设备参数、运行参数等数据。系统支持批量导入导出和批量配置等操作。

（3）报警管理

为提高对设备设施运行异常的有效监测，系统提供实时的报警体系，当数据越限时，系统会发出报警信息通知，提示用户及相关人员及时处置，实现智能报警。

① 报警定义

用户可对报警的测点设置报警规则（图 4.17−13）。报警规则包括报警名称、确认方法、报警等级、触发时间和测点名称等。同时可以显示已有的报警订阅记录。

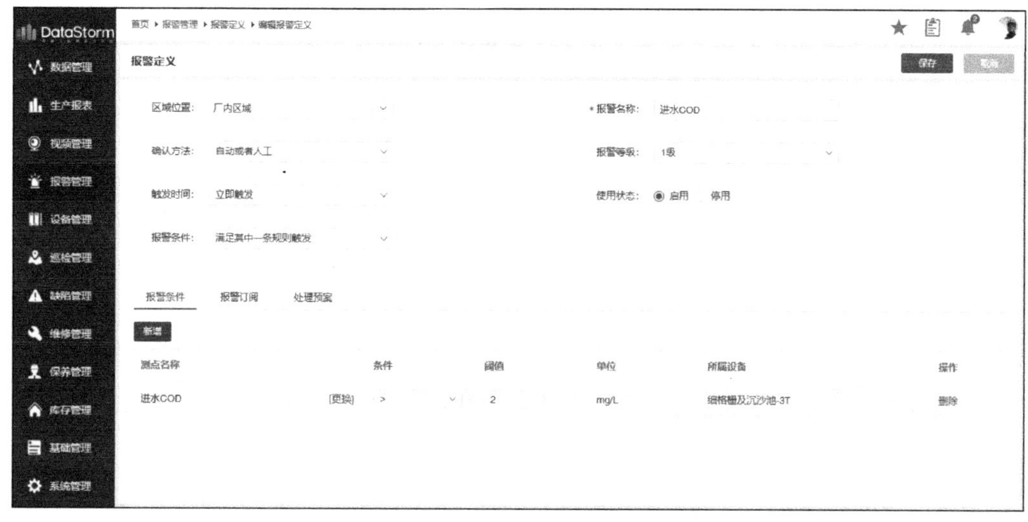

图 4.7−13　报警规则设定

② 报警订阅

系统可单独设置报警订阅信息，指定在定义的某报警发生时，推送给相应人员，并设置接收方式（短信、在线消息）、推送频率和延迟推送时间，以及是否同步接收报警解除消息。

③ 报警订阅管理

展示当前登录用户所有订阅过的报警信息，系统可以根据工艺位置、解除状态、解除方式、报警等级和发生时间区间以及报警名称进行过滤查询。

（4）视频管理

平台可查看现场的实时视频监控和视频抓拍画面。实时视频监控方便管理和运维人员远程掌握现场实时情况。视频抓拍画面可根据现场情况配置抓拍方式，包括定时抓拍和触发报警抓拍。定时抓拍：根据实际需求自定义视频抓拍周期（分钟级）；触发报警抓拍：针对设备的某个报警项（门禁报警等）报警触发抓拍，可自定义抓拍频率。按照日期浏览抓拍画面。方便用户远程查看实时监控视频掌握现场运行情况，了解报警发生时设备现场画面。

视频解决方案如图 4.17-14 所示。

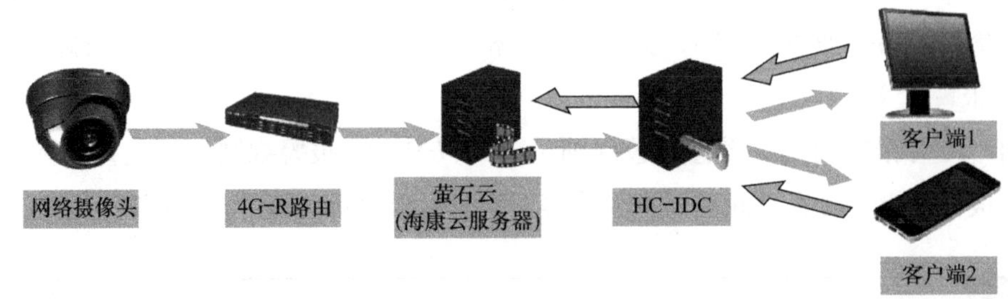

图 4.7-14　视频解决方案

方案一：无 Wi-Fi 情况下。

网络摄像头：现场视频源采集。

4G-R 路由：提供网络支持，采集视频通过 4G-R 路由上传萤石云。

萤石云（海康视频云服务器）：存储上传的视频流和图片资源。

HC-IDC：访问萤石云内的视频流和图片信息，供客户端查看。

客户端：访问 HC-IDC 查看现场视频和图片信息。

方案二：有 Wi-Fi 情况下。

网络摄像头：现场视频源采集。

IDC：视频源解析，存储视频流和图片资源。

客户端：访问 HC-IDC 查看现场视频和图片信息。

视频监控架构如图 4.7-15 所示。

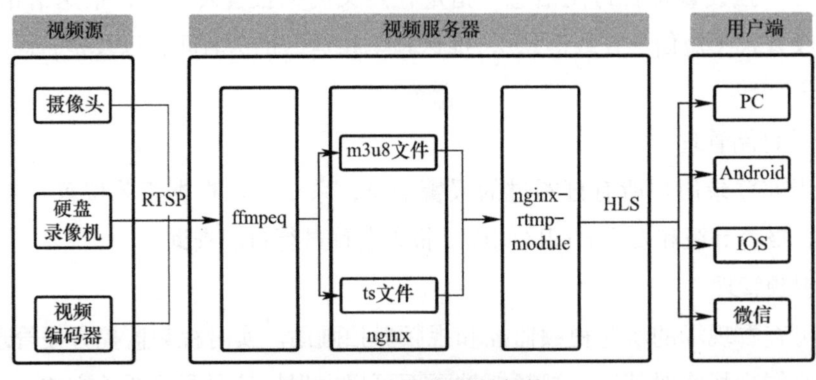

图 4.7-15　视频监控架构

① 视频配置

此模块提供用户自定义配置视频监控区域、抓拍方式、抓拍周期、触发报警项、报警抓拍频率（报警触发后 1s 几拍、1min 几拍、10min 几拍）等。

② 视频监控

查看各区域位置的实时视频监控画面，可多画面展示以及放大展示，最多可同时查看 9 个监控画面。

③ 视频抓拍

按日期查看各监控区域的定时抓拍和报警抓拍图片，日期上的小红点表示有报警抓拍，选中一个抓拍小图可在左侧展示其大图。

（5）生产报表与 KPI 统计分析

重点关注项目的绩效考核目标及设备管理的分析。

①完善的生产报表管理功能

报表管理功能能够实现以实时的生产数据和历史数据集合为基础，通过基于数据项的数据汇总计算，生成各类系统管理报表。支持报表结构自定义、报表定制自动生成、报表历史修改记录批注、报表全格式导出等功能。降低报表制作的人工投入和误差。

系统支持三种类型的报表：普通报表、智能报表和简报。

普通报表：需要配置报表名称、分组、报表生成周期（日、月）以及报表数据来源测点。报表配置完成之后，会汇总测点数据并按设置周期生成报表，且普通报表具有简单地求取每项测点最大值、最小值、平均值和求和的能。

智能报表：运维人员可预先在报表配置系统根据需求配置各种专业报表模板，包括水质报表、流量报表、能耗报表、设备运行报表等。在系统中配置智能报表时需要配置报表名称，以及报表配置系统的地址。智能报表还支持 Excel 格式导出、打印。

简报：为人工录入型数据。

② KPI 统计和分析

系统可通过对设备运行状态的监控和维修养护历史，对设备的整体运行情况（KPI）以看板的形式进行展示，包括每月设备巡检异常率、设备维修及时率、设备维修完成率及一般和关键设备完好率，管理人员可通过 KPI 看板快速了解公司各厂站设备运行状态。

同时系统可对各类设备运行情况信息以饼状图的形式进行分类展示，对于运行过程中出现的故障情况，可直观查看设备故障频次较高设备类型，可侧面对设备、供应商或人员进行考核。使用柱状图展示和历史周或月设备利用率数据进行对比，能够很直观地看到随着设备管理活动的开展，设备利用率的变化波动。

（6）生产运营策略研究

① 电耗控制

污水处理厂的日常能耗主要为运行电耗，是运行成本控制最主要的影响因素之一，结合运行实际制定运营能耗控制方案。

a. 节省提升泵电耗

通过一段时间的进水量和液位统计数据分析，优化提升泵启停调度。以水量为基础，结合现场仪表采集的液位等数据情况，合理调度水泵运行台数和开停，根据实际需要调整为间歇或变频运行，节约能耗。有效保持水泵在高水位、高效率运行，同时水泵采用适量变频，根据水量调节开泵数量，节约能耗。

b. 节省剩余污泥泵电耗

充分利用高程差重力排泥，排泥启动后可停止污泥泵，利用虹吸原理排泥。

c. 节省 A/RPIR 池搅拌器、推流器电耗结合污泥浓度、溶解氧控制，优化减少搅拌器、推流器开启台数及时间。

d. 节省磁悬浮风机电耗结合溶解氧控制，优化风机运行组合及频率控制。

e. 节省污泥回流泵、硝化液回流泵电耗结合出水总磷、总氮指标的控制，优化降低回流比。

f. 节省污泥脱水机电耗通过定期的生产数据对比分析，优化进泥量，进泥浓度，提高处理效率，减少污泥脱水机运行时间。

g. 节省紫外消毒设备电耗

根据大肠杆菌指标调整紫外消毒灯管开启数量。当出水大肠杆菌指标较优时，可调整减少紫外消毒灯管开启数量。

h. 节省磁混凝设备电耗通过运行数据统计对比，寻求最小搅拌机转速、最小污泥回流比、最少磁混凝分离机运行时间等最节能工况。

② 水量控制

包括生产用水控制和生活用水控制。

③ 运营参数优化

提升泵房最佳控制液位、旋流沉砂池搅拌机最佳转速、A/RPIR 池搅拌机和推流器最少开启台数及最小开启时间、A/RPIR 池最佳污泥浓度、最佳溶解氧浓度、磁混凝沉淀池最小加药量、污泥脱水最佳 PAM 投加量、紫外消毒最小开启功率等。

（7）控制维修费用

污水处理设备运行工况环境潮湿，非标设备多，设备维修率相对较高，因此，在日常管理中，在设备的使用、维护、保养、维修和大修等环节上，制定行之有效的管理机制，保证按照设备的维保要求，按时保质地做好维护保养工作，降低维修成本。

（8）人工成本控制

统筹管理，精简定编，参考同等规模污水处理厂人员编制，进一步优化人员配置。

3）排班管理

通过排班管理方便用户在中控室电脑端进行值班、交办、确认等无纸质化操作，便于在后期发现问题时及时方便地查阅值班的相关记录与信息，应作为绩效考核的一个方面，要求包含值班计划、交接班日志、值班日志、值班统计等功能。

项目部建立技术管理架构，负责项目技术的全面管理工作，由项目经理牵头，负责项目运行管理工作统筹安排；运营总监负责联合运营调度协调工作；项目部各部门及班组负责按照工作安排落实执行。具体技术管理方式主要如下：

（1）运营生产部负责下达生产指令，生产班组根据书面指令组织开展工作，工作完成后存档。

（2）运营管理部负责根据项目实际运行情况提出技术优化方案或工艺参数调整方案，以书面方式报运营总监会审后，交运营生产部组织执行。

（3）生产运行过程实施技术信息上报机制。

（4）运营管理部负责技术研发、优化、技改等工作，负责解决生产运营过程中出现的技术疑难问题，并做好生产运营过程中设备维护保养工作，及时排除设备故障，为生产运营提供良好工况保障。

（5）运营管理部、运营生产部在工作中出现分歧，及时向项目经理汇报。

（6）运营生产部每天对生产运行情况编制工作日报，并做简要的总结、分析，以及第二天工作计划。

（7）项目运营实施月报管理机制。运营管理部每个月底做月度运营总结及下个月工作计划；运营生产部每个月底做生产总结及下个月生产工作计划；维保部每个月底做维保工作总结及下个月维保工作计划。月度总结内容包括但不限于对当月度情况进行系统的描述、当月度工作闪亮点、疑难问题、岗位责任目标及月度计划完成情况、成本控制情况等。

① 排班管理

提供“排班名称、班次类型、循环周期、备注、操作查看排班计划”等功能设置项。

② 班次管理

提供“班次名称、班次类型、开始时间、结束时间、操作”等功能项。

③ 交接班记录

提供“排班名称、班次名称、记录日期、记录人员、状态、操作”等功能项。

④ 调班管理（图 4.7-16）

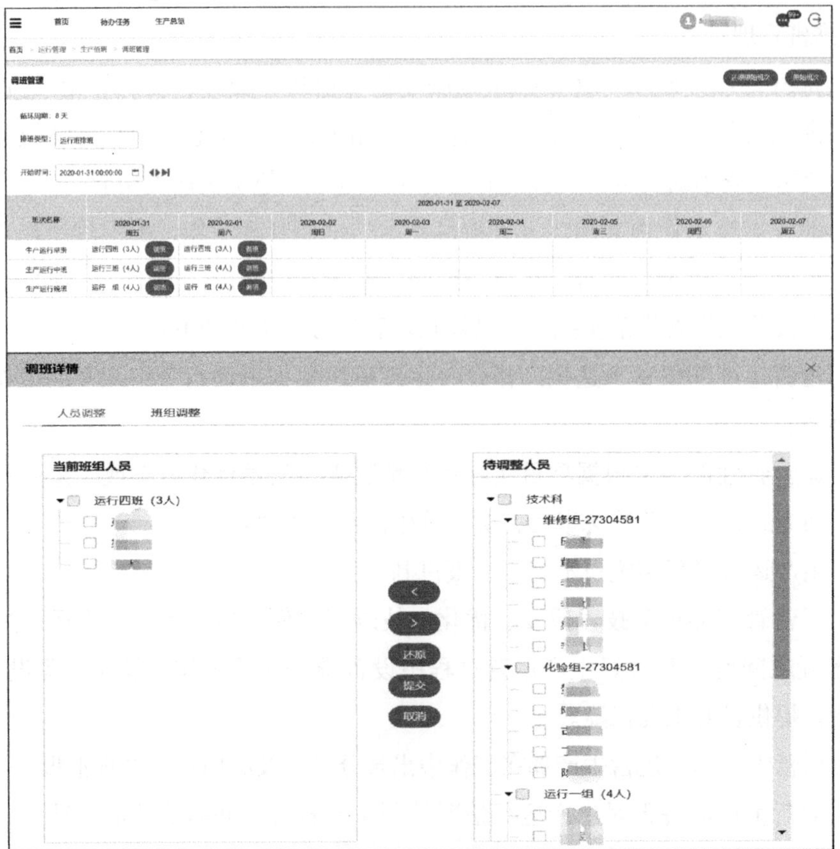

图 4.7-16　调班管理示意图

⑤ 值班日志管理（图 4.7-17）

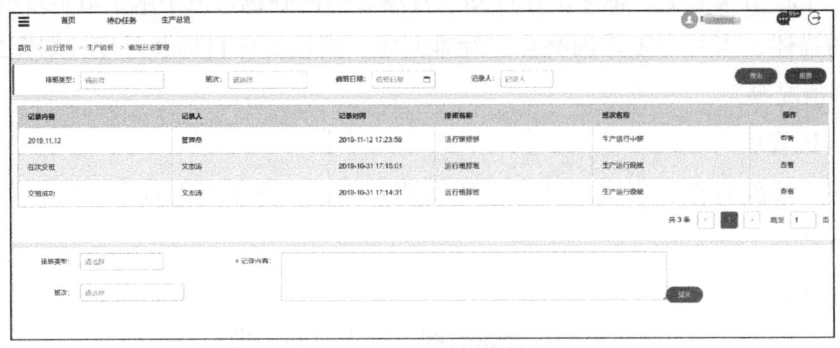

图 4.7-17　值班日志管理示意图

⑥ 风险应急处理和预案管理

风险预案管理应建立针对污水处理厂已知风险进行识别定义、定性分析、制定对应策略、保存经验记录等过程的全数字化管理手段。模块建设初期，应将污水处理厂现有的全面风险管理体系和应急预案融入智慧污水处理厂运营管控平台中。通过在管理上建立规范的污水处理厂应急预案制度并结合全数字化管理手段，让智慧污水处理厂的运营更有保障，应急状态下的处置也更灵活。

a. 风险预案维护

提供风险预案的录入窗口，将污水处理厂现有风险预案管理制度以电子化形式记录到平台中。

b. 风险处理记录

系统应记录风险处理全过程的相关数据，以备统计分析和经验总结。

c. 风险事件查询与统计

用户应能对以往所发现并记录在案的风险事件，按时间或风险类别进行查询，并能够通过对某类事件的发生频率进行统计分析，为未来可能出现的风险事故做好防范准备。

d. 风险事件联动

当运行人员报告风险事件时，平台主界面能够在明显的位置给出消息提醒，系统后台能够通过风险事件类型自动关联对应的风险处理预案，管理人员通过平台查看风险处理预案后，根据预案的要求，统一调度对各相关执行人员进行下一步的处理。

管理人员在平台上能够看到风险处理的全过程记录，实现风险处理过程的监督管理。

各相关执行人员在处理风险事件过程中能够调出相关工艺运行数据、实时视频、设备巡检维修等相关参考信息，对风险事情进行分析和判断，按预案管理制度的要求进行下一步的执行工作。当风险事情处理结束后，应在平台录入对应处理结果和经验总结，最后由上级领导进行审批。

⑦ 人员绩效管理

实现不同的人员可以根据工作类型实时查看个人工作及考核评估职位情况的功能。

采用该功能让管理人员全面了解污水处理厂各个部门及人员的工作情况，通过多维度的量化考核评估，提高人员工作的质量及效率。

4）AI 智能语音助手

AI 智能语音助手，将人工智能（语音识别技术）融入普通音箱，让用户用声音搞定一切，快速的获取有用的数据和信息，实现智能应答、智能控制和智能学习。AI 智能语音助手可以广泛适用于各种工业场景，如观看大屏展示时，用户操作鼠标和键盘控制大屏会不连贯，讲解的人需要与操作的人沟通才能操作大屏上的效果。通过 AI 智能语音助手，讲解人直接通过语音的方式控制大屏，使整个展示流程更加连贯、流畅。

智能应答：通过智能音箱，用户可以用对话的形式询问生产运营数据、报警数量、KPI 指标等，不用打开系统，即可轻松获取有用信息。

智能控制：用声音实现人机交互。通过语音解析，以及前后台的交互，实现音箱对系统操作的控制。

智能学习：提供模糊搜索，语音识别面向工业识别率达到 98%，并应用 AI 实现后台专业术语的自学习。

5）移动应用

平台提供的移动应用解决方案，可实现对设备设施在运行过程中的动态数据的实时监测，保证各级管理和操控人员在第一时间及时掌握运行状态；同时巡检 / 维修 / 养护人员可使用移动应用对设备设施现场进行巡检及维修养护，并可拍照上传，支持从移动端提交现场巡检异常信息。从巡检计划的制定到巡检任务的完成，以及后续巡检原因的分析和全部巡检任务的汇总统计，形成一个闭环管理流程。让管理人员充分应用移动 + 互联的管理手段，实现对分散式的高效管理。

4.7.2 案例示范

1. 项目概况

黄孝河、机场河水环境综合治理二期工程是以改善水环境、消除黑臭、提升水质为核心目标，以打造“水清、岸绿、景美”两河生态廊道、绿色廊道和文化廊道为终极目标的生态惠民工程。该项目包含晴天全截污、雨天控溢流、汛期治洪涝、运维智能化等 21 个子项，辐射武汉市江岸区、江汉区、硚口区、东西湖区四个行政区，覆盖 130 余 km^2，惠及 450 万人口。

河道物联网和综合调度系统以及厂网河湖一体化综合指挥调度系统服务于“武汉市黄孝河、机场河水环境综合治理二期 PPP 项目”，在全流域范围内进行智慧监测、预测与综合调控管理，同时考核、评估项目建设与运营效果，实现信息发布与公众参与。服务范围覆盖黄孝河、机场河明渠及上游暗涵，同时包括河道沿岸排水管网、纳入“武汉市黄孝河、机场河水环境综合治理二期 PPP 项目”运维与考核的所有新建及原有设施。依托于物联网监测、通信、远程控制等技术的“全流域联动联调智能动态管理”理念，是针对近年来城市水环境系统日益复杂的运维与管理需求，而提出的全新解决方案亦即“物联网 + 智慧水务”系统。通过对整个流域内的各水务要素，包括河道、污水处理厂、污水泵站、排涝泵站、闸站、调蓄设施、管网、监测站点等的全面监测、实时管理和联控联调，并借助于外部气象预报数据等，实现全流域的水量管理、水质管理和设施维护的精细化、科学化、动态化管理，减少合流制溢流及其对城市和自然环境的影响，实现全流域尺度下的水安全、水环境目标。

2. 系统功能

“全流域联动联调智能动态管理”理念的实现，需要着眼于本项目实际需求，运用物联网技术作为载体，开发智慧水务应用系统，开展全流域水环境智能动态管理工作。

流域物联网与智慧水务系统工程的设计以黄孝河、机场河的水安全、水环境为核心目标，能够实现监测监控、预测预警、在线智能管控、考核评估、信息发布与公众互动的项目全周期、全范围管理。其目标主要包括以下功能。

（1）监测监控

监测监控可为水环境综合治理效果评估提供数据支撑，综合考虑黄孝河、机场河流域的气象特征、土壤地质等自然条件和经济条件，设计水环境评估在线监测系统，为河道治理的水生态、水安全、水资源和水环境综合管理评估提供依据，为黄孝河、机场河流域的水环境综合治理效果提供可视化数据支撑。

监测系统既能够实现对于项目运行质量的实时感知，又能够获取项目范围外非受控因素对于项目的影响或干扰，以便及时进行规避或调整。

（2）预测预警

基于“武汉市黄孝河、机场河水环境综合治理二期 PPP 项目”建成后（运维期）设施状况，搭建河道与管网的水动力模型、流域水文模型、河道水质模型，利用监测数据与外接雷达降雨预报数据，对流域水安全、设施运行负荷、河道水环境等指标进行全方位预测模拟，并及时对影响项目运维的重要事件进行预警。

（3）在线智能管控

对全流域的调度设施实现智慧化联动联调，将全流域水利设施在线自动管控纳入系统平台，为实现全部水务设施一体化监管和联合调度提供可拓展的、统一的平台。

调用并充分发挥项目范围内所有的水利设施，包括河道、低位箱涵、管网、污水处理厂前位水池、上游暗涵、调蓄池等的调蓄能力，通过合理调配手段，使其发挥“削峰减排”的调蓄功效。

合理安排运用流域内河道、低位箱涵、管网、泵站的行洪排涝能力，最大限度削减城市洪涝灾害。

通过合理调度与调控，充分发挥项目范围内污水处理设施的处置能力，包括污水处理厂、CSO 分散处理设施等，限制或减少污染物进入水体。

在保障水安全和水环境的前提下，通过系统优化运行，降低能源消耗和生产物资消耗，实现针对水环境的“绿色管控”。

（4）考核评估

为了保障整个系统持续稳定地运行，需要对“武汉市黄孝河、机场河水环境综合治理二期PPP项目”运维效果进行全方位、精细化、自动化的考核评估，并依据不同指标的特点，使用多种方式对考核评估的指标进行分析和可视化。

（5）信息发布与公众互动

系统可为公众参与水环境综合治理提供反馈沟通平台：构建专业智慧化基础数据库，并整合全流域基础信息，搭建全流域联动联调平台，向公众实时展示水环境治理效果，为公众提供实时反馈的沟通平台，充分调动公众积极性，提高公众对黄孝河、机场河水环境修复治理工程的关注与参与。

3. 系统特性

以实用、安全为前提，选用国际最为先进、成熟、可靠、适应水务行业管理特点的信息技术手段，体现流域内水环境管理差异化的需求，同时保证信息系统的开放性、兼容性、可扩展性和可操作性，既要满足行业管理和安全保密的自身需要，又要满足政务公开、公共服务的社会需求。在信息化建设时，选取的硬件、软件应具有适度的前瞻性，建立切实可行的数据更新维护机制，保证数据的有效性和可靠性。

（1）运行可靠性

从硬件设备、软件系统等方面，保证系统运行可靠。

针对硬件设施，包括服务器、存储设备、交换器、监测设备、自控系统网络终端等基本硬件设备，需要严格控制设备选型、兼容性检验，并对监测设备实行严格的调试、校准。

针对软件，包括定制化开发系统平台与商业软件，严格质量管理流程，模拟不同极端状况，以排除软件运行出错。

（2）系统兼容性

系统内的硬件设备、软件系统均应符合国际以及行业标准通信协议，实现系统内信息顺畅地传达；在设计过程中，监控中心、主控系统和链路系统应考虑未来系统服务范围扩大、监测点位增多、软硬件设备升级与更换的可行性和便捷性。

河道物联网和综合调度系统适应不同的终端设备，兼容多种网络端浏览器接入，支持本地、远程多种操控模式。统一的标准和规范可以保证智慧水务系统中的各个子平台、功能模块具有足够的开放性，使异构系统之间的信息交换和协同工作成为可能。本项目建设目标的实现需要不同设施、职能单位的共同参与，为了保证不同管理层、不同业务部门之间数据资源、应用系统资源、通信和计算机网络资源的整合和共享，智慧水务系统将统一数据标准、应用标准和网络标准。系统使用和操作界面应遵循行业应用需求，且操作简单、界面友好、具有可视化展示功能。系统建设、业务处理和技术方案应符合国家、地方、行业有关信息化标准的规定。数据指标体系及代码体系统一化、标准化，符合国家标准或者部颁标准，从而避免重复建设、条块分割和信息孤岛的形成，并可以保证数据的准确性、完整性、系统性。

（3）实时高效性

在运营过程中，流域水安全、水环境等目标极易受到极端降雨、突发环境事件的冲击与影响，河道物联网和综合调度系统需要具备实时、快速的反应能力，包括实时运算功能，提前预知功能（例如将要到来的降雨以及可能导致的污染），预警生成与发布功能，以及一定权限范围内的智能控制功能。

清晰直观的人机交互界面，准确快捷的功能算法，是确保该项原则要求的基本保证。

（4）运营简易性

考虑到运营维护的简易性、经济性，在不影响系统性能的前提下，所需软硬件应尽量采用成套化、模块化、标准化设备，便于维修、更换和升级。

对于非标准化软件、设备，在设计安装时，应配备操作手册与运维管理手册，以指导相关人员使用、维护。

（5）内外兼顾性

河道物联网和综合调度系统既能满足于项目自生需求，又能够兼容项目外信息接入；既能够分析考核项目运行绩效，又具备监控外部因素，查找项目外原因对运维质量影响的能力。

4. 系统技术架构（图 4.7-18）

河道物联网和综合调度系统的整体架构以河道水环境治理整体架构为基础，考虑系统的多目标与复杂性，架构设计既需要符合当前水环境治理的基本需要，也要满足未来水务的扩展需要。其核心理念是运用新一代信息技术，通过智能设备实时感知水环境状态，采集水务信息，并基于统一融合的公共管理平台，将海量信息及时分析与处理，并利用模型对未来水环境状态预测预警，辅助进行决策支持，以更加精细、动态的方式管理全流域的水资源调度、水环境监测、系统管理和服务流程，并辅助决策，以提升城市水务管理与服务水平。

河道物联网和综合调度系统由八层应用支持体系、两大运行保障体系共同构成。其中，应用支持体系包括基础数据资料层级、监测数据采集传输层级、专项数据库层级、网络与硬件设施层级、应用软件支撑层级、模型与算法层级、自控指令下达层级和业务应用层级；保障体系包括信息安全体系和标准规范体系。

（1）基础数据资料层级

基础数据资料是指流域汇水区范围内相关的自然、人工要素，包括地理要素、水文要素、设施要素等，通过踏勘核实数据，对没有基础数据的资料，按照标准进行数字化建模。基础数据资料是整体数据库的重要组成部分，是设计、建设、运营的基础，

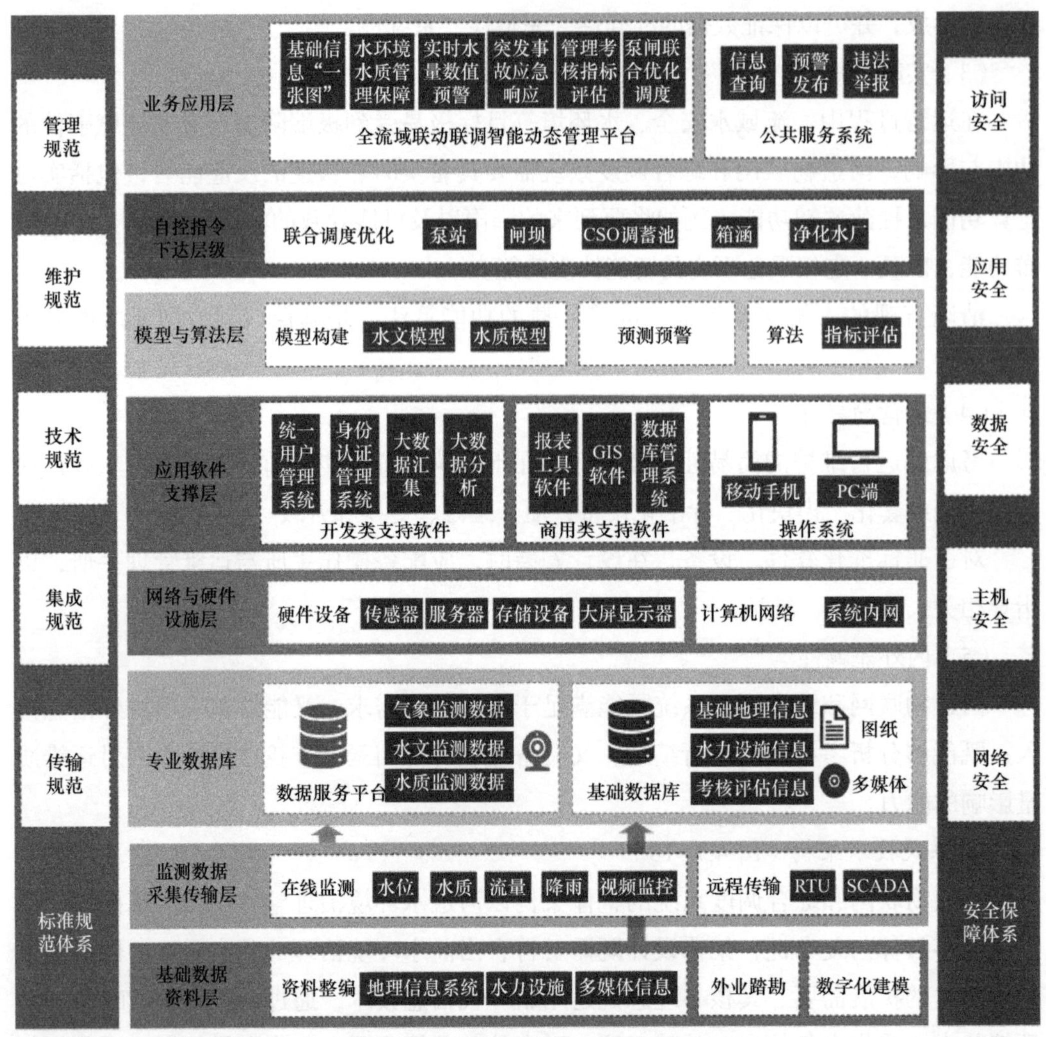

图 4.7-18　河道物联网和综合调度系统架构

也是列入河道物联网和综合调度系统专项数据库的设计建设内容。

（2）实时监测信息采集与传输层级

实时监测信息采集与传输层级在河道物联网和综合调度系统中用于采集、传输各类监测与监控信息，主要包括流域内主要断面、主要排口、闸坝、泵站、污水处理厂等重要环节的水文、水质监测，采集数据用于构建水力、水质模型，同时用于动态监测体系的构建。

（3）专业数据库层级

专项数据库基于河道物联网和综合调度系统特殊性要求定制开发，满足水环境类项目治理目标需求，包括基础支持数据库，数据服务平台，对全流域的基础空间地理信息、前期基础数据整理入库，整理、存储气象、水文、水质监测数据。

（4）计算机网络与硬件设施层级（图 4.7-19）

硬件设施为河道物联网和综合调度系统提供基础的硬件支撑环境，包括支撑各类应用运行和各类数据存储的服务器、存储、备份、显示及会商环境等。硬件设施的设计和建设，应根据业务应用的需求进行建设，或在已有硬件设施之上进行扩充。

计算机网络主要用于服务器与各设备终端、各管理用户、公众进行信息交互的载体渠道。应根据智慧水务系统的应用范围、重要性和安全性要求，计算机网络系统需要采取一定保密措施与因特网进行隔离。

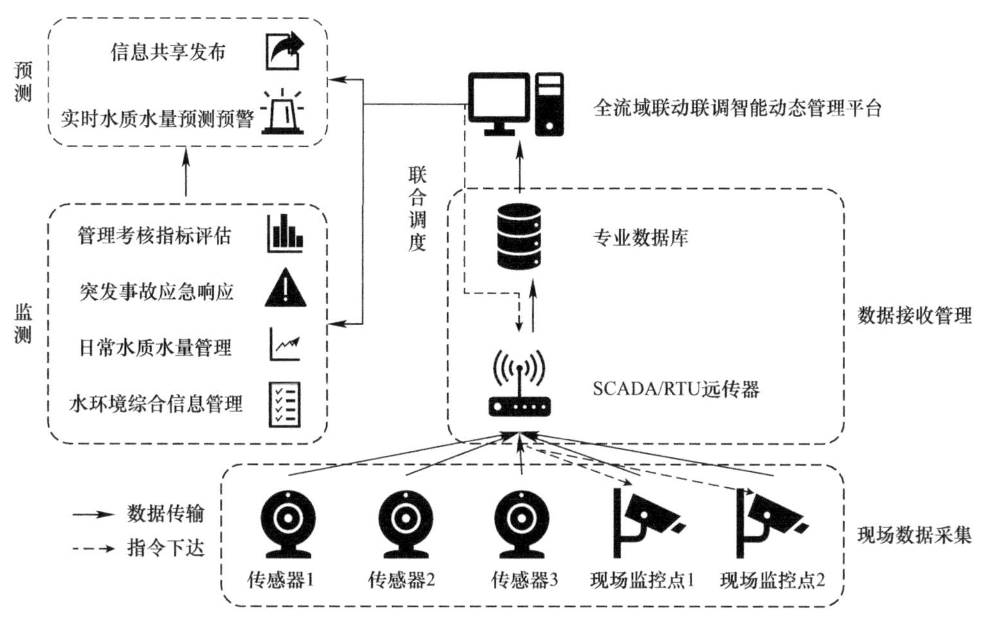

图 4.7-19　河道物联网和综合调度系统数据传输与建设架构逻辑

（5）基础应用软件支撑层级

基础应用软件可以提供统一的技术架构和运行环境，为河道物联网和综合调度系统提供通用应用服务和集成服务，为资源整合和信息共享提供运行平台，主要由商用支撑软件和开发类通用支撑软件共同组成。

（6）模型与算法层级

模型与算法是河道物联网和综合调度系统分析与决策的核心。利用基础数据资料以及监测数据，模型能够对水环境系统现状进行模拟，同时对未来做出预测。系统采用不同的算法，对管理考核指标进行计算评估，并在不同优先级以及预设目标的前提下，生成用于动态调控的运行指令。

（7）业务应用层级

业务应用是河道物联网和综合调度系统功能的集中展现，包含监测与监控数据展示处理、模拟预测展示输出、预警发布、全流域优化管理调度、信息发布、公众服务等业务应用功能，可实现多系统信息联动，同时承担与用户交互的功能。

（8）自控指令下达层级

自控指令的下达实施，是“智慧化”的最直接体现。指令的审核、传输、下达实施，需要经过安全可靠的链路保障实施，通过多系统联动联调，在预测预警的基础上，实现在异常事件下的全流域泵站、闸门、调蓄池等设施的整体调动、自动响应。

（9）标准规范体系

标准规范体系是支撑河道物联网和综合调度系统设计、建设和运行的基础，是实现应用协同和信息共享的需要，是节省项目建设成本、提高项目建设效率的需要，也是系统不断扩充、持续改进和版本升级的需要。

（10）安全保障体系

安全保障体系是保障系统安全应用的基础，包括物理安全、网络安全、信息安全及安全管理等。

5. 建设内容

河道物联网和综合调度系统以及厂网河湖一体化综合指挥调度系统作为一个有机的整体，主要包括以下子系统：监测监控系统，数据通信与指令传输系统，数据资源与数据库系统，智慧水务平台软件系统，调度指挥中心，基础软件与机房系统。

各个子系统按照功能可划分为不同的功能模块，具体内容见表 4.7–2。

“物联网 + 智慧水务”系统各子系统内容　　表 4.7–2

子系统名称	功能模块	内容
监测监控系统	降雨监测	布设雨量监测点，覆盖全流域范围
	在线水文、水力监测	河道断面、管网入河主要排口、暗涵布设流量计、液位计
	在线水质监测	河道断面布设水质监测点，监测常规水质参数 管网入河排口布设水质监测探头，监测常规水质参数
	视频监控	重要设施与关键点位布设视频监测设备
	取样设施	河道断面、重要管网入河口布设在线自动取样设备
数据通信与指令传输系统	远程数据终端单元 RTU	覆盖监测监控系统的数据采集、传输、接收 自动设施远程控制终端的数据采集、传输、接收
	数据中心 SCADA	现场各类监控设备的数据采集，对闸坝、泵站和调蓄池等设施远程控制指令系统
	数据通信私有云 APN	连接 SCADA 数据中心与外部设备、设施的无线网络，访问通道与公网隔离
数据资源与数据库系统	基础数据资料整理入库	河道、水利设施、非设施类以及水系涉及的组织机构名录、水务要素 河、泵、闸等基础数据勘查与数字化转换

续表

子系统名称	功能模块	内容
数据资源与数据库系统	智慧水务专业数据库	具有多种类别功能，满足水务管理的专业需求，包括数据审核、重建，以及数据深度分析功能
智慧水务平台软件系统	基础信息管理子系统	“一张图”服务
	监测监控平台子系统	可视化展示现状与历史数据，包括降水、水文、水力、水质 可视化展示监测监控设备运行状态、参数 可视化展示项目范围内主要设备的运行状态、参数，重要设备的能耗数据 主要设施的运行状况展示 监控画面 / 影像展示 异常事件报警，包括设备设施异常、监测数据异常、系统软件异常等 配置管理
	实时预测预警子系统	可视化动态展示雷达、气象预警等外接气象预报资源 可视化展示预测结果，包括降水、水文、水力、水质 设施的运行状况预测结果展示 有效合理的预警信息的发布机制
	实时动态管理子系统	基于运维绩效目标下的多种实时动态管理策略，应对河道现状与降雨状况，包括水质控制、防洪排涝等不同管理目标策略 智能在线远程控制功能 实时动态管理信息可视化
	管理评估子系统	KPI 指标跟踪与自动计算 自动报表的生成与导出
	运维管理工作子系统	巡检与工单系统 资产管理 异常事件处理流程 移动终端业务
	信息发布子系统	信息发布 Web 平台 中控中心大屏展示界面
	公共服务子系统	微信终端服务，实现黄孝河、机场河相关信息发布、违法举报、河流信息查询等功能，使公众在享受水环境改善成果的同时，积极参与黄孝河、机场河的维护工作，提高公众的参与热情
调度指挥中心	大屏显示系统	运行状态和监测数据的实时展示，便于管理人员及时掌握工程工况和水质、水量数据
	会商决策与指挥系统	提供联合调度时的会商和指挥决策的场所，以及智慧水务平台软件系统的日常运维办公场所
基础软件与机房系统	基础商业软件	为支撑智慧水务系统工程建设，在系统运行环境层面需要进行的配套基础软件，包括操作系统、服务器系统、数据库、GIS 运行环境、防病毒软件等
	数学模型	用于支撑流域物联网与智慧水务系统运行与运维的后台核心算法，如水文、水力、水质模型等
	机房	基础的 IT 硬件设备，包括服务器、交换机、机柜等

对于智慧水务软件平台系统，其建设核心如下：

（1）基础信息管理子系统

搭建基于GIS平台的地理要素和资产属性地理信息管理模块，管理黄孝河、机场河汇水区范围内的地形、河道、设施、设备的基础属性和信息，并提供缩放、标记、量算、显示、快速定位、信息查询等GIS系统相关功能，实现“一张图”的基础信息服务（图4.7-20）。

图4.7-20　流域一张图板块示意图

（2）监测监控平台子系统

对黄孝河、机场河流域及其排水系统的运行情况和状态进行实时监测，为实时预测预警、实时动态管理提供实时运算与指令制定的依据，并从以下几个方面为运行管理部门提供决策支撑：

① 对流域内水体的水力、水质特性进行持续的跟踪和监测。

② 厂站能耗监测。

③ 及时探知、提示系统运行的各种异常情况。

④ 针对流域、子汇水区进行运行绩效评估和考核。

（3）实时预测预警子系统

通过集成、整合实时在线的水力、水质模型，实现对流域内的流量、水位、水质的预测性管理。开发用于专门气象预报、流域水文信息预报、自然灾害预警等信息的数据接口与展示界面，并将相关数据信息用于实时动态模拟，以获取前瞻性的、能够反映项目范围内工程运行状况的预测预警信息（图4.7-21、图4.7-22）。

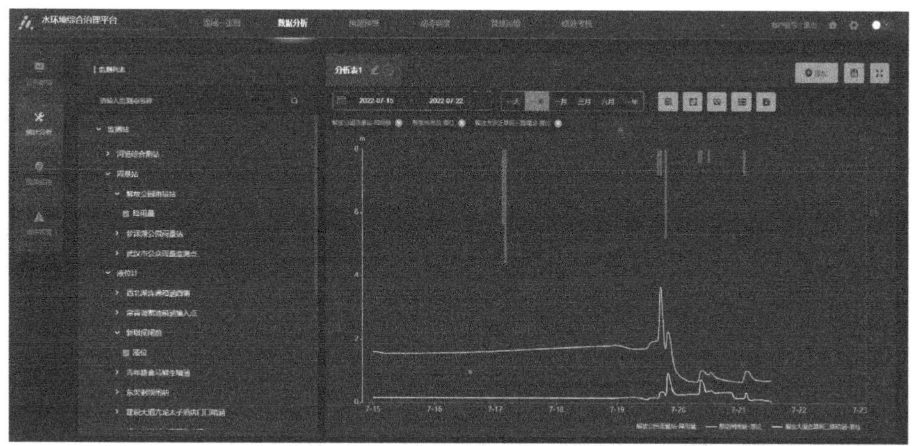

图 4.7-21　数据分析板块示意图

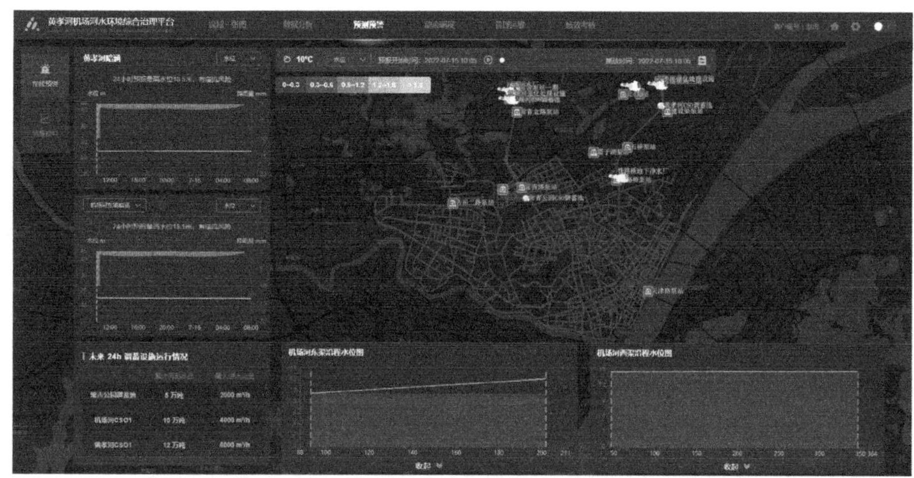

图 4.7-22　预测预警板块示意图

（4）实时动态管理子系统

可以生成基于当前流域内的水文、水力、水质现状以及预测趋势下最优的运行策略，自动生成“最优”的运行调度指令，并自动操作部分泵站、闸门等调控设施，实现对流域实时动态联控联调，保证全流域和排水系统的平稳、安全运行（图 4.7-23）。

（5）管理评估子系统

根据绩效考核评价要求，实时计算和显示考评结果，并定期输出日常考评以及突发事件报告；根据定制化设置，每日生成自动报表，便于运维人员管理（图 4.7-24）。

（6）运维外业管理子系统

建立设施、设备、资产的电子化管理模块，并根据巡检计划实时发布工单，并建立与移动端巡检养护系统的数据接口，以供巡检、维护人员现场查看实时数据与设备状态（图 4.7-25）。

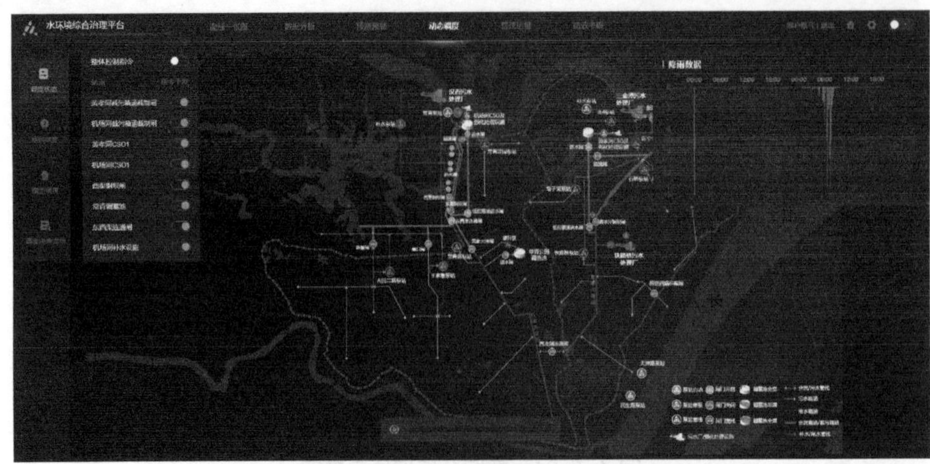

图 4.7-23　动态调度板块示意图

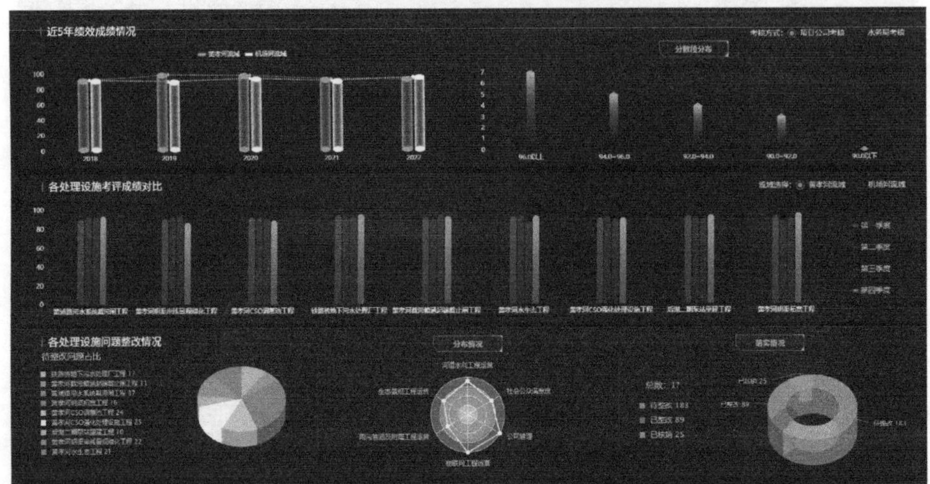

图 4.7-24　绩效考核板块示意图

图 4.7-25　管理运维板块示意图

（7）中控中心综合显示子系统

为满足运行调度管理人员快速了解系统运行的关键信息与数据，及时发布预警与动态管理调控的需求，中控中心综合显示子系统将各个子系统及外部关键信息集成展示在中控中心大屏上，从而提高运维效率。

需要展示的信息包括流域管理要素底图、气象雷达预报和降雨监测、监测站点监测数据、实时水量、水质预测数据、设备运行状态、管控策略及各设施状态、KPI、运维外业及资产管理。

（8）公共服务子系统

通过与平台系统其他模块的整合，公共服务系统可以公开发布流域水质水量情况，同时接受公众对水环境问题的投诉与建议。

第5章

结语与展望

5.1 结　　语

水是生命之源、生产之要、生态之基，是人类文明与城市文明产生及发展的先决条件之一，是人居环境最重要的组成部分。城市建成区范围内流经的河流、湖泊以及其他景观水体，承载着提供水资源、发挥生态效应、承载城市生活等多种功能。随着我国经济和社会的快速发展，全国工业废水和生活污水的排放量急剧增大，废水排放量与处理能力的矛盾问题凸显，导致大量工业废水和生活污水排放到城市河道，引起水质恶化，甚至出现黑臭现象。城市黑臭水体不仅给群众带来了极差的感官体验，也是直接影响群众生产生活的突出水环境问题。

目前，我国部分建成区城市市区水面率低、排入污染负荷高、水系连通性差、水动力弱，水环境呈劣V类甚至更差。论水体黑臭的成因，现象虽然在水里，但根源在岸上，主要在点源、面源这些外源的污染，还有底泥、岸边垃圾等内源的污染。城市水环境点源污染严重，早期城市建设水体排水系统不健全，生活污水通过合流排水系统或错接漏排，甚至河道暗涵化，造成大量污水直接入河污染水体。城市面源污染严重，城市开发强度大，环境卫生管理不到位，降雨时雨水和径流冲刷城市下垫面，使污染物随径流经管网汇入城市水体，水体面源污染负荷较大而引起水环境污染。水体淤积严重，淤泥是水体污染物的主要载体，长期不进行清淤等养护工程的水体，淤泥将向水体释放污染物，产生内源污染。

治理城市市区水环境污染，提高市区水环境质量，不仅能够极大地提升城市形象，优化人居环境，改善城市生态环境，而且能够推进城市的经济发展，促进城市生态文明建设。首先，水环境污染治理是当前国家生态文明建设的重要内容之一。2015 年以来，国家先后颁布了《水污染防治行动计划》《城市黑臭水体治理攻坚战实施方案》等文件，水环境治理已成为各级政府改善人居环境的重要政治任务。其次，城市市区水体作为城市水系的重要组成部分，连通城市外部的江河湖库，市区的水环境决定着城市水系的水环境，甚至会影响城市生活水源的水质。最后，城市市区水体与市民生活息息相关，水环境的质量直接影响市民的生活幸福感。

国内外在城市水环境修复的技术研究和应用实践方面开展了大量的工作，也已经积累了很多成功案例，为城市河湖水体保护工作的开展起到指导和推动作用。如英国伦敦的泰晤士河，1858 年发生了大恶臭，之后采取了包括控制污染物排放、河道曝气富氧、调整流域管理方式等一系列措施，成效非常明显。随着技术的发展、管理水平的提高，美、日等国家的城市河流严重污染问题已经基本解决，现处于完善城市河流生态系统、提升其生态服务功能和维持其生态健康的阶段。

我国“十三五”期间，通过采取控源截污、清淤、补水、生态修复等多种措施，对城市建成区内的黑臭水体进行综合治理，取得了令人瞩目的成绩。据统计，截至 2020 年底，我国地级以上城市黑臭水体消除比例达到 98.2%。但是就从已经治理好的黑臭水体来看，也不排除治理好的河流又反复出现黑臭现象，现在已经有这方面的苗头。一是城市“重治标轻治本”，缺乏长远综合的设计思路，道路与景观建设占用了生态管理的资金，忽视了水下生态的构建，以至于本末倒置；另外，污染源的治理与生态治理不同步，治理中片面强调“生态补水”“生态修复”，控源截污工作还不到位。二是“重建设轻管理”，虽然我们形成了河长制，但管理在部分地区和流域主导力不强，缺乏长治久清的监管措施和管理机制，管理部门也不是那么统一。三是“重工程轻规划”，黑臭水体本底调查不全面，难以科学规划，对“症”下药；缺乏有效创新的治理技术，比如说河湖单独曝气，进行曝气以后又面临有可能爆发藻类的问题，单一的一些技术往往很难把黑臭的水体治理好。此外，我国大部分县级城市建成区尚未启动黑臭水体的治理工作。

国内外经验表明，解决城市黑臭水体治理的突出问题，需全流域、系统化治理理念引领顶层设计，多措并举，才能全面改善水环境质量，实现水环境保护与城市发展共赢。

本书根据现阶段我国长江中下游典型城市建成区水环境污染现状和主要问题，从不同治理修复阶段对城市建成区水环境治理方案和关键技术进行了梳理，得到长江中下游典型城市河流修复技术体系。

第一部分，高密度建成区水环境特征识别。分析长江中下游典型城市建成区水环境现状、问题和治理概况，识别主要的水污染、水安全、水生态和水管理问题。

第二部分，根据存在的问题，有针对性、分层次地确定治理目标、治理原则和治理思路，分析治理的重点和难点。

第三部分，制定高密度建成区水环境综合治理方案，包括流域外源控制方案，内源治理方案，基于水质提升的生态修复方案，面向水动力改善的活水补水方案，防洪除涝整治方案，流域水景观与水文化建设方案，智慧流域平台建设与管理方案。

第四部分，高密度建成区关键技术研究，包括流域本底调查智慧诊断关键技术，城市主干排水管涵评估清淤修复关键技术，合流制溢流调蓄及处理关键技术，城市长距离大埋深污水深隧系统设计及运维关键技术，高密度建成区污染控制及处理设施建造关键技术，河湖环保清淤及底泥资源化关键技术，智慧水务系统构建关键技术。

5.2 展　望

总体而言，在城市水环境修复方面，我国很多城市已经取得不少经验和成绩，但目前国内相关技术仍处于起步和技术探索阶段，大部分还仅仅是河湖整治工作，基本处于消除黑臭、水质改善和景观建设阶段，河湖的生态修复和重构还未真正开始。很多地方的河道整治，尤其是中小型河流，其理念仍停留在渠道化、衬砌等已被许多发达国家舍弃的做法上。因此，在城市河湖完成了消除黑臭和水质改善阶段后，必须将河流环境修复过渡到河湖的生态修复和重构上。只有从生态的角度恢复和重建生态系统，恢复河湖的自然属性，才能循序渐进地恢复河湖的生态健康，维持河湖的可持续发展。因此，今后的城市河湖水环境修复工作重点和主要问题集中在以下几个方面。

1. 建立流域统筹治理的思路。

加强建成区黑臭水体和流域水环境协同治理。统筹协调上下游、左右岸、干支流、城市和乡村的综合治理，对影响城市建成区黑臭水体水质的建成区外上游、支流水体，纳入流域治理工作同步推进。根据河湖干支流、湖泊和水库的水环境、水资源、水生态情况，开展精细化治理，提高治理的系统性、针对性和有效性，完善流域综合治理体系，提升流域综合治理能力和水平。

2. 制定科学的治理方案。

要根据水环境、水资源、水生态、水安全等多方面目标，面向不同的污染源，统筹考虑截污、处理、补水、清淤和生态修复等多种措施，科学编制水环境系统化治理方案。要重视污水收集问题，尤其是加大对污水收集效能的关注，要加强污水管网建设和运行维护，避免盲目新建污水处理厂，盲目对污水处理厂进行提标。

3. 探索前沿治理技术。

首先是强化工程材料的创新，膜技术在黑臭水体治理上发挥了重要作用，并在重大水专项项目中得到大量应用，但目前膜技术在黑臭水体治理和饮用水安全保障上的应用仍存在使用寿命短，运维成本高，污染高等问题，因此要发展无机、仿生、纳米材料复合膜，通过工程材料的创新研究和推广应用，延长膜的使用寿命，减少污染。另外要深化技术工艺的创新，比如深化土壤修复、电动力学技术创新，解决黑臭水体治理运用中淤泥脱水和高效利用等难题；深化水下机器人研究应用推广，解决黑臭水体的治理水下排口、管涵检查及水质监测等难题。

4. 建立水资源管理的制度。

优化用水结构，强化水资源调节作用，在地级以上城市和高尔夫球场、洗车、洗浴等高用水行业开展示范试点，实行税收约束机制，抑制不合理的用水。适当给予地方政府管理权，全面推广河长制管理模式，强化多级联动，“一龙管水”的制度。建立和完善激励政策和机制，加快高能耗、高污染企业转型升级，通过政策和资金的支持，引导养殖场户发展种养循环，提升畜禽养殖废弃物无害化处理和资源化利用的能力，既要保护环境也要发展生产，变限制发展为引导发展。

5. 完善工程运营管理体制机制建设。

城市黑臭水体治理三分在建，七分在管。控源截污等工程建设很重要，各部门齐抓共管、分工负责、责权分明的工作机制也很重要。不仅要合理谋划、科学推进城市黑臭水体治理的工程建设，也要从设施运维、排水许可、排污许可、日常监测、监督检查等方面明确提出体制机制建设的要求，这有利于维持治理效果，真正实现长治久清。

6. 学科建设和人才培养。

加强学科建设和人才培养，加强国际交流与合作、提高自主创新能力。河流修复技术是一个新兴的交叉学科领域，涉及环境学、生态学、水文学、地貌学、工程学、社会学、经济学等众多学科，需要相关各界的密切合作，应大力加强学科建设和人才培养。

在河流生态保护与修复技术方面，我国与国际先进水平相比仍显不足，在基础研究和技术开发、资金投入和示范工程建设等方面还存在一定差距。要进一步加强国际科技合作与技术交流，积极吸收引进相适宜的国外先进技术、科技成果和资金，扩大科技合作与技术交流范围。更要充分借鉴国外的经验教训，不能盲目照搬照抄，在此基础上提高自主创新能力。

参 考 文 献

[1] Rui Guo, Maoyi Zhang, Hongming Xie, et al. Model test study of the mechanical characteristics of the lining structure for an urban deep drainage shield tunnel[J]. Tunnelling and Underground Space Technology, 2019, 91: 103014.

[2] Zhen-sheng Liang, Jianliang Sun, Henry Kwok-ming Chau, et al. Experimental and modelling evaluations of sulfide formation in a mega-sized deep tunnel sewer system and implications for sewer management [J]. Environment International, 2019, 131: 105011.

[3] Ki-Chang Hyun, Sangyoon Min, Hangseok Choi, et al. Risk analysis using fault-tree analysis (FTA) and analytic hierarchy process (AHP) applicable to shield TBM tunnels[J]. Tunnelling and Underground Space Technology, 2015, 49: 121-129.

[4] Rao J, Xie T, Liu Y M. Fuzzy evaluation model for in-service karst highway tunnel structure safety[J]. KSCE Journal of Civil Engineering, 2016, 20(4): 1242-1249.

[5] Dai C Q, Zhao Z H. Fuzzy comprehensive evaluation model for construction risk analysis in urban subway [J]. International Journal of Modeling, Simulation, and Scientific Computing, 2015, 6(3): 1550024.

[6] Xin Huang, Wei Liu, Zixin Zhang, et al. Structural behavior of segmental tunnel linings for a large stormwater storage tunnel: Insight from full-scale loading tests[J]. Tunnelling and Underground Space Technology, 2020, 99: 103376.

[7] G. Seet, S. H. Yeo, W. C. Law, et al. Design of Tunnel Inspection Robot for Large Diameter Sewers[J]. Procedia Computer Science, 2018, 133: 984-990.

[8] Jianyu Sun et al. Reducing aeration energy consumption in a large-scale membrane bioreactor: Process simulation and engineering application[J]. Water Research, 2016, 93: 205-213.

[9] Zhengyu Zhu and Ruyi Wang and Yongmei Li. Evaluation of the control strategy for aeration energy reduction in a nutrient removing wastewater treatment plant based on the coupling of ASM1 to an aeration model[J]. Biochemical Engineering Journal, 2017, 124: 44-53.

[10] J. Ferrer et al. Energy saving in the aeration process by fuzzy logic control[J]. Water Science and Technology, 1998, 38(3): 209-217.

[11] Huang Mingzhi et al. Control rules of aeration in a submerged biofilm wastewater treatment process using fuzzy neural networks[J]. Expert Systems With Applications, 2009, 36(7): 10428-10437.

[12] Huang Mingzhi et al. Improving nitrogen removal using a fuzzy neural network-based control system

in the anoxic/oxic process.[J]. Environmental science and pollution research international, 2014, 21(20): 12074-84.

［13］ Dan M U, Yong-Qing L I, Sun W J, et al. Detection Technology and Application of Drainage Pipeline Based on CCTV[J]. Pipeline Technique and Equipment, 2015(2): 28-29, 32.

［14］ Ma B, Najafi M. Development and applications of trenchless echnology in China[J]. Tunnelling and Underground Space Technology, 2008, 23(4): 476-480.

［15］ Fanella D A, Naaman A E. Stress-strain properties of fiber reinforced mortar in compression[J]. ACI Journal, 1985, 82(4): 475-483.

［16］ Stocking A W. Traffic never stoped——Florida DOT builds new box culvert from within [J]. Storm Water Solution, 2012(7/8):16-18.

［17］ Jaganathan A, Allouche E, Baumert M. Experimental and numerical evaluation of the impact of folds on the pressure rating of CIPP liners[J]. Tunnelling and underground space technology, 2007, 22(5): 666-678.

［18］ Tsai C, Wang K, Chiou I. Effect of SiO_2-Al_2O_3-flux ratio change on the bloating characteristics of lightweight aggregate material produced from recycled sewage sludge[J]. Journal of Hazardous Materials. 2006, 134(1-3): 87-93.

［19］ Cao Y, Liu R, Xu Y, et al. Effect of SiO_2, Al_2O_3 and CaO on characteristics of lightweight aggregates produced from MSWI bottom ash sludge (MSWI-BAS)[J]. Construction and Building Materials. 2019, 205: 368-376.

［20］ Liao Y, Huang C. Effects of CaO addition on lightweight aggregates produced from water reservoir sediment[J]. Construction and Building Materials. 2011, 25(6): 2997-3002.

［21］ Liao Y, Huang C. Effects of heat treatment on the physical properties of lightweight aggregate from water reservoir sediment[J]. Ceramics International. 2011, 37(8): 3723-3730.

［22］ Chen H, Yang M, Tang C, et al. Producing synthetic lightweight aggregates from reservoir sediments[J]. Construction and Building Materials. 2012, 28(1): 387-394

［23］ 麻明祥，蔡飞. 长江中下游水污染及其防治对策［J］. 武汉工业学院学报，2004（2）：111-114.

［24］ 汪峰. 长江中游人居景观研究［D］. 重庆：重庆大学，2010.

［25］ 姚瑞华，赵越，王东，等. 长江中下游流域水环境现状及污染防治对策［J］. 人民长江，2014，45（S1）：45-47.

［26］ 楼少华，吕权伟，任珂君，等. 从深圳治水历程研究高密度建成区排水系统的选择与改造［J］. 中国给水排水，2018，34（18）：18-21.

［27］ 谭辉. 城市水环境现状及治理［J］. 中华建设，2019（3）：52-53.

［28］ 胡洪营，孙迎雪，陈卓，等. 城市水环境治理面临的课题与长效治理模式［J］. 环境工程，

2019，37（10）：6-15.

［29］贾艳艳，唐晓岚，唐芳林，等. 1995—2015年长江中下游流域景观格局时空演变［J］. 南京林业大学学报（自然科学版），2020，44（3）：185-194.

［30］王乐，要威，王翠平，等. 长江流域防洪规划中期评估［J］. 中国防汛抗旱，2020，30（4）：12-16.

［31］潘保柱，刘心愿. 长江流域水生态问题与修复述评［J］. 长江科学院院报，2021，38（3）：1-8.

［32］胡维忠，王乐，刘佳明. 长江流域防洪工程体系能力提升建设思路［J］. 中国水利，2022（5）：31-34.

［33］胡春宏，张双虎. 长江经济带水安全保障与水生态修复策略研究［J］. 中国工程科学，2022，24（1）：166-175.

［34］王浩. 流域综合治理理论、技术与应用［M］. 北京：中国建筑工业出版社，2020.

［35］贾海峰. 城市河流环境修复技术原理及实践［M］. 北京：化学工业出版社，2016.

［36］李广贺. 河网地区城镇水环境综合整治技术与工程应用［M］. 北京：化学工业出版社，2020.

［37］朱月琪. 城市水环境综合治理与智慧运营［M］. 北京：中国环境出版集团，2022.

［38］万鹏，丁文静. 关于流域综合整治系统化方案编制的思考［J］. 中国给水排水，2019，35（11）：6.

［39］褚俊英，周祖昊，王浩，等. 流域综合治理的多维嵌套理论与技术体系［J］. 水资源保护，2019，35（1）：6.

［40］褚俊英，王浩，周祖昊，等. 流域综合治理方案制定的基本理论及技术框架［J］. 水资源保护，2020，36（1）：18-24.

［41］王锐，冯麒宇，卢毓伟. 流域综合治理一体化管控平台系统解决方案［J］. 水力发电，2021，47（3）：7.

［42］路文典，刘鹄. 茅洲河全流域水环境综合治理方案及创新［J］. 水资源开发与管理，2022，8（1）：34-39.

［43］汪洋. 城中村雨污分流改造方案与管理［J］. 江西建材，2022（000-001）.

［44］周奕帆. 合流制排水管网雨污分流改造方法［J］. 四川建材，2021，47（9）：186-187.

［45］朱家悦，朱李英，钟馨. 河道底泥原位生物修复技术研究简述［J］. 四川水利，2020，41（2）：4.

［46］徐云杰，赵成东，褚淑祎，等. 污染底泥原位修复技术研究进展［J］. 安徽农学通报，2022（28-7）：136-138.

［47］诸志杰，方沁舲，张赤洁. 水生态修复技术在河道治理中的应用［J］. 化工管理，2021（18）：2.

［58］杨玥，陈洁. 补水活水在城市黑臭水体治理中的应用［J］. 中国水运：下半月，2018，18（3）：2.

［49］黄艳，喻杉，巴欢欢. 2020年长江流域水工程联合防洪调度实践［J］. 中国防汛抗旱，2021，

31（1）：9.

［50］陶明，赵光竹，陈惠明，等. 城市环状水系防洪潮，排涝系统治理研究［J］. 水利水电技术（中英文），2021，52（1）：41-50.

［51］王秀英，白音包力皋，崔巍，等. 基于生态海绵流域的防洪排涝体系研究——以深圳市坪山河流域为例［J］. 中国水利，2020（22）：4.

［52］付健，高小涛，乔明叶. 极端天气灾害下城市防洪排涝整体解决方案探讨——以郑州市为例［J］. 中国水利，2022（5）：4.

［53］丁建凯. 排涝泵站运行水泵的选型对比［J］. 科技展望，2015，000（001）：62-62.

［54］严子奇，周祖昊，王浩，等. 基于精细化水资源配置模型的坪山河流域生态补水研究［J］. 中国水利，2020（22）：28-30.

［55］孙菲，高书连，袁鹏，等. 青岛市李村河黑臭水体整治案例分析［J］. 环境工程技术学报，2020，10（5）：740-745.

［56］史贵君，仝晓辉，汪银龙，等. 城市高度建成区河道生态补水治理方案研究［J］. 人民长江，2020，51（4）：75-80.

［57］杨柠. 永定河引黄生态补水长效机制初步探索［J］. 水利发展研究，2020，20（2）：13-16.

［58］王睿，谭映宇，王震，等. 水生态修复技术在城市河道污染治埋工程中的应用［J］. 环境与可持续发展，2020，45（3）：125-129.

［59］潘石强. 城市水污染现状及其治理对策研究［J］. 陕西水利，2021（7）：140-141.

［60］谢月嫦，招丽香，邓苇婷，等. 浅谈城市内河涌水环境现状及水质治理实践［J］. 资源节约与环保，2021（4）：36-37.

［61］李海军，郑耀武. 市政工程中水环境治理现状及策略［J］. 住宅与房地产，2021（12）：86-87.

［62］杜明虹，李启蓝. 水环境污染现状及治理对策分析［J］. 化工管理，2021（6）：129-130.

［63］黄艳，喻杉，巴欢欢. 2020 年长江流域水工程联合防洪调度实践［J］. 中国防汛抗旱，2021，31（1）：6-14.

［64］陶明，赵光竹，陈惠明，等. 城市环状水系防洪潮、排涝系统治理研究［J］. 水利水电技术（中英文），2021，52（1）：41-50.

［65］李春辉，苑希民，田福昌，等. 河道整治方案优化模拟研究［J］. 水利规划与设计，2021（11）：139-145.

［66］田斯琳，付佳鹭. 太子河内涝区防洪排涝方案分析［J］. 陕西水利，2021（5）：109-110.

［67］张宏雅，魏永强，范仲杰. 汛情下的城市防洪排涝方案分析——以武汉和重庆为例［J］. 长江技术经济，2021，5（1）：9-13.

［68］王峰，刘梅. 南水北调中线工程生态补水机制研究［J］. 中国水利，2021（10）：39-42.

［69］田浩然，吕军. 松辽流域重要湖泊湿地生态补水保障探析［J］. 东北水利水电，2021，39

（8）：16-17.

[70] 孙冉，潘兴瑶，王俊文，等. 永定河（北京段）河道生态补水效益分析与方案评估［J］. 中国农村水利水电，2021（6）：19-24.

[71] 赵勇. 水生态修复技术的主要类型及其在河道治理中的应用［J］. 工程技术研究，2021，6（21）：88-89.

[72] 李泽利，古小超，李思倩，等. 水生态修复技术在黑臭河道治理中应用［J］. 资源节约与环保，2021（1）：11-12.

[73] 张文奎. 水生态修复技术在黑臭河道治理中应用措施［J］. 新农业，2021（13）：28.

[74] 付健，高小涛，乔明叶. 极端天气灾害下城市防洪排涝整体解决方案探讨——以郑州市为例［J］. 中国水利，2022（5）：39-42.

[75] 徐家贵，张宇虹，薛涛. 太湖流域防洪工程体系能力提升对策［J］. 中国水利，2022（9）：13-16.

[76] 区逸恩. 我国南方某市黑臭水体整治案例及成效分析［J］. 广东水利电力职业技术学院学报，2022，20（2）：31-33.

[77] 黄荣，蒋龙，王浩正，等. 岳阳市某流域排水系统联合调度解决方案研究［J］. 给水排水，2022，58（6）：137-143.

[78] 高娜，杨雨欣，郝蕊芳，等. 北京市北沙河上游典型小流域水环境治理措施的生态效益分析［J］. 环境科学学报，2022，42（2）：32-41.

[79] 郭晓涛，罗佳文，钟良生，等. 城市内河黑臭治理补水及环境效益初探［J］. 人民长江，2022，53（1）：67-72.

[80] 陈燕平，霍培书，汤丁丁，等. 基于水质目标可达性分析的城市内河生态补水方案［J］. 净水技术，2022，41（5）：102-111.

[81] 徐林筝，黄超，曹瑞良，等. 城市水生态修复技术与工程应用［J］. 施工技术（中英文），2022，51（5）：88-91.

[82] 史督. 水生态修复技术在河道治理中的应用研究［J］. 新农业，2022（12）：73-74.

[83] 张凤英. 小型河流水生态环境修复技术研究与实践［J］. 水科学与工程技术，2022（2）：27-30.

[84] 王玮，汪雅各. 苏州河底泥农田应用的试验研究［J］. 农业环境科学学报. 1990（2）：1-5.

[85] 杨磊，计亦奇，张雄，等. 利用苏州河底泥生产水泥熟料技术研究［J］. 水泥. 2000（10）：10-12.

[86] 朱广伟，陈英旭，王凤平，等. 景观水体疏浚底泥的农业利用研究［J］. 应用生态学报. 2002（3）：335-339.

[87] 刘贵云，奚旦立. 利用河道底泥制备陶粒的试验研究［J］. 东华大学学报（自然科学版）.

2003（4）：81-83.

［88］张召述，马培舜，李斌．脱水污泥制备聚合物合成“木材”的研究［J］．环境污染治理技术与设备．2003（10）：52-56.

［89］柴希娟，孙可伟，王木平．聚乙烯/造纸污泥废弃物复合材料［J］．环境工程．2007（1）：59-60.

［90］杜欣，金宜英，张光明，等．城市生活污泥烧结制陶粒的两种工艺比较研究［J］．环境工程学报．2007（4）：109-114.

［91］李淑展，施周，谢敏．污水厂污泥制地砖及其性能［J］．硅酸盐学报．2007（2）：251-254.

［92］杨力远，杨俊，马军涛．利用污水厂污泥配料煅烧水泥熟料研究［J］．武汉理工大学学报．2007（11）：11-13.

［93］张春雷，朱伟，李磊，等．湖泊疏浚泥固化筑堤现场试验研究［J］．中国港湾建设．2007（1）：27-29.

［94］张国伟，杨波，奚旦立．河道底泥制备陶粒滤料的研究［J］．环保科技．2007（1）：39-43.

［95］王兴润，金宜英，聂永丰，等．污泥制陶粒技术可行性分析与烧结机理研究［J］．环境科学研究．2008（6）：80-84.

［96］岳敏，岳钦艳，李仁波，等．城市污水厂污泥制备陶粒滤料及其特性［J］．过程工程学报．2008（5）：972-977.

［97］金宜英，杜欣，王志玉，等．采用污水厂污泥制陶粒的烧结工艺及配方研究［J］．中国环境科学．2009，29（1）：17-21.

［98］唐鸣放，王白雪，郑怀礼．城市污泥处理与绿化利用［J］．土木建筑与环境工程．2009，31（4）：103-106.

［99］黄川，姚雪燕，王里奥，等．城市垃圾制备陶粒配方及焙烧条件优化分析［J］．重庆大学学报．2010，33（5）：139-144.

［100］林子增，孙克勤．城市污泥为部分原料制备黏土烧结普通砖［J］．硅酸盐学报．2010，38（10）：1963-1968.

［101］马雯，呼世斌．以城市污泥为掺料制备烧结砖［J］．环境工程学报．2012，6（3）：1035-1038.

［102］吴苏清．超轻污泥陶粒曝气生物滤池深度处理工业废水的研究及应用［D］．山东大学，2012.

［103］徐振华，刘建国，宋敏英，等．污泥、底泥与粉煤灰烧结陶粒的工艺研究［J］．安全与环境学报．2012，12（4）：21-26.